Baldauf, Timm

Betonkonstruktionen im Tiefbau

Ernst & Sohn

Handbuch für
Beton-, Stahlbeton- und Spannbetonbau

Entwurf – Berechnung – Ausführung

Herausgegeben von
Prof. Dr.-Ing. Herbert Kupfer
Institut für Bauingenieurwesen III
Technische Universität München

Heinrich Baldauf, Uwe Timm

Beton-konstruktionen im Tiefbau

mit Beiträgen von

Heinrich Baldauf
Giselher Beinbrech
Rolf Bertram
Alfred Drechsel
Tankred Fey
Hermann Glahn
Jörg Hogrefe

Klaus Krubasik
Karl Lauinger
Helge Radomski
Richard Scherer
Heinz-Günter Schmidt
Uwe Timm
Peter Wagner

Ernst & Sohn

Verlag für Architektur
und technische Wissenschaften
Berlin

Titelbild:
U-Bahn München, Bahnhof Richard-Strauß-Straße (Baujahr 1984)
Deckelbauweise mit unsymmetrisch bewehrten überschnittenen Pfahlwänden
(links: Pfahlwand mit Aussparung in den Primärpfählen für die Auftriebssicherung des Sohltroges
rechts: Herstellungsphasen)
(Werkfoto Bilfinger + Berger)

Dieses Buch enthält 523 Abbildungen und 36 Tabellen

CIP-Titelaufnahme der Deutschen Bibliothek

Handbuch für Beton-, Stahlbeton- und Spannbetonbau/
hrsg. von Herbert Kupfer. –
Berlin: Ernst, Verlag für Architektur u. techn. Wiss.
Früher mit d. Erscheinungsorten Berlin, München, Düsseldorf. –
NE: Kupfer, Herbert [Hrsg.]
Betonkonstruktionen im Tiefbau. – 1988

Betonkonstruktionen im Tiefbau / Heinrich Baldauf; Uwe Timm.
Mit Beitr. von Heinrich Baldauf ... –
Berlin: Ernst, Verlag für Architektur u. techn. Wiss., 1988
(Handbuch für Beton-, Stahlbeton- und Spannbetonbau)
ISBN 3-433-01331-4
NE: Baldauf, Heinrich [Hrsg.]

Satz und Druck: Tutte Druckerei GmbH, D-8391 Salzweg bei Passau
Bindung: Lüderitz & Bauer GmbH, D-1000 Berlin 61
Printed in the Federal Republic of Germany

Verzeichnis der Autoren
und der von ihnen verfaßten Beiträge

BALDAUF, HEINRICH, Dr.-Ing.,
Brucknerstr. 8, D-6940 Weinheim

1.1 Einleitung,
1.4 Stabilitätsprobleme im Baugrund,
2.1 Einleitung,
2.2 Flachgründungen

BEINBRECH, GISELHER, Dipl.-Ing.
Leberstr. 6, D-6940 Weinheim

3.2 Schlitzwände

BERTRAM, ROLF, Dipl.-Ing.,
Kettelerstr. 4, D-6720 Speyer

3.5 Aufgelöste Stützwände

DRECHSEL, ALFRED, Dipl.-Ing. (FH),
Im Langgewann 63, D-6940 Weinheim

4.4 Durchpressen von Bauwerken

FEY, TANKRED, Dr.-Ing.,
Elisabeth-von-Thadden-Str. 4,
D-6800 Mannheim 1

2.4 Anwendungen im Hochbau

GLAHN, HERMANN, Privatdozent Dr.-Ing.,
Leharstr. 12, D-6940 Weinheim

2.3.2 Pfahlroste,
2.5 Anwendungen im Brückenbau,
3.3 Stützmauern

HOGREFE, JÖRG, Dipl.-Ing.,
Alte Hauptstr. 98, D-4300 Essen 17

4.3 Betonbauweisen beim Schildvortrieb

KRUBASIK, KLAUS, Dipl.-Ing.,
Hammelstalstr. 11, D-6702 Bad Dürkheim

3.1 Pfahlwände

LAUINGER, KARL, Dipl.-Ing.,
Beethovenstr. 8, D-6836 Oftersheim

3.4 Sanierung bestehender Stützmauern,
4.6 Ausführungen im offenen Wasser

RADOMSKI, HELGE, Dr.-Ing.,
Robert-Bosch-Str. 21, D-6944 Hemsbach

2.3.3 Senkkastengründung,
4.1.6 Unterwasserbetonsohlen

SCHERER, RICHARD, Dipl.-Ing.,
Ortsstr. 32/1, D-6940 Weinheim-
Steinklingen

4.5 Unterfangungen und Unterfahrungen

SCHMIDT, HEINZ-GÜNTER, Dr.-Ing.,
Allmendweg 13, D-6802 Ladenburg

1.2 Bauwerk und Baugrund,
1.3 Bodenpressungen,
    Baugrundverformungen,
2.3.1 Pfahlgründungen

TIMM, UWE, Dipl.-Ing.,
Buchenweg 3a, D-6909 Walldorf

4.1 Offene Bauweisen
    (ausgenommen Abschn. 4.1.6 s.
    RADOMSKI),
4.2 Deckelbauweise

WAGNER, PETER, Dipl.-Ing.,
Im Eiertal 12, D-6719 Weisenheim am
Berg

1.5 Wasser im Baugrund

Alle Autoren sind oder waren bei der Bearbeitung des Manuskriptes Mitarbeiter der Bilfinger + Berger Bauaktiengesellschaft Mannheim.

Hinweis:
Die in diesem Buch beschriebenen Bauverfahren und Baumaterialien sind zum Teil durch Patente bzw. Warenzeichen geschützt, ohne daß im einzelnen darauf verwiesen wird.

Geleitwort

Der vorliegende Band behandelt ein volkswirtschaftlich außerordentlich bedeutendes Gebiet des Beton- und Stahlbetonbaues. Gründungsaufgaben für Gebäude, unterirdische Verkehrswege, Sicherung von Geländesprüngen machen nämlich einen sehr großen Teil der Aufgaben des gesamten Bauwesens aus. Es lag daher nahe, diesem Gebiet einen eigenen Band in der Buchreihe zu widmen, um den in der Praxis tätigen Ingenieuren ein wichtiges Hilfsmittel für die Aufgaben des Entwurfes, der Berechnung und der Bauausführung zur Verfügung zu stellen und Studenten höherer Semester das Fachgebiet nahe zu bringen.

Dem Autorenteam, unter der Führung der Herren Dr.-Ing. HEINRICH BALDAUF und Dipl.-Ing. UWE TIMM, ist es gelungen, dieses komplexe Gebiet in übersichtlicher Form darzustellen und dabei auch die umfangreichen baupraktischen Erfahrungen zu berücksichtigen. Der Bilfinger + Berger Bauaktiengesellschaft gebührt Dank für die großzügige Unterstützung, die sie dem Werk durch die Übernahme eines großen Teils der Herstellungskosten des Manuskripts hat zuteil werden lassen. Erwähnt sei noch, daß bei den ersten Vorbereitungen zu diesem Band Herr Dr.-Ing. JOACHIM URBAN beteiligt war. Last not least sei dem Verlag Ernst & Sohn für die ausgezeichnete Ausstattung des Buches gedankt.

Nach den Bänden

„Betonfahrbahnen" von Dr.-Ing. JOSEF EISENMANN o. Professor an der Technischen Universität München

„Wasserbauten aus Beton" von Dr.-Ing. HANS BLIND o. Professor an der Technischen Universität München

ist das der dritte Band der Handbuchreihe für Beton-, Stahlbeton- und Spannbetonbau, Entwurf – Berechnung – Ausführung. In Kürze werden die Bände „Brücken aus Spannbeton-Fertigteilen" von Dipl.-Ing. WOLFGANG ROSSNER und „Beton- und Leichtbeton" von Professor Dr.-Ing. HEINRICH WEIGLER folgen. Eine Übersicht über die geplanten Bände enthält das Geleitwort des Bandes „Wasserbauten aus Beton".

Ich wünsche dem Band „Betonkonstruktionen im Tiefbau" die Anerkennung der Fachwelt, die ihm aufgrund der umfassenden Darstellung des von vielen Innovationen geprägten Fachgebietes und des großen Einsatzes der Autoren zukommt.

München, im Januar 1988   HERBERT KUPFER

Vorwort

Das Gebiet der Betonkonstruktionen im Tiefbau ist zu umfangreich, als daß es in einem Band vollständig dargestellt werden kann. Es mußte eine Themenauswahl getroffen werden. Themenbereiche, die zwar dem Tiefbau zugeordnet werden – wie der Wasserbau –, aber in anderen Bänden dieser Buchreihe behandelt werden, wurden ausgeklammert. Einen gewissen Schwerpunkt bilden unterirdische Verkehrsbauten. Hierbei wurde auf die Darstellung der Spritzbetonbauweise im Untertagebau verzichtet, da hierüber an anderen Stellen ausreichend berichtet wird.

Im Vordergrund stehen Gesamtkonzeption und Details einer Konstruktion, weiterhin Bauverfahren und Bauabläufe. Dem untergeordnet sind Berechnungsverfahren und spezielle Fragen aus dem Grundbau, der Bodenmechanik, der Ingenieurgeologie und der Felsmechanik. Hier wird auf die entsprechende Literatur verwiesen. Dies gilt ebenfalls für die Normen, bei denen nur Hinweise auf wichtige Gesichtspunkte gegeben werden. Fragen der Wirtschaftlichkeit und der Kosten einer Konstruktion werden nur teilweise angesprochen. Zu viele Parameter beeinflussen das Preisgefüge eines Bauwerks im Bereich des Tiefbaus. Hier ist der entwerfende Ingenieur immer wieder aufs Neue aufgerufen, in Zusammenarbeit mit dem kalkulierenden und ausführenden Ingenieur seine Lösungsvorschläge zu überprüfen. Ebensowenig können Patentlösungen für bestimmte Aufgabenstellungen angeboten werden.

Wir verstehen dieses Buch als Arbeits- und Hilfsmittel für die Entwurfsarbeit und hoffen, hierfür Anregungen und Hilfen geben zu können, die auch über einen längeren Zeitraum gültig bleiben.

Unser besonderer Dank gilt der Bilfinger + Berger Bauaktiengesellschaft, deren großzügige Unterstützung das Entstehen dieses Bandes ermöglichte. Unser Dank gilt jedoch auch Herrn Professor KUPFER für seine Anregungen und kritische Durchsicht.

Mannheim, im Januar 1988   HEINRICH BALDAUF   UWE TIMM

Inhaltsverzeichnis

1 Grundlagen

1.1 Einleitung*)

1.1.1 Aufgabenbereich

Der Tiefbau beschäftigt sich mit der Abtragung von Lasten in den Baugrund, der Sicherung von Geländesprüngen und mit der Schaffung standsicherer Hohlräume und Bauwerke im Untergrund. Boden- und Wasserverhältnisse sind von wesentlichem Einfluß auf Planung und Ausführung, ihre Erkundung und Wertung müssen am Anfang aller Überlegungen stehen.

Lasten setzen sich aus der Eigenlast der Bauwerke und aus Einflüssen auf diese Bauwerke zusammen. Solche Einflüsse sind z. B. die Verkehrs-, Wind-, und Schneelasten, Belastungen aus Erd-, Wasser- und Gebirgsdruck, Temperaturwirkungen, Bewegungen im Baugrund, Änderungen im Verhalten der Baustoffe (Kriechen, Schwinden, Relaxation, Korrosion usw.), Belastungen im Bauzustand und durch Montage, Sonderlasten wie Fahrzeuganprall, Erdbeben, Flugzeugabsturz usw.

1.1.2 Allgemeine Betrachtungen zum Baugrund

Im Gegensatz zu Baustoffen wie Stahl oder Beton, deren Eigenschaften gezielt erzeugt und verändert werden können, finden wir im Baugrund Material vor, das durch natürliche Vorgänge entstanden und im Laufe der geologischen Entwicklung vielfachen Veränderungen unterworfen gewesen ist. Der Baugrund ist deshalb in hohem Maße inhomogen und reicht von Fels bis zu fast flüssigen organischen Böden mit hohem Wassergehalt. Dazwischen liegen alle Übergänge, die durch physikalische Vorgänge im Erdmantel (Plattentektonik) bewirkt wurden und noch werden (Vulkanismus, Erdbeben), sowie durch physikalische und chemische Einflüsse der Atmosphäre (Klima, Wasserkreislauf) und durch menschliche Eingriffe bedingt sind. Die Eigenschaften und die Tragfähigkeit des Baugrundes sind daher in hohem Maß von seiner Zusammensetzung und seiner geologischen Geschichte abhängig. Auch scheinbar homogene Böden weisen in Wirklichkeit große Inhomogenitäten auf. Für maßgebende bodenmechanische Kenngrößen des Baugrundes findet man folgende Variationskoeffizienten (siehe Aufstellung Seite 2).

Das bedeutet, daß bodenmechanische Kenngrößen nicht als konstante Werte angesehen werden können. Die Berechnungsannahmen haben gewisse Bandbreiten, was bei der Beurteilung der Rechenverfahren beachtet werden muß. Die Kenngrößen des Baugrundes werden auf Grund von Bodenproben und Versuchen ermittelt, oder bei Vorliegen von ausreichenden Unterlagen von anderen Bauwerken der Umgebung als Erfahrungswert festgelegt. Bodenproben stellen zufällige Ergebnisse dar; erst bei einer ausreichenden Anzahl von Proben lassen sich statistische Aussagen über wahrscheinlichen Mittelwert, Grenzwert, Variationskoeffizient und Standardabweichung machen. Die Streuung der Ergebnisse ist durch die Inhomogenität des Baugrundes, durch Versuchsfehler und vor allem durch die Beeinflussung der Probe bei der Probeentnahme bedingt (v. SOOS 1982)).

*) Verfasser: HEINRICH BALDAUF
   (s. a. Verzeichnis der Autoren, Seite V)

Kenngröße	Variations-koeffizient	Literatur
Raumgewicht	0.005 – 0.04	LOCHER (1983)
Reibungswinkel	0.06 – 0.14	LOCHER (1983)
	0.05 – 0.2	DIN 4018 Beiblatt 1 (1981)
Kohäsion c	0.29 – 0.5	LOCHER (1983)
Steifemodul E	0.2 – 0.3	DIN 4018 Beiblatt 1 (1981)
abgeleitete Größe: Tragfähigkeitsbeiwert N beim Grundbuchnachweis nach DIN 4017 Teil 1	0.4 – 0.6	DIN 4018 Beiblatt 1 (1981)

(Weitere Werte siehe v. Soos (1982))

Statistische Aussagen gelten für das Verhalten einer großen Menge, sie lassen keine Aussagen über individuelles Verhalten zu und nur bedingt Aussagen über Werte außerhalb des von Proben erfaßten Bereiches (räumlich und zeitlich). Wie jeder Bauleiter weiß, bleiben örtliche Störungen im Baugrund bei der Probeentnahme oft unentdeckt; umgekehrt können, wenn nur wenige Bodenproben genommen werden, zufällig nur örtliche Störungen erfaßt werden, die für den Gesamtbereich nicht maßgebend sind. Der Baugrund ist ein räumliches Gebilde, das durch Bauwerke räumlichen Beanspruchungen ausgesetzt ist. Bodenproben stellen dagegen punktförmige Aufschlüsse dar, und die tatsächliche räumliche Verbindung zwischen diesen Aufschlüssen kann immer nur vermutet werden (SMOLTCZYK (1980), Beispiel: BRETH (1982)).

Der Genauigkeit von Kenngrößen in der Bodenmechanik sind also natürliche Grenzen gesetzt. Das gilt um so mehr für Werte, die aus diesen Größen abgeleitet werden und für die Ergebnisse, die mit diesen Größen berechnet werden. Diese Tatsachen muß man sich immer vor Augen halten, wenn die Ergebnisse verfeinerter Rechenmethoden zu bewerten sind. Die Entwicklung probabilistischer Methoden (LOCHER (1983), Baugrundtagung 1982) und die neue Definition von Sicherheitsanforderungen (Grundlagen DIN (1981)) tragen dem statistischen Aussagewert von Kenngrößen Rechnung und suchen auf diese Weise zu einer verbesserten Definition der Sicherheit im Grundbau zu kommen (Baugrundtagung 1982), wobei jedoch die Probleme schwieriger als beispielsweise im Massiv- oder Stahlbau (FRANKE (1984)) sind.

Daneben ist das Wasser im Boden in seinen verschiedenen Erscheinungsformen (s. Abschn. 1.5) für die Belastbarkeit des Baugrundes und die Beanspruchung eines Bauwerks von großer Bedeutung.

Die Geomechanik und die Felsmechanik haben aufgezeigt, daß für das Bauen im Fels die Gesteinsfestigkeit eine Größe von sekundärer Bedeutung ist. Von viel größerer Bedeutung für die effektive Gebirgsfestigkeit und für die anisotropen mechanischen Eigenschaften von Fels sind Größe und Verteilung von Klüften und Kluftwasser. Die letzten 30 Jahre haben entscheidende Fortschritte gebracht, solche Eigenschaften rechnerisch berücksichtigen zu können. Bei solchen Untersuchungen darf man jedoch die Übereinstimmung der Rechenmodelle mit der Realität nicht aus den Augen verlieren. Die tatsächlichen Verhältnisse der Richtung, Häufigkeit und Größe der Kluft werden oft erst beim endgültigen Aufschluß bzw. während des Bauens erkannt.

1.1.3 Anwendung elektronischer Rechenanlagen im Tiefbau

Wir erleben zur Zeit, daß elektronische Rechenanlagen und Rechenprogramme zum täglich benutzten Handwerkszeug des Ingenieurs werden. Diese Tendenz wird sich fortsetzen, und es wird bald der Vergangenheit angehören, daß umfangreiche Berechnungen von Hand durchgeführt werden. Mit der Methode der Finiten Elemente (FE) hat der Ingenieur ein leistungsfähiges Werkzeug in die Hand bekommen, um komplizierte ebene und räumliche Vorgänge verstehen zu lernen, auch bei nichtlinearen und anisotropen mechanischen Eigenschaften vom Boden und von Baustoffen.

Diese Feststellungen bedürfen einiger Anmerkungen:

1. Der Computer ändert nichts daran, daß die Kenngrößen der Berechnungen mit Unsicherheiten behaftet sind, die das Ergebnis beeinflussen. Computer können nur dann zu einer besseren Einschätzung der tatsächlichen Verhältnisse führen, wenn die Variation der Kenngrößen in Betracht gezogen wird.

   In FE-Programen sind Tausende und Millionen von Rechenoperationen die Regel. Welche Glaubwürdigkeit haben die Ergebnisse nach Tausenden und Millionen von Rechenoperationen, wenn die Eingangswerte mit erheblichen Unsicherheiten behaftet sind? Die höhere Anzahl von Dezimalstellen, die ein Computer verarbeiten kann, bietet keinesfalls von vornherein die Gewähr, daß den Ergebnissen eine hohe Genauigkeit zugeschrieben werden kann.

2. GALLOIS's Revelation:

   If you put tomfoolery in a computer, nothing comes out but tomfoolery. But this tomfoolery, having passed through a very expensive machine, is somehow enobled and none dare criticize it. (KENNETH L. LOOMY) (Wenn Sie Unfug in einen Computer füttern, kommt nichts als Unfug heraus. Aber dieser Unfug ist, da er eine sehr teure Maschine durchlaufen hat, irgendwie geadelt, und niemand wagt Kritik daran zu üben.)

   Dieser Ausspruch hat auch heute, da die Computer nicht mehr so teuer sind, an Aktualität nichts verloren. Rechenprogramme und besonders die FE-Methoden bieten leider in der Hand unerfahrener Ingenieure reichlich Gelegenheit, damit Unfug zu treiben. Die Ergebnisse von FE-Programmen sind nicht schon deshalb richtig, weil es FE-Programme sind! Gerade im Tiefbau sollte stets geprüft werden, ob die Kenngrößen so genau bekannt sind, daß der Einsatz verfeinerter Rechenmethoden gerechtfertigt ist. Das gilt vor allem für verfeinerte Stoffgesetze, deren Kenngrößen nur in Langzeitversuchen bestimmt werden können. Wenn keine Zeit vorhanden ist, die Ergebnisse von Langzeitversuchen abzuwarten, ist es wenig sinnvoll, den hohen Rechenaufwand mit lediglich geschätzten Kenngrößen in Kauf zu nehmen.

   Der Einsatz von Rechenprogram darf nicht zu Sorglosigkeit und Kritiklosigkeit führen. Die Ergebnisse von Rechenprogrammen sollten an Hand von Vergleichsrechnungen stets kritisch überprüft werden. (s. auch EAU 1985: E 143)

3. Untersuchungen in der Schweiz, im Europäischen Betonkomitee (CEB) und in der Bundesrepublik zeigten, daß menschliche Fehler noch immer die Hauptursache für Unfälle und Schäden im Bauwesen sind: mangelndes Wissen und Können, fehlende Übung, Fehleinschätzung von Situationen (BLAUT (1982)). Gerade hier liegt eine Gefahr bei verfeinerten Rechenmethoden. Bei der raschen Weiterentwicklung von Bauverfahren wird es für den Ingenieur immer schwieriger, ausreichende Erfahrungen für eine bestimmte Bauweise zu sammeln. In solchen Situationen wird gern zu komplizierten Berechnungen Zuflucht genommen. Man täuscht sich damit über tatsächliche Schwierigkeiten hinweg und kommt unter Umständen zu einem falschen Sicherheits-

bewußtsein, weil „alles ganz genau mit den modernsten Methoden" berechnet wurde. In jüngster Zeit mehren sich die Stimmen, die davor warnen, über den faszinierenden Möglichkeiten, die der Computer als Rechenhilfe bietet, die eigentlichen Aufgaben des Ingenieurs zu vergessen. Der Ingenieur muß in der Lage sein, auch Situationen, die sich einer üblichen Berechnung entziehen, beurteilen und beherrschen zu können. Als Beispiel für viele sei MÜLLER-SALZBURG (1982) zitiert: „In meinen eigenen, nunmehr fast 50 Berufsjahren, habe ich viele und schwere Mißerfolge auf dem Gebiet des Felsbaus gesehen, aber keinen, der durch eine ungenügende oder fehlerhafte Berechnung verursacht gewesen wäre. Alle gingen auf falsche Interpretationen der geologischen Daten, auf unzutreffende Eingangswerte von Berechnungen oder auf Unverständnis der geologischen Gesamtsituation zurück." Diese Aussage läßt sich sinngemäß auf alle Bereiche des Tiefbaus übertragen.

In der Forschung werden heute die analytischen Verfahren, ebenfalls wegen der Möglichkeiten, die Computer bieten, hoch eingeschätzt und bevorzugt. Darin liegt die Gefahr, daß zum einen alle Probleme, die nicht unmittelbar einer Berechnung zugänglich sind, beiseite gelassen werden, und zum anderen, daß die Rechenverfahren im Sinne einer exakten Theorie immer perfekter, aber für die Praxis komplizierter und undurchschaubarer werden. Das Problem, zwischen den Erkenntnissen der Theorie und den für die Praxis notwendigen Erfordernissen einen brauchbaren Weg zu finden, ist nicht neu (FUCHSSTEINER (1954)), kommt aber jetzt durch die Computertechnik verstärkt ins Blickfeld.

1.1.4   Planung, Entwurf und Konstruktion im Tiefbau

Bei der Bearbeitung von Aufgaben im Tiefbau treten meist komplexe Probleme auf, so daß nur in seltenen Fällen eine bestimmte Lösung vorgezeichnet ist. Im allgemeinen sind bei der Entwurfs- und Ausführungsplanung folgende Schritte zu durchlaufen:

Entwurfsplanung:

– Beschreibung der Aufgabe

– Konzepte für mögliche Bauwerks- und Hilfskonstruktionen, sowie für die zugehörigen Bauverfahren und Abläufe

– Überschlägige Dimensionierung und Beurteilung der Ausführbarkeit und Wirtschaftlichkeit

– Beurteilung der Nebenwirkungen (Umweltbelastungen, Grundwassermaßnahmen, Lärm, Verkehrseinschränkungen usw.)

– Festlegung der für die Ausführungsplanung vorzusehenden Lösung

Ausführungsplanung:

– Überschlägige Berechnung und Bemessung zur vorläufigen Festlegung der wesentlichen, im Konzept vorgegebenen Bauteile und Hilfskonstruktionen

– Ausführungsstatik für Bau- und Endzustand
(gegebenenfalls Einsatz komplexer Programmsysteme, Variation der Bodenkennwerte, Grenzwertbetrachtungen; interne Prüfung durch vereinfachte Vergleichsberechnung, insbesondere Überprüfung aller Gleichgewichtsbedingungen)

– Ausführungspläne für Bauwerk und Hilfskonstruktionen einschließlich Materiallisten. Vielfach werden für die Durchführung der Arbeiten auf den Baustellen umfangreiche Baustelleneinrichtungspläne, Bauablauf- und Zeitpläne erforderlich.

Bei der Planung eines Tiefbauprojektes müssen Statik, Konstruktion, Herstellverfahren und Bauabläufe, Kosten und Wirtschaftlichkeit nahezu gleichrangig in alle Überlegungen eingehen. Nur dann können optimale Lösungen für bestimmte Aufgaben erreicht werden. Auch die Baudurchführung einschließlich der hierfür benötigten Arbeitsvorbereitung kann erfahrungsgemäß nur in fortwährendem engen Kontakt mit der Planungsseite erfolgreich bewältigt werden.

Bei den meisten Aufgaben des Tiefbaus bieten sich zunächst mehrere Lösungen an. In der Regel sind die Kosten entscheidend für die Auswahl einer bestimmten Lösung, unter Umständen können auch besondere Qualitätsmerkmale eines Bauwerks oder eine verkürzte Bauzeit maßgebend sein. Bedingt durch die verschiedenartigen Boden- und Umwelteinflüsse wird der planende Ingenieur gerade im Tiefbau immer wieder mit neuen statischen, konstruktiven und verfahrenstechnischen Problemen konfrontiert.

Literatur zu Abschnitt 1.1

BLAUT, H. (1982): Gedanken zum Sicherheitskonzept im Bauwesen. Beton- und Stahlbetonbau 1982, S. 235–239

BRETH, H. (1982): Das Donaukraftwerk Annabrücke, Maßnahmen zur Verhinderung der Erosion im Bereich des Bauwerks auf außergewöhnlichem Untergrund. Wasserwirtschaft 1982, Heft 3, S. 152

DUDDEK, H. (1983): Die Ingenieuraufgabe, die Realität in ein Berechnungsmodell umzusetzen. Die Bautechnik (1983) Heft 7, S. 225–234

DIN (1981): Grundlagen zur Festlegung von Sicherheitsanforderungen für bauliche Anlagen. Beuth Verlag GmbH Berlin, Köln 1981

EAU (1985): Empfehlungen des Arbeitsausschusses für Ufereinfassungen EAU 1985, 7. Auflage. Verlag Ernst & Sohn, Berlin 1985

FRANKE, E. (1984): Einige Anmerkungen zur Anwendbarkeit des neuen Sicherheitskonzepts im Grundbau. Geotechnik 1984, S. 144–149

FUCHSSTEINER, W. (1954): „Wenn Navier noch lebte." Theorie und Praxis in der Statik. Beton- und Stahlbetonbau (1954), S. 15–21

LOCHER, H. G. (1983): Probabilistische Methoden bei Stabilitätsproblemen in der Geotechnik. Schweizer Ingenieur und Architekt 16 (1983) S. 429–434

MÜLLER-SALZBURG, L. (1982): Geomechanik-Felsbaumechanik-Felsbau. Rock Mechanics, Suppl. 12, S. 1–18 (1982)

SMOLTCZYK, U. (1980): Baugrundgutachten. Grundbau-Taschenbuch Teil 1, S. 8. Verlag Ernst & Sohn, Berlin 1980

v. SOOS, P. (1982): Zur Ermittlung der Bodenkennwerte mit Berücksichtigung von Streuung und Korrelation. Baugrundtagung 1982 Braunschweig. Deutsche Gesellschaft für Erd- und Grundbau

1.2   Bauwerk und Baugrund*)

Die Arbeitsteilung zwischen konstruktivem Ingenieur und Baugrundgutachter bringt es heute häufig mit sich, daß bei der Planung eines neuen Bauwerks zwar seine Funktion, die Architektur und die Wirtschaftlichkeit der Herstellung berücksichtigt werden, seltener aber die Baugrundverhältnisse und Gründungsmöglichkeiten. Bei leichten Bauwerken, setzungsunempfindlichen Konstruktionen oder guten Baugrundverhältnissen erwachsen daraus keine Nachteile, weil die Gründung unproblematisch ist.

Ein begrenztes Angebot an Grundstücken oder beispielsweise die Anforderungen an die Trassierung einer Schnellbahnstrecke führen jedoch in zunehmendem Maße dazu, daß komplizierte Bauwerke mit anspruchsvollen statischen Systemen in Gebieten mit ungünstigen Untergrundverhältnissen errichtet werden. In solchen Fällen müssen der entwerfende Ingenieur und der Baugrundfachmann von Beginn an Hand in Hand arbeiten, um die günstigste Lösung für das Gesamtsystem aus Bauwerk, Gründung und Baugrund erzielen zu können.

Für das Bauwerk und die Gründung steht immer eine mehr oder weniger große Palette an Auswahlmöglichkeiten für das Gesamtkonzept, das statische System und die Baustoffe usw. zur Verfügung.

Die Materialeigenschaften können beeinflußt und rechnerisch mit genügender Genauigkeit erfaßt werden. Dagegen ist der Baugrund von Natur aus vorgegeben, und nicht selten können im Bereich der Grundfläche eines geplanten Bauwerks weder der genaue Verlauf von Schichtgrenzen noch die bodenmechanischen Eigenschaften der einzelnen Bodenarten vollständig erkundet werden, weil der dazu erforderliche Aufwand wirtschaftlich nicht vertretbar wäre. Das Untersuchungsprogramm muß daher von Anfang an auf die Bauaufgabe abgestimmt werden. Zur Orientierung dienen dabei die „geotechnischen Kategorien" [1].

Je nach der Art des Bauwerks, der Schwierigkeit der Baugrundverhältnisse und dem Ausmaß der Folgen eines Schadensfalles werden 3 Stufen unterschieden. Die Kriterien lauten vereinfacht für:

Kategorie 1:   Einfaches Bauwerk; überschaubare, gute Baugrundverhältnisse; keine gefährlichen Auswirkungen der Baumaßnahme auf die Umgebung;

Kategorie 2:   Setzungsempfindliches Bauwerk; eindeutige Baugrundverhältnisse mit brauchbaren Eigenschaften; Einflüsse auf die Umgebung sind überschaubar;

Kategorie 3:   Bauwerke mit großer Ausdehnung oder hohen Lasten, komplizierte Bauverfahren; schwierige, uneinheitliche Baugrundverhältnisse; besondere Gefährdung der Umgebung durch das Bauwerk; gegen äußere Einflüsse besonders empfindliche Bauwerke.

Die Einstufung richtet sich nach dem Merkmal, das die größte Schwierigkeit ergibt, und jeder Kategorie sind Mindestforderungen an die Baugrunduntersuchungen zugeordnet.

1.2.1   Baugrundeigenschaften

Art und Eigenschaften des Baugrunds sind von seiner Entstehungsgeschichte abhängig und zeigen ein weites Spektrum. Die Bezeichnungen der verschiedenen Boden- und Felsarten sind in [2], wichtige Erkennungsmerkmale für Böden in [3] zusammengestellt. Nach dem Tragverhalten kann der Untergrund grob in 4 Arten eingeteilt werden:

*) Verfasser: HEINZ-GÜNTER SCHMIDT
   (s. a. Verzeichnis der Autoren, Seite V)

1. Fels

Fels ist mit wenigen Ausnahmen ein tragfähiger Baugrund. Die Gesteinseigenschaften reichen von sehr großer Festigkeit, etwa bei einem unverwitterten Granit, bis herab zu Eigenschaften, die denen eines festen, bindigen Bodens ähneln, etwa bei einem verwitterten Tonschiefer. Ausschlaggebend für das Tragverhalten ist aber i. a. nicht die „Gesteinsfestigkeit", die mit der Härte des Materials wächst, sondern die „Gebirgsfestigkeit", die vor allem von Abstand, Öffnungsweite und Beschaffenheit der Schichtflächen und Klüfte abhängt. Während die Gesteinsfestigkeit durch Druckversuche an kleinen Probekörpern leicht zu ermitteln ist, kann die Gebirgsfestigkeit nur aufgrund von Messungen an Ort und Stelle abgeschätzt werden. Problematisch sind Gesteine, bei denen durch Auslaugung Hohlräume entstehen können, wie Gips oder Kalk.

2. Grobkörnige Böden

Diese Böden, die zuweilen auch als „nichtbindig" oder „rollig" bezeichnet werden, bestehen aus einem Haufwerk einzelner Körner und reichen vom Feinsand bis zur Blockhalde. Ihre Tragfähigkeit ist hauptsächlich von Korngröße und Lagerungsdichte abhängig und in der Regel brauchbar bis sehr gut. Auf Belastungsänderungen reagieren sie sofort.

3. Feinkörnige Böden

Bei diesen „bindigen" Böden sind die einzelnen Partikel mit bloßem Auge nicht mehr zu unterscheiden, sie werden auf Grund ihrer Kleinheit durch Kohäsionskräfte zu einer zusammenhängenden Masse verbunden. Ihr Zustand ist vom Wassergehalt abhängig und reicht von flüssig über plastisch bis fest. Außerdem spielt die Kornzusammensetzung eine Rolle: Schluff, der aus staubfeinen Körnchen besteht, hat nur eine geringe Bindung, während Tonmineralien dem Boden eine zähe Beschaffenheit und im trockenen Zustand eine große Festigkeit verleihen. Dementsprechend variiert bei bindigen Böden die Tragfähigkeit von unbrauchbar bis gut. Auf Belastungsänderung reagieren sie je nach Zusammensetzung und Wassergehalt mit mehr oder weniger stark ausgeprägter zeitlicher Verzögerung, und gelegentlich führen Kriechverformungen schließlich zum Bruch des Bodens.

4. Organische Böden und Auffüllungen

Böden mit großen Anteilen an organischen Bestandteilen wie Torf und Faulschlamm sowie unkontrollierte Auffüllungen sind ohne Bodenverbesserungen für Gründungen und begleitende Baumaßnahmen (z. B. als freistehende Baugrubenböschungen oder als Material für die Verfüllung von Arbeitsräumen) unbrauchbar.

Von Geologen aufgestellte Baugrundbeschreibungen führen oft zu Fehlbeurteilungen; „Buntsandstein" beschreibt beispielsweise nur die Entstehung in einer bestimmten geologischen Epoche und kann vom Material her ein Ton sein. Auch der Begriff „Mergel" kann sowohl für hartes Gestein als auch für weichen Ton gelten – er besagt nur, daß der Boden kalkhaltig ist. Für die Böden gibt es zwei parallele Systeme der Beschreibung. Grundlage des einen Systems ist allein die Korngröße und damit das bodenmechanische Verhalten. Die wichtigsten Begriffe daraus sind Kies, Sand, Schluff und Ton. Das zweite System beschreibt nach bestimmten Vorgängen bei der Entstehung der Böden mit Begriffen wie Löß oder Geschiebelehm. Diese Bezeichnungsweise ist ebenfalls gerechtfertigt, weil diese Böden auch besondere Eigenschaften haben. Beispielsweise besteht Löß aus Schluff, dessen Körnchen verkittet sind, so daß die Struktur des Bodens bei Überlastung schlagartig zusammenbrechen kann; ein Geschiebelehm ist feinsandiger, schluffiger Ton, der durch eiszeitliche Vorbelastung verfestigt wurde.

Die wichtigsten Eigenschaften des Untergrundes unter technischen Gesichtspunkten sind außer dem Raumgewicht die Scherfestigkeit aus Reibung und Kohäsion, die Zusammendrückbarkeit, das heißt der Steifemodul (bei behinderter Seitendehnung) bzw. der Elastizitätsmodul, und die Wasserdurchlässigkeit. Bei Fels sind diese Werte von der Art des Gesteins, dem Verwitterungsgrad sowie vom Trennflächengefüge anisotrop abhängig und variieren in so weiten Grenzen, daß die Angabe von pauschalen Richtwerten irreführend wäre. Bei bestimmten Bodenarten kann dagegen der Streubereich besser abgegrenzt werden, und in verschiedenen Normen, beispielsweise [4] und [5], sowie in Handbüchern werden für einen Vorentwurf brauchbare Angaben gemacht, u. a. in [6] bis [8]. Die in Tabelle 1.2-1 zusammengestellten Werte sind [8] entnommen.

Tabelle 1.2-1   Streubereich einiger bodenphysikalischer Kennwerte

Bodenart	Feuchtraum-gewicht γ kN/m^3	Durch-lässigkeit k cm/s	Reibungs-winkel φ' [°]	Kohäsion c' kN/m^2	Steife-modul E_s MN/m^2
Fels kompakt	$24 - 30$	—	$35 - 65$	$100 - 2000$	> 1000
Kies, rein	$16 - 23$	$10^1 - 10^{-2}$	$32{,}5 - 45^*)$	—	$100 - 200$
Sand, rein	$16 - 22$	$10^0 - 10^{-3}$	$30 - 40^*)$	—	$10 - 100$
Schluff	$16 - 21$	$10^{-3} - 10^{-6}$	$22{,}5 - 27{,}5$	$0 - 10$	$3 - 15$
Ton	$16 - 22$	$10^{-7} - 10^{-10}$	$12{,}5 - 22{,}5$	$15 - 35$	$1 - 60$
Torf	$11 - 13$	—	$12{,}5 - 17{,}5$	$5 - 10$	$0{,}1 - 1$

*) Diese in Laboratoriumsversuchen ermittelten Werte sind ungewöhnlich groß und müssen für erdstatische Berechnungen im Hinblick auf die Inhomogenität des Bodens in der Regel abgemindert werden.

1.2.2   Wechselwirkung zwischen Bauwerk und Baugrund

Die Lasten des aufgehenden Bauwerks werden durch die Gründung auf den Baugrund übertragen. Dabei muß einerseits eine ausreichende Sicherheit gegen Grundbruch, d. h. gegen ein Versinken des Gründungskörpers im Boden gewährleistet sein, und außerdem dürfen die Setzungen ein für das Tragwerk und die Funktionsfähigkeit des Bauwerks unschädliches Maß nicht überschreiten. (Nachfolgend soll zur Vereinfachung unter „Bauwerk" das „aufgehende Bauwerk" ohne die Gründung verstanden werden.) Bauwerk, Gründung und Baugrund bilden ein Gesamtsystem. Infolge der Belastung durch ein Bauwerk verformt sich beispielsweise die ursprünglich horizontale Gründungsebene zur „Setzungsmulde", deren Form bei einem sehr biegeweichen Bauwerk nur von der Größe und Verteilung der Belastung sowie den Tragfähigkeitseigenschaften des Baugrunds bestimmt wird. Bilden Gründung + Bauwerk dagegen ein starres System, so wird in der ganzen Grundfläche eine ebene Setzung erzwungen und damit eine bestimmte Form der Verteilung der Bodenpressungen, die zu einer Umverteilung der Lastabtragung im Tragwerk führt. Dabei können die Gründung und das Bauwerk in sehr unterschiedlichem Maße an der Gesamtsteifigkeit und damit an der Lastumlagerung beteiligt sein.

Das Gesamtsystem aus Bauwerk + Gründung + Baugrund ist hochgradig statisch unbestimmt, s. das Beispiel in Bild 1.2-1. Meistens wird die Belastung durch das Bauwerk

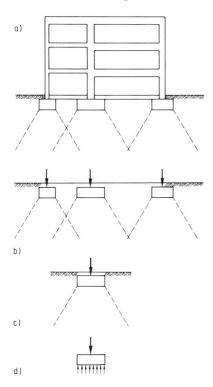

Bild 1.2-1
Gesamtsystem aus Bauwerk + Gründung +
Baugrund (a) mit schrittweiser Vereinfachung
durch Vernachlässigung der Bauwerkssteifigkeit
(b), der gegenseitigen Beeinflussung von Nachbarfundamenten (c) und der Zusammendrückbarkeit des Baugrunds (d)

unter der Annahme ermittelt, daß die Gründung unnachgiebig ist (Bild 1.2-1b). Das trifft
jedoch nur für eine Gründung auf Fels zu. Besteht der Baugrund aus grob- oder feinkörnigen Böden (vgl. Abschnitt 1.2.1), so müssen dafür die Setzungen der einzelnen Gründungskörper ermittelt werden (Bild 1.2-1b). Dabei kann in vielen Fällen die gegenseitige
Beeinflussung von Nachbarfundamenten vernachlässigt werden (Bild 1.2-1c), vergl. Abschnitt 1.3. Bei vielen Bauwerken wie Industriehallen oder Wohnhäusern brauchen die
errechneten Setzungsunterschiede nicht weiter verfolgt zu werden, weil es gelingt, sie
durch entsprechende Dimensionierung der Gründung in solchen Grenzen zu halten, daß
die Rückwirkungen auf das Bauwerk vernachlässigt werden dürfen. In anderen Fällen,
beispielsweise bei Brückenüberbauten, werden die Setzungsunterschiede zusätzlich berücksichtigt. In manchen Standardfällen, beispielsweise bei Flachgründungen von Wohnhäusern auf gleichförmigem Baugrund, genügt der Nachweis, daß eine bestimmte mittlere
Bodenpressung nicht überschritten wird (Bild 1.2-1d), weil dadurch gewährleistet ist, daß
die Setzungen und damit auch die Setzungsunterschiede ein bestimmtes, für das Bauwerk
unbedenkliches Maß nicht überschreiten [9]. Dasselbe gilt auch für die zulässige Belastung
oder zulässige Rechenwerte für Mantelreibung und Spitzendruck von verschiedenen
Pfahlarten in bestimmten Baugrundverhältnissen [10, 11].

Dabei wird die praktische Erfahrung genutzt, daß Setzungsunterschiede Δs zwischen benachbarten, gleichartigen Gründungselementen in Relation zu der größten Setzung s_{max}
eines einzelnen Gründungskörpers stehen. Als Faustformel gilt für

Flachgründungen: $\qquad \Delta s \approx \dfrac{1}{2} s_{max};$

Bohrpfahlgründungen: $\qquad \Delta s \approx \dfrac{1}{3} s_{max};$

Rammpfahlgründungen: $\qquad \Delta s \approx \dfrac{1}{4} s_{max}.$

Bei Pfählen werden Ungleichförmigkeiten des Baugrunds durch die tiefere Einbindung besser ausgeglichen; bei Rammpfählen wird zusätzlich das Tragverhalten des Baugrunds dadurch verbessert, daß der Boden beim Einrammen des Pfahles durch die Verdrängung im Umkreis des Schaftes verdichtet und unter dem Fuß vorbelastet wird.

Bei Flächengründungen sind so weitgehende Vereinfachungen meist nicht zulässig, besonders wenn es sich um Bauwerke im Grundwasser aus wasserundurchlässigem Beton handelt. In diesen Fällen wird die Wechselwirkung zwischen Gründungsplatte und Baugrund berücksichtigt. Dazu wurden verschiedene Berechnungsverfahren entwickelt, bei denen eine immer bessere Annäherung an das tatsächliche Tragverhalten des Baugrundes erzielt wurde, allerdings auf Kosten eines dementsprechend wachsenden Rechenaufwands (vgl. Abschnitte 1.2.3 und 2.2). Deshalb muß im Einzelfall geprüft werden, welches Verfahren der Aufgabenstellung und dem Kenntnisstand über die Baugrundverhältnisse angemessen ist. Daraus ergibt sich die schon eingangs angesprochene Forderung nach der Zusammenarbeit zwischen Tragwerksplaner und Baugrundgutachter: nur auf diese Weise können die aus der Bauaufgabe erwachsenden Anforderungen an Baugrunderkundung, Aufwand der statischen Berechnung und konstruktive Durchbildung sinnvoll abgestimmt werden.

1.2.3   Berechnungsansätze

Allen Berechnungsansätzen liegen bestimmte Modellvorstellungen über die Wechselwirkung zwischen Gründung und Baugrund zugrunde. Sie unterscheiden sich im wesentlichen durch den Grad der Vereinfachung, die dabei vorgenommen wurde, um die tatsächlichen Gegebenheiten rechnerisch erfassen zu können. Die nachfolgend für den Fall einer Flachgründung zusammengestellten Beispiele gelten sinngemäß auch für andere Systeme im Tiefbau, beispielsweise für Tunnelröhren in grob- oder feinkörnigen Böden.

Geradlinige Spannungsverteilung

Bei Einzelfundamenten oder in Schnitten quer durch ein Streifenfundament wird meist eine lineare Verteilung des Sohldrucks vorausgesetzt, die sich allein aus den Gleichgewichtsbedingungen, d. h. aus Größe und Lage der resultierenden Belastung ergibt. Die tatsächliche Verteilung ist ungleichmäßig. Bei gedrungenen, starren Fundamenten hängt sie im wesentlichen von der Sicherheit gegen Grundbruch ab, s. Bild 1.2-2. Unter den Rändern solcher Fundamente ergeben sich Spannungskonzentrationen, die nach der Theorie des elastischen Halbraums (nach BOUSSINESQ) unendlich groß sein müßten (Bild 1.2-2a), in Wirklichkeit jedoch durch plastische Verformungen (Fließen) des Bodens in ihrer Größe begrenzt werden (Bild 1.2-2b). Diese Spannungsspitzen sind um so stärker ausgeprägt, je tragfähiger der Baugrund und je größer die Einbindetiefe des Fundamentes ist. Mit wachsender Belastung dehnen sich die Fließbereiche aus, und die Lastübertragung wird zur Mitte hin verlagert. Unter Gebrauchslast mit einem Sicherheitsbeiwert gegen Grundbruch von $\eta \geq 2$ ist die Annahme einer geradlinigen Verteilung eine gute Näherung (Bild 1.2-2c). Unter der Bruchlast stellt sich eine parabolische Verteilung ein (Bild 1.2-2d).

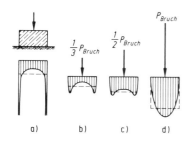

Bild 1.2-2   Sohldruckverteilung unter starrem Fundament
a) theoretische Verteilung nach Boussinesq [12]
b) tatsächliche Verteilung durch Fließen des Bodens unter den Kanten
c) Sohldruckverteilung unter Gebrauchslast und Annäherung durch geradlinige Begrenzung
d) Sohldruckverteilung unter der Bruchlast

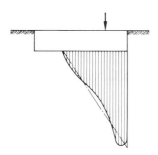

Bild 1.2-3   Sohldruckverteilung unter ausmittiger Belastung bei einem starren Fundament

Bei ausmittiger Last ergibt sich eine trapezförmige Verteilung (Bild 1.2-5a). Da zwischen Fundamentsohle und Baugrund im allgemeinen keine Zugspannungen übertragen werden können, stellt sich bei großer Exzentrizität eine „klaffende Fuge" und in der verbleibenden Kontaktfläche rechnerisch eine dreieckförmige Verteilung ein (Bild 1.2-3). Auch dieser Ansatz ist für starre Fundamente eine gute Näherung, und die Auswirkung des Unterschiedes zwischen den tatsächlichen Verteilungsformen und dem Ansatz einer geradlinigen Begrenzung auf Baugrund und Fundament ist bei starren Gründungskörpern so gering, daß er vernachlässigt werden kann. Bei den gebräuchlichsten Tafeln zur Ermittlung der Setzungen des Baugrunds unter starren Fundamenten (s. Abschnitt 1.3) wird ohnehin die tatsächliche Spannungsverteilung zugrunde gelegt.

Bettungsmodulverfahren

Bei biegsamen Gründungskörpern, wie beispielsweise langen Streifenfundamenten mit örtlich konzentrierten Lasten (Bild 1.2-4) oder Plattengründungen, müssen die Biegesteifigkeit des Gründungskörpers und u. U. auch die des Bauwerks, sowie die Abhängigkeit des Bodenwiderstandes von der Bodenverformung berücksichtigt werden. Eine rechnerische Lösung für dieses Problem wurde zum ersten Mal 1888 von Zimmermann bei der Untersuchung von Eisenbahnschienen gesucht. Für die Stützung der Schwellen durch das Gleisbett wurde angenommen, daß der Bodenwiderstand der Eindrückung der Schwelle proportional ist, und aus Messungen ergab sich die Größe des „Bettungsmoduls". In diesem Modell wird also der Baugrund durch eine Reihe von nebeneinanderstehenden, voneinander unabhängigen Federn mit gleichbleibender Federkonstante dargestellt, s. Bild 1.2-5b.

Bild 1.2-4   Sohldruckverteilung unter einem biegsamen Streifenfundament

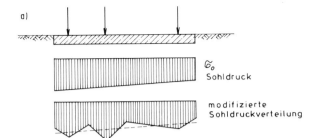

a)

σ_0
Sohldruck

modifizierte
Sohldruckverteilung

Keine Aussage über Setzungen

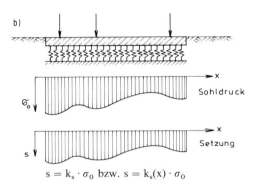

b)

x

Sohldruck

σ_0

x

Setzung

s

$$s = k_s \cdot \sigma_0 \quad \text{bzw.} \quad s = k_s(x) \cdot \sigma_0$$

Bild 1.2-5   Berechnungsmodelle:
a) Spannungstrapezverfahren. Keine Aussage über Setzungen.
b) Bettungsmodulverfahren. Beziehung zwischen Sohldruck σ_0 und Setzung s: $\sigma_0 = k_s \cdot s$
c) Steifemodulverfahren. Die Verteilung des Sohldrucks σ_0 wird (unter Einhaltung der Gleichgewichtsbedingungen mit der Belastung) so ausgewählt, daß die Biegelinie der Sohlplatte und die Setzungsmulde übereinstimmen, d.h. $w_i = y_i$.

Ziel der Berechnung: Der Sohldruck muß (unter Einhaltung der Gleichgewichtsbedingungen mit der Belastung) so ausgewählt werden, daß $w_i = y_i$ wird.

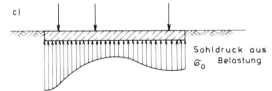

c)

σ_0

Sohldruck aus
Belastung

x

w

w_i

Biegelinie der
Sohlplatte aus
Belastung und
Sohldruck

Sohldruck als
Belastung der
elastischen Halbebene

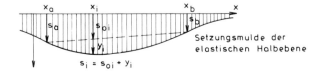

x_a x_i x_b x

s_a s_{oi} s_b

y_i

Setzungsmulde der
elastischen Halbebene

$$s_i = s_{oi} + y_i$$

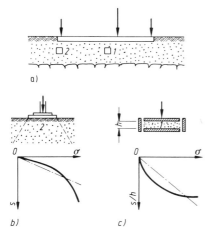

Bild 1.2-6 Plattengründung auf zusammen-
drückbarer Schicht mit begrenzter Dicke.
Mögliche Abhängigkeiten der Setzung s
von der Spannung σ_0
a) Übersicht
b) Vergleich mit dem Lastplattenversuch mit
   der Ausbildung plastischer Verformungen
   (Punkt 2: Fundamentrand)
c) Vergleich mit dem Kompressionsversuch mit
   behinderter Seitendehnung
   (Punkt 1: Fundamentmitte)

Die Annahme, daß der Bodenwiderstand der Zusammendrückung proportional ist,
trifft nicht zu, s. Bild 1.2-6. Bei einer Plattengründung auf einer zusammendrückbaren
Schicht von begrenzter Dicke liegen in ausreichender Entfernung vom Rand unter der
Platte dieselben Verhältnisse vor wie beim Kompressionsversuch im Labor: Die Dicke der
von der Belastung beeinflußten Schicht bleibt stets gleich, und ein seitliches Ausweichen
ist nicht möglich, weil im Umkreis derselbe Spannungszustand herrscht. Deshalb verfestigt sich der Baugrund mit zunehmender Last (Bild 1.2-6c). In der Nähe des Randes
stellen sich dagegen plastische Verformungen des Baugrundes ein, weil der Boden teilweise
in die unbelasteten Nachbarzonen hin ausweicht.

Dieselben Voraussetzungen liegen bei dem für Felduntersuchungen häufig angewandten Lastplattenversuch vor (Bild 1.2-6b): Hier wird die Widerstandsfähigkeit des Bodens
mit zunehmender Belastung immer kleiner. Beide Fälle können jedoch durch einen geschätzten Sekantenmodul genügend genau angenähert werden.

Eine weitere Ungenauigkeit dieses Modelles ist die Tatsache, daß es aus einer Reihe von
einzelnen, „selbständigen" Federn besteht. Die Setzung eines Punktes der Oberfläche des
Baugrundes ist nicht nur von der Belastung an dieser Stelle, sondern infolge der Lastausstrahlung im Untergrund auch von der Belastung im Umkreis des betrachteten Punktes
abhängig. Dieses Manko kann teilweise dadurch ausgeglichen werden, daß die Feder
entsprechend weicher angenommen oder aber der Bettungsmodul überhaupt aus einer
Setzungsberechnung ermittelt wird.

Dieser Bettungsmodul ist als diejenige Spannung definiert, die erforderlich ist, um eine
Setzung von einer Längeneinheit hervorzurufen. Am gebräuchlichsten ist die Dimension
MN/m^3.

Bekanntlich wächst die Setzung eines Fundamentes bei gleichbleibender Bodenpressung mit der Breite des Fundamentes infolge der größeren Tiefenwirkung; daher muß der
Bettungsmodul mit zunehmender Fundamentbreite kleiner werden und ist kein bodenmechanischer Kennwert. Der Bettungsmodul müßte streng genommen auch der Steifigkeit
des Fundamentes angepaßt werden; beispielsweise lassen sich die für relativ biegesteife
Fundamente typischen Relationen zwischen Spannungskonzentrationen unter den Rändern und annähernd gleichen Setzungen (vgl. Bild 1.2-2c) nur durch eine entsprechende
Verteilung der einzelnen Federsteifigkeiten genau erfassen.

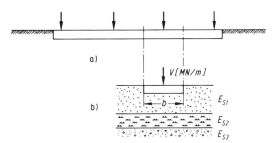

Bild 1.2-7   Ermittlung des Bettungsmoduls aus Setzungsberechnung
a) Gesamtsystem
b) Setzungsberechnung für einen
    Teilbereich

$$\sigma = \frac{V}{b}$$ σ Bodenpressung, V [MN/m] Streckenlast, b Breite des Teilbereichs

$$s = V \cdot \sum \frac{\Delta f_i}{E_{si}}$$ s Setzung, Δf_i Tabellenwert s. Bild 1.3-3 entsprechend der Tiefenlage und der Dicke
der Bodenschicht i, E_{si} Steifemodul der Bodenschicht i

$$k_s = \frac{\sigma}{s}$$ k_s Bettungsmodul für den Teilbereich mit der Breite b

$$= \frac{1}{b} \sum \frac{E_{si}}{\Delta f_i}$$

oder vereinfacht:

$$k_s = \frac{1}{b} \cdot \frac{E_{sm}}{f}$$ E_{sm} mittlerer Steifemodul der Bodenschichten, f Tabellenwert s. Bild 1.3-3

Für die Bemessung eines Fundamentbalkens ist weniger die Gesamtsetzung interessant, als der Setzungsunterschied zwischen Nachbarbereichen. Daher ist es in manchen Fällen besser, nicht die Gesamtsetzung der Ermittlung des Bettungsmoduls zugrunde zu legen, sondern für eine typische Belastung die mitwirkende Breite zu schätzen, auf die sich die Belastung verteilen wird, für diesen Ausschnitt die Setzung zu errechnen (s. Abschnitt 1.3), und daraus den Bettungsmodul zu ermitteln, s. Bild 1.2-7.

Das Bettungsmodulverfahren ist deshalb sehr beliebt, weil es leicht zu handhaben ist. Für viele Fälle gibt es Tabellenwerke (s. Abschnitt 2.2.2.3), und es ist auch in Rechenprogramme leicht zu integrieren. Besonders bei der Verwendung eines Computers kann damit das Gesamtsystem Bauwerk + Gründung + Baugrund ohne allzugroßen Aufwand erfaßt werden. Das Verfahren ist in vielen Fällen hinreichend genau, besonders bei langen bzw. großflächigen, biegsamen Gründungskörpern mit konzentrierten Lasten in größeren Abständen. Eine gute Anpassung an das genauere Steifemodulverfahren ist dadurch möglich, daß in dem Modell zwischen den lotrechten Federn zusätzlich Koppelfedern angeordnet werden, die nur Querkräfte übertragen. Ihre Kennwerte können so gewählt werden, daß sich dieselbe Verformung der Bodenoberfläche wie bei einer Berechnung nach dem Steifemodulverfahren ergibt (s. a. Abschnitte 2.2.2.3 und 2.2.2.4, Bild 2.2-23).

Steifemodulverfahren

Dem Steifemodulverfahren liegt das Bestreben zugrunde, das Verhalten des Baugrundes möglichst zutreffend zu erfassen. Das Prinzip besteht darin, die Verteilung des Sohldrucks als Variable zu wählen und so lange zu verbessern, bis die damit getrennt errechnete Biegelinie der Bauwerkssohle und die Setzungsmulde des Baugrunds übereinstimmen, s. Bild 1.2-5c. Der Baugrund wird dabei vereinfacht als elastischer Halbraum betrachtet, d. h. als ein elastisches, homogenes, oft auch als volumenkonstantes Material mit horizontaler Oberfläche, unbegrenzter Ausdehnung in waagerechter und senkrechter Richtung, und mit einem konstanten Steifemodul. Dieser hat gegenüber dem Bettungsmodul den Vorteil, daß er ein bodenmechanischer Kennwert ist, der durch Labor- oder Feldversuche ermittelt werden kann. Auch die Abhängigkeit der Setzungen eines Punktes von benachbarten Lasten wird erfaßt. Andererseits ist das Verfahren umständlicher, wenn auch die Ermittlung der Setzungsmulde durch Tabellen [12] erleichtert wird. Dabei kann auch ein schichtweise veränderlicher Steifemodul berücksichtigt werden. Bei der Verwendung von Computern können Plattengründungen mit beliebigen Grundrissen berechnet und uneinheitliche Baugrundverhältnisse sowie die Steifigkeit des aufgehenden Bauwerks mit berücksichtigt werden.

Der für das Steifemodulverfahren erforderliche, größere Rechenaufwand ist nur dann gerechtfertigt, wenn die Baugrundverhältnisse eingehend erkundet wurden und dementsprechend hinreichend gesicherte Eingangswerte über die Eigenschaften des Untergrundes vorliegen. Plastische Verformungen, beispielsweise unter den Rändern eines Gründungskörpers, können auch mit diesem Verfahren nicht erfaßt werden.

Numerische Verfahren

Im Grundbau wird zunehmend auch die Methode der finiten Elemente (FEM) angewandt. Dabei wird bekanntlich ein Kontinuum (beispielsweise der Baugrund) durch diskrete Elemente ersetzt. Die Spannungs-Verformungs-Eigenschaften der einzelnen Elemente sowie die Abhängigkeiten der Zustandsgrößen an den Kopplungspunkten untereinander werden mathematisch formuliert. Auf diese Weise können komplizierte Vorgänge wie die Wechselwirkung zwischen Bauwerk und Baugrund rechnerisch verfolgt werden.

Die Ergebnisse stehen und fallen mit den zugrunde gelegten Stoffgesetzen. Da der Rechenaufwand bei dieser Methode sehr groß ist, muß in jedem einzelnen Fall geprüft werden, in welchem Maße das tatsächliche Verhalten des Baugrundes bei der Berechnung vereinfacht werden darf. Hier gilt noch mehr als beim Steifemodulverfahren der Grundsatz, daß die Anwendung nur in Verbindung mit den Ergebnissen von gründlichen Baugrunduntersuchungen und von auf die besondere Fragestellung zugeschnittenen Laborversuchen gerechtfertigt ist. Die FEM sollte daher auf Probleme mit großer wirtschaftlicher und sicherheitstechnischer Bedeutung beschränkt bleiben, beispielsweise Kernkraftwerke, oder auf die Erforschung grundlegender Zusammenhänge. Im Tunnelbau wird das Verfahren häufiger angewendet, um das Zusammenwirken des Gebirges und der Tunnelschale bei der Aufnahme des Überlagerungsdrucks zu ermitteln. Bild 1.2-8 zeigt als Beispiel Untersuchungen über das Auffahren einer Tunnelröhre neben einer bereits bestehenden Tunnelröhre, um sich ein Bild von der gegenseitigen Beeinflussung der Röhren machen zu können.

Die Gefahr, daß infolge unzureichender Stoffgesetze und mangelnder Erfahrung im Umgang mit diesem „Werkzeug" falsche Schlüsse gezogen werden, ist bei dieser Methode besonders groß. Auf internationalen Grundbaukonferenzen fallen immer wieder Worte wie diese: „Einen Computer darf man nur verwenden, wenn man das Ergebnis schon vorher kennt", oder: „Ein Entwurf nur auf der Grundlage einer exakten Berechnung ist ein schlechter Entwurf". Sie spiegeln die Erfahrung wider, daß der Baugrund mit oftmals unregelmäßiger Schichtung, inhomogenen Böden wie steiniger Lehm, unentdeckten örtlichen Besonderheiten wie verfüllten Gräben oder ehemaligen Bachläufen, mit großen Verformungen weicher bindiger Böden, trotz rechnerisch verfeinerter Verfahren längst nicht so gut in den Griff zu bekommen ist wie z. B. die Baustoffe Stahl und Beton. Die Wahl des richtigen Tragwerkkonzeptes und eines bestimmten Bauablaufes bleiben nach wie vor wichtiger als eine übermäßig ins Detail gehende und „genaue" Berechnung.

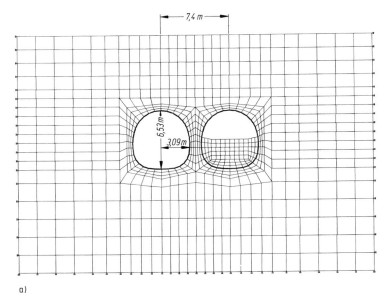

a)

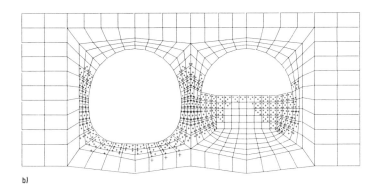

b)

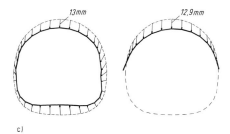

c)

Bild 1.2-8
Fortsetzung und Bildlegende
s. Seite 17

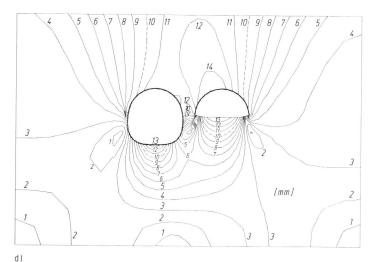

d)

Bild 1.2-8 Untersuchung der gegenseitigen Beeinflussung zweier Tunnelröhren im Bauzustand (U-Bahn München, Baulos 3 S -6.2)
a) Elementnetz
b) Plastische Zonen
c) Verformung der Schale
d) Linien gleicher Verformungen

1.2.4 Konstruktive Maßnahmen in Sonderfällen

Die für ein Bauwerk zulässigen Verformungen sind von der Konstruktion des Tragwerks abhängig. Bei den Überbauten von Brücken beispielsweise sind die zulässigen Setzungsunterschiede benachbarter Pfeiler rechnerisch gut zu erfassen. Wenn bei schwierigen Baugrundverhältnissen nicht oder nur mit sehr großem Aufwand gewährleistet werden kann, daß diese Werte nicht überschritten werden, so ist es üblich, Pfeiler, Widerlager und Überbau so auszubilden, daß der Überbau notfalls ohne zusätzliche Hilfsstützen angehoben werden kann. Beispiele dafür sind in Abschnitt 2.5 gegeben.

Bei Hochbauten sind die zulässigen Setzungsunterschiede ebenfalls von der Konstruktion abhängig, können aber rechnerisch wegen des schwer zu erfassenden Systems aus Tragwerk und Ausfachungen nicht genau ermittelt werden. Aus der systematischen Auswertung von Schadensfällen wurden Erfahrungswerte gewonnen, die von Land zu Land sehr verschieden sein können. Einige derartige Angaben sind in [7] zusammengetragen worden. Da die Setzungsunterschiede erfahrungsgemäß einen bestimmten Bruchteil der Gesamtsetzung ausmachen, ist es möglich, für bestimmte Bauwerksarten zulässige Setzungen anzugeben, vgl. Abschnitt 1.2.2. Ein Beispiel dafür sind die Werte der Tabelle 1.2-2 nach [13].

Die besonderen Probleme, die beim Bau von Hochhäusern auftreten (Empfindlichkeit gegen Schiefstellung durch ungleichmäßige Setzungen, Setzungssprünge zwischen Hochhäusern und angrenzenden Flachbauten), und Maßnahmen zur Beherrschung der Probleme werden in Abschnitt 2.4 gezeigt.

Tabelle 1.2-2   Zulässige Setzungen nach [13]

Lfd. Nr.	Bauwerksart	zulässiger Wert von s_{max} in cm	
		bei nichtbindigem Baugrund und bei bindigem Baugrund mit halbfester oder fester Zustandsform	bei bindigem Baugrund mit plastischer Zustandsform
1	Rahmenkonstruktionen und Skelettbauten in Stahlbeton oder Stahl mit Ausfachung	2,5	4,0
2	Statisch unbestimmte Rahmenkonstruktionen, Skelettbauten oder Durchlaufträger in Stahlbeton oder Stahl ohne Ausfachung	3,0	5,0
3	Statisch bestimmte Konstruktionen in Stahlbeton oder Stahl ohne Ausfachung	5,0	8,0
4	Wandbauten aus unbewehrtem Mauerwerk	2,5	4,0
5	Wandbauten aus Mauerwerk oder Großblöcken mit Ringankern in den Geschoßdecken	3,0	5,0

Die in den genannten Abschnitten angeführten Beispiele sollen deutlich machen, daß die Wechselwirkung zwischen Bauwerk und Baugrund selten mit mathematischen Raffinessen, sondern eher mit konstruktiver Planung beherrscht werden kann.

Literatur zu Abschnitt 1.2

[1] DIN 4020 Geotechnische Untersuchungen für bautechnische Zwecke
[2] DIN 4023 Baugrund- und Wasserbohrungen, zeichnerische Darstellung der Ergebnisse
[3] DIN 4022 Benennen und Beschreiben von Boden und Fels
[4] DIN 1055 Teil 2 Lastannahmen; Bodenkenngrößen; Wichte, Reibungswinkel, Kohäsion, Wandreibungswinkel
[5] DIN 4017 Teil I Baugrund; Grundbruchberechnung von lotrecht mittig belasteten Flachgründungen
[6] Empfehlungen des Arbeitsausschusses „Ufereinfassungen". Verlag Ernst & Sohn, Berlin 1985

[7] Grundbautaschenbuch, 3. Auflg., Teil 1. Verlag Wilhelm Ernst & Sohn, Berlin, München, Düsseldorf 1980
[8] KLÖCKNER, W., ARZ, P., SCHMIDT, H. G. und ZIESE, H.: Grundbau. Beton-Kalender 1987, Teil 2. Verlag Ernst & Sohn, Berlin
[9] DIN 1054 Baugrund; zulässige Belastung des Baugrunds
[10] DIN 4014 Bohrpfähle
[11] DIN 4026 Rammpfähle (Verdrängungspfähle)
[12] KANY, M.: Berechnung von Flächengründungen. Verlag Wilhelm Ernst & Sohn, 1974
[13] DDR Standard TGL 11 464, Blatt 1: Erdstatische Berechnungsverfahren, Setzungen, 1972

1.3   Bodenpressungen, Baugrundverformungen*)

In DIN 1054 sind detaillierte Angaben zur Berechnung zulässiger Bodenpressungen enthalten. Die früher übliche pauschale Abschätzung zulässiger mittlerer Bodenpressungen und erhöhter Kantenpressungen sollte deshalb in keinem Fall mehr angewendet werden.

1.3.1   Maßgebliche Bodenpressungen

In der Praxis tauchen immer wieder Fragen auf, welche Gesichtspunkte für die Berechnung der auftretenden Bodenpressungen maßgeblich sind. Da es ganz von dem Zweck des Nachweises abhängt, welche Lasten bei der Berechnung der Bodenpressungen zu berücksichtigen sind, sollen nachfolgend die 3 wichtigsten Grundregeln zusammengestellt werden (Bild 1.3-1).

Auftrieb:

Taucht ein Baukörper in das Grundwasser ein, so entstehen Auftriebskräfte, und die vom Korngerüst des Bodens aufzunehmenden Lasten werden dadurch verringert. Am anschaulichsten ist es, den Auftrieb rechnerisch als den auf die Unterseite des Baukörpers angreifenden Wasserdruck zu berücksichtigen und mit den übrigen äußeren Lasten zu einer Resultierenden zusammenzufassen (Bild 1.3-1a). Da durch den Auftrieb die Bodenpressungen vermindert werden, ist stets zu überprüfen, ob der Auftrieb (Wasserdruck) auch wegfallen kann, und dadurch höhere Bodenpressungen auftreten können.

Grundbruch:

Mit dieser Untersuchung wird geprüft, ob das Korngerüst des Bodens die durch das Fundament eingeleiteten Lasten mit ausreichender Sicherheit gegen einen Bruch, beispielsweise durch seitliches Ausweichen des Bodens, übernehmen kann. Daher müssen sämtliche Lasten berücksichtigt werden, auch solche, die nur selten oder kurzfristig auftreten, oder die durch die Verfüllung der Baugrube über einem Fundamentvorsprung

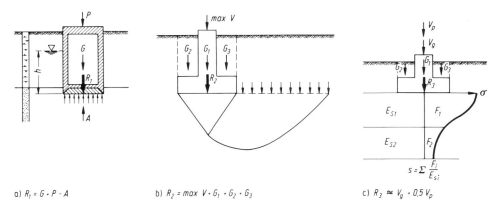

a) $R_1 = G + P - A$ b) $R_2 = \max V + G_1 + G_2 + G_3$ c) $R_3 \approx V_g + 0.5 V_p$

Bild 1.3-1   Ermittlung der maßgeblichen Bodenpressung
a) mit Abzug des Auftriebs
b) aus der maximal möglichen Belastung für Grundbruchuntersuchungen
c) aus der Zusatzbelastung für Setzungsberechnungen

*) Verfasser: HEINZ-GÜNTER SCHMIDT
    (s. a. Verzeichnis der Autoren, Seite V)

bedingt sind (Bild 1.3-1b). (Wenn dagegen die Einwirkungsdauer oder die Schwingungs-
dauer einer Last erheblich kürzer als die Eigenschwingungsdauer des elastisch gebetteten
Baukörpers ist, wird ein erheblicher Teil dieser Last durch Trägheitskräfte des Baukörpers
aufgenommen und bewirkt daher keine Bodenpressungen). Der Auftrieb muß auch hier
als entlastend wirkende Komponente bei der äußeren Bauwerkslast abgezogen werden.
Da der Auftrieb andererseits auch das Raumgewicht des Bodens und damit seine Tragfähigkeit herabsetzt (vgl. Abschn. 1.4), muß der für den Grundbruch maßgebliche ungün-
stigste Wasserstand im Einzelfall ermittelt werden. Dabei ist der Bereich zwischen dem
höchsten und niedrigsten möglichen Wasserstand zu berücksichtigen.

Setzungen:

Wenn der Baugrund vorübergehend entlastet und danach bis zum ursprünglichen
Spannungszustand wiederbelastet wird, sind die dadurch ausgelösten Verformungen wesentlich geringer, als wenn eine Belastung zum ersten Mal aufgebracht wird. Deshalb ist es
bei Setzungsberechnungen gebräuchlich und in sehr vielen Fällen ausreichend, nur die neu
hinzugekommene Belastung zu berücksichtigen, und eine Vorbelastung, beispielsweise
das Gewicht des Baugrubenaushubs, von der Gesamtlast abzuziehen („setzungswirksame
Last"). Da bindige Böden erst mit zeitlicher Verzögerung auf eine Belastungsänderung
reagieren (s. Abschn. 1.2.1), wird als setzungswirksamer Anteil der Verkehrslast eine über
längere Zeit gemittelte Belastung, häufig als Näherung 50% der Höchstlast angesetzt (Bild
1.3-1c). Auch bei nichtbindigen Böden kann eine solche Reduktion sinnvoll sein, wenn
Lasten nur Bruchteile von Sekunden wirken, so daß sie von Trägheitskräften des Baukörpers und des Baugrundes teilweise absorbiert werden (siehe vorhergehenden Absatz).

In einfachen Fällen werden die zulässigen Bodenpressungen der Tabelle 1 in DIN 1054
entnommen. Für kleine Fundamente ist die Grundbruchsicherheit ausschlaggebend: je
breiter das Fundament, desto tiefer reicht der im Bruchzustand zu verdrängende Erdkörper, desto größer die zulässige Bodenpressung – sie wächst also mit der Fundamentbreite.
Bei großen Fundamenten sind dagegen die zulässigen Setzungen maßgeblich: Je größer
das Fundament, desto tiefer reicht der Bodenkörper, dessen Zusammendrückung zu den
Setzungen beiträgt – die zulässige Bodenpressung sinkt deshalb mit wachsender Aufstandsfläche. Bei großer Aufstandsfläche wird daher die zulässige Bodenpressung wieder
kleiner. In Tabelle 1.3-1 sind die nach DIN 1054 zulässigen Bodenpressungen für zentrische Belastung von Streifenfundamenten in Abhängigkeit von Einbindetiefe und Fundamentbreite zusammengestellt.

Tabelle 1.3-1   Zulässige Bodenpressungen für lotrecht und mittig belastete Streifenfundamente
nach DIN 1054

1.1   nichtbindiger Boden, mitteldicht gelagert, Grundwasser liegt mindestens so tief unter der Gründungssohle, wie das Fundament breit ist;
a) größere Setzungen können in Kauf genommen werden

Kleinste Einbindetiefe des Fundaments m	Zulässige Bodenpressung in kN/m² bei Streifenfundamenten mit Breiten b bzw. b' von			
	0,5 m	1 m	1,5 m	2 m
0,5	200	300	400	500
1	270	370	470	570
1,5	340	440	540	640
2	400	500	600	700

Fortsetzung Tabelle 1.3-1

b) Setzungen dürfen 2 cm nicht überschreiten

Kleinste Einbindetiefe des Fundaments m	Zulässige Bodenpressung in kN/m² bei Streifenfundamenten und Breiten b bzw. b' von					
	0,5 m	1 m	1,5 m	2 m	2,5 m	3 m
0,5	200	300	330	280	250	220
1	270	370	360	310	270	240
1,5	340	440	390	340	290	260
2	400	500	420	360	310	280

1.2 gemischtkörniger Boden mit Korngrößen vom Ton bis in den Sand-, Kies- oder Steinbereich; Setzungen 2–4 cm

Kleinste Einbindetiefe des Fundaments m	Zulässige Bodenpressung in kN/m² bei Streifenfundamenten mit Breiten b bzw. b' von 0,5 bis 2 m und einer Konsistenz		
	steif	halbfest	fest
0,5	150	220	330
1	180	280	380
1,5	220	330	440
2	250	370	500

1.3 bindiger Boden, Setzungen 2–4 cm

a) reiner Schluff

Kleinste Einbindetiefe des Fundaments m	Zulässige Bodenpressung in kN/m² bei Streifenfundamenten mit Breiten b bzw. b' von 0,5 bis 2 m und steifer bis halbfester Konsistenz
0,5	130
1	180
1,5	220
2	250

b) tonig-schluffiger Boden

Kleinste Einbindetiefe des Fundaments m	Zulässige Bodenpressung in kN/m² bei Streifenfundamenten mit Breiten b bzw. b' von 0,5 bis 2 m und einer Konsistenz		
	steif	halbfest	fest
0,5	120	170	280
1	140	210	320
1,5	160	250	360
2	180	280	400

Fortsetzung Tabelle 1.3-1

    c) fetter Ton

Kleinste Einbindetiefe des Fundaments m	Zulässige Bodenpressung in kN/m² bei Streifenfundamenten mit Breiten b bzw. b' von 0,5 bis 2 m und einer Konsistenz		
	steif	halbfest	fest
0,5	90	140	200
1	110	180	240
1,5	130	210	270
2	150	230	300

1.4   Fels

Lagerungszustand	Zulässige Bodenpressung in kN/m² bei Flächengründungen und dem Zustand des Gesteins	
	nicht brüchig, nicht oder nur wenig angewittert	brüchig oder mit deutlichen Verwitterungsspuren
Fels in gleichmäßig festem Verband	4000	1500
Fels in wechselnder Schichtung oder klüftig	2000	1000

Bei exzentrischen Lasten werden die Bodenpressungen als Spannungsblock auf eine Ersatzfläche bezogen, die so bestimmt wird, daß die resultierende Last im Zentrum der Ersatzfläche liegt (Bild 1.4-7). Werden die Bodenpressungen nach Tabelle 1.3-1 eingehalten, brauchen keine Grundbruchsicherheit und keine Setzungen nachgewiesen zu werden. In allen anderen Fällen sind die Bodenpressungen genauer zu ermitteln (s. Abschnitt 2), der Nachweis der Grundbruchsicherheit zu führen (s. Abschnitt 1.4.3) und die Setzungen zu berechnen (s. Abschnitte 1.3.2 und 1.3.3).

1.3.2   Spannungsausbreitung im Baugrund

Die Sohldruckverteilung unter der Aufstandsfläche eines Fundamentes wurde bereits in Abschnitt 1.2.3 erörtert. Die Spannungsverteilung im Baugrund infolge einer Einzellast wurde erstmals von BOUSSINESQ [1] untersucht, wobei er den Baugrund als „elastischen Halbraum" betrachtete, vgl. Abschnitt 1.2.3, Steifemodulverfahren. Auf der Basis dieser grundlegenden Lösung wurden durch Integration die Spannungsverteilungen auch für Linienlasten und für Flächenlasten mit verschiedenen Formen der Grundfläche sowie für starre Fundamente ermittelt.

Häufig muß abgeschätzt werden, ob die Spannungsausbreitung unter einem Fundament eine nahegelegene Stützwand erreicht, ob eine tiefer liegende, nachgiebige Schicht sich wesentlich auf die Setzung eines Fundamentes auswirkt, oder ob Nachbarfundamente sich gegenseitig beeinflussen, s. Bild 1.3-2. In solchen Fällen kann als Näherung eine

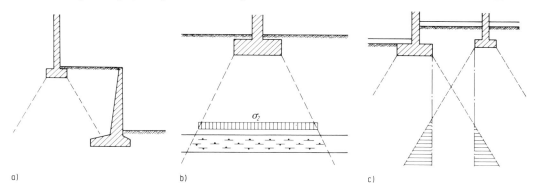

Bild 1.3-2   Beispiele für die Abschätzung der Druckausbreitung mit einer Neigung 2 : 1
a) Auswirkung auf eine Stützwand
b) Einfluß einer tiefliegenden Weichschicht
c) gegenseitige Beeinflussung von Nachbarfundamenten

Spannungsausbreitung unter der Neigung 2 : 1 angenommen werden; in der Tiefe z unter einem Fundament mit den Seitenlängen a und b sowie der Last P ergeben sich mit Faustformeln nach BRINCH-HANSEN [2] folgende Spannungen σ_z:

$$\text{unter dem Mittelpunkt:} \quad \sigma_z = \frac{P}{(a + z) \cdot (b + z)} \tag{1}$$

$$\text{unter dem Eckpunkt:} \quad \sigma_z = \frac{P}{(2a + z) \cdot (2b + z)} \tag{2}$$

Für eine genauere Ermittlung der Spannungsverteilung sind zahlreiche Tabellen und Diagramme aufgestellt worden; eine Zusammenstellung des Schrifttums gibt beispielsweise [3]. In den Tabellen 1.3-2 bis 1.3-4 sind einige wichtige Fälle wiedergegeben. Die Spannungsverteilungen werden meist in Form von Spannungsfaktoren im Verhältnis zur aufgebrachten äußeren Flächenlast und in Abhängigkeit vom geometrischen Ort der Spannung angegeben.

Die Verteilung der lotrechten Spannungen unter einer gleichmäßig belasteten, schlaffen Kreisfläche nach [4] ist in Tabelle 1.3-2 wiedergegeben. Danach ist die Spannung nahe der Bodenoberfläche ($z/r = 0,2$) unter dem Rand der Kreisfläche ($x/r = 1$) etwa nur halb so groß ($J_1 = 0,465$) wie in der Mitte ($J_1 = 0,992$); erst in größerer Tiefe ($z/r = 5$) wird die Spannungsverteilung im Bereich $x < r$ annähernd gleichmäßig ($J_1 = 0,057$ bis $0,052$ für $z/r = 5$). Demzufolge muß sich die Mitte der Kreisfläche erheblich stärker setzen als der Rand, und es entsteht eine Setzungsmulde. Ein starres Fundament erzwingt eine gleichmäßige Setzung, die bei gleicher Gesamtlast genau so groß ist wie die der Setzungsmulde unter der schlaffen Last an der Stelle $x/r = 0,845$ („kennzeichnender Punkt"); die Setzung eines starren Fundamentes kann also aus dem für schlaffe Last geltenden Spannungsverlauf $\sigma_z(z)$ unter dieser Stelle errechnet werden.

Tabelle 1.3-3 gibt die Spannungen unter dem Eckpunkt einer schlaffen, gleichmäßig verteilten Belastung auf einer rechteckigen Grundfläche wieder. Werden die Spannungen unter einem anderen Punkt der Lastfläche gesucht, so muß diese in 4 Teilrechtecke zerlegt werden, die den gesuchten Punkt als gemeinsamen Eckpunkt haben. Für jede Teilfläche müssen die Spannungen ermittelt und anschließend addiert werden. Auch bei den Rechteckflächen gibt es einen kennzeichnenden Punkt, in dem die Verformungen der Oberfläche des Halbraumes für eine schlaffe Lastfläche und ein starres Fundament bei gleicher Gesamtlast zusammenfallen. Den Spannungsverlauf an dieser Stelle gibt Tabelle 1.3-4 wieder.

Dieser Spannungsverlauf kann näherungsweise auch unter dem Mittelpunkt eines starren Fundamentes gleicher Größe und gleicher Gesamtlast angenommen werden.

Zum Vergleich werden die Spannungen unter dem Mittelpunkt eines starren Fundaments mit den Seitenlängen $a = 3$ m, $b = 2$ m und der mittleren Bodenpressung $\sigma_o = 300$ kN/m^2 in einer Tiefe $z = b = 2$ m einmal näherungsweise nach Tabelle 1.3-4 und einmal nach der Überschlagsformel (1) ermittelt:

nach Tabelle 1.3-4   nach (1)

$a/b = 3/2 = 1,5$ $P = 2 \cdot 3 \cdot 300 = 1800$ kN
$z/b = 1$
$J_3 = 0,2786$ $\sigma_z = \dfrac{1800}{(3 + 2) \cdot (2 + 2)} = 90 \, \text{kN/m}^2$
$\sigma_z = 0,2786 \cdot 300 = 83,6 \, \text{kN/m}^2$

Die Übereinstimmung ist demnach gut.

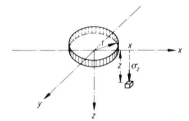

Tab. 1.3-2   Druckverlauf unter einer
gleichmäßig belasteten Kreisfläche nach [4] $\sigma_z = \sigma_0 \cdot J_1$

z/r	x/r									
	0	0,25	0,50	0,75	**0,845**	1,00	1,50	2,00	2,50	3,00
0,2	0,992	0,990	0,977	0,898	0,817	0,465	0,011	0,001	0,0002	0,0001
0,4	0,949	0,936	0,885	0,735	0,650	0,430	0,047	0,006	0,0016	0,0006
0,6	0,864	0,840	0,766	0,615	0,546	0,397	0,087	0,016	0,0048	0,0017
0,8	0,756	0,727	0,652	0,523	0,470	0,363	0,115	0,028	0,0097	0,0037
1,0	0,646	0,619	0,553	0,449	0,409	0,330	0,132	0,041	0,0157	0,0064
1,2	0,547	0,523	0,469	0,388	0,358	0,298	0,140	0,052	0,0222	0,0097
1,4	0,460	0,442	0,400	0,337	0,314	0,269	0,142	0,061	0,0283	0,0132
1,6	0,390	0,374	0,342	0,294	0,276	0,241	0,140	0,067	0,0337	0,0167
1,8	0,332	0,319	0,295	0,258	0,244	0,217	0,135	0,071	0,0383	0,0200
2,0	0,284	0,274	0,256	0,227	0,216	0,195	0,129	0,073	0,0418	0,0230
2,5	0,200	0,193	0,184	0,168	0,162	0,150	0,111	0,072	0,0466	0,0286
3,0	0,146	0,142	0,137	0,128	0,124	0,118	0,093	0,067	0,0471	0,0315
4,0	0,087	0,085	0,084	0,080	0,078	0,076	0,066	0,052	0,0419	0,0316
5,0	0,057	0,056	0,056	0,054	0,053	0,052	0,047	0,041	0,0346	0,0282

Spannungsfaktoren J_1
„Kennzeichnender Punkt" für die Setzung eines starren Kreisfundamentes bei $x/r = 0,845$.

Tabelle 1.3-3　Druckverlauf unter dem Eckpunkt einer gleichmäßig belasteten, rechteckigen Fläche nach [5]　$\sigma_z = \sigma_0 \cdot J_2$

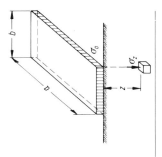

b/z	a/z											
	0,1	0,2	0,3	0,4	0,5	0,6	0,7	0,8	0,9	1,0	1,2	1,4
0,1	0,00470	0,00917	0,01323	0,01678	0,01978	0,02223	0,02420	0,02576	0,02698	0,02794	0,02926	0,03007
0,2	0,00917	0,01790	0,02585	0,03280	0,03866	0,04348	0,04735	0,05042	0,05283	0,05471	0,05733	0,05894
0,3	0,01323	0,02585	0,03735	0,04742	0,05593	0,06294	0,06858	0,07308	0,07661	0,07938	0,08323	0,08561
0,4	0,01678	0,03280	0,04742	0,06024	0,07111	0,08009	0,08734	0,09314	0,09770	0,10129	0,10631	0,10941
0,5	0,01978	0,03866	0,05593	0,07111	0,08403	0,09473	0,10340	0,11035	0,11584	0,12018	0,12626	0,13003
0,6	0,02223	0,04348	0,06294	0,08009	0,09473	0,10688	0,11679	0,12474	0,13105	0,13605	0,14309	0,14749
0,7	0,02420	0,04735	0,06858	0,08734	0,10340	0,11679	0,12772	0,13653	0,14356	0,14914	0,15703	0,16199
0,8	0,02576	0,05042	0,07308	0,09314	0,11035	0,12474	0,13653	0,14607	0,15371	0,15978	0,16843	0,17389
0,9	0,02698	0,05283	0,07661	0,09770	0,11584	0,13105	0,14356	0,15371	0,16185	0,16835	0,17766	0,18357
1,0	0,02794	0,05471	0,07938	0,10129	0,12018	0,13605	0,14914	0,15978	0,16835	0,17522	0,18508	0,19139
1,2	0,02926	0,05733	0,08323	0,10631	0,12626	0,14309	0,15703	0,16843	0,17766	0,18508	0,19584	0,20278
1,4	0,03007	0,05894	0,08561	0,10941	0,13003	0,14749	0,16199	0,17389	0,18357	0,19139	0,20278	0,21020
1,6	0,03058	0,05994	0,08709	0,11135	0,13241	0,15028	0,16515	0,17739	0,18737	0,19546	0,20731	0,21510
1,8	0,03090	0,06058	0,08804	0,11260	0,13395	0,15207	0,16720	0,17967	0,18986	0,19814	0,21032	0,21836
2,0	0,03111	0,06100	0,08867	0,11342	0,13496	0,15326	0,16856	0,18119	0,19152	0,19994	0,21235	0,22058
2,5	0,03138	0,06155	0,08948	0,11450	0,13628	0,15483	0,17036	0,18321	0,19375	0,20236	0,21512	0,22364
3,0	0,03150	0,06178	0,08982	0,11495	0,13684	0,15550	0,17113	0,18407	0,19470	0,20341	0,21633	0,22499
4,0	0,03158	0,06194	0,09007	0,11527	0,13724	0,15598	0,17168	0,18469	0,19540	0,20417	0,21722	0,22600
5,0	0,03160	0,06199	0,09014	0,11537	0,13737	0,15612	0,17185	0,18488	0,19561	0,20440	0,21749	0,22632
6,0	0,03161	0,06201	0,09017	0,11541	0,13741	0,15617	0,17191	0,18496	0,19569	0,20449	0,21760	0,22644
8,0	0,03162	0,06202	0,09018	0,11543	0,13744	0,15621	0,17195	0,18500	0,19574	0,20455	0,21767	0,22652
10,0	0,03162	0,06202	0,09019	0,11544	0,13745	0,15622	0,17196	0,18502	0,19576	0,20457	0,21769	0,22654
∞	0,03162	0,06202	0,09019	0,11544	0,13745	0,15623	0,17197	0,18502	0,19577	0,20458	0,21770	0,22656

Spannungsfaktoren J_2

Fortsetzung Tabelle 1.3-3 auf Seite 26

Fortsetzung Tabelle 1.3-3

b/z	a/z										
	1,6	1,8	2,0	2,5	3,0	4,0	5,0	6,0	8,0	10,0	∞
0,1	0,03058	0,03090	0,03111	0,03138	0,03150	0,03158	0,03160	0,03161	0,03162	0,03162	0,03162
0,2	0,05994	0,06058	0,06100	0,06155	0,06178	0,06194	0,06199	0,06201	0,06202	0,06202	0,06202
0,3	0,08709	0,08804	0,08867	0,08948	0,08982	0,09007	0,09014	0,09017	0,09018	0,09019	0,09019
0,4	0,11135	0,11260	0,11342	0,11450	0,11495	0,11527	0,11537	0,11541	0,11543	0,11544	0,11544
0,5	0,13241	0,13395	0,13496	0,13628	0,13684	0,13724	0,13737	0,13741	0,13744	0,13745	0,13745
0,6	0,15028	0,15207	0,15326	0,15483	0,15550	0,15598	0,15612	0,15617	0,15621	0,15622	0,15623
0,7	0,16515	0,16720	0,16856	0,17036	0,17113	0,17168	0,17185	0,17191	0,17195	0,17196	0,17197
0,8	0,17739	0,17967	0,18119	0,18321	0,18407	0,18469	0,18488	0,18496	0,18500	0,18502	0,18502
0,9	0,18737	0,18986	0,19152	0,19375	0,19470	0,19540	0,19561	0,19569	0,19574	0,19576	0,19577
1,0	0,19546	0,19814	0,19994	0,20236	0,20341	0,20417	0,20440	0,20449	0,20455	0,20457	0,20458
1,2	0,20731	0,21032	0,21235	0,21512	0,21633	0,21722	0,21749	0,21760	0,21767	0,21769	0,21770
1,4	0,21510	0,21836	0,22058	0,22364	0,22499	0,22600	0,22632	0,22644	0,22652	0,22654	0,22656
1,6	0,22025	0,22372	0,22610	0,22940	0,23088	0,23200	0,23236	0,23249	0,23258	0,23261	0,23263
1,8	0,22372	0,22736	0,22986	0,23334	0,23495	0,23617	0,23656	0,23671	0,23681	0,23684	0,23686
2,0	0,22610	0,22986	0,23247	0,23614	0,23782	0,23912	0,23954	0,23970	0,23981	0,23985	0,23987
2,5	0,22940	0,23334	0,23614	0,24010	0,24196	0,24344	0,24392	0,24412	0,24425	0,24429	0,24432
3,0	0,23088	0,23495	0,23782	0,24196	0,24394	0,24554	0,24608	0,24630	0,24646	0,24650	0,24654
4,0	0,23200	0,23617	0,23912	0,24344	0,24554	0,24729	0,24791	0,24817	0,24836	0,24842	0,24846
5,0	0,23236	0,23656	0,23954	0,24392	0,24608	0,24791	0,24857	0,24885	0,24907	0,24914	0,24919
6,0	0,23249	0,23671	0,23970	0,24412	0,24630	0,24817	0,24885	0,24916	0,24939	0,24946	0,24952
8,0	0,23258	0,23681	0,23981	0,24425	0,24646	0,24836	0,24907	0,24939	0,24964	0,24973	0,24980
10,0	0,23261	0,23684	0,23985	0,24429	0,24650	0,24842	0,24914	0,24946	0,24973	0,24981	0,24989
∞	0,23263	0,23686	0,23987	0,24432	0,24654	0,24846	0,24919	0,24952	0,24980	0,24989	0,25000

Spannungsfaktoren J_2

Tabelle 1.3-4   Druckverlauf unter dem kennzeichnenden Punkt einer gleichmäßigen Rechtecklast zur Berechnung der Setzung eines starren Rechteckfundamen-
tes gleicher Größe und gleicher Gesamtlast nach [6]

$$\sigma_z = \sigma_0 \cdot J_3$$

z/b	a/b						
	1,0	1,5	2,0	3,0	5,0	10,0	∞
0,05	0,9811	0,9819	0,9884	0,9894	0,9895	0,9897	0,9896
0,10	0,8984	0,9280	0,9372	0,9425	0,9443	0,9447	0,9447
0,15	0,7898	0,8351	0,8623	0,8755	0,8824	0,8830	0,8839
0,20	0,6947	0,7570	0,7883	0,8127	0,8335	0,8262	0,8264
0,30	0,5566	0,6213	0,6628	0,7053	0,7301	0,7376	0,7387
0,50	0,4088	0,4622	0,5032	0,5550	0,6032	0,6264	0,6299
0,70	0,3249	0,3706	0,4041	0,4527	0,5066	0,5473	0,5552
1,00	0,2342	0,2786	0,3078	0,3488	0,4008	0,4504	0,4674
1,50	0,1438	0,1830	0,2098	0,2387	0,2779	0,3303	0,3604
2,00	0,0939	0,1279	0,1475	0,1749	0,2057	0,2479	0,2883
3,00	0,0473	0,0672	0,0823	0,1043	0,1280	0,1575	0,2025
5,00	0,0183	0,0268	0,0345	0,0502	0,0646	0,0838	0,1251
7,00	0,0095	0,0141	0,0185	0,0264	0,0384	0,0541	0,0905
10,00	0,0045	0,0070	0,0093	0,0135	0,0210	0,0328	0,0633
20,00	0,0012	0,0015	0,0024	0,0035	0,0058	0,0105	0,0318

Spannungsfaktoren J_3

1.3.3   Baugrundverformungen

Die Zusammendrückbarkeit des Bodens wird im Labor an „ungestörten" Proben durch Kompressionsversuche ermittelt, vgl. Bild 1.2-6. Mit zunehmender Belastung verfestigt sich der Boden, so daß der Steifemodul wächst; er ist demnach vom Spannungsbereich abhängig. Wegen der nie ganz gleichförmigen Beschaffenheit des Baugrundes wird dieser Einfluß im gebräuchlichen Spannungsbereich häufig von der Streuung der Ergebnisse für verschiedene Proben derselben Bodenschicht übertroffen. Daher wird im allgemeinen die Spannungsabhängigkeit vernachlässigt und für jede Schicht ein pauschaler, gemittelter Wert oder aber eine bestimmte Bandbreite für den Steifemodul E_s angegeben. Bei nichtbindigen Böden ist die Entnahme von „ungestörten" oder Sonder-Proben kaum möglich, so daß die Steifemoduln in der Regel anhand der Ergebnisse von Sondierungen und von Erfahrungswerten geschätzt werden müssen. Daher dürfen an den Genauigkeitsgrad von Setzungsberechnungen keine allzu hohen Erwartungen geknüpft werden, und die errechneten Werte sollten grundsätzlich auf volle Zentimeter gerundet werden.

Zur Berechnung der Setzung eines bestimmten Punktes muß der Spannungsverlauf über die Tiefe an der betreffenden Stelle ermittelt werden; bei starren Fundamenten ist dies der „kennzeichnende Punkt" der schlaffen Lastfläche, vgl. Tabelle 1.3-2 und Tabelle 1.3-4 in Abschnitt 1.3.2. Zur maßgeblichen Belastung vgl. Abschnitt 1.3.1. Die Spannungen werden schichtweise über die Tiefe integriert, s. F_1, F_2 in Bild 1.3-1c, und zur Ermittlung der Stauchungen durch die zugehörigen Steifemoduln dividiert. Eine nennenswerte Stauchung des Bodens ist erfahrungsgemäß nur dann zu erwarten, wenn die Zusatzspannung 20% der vorher bereits vorhandenen Spannung überschreitet. Daraus ergibt sich die „Einflußtiefe", an der die Spannungsfläche abgeschnitten werden darf.

Da die Einflußtiefe eines Fundamentes in vielen Fällen etwa das Zweifache der kürzeren Kantenlänge b beträgt, läßt sich die Größe der maßgeblichen Spannungsfläche eingrenzen und bei einheitlichen Baugrundverhältnissen mit einer mittleren Steifezahl E_s in diesem Tiefenbereich eine einfache Formel für die Setzung aufstellen. Als Überschlagsformeln sind beispielsweise in Gebrauch:

Für gedrungene, annähernd quadratische Fundamente

$$s \approx \frac{b \cdot \sigma_o}{E_s} \cdot 0{,}75 \tag{3}$$

(vgl. dazu Bild 1.3-3),

und für Rechteckfundamente mit beliebigem Seitenverhältnis

$$s \approx \frac{b \cdot \sigma_o}{E_s} \cdot \frac{1{,}75}{1 + b/a} \tag{4}$$

wobei sich für $b/a = 1$ ein Beiwert (zweiter Bruch) von 0,88 ergibt, weil anscheinend eine etwas größere Einflußtiefe vorausgesetzt wird als in (3). Für $a = \infty$ ergibt sich ein Beiwert 1,75, obwohl die Halbraumtheorie hierfür eine unendlich große Setzung liefert. Das liegt daran, daß sich die Abweichungen der Annahmen der Halbraumtheorie von der Wirklichkeit für $a \rightarrow \infty$ besonders stark auswirken. Dabei sind sowohl die Annahmen über das Materialverhalten (Homogenität, Isotropie, lineare Elastizität) als auch über die Geometrie (ebene Begrenzung, paralleles Schwerefeld, Unendlichkeit des Halbraumes) von Bedeutung.

Zur Vereinfachung der Setzungsberechnungen wurden zahlreiche Tabellen und Diagramme aufgestellt. Den meisten ist gemeinsam, daß von der Tiefe abhängige Beiwerte den Inhalt der Spannungsflächen bis zu den betreffenden Tiefen wiedergeben. Für die meisten praktischen Fälle sind 3 Diagramme ausreichend: Die mittlere Setzung eines starren Fundamentes infolge zentrischer Belastung und seine Verdrehung infolge einer Ausmittigkeit bzw. eines Moments (Bild 1.3-3 nach [7]); Setzung eines Fundamentes infolge des Einflusses eines Nachbarfundamentes, wobei dieses durch eine Einzellast angenähert wird (Bild 1.3-4 nach [8]) sowie Setzung infolge einer Aufschüttung (Bild 1.3-5 nach [9]). Das nachfolgende Beispiel, das auch in [10] veröffentlicht wurde, zeigt die Anwendung dieser Diagramme.

Ein neues Bauwerk soll auf einer alten Anschüttung aus etwa mitteldicht gelagertem Sand gegründet werden. Darunter besteht der Baugrund aus einer Wechselschichtung von Sanden, Schluffen und Geschiebelehmen, deren Zusammendrückbarkeit mit der Tiefe abnimmt. Wegen des hohen Grundwasserspiegels ist die Gründungstiefe auf $d = 1,0$ m begrenzt; das Bauwerk wird nachträglich auf eine Höhe von 1,7 m umschüttet; weitere Einzelheiten sind in Bild 1.3-6 dargestellt. Gesucht wird die Setzung des Fundaments in Achse B, wobei der Einfluß des Nachbarfundaments in Achse C sowie der Anschüttung berücksichtigt werden soll.

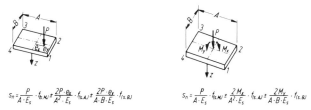

$$s_n = \frac{P}{A \cdot E_s} \cdot f_{(s,M)} \pm \frac{2P \cdot e_x}{A^2 \cdot E_s} \cdot f_{(s,A)} \pm \frac{2P \cdot e_y}{A \cdot B \cdot E_s} \cdot f_{(s,B)}$$

$$s_n = \frac{P}{A \cdot E_s} \cdot f_{(s,M)} \pm \frac{2M_x}{A^2 \cdot E_s} \cdot f_{(s,A)} \pm \frac{2M_y}{A \cdot B \cdot E_s} \cdot f_{(s,B)}$$

Voraussetzung: Keine Zugspannungen in der Gründungssohle.

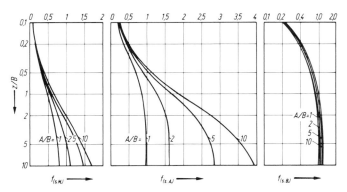

Bild 1.3-3   Setzungen unter den Eckpunkten eines starren, rechteckigen Fundamentes für zweiachsig ausmittige Belastung [7]

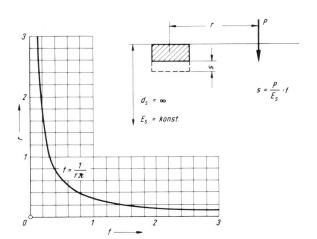

Bild 1.3-4   Setzungen eines Fundamentes im elastischen Halbraum mit konstantem Steifemodul E_s und $v = 0,5$ infolge einer benachbarten Einzellast nach [8]

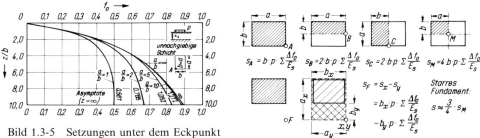

Bild 1.3-5   Setzungen unter dem Eckpunkt
einer gleichmäßigen Flächenlast mit
rechteckigem Grundriß für den elastischen Halbraum und $v = 0$ nach STEINBRENNER [9]

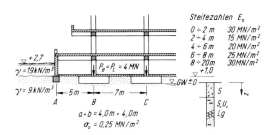

Bild 1.3-6   Beispiel einer Setzungsberechnung; Ausgangswerte

Setzungsanteil s_1 infolge der Stützenlast

Setzungswirksame Pressung: Das Gewicht des Fundaments ist nicht viel größer als das
des Bodenaushubs, die Differenz wird vernachlässigt. Als setzungswirksame Belastung
wird daher die Bodenpressung infolge der Stützenlast $\sigma_o = 0{,}25 \text{ MN/m}^2$ angesetzt.

Einflußtiefe: Eine Zusammendrückung des Bodens braucht nur berücksichtigt zu werden, wo die Zusatzspannung infolge der Fundamentlast mindestens 20% des ursprünglichen Überlagerungsdrucks beträgt.

$$\sigma_{\ddot{u}} = 1{,}0 \cdot 19 + 9 \cdot z = 19 + 9z \text{ kN/m}^2$$

Die zusätzliche Bodenpressung wird nach der Überschlagsformel (1) ermittelt

$$\sigma_z = \frac{P}{(a+z)^2} = \frac{4000}{(4+z)^2} \text{ kN/m}^2$$

$z =$	$\sigma_{\ddot{u}}$	σ_z	$0{,}2\,\sigma_{\ddot{u}}$
$a = 4\,\text{m}$	55	62,5	11,0
$2a = 8\,\text{m}$	91	27,8	18.2
$3a = 12\,\text{m}$	127	15,6	25,4

Die rechnerische Einflußtiefe beträgt etwa 9,6 m bzw. das 2,4fache der Fundamentbreite (Bild 1.3-7).

Setzungsberechnung: Die Setzungen werden mit Hilfe der Diagramme in Bild 1.3-3
errechnet. Um den abnehmenden Einfluß der tiefer liegenden Schichten auf die Gesamtsetzung zu zeigen, wird die Zusammendrückung hier ausnahmsweise auch noch unterhalb
der Grenztiefe ermittelt.

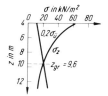

Bild 1.3-7   Setzungsberechnung; Ermittlung der Einflußtiefe

$$s_n = \frac{P}{A \cdot E_s} \cdot f_{(sM)}$$

$$= \frac{4{,}0}{4{,}0} \cdot \frac{1}{E_s} \cdot f_{(sM)} \cdot 100$$

$f_{(sM)}$ = Tafelwert für $A/B = 1$;

P, A, E_s in MN und m,

Faktor $100 \to s_n$ in cm

z	z/B	$f_{(sM)}$	$\Delta f_{(sM)}$	E_s	Δs_n
$0 \div 2$	0,5	0,3	0,3	30	1,00
$2 \div 4$	1,0	0,48	0,18	15	1,20
$4 \div 6$	1,5	0,55	0,07	20	0,35
$6 \div 8$	2,0	0,60	0,05	25	0,20
$8 \div 9{,}6$	2,4	0,63	0,03	30	0,10
$(9{,}6 \div 15)$	3,75	0,70	0,07	30	(0,23)
$(15 \div 20)$	5,0	0,75	0,05	30	(0,17)

Mit dem Abminderungsfaktor nach DIN 4019 Teil 1:

$$s_1 = 0{,}67 \cdot 2{,}85 = \mathbf{1{,}91 \approx 2 \ cm}$$

Setzungsanteil s_2 infolge des Nachbarfundaments in Achse C.

Dieser Setzungsanteil wird mit dem Diagramm in Bild 1.3-4 ermittelt. Die dazu erforderliche, mittlere Steifezahl wird aus der vorstehenden Setzungsberechnung nach folgender Gleichung erhalten:

$$E_{sm} = \frac{P}{A \cdot s_n} \cdot \max f_{(sM)} = \frac{4{,}0 \cdot 100}{4{,}0 \cdot 2{,}85} \cdot 0{,}63 = 22{,}11 \approx 22 \ MN/m^2$$

$$s_2 = \frac{P}{E_{sm}} \cdot f$$

für r = 7 m ist $f = 0{,}05$

$$s_2 = \frac{4{,}0}{22} \cdot 0{,}05 \cdot 100 = 0{,}91 \ cm$$

P, E_{sm}, r in MN und m; Faktor $100 \to s_2$ in cm

Mit Abminderung

$$s_2 = 0{,}67 \cdot 0{,}91 = \mathbf{0{,}61 \approx 0{,}6 \ cm}$$

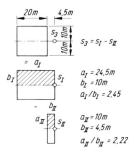

$s_3 = s_I - s_{II}$

$a_I = 24,5\,m$
$b_I = 10\,m$
$a_I/b_I = 2,45$

$a_{II} = 10\,m$
$b_{II} = 4,5\,m$
$a_{II}/b_{II} = 2,22$

Bild 1.3-8   Setzungsberechnung; Einfluß einer nahegelegenen Flächenlast

Setzungsanteil s_3 infolge der Aufschüttung

Die Last des Streifenfundaments in Achse A wird näherungsweise der Flächenlast infolge der Anschüttung zugeschlagen, so daß deren rechnerische Vorderkante im Abstand von 4,5 m zur Achse B angesetzt wird. Ausdehnung der Anschüttung: senkrecht zur Bildebene 20 m, symmetrisch zum untersuchten Schnitt; in Schnittrichtung ebenfalls 20 m. Setzungsberechnung mit Hilfe des Diagramms in Bild 1.3-5, Abmessungen s. Bild 1.3-8

$$s = 2 \cdot b \cdot p \cdot \sum \frac{\Delta f_o}{E_s} \qquad p = 1,7 \cdot 19 = 32,3\ \text{kN/m}^2 \triangleq 0,032\ \text{MN/m}^2$$

$$p\ \text{und}\ E_s\ \text{in MN/m}^2,\ b\ \text{in cm} \to s\ \text{in cm}$$

$$s_I = 1000 \cdot 0,032 \cdot \sum \frac{\Delta f_o}{E_s} = 64 \cdot \sum \frac{\Delta f_o}{E_s}$$

$$s_{II} = 2 \cdot 450 \cdot 0,032 \cdot \sum \frac{\Delta f_o}{E_s} = 28,8 \cdot \sum \frac{\Delta f_o}{E_s}$$

Die Lastausbreitung beginnt in Höhe der ursprünglichen Geländeoberfläche auf + 1,0 m; daher müssen die Tiefen hier auf diese Ebene bezogen werden. Auf die Setzung des Fundamentes wirkt sich dagegen nur die Zusammendrückung des Bodens unterhalb der Gründungsebene $\pm$ 0 aus, daher bleibt der Setzungsbeitrag der obersten, 1 m dicken Schicht hier unberücksichtigt. Wegen der verhältnismäßig kleinen Last wird als Grenztiefe die einfache Lastbreite $b = 20$ m angesetzt.

z	E_s	z/b_I	f_o	Δf_o	Δs_I	z/b_{II}	f_o	Δf_o	Δs_{II}
0 ÷ 1	÷	0,1	0,013	÷	÷	0,22	0,033	÷	÷
1 ÷ 3	30	0,3	0,047	0,034	0,07	0,67	0,112	0,079	0,08
3 ÷ 5	15	0,5	0,081	0,034	0,15	1,11	0,187	0,075	0,14
5 ÷ 7	20	0,7	0,117	0,036	0,12	1,56	0,31	0,123	0,18
7 ÷ 9	25	0,9	0,152	0,035	0,09	2,00	0,40	0,09	0,10
9 ÷ 15	30	1,5	0,30	0,148	0,32	3,33	0,51	0,11	0,11
15 ÷ 20	30	2,0	0,40	0,100	0,21	4,44	0,58	0,07	0,07
					0,96				0,68

$$s_3 = s_I - s_{II} = 0,96 - 0,68 = 0,28\ \text{cm}$$

Abminderung nach DIN 4019 Teil 1:

$$s_3 \approx 0,67 \cdot 0,28 = \textbf{0,19} \approx \textbf{0,2\,cm}$$

Der Vergleich der Werte Δs_I und Δs_{II} zeigt, daß wesentliche Unterschiede erst unterhalb einer Tiefe von 9 m auftreten; das entspricht einer Lastausstrahlung von der Vorderkante der Anschüttung unter der Neigung von 2 : 1. Da die Zusammendrückbarkeit des Bodens in dieser Tiefe nicht mehr sehr groß ist, bleibt der Einfluß der Anschüttung auf das Stützenfundament gering.

$$\text{Gesamtsetzung } s_B = 1{,}91 + 0{,}61 + 0{,}19 = \mathbf{2{,}71} \approx \mathbf{3\,cm}$$

Weitere Berechnungsbeispiele enthält das Beiblatt 1 zu DIN 4019 Teil 1.

Literatur zu Abschnitt 1.3

[1] FRÖHLICH, O.: Druckverteilung im Baugrunde. Julius Springer, Wien 1934

[2] BRINCH-HANSEN, H. und LUNDGREN, H.: Hauptprobleme der Bodenmechanik. Springer-Verlag, Berlin/Göttingen/Heidelberg 1960

[3] Beiblatt 1 zu DIN 4019 Teil 1: Setzungsberechnungen bei lotrechter, mittiger Belastung

[4] GRASSHOFF, H., LARISCH, H.: Erläuterungen zu DIN 4019, Blatt 1 in: Flächengründungen und Fundamentsetzungen, S. 65–75, Hrsg. Arbeitsausschuß Berechnungsverfahren DGEG. Verlag W. Ernst und Sohn, Berlin 1959

[5] NEWMARK, N. M.: Simplified computation of vertical pressures in elastic foundations. Univ. Illinois Engng. Experim. Station, Circular 24, 1935, entnommen aus TERZAGHI, K./JELINEK, R.: Theoretische Bodenmechanik. Springer-Verlag Berlin, Göttingen, Heidelberg 1954

[6] KANY, M.: Berechnung von Flächengründungen, 2. Aufl., 2 Bde. Verlag W. Ernst und Sohn, Berlin, München, Düsseldorf 1974

[7] KANY, M.: Sohldrücke und Setzungen starrer Sohlplatten auf waagerecht liegendem Untergrund. Veröffentlichungen des Grundbauinstitutes der Bayerischen Landesgewerbeanstalt, Heft 5, Nürnberg 1963

[8] Grundbau-Taschenbuch 3. Aufl., Teil 1, Verlag W. Ernst und Sohn, Berlin, München, Düsseldorf 1980

[9] STEINBRENNER, W.: Tafeln zur Setzungsberechnung, Straße 1, S. 121 (1934) und Schriftenreihe Straße 3, S. 75 (1973)

[10] KLÖCKNER, W., ENGELHARDT, K. und SCHMIDT, H. G.: Gründungen, Beton-Kalender 1982, Teil 2, S. 715 ff, Verlag W. Ernst und Sohn, Berlin und München

1.4   Stabilitätsprobleme im Baugrund*)

Unter Stabilitätsproblemen sollen Zustände behandelt werden, bei denen, bedingt durch den Baugrund, unkontrolliert große Verschiebungen und Verdrehungen von Bauwerken auftreten können.

Kontaktflächen zwischen Baustoffen und dem Baugrund können ohne besondere Maßnahmen nur Druckkräfte und Reibungskräfte übertragen, aber keine Zugkräfte. Ohne Zugverankerung kann daher in einer Sohlfuge nur dann Gleichgewicht zwischen Bodenpressungen und aufgebrachten Lasten herrschen, wenn die resultierende Last innerhalb der Sohlfläche liegt (bei Fundamenten mit einspringenden Ecken innerhalb der Umhüllenden), anderenfalls kippt das Bauwerk (Bild 1.4-1a). Wird die Haftung und Reibung in der Sohlfuge durch parallel zur Sohlfuge wirkende Kräfte überschritten, kommt es zum Gleiten (Bild 1.4-1b). Werden die Festigkeiten des Bodens unter und in der näheren Umge-

---

*) Verfasser: HEINRICH BALDAUF
   (s. a. Verzeichnis der Autoren, Seite V)

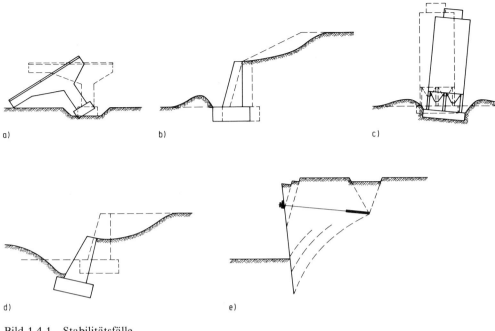

Bild 1.4-1   Stabilitätsfälle
a) Kippen
b) Gleiten
c) Grundbruch
d) Geländebruch, Böschungsbruch
e) Bruch in der tiefen Gleitfuge bei verankerten Bauwerken

bung der Sohlfuge überschritten, spricht man von Grundbruch (Bild 1.4-1c). Bei weiträumiger Überschreitung von Festigkeiten entsteht ein Gelände- bzw. Böschungsbruch (Bild 1.4-1d). Bei verankerten Bauwerken kann es bei zu kurzen Ankern zu einem Bruch in der sogenannten tiefen Gleitfuge kommen (Bild 1.4-1e). Wassergesättigte, locker gelagerte, gleichförmige Feinsande und bestimmte wassergesättigte Schluffe können sich unter dem Einfluß dynamischer Belastungen verflüssigen und damit ihre Tragfähigkeit verlieren („liquefaction"). Auf diese Erscheinung, die besonders für Bauten in Erdbebengebieten und Bauten im offenen Meer von Bedeutung ist, wird hier nicht eingegangen.

1.4.1 Kippen

Einen Sicherheitsbeiwert gegen Kippen zu definieren, erweist sich als schwierig, will man von einer Gegenüberstellung von kippenden und rückdrehenden Momenten ausgehen. Wird ein Bauwerk nur vom Eigengewicht belastet, ist eine solche Unterscheidung schon nicht mehr eindeutig. In den Vorschriften DIN 1054 (11.76) Abschn. 4.1.3 und DIN 1072 (12.85) Abschn. 6.2 wird deshalb dieser Nachweis durch einen Nachweis der Lage der Nullinie und der Spannungen in der Sohlfuge bzw. durch einen Grundbruchnachweis ersetzt. Das hat seine praktische Berechtigung. Sobald nachgewiesen wird, daß in der Sohlfuge allein mit Druckspannungen das Gleichgewicht mit den senkrechten La-

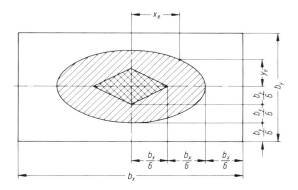

Bild 1.4-2 Grenzlinien für Resultierende, wenn die Nullinie am Querschnittsrand bzw. durch den Schwerpunkt verlaufen soll

sten und den Momenten aus senkrechten und waagerechten Lasten hergestellt werden kann, und daß die Nullinie höchstens bis zum Schwerpunkt der Gründungsfläche wandert, ist zunächst sichergestellt, daß das Bauwerk nicht kippt. Läßt man andererseits eine resultierende Last vom Schwerpunkt einer Fundamentfläche durch Vergrößern der kippenden Lasten zum Rand wandern, so konzentrieren sich die Druckspannungen auf einen immer schmaler werdenden Randstreifen und nehmen ständig zu, so daß das Kippen durch einen fortschreitenden Grundbruch unter hohen Kantenpressungen mit fortschreitender Verdrehung des Bauwerks eingeleitet wird. Im einzelnen sind folgende Nachweise zu führen:

nach DIN 1054 Abs. 4.1.3.1:

Unter ständigen Lasten darf keine klaffende Fuge auftreten, die resultierende Kraft muß im Kern der Sohlfläche angreifen. Die resultierende Belastung aus der Gesamtlast darf zu einer klaffenden Sohlfuge führen, die Nullinie der Sohldruckspannungen darf jedoch höchstens durch den Schwerpunkt der Sohlfläche gehen. Für einen Rechteckquerschnitt bedeutet das, daß die resultierende Kraft innerhalb eines Bereichs liegen muß, der näherungsweise durch die Ellipse (Bild 1.4-2)

$$\left(\frac{x_e}{b_x}\right)^2 + \left(\frac{y_e}{b_y}\right)^2 = \frac{1}{9} \tag{1}$$

begrenzt ist. Bei einem kreisförmigen Fundament mit dem Radius r ist dieser Bereich ein Kreis mit dem Radius $r_e = 0{,}59 \cdot r$.

Nachweis für Straßen- und Wegbrücken:

nach DIN 1072 (12.85) Abschn. 6.2 (3):

Für die Gebrauchs- und Bauzustände sind die Außermittigkeiten nach DIN 1054 einzuhalten. Zusätzlich ist ein Lastfall mit Gebrauchslasten in ungünstigster Zusammenstellung zu rechnen. Die Lasten sind mit den in Tabelle 1.4-1 angegebenen Teilsicherheitsbeiwerten γ_f zu multiplizieren. Die damit errechneten Schnittgrößen in der Gründungsfuge müssen kleiner oder gleich der durch den Teilsicherheitsbeiwert des Widerstandes $\gamma_m = 1{,}3$ (Tabelle 1.4-2) geteilten Grundbruchlast sein. Werden die Spannungen in der Sohlfuge nach DIN 1054 für die Gebrauchslasten eingehalten, braucht normalerweise die Grundbruchlast nicht berechnet zu werden. Bei sinngemäßer Auslegung können für den zusätzlichen Lastfall, bei dem die Lasten mit den Teilsicherheitsbeiwerten γ_f multipliziert

Tabelle 1.4-1   Last-Teilsicherheitsbeiwerte γ_f für den Nachweis der Sicherheit gegen Abheben und Umkippen (s. DIN 1072 (12.85))

	Lasten	γ_f
1	Alle Lasten, soweit keine andere Angabe	1,3
2	Ständige Lasten (ausgenommen Erddruck) a) günstig wirkend b) ungünstig wirkend	0,95 1,05*)
3	Erddruck, günstig wirkend soweit Berücksichtigung zulässig	0,7
4	Vorspannung des Tragwerks	
5	Anheben zum Auswechseln von Lagern	
6	Wärmewirkungen (maßgebend Tabelle 3)	1,0
7	Entlastend wirkende Verkehrslasten bei Windlast mit Verkehr nach Abschnitt 4.2.1, Absatz 4	
8	Mögliche Baugrundbewegungen (hier auch als Ersatz für den Einfluß der wahrscheinlichen Baugrundbewegungen)	
9	Sonderlasten aus Bauzuständen	1,5
10	Bewegungs- und Verformungswiderstände der Lager und Fahrbahnübergänge	0
11	Lasten aus Besichtigungswagen	

*) Bei Holzkonstruktionen kann unterschiedliche Feuchte einen höheren Wert erfordern.

Tabelle 1.4-2   Widerstands-Teilsicherheitsbeiwerte γ_m (s. DIN 1072 (12.85))

	Baustoff	γ_m
1	Betonstahl, bezogen auf die Streckgrenze β_s	
2	Spannstahl, bezogen auf die Streckgrenze $\beta_{0,2}$ (siehe Zulassungsbescheid)	
3	Beton, bezogen auf den Rechenwert der Druckfestigkeit $\beta_R = 0,6\,\beta_{WN}$ nach DIN 4227 Teil 1 (siehe auch Tabelle A.2, Zeile 4)	1,3
4	Baugrund, Grundbruch; Nachweis nach DIN 4017 Teil 2/08.79, Abschnitt 8.1 Bezugsgröße: Last mit $\eta_p = \gamma_m$	

werden, die zulässigen Bodenpressungen in der Sohlfuge erhöht werden. Die zulässigen Bodenpressungen der DIN 1054 beinhalten eine zweifache Sicherheit gegen Grundbruch, daraus folgt, daß die zulässigen Bodenpressungen für den zusätzlichen Lastfall um den Faktor

$$\frac{2,0}{\gamma_m} = \frac{2,0}{1,3} = 1,54$$

erhöht werden dürfen. Für Brücken mit Spannweiten über 50 m zwischen Stützungen, die Torsionsmomente aufnehmen können, gelten besondere Bestimmungen (s. DIN 1072 (12.85) Abschnitt 6.2 (5)).

1.4.2 Gleiten

Der Gleitsicherheitsbeiwert wird durch das Verhältnis der Sohlwiderstandskraft H_s und gegebenenfalls eines Teils der Erdwiderstands vor dem Fundament E_p zur Resultierenden H der angreifenden Lasten definiert (DIN 1054 (11.76) Abschn. 4.1.3.3) (Bild 1.4-3):

$$\eta_g = \frac{H_s + E_p}{H} \tag{2}$$

Der Ansatz eines Teiles des Erdwiderstandes E_p zur Erhöhung der Gleitsicherheit muß sorgfältig erwogen werden. Der Ansatz ist nur zulässig, wenn sichergestellt ist, daß während der Einwirkungsdauer der resultierenden Kraft H der Erdwiderstand nicht abgemindert oder aufgehoben werden kann. Das ist zum Beispiel der Fall, wenn neben dem Fundament ausgeschachtet werden muß oder auch ein Teil der Erdauflast entfernt wird. Ferner muß man sich vor Augen halten, daß zur vollen Mobilisierung des Erdwiderstands erhebliche Verschiebungen nötig sind. Es muß sichergestellt sein, daß das Bauwerk solche Verschiebungen verträgt. Nach DIN 1054 darf höchstens 50% des theoretisch möglichen Erwiderstands in Rechnung gestellt werden. In solchen Fällen ist zu empfehlen, auch die im Gebrauchszustand auftretenden Verschiebungen des Baukörpers zu ermitteln und auf ihre Zulässigkeit zu überprüfen.

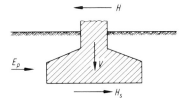

Bild 1.4-3   Gleiten von Fundamenten

Die Sohlwiderstandskraft H_s kann nach DIN 1054 (11.76) Abschnitt 4.1.3.3 berechnet werden:

Porenwasserdruck	
nicht vorhanden (Boden konsolidiert und Sohlwasserdruck nicht vorhanden)	*vorhanden* (Boden nicht konsolidiert oder Sohlwasserdruck vorhanden)
$H_s = V \cdot \tan \delta_{sf}$	$H_s = V' \cdot \tan \delta_{sf}$
V in der Sohlfuge wirksame senkrechte Normalkraft	V' wie V, jedoch vermindert um die Resultierende aus dem Porenwasserüberdruck bzw. Sohlwasserdruck

δ_{sf} Sohlreibungswinkel im Grenzzustand

bei Ortbetonfundamenten: $\delta_{sf} = \varphi'$ (innerer Reibungswinkel des dränierten Bodens)

bei Fertigteilfundamenten: $\delta_{sf} = \dfrac{2}{3} \varphi'$

Eine Kohäsion c' darf nicht in Rechnung gestellt werden	*oder:* $H_s = A \cdot c_u$ A ist der wirksame Flächenanteil der Sohlfläche, in dem die Kraft übertragen werden kann. (Fläche bis zur Nullinie bzw. reduzierte Fläche nach (3)). c_u Kohäsion (Scherparameter) des undränierten Bodens bei vollem Porenwasserüberdruck.

Der *Gleitsicherheitsbeiwert* muß mindestens sein:

	η_g
Lastfall 1	1,5
Lastfall 2	1,35
Lastfall 3	1,2

(Lastfälle nach DIN 1054 (11.76) Abschn. 6.2)

1.4.3 Grundbruch

Wenn unter einer Fundamentsohle durch hohe Auflasten der Schwerwiderstand des Bodens überschritten wird, entsteht ein Grundbruch (Bild 1.4-4 bis 1.4-6). Das Bauwerk sinkt dann in den Boden ein, stellt sich dabei oft schief, und der Boden wölbt sich seitlich auf oder wird seitlich verdrängt. Die Grundbruchlast, also die Last, die zu einem Grund-

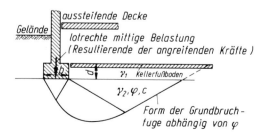

Bild 1.4-4 Grundbruch bei senkrechter, mittiger Belastung (nach DIN 4017 Teil 1)

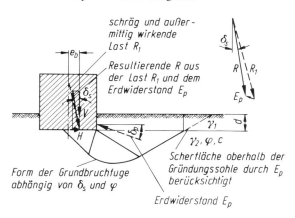

Bild 1.4-5 Grundbruch bei
schräger und außermittiger Belastung (nach DIN 4017 Teil 2)

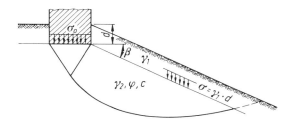

Bild 1.4-6 Grundbruch bei einem
Bauwerk an einer Böschung

bruch führt, wird kleiner mit abnehmendem Scherwiderstand, abnehmender Gründungstiefe und Gründungsbreite, mit zunehmender Ausmittigkeit der Lasten, bei zunehmender
Schrägstellung der resultierenden Last infolge Zunahme der Horizontallasten und mit
zunehmender Neigung der Geländeoberfläche. Bei einer klaffenden Sohlfuge kann nur ein
Teil der Fläche Lasten übertragen, die wirksame Breite und damit auch die Grundbruchlast werden dadurch abgemindert. Die exakte Berechnung der Grundbruchlast an Hand
von Gleitlinien, Gleitflächen und plastifizierten Zonen ist sehr aufwendig. DIN 4017 Teil 1
und 2 beschreibt ein Näherungsverfahren, das die Grundbruchlast mit genügender Genauigkeit ergibt. Im folgenden wird nur auf die Berechnung der Grundbruchlast für au-
ßermittig und schräg belastete Fundamente eingegangen, der Sonderfall des mittig und
senkrecht belasteten Fundaments ist als Sonderfall in den Formeln enthalten. Die Außer-
mittigkeit der Belastung wird durch Verkleinern der Sohlfläche berücksichtigt. Es wird
eine Ersatzfläche gebildet, so daß die resultierende Last in der Flächenmitte steht. Für
Rechtecke gilt (Bild 1.4-7a):

$$a' = a - 2e_a$$
$$b' = b - 2e_b \tag{3}$$

Bei anderen Flächenformen ist sinngemäß zu verfahren, die maßgebende Restfläche ist
dann in ein flächengleiches Rechteck umzuwandeln. Für die weitere Berechnung wird
vorausgesetzt, daß

$$b' < a'$$

ist, gegebenenfalls müssen bei der Ersatzfläche die Bezeichnungen vertauscht werden, falls
die nach (3) berechnete Seitenlänge b' nicht mehr die kleinere ist (Bild 1.4-7b).

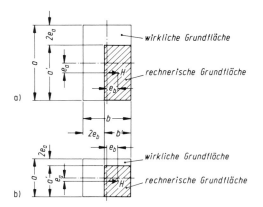

Bild 1.4-7   Ersatzfläche bei außermittiger
Belastung (nach DIN 4017 Teil 2)

Berechnung der Grundbruchlast V_b (senkrechter Anteil):

$$V_b = a' \cdot b' \cdot \sigma_{of}$$

$$
\begin{aligned}
= a' \cdot b' \cdot (&c \cdot N_c \cdot \varkappa_c \cdot v_c' & &\text{Anteil aus Kohäsion } c & &(4)\\
+ &\gamma_1 \cdot d \cdot N_d \cdot \varkappa_d \cdot v_d' & &\text{Anteil aus seitlicher Auflast (Gründungstiefe } d)\\
+ &\gamma_2 \cdot b \cdot N_b \cdot \varkappa_b \cdot v_b') & &\text{Anteil aus Gründungsbreite } b'
\end{aligned}
$$

σ_{of} mittlere Bodenspannung beim Grundbruch bezogen auf die Ersatzfläche $A' = a' \cdot b'$

a', b' rechnerische Länge und Breite der Ersatzfläche. Steht die Last mittig, so ist $a' = a, b' = b$; d. h. die Ersatzfläche ist in diesem Fall mit der Ursprüngsfläche identisch

d kleinste Gründungstiefe unter Geländeoberkante bzw. Kellersohle. Maßgebend ist die Tiefe auf der Seite des Fundaments, auf der die höhere Kantenpressung eintritt

c Kohäsion

N_c, N_d, N_b Beiwerte der Tragfähigkeit für den Einfluß der Kohäsion c, der seitlichen Auflast γ_1, und der Gründungsbreite b' (s. Tabelle 1.4-3)

$\varkappa_c, \varkappa_d, \varkappa_b$ Beiwerte für den Einfluß der Neigung der resultierenden Kraft (s. Tabelle 1.4-4) Anmerkung zur Berechnung s. Seite 43.
Bei senkrechter Belastung wird $H = 0: \varkappa_c = \varkappa_d = \varkappa_b = 1$

v_c', v_d', v_b' Beiwerte für den Einfluß der Fundamentform (s. Tabelle 1.4-5)

γ_1, γ_2 Wichte des Bodens oberhalb und unterhalb der Gründungssohle

Die Beiwerte N sind Funktionen des Reibungswinkels φ, sie ändern sich mit zunehmendem Reibungswinkel sehr stark. Wegen der Inhomogenität der natürlichen Bodenschichten ist es aber sehr schwierig, den Reibungswinkel genau zu bestimmen. DIN 4017 gibt daher für nichtbindige Böden Erfahrungswerte (Tabelle 1.4-6), falls keine genauen Untersuchungsergebnisse vorliegen. Bei bindigen Böden sind für die Scherparameter die Werte für die Anfangsstandsicherheit c_u, φ_u oder die Endstandsicherheit c', φ' einzusetzen, je nach Verdichtung und Vorbelastung des Bodens. Maßgebend sind die Werte, die die kleinste Grundbruchlast ergeben. Bei geschichteten Böden darf die vereinfachte Berechnung nicht angewendet werden, wenn Einzelwerte der Reibungswinkel mehr als 5° vom Mittelwert abweichen.

Tabelle 1.4-3   Tragfähigkeitsbeiwerte nach DIN 4017 Teil 1

φ	N_c	N_d	N_b
$0°$	5,0	1,0	0
$5°$	6,5	1,5	0
$10°$	8,5	2,5	0,5
$15°$	11,0	4,0	1,0
$20°$	15,0	6,5	2,0
$22,5°$	17,5	8,0	3,0
$25°$	20,5	10,5	4,5
$27,5°$	25	14	7
$30°$	30	18	10
$32,5°$	37	25	15
$35°$	46	33	23
$37,5°$	58	46	34
$40°$	75	64	53

Tabelle 1.4-4   Neigungsbeiwerte nach DIN 4017 Teil 2. $A' = a' \cdot b'$
1. Senkrechte Belastung $H_b = 0$: $\varkappa_c = \varkappa_d = \varkappa_b = 1$
2. Horizontallast H_b parallel zur kürzeren Seite b'

Scher-festigkeit	$\varkappa_c$	$\varkappa_d$	$\varkappa_b$
$\varphi_u = 0$ $c_u \neq 0$	$0,5 + 0,5 \sqrt{1 - \dfrac{H_b}{A' \cdot c_u}}$ [1])	$1,0$	$-$
$\varphi \neq 0$ $c = 0$	$-$	$(1 - 0,7 \cdot \tan \delta_s)^3$	$(1 - 1,0 \cdot \tan \delta_s)^3$
$\varphi \neq 0$ $c \neq 0$	$\varkappa_d - \dfrac{1 - \varkappa_d}{N_d - 1}$	$\left(1 - 0,7 \dfrac{H_b}{V_b + A' \cdot c \cdot \cot \varphi}\right)^3$	$\left(1 - \dfrac{H_b}{V_b + A' \cdot c \cdot \cot \varphi}\right)^3$

[1]) Voraussetzung: $\dfrac{H_b}{A' \cdot c_u} \leqq 1$ (Einhalten der Gleitsicherheit, s. 1.4.2). Wenn diese Bedingung nicht
erfüllt ist, müssen die Fundamentabmessungen vergrößert werden.

3. Horizontallast H_b parallel zur längeren Seite a':
   in der Spalte für $\varkappa_d$ muß der Faktor 0,7 durch 1,0 ersetzt werden, d.h. $\varkappa_d = \varkappa_b$, sonst wie oben.

   $\varkappa_c$ wie oben, sofern $\dfrac{a'}{b'} > 2$.

Tabelle 1.4-5   Formbeiwerte nach DIN 4017 Teil 1

Grundrißform	$v'_c\,(\varphi \neq 0)$	$v'_c\,(\varphi = 0)$	v'_d	v'_b
Streifen	1,0	1,0	1,0	1,0
Rechteck	$\dfrac{v'_d \cdot N_d - 1}{N_d - 1}$	$1 + 0,2\dfrac{b'}{a'}$	$1 + \dfrac{b'}{a'}\sin\varphi$	$1 - 0,3 \cdot \dfrac{b'}{a'}$
Quadrat/Kreis	$\dfrac{v'_d \cdot N_d - 1}{N_d - 1}$	1,2	$1 + \sin\varphi$	0,7

Tabelle 1.4-6   Erfahrungswerte für mittlere Reibungswinkel cal φ bei nichtbindigen Böden (Rechenwerte) (DIN 4017 Teil 1 (08.79))

Lagerung	cal φ [1])
locker[2])	32,5°
mitteldicht	35°
dicht	37,5°

[1]) Diese Reibungswinkel stimmen mit den entsprechenden Angaben nach DIN 1055 Teil 2, Ausgabe Februar 1976, Tabelle 1, nicht ganz überein, da sie andere Abschläge zur Berücksichtigung der Inhomogenität des Untergrunds in Verbindung mit den Ungenauigkeiten bei Probeentnahme und Versuchsdurchführung enthalten.

[2]) Bei lockerem Boden ist eine Grundbruchuntersuchung erst dann zulässig, wenn die Lagerungsdichte ist:
D > 0,2 bei gleichförmigem Boden mit   U < 3
D > 0,3 bei ungleichförmigem Boden mit $U \geqq 3$

Grundbruchsicherheit:

Die zulässige Last zul V wird aus der Grundbruchlast mit dem Grundbruchsicherheitsbeiwert η_p nach DIN berechnet:

$$\text{zul } V = \frac{V_b}{\eta_p}$$

	η_p
Lastfall 1	2.0
Lastfall 2	1.5
Lastfall 3	1.3

(5)

Bei homogenen Böden kann die zulässige Last auch dadurch berechnet werden, daß die Grundbruchlast mit den durch die Sicherheitsbeiwerte η_r und η_c geteilten Scherparametern berechnet wird.

$$\text{zul }\tan\varphi = \frac{\tan\varphi}{\eta_r}$$
$$\text{zul } c = \frac{c}{\eta_c}$$

	η_r	η_c
Lastfall 1	1.25	2.00
Lastfall 2	1.15	1.50
Lastfall 3	1.10	1.30

(6)

Anmerkung zur Berechnung der Beiwerte $\varkappa$:

In die Berechnung der Beiwerte $\varkappa$ gehen, wenn Horizontallasten vorhanden sind und Kohäsion in Rechnung gestellt wird, die Bruchlasten

$$H_b = \eta_p \cdot H \quad \text{(horizontale Bruchlast)} \tag{7}$$
$$V_b = \eta_p \cdot V \quad \text{(vertikale Bruchlast)}$$

ein. Da die Grundbruchlast V_b die gesuchte Größe ist, muß sie zunächst geschätzt werden. Für H und V werden die vorhandenen Werte eingesetzt, der Sicherheitsbeiwert η_p wird geschätzt oder mit dem kleinsten zulässigen Wert angesetzt. Die mit diesen Werten errechnete Grundbruchlast V_b liefert einen verbesserten Wert für $\eta_p = \dfrac{V'_b}{V_{\text{vorh}}}$, mit dem die Berechnung wiederholt werden kann.

Die Formel (4) kann durch Zufügen weiterer Faktoren ergänzt bzw. erweitert werden. Der Scherwiderstand der Bodenschicht mit der Dicke d und der Wichte γ_1 oberhalb der Gründungsfuge (Bild 1.4-5, 1.4-6) kann entweder durch Ansatz des passiven Erdwiderstandes dieser Schicht (unter Beachtung der Einschränkungen DIN 4017 Teil 2 Abschnitt 6.2e) oder durch einen Tiefenbeiwert (SCHULTZE (1980)) berücksichtigt werden. Für Lasten, die unmittelbar an einer Böschungskante stehen (Bild 1.4-7), gibt (WEISS (1976)) folgende Böschungsbeiwerte an, die als zusätzliche Faktoren bei den einzelnen Anteilen der Gleichung (4) zu berücksichtigen sind:

$$\omega_d = (1 - 0{,}89 \, tan \, \beta)^2$$
$$\omega_b = (1 - 0{,}79 \, tan \, \beta)^2 \tag{8}$$
$$\omega_c = \frac{N_d \cdot v'_d \cdot \varkappa_d \cdot \omega_d - 1}{(N_d - 1) \cdot \varkappa_d \cdot v'_d}$$

Bei hohen schlanken Bauwerken oder bei Bauwerken mit weit über die Sohlplatte auskragenden Bauteilen oder bei überwiegend waagerechter Belastung des Gründungskörpers ist nachzuweisen, daß bei einer Schiefstellung mit $tan \, \alpha = \dfrac{W}{h_s \cdot A}$ die folgenden Sicherheitsbeiwerte nicht erreicht bzw. nicht überschritten werden.

	η_p
Lastfall 1	1.5
Lastfall 2	1.3

W Widerstandsmoment der Sohlfuge
A Fläche der Sohlfuge
h_s Höhe des Bauwerksschwerpunktes über der Sohlfuge

Gegebenenfalls ist eine genauere Untersuchung über die mögliche horizontale Auslenkung des Bauwerksschwerpunktes zu empfehlen, wobei die Einflüsse von unterschiedlichen Setzungen und elastischen Verformungen zu berücksichtigen sind.

1.4.4 Böschungsbruch und Geländebruch

Die Vorgänge, die zu Böschungsbrüchen und Geländebrüchen führen, sind mit denen vergleichbar, die zu Rutschungen in natürlichem Gelände führen (SMOLTCZYK (1987)). Durch Überschreiten der Scherfestigkeiten kommt es zum Abgleiten oder auch Fließen von größeren Bereichen. Bei Rutschungen spielt Wasser eine große Rolle: Durchfeuchtung durch Dauerregen, Hochwasser, wechselnder Grundwasserspiegel usw. Werden Eingriffe in natürliche Böschungen vorgenommen, oder künstliche Böschungen hergestellt (Dämme), so ist deren Standsicherheit gegen Böschungsbruch nachzuweisen. Wenn Böschungen oder Geländesprünge durch Stützbauwerke gesichert werden, sind ähnliche Bruchvorgänge wie beim Böschungsbruch möglich, man spricht dann von Geländebruch. In DIN 4084 werden die beiden Erscheinungen deshalb unter gleichen Gesichtspunkten betrachtet. Böschungs- und Geländebrüche sind räumliche Vorgänge. Räumliche Berechnungen werden selten durchgeführt, denn sie sind sehr aufwendig und ihre Ergebnisse können kaum auf andere Verhältnisse (Bodenarten, Fundamentabmessungen usw.) übertragen werden. Mit vertretbarem Aufwand ist der Zustand beim Böschungsbruch bzw. Geländebruch bisher nur als ebener Verformungszustand erfaßbar. Der Verlauf der Gleitlinien im natürlichen Gelände wird weitgehend vom Schichtenverlauf, den Schichtgrenzen und von Inhomogenitäten im Baugrund bestimmt. In den seltensten Fällen entpricht eine natürliche Gleitlinie einer mathematisch definierbaren Kurve wie Kreis oder logarithmischer Spirale. Das Lamellenverfahren, das einen Kreis als Gleitlinie verwendet, hat sich jedoch als brauchbares Näherungsverfahren erwiesen. Der Kreis kann nach DIN 4048 Beiblatt 1 (1981) für alle in Deutschland vorkommenden Lockerböden als Gleitlinie angesetzt werden, sofern nicht im Böschungskörper geologisch oder durch Eingriffe bedingte Gleitflächen vorhanden sind. Man muß sich nur vor Augen halten, daß die tatsächliche Gleitfuge erheblich von dem nach der Berechnung maßgebenden Gleitkreis abweichen kann. Auch die Verwendung elektronischer Rechenanlagen ändert daran nichts. Mit einem Programm ist es jedoch wesentlich einfacher, die notwendigen Variationen von Kreismittelpunkt und Kreisradius durchzuführen, um den maßgebenden Gleitkreis zu finden, der den kleinsten Sicherheitsbeiwert liefert. Beim Lamellenverfahren wird der Bereich des Gleitkreises in möglichst gleich breite Streifen eingeteilt (Bild 1.4-8, 1.4-9). Bei Rechnung von Hand genügen 10 Streifen mit $b \leq 0,1 \cdot r$, bei elektronischen Rechenprogrammen sind mehr als 30 Streifen unnötig und bringen keine Änderung des Ergebnisses und keine Verbesserung.

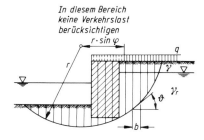

Bild 1.4-8   Gleitkreis bei Geländesprung (nach DIN 4084)

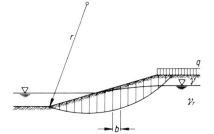

Bild 1.4-9   Gleitkreis bei Böschung (nach DIN 4084)

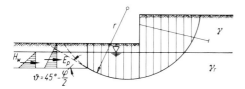

Bild 1.4-10 Ersatzkräfte aus passivem Erddruck E_p und Wasserdruck H_w, wenn der Gleitkreis wegen $\vartheta > 45° - \dfrac{\varphi}{2}$ im Fußbereich abgeschnitten wird.

Verläuft im Fußbereich der Gleitkreis steiler als $|\vartheta| = 45° - \dfrac{\varphi}{2}$, so wird der Gleitkörper lotrecht abgeschnitten, und in diesem Schnitt wird die horizontale Kraft aus passivem Erddruck und Wasserdruck angesetzt (Bild 1.4-10).

Der Fußpunkt des maßgebenden Gleitkreises liegt bei Böschungen normalerweise im Fußpunkt der Böschung. Bei Geländesprüngen liegen Fixpunkte für den Gleitkreis im tiefsten Punkt einer Spundwand bzw. in der Hinterkante eines Stützkörpers. Diese Angaben müssen jedoch immer überprüft werden, da der maßgebende Gleitkreis auch tiefer liegen kann, besonders wenn tiefere Bodenschichten schlechtere Bodenkennwerte haben. Es sind mehrere Kreismittelpunkte anzunehmen, und die Gleitkreise, gegebenenfalls unter Berücksichtigung von Fixpunkten, durchzurechnen, um den maßgebenden Gleitkreis mit dem kleinsten Sicherheitsbeiwert zu finden. Da das Lamellenverfahren aufwendig ist, besonders im Hinblick auf die notwendige Variation der Gleitkreise, wird man auf Rechenprogramme zurückgreifen. Das Rechenverfahren ist in DIN 4084 erläutert.

Die Sicherheitsbeiwerte η müssen beim Lamellenverfahren betragen:

	η
Lastfall 1	1.4
Lastfall 2	1.3
Lastfall 3	1.2

Die Ergebnisse von Rechenprogrammen müssen überprüft werden:

– Ist das Ergebnis sinnvoll? (Hinweise auf Fehler sind z. B.: negativer Sicherheitswert, Sicherheitsbeiwert ist Null oder ungewöhnlich groß.)

– Ist der errechnete Gleitkreis möglich? (Kontrolle durch Zeichnung bzw. Ergebnis-Plot.)

– Bei automatischer Suche nach dem maßgebenden Gleitkreis: Liegt der Gleitkreis auf dem Rand einens vorgegebenen Suchrasters? (Gegebenenfalls muß das Raster über den Rand hinaus erweitert werden.)

Das Lamellenverfahren erfüllt als Näherungsverfahren nicht alle Gleichgewichtsbedingungen, die Ergebnisse liegen aber auf der sicheren Seite. Verfahren, die alle statischen und kinematischen Bedingungen erfüllen, sind entwickelt worden (s. GUSSMANN (1978), (1987)). Diese Berechnungen sind jedoch aufwendiger, die damit errechneten Sicherheitsbeiwerte etwas höher. Außerdem ist das Verfahren von GUSSMANN auf beliebig geformte Gleitlinien anwendbar. Das kann bei vorgegebenen Gleitlinien (z. B. durch Gleitschichten im Boden) von Bedeutung sein (s. auch JANBU 1954).

In der DIN 4084 und bei SCHULTZE (1980) sind auch Hinweise für lamellenfreie Verfahren und überschlägige Berechnungen zu finden.

1.4.5   Bruch in der tiefen Gleitfuge

Bei verankerten Bauwerken ist außer dem Nachweis der Sicherheit gegen Geländebruch noch der Nachweis für die Sicherheit in der tiefen Gleitfuge zu führen. Bei flach
liegenden Ankern muß zusätzlich an die Möglichkeit eines Grundbruchs an der Ankerplatte bzw. in der Verpreßstrecke gedacht werden (Bild 1.4-11) (Mindestüberdeckung
nach DIN 4125 Teil 2 Abs. 4.3 beachten). Beim Bruch in der tiefen Gleitfuge dreht sich die
verankerte Wand um den Fußpunkt (Bild 1.4-1e). Bei eingespanntem Fuß wird als Dreh-
punkt der Querkraftnullpunkt angesehen. Die sich ausbildende Gleitlinie ist gekrümmt,
sie wird für die Berechnung näherungsweise durch eine Gerade ersetzt. Bei dem Nachweis
nach KRANZ (1953) (Bild 1.4-12) betrachtet man einen Vertikalschnitt des abgleitenden
Erdkörpers hinter der stützenden Wand („innerer Schnitt"). Auf den Erdkörper wirken
dann (vereinfacht dargestellt) folgende Kräfte:

Eigenlast G (+ gegebenenfalls Auflast P), aktiver Erddruck E_1 an der fiktiven Ankerwand, aktiver Erddruck E_a an der Wand, resultierende stützende Kraft Q in der Gleitfuge
(die um den Reibungswinkel φ zur Normalen der Gleitfuge geneigt ist), Ankerkraft A. Die
Kräfte müssen im Gleichgewicht stehen. Mit den vorgegebenen Kräften E_1, G, E_a und den
vorgegebenen Richtungen des Ankers und der Kraft Q erhält man im Krafteck die Größe
der Kraft Q und die Größe der möglichen Ankerkraft mögl A.

Der Sicherheitsbeiwert nach KRANZ (1953) muß sein (s. auch EAU E 10):

$$\eta = \frac{\text{mögl } A}{\text{vorh } A} \geq 1{,}5$$

Normalerweise ist diese Bedingung für die notwendige Ankerlänge maßgebend. Man
nimmt eine Ankerlänge an (maßgebende Länge von der Wand bis zur Ankerplatte bzw.
bis zur Mitte der Verpreßstrecke) und bestimmt für die damit festgelegte Neigung der
Gleitfuge ϑ die mögliche Ankerkraft. Die Mindestlänge des Ankers ergibt sich aus
$\vartheta_{\text{max}} = 45 + \varphi/2$, d. h. der Anker muß außerhalb der Gleitlinie des aktiven Erddrucks
verankert sein. Der Sicherheitsbeiwert bezieht sich auf den Bruchzustand, d. h. die Kräfte
E_1 und E_a sind aus dem aktiven Erddruck zu berechnen. Ist die Berechnung von vorh A
mit erhöhtem Erddruck bzw. Ruhedruck vorgeschrieben, so muß vorh A entweder für

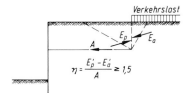

Bild 1.4-11   Sicherheit gegen das Ausbrechen oberflächen-
naher Anker. $E_a{}'$, $E_p{}'$ sind die Projektionen des aktiven und
passiven Erddrucks E_a und E_p an der fiktiven Ankerwand in
die Richtung der Ankerkraft A.

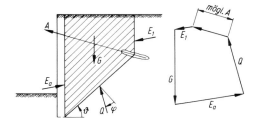

Bild 1.4-12   Bestimmung der möglichen Ankerkraft nach KRANZ

aktiven Erddruck neu berechnet oder im Verhältnis des aktiven Erddrucks zum erhöhten Erddruck bzw. Ruhedruck abgemindert werden. Bei dieser Abminderung ist aber darauf zu achten, daß in der Ankerkraft Anteile enthalten sein können, die nicht abgemindert werden dürfen (z. B. aus Wasserdruck, aus Verkehrslasten oder ständigen Lasten, die mit aktivem Erddruck berechnet wurden). Die Verkehrslasten dürfen auf dem abgleitenden Erdkörper nach EAU E 10 nur berücksichtigt werden, wenn die Gleitfuge steiler als φ verläuft ($\vartheta > \varphi$).

Der Nachweis des Sicherheitsbeiwertes in der tiefen Gleitfuge ist grundsätzlich unter den gleichen Voraussetzungen zu führen, wie sie bei der Berechnung der vorhandenen Ankerkraft gemacht wurden. Wenn die Ankerkraft vorh A mit Verkehrslast berechnet wurde (das ist normalerweise der Fall), dann muß auch beim Nachweis von mögl A die Verkehrslast P zu der Eigenlast des Erdkörpers G addiert und außerdem bei der Berechnung des Erddrucks E_a berücksichtigt werden (bei E_1 ist die Verkehrslast stets anzusetzen). Gegebenenfalls ist zusätzlich die Ankerkraft vorh A ohne Verkehrslast zu berechnen und auch dafür der Nachweis in der tiefen Gleitfuge zu führen. Die größere der Ankerlängen mit oder ohne Verkehrslast ist dann maßgebend.

Kohäsion darf in der Gleitfuge nur dann berücksichtigt werden, wenn sie auch bei der Berechnung der Erddrücke E_1, E_a und der vorhandenen Ankerkraft vorh A eingesetzt wurde (Bild 1.4-13).

Für die Teile des Bodenkörpers, die unter dem Wasserspiegel liegen, ist die Eigenlast unter Auftrieb mit γ' zu berechnen. Der Wasserdruck geht nur in die Berechnung der vorhandenen Ankerkraft vorh A ein. Ausnahme: sinkt der Wasserspiegel zur Wand hin ab, ist der Strömungsdruck gemäß EAU E 10 zu berücksichtigen. Näherungsweise kann das wie in Bild 1.4-14 dargestellt geschehen, genauere Verfahren sind ebenfalls in EAU E 10 beschrieben.

Ist der Boden geschichtet, so ist sinngemäß zu verfahren (Bild 1.4-15). Der Schnitt der Gleitfuge mit den Bodenschichten bestimmt Bodenkörper mit den Eigenlasten G_1, G_2 usw. Die Neigung der Kräfte Q_1, Q_2 ist durch die Reibungswinkel in den betreffenden

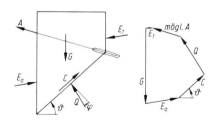

Bild 1.4-13   Bestimmung der möglichen Ankerkraft bei Berücksichtigung von Kohäsion

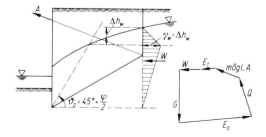

Bild 1.4-14   Berücksichtigung von Strömungsdruck bei der Bestimmung der möglichen Ankerkraft. (Fehlende Bezeichnungen siehe Bild 1.4-12)

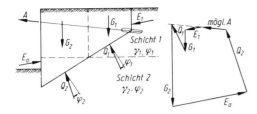

Bild 1.4-15   Bestimmung der möglichen Ankerkraft bei mehreren Bodenschichten

Schichten festgelegt. Bei mehreren Ankerlagen ist der Nachweis für jede Ankerlage zu er-
bringen. Bei sehr unterschiedlichen Ankerklängen können sich andere Gleitfugen ergeben, s. RANKE/OSTERMEIER (1968). Generell ist bei tieferen Ankerlagen die Summe der
Ankerkräfte der darüber liegenden Anker zu der Ankerkraft der betrachteten Lage zu
addieren.

Das Verfahren von KRANZ ist ein Näherungsverfahren, das das Gleichgewicht der
vertikalen und horizontalen Kräfte, aber nicht der Drehmomente berücksichtigt. Der
Sicherheitsbeiwert von KRANZ, der durch Vergleich von vorhandenen und möglichen
Ankerkräften definiert wird, ist mit den Sicherheitsbeiwerten beim Gleitkreis bzw. Grund-
bruchnachweis nicht vergleichbar und nicht unumstritten (JELINEK/OSTERMEIER (1967),
SCHULTZ (1977)). Der Wert $\eta = 1,5$ hat sich aber bisher bewährt.

Beim Nachweis am äußeren Schnitt (Bild 1.4-16) nach SCHULTZ (1977) geht die Ankerkraft nicht ein. Maßgebend sind der aktive Erddruck E_1 an der fiktiven Ankerwand, der
passive Erddruck E_p im Fußbereich, das Gewicht G des Erdkörpers. Es wird die Kraft Q
bestimmt, die in der Gleitfuge den äußeren Lasten E_1, G und E_a das Gleichgewicht hält.
Die Kraft Q in der Gleitfuge wird in eine Normalkraft N und in eine Scherkraft
$S = Q \cdot \tan \varphi_{\mathrm{erf}}$ zerlegt. Der Sicherheitsbeiwert ist dann als Verhältnis der möglichen
Scherkraft im Bruchzustand mit der zum Gleichgewicht erforderlichen Scherkraft defi-
niert.

$$\eta = \frac{\tan \varphi}{\tan \varphi_{\mathrm{erf}}}$$

Diese Sicherheitsdefinition entspricht der beim Grundbruch und Geländebruch üblichen Definition. Der passive Erddruck im Fußbereich ist wieder entsprechend den Empfehlungen EAB nur mit 50% in Rechnung zu setzen.

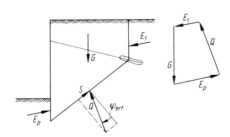

Bild 1.4-16   Sicherheit in der tiefen Gleitfuge
nach SCHULTZ. Größe und Richtung der Kraft Q
ergeben sich aus dem Krafteck.

Literatur zu Abschnitt 1.4

Grundbau-Taschenbuch, 3. Auflage, Teil 1 (1980), Teil 2 (1982), Verlag W. Ernst & Sohn, Berlin

Empfehlungen des Arbeitsausschusses für Ufereinfassungen EAU 1985, 7. Auflage, Verlag W. Ernst & Sohn, Berlin 1985

Empfehlungen des Arbeitskreises Baugruben EAB 1980, Verlag W. Ernst & Sohn, Berlin, München 1980

Beton-Kalender 1987, Teil 2, Abschnitt Grundbau, Verlag W. Ernst & Sohn, Berlin 1987

BISHOP, A. W. (1954): The use of the slip circle in the stability analysis of slopes. Proc. Europ. Conf. on Stability of Earth Slopes 1954 Vol. 1

FRANKE, E. (1967): Einige Bemerkungen zur Definition der Standsicherheit von Böschungen und der Geländebruchsicherheit beim Lamellenverfahren. Die Bautechnik 1967, Heft 12, S. 415–419

FRANKE, E. (1974): Anmerkungen zur Anwendung von DIN 4017 und DIN 4084. Die Bautechnik 1974, Heft 7, S. 225–227

GOLDSCHEIDER, M., KOLYMBAS, D. (1980): Berechnung der Standsicherheit verankerter Stützwände. Geotechnik 3, 1980, S. 93–105

GUSSMANN, P. (1974): Über den Einfluß unterschiedlicher Wasserdruckansätze auf die Standsicherheit von durchströmten Böschungen. Der Bauingenieur 49 (1974), S. 298–301

GUSSMANN, P. (1978): Das allgemeine Lamellenverfahren unter besonderer Berücksichtigung von äußeren Kräften. Geotechnik 1 (1978), S. 68–74

GUSSMANN, P. (1987): Böschungsgleichgewicht im Lockergestein. Grundbau-Taschenbuch, 3. Aufl., Teil 3, Verlag W. Ernst & Sohn, Berlin

JANBU, N. (1954): Application of composite slip surface for stability analysis. Proc. Europ. Conf. on Stability of Earth Slopes 1954, Vol. 3

JELINEK, R., OSTERMAYER, H. (1967): Zur Berechnung von Fangedämmen und verankerten Stützwänden. Die Bautechnik 44 (1967), S. 161–171, 203–207

KRANZ, E. (1953): Über die Verankerung von Spundwänden. Mitt. Wasserbau und Baugrundforschung, Heft 11, Verlag W. Ernst & Sohn, Berlin 1953

KREY, H. D. (1926): Erddruck, Erdwiderstand und Tragfähigkeit des Baugrundes, Verlag W. Ernst & Sohn, Berlin

LOCHER, H. G. (1983): Probalistische Methoden bei Stabilitätsproblemen in der Geotechnik. Schweizer Ingenieur und Architekt 16 (1983), S. 429–434

RANKE/OSTERMAYER (1968): Beitrag zur Stabilitätsuntersuchung mehrfach verankerter Baugrubenumschließungen, Bautechnik 1968, S. 341–350

SCHULTZE, E. (1980): Grundbruchuntersuchung. Grundbau-Taschenbuch Teil 1, S. 201, Verlag W. Ernst & Sohn, Berlin

SCHULZ, H. (1976): Die Sicherheitsdefinition bei mehrfach verankerten Stützwänden. Proc. 6. Eur. Conf. SMFE (1967) Wien, Vol. 1.1, S. 189–196

SCHULZ, H. (1977): Überlegungen zur Führung des Nachweises der Standsicherheit in der tiefen Gleitfuge. Mitteilungsblatt der Bundesanstalt für Wasserbau, Nr. 41 (1977), S. 153–171

SMOLTCZYK, U. (1987): Grundbau-Taschenbuch, 3. Auflage, Teil 3, Verlag W. Ernst & Sohn, Berlin

v. SOOS, P. (1982): Zur Ermittlung der Bodenkennwerte mit Berücksichtigung von Streuung und Korrelationen. Baugrundtagung 1982, Braunschweig. Deutsche Gesellschaft für Erd- und Grundbau e. V.

TERZAGHI, K. (1951): Mechanism of landslides. Harvard Soil Mechanics, Series 36

WEISS, K. (1976): Zur Frage der Grenztragfähigkeit von flach gegründeten Streifenfundamenten in Böschungen. Mitteilungen Degebo Berlin 32 (1976)

ZANGL, L. W. (1978): Zur Genauigkeit der Standsicherheitsberechnungen von Böschungen. Die Bautechnik 1978, Heft 9, S. 311–318

1.5 Wasser im Baugrund*)

1.5.1 Das Wasser im Boden

Der Boden kann als ein Zwei- oder Dreiphasensystem aufgefaßt werden, in dem neben der Hauptsubstanz, den mineralischen Körnern, noch die Substanzen Luft und Wasser enthalten sind (Bild 1.5-1).

Wasser gelangt durch Niederschläge auf den Boden. Ein Teil dringt durch Versickerung in ihn ein, während der Rest oberirdisch abfließt oder verdunstet. Das Sickerwasser sammelt sich über undurchlässigen Schichten, den „Grundwasserstauern" oder „Grundwassernichtleitern". Es bildet hier örtlich begrenzte (zum Teil auch nur zeitweise vorhandene) Stauwassermulden oder als „Schichtwasser" einen geschlossenen Grundwasserhorizont [1]. Auf den Grundwasserstauern bewegt es sich entsprechend seinem Druckgefälle und der Durchlässigkeit der grundwasserführenden Schicht mit einer geringen (in Metern pro Tag zu messenden) Geschwindigkeit abwärts und speist Vorfluter oder offene Gewässer. In der Nähe von Flüssen und Seen korrespondiert der Grundwasserstand mit den freien Wasserständen. Bei Hochwassern können sich daher Gefälle und Fließrichtung umkehren, der Grundwasserstand steigt an.

Bei wechselnder Lagerung von durchlässigen und undurchlässigen Schichten liegen oft mehrere Grundwasserstockwerke übereinander. Wird ein Grundwasserstockwerk von einer undurchlässigen Schicht überlagert, so bildet sich bei entsprechender Druckhöhe artesisch gespanntes Grundwasser. Solche Verhältnisse erschweren häufig die Bauausführung und können die Ursache für mangelnde Stabilität von Böschungen sein.

Aufschluß der Wasserverhältnisse

Der Aufschluß der Wasserverhältnisse im Boden ist ebenso unerläßlich wie die Erkundung der Bodenverhältnisse. Für das fertige Bauwerk ist der höchste mögliche Grundwas-

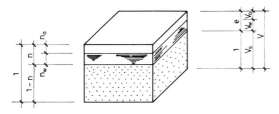

Bild 1.5-1   Die drei Phasen Festmasse, Wasser und Luft im Boden

n Porenanteil bzw. Hohlräume pro Raumeinheit
n_a luftgefüllte Poren
n_w wassergefüllte Poren
$1-n$ Festmasse pro Raumeinheit
γ_s Wichte der Festsubstanz
γ_w Wichte des Wassers
γ_d $= (1-n) \cdot \gamma_s$ Wichte des trockenen Bodens
γ $= (1-n) \cdot \gamma_s + n_w \cdot \gamma_w$ Wichte des feuchten Bodens
γ' $= (1-n) \cdot (\gamma_s - \gamma_w)$ Wichte des Bodens unter Auftrieb
V, V_s, V_w, V_a Gesamtvolumen und Volumen Festmasse, Wasser und Luft

Porenanteil $n = n_a + n_w = 1 - \dfrac{\gamma_d}{\gamma_s} = \dfrac{V - V_s}{V} = \dfrac{e}{1+e}$

Porenzahl $e = \dfrac{n}{1-n}$

*) Verfasser: Peter Wagner
   (s.a. Verzeichnis der Autoren, Seite V)

serstand während der Lebensdauer des Bauwerks von Bedeutung, für die Bauausführung ist der wahrscheinliche Grundwasserstand und seine Schwankungsbreite während der Bauzeit wichtig. Diese Größen müssen dem entwerfenden Ingenieur bekannt sein.

Der für die Bautätigkeit in erster Linie bedeutsame Stand des Grundwassers im obersten Grundwasserstockwerk schwankt jahreszeitlich und darüber hinaus in längeren Zeiträumen. Diese langperiodischen Schwankungen sind nicht nur von Wetter- und Klimaveränderungen, sondern vor allem auch von den Eingriffen in die Erdoberfläche abhängig. Landwirtschaft und Bautätigkeit sind hierbei die wesentlichen Aktivitäten, die die Anteile der Verdunstung und der Versickerung aus der Niederschlagsmenge beeinflussen. Der Bauingenieur sollte sich dessen bewußt sein, daß großräumige Baumaßnahmen im Erdbau (Flurbereinigung), im Wasserbau (Flußbegradigung, Stauhaltung), im Betonbau (Versiegelung der Geländeoberfläche, Stauung des Grundwassers durch ausgedehnte Tiefbauten), sowie Bauhilfsmaßnahmen (Grundwasserabsenkungen, Injektionen) auch Eingriffe in das Grundwasserregime einer Örtlichkeit sind. Durch ergänzende Baumaßnahmen wie Regenrückhaltebecken, Versickerungsanlagen, grundwasserschonende Bauweisen lassen sich negative Folgen mildern oder sogar vermeiden.

Bei Böden mit Schichten wechselnder Durchlässigkeit ist es oft schwierig, den Grundwasserstand eindeutig zu bestimmen, weil beim Anbohren von gespanntem Grundwasser höhere Pegelstände gemessen werden oder weil das Ausspiegeln in feinkörnigen Böden erst nach längerer Zeit eintritt. Als Richtlinie für fachmännische Aufschlußarbeiten dient DIN 4021, Teil 3: Baugrund; Erkundung durch Schürfe und Bohrungen sowie Entnahme von Proben, Aufschluß der Wasserverhältnisse.

Diese Norm unterteilt die Aufschlußarbeiten in

- Messen der Wasserstände im Bohrloch
- Aufbau von Grundwassermeßstellen für kurze Dauer (etwa 1 Jahr)
  oder für langfristige Beobachtung
- Entnahme von Wasserproben
- Messung der Grundwasserbewegung
- Bestimmung der Wasserverhältnisse im Fels

Zu den Aufschlüssen der Wasserverhältnisse gehören somit auch Untersuchungen der chemischen Eigenschaften des Grundwassers. DIN 4021, Teil 3, unterscheidet hierbei:

a) Allgemeine Untersuchungen der chemischen Bestandteile im Zusammenhang
   mit dem mineralogisch-chemischen Aufbau der Bodenschichten;
b) Untersuchung auf betonschädliche Bestandteile;
c) Eignungsprüfung als Anmachwasser für Beton;
d) Untersuchung auf Korrosionsgefährdung des Bauwerkes;
e) Untersuchung auf eine Gefährdung von Dränagen, Filtern oder
   Versickerungsanlagen durch Ausfällungen und ähnlichem;
f) Untersuchung hinsichtlich Grundwasserveränderungen infolge
   bautechnischer Maßnahmen, z. B. in Wassergewinnungsgebieten;
g) Untersuchung auf chemische oder biologische Verunreinigung
   durch Abwässer oder Sickerwasser aus Halden, Industrieanlagen,
   landwirtschaftlichen Betrieben und ähnlichem.

Weitere Eigenschaften des Grundwassers wie Fließrichtung und Strömungsgeschwindigkeit beeinflussen bestimmte Bauhilfsmaßnahmen, z. B. Vereisungen oder Injektionen. Die Schädigung von Bauwerken in aggressiven Wässern ist größer bei höherer Fließgeschwindigkeit.

Durch Messungen in einem Netz von Peilbrunnen lassen sich die Grundwassergleichen (Höhenkurven des Grundwasserstandes) feststellen. Mindestens drei im Dreieck angeordnete Meßstellen sind erforderlich, um die Fließrichtung angeben zu können. Die Strömungsgeschwindigkeit wird bestimmt, indem das Wasser in einem Bohrloch durch Farbe, Salz oder radioaktive Isotope markiert und die Zeit bis zum Eintreffen des markierten Wassers in einem zweiten, in bekannter Entfernung in Fließrichtung liegenden Bohrloch gemessen wird. Das Verfahren ist ebenfalls in DIN 4021, Teil 3, detailliert beschrieben.

Grundwasserführende Schichten bzw. Grundwasserleiter sind durchlässige Böden wie Sande, Kiese oder Gerölle. In diesen Schichten bewegt sich das Wasser unter dem Einfluß der Schwerkraft, deshalb wird das Schichtwasser auch als Gravitationswasser bezeichnet. Werden solche Schichten durch Baumaßnahmen berührt oder angeschnitten, tritt das Wasser, je nach Durchlässigkeit des Bodens, in mehr oder weniger großen Mengen zutage und beeinflußt in hohem Maß den Bauprozeß. Wasser in nichtbindigem Boden beeinträchtigt jedoch nicht dessen mechanische Eigenschaften.

Durchlässigkeit

Mit abnehmender Korngröße des Bodens werden auch die Poren zwischen den Körnern kleiner und die Durchlässigkeit nimmt ab. Damit verringert sich die Fließgeschwindigkeit des Wassers. Da das Wasser im wassergesättigten Boden laminar fließt, ist die Fließgeschwindigkeit v dem hydraulischen Gefälle i proportional. Der Proportionalitätsfaktor wird nach DARCY als Durchlässigkeitskoeffizient k bezeichnet.

$$v = k \cdot i$$

$$i = \Delta h / l$$

Δh Druckhöhendifferenz
l Länge des zugehörigen Stromfadens

In [2] sind Richtwerte für verschiedene Bodenarten angegeben:

Bodenart	k in m/s
Sandiger Kies	$2 \cdot 10^{-2}$ bis $1 \cdot 10^{-4}$
Sand	$1 \cdot 10^{-3}$ bis $1 \cdot 10^{-6}$
Schluff-Sand-Gemische	$5 \cdot 10^{-5}$ bis $1 \cdot 10^{-7}$
Schluff	$5 \cdot 10^{-6}$ bis $1 \cdot 10^{-9}$
Ton	$1 \cdot 10^{-8}$ bis $1 \cdot 10^{-12}$

Die Durchlässigkeit kann im Laborgerät mit konstanter oder fallender Druckhöhe oder in situ mit Hilfe eines Pumpversuchs bestimmt werden.

In feinkörnigen bzw. bindigen Böden gibt es weitere Erscheinungsformen des Wassers, die auch Einfluß auf die Bodeneigenschaften haben.

Konsolidierung

In feinkörnigen Böden beansprucht die Aufnahme und Abgabe von Wasser infolge der geringeren Durchlässigkeit längere Zeiträume. Bei Belastung des Bodens klingen Setzungen erst nach Ablauf der Zeit ab, die das Porenwasser zum Abfließen benötigt. Kritisch ist die schnelle Belastung weicher, bindiger Böden, weil die Last anfänglich nur vom Porenwasser und nicht durch die Scherfestigkeit des Bodens getragen wird. Der dadurch geweckte Porenwasserüberdruck beeinträchtigt die Standsicherheit des Bauwerkes.

Kapillarität

Die Kapillarität entsteht durch die Oberflächenspannung des Wassers, die bewirkt, daß Wasser in dünnen Röhren aufsteigt. Da aber die Größe der Bodenporen unterschiedlich ist, steigt das Wasser über die freie Wasseroberfläche nur entsprechend der von der größten Porenöffnung bestimmten Zugspannung an (aktive Steighöhe). Bei fallendem Wasserstand bleibt andererseits Kapillarwasser in einer Höhe zurück, die durch die kleinsten Porenweiten bedingt ist (passive Steighöhe). Oberhalb der mit Kapillarwasser gesättigten Schicht, dem Kapillarsaum, nimmt die Wassersättigung ab bis auf das in Porenwinkeln zurückgebliebene und das adsorbtiv gebundene, d. h. durch Molekulärkräfte an der Oberfläche einens festen Körpers haftende Wasser.

In [2] sind Erfahrungswerte für die passive kapillare Steighöhe angegeben:

Bodenart	h_{kp}
Mittel- bis Grobkies	0,05 m
sandiger Kies oder Feinkies	bis 0,2 m
Grobsand oder schluffiger Kies	bis 0,5 m
Mittel- und Feinsand	bis 1,5 m
Schluff	bis 15 m
Ton	bis über 50 m

Da Kapillarwasser durch Zugspannungen im Gleichgewicht gehalten wird, die als Drücke auf das Korngerüst übertragen werde, liefert es keinen Beitrag zum hydrostatischen Druck auf ein Bauwerk. Poröse Bauteile werden aber von ihm durchfeuchtet.

In feinkörnigen Böden ist der Kapillarsaum für deren Scherfestigkeit von Bedeutung, die sich geringfügig erhöht und als „scheinbare Kohäsion" in Sanden so lange wirksam ist, wie sie nicht austrocknen oder völlig durchfeuchten. Bei der Berechnung von Baugruben oder Stützwänden darf der Scherfestigkeitsanteil aus der scheinbaren Kohäsion nur begrenzt oder gar nicht angesetzt werden [3, 5].

Konsistenz

In Schluffen und Tonen beeinflußt das Wasser die Konsistenz der Böden, d. h. ihre Verformbarkeit und Scherfestigkeit. Je mehr Wasser solche Böden enthalten, umso weicher werden sie und ihre Festigkeit nimmt ab. Die Bestimmung des Wassergehalts w im natürlichen Zustand und an charakteristischen Zustandsgrenzen (nach DIN 18121, [6]) dient daher bei diesen Böden dazu, sie zu klassifizieren und weitere Eigenschaften abzuschätzen (DIN 18196, [7]).

Die charakteristischen Zustandsgrenzen sind die Fließgrenze (Übergang des Bodens in den flüssigen Zustand), die Ausrollgrenze (Übergang vom steifen zum halbfesten Zustand) und die Schrumpfgrenze (Übergang zum festen Zustand), die entsprechenden Wassergehalte werden mit w_L, w_P und w_S bezeichnet. Mit diesen Grenzwerten wird der natürliche Wassergehalt verglichen und durch die Konsistenzzahl

$$I_C = \frac{w_L - w}{w_L - w_P}$$

der Zustand des Bodens definiert [2]:

Konsistenzzahl I_C	Benennung der Konsistenz
0	flüssig
0 − 0,50	breiig
0,50 − 0,75	weich
0,75 − 1,00	steif
$1,00 < I_C < \dfrac{w_L - w_S}{w_L - w_P}$	halbfest

Wasserverhältnisse im Fels

Grundsätzlich andere Wasserverhältnisse als im Boden sind im Fels durch das Vorhandensein von Klüften, Spalten oder Hohlräumen anzutreffen. Die geologische Entstehung vom Fels spielt hierbei eine wichtige Rolle. Deshalb ist zwischen der Durchlässigkeit des Gesteins (Poren) und der Durchlässigkeit des Gebirges (Trennflächen) zu unterscheiden. In klüftigem Gebirge mit undurchlässigem Gestein genügen geringe Entnahmen oder Zugaben von Wasser, um die hydrostatische Druckhöhe erheblich zu ändern. Sorgfältige Untersuchungen sind in solchen Fällen geboten [3].

1.5.2 Der Einfluß des Grundwassers auf die Herstellung von Bauwerken

Um ein Bauwerk, das selbst oder mit seiner Gründung ins Grundwasser reicht, im Trockenen herstellen zu können, sind mehrere Methoden der Bauausführung anwendbar:

1. Herstellung im Schutze wasserdichter Baugrubenumschließung

Als wasserdichte Baugrubenumschließungen kommen in Frage:
– Spundwände
– Pfahlwände (s. Abschnitt 3.1)
– Schlitzwände (s. Abschnitt 3.2)
– Offene Senkkästen (Brunnengründungen) (s. Abschnitt 2.3.3)
– Dichtungswände
– Bodenvereisung

Ist der Boden bis in große Tiefen durchlässig, muß eine dichte Sohle künstlich hergestellt werden. Das kann durch Injektion oder Vereisung einer tiefliegenden Schicht geschehen, bevor der Aushub erfolgt. Es kann aber auch der Aushub im Grundwasser hergestellt und dann – ebenfalls im Wasser – eine Betonsohle eingebaut werden (s. Abschnitt 4.1.6 und Bild 4.1-8).

Bei einer hochliegenden undurchlässigen Schicht ist es oft eine wirtschaftliche Lösung, das Baugelände mit einer Dichtungswand (Dichtungsschlitzwand, Schmalwand) zu umschließen, die bis in die undurchlässige Schicht reicht. Diese Wände werden durch einen innerhalb der Umschließung verbleibenden Erdkörper gestüzt. Sie sind also keine Baugrubenwände, sondern halten nur das Wasser zurück. Nach Auspumpen der Umschließung kann im Trockenen gearbeitet werden (Bild 1.5-2).

Steht unterhalb der Baugrube keine undurchlässige, aber eine gering durchlässige Schicht an, so kann es wirtschaftlicher sein, eine Umströmung der abdichtenden Wände zuzulassen. Die Sicherheit gegen hydraulischen Grundbruch ([5]: E 115) bestimmt dann die Einbindelänge der Umschließungswände. Der Strömungsdruck auf die Erdkeile hinter und vor der Wand, die die Wand belasten bzw. stützen, ist bei der erdstatischen Berechnung zu berücksichtigen.

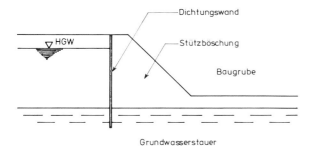

Bild 1.5-2 Dichtungswand bis in den Grundwasserstauer mit Stützböschung

2. Druckluftbauweise

Durch Druckluft kann Grundwasser aus dem Innern eines nur an der Aushubfläche offenen Baukörpers verdrängt werden. Der Baukörper wird entweder an der Oberfläche hergestellt und abgesenkt (Senkkastengründung, s. Abschnitt 2.3.3) oder horizontal von einem Schacht aus vorgetrieben (Tunnelvortrieb unter Druckluft).

3. Grundwasserabsenkung

Eine weit verbreitete Methode zur Herstellung von Bauteilen unterhalb des Grundwasserspiegels ist das Absenken des Grundwassers im Baugebiet. Im Prinzip werden hierbei bis unter den Grundwasserspiegel reichende Hohlräume (Gräben, Bohrlöcher) hergestellt, aus denen Pumpen fortwährend so viel Wasser fördern, daß sich ein Gleichgewicht zwischen abgepumptem und nachströmendem Wasser einstellt. Dadurch entsteht eine Absenkfläche mit den Tiefpunkten in den Förderstellen (Brunnen) und einem abgesenkten Grundwasserspiegel im Bereich der von den Brunnen umschlossenen Fläche.

Welches Verfahren der Grundwasserabsenkung angewendet wird, richtet sich in erster Linie nach der Körnung und damit der Durchlässigkeit des anstehenden Bodens (Bild 1.5-3). In den feinkörnigen Böden steht weniger das Absperren des Wasserzustromes als vielmehr die Stabilisierung der Böden im Vordergrund. Man verhindert so ein Ausfließen

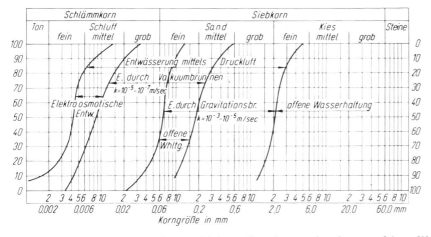

Bild 1.5-3 Anwendungsbereiche verschiedener Grundwasserabsenkungsverfahren [2]

und kann steile Böschungen halten. Sehr grobkörnige Kiese oder Schotter lassen sich praktisch nicht entwässern, hier müssen andere Bauverfahren angewendet werden.

Mit feinkörniger werdenden Böden kommen (in dieser Reihenfolge) Schwerkraftentwässerung, Unterdruckentwässerung und Elektroosmose zur Anwendung:

Schwerkraftentwässerung

Bei der üblichen Schwerkraftentwässerung werden Tiefbrunnen – d. h. Bohrungen von meistens 60 oder 90 cm Durchmesser – im Abstand von 15 bis 30 m um die Baugrube herum abgeteuft. In diese verrohrten Bohrungen werden Filterrohre eingestellt, der Zwischenraum zum Bohrrohr wird mit Filterkies verfüllt. Die Bohrrohre werden anschließend gezogen. In die Filterrohre werden Tauchpumpen eingesetzt, die an eine Sammelleitung angeschlossen werden und kontinuierlich oder über Wasserstandsschalter gesteuert fördern.

Eine Sonderform der Schwerkraftentwässerung ist die offene Wasserhaltung. Dabei wird das Wasser in offenen Gräben oder Drainageleitungen gesammelt, in Pumpensümpfe geführt und daraus mit Unterwasserpumpen abgepumpt. Diese Art der Wasserhaltung setzt standfeste, nicht ausfließende Böden voraus; sie eignet sich nur für geringe Absenkziele und zur Abführung von Regenwasser oder Restwasser beim Aushub einer Baugrube mit Schwerkraftabsenkung.

Unterdruckentwässerung

In feinkörnigen Böden reicht das durch die Schwerkraft erzeugte Druckgefälle nicht aus, um dem Brunnen so viel Wasser zuzuführen, daß eine merkliche Spiegelabsenkung entsteht. Das Brunnensystem wird darum so abgedichtet, daß die eingeschlossene Luft evakuiert werden kann. So kann der atmosphärische Luftdruck zur Erhöhung des Druckgefälles im Untergrund beitragen. Die Absenktrichter werden jedoch sehr steil, der Einzugsbereich eines Brunnens ist klein.

Zwei Verfahren sind zu unterscheiden:

– Vakuumtiefbrunnen

  Vakuumtiefbrunnen ähneln prinzipiell den Schwerkraftbrunnen, sie werden mit einer Pumpe ausgestattet und können daher bis in große Tiefen reichen. Die Luft wird über einen Stutzen im Deckel angesaugt. Wenn der Boden, der die zu entwässernde Schicht überlagert, nicht undurchlässig ist, muß die Filterstrecke sehr kurz und stets unter Wasser gehalten werden, damit keine Luft nachströmen kann.

– Spülfilteranlagen

  Spülfilter sind geschlitzte Rohre mit kleinem Durchmesser von $1\frac{1}{2}''$ bis $2\frac{1}{2}''$, die in den Boden eingespült werden. Sie werden an eine Sammelleitung angeschlossen, in der ein Unterdruck erzeugt wird. Ohne Tauchpumpen kann man mit diesen Brunnen nur 6 – 7 m hoch fördern, daher sind nur geringe Absenktiefen erreichbar. Der Lanzenabstand ist sehr gering (z. B. 1,3 m). Mit gestaffelten Anordnungen sind größere Absenktiefen zu erzielen.

Elektroosmose

In Böden, die so feinkörnig sind, daß auch mit dem Vakuumverfahren keine Entwässerung möglich ist, kann die Elektroosmose angewandt werden. Sie nutzt die Bewegung elektrisch geladener Teilchen (in diesem Falle das Wasser) in einem Stromkreis von der

Anode zur Kathode (hier der Brunnen). Das Verfahren wird in Deutschland kaum angewandt.

Verfahren, Berechnung und weitere detaillierte Angaben zur Grundwasserabsenkung finden sich bei HERTH/ARNDT [8].

Eine Entwässerung ganz anderer Art ist erforderlich, wenn es um die Beschleunigung der Konsolidierung weicher, bindiger Böden geht. Das Problem tritt auf, wenn Dämme geschüttet oder Hafenmauern hinterfüllt werden und solche Schichten im Baugrund eingelagert sind. Durch die beschleunigte Entwässerung dieser Schichten werden die Setzungszeit verkürzt, die erwünschte Tragfähigkeit schneller erzielt, seitliche Fließbewegungen vermindert und der Erddruck auf Widerlager oder Kaimauern reduziert ([5]: E 93). Als Maßnahmen kommen in Betracht:

– Gebohrte, gespülte oder gerammte Sanddrainagen
– Gespülte oder trocken eingeführte Papp- oder Kunststoffdrainagen

Als überlagernde Auffüllung wird ein gut durchlässiges Material aufgebracht, das als Arbeitsplanum und Dränschicht zur Abführung des durch die Vertikaldräns geförderten Wassers dient.

1.5.3   Der Einfluß des Grundwassers auf das Bauwerk

Das Grundwasser wirkt auf das Bauwerk zum einen dadurch, daß es einen hydrostatischen Druck auf Wände und Sohle ausübt, zum anderen dadurch, daß es die von ihm benetzten Bauteile durchfeuchtet oder chemische Reaktionen hervorruft.

Hydrostatischer Druck auf Wände und Sohle

Der hydrostatische Druck auf Bauwerkswände wird ebenso angesetzt wie auf Baugrubenwände ([3] bis [5]). Hierzu ist es wichtig, den höchsten Grundwasserstand für die gesamte Lebensdauer des Bauwerks zu kennen. Bei der Berechnung der Beanspruchung einer Bodenplatte wird zweckmäßigerweise zuerst das Gesamtgleichgewicht in vertikaler Richtung ermittelt. Dazu wird das maximale Eigengewicht einschließlich der Verkehrslast eingesetzt. Diesen Lasten wirkt der Sohlwasserdruck, der sich aus der Höhendifferenz zwischen den möglichen Grundwasserständen und der Unterkante Gründungssohle errechnet, entgegen. Aus den verbleibenden Vertikallasten ergeben sich die Bodenpressungen (Bild 1.5-4, s. auch Abschnitt 1.3.1).

Auftriebssicherheit

Für die Standsicherheit des Bauwerks sind ausreichende Auftriebs- und Gleitsicherheitsbeiwerte nachzuweisen. Eine ausreichende Auftriebssicherheit ist gegeben, wenn das Gewicht des Bauwerks größer ist als der Auftrieb, multipliziert mit dem erforderlichen Sicherheitsbeiwert nach DIN 1054. Als Bauwerksgewicht dürfen nur die minimalen Eigenlasten und keine Verkehrslasten angesetzt werden. Beton darf nur mit seiner tatsächlichen (z. B. aus Eignungsprüfungen ermittelten) Wichte berücksichtigt werden, das Gewicht der Stahleinlagen ist den Stahllisten zu entnehmen und zu addieren. Die Reibung des Bodens an den aufgehenden Wänden kann berücksichtigt werden, erfordert aber besondere Sicherheitsbetrachtungen. Der Auftrieb muß immer im Zusammenhang mit den Eigenlasten des Bauwerks betrachtet werden. Eigenlasten, Bodenpressungen und Wasserdruck müssen im Gleichgewicht stehen (Bild 1.5-4b), die Schnittkräfte aus dieser Belastung sind nachzuweisen. Stark unterschiedliche Verteilung von Eigenlasten und

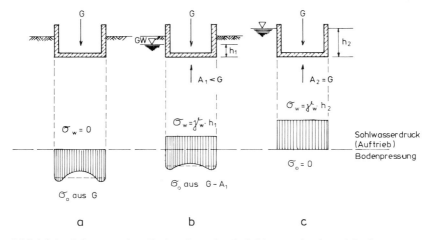

Bild 1.5-4 Belastung einer Bodenplatte durch Sohlwasserdruck und Bodenpressung
a) Kein Grundwasser vorhanden, Bodenpressungen aus dem Gesamtgewicht
b) Grundwasser vorhanden. Sohlwasserdruck aus der Höhe des Grundwassers über der Sohle,
   Bodenpressung aus dem Gesamtgewicht vermindert um den Auftrieb
c) Schwimmzustand, Sohlwasserdruck entsprechend der Tauchtiefe, keine Bodenpressungen.
Die resultierende Kraft auf die Sohle aus Bodenpressungen + Sohlwasserdruck ist in allen drei
Fällen gleich groß, lediglich die Verteilung der Drücke ist anders.

Sohlwasserdruck kann zu einem Kippmoment führen, dessen Einfluß auf die Stabilität
(Kippbewegung), Schnittkräfte und Bodenpressungen nachzuweisen ist.

Mangelnde Auftriebssicherheit kann durch Zusatzmaßnahmen verbessert werden. So
werden häufiger Bauwerke wie Klärbecken, Schleusen oder Trockendocks durch Dau-
eranker oder Zugpfähle mit einem größeren Bodenkörper verbunden, der mit seinem
Eigengewicht (unter Berücksichtigung des Auftriebs!) in Rechnung gesetzt werden darf.
Bei Ankern muß dabei dem Korrosionsschutz Rechnung getragen werden, z. B. durch
Berücksichtigung einer Abrostungsrate bei Ankern aus Walzträger- oder Spundwandpro-
filen oder durch Korrosionsschutzschichten bei Spannstahlankern (Daueranker). Eine
Übersicht über geeignete Ankersysteme findet sich in [9].

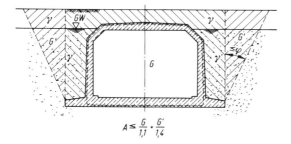

Bild 1.5-5 Tunnelquerschnitt mit
seitlichen Spornen zur Erhöhung der
Auftriebssicherheit
G Eigenlast (ständige Lasten aus
   Bauwerk und Boden über der
   Gründungssohle)
G' Durch Reibung aktivierte Erdlast
γ Wichte des feuchten Bodens
   (oberhalb des Grundwasserspie-
   gels)
γ' Wichte des Bodens unter Auftrieb
   (unterhalb des Grundwasserspie-
   gels)

Eine konstruktive Möglichkeit zur Erhöhung des Gewichts und damit der Auftriebssicherheit eines Bauwerkes besteht darin, durch seitlich auskragende Sporne ein Auflager für den Hinterfüllungsboden zu bilden. Ein Beispiel zeigt Bild 1.5-5. Es muß gewährleistet sein, daß dieser Boden bei späteren Baumaßnahmen nicht abgetragen wird.

Gleitsicherheit

Im allgemeinen haben Bauwerke auch Horizontallasten (z. B. Wind, einseitiger Erddruck) aufzunehmen und in den Untergrund abzutragen. Als Reaktion wirkt die Reibungskraft in der Gründungssohle (ggf. zusätzlich auch der Erdwiderstand vor dem Bauwerk). Dabei darf für die in der Reibungskraft enthaltene Vertikalkomponente ebenfalls nur das Minimalgewicht des Bauwerks abzüglich der Auftriebskraft angesetzt werden (siehe Abschnitt 1.4.2).

Grundbruchsicherheit

Der Nachweis der Grundbruchsicherheit erfolgt nach DIN 4017 (siehe Abschnitt 1.4.3). Dabei wird neben der Scherfestigkeit (Reibung und Kohäsion) in der Bruchfläche auch das Gewicht des Gleitkörpers in Rechnung gesetzt. Die Sicherheit gegen Grundbruch nimmt ab, wenn das Grundwasser ansteigt und der Boden des Gleitkörpers zunehmend unter Auftrieb gerät.

Bei schneller Lastaufbringung kann bindiger Boden mit hohem Wassersättigungsgrad seine innere Reibung nicht entsprechend steigern, solange das Porenwasser nicht entweichen kann. Der Nachweis der Grundbruchsicherheit ist dann auch mit der Anfangsfestigkeit c_u des Bodens zu führen, einem Wert, der die Scherfestigkeit aus Kohäsion und wirksamer Reibung im Anfangszustand zusammengefaßt wiedergibt.

Chemische Aggressivität

Außer seiner statischen Wirkung hat das Wasser aufgrund seiner chemischen Zusammensetzung einen Einfluß auf Betonbauwerke, dem Rechnung zu tragen ist, wenn dieser Einfluß betonschädigend ist. DIN 4030 ist die Grundlage zur Beurteilung betonangreifender Wässer.

Danach werden die folgenden Wirkungen unterschieden:

- Wässer mit freien Säuren lösen den Zementstein (u. U. auch die Zuschläge) bereits ab einem pH-Wert kleiner als 6,5.
- Salze können im Wasser gelöst sein oder sich durch eindringende Säuren im Beton bilden. Sie wirken lösend auf das Calciumhydroxid des Betons oder treibend (Gips).
- Weiche Wässer können ebenfalls eine lösende Wirkung auf das Calciumhydroxid haben.
- Chloridhaltiges Wasser greift zwar den Beton nicht an, wirkt aber korrodierend auf die Bewehrung.

Der Angriffsgrad von Wässern wird nach DIN 4030, Teil 2 definiert. Es wird nicht angreifend, schwach, stark und sehr stark angreifend unterschieden. Zur Ermittlung des Angriffsgrades sind Wasserproben zu entnehmen und zu analysieren (das gilt auch für Böden, wenn der Verdacht besteht, daß sie betonangreifend wirken).

Untersuchungen werden von einschlägigen Instituten durchgeführt. Es gibt jedoch auch Reagenziensätze für die Bauindustrie, mit denen der Bauingenieur den Angriffsgrad grob quantitativ in Anlehnung an DIN 4030 selbst bestimmen kann. Besteht nach einer solchen Analyse der Verdacht der Betonschädlichkeit, sollte ein anerkanntes Wasserlaboratorium zur endgültigen Beurteilung herangezogen werden.

Die Betonschädigung wird durch höhere Temperatur und höheren Druck gefördert. Günstig wirken stillstehendes Grundwasser oder gering durchlässiger Boden, da dann die schädlichen Substanzen langsamer nachgeführt werden.

Die erste Gegenmaßnahme bei Vorhandensein von betonangreifenden Wässern besteht darin, einen widerstandsfähigen Beton herzustellen. Dazu gehören neben einer geeigneten Rezeptur gute Verdichtung und Nachbehandlung des Betons. Aus Gründen der Wasserdichtigkeit ist ohnehin die Verwendung „wasserundurchlässigen Betons" nach DIN 1045 zu empfehlen, selbst wenn eine Abdichtung des Bauwerkes vorgesehen ist. Ein solcher Beton widersteht auch einem schwachen chemischen Angriff. Bei „starkem" chemischem Angriff gelten, wenn keine Außenabdichtung vorgesehen wird, schärfere Anforderungen hinsichtlich der Wassereindringtiefe und des Wasserzementwertes. Die Betonüberdeckung der Bewehrung ist zu vergrößern (DIN 1045). Bei Sulfatgehalten größer als 400 mg SO_4 je Liter Wasser muß Zement mit hohem Sulfatwiderstand nach DIN 1164 Teil 1 verwendet werden. Bei „sehr starkem" chemischen Angriff gemäß DIN 4030 muß der Beton durch Abdichtungen (DIN 4031, DIN 4117) davor geschützt werden, daß er mit dem angreifenden Wasser in Berührung kommt.

Maßnahmen zur dauernden Absenkung des Grundwasserspiegels

Voraussetzung für eine dauernde Absenkung ist, daß benachbarte Bebauung oder Umwelt (Landwirtschaft) keinen Schaden nehmen. Die Topographie soll die Abführung des zuströmenden Wassers im freien Gefälle zum Vorfluter erlauben, sonst fallen Kosten für einen fortwährenden Pumpbetrieb an. Die Absenkung erfolgt mit Hilfe von Dränrohrsystemen oder offenen Gräben, sie erreicht meist nur 2 bis 3 m Absenktiefe. In Sonderfällen, z. B. bei Hangbebauungen und wenig wasserdurchlässigem Boden ist es möglich, den Wasserstand durch dauernd wirksame Drainagen abzusenken. Dazu verwendet man am besten schräge oder keilförmige Kiesfilter als Hinterfüllung. Die Filterstabilität gegen den anstehenden Boden muß gewährleistet sein. Die richtige Ausbildung von solchen Filtern ist in [10] beschrieben.

Eine Ausführungsmöglichkeit der Flächenentwässerung unter Gebäuden ist in DIN 4095 „Dränung des Untergrundes zum Schutz von baulichen Anlagen" enthalten, hier

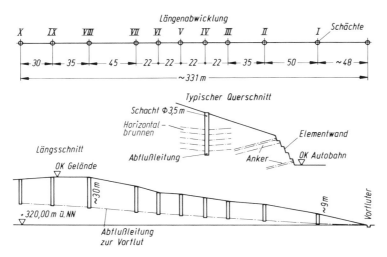

Bild 1.5-6   Hangentwässerung Lörrach-Rötteln

vorwiegend zu dem Zweck, das Aufsteigen von Feuchtigkeit zu verhindern. Unter Betonbauwerken bringt diese Bauweise keinen dem erforderlichen Aufwand entsprechenden
Nutzen.

Rutschgefährdete Hänge können durch Tiefdränschlitze – das sind Pfahlwände aus
Filterbeton oder Kies (s. Abschnitt 3.1.5.1) – stabilisiert werden. Eine andere Bauweise
besteht darin, Schächte von 3 bis 4 m Durchmesser im Abstand von 30 bis 50 m niederzu-
bringen, und aus diesen Schächten Horizontalbrunnen in die zu entwässernden Hang-
schichten vorzutreiben. Die Schächte werden untereinander und mit einem Vorfluter
durch aus den Schächten heraus gepreßte oder gebohrte Rohrstränge verbunden (Bild
1.5-6). Beide Maßnahmen bewirken weniger den Schutz eines Bauwerkes vor der direkten
Einwirkung des Wassers als vielmehr den Schutz vor Erdrutschen, weil durch die Entwässerung rutschgefährdeter Schichten der Strömungsdruck auf die Gleitschichten verringert
wird [9].

1.5.4 Einfluß des Bauwerks auf das Grundwasser

Bauen im Grundwasser ist oft ein Kampf mit dem Wasser. Wassereinbrüche durch
undichte Baugrubenwände, aufgebrochene Sohlen (hydraulischer Grundbruch) oder von
Absenkbrunnen nicht mehr bewältigte Wassermengen zählen zu solchen, oft nicht vorher-
gesehenen Ereignissen. Dennoch gehört es auch zu den Aufgaben des Ingenieurs, das
Grundwasser zu schützen und zu erhalten. Um die Sauberkeit des Grundwassers zu sichern, müssen Baustoffe wie Injektionsmaterialien, Anstriche, Verfüllböden chemisch un-
bedenklich sein. Transportleitungen der Abwässer, Chemikalien oder Öle müssen dauerhaft, beständig und dicht sein. Aber nicht nur die Wasserqualität, sondern auch die Quan-
tität des Grundwassers ist für die Kulturlandschaft, die Natur und die Landwirtschaft
sowie für die Wasserversorgung eine lebenswichtige Größe.

Dieser Forderung Rechnung tragend, ist vor einigen Jahren der Begriff „grundwasserschonende Bauweise" geprägt worden. Dabei geht es nicht nur darum, durch geeignete
Bauverfahren eine Absenkung des Grundwassers während der Bauzeit zu vermeiden,
sondern bleibende Eingriffe in Grundwasserströme möglichst gering zu halten.

Die Absenkung des Grundwassers kann unerwünscht sein, weil dadurch bedingte Setzungen die benachbarte Bebauung gefährden, Brunnen trocken fallen oder Wasserrechte
berührt werden. Allein der Umstand, daß große Mengen Wasser dem Boden entzogen
werden, stößt zunehmend auf Besorgnis, weil es mehrere Jahre dauern kann, bis die
während der Bauzeit entnommene Wassermenge durch den natürlichen Niederschlag wieder aufgefüllt ist. Mit Hilfe von Schluckbrunnen, die in einiger Entfernung von der Baustelle in unbebautem Gelände abgeteuft werden, kann das dem Boden entzogene Wasser
wieder eingespeist werden.

Schwerwiegender, weil auf Dauer wirksam, sind jedoch die bleibenden Einbauten im
Grundwasserstrom. In den Zentren unserer Städte werden Untergeschosse von Gebäuden
mit großen Tiefen und Ausdehnungen in zunehmender Zahl errichtet. Beim Bau von U-
Bahnen verbleiben langgestreckte Barrieren oft auch quer zur Hauptfließrichtung des
Grundwassers im Boden. Das Grundwasser muß diese Hindernisse umfließen oder unter-
strömen. Wenn keine geeigneten Maßnahmen ergriffen werden, tritt ein Aufstau auf der
angeströmten Seite ein, es entsteht ein höherer Druckgradient, eine höhere Fließgeschwindigkeit. Die Größe des Aufstaues ist abhängig vom Fließwiderstand und der verlängerten
Strecke des neuen Weges, den das Grundwasser nehmen muß. Auf der der Anströmung
abgewandten Seite des Bauwerkes sinkt der Wasserspiegel. Die Folgen sind zum einen,

daß bisher trockene Keller unter Wasser gesetzt oder Bauteile höheren hydrostatischen Drücken ausgesetzt werden, zum anderen entstehen ähnliche (wenn auch weniger ausgeprägte) Nachteile wie bei einer Grundwasserabsenkung.

Grundwasserschonendes Bauen

Grundwasserschonendes Bauen erfordert den Nachweis, daß Behinderungen des Grundwasserstromes in erträglichen Grenzen bleiben. Läßt sich diese Forderung aufgrund der Form und der Lage des Bauwerks oder der Bauhilfsmaßnahmen nicht erfüllen, so sind zusätzliche Maßnahmen vorzusehen.

Eine geschlossene analytische Lösung zum Nachweis der Auswirkung von Hindernissen im Grundwasserstrom wurde für vereinfachte Verhältnisse von SCHNEIDER [11] angegeben. Für allgemeinere Fälle muß auf numerische Methoden zurückgegriffen werden. Einen schnellen Überblick erhält man durch Anwendung von Nomogrammen, wie sie für einige Grundsatzfälle mit Hilfe des Differenzenverfahrens erarbeitet wurden [12]. Universell anwendbar, jedoch umso aufwendiger, je mehr Parameter und Elemente berücksichtigt werden, sind auch hier FEM-Berechnungen. Die Simulation des Grundwasserstromes anhand eines Analogieverfahrens mit elektrisch leitendem Papier kann ebenfalls gute Dienste leisten.

Allen genannten Verfahren ist gemeinsam, daß die Qualität ihrer Ergebnisse sehr stark von der zutreffenden Abschätzung der Ausgangsdaten, vor allem eines Durchlässigkeitsbeiwertes abhängt, der die tatsächlichen Verhältnisse wirklichkeitsnah repräsentiert.

Ergibt die Berechnung oder Simulation der durch die Baumaßnahme geänderten Grundwasserverhältnisse unakzeptable Nachteile oder ist von vornherein offensichtlich – z. B. weil die verbleibenden Baugrubenwände bis in die wasserundurchlässige Schicht abgeteuft worden sind – daß der Grundwasserabfluß unterbrochen wird, so werden Bauteile erforderlich, die eine Umleitung des Wassers erlauben. Verschiedene Lösungen des Problemes wurden gefunden und mit Erfolg ausgeführt, sie werden mit dem Begriff „Grundwasserkommunikation" beschrieben [12].

Systeme der Grundwasserkommunikation sind:

Flächendrainagen

Unter der Bauwerkssohle wird eine Drainageschicht aus gut durchlässigem Kies eingebaut. Die abdichtenden Baugrubenwände (z. B. Spundwände) werden nach Fertigstellung des Bauwerks wieder entfernt und die Arbeitsräume werden mit einem gut durchlässigen Material verfüllt. So kann das Wasser unter dem Bauwerk hindurchströmen. Die Filterregeln sind zu beachten, damit dieser Wasserweg nicht zugespült wird (Bild 1.5-7).

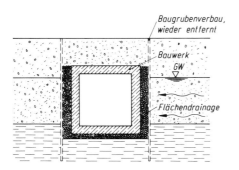

Bild 1.5-7   Umströmung eines Bauwerkes, ermöglicht durch Flächendrainagen [12]

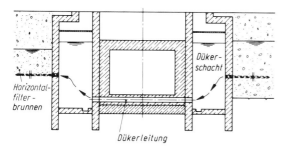

Bild 1.5-8 Grundwasserkommunikation mit Hilfe von Horizontal-
filterbrunnen und Dükerschächten

Brunnen

Verbleiben die dichten Baugrubenwändeim Boden, so müssen außerhalb derselben vertikale Brunnen abgeteuft und durch eine Leitung unterhalb (Grundleitung, DÜKER) oder
oberhalb des Bauwerks (Heber, Druckleitung) verbunden werden. Die Brunnen wirken
als Absenkbrunnen oberstrom und als Versickerungsbrunnen unterstrom der Grundwas-
sersperre. Eine größere Wirkung läßt sich erzielen, wenn horizontale Brunnen oder Lan-
zen aus dem Bauwerk oder aus seitlich angeordneten Schächten heraus in die wasserführenden Schichten eingetrieben und miteinander verbunden werden (Bild 1.5-8). Schächte
bieten den Vorteil, die Filter- und Leitungsstränge inspizieren und warten zu können.

Grundwasserfenster

Bei verbleibenden Baugrubenwänden (die als Bohrpfahl- oder Schlitzwände oft statischer Bestandteil des endgültigen Bauwerks werden) gibt es eine wirtschaftliche Lösung,
wenn unter der Bauwerkssohle eine ausreichend mächtige durchlässige Schicht vorhanden ist. Es sind dazu in der Baugrubenwand unterhalb der Bauwerkssohle sog. „Fenster"
einzubauen, die während des Aushubs und der Herstellung des Bauwerks geschlossen sind
und später geöffnet werden. Das kann geschehen, indem z. B. einzelne Pfähle oder Schlitzwandlamellen kürzer abgeteuft werden und die Lücken durch Vereisung geschlossen werden. Es genügt, die Vereisung zu beenden, wenn die Abdichtungsfunktion nicht mehr
benötigt wird. Der Boden taut auf und das Grundwasser kann durch die Lücken strömen.

Mehrere Verfahren wurden entwickelt, um Bohrpfähle („Filterpfähle") mit Schiebern in
eingesetzten Fertigteilen zu versehen, die später gezogen werden können. Um den Schie-
ber herum wird Kies eingebaut, der dann die gut durchlässige Lücke bildet. Bewährt hat
sich anstelle des Schiebers auch eine Dichtlamelle aus einem Zement-Bentonit-Gemisch,
die erstmals bei der U-Bahn in Essen eingesetzt wurde und daher den Namen „Essener
Dichtlamelle" trägt [13] (siehe Abschnitt 3.1.5.3).

Literatur zu Abschnitt 1.5

[1] DIN 4021, Teil 3 (08.1976): Baugrund; Erkundung durch Schürfe und Bohrungen sowie Entnahme von Proben, Aufschluß der Wasserverhältnisse, Beuth Verlag GmbH, Berlin und Köln

[2] Grundbau-Taschenbuch, 3. Aufl., Teil 1. Hrsg. U. SMOLTCZYK. Verlag W. Ernst & Sohn, Berlin, München, Düsseldorf, 1980

[3] Empfehlungen des Arbeitskreises „Baugruben" EAB, Hrsg. Deutsche Gesellschaft für Erd- und Grundbau e. V. Verlag W. Ernst & Sohn, Berlin, München, 1980

[4] Empfehlungen des Arbeitskreises „Baugruben" der Deutschen Gesellschaft für Erd- und Grundbau e. V. Entwürfe. Bautechnik 1984, H. 8. Verlag W. Ernst & Sohn, Berlin 1984

[5] Empfehlungen des Arbeitsausschusses „Ufereinfassung", EAU 1985, Hrsg. Arbeitsausschuß „Ufereinfassung" der Hafenbautechnischen Gesellschaft e. V. und der Deutschen Gesellschaft für Erd- und Grudbau e. V., 7. Aufl., Verlag W. Ernst & Sohn, Berlin 1985

[6] DIN 18121 (04.1976): Untersuchung von Bodenproben; Wassergehalt, Bestimmung durch Ofentrocknung

[7] DIN 18196 (06.1970): Erdbau, Bodenklassifikation für bautechnische Zwecke und Methoden zum Erkennen von Bodengruppen

[8] HERTH, W. und ARNDTS, E.: Theorie und Praxis der Grundwasserabsenkung. Verlag W. Ernst & Sohn, Berlin 1984

[9] KLÖCKNER, W., ARZ, P., SCHMIDT, H.-G. und ZIESE, H.: Grundbau. Betonkalender 1987, Teil II, Verlag W. Ernst & Sohn, Berlin 1987

[10] FLOSS: Hinterfüllung und Entwässerung von Brückenwiderlagern und Stützmauern. Straße und Autobahn 1969, H. 12

[11] SCHNEIDER, G.: Grundwasseraufstau vor Bauwerken bei gleichartiger Unter- und Umströmungsmöglichkeit. Die Bautechnik 1983, H. 11

[12] ULRICHS, K.: Maßnahmen zur Erhaltung der Grundwasserströmung bei Tunnelbauwerken in offener Bauweise. Taschenbuch für den Tunnelbau 1984, Verlag Glückauf, Essen 1983

[13] ROTH, B. und SCHUMACHER, G.: Grundwasserschonende Bauweise mit Bohrpfählen beim U-Bahn-Bau in Essen. Unterirdisches Bauen – Technik und Wirtschaftlichkeit, STUVA Bd. 29, Alba-Fachverlag, Düsseldorf, 1984

2 Gründungen

2.1 Einleitung*)

Als Gründung bezeichnet man üblicherweise die Baumaßnahmen, die ergriffen werden, um die Lasten oberirdischer Bauwerke auf den Baugrund zu übertragen. Die Gründung soll so gestaltet sein, daß vom Baugrund keine Gefährdung für das Bauwerk und die Umgebung ausgeht und keine unzumutbare Einschränkung in der Nutzung des Bauwerks eintreten kann. Da sich Bauwerk und Baugrund gegenseitig beeinflussen und die Art der Gründung Einfluß auf die Gestaltung des Bauwerks hat, ist eine eindeutige Abgrenzung der Aufwendung für die Gründung gegenüber den anderen Aufwendungen schwierig. Bei unterirdischen Bauten ist eine eindeutige Definition von Gründungsmaßnahmen nicht möglich, denn bei diesen Bauten werden zwar auch Lasten auf den Baugrund übertragen, meist sind aber die Lasten, die vom Baugrund auf das Bauwerk einwirken, maßgebend für die Beanspruchung des Bauwerks. Bei gutem Baugrund (keine Tiefgründung erforderlich) kann man bei Hoch-, Industrie- und Brückenbauten mit einem Anteil von 10–30% der Gründungsmaßnahmen (für Aushub und Fundamente) an den Rohbaukosten bzw. Herstellungskosten rechnen. Bei umfangreichen Baugrubensicherungen und bei Tiefgründungen kann dieser Anteil weiter ansteigen. Aus diesen Zahlen ergibt sich die wirtschaftliche Bedeutung der Gründungsmaßnahmen. Besonders bei schlechten Baugrundverhältnissen ist eine sorgfältige Baugrunderkundung unerläßlich, denn falsch verstandene Sparsamkeit bei Gründungsmaßnahmen kann später zu Folgemaßnahmen zwingen, die ein Mehrfaches von dem kosten können, was bei sorgfältiger Planung erforderlich gewesen wäre.

Steht tragfähiger Baugrund dicht unter der Geländeoberfläche an, so daß die Gründung unmittelbar unter der Bauwerkssohle möglich ist, spricht man von Flachgründung. Müssen die Lasten durch Pfähle, Senkkästen oder andere Maßnahmen in größere Tiefen auf tragfähige Schichten übertragen werden, spricht man von Tiefgründung. Dazu kommen noch die vielfältigen Möglichkeiten, einen schlechten Baugrund so zu verbessern, daß eine Flachgründung möglich wird. Diese Maßnahmen werden hier nur aufgezählt, aber nicht eingehender behandelt: Verdichtung (statisch oder dynamisch), Entwässerung (Drainage durch Sanddräns, Pappdräns, Vliesstoffe, Elektroosmose), Verfestigung durch Injektionen, Bodenaustausch u. a. (JESSBERGER 1982, SMOLTCZYK u. HILMER 1982, KLÖCKNER u. a. 1982). Neben den vom Baugrund und dem Grundwasser (Schwankungen des Grundwasserspiegels, aggressives Grundwasser) abhängigen Überlegungen spielen auch betriebliche Überlegungen (z. B. vorhandene oder später zu verlegende unterirdische Leitungen, spätere Erweiterungen, Nutzungsänderungen) für die Auswahl der Gründung eine Rolle.

---

*) Verfasser: HEINRICH BALDAUF
  (s. a. Verzeichnis der Autoren, Seite V)

2.2   Flachgründungen*)

Flachgründungen werden als Einzelgründungen, Streifengründungen oder Flächengründungen ausgeführt. Einzelgründungen bieten sich unter Einzelstützen an, Streifengründungen unter Wänden und Stützenreihen. Flächengründungen sind notwendig,
wenn wegen niedriger zulässiger Bodenpressungen die Lasten auf eine große Fäche verteilt, oder große Horizontalkräfte übertragen werden müssen, ferner bei Abdichtung gegen Grundwasser. Bei der Abwägung zwischen Einzel-, bzw. Streifengründung und einer
Flächengründung ist zu bedenken, daß eine durchgehende Bodenplatte einen besseren
Arbeitsablauf ermöglicht als viele Einzelfundamente, daß die Schalungskosten auf ein
Minimum sinken (ggf. Abschaltungen zwischen Arbeitsabschnitten oder bei Dehnfugen),
daß die Bewehrung einfacher zu biegen und zu verlegen ist, und daß Setzungsunterschiede
kleiner sind als bei Einzelgründungen.

Während der Bauausführung muß überprüft werden, ob die angenommenen Rechnungs-
annahmen für den Baugrund mit den tatsächlich vorgefundenen Verhältnissen in der
Solltiefe der Gründung übereinstimmen.

Gegebenenfalls sind neue Untersuchungen durchzuführen. Körnige Böden sind vor dem
Aufbringen der Fundamente zu verdichten. Bei bindigen Böden ist auf die Empfindlichkeit gegen Wasserzutritt und Wasserentzug (Quellen und Schrumpfen) zu achten. Bei
Fundamenten auf Fels können Klüfte und Schichtung des Untergrundes die Aufnahme
der Fundamentlasten beeinflussen.

2.2.1   Einzelgründungen

2.2.1.1   Unbewehrte Fundamente

Unbewehrte Fundamente können bei zentrisch oder gering exzentrischen Lasten verwendet werden. Die erforderliche Größe einer quadratischen Fundamentsohle ergibt sich
bei zentrischer Belastung V und der zulässigen Bodenpressung σ_o (Bild 2.2-1):

$$b^2 = \frac{V}{\sigma_o} \qquad\qquad (1)$$

und die erforderliche Höhe d des Fundamentes nach Tabelle 2.2-1 in Abhängigkeit der
Betongüte und der zulässigen Bodenpressung σ_o:

$$d \geqq \frac{1}{2}(b-c) \cdot n \qquad\qquad (2)$$

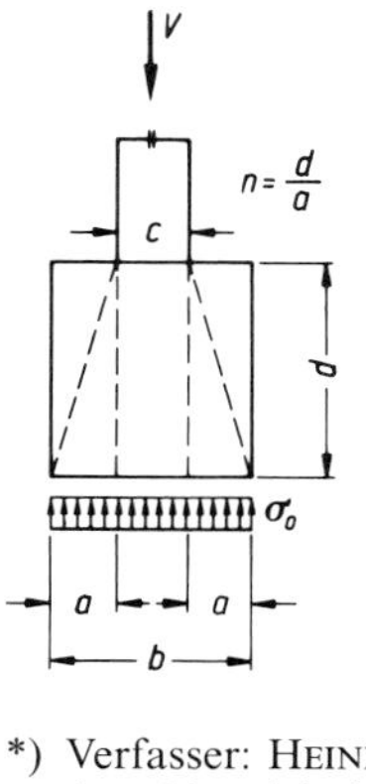

Bild 2.2-1
Lastausbreitung in unbewehrten Fundamenten

*) Verfasser: HEINRICH BALDAUF
   (s. a. Verzeichnis der Autoren, Seite V)

Tabelle 2.2-1   *n*-Werte für die Lastausbreitung (vgl. DIN 1045 (12.78) Tabelle 17)

Bodenpressung σ_0 in kN/m² $\leqq$	100	200	300	400	500
B 5	1,6	2,0	2,0	unzulässig	
B 10	1,1	1,6	2,0	2,0	2,0
B 15	1,0	1,3	1,6	1,8	2,0
B 25	1,0	1,0	1,2	1,4	1,6
B 35	1,0	1,0	1,0	1,2	1,3

Ist die errechnete erforderliche Höhe zu groß, muß das Fundament als bewehrtes Fundament mit kleinerer Höhe ausgeführt werden. Bei Einhalten der Bedingung (2) werden die zulässigen Spaltzugkräfte infolge der Lastausbreitung im Fundament eingehalten und brauchen nicht nachgewiesen zu werden. Bei rechteckigen Fundamenten oder gering exzentrischen Lasten ist sinngemäß von der größeren Breite der Ersatzfläche auszugehen (Bild 1.4-7)

$$\sigma_{\mathrm{o}} = \frac{V}{b'_{\mathrm{x}} \cdot b'_{\mathrm{y}}} \qquad d \geqq \frac{1}{2}(b'_{\mathrm{max}} - c) \cdot n \tag{3}$$

Bei großen Abmessungen kann es wirtschaftlich sein, das Fundament abzustufen (Bild 2.2-2), um Beton einzusparen. Eine Reduktion der oberen Hälfte eines Fundaments auf die halbe Breite erspart gegenüber dem vollen Fundament 37,5% Beton. Dabei ist zu prüfen, ob der Mehraufwand für die Schalung der oberen Hälfte und für den geänderten Arbeitsablauf nicht die Ersparnis an Beton aufzehren. Abschrägung des Fundamentes (Bild 2.2-2 rechts) ist bei unbewehrten Fundamenten ungünstig, wenn man den zulässigen Wert *n* nach Tabelle 2.2-1 ausnützen will, weil dann die Schalung gegen den aufwärts gerichteten Schalungsdruck verankert werden muß. Andererseits kann auch geprüft werden, ob ein flacheres, aber bewehrtes Fundament mit kleinerer Höhe *d* (weniger Aushub, Betonersparnis, dafür Mehraufwand für Bewehrung) ein besseres Ergebnis bringt. Unbewehrte Fundamente brauchen normalerweise keine Sauberkeitsschicht, es kann direkt auf die Sohle betoniert werden. In standfesten Böden sind keine Seitenschalungen erforderlich.

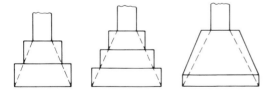

Bild 2.2-2   Abgestufte Fundamentkörper

2.2.1.2 *Bewehrte Einzelfundamente*

Bewehrte Einzelfundamente sind bei großen Vertikal- und Horizontallasten und Momenten erforderlich. Sie werden hauptsächlich als quadratische oder rechteckige Fundamente mit konstanter oder veränderlicher Höhe hergestellt. Bei Fundamenten mit veränderlicher Höhe ist bis zu einer Neigung der Oberfläche von 1 : 3 (ca. 20°) gegenüber der

Horizontalen keine obere Schalung erforderlich. Allerdings ist dann das Verdichten des Betons sehr erschwert. Bei größerer Neigung muß mit oberer Schalung gearbeitet werden, die gegen den Schalungsdruck verankert werden muß. Eine Abschrägung sollte nur in einer Richtung ausgeführt werden, denn bei allseitiger Abschrägung ergeben sich zusätzliche Erschwernisse für die obere Bewehrungslage. Neben dem Stützenfuß ist eine waagerechte Fläche zu betonieren, um das Aufstellen der Stützenschalung zu erleichtern. Für das einwandfreie Verlegen der Bewehrung ist eine Sauberkeitsschicht notwendig, die aus 8–12 cm Beton besteht. Auf dieser Schicht ist die Bewehrung mit Abstandhaltern zu verlegen, die so anzuordnen sind, daß die erforderliche Betondeckung gewährleistet wird.

2.2.1.3   Nachweis der Bodenpressungen

Die zulässigen Bodenpressungen werden bei größeren Bauvorhaben im Bodengutachten festgelegt, nur bei kleineren Bauvorhaben wird der Konstrukteur darüber zu entscheiden haben. Beim Nachweis der vorhandenen Bodenpressungen nach DIN 1054 Abschn. 4.2 kann die Bodenpressung als gleichförmig verteilt angenommen werden, bei exzentrischen Lasten sind die Bodenpressungen auf eine Ersatzfläche zu beziehen. Die Ersatzfläche ist so festzulegen, daß die resultierende Kraft in der Bodenfuge im Schwerpunkt der Ersatzfläche liegt (Bild 1.4-7).

$$\sigma_o = \frac{V}{b_x \cdot b_y} \quad \text{bzw.} \quad \sigma_o = \frac{V}{b'_x \cdot b'_y} \tag{4}$$

Diese Form des Spannungsnachweises wird häufig auch dann noch verwendet, wenn die zulässigen Bodenpressungen über den in DIN 1054 festgelegten Werten liegen.

2.2.1.4   Schnittkräfte in der Fundamentplatte

„Der Verlauf der Schnittgrößen ist nach der Plattentheorie zu ermitteln" (DIN 1045 Abschn. 22.7). Gemeint ist hierbei die Theorie elastischer Platten. Zur Berechnung der Schnittkräfte it die Verteilung der Bodenpressungen als geradlinig anzusehen, sofern nicht bei biegeweichen Platten eine Berechnung der Bodenpressungen nach DIN 4018 erforderlich ist (DIN 1054 (11.76) Abschn. 4.1.2). Bei Einzelfundamenten kann man generell davon ausgehen, daß sie sich gegenüber dem Baugrund wie starre Körper verhalten, so

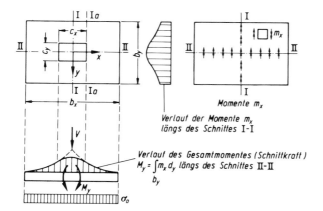

Verlauf der Momente m_x
längs des Schnittes I-I

Verlauf des Gesamtmomentes (Schnittkraft)
$M_y = \int m_x d_y$ längs des Schnittes II-II

Bild 2.2-3   Momentenverteilung in einer Fundamentplatte

daß die Annahme einer linearen Spannungsverteilung genügend genau ist. Zwar treten Spannungskonzentrationen an den Rändern der Platte auf, die daraus ableitbaren Erhöhungen der Biegemomente in Plattenmitte im Vergleich mit der gleichmäßigen Spannungsverteilung verschwinden jedoch im bruchnahen Zustand und können deshalb im allgemeinen unberücksichtigt bleiben. Bei der Schnittkraftermittlung in der Bodenplatte bleibt das Eigengewicht der Fundamentplatte außer Ansatz. Zur Bemessung werden zunächst die Gesamtmomente in Schnitten durch die Stützenachse parallel zu den Seiten betrachtet: (Bild 2.2-3) Gesamtmoment M_y im Schnitt I (Biegung um die Achse I–I, Biegespannungen infolge m_x in x-Richtung), ausgerundet unter der Stütze, bei zentrischer Belastung:

$$M_y = \int_{y=-\frac{b}{2}}^{y=+\frac{b}{2}} m_x d_y = \frac{V}{8}(b_x - c_x) \tag{5}$$

Längs des Schnittes I sind die Momente m_x nicht gleichförmig verteilt, sondern zur Stütze konzentriert. Entlang des Schnittes II fällt das Gesamtmoment M_y theoretisch parabolisch auf den Wert Null am Plattenrand (entspricht dem Momentenverlauf bei der Balkenbiegung). DIETERLE (1973) hat die Momentenverteilung in quadratischen Platten untersucht. Dabei hat sich herausgestellt, daß die Last durch eine Stütze nicht als gleichförmige Flächenlast eingetragen wird, sondern die Belastung eher einer Lasteintragung durch konzentrierte Lasten in den Ecken der Stütze entspricht (Bild 2.2-4). Bei Rundstützen ist danach eine Konzentration der Lasteintragung am Umfang der Stütze zu erwarten. Die größten Momente treten nach den Ergebnissen von DIETERLE (Bild 2.2-5) bei Stützen mit

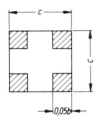

Bild 2.2-4   Lastkonzentration in den Ecken bei der Lasteintragung von der Stütze in die Platte

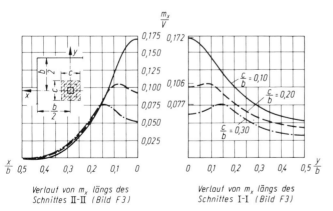

Verlauf von m_x längs des Schnittes II-II (Bild F3)

Verlauf von m_x längs des Schnittes I-I (Bild F3)

Bild 2.2-5   Einfluß der Stützenbreite auf das maximale Moment m_x
(Berechnung nach der klassischen Plattentheorie für die Stützenbreiten $c/b = 0,1$; 0,2; 0,3; Lasteintragung an den Stützenecken nach Bild 2.2-4 mit der konstanten Lastflächenbreite $0,05 \cdot b$)
(nach DIETERLE (1973))

Rechteckquerschnitt nicht unter der Mitte der Stütze, sondern im Anschnitt an der Stützenkante auf. Die Gesamtmomente in diesen Schnitten entsprechen den Werten

$$M_y = \frac{V}{8 \cdot b_x}(b_x - c_x)^2 \tag{6}$$

Bei Rundstützen kann anstelle des Anschnitts die Stelle bei $0.89r$ (r = Stützenradius) angenommen werden, wenn man von einer flächengleichen quadratischen Stütze ausgeht. Im Schnitt II–II fallen die Platten-Biegemomente m_x steiler ab, als es dem Verlauf der Gesamtmomente M_y entspricht. Das hat zur Folge, daß die Bewehrung im Bereich unter der Stütze sehr stark durch Verbundspannung beansprucht wird und eine ausreichende Betondeckung haben muß, um Betonabplatzungen in diesem Bereich zu verhüten (LEONHARDT/MÖNNING 1977). Am Plattenrand sind die Verbundspannungen gering. Endhaken brauchen nur dann angeordnet zu werden, wenn sie nach DIN 1045 Abschnitt 18 erforderlich sind. Die Bewehrung soll jedoch auf die ganze Plattenbreite durchgeführt und nicht gestaffelt werden. Die Bewehrung ist folgendermaßen auf die Plattenbreite zu verteilen: Verteilung des Gesamtmomentes M_y des Schnittes I-I (5) nach Heft 240 Deutscher Ausschuß für Stahlbeton (1978) und Bemessung der einzelnen Streifen (Bild 2.2-6). Diese Verteilungszahlen berücksichtigen den Einfluß der Stützenbreite auf die Momentenverteilung. Für Verhältnisse $c/b > 0.3$ kann die Bewehrung gleichmäßig verteilt werden. Bei der Bemessung der mittleren Streifen im Schnitt I-I bleibt die Vergrößerung der Bauhöhe durch Mitwirkung des Stützenfußes unberücksichtigt, weil sonst die Anschnittmomente im Schnitt Ia (Bild 2.2-3) nicht gedeckt sind. Es ist aber zulässig, die mittleren Streifen im Schnitt Ia für die Anschnittsmomente zu bemessen.

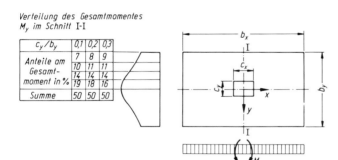

Verteilung des Gesamtmomentes
_M_y im Schnitt_ I-I

c_y/b_y	0,1	0,2	0,3
Anteile am Gesamt-moment in %	7	8	9
	10	11	11
	14	14	14
	19	18	16
Summe	50	50	50

Bild 2.2-6 Verteilung der Momente nach Heft 240 DAfStb (siehe auch Bild 2.2-3)

Die Bemessung ist sinngemäß für das Gesamtmoment im Schnitt II-II zu wiederholen, wobei die wirksame Höhe h entsprechend der gewählten Bewehrung in der anderen Richtung verringert werden muß. Mehr als zwei Bewehrungslagen in jeder Richtung, also insgesamt vier Bewehrungslagen, sind unbedingt zu vermeiden.

2.2.1.5 Exzentrische Lasten (einachsige Biegung)

Die bisherigen Ausführungen gelten für zentrische Lasten. Bei exzentrischen Lasten sind die maßgebenden Bemessungsmomente sinngemäß aus den Spannungskörpern der Bodenpressungen zu berechnen. Zugspannungen sind nicht zulässig (versagender Zugbereich). Bei Hochbauten genügt es im allgemeinen, wie beim Nachweis der vorhandenen Bodenpressungen von den gleichförmigen Spannungen in der Ersatzfläche auszugehen. Die Momente in der Mitte einer Rechteck-Platte (Bild 2.2-7) betragen nicht ausgerundet:

Momente M_{Trap} berechnet aus dem Spannungstrapez der linearen Spannungsverteilung mit der Randspannung σ_R:

Bereich	Moment M_{Trap}
$0 \quad\; \leqq \dfrac{e}{b} \leqq 0{,}167$	$M_{\text{Trap}} = V \cdot b \dfrac{3 + 12\frac{e}{b}}{24}$
$0{,}167 \leqq \dfrac{e}{b} \leqq 0{,}333$	$M_{\text{Trap}} = V \cdot b \dfrac{4 - 9\frac{e}{b}}{27\left(1 - 2\frac{e}{b}\right)^2}$

(versagender Zugbereich)

$$(7)$$

Momente M_{Recht} berechnet aus dem Spannungsrechteck mit der gleichförmigen Spannungsverteilung σ_o:

Bereich	Moment M_{Recht}
$0 \quad\; \leqq \dfrac{e}{b} \leqq 0{,}25$	$M_{\text{Recht}} = V \cdot b \dfrac{1}{8\left(1 - 2\frac{e}{b}\right)}$
$0{,}25 \leqq \dfrac{e}{b} \leqq 0{,}333$	$M_{\text{Recht}} = V \cdot e$

$$(8)$$

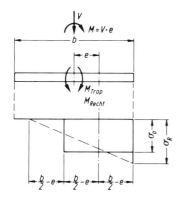

Bild 2.2-7   Gesamtmoment in Plattenmitte aus den Bodenpressungen
M_{Trap} Moment berechnet aus Spannungstrapez bzw. Spannungsdreieck mit Randspannung σ_R
M_{Recht} Moment aus Spannungsrechteck mit konstanter Pressung σ_0

In Tabelle 2.2-2 sind die Ergebnisse gegenübergestellt. Gegebenenfalls können die Ergebnisse, die mit der gleichförmigen Spannungsverteilung berechnet wurden, an Hand des Verhältnisses $M_{\text{Trap}}/M_{\text{Recht}}$ korrigiert werden. Maßgebend sind die Momente in den festzulegenden Bemessungsschnitten. Mit zunehmender Exzentrizität der Belastung ist auch die Lasteintragung des Momentes von der Stütze in die Platte (s. Abschnitt 2.3.2) zu verfolgen und bei der Verteilung der Bewehrung zu berücksichtigen. Für die Exzentrizität $e/b = 0,167$ und Stützenbreite $c/b = 0,1$ zeigt Bild 2.2-8 den Momentenverlauf. Im Bild 2.2-9 sind die Momentenverteilungen für die Stützenbreiten $c/b = 0,1$; 0,2 und 0,3 dargestellt.

Tabelle 2.2-2

$\dfrac{e}{b}$	$\dfrac{M_{\text{Trap}}}{V \cdot b}$	$\dfrac{M_{\text{Recht}}}{V \cdot b}$	$\dfrac{M_{\text{Trap}}}{M_{\text{Recht}}}$
0,000	0,125	0,125	1,00
0,025	0,138	0,132	1,06
0,050	0,150	0,139	1,08
0,075	0,163	0,147	1,11
0,100	0,175	0,156	1,12
0,125	0,188	0,167	1,13
0,150	0,200	0,179	1,12
0,167	0,208	0,188	1,11
0,175	0,213	0,192	1,11
0,200	0,226	0,208	1,09
0,225	0,242	0,227	1,06
0,250	0,259	0,250	1,04
0,275	0,279	0,275	1,01
0,300	0,301	0,300	1,00
0,325	0,325	0,325	1,00
0,333	0,333	0,333	1,00

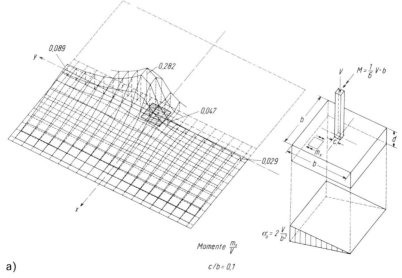

a)

Bild 2.2-8   Fortsetzung und Bildlegende s. Seite 73

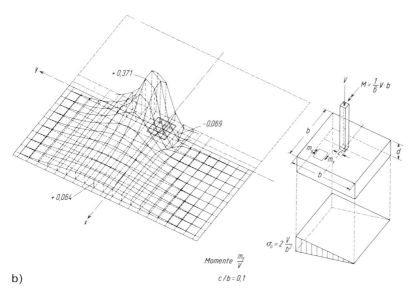

b)

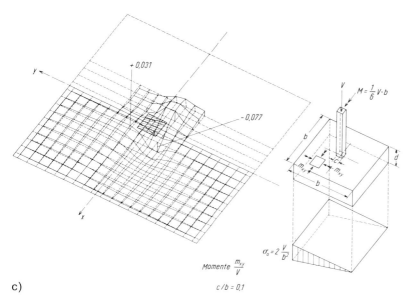

c)

Bild 2.2-8   Momente einer Gründungsplatte bei exzentrischer Lasteintragung $e = \frac{1}{6}b$.
Berechnung mit finiten Elementen für $c/b = 0,1$, $b : d = 4 : 1$.
Belastung der Platte mit dreieckigem Spannungsprisma.
Starre Stützung unter der Stütze.
a) Moment m_x/V,   b) Moment m_y/V,   c) Moment m_{xy}/V.

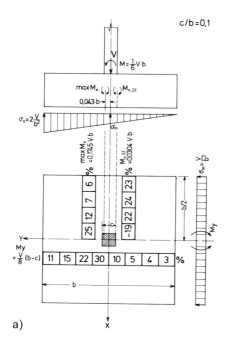

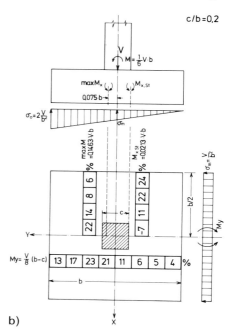

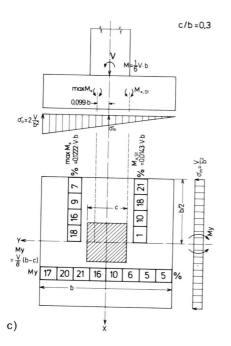

Bild 2.2-9 Momentverteilung bei exzentrischer Lasteintragung $e = \frac{1}{6}b$. Schnittmomente als Balkenmomente aus den Bodenpressungen und linearer Spannungsverteilung unter der Stütze (Lasteintragung) berechnet. Die Momentenverteilung wurde aus Berechnungen nach Bild 2.2-8 ermittelt.

a) Stützenbreite $c/b = 0{,}1$
b) Stützenbreite $c/b = 0{,}2$
c) Stützenbreite $c/b = 0{,}3$

2.2.1.6 Exzentrische Lasten, zweiachsige Biegung

Den Spannungskörper unter einem Einzelfundament infolge zweiachsiger Biegung ermittelt man bei ausfallendem Zugbereich aus einschlägigen Rechenprogrammen. Für Berechnungen ohne Rechenanlage und zur Kontrolle von Rechenergebnissen findet man Formeln z. B. bei GRASSHOF/KANY (1982) und DIMITROV (1982). Aus dem Spannungskörper kann man zunächst in dem Quadranten, in dem die höchste Eckspannung auftritt, die Momente in Bezug auf die Bemessungsschnitte ableiten (Bild 2.2-10). Aus der Lage der Nullinie und mit der größten Eckspannung bzw. mit allen Eckspannungen werden die Spannungen in den Bemessungsschnitten berechnet. Wegen der angenommenen Linearität der Spannungsverteilung ist:

$$\sigma_1 - \sigma_2 = \sigma_3 - \sigma_4$$
$$\sigma_1 - \sigma_3 = \sigma_2 - \sigma_4 \qquad\qquad (9)$$
$$\sigma_1 + \sigma_4 = \sigma_2 + \sigma_3$$

Daraus lassen sich die Grundkörper der Spannungsverteilung bilden (Bild 2.2-11). Die Momente, bezogen auf die Bemessungsschnitte, sind:

$$-M_x = \sigma_1 a_x a_y \frac{a_y}{2} + (\sigma_2 - \sigma_1)\frac{a_x a_y}{2}\cdot\frac{a_y}{2} \quad + (\sigma_3 - \sigma_1)\frac{a_x a_y}{2}\cdot\frac{2}{3}a_y$$

$$M_y = \sigma_1 a_x a_y \frac{a_x}{2} + (\sigma_2 - \sigma_1)\frac{a_x a_y}{2}\cdot\frac{2}{3}a_y \quad + (\sigma_3 - \sigma_1)\frac{a_x a_y}{2}\cdot\frac{a_x}{2}$$

$$-M_x = \frac{a_x a_y^2}{2}\left(\frac{1}{3}\sigma_2 + \frac{1}{2}\sigma_3 + \frac{1}{6}\sigma_4\right) = \frac{a_x a_y^2}{4}\left[\sigma_2 + \sigma_3 + \frac{1}{3}(\sigma_4 - \sigma_2)\right] \qquad (10)$$

$$M_y = \frac{a_x^2 a_y}{2}\left(\frac{1}{2}\sigma_2 + \frac{1}{3}\sigma_3 + \frac{1}{6}\sigma_4\right) = \frac{a_x^2 a_y}{4}\left[\sigma_2 + \sigma_3 + \frac{1}{3}(\sigma_4 - \sigma_3)\right]$$

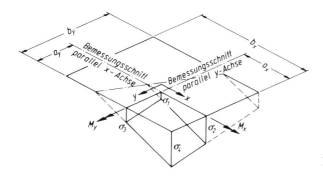

Bild 2.2-10 Spannungsprisma

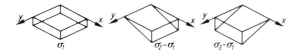

Bild 2.2-11 Grundformen der Spannungsprismen

Diese Momente gelten jeweils für die Breite a_x bzw. a_y im Bemessungsschnitt. Treten die Bodenspannungskeile durch das Vorzeichen wechselnde Stützenbiegemomente annähernd symmetrisch auf, rechnet man diese Momente auf die Gesamtbreite b_x bzw. b_y um und setzt sie als Gesamtmoment für die ganze Plattenbreite an.

$$M_{\text{xges}} = M_x \cdot \frac{b_x}{a_x}$$
$$M_{\text{yges}} = M_y \cdot \frac{b_y}{a_y} \tag{11}$$

Näherungsweise kann auch mit dem Spannungsblock gerechnet werden, der nach Bild 1.4-7 mit Hilfe der Ersatzfläche berechnet wird.

2.2.1.7 Sicherung gegen Durchstanzen

Der Nachweis der Sicherheit gegen Durchstanzen soll sicherstellen, daß die zulässigen Schubspannungen nicht überschritten werden. Die Gefahr des Durchstanzens ergibt sich aus dem Lasteintragungsproblem, daß die unter der Stütze konzentriert eingetragenen Lasten in Bodenpressungen umzusetzen sind, die über die Fundamentsohle verteilt sind. Der Nachweis darf ähnlich wie bei Pilzdecken an einem Rundschnitt um die Stütze geführt werden. (DIN 1045 Abschnitt 22.7). Eine Rechteckstütze wird dabei (mit gewissen Einschränkungen) in eine flächengleiche Rundstütze umgerechnet. Der Stanzkegel wird mit 45° vom Umfang der Rundstütze ausgehend bis zur mittleren Nutzhöhe der Fundamentplatte angenommen. Die auf die Platte zu übertragende Querkraft Q entspricht der senkrechten Auflast aus der Stütze V, vermindert um den Anteil aus den Bodenpressungen (infolge V), die direkt auf den Stanzkegel wirken. (Bodenpressungen aus dem Eigengewicht der Platte dürfen dabei nicht berücksichtigt werden, d. h. $\sigma_o = V/b^2$.) (Bild 2.2-12)

$$Q = V - \sigma_o \cdot \frac{\pi d_k^2}{4} \tag{13}$$

Als Ersatz für die schiefe Hauptzugspannung des Stanzkegels wird die gleichgroße Schubspannung τ_R eines fiktiven Stanzzylinders durch den mittleren Schnitt des Stanzkegels berechnet:

$$\tau_R = \frac{Q}{u \cdot h_m} = \frac{Q}{\tau (c + h_m) h_m} \tag{14}$$

V maximale Vertikallast der Stütze
σ_o Bodenpressung aus der Vertikallast V
h_m mittlere Nutzhöhe, Mittel aus den beiden Bewehrungsrichtungen
u Umfang des mittleren Schnitts im Stanzkegel

$u = d_R \cdot \pi$
$d_R = c + h_m$ c ist der Durchmesser einer Rundstütze bzw.

                der Ersatzdurchmesser einer Rechteckstütze:
$c = 1.13\sqrt{c_x \cdot c_y}$ c_x, c_y Seitenlängen der Rechteckstütze
                Für die größere Seitenlänge darf nicht
                mehr als $c_{max} = 1.5 \cdot c_{min}$ in Rechnung gesetzt werden.

$d_k = c + 2 h_m$ Durchmesser des Stanzkegels in der gemittelten Höhe h_m
                der Bewehrungslagen.

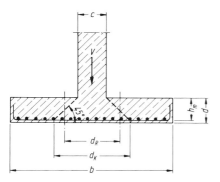

Bild 2.2-12   Durchstanzen

Die rechnerischen Schubspannungen τ_R müssen die Bedingungen nach DIN 1045 Abschnitt 22.5.2 erfüllen. Die Schubspannungen dürfen den Grenzwert

$$\tau_R \leqq \varkappa_2 \cdot \tau_{02} \tag{15}$$

nicht überschreiten. Sind die Schubspannungen kleiner als

$$\tau_R \leqq \varkappa_1 \cdot \tau_{011}, \tag{16}$$

ist keine Schubbewehrung erforderlich. Im Bereich

$$\varkappa_1 \cdot \tau_{011} < \tau_r \leqq \varkappa_2 \cdot \varkappa_{02}$$

muß eine Schubbewehrung angeordnet werden. (Beiwerte $\varkappa_1$, $\varkappa_2$ und Tabellen für τ_{02}, τ_{011} s. DIN 1045. Für Fundamente entfällt die Begrenzung der anrechenbaren Bewehrung wie bei Pilzdecken). Eine erforderliche Schubbewehrung ist für 0,75 Q (s. (13)) zu bemessen. Die Schubbewehrung soll mindestens 45°, besser steiler geneigt sein und in einem Bereich von 1.5 h_m neben der Stütze verteilt werden (bei abgetreppten Fundamenten siehe DIN 1045 Bild 56). Die Schubbewehrung ist ausreichend in der Druckzone zu verankern. Bei Schubsicherung durch Bügel müssen die Bügel die obere und untere Bewehrung der Platte umgreifen. Nach Möglichkeit soll die Plattendicke so gewählt werden, daß keine Schubbewehrung erforderlich ist. LEONHARDT (1977) gibt eine Näherungsformel an, um die erforderliche Dicke zu errechnen:

$$d \geqq \frac{b - c}{\dfrac{150}{\sigma_o} + 2} \tag{17}$$

d, b, c in m, σ_o in kN/m^2

Anwendungsgrenzen der Formel (17):

Betonstahl BSt 420/500, Festigkeitsklasse des Betons mindestens B 25,
$\sigma_o \leqq 1000$ kN/m², $c \geqq 0,5 \cdot d$.

Bei dieser Dicke besteht keine Durchstanzgefahr. Kann diese Dicke nicht ausgeführt werden, bzw. werden die angegebenen Anwendungsgrenzen nicht eingehalten, muß der Nachweis vollständig geführt werden.

2.2.1.8 Unregelmäßige Fundamentgrundrisse

Unsymmetrische Fundamentgrundrisse sollen nach Möglichkeit vermieden werden, da sie gegenüber doppelt symmetrischen Grundrissen ein schlechteres Setzungsverhalten zeigen (SMOLTCZYK/NETZEL 1982). Werden bei einem unsymmetrischen Grundriß die Bodenpressungen nicht vereinfacht mit einer Ersatzfläche berechnet (analog Bild 1.4-7), so ist daran zu denken, daß die allgemeine Spannungsgleichung verwendet werden muß (Bild 2.2-13). Bezogen auf ein im Schwerpunkt der Fläche liegendes Koordinatensystem sind die Bodenpressungen (Druckspannungen positiv):

$$\sigma_0 = \frac{V}{A} + \frac{M_x \cdot I_y - M_y \cdot I_{xy}}{I_x \cdot I_y - I_{xy}^2} \cdot y - \frac{M_y \cdot I_x - M_x \cdot I_{xy}}{I_x \cdot I_y - I_{xy}^2} \cdot x \qquad (18)$$

A Fundamentfläche
I_x, I_y, I_{xy} Flächenträgheitsmomente
V Vertikallast (Druckkraft positiv)
$M_x = V \cdot e_y$
$M_y = - V \cdot e_x$ Momente (rechtsdrehend in Achsrichtung positiv)

Bei klaffender Fuge muß die Lage der Nullinie iterativ ermittelt werden.

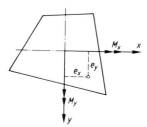

Bild 2.2-13   Unsymmetrischer Gründungskörper

2.2.1.9 Aussparungen in Fundamenten

Ausfallende Zugbereiche in der Fundamentsohle können bei Momenten aus ständigen Lasten bzw. gering veränderlichen Lasten durch exzentrische Anordnung der Stütze vermieden werden. Bei Wechsellasten muß das Verhältnis der Bodenpressungen aus senkrechten Lasten und aus den Momenten verändert werden. Das kann durch Vergrößern der Fundamentfläche oder durch Aussparungen in der Gründungsfläche geschehen (Bild 2.2-14). Bei Anordnung von Aussparungen steigen jedoch die Bodenpressungen. Vorteile bringen Aussparungen in der Regel nur bei Fundamenten mit großen Abmessungen, z. B. Ringfundamenten bei Schornsteinen und Türmen.

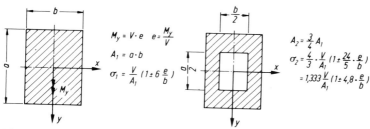

Bild 2.2-14   Bodenpressungen bei einem Fundament ohne und mit Aussparung

2.2.2 Flächengründungen

2.2.2.1 Allgemeine Bemerkungen

Zur Berechnung von Flächengründungen stehen die im Abschnitt 1.2 genannten Methoden zur Verfügung:

Spannungstrapezverfahren
Bettungsmodulverfahren,
Steifemodulverfahren
und aus diesen Verfahren abgeleitete oder kombinierte Rechenverfahren.

Eine gründliche Analyse der Berechnungsverfahren findet man in DIN 4018, Beiblatt 1 (1981). Danach hat sich herausgestellt, daß gemessene Sohldruckverteilungen größere Unregelmäßigkeiten zeigen als sich nach unterschiedlichen Berechnungsverfahren ergeben, aber andererseits selbst mit verhältnismäßig überschlägigen Verfahren berechnete Flächengründungen kaum Zeichen einer Unterdimensionierung zeigen.

Für große Bauvorhaben werden jedoch möglichst genaue Berechnungsverfahren empfohlen. Dabei soll mehr als bisher auf die Abminderung und Umlagerung (unter Einhaltung der Gleichgewichtsbedingungen) der Spannungsspitzen an den Fundamenträndern geachtet werden. Außerdem ist es wichtiger, die Streuung der Bodenkennwerte zu erfassen, als die Berechnungsverfahren zu verfeinern.

Für die weiteren Betrachtungen wird von einer einachsig ausgesteiften Sohlplatte ausgegangen (Bild 2.2-15). Die aussteifenden Elemente (Wände, Rahmen) liegen parallel zur y-Achse mit der Breite b. Diese Elemente werden als unendlich steif angesehen, so daß die Setzungen der Platte unter einem aussteifenden Element in Richtung der y-Achse als konstant angesehen werden. Die Sohlpressungen sind längs eines Elementes nicht kon-

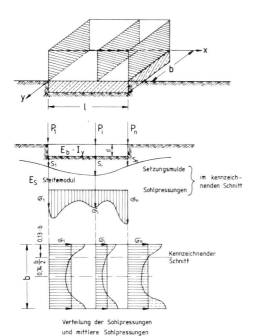

Verteilung der Sohlpressungen
und mittlere Sohlpressungen
unter den aussteifenden Elementen

Bild 2.2-15   Bodenpressungen unter ausgesteiften Platten

stant, es gibt aber Punkte, in denen die Sohlpressung der mittleren Sohlpressung entspricht, unabhängig davon, wie die tatsächliche Verteilung der Sohlpressungen längs eines Elements ist. Diese Punkte liegen auf dem kennzeichnenden Schnitt, der etwa $0{,}74\,\dfrac{b}{2}$ von der Mittelachse bzw. $0{,}13\,b$ vom Rand entfernt ist. In Richtung der x-Achse sei das Bauwerk verformbar (Biegung um die y-Achse). Die sich aus der Verformbarkeit des Bauwerks und des Baugrundes ergebende Setzungsmulde und die zugehörigen Sohlpressungen werden im kennzeichnenden Schnitt betrachtet.

Zur Unterscheidung des Zusammenwirkens von Bauwerk und Baugrund wird eine Systemsteifigkeit definiert:

$$K_s = \frac{E_b \cdot I_y}{E_s \cdot l^3 \cdot b} \qquad \text{für das Steifemodulverfahren}$$

$$K_c = \frac{E_b \cdot I_y}{k_s \cdot l^4 \cdot b} = \frac{1}{4}\left(\frac{L}{l}\right)^4 \qquad \text{für das Bettungsmodulverfahren}$$

b Breite der Platte in Aussteifungsrichtung
l Länge der Platte quer zur Aussteifungsrichtung
L charakteristische Länge (s. (22))
E_s Steifemodul
k_s Bettungsmodul
d Dicke der Gründungsplatte
$E_b I_y$ Steifigkeit des Bauwerks einschließlich der Gründungsplatte bei Biegung um die y-Achse
E_b Elastizitätsmodul des Betons
I_y Trägheitsmoment des Bauwerks:

Ansatz bei Berücksichtigung der Fundamentplatte allein:

$$I_y = \frac{b \cdot d^3}{12} \quad \text{und damit} \quad K_s = \frac{E_b}{12 \cdot E_s \left(\dfrac{d}{l}\right)^3}$$

Ansatz bei Stockwerkrahmen:
$I_y \approx \sum I_{yo}$ Summe der Eigenträgheitsmomente aus Sohlplatte und Decken und Unterzügen in den Stockwerken.

Eine exakte Erfassung der Steifigkeit ist kaum möglich. Wegen der Biegerißbildung, des Schwindens und Kriechens der Bauteile, Setzungen während der Bauzeit usw. wird die Wirkung der theoretischen Steifigkeit meist nicht erreicht. Insbesondere ist die Berücksichtigung der Fläche von Decken und Unterzügen nach dem Satz von STEINER bei der Berechnung des Trägheitsmomentes problematisch und nur bei rahmenartig ausgesteiften Kellergeschossen und höchstens für 2–3 Obergeschosse wirksam (DIN 4018, Beiblatt 1, SMOLTCZYK/NETZEL 1982).

Ein Bauwerk gilt:

bei $K_s \geqq 0{,}1$ bzw. $K_c \geqq 0{,}65$: als steif, kurz, starr,
bei $K_s \lesssim 0{,}001$ bzw. $K_c \lesssim 0{,}003$: als schlaff, lang, weich.

(vgl. Beiblatt 1, DIN 4014, Tabelle 4).

Für starre Platten sind die Berechnungen nach dem Spannungstrapezverfahren und dem Bettungsmodulverfahren nahezu identisch. Bei schlaffen, weichen Platten kommen

sich die Ergebnisse von Bettungsmodul- und Steifemodulverfahren sehr nahe. In den
anderen Fällen weichen die Ergebnisse der Berechnungsverfahren mehr oder weniger
voneinander ab, die tatsächlichen Ergebnisse werden zwischen den Ergebnissen von Stei-
femodul- und Bettungsmodulverfahren liegen. Die sich bei der Berechnung nach dem
Steifemodulverfahren ergebenden Spannungsspitzen werden durch plastische Vorgänge
im Boden abgebaut, so daß eine Verschiebung der Ergebnisse in Richtung Bettungsmodulverfahren zu erwarten ist. Die Bodenpressungen aus dem Bettungsmodulverfahren
sind als Grenzwerte zu verstehen, die z. B. durch die Spannungsspitzen beim Steifemodulverfahren nicht überschritten werden dürfen. Deshalb sind bei empfindlichen Bauwerken
die Berechnungen nach Steifemodul- und Bettungsmodulverfahren zu empfehlen, wobei
bei steifen Bauwerken das Bettungsmodulverfahren durch das Spannungstrapezverfahren ersetzt werden kann. Beim Steifemodulverfahren ist eine nicht zu enge Unterteilung zu
wählen, da schon damit ein Umlagerungseffekt und Abbau der Spannungsspitzen auftritt.

2.2.2.2 Spannungstrapezverfahren

Beim Spannungstrapezverfahren werden die Sohlpressungen ohne Rücksicht auf die
Steifigkeiten des Bauwerkes, der Sohlplatte und des Bodens aus der Auflast und den
geometrischen Abmessungen der Sohlgrundfläche berechnet. Für einfach und doppelt
symmetrische Flächen wird (Bild 2.2-16):

$$\sigma_o = \frac{V}{A} + \frac{M_x}{I_x} \cdot y - \frac{M_y}{I_y} \cdot x \tag{19}$$

Bei unsymmetrischen Flächen siehe Abschnitt 2.2.1.8 (18).

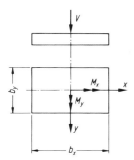

Bild 2.2-16   Rechteckige Fundamentplatte

Zur Bemessung wird die Platte in Streifen eingeteilt, in den Streifen werden aus dem
Verlauf der Bodenpressungen und der Lasten die Schnittkräfte berechnet (sinngemäß
nach (10)).

Wird die Bodenplatte als ausgesteift betrachtet, dann müssen auch die Schnittkräfte in
den Aussteifungselementen berechnet, und ihre Aufnahme nachgewiesen werden.

Bei elektronischen Berechnungen werden die vorher ermittelten Bodenpressungen als
äußere Lasten auf das Gesamtsystem angesetzt. Da die Bodenpressungen mit den Lasten
im Gleichgewicht stehen, müssen alle Stützkräfte in Richtung der angesetzten Bodenpressungen Null sein. Damit läßt sich kontrollieren, ob die Bodenpressungen richtig berechnet
wurden.

2.2.2.3 Bettungsmodulverfahren

Das Bettungsmodulverfahren geht von der Voraussetzung aus, daß zwischen der Setzung s in einem Punkt und der Sohlpressung σ_o Proportionalität besteht.

$$\sigma_o = k_s \cdot s \tag{20}$$

Der Faktor k_s ist der Bettungsmodul. Dieser Ansatz geht auf WINKLER (1867) zurück („WINKLERscher Halbraum") und wurde damals hauptsächlich zur Berechnung des Eisenbahnoberbaus herangezogen.

Wird eine konzentrierte Last auf den Boden aufgebracht, so ergibt sich nach diesem Ansatz ein scharf abgegrenzter „Setzungsgraben", da an den Stellen, an denen keine Bodenpressungen σ_o vorhanden sind, auch keine Setzung vorhanden sein kann (Bild 2.2-17). Der Ansatz läßt also die Mitwirkung von Bodenteilen seitlich des Bereiches der Lasteintragung außer acht. Außerdem sind die Setzungen unter einem Bauwerk nicht nur von der Größe der Bodenpressungen, sondern auch von der Form und der Größe des Gründungskörpers abhängig (siehe Abschnitt 1.2.3). Der Bettungsmodul k_s kann daher keine konstante Größe sein. Trotz dieser Einwände lassen sich, wie bereits erwähnt, mit dem Ansatz brauchbare Ergebnisse erzielen.

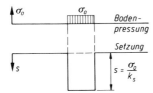

Bild 2.2-17   Setzung unter einer konzentrierten Last im WINKLERschen Halbraum

Die Differentialgleichung des elastisch gebetteten Stabes

$$\frac{d^2}{dx^2}\left(EI\frac{d^2s}{dx^2}\right) + k_s bs = bp(x) \tag{21}$$

s Durchbiegung   (m)
E Elastizitätsmodul   (kN/m^2)
I Trägheitsmoment   (m)
b Breite des Balkens   (m)
k_s Bettungsmodul   (kN/m)
$p(x)$ Belastung   (kN/m^2)

liefert für die homogene Lösung $p(x) = 0$ bei konstantem Trägheitsmoment I die Durchbiegung

$$s(\xi) = C_1 e^{\xi}\cos(\xi + \alpha_1) + C_2 e^{-\xi}\cos(\xi + \alpha_2) \tag{22}$$

$$\xi = \frac{x}{L} \qquad L = \sqrt[4]{\frac{4EI}{bk_s}} \quad \text{(charakteristische Länge)}$$

C_1, C_2, α_1, α_2 von den Randbedingungen abhängige Konstante

Die Schnittkräfte lassen sich daraus ableiten. Das Verfahren wird in zahlreichen Veröffentlichungen behandelt. Durch Tabellenwerke wird die Handhabung zusätzlich erleichtert, z. B. GRASSHOFF (1978), WÖLFER (1978).

Durch Ersatz der kontinuierlichen Bettung durch einzelne Federn läßt sich ein elastisch gebettetes Bauwerk sehr einfach mit den üblichen Programmen für ebene oder räumliche Stabwerke berechnen. Dabei sind auch Sonderbedingungen, wie Ausschalten von Zugfedern (ausfallende Zugbereiche), leicht zu berücksichtigen. Beim Ersatz einer kontinuierlichen Bettung durch Federn ist darauf zu achten, daß die Zahl der Federn im gebetteten Abschnitt groß genug gewählt wird, um der kontinuierlichen Bettung nahe zu kommen.

Eine konstante Linienlast liefert bei einer konstanten kontinuierlichen Bettung keine Schnittkräfte. Werden Einzelfedern eingeführt, die Linienlast aber beibehalten, entstehen Momente im Balken, die in Wirklichkeit nicht vorhanden sind (Bild 2.2-18). Der Fehler wird umso größer, je weiter die Federn voneinander entfernt sind. Will man diesen Fehler vermeiden, muß die Belastung durch äquivalente Einzellasten über den Federn ersetzt werden. Das gilt im besonderen Maß für gekrümmte Stäbe oder Schalen, die durch Polygonzüge ersetzt werden (Tunnelquerschnitte) (Bild 3.5-11 – 3.5-13). Da bei diesen Bauwerken die Lasten zum größten Teil durch Längskräfte im Ring übertragen werden, kann durch Linienlasten, die auf die geraden Stäbe des Polygonzuges angesetzt werden, das Momentenbild im Ring erheblich verfälscht werden. Linienlasten müssen in diesen Fällen durch Einzellasten in den Polygoneckpunkten ersetzt werden, es sei denn, das Polygon wird so eng gewählt, daß die fehlerhaften „Momenten-Girlanden" vernachlässigbar sind.

Die Methode der elastischen Bettung ist zusammen mit Stabwerksprogrammen und dem Ersatz der Bettung durch Einzelfedern sehr flexibel. Durch Anpassung der Federsteifigkeiten ist es so möglich (steifere Federn im Randbereich), sich den Ergebnissen nach dem Steifemodulverfahren zu nähern, ohne einen höheren Rechenaufwand in Kauf nehmen zu müssen. Sohlplatten, die nicht in einer bevorzugten Richtung ausgesteift sind, lassen sich als elastisch gebettete Trägerroste annähern.

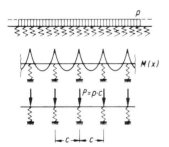

Bild 2.2-18   Fehler beim Bettungsmodulverfahren, wenn die kontinuierliche Bettung durch Einzelfedern ersetzt wird:
a) Keine Momente bei kontinuierlicher Bettung und Belastung
b) Fehlerhafte Momente bei Streckenlast und Einzelfedern
c) Korrekte Aufteilung der Streckenlast in Einzellasten

2.2.2.4   Steifemodulverfahren

Das Steifemodulverfahren greift auf die Theorie des elastischen Halbraumes zurück (BOUSSINESQ 1885). Der Grundgedanke von OHDE (1942) besteht darin, die elastischen Durchbiegungen eines Balkens mit den sich nach der Theorie des elastischen Halbraums ergebenden Setzungen des Baugrundes in Übereinstimmung zu bringen (Bild 1.2-5c). Dazu wird die Einflußlinie der Setzungen (Setzungsmulde) benötigt (Bild 2.2-19), die z. B. nach STEINBRENNER (1934) berechnet werden kann. Das Verfahren wurde von KANY (1974) dadurch vereinfacht, daß die Setzungsmulde durch eine mathematische Funktion angenähert wird. Damit war es möglich, Tabellen und Kurven für die praktische Anwendung zu schaffen (KANY 1974, SHERIF/KÖNIG 1975, GRASSHOFF 1978).

Das Steifemodulverfahren ist das Berechnungsverfahren, das dem tatsächlichen Verhalten des Bodens am nächsten kommt. Es zeigt allerdings auch die für den elastischen

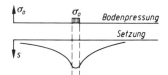

Bild 2.2-19   Setzung unter einer konzentrierten Last im elastischen Halbraum

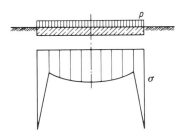

Bild 2.2-20   Bodenpressungen unter gleichförmiger Belastung nach dem Steifemodulverfahren

Halbraum typischen Spannungsspitzen der Bodenpressungen an den Rändern des Bauwerks (Bild 2.2-20), die gegebenenfalls unter Einhaltung der Gleichgewichtsbedingungen umgelagert werden müssen.

Für das Steifemodulverfahren liegen Rechenprogramme vor, die eine große Variation der Eingangswerte zulassen, z. B. geschichteten Untergrund, beliebigen Grundriß der Sohlplatte u. a.

Das Steifemodulverfahren nach OHDE bzw. KANY führt auf ein unsymmetrisches und fehlerempfindliches Gleichungssystem, das bei feiner Unterteilung der Platte bzw. des Balkens nur bei entsprechenden Lösungsverfahren (Zeilenvertauschung mit Pivot-Element-Suche) und doppelter Zahlenlänge genügend genaue Ergebnisse liefert (Kontrollmöglichkeit: Wiederholung der Berechnung mit gespieltem System und gespiegelter Belastung, die Ergebnisse müssen sich dann spiegelbildlich entsprechen).

Der elastische Halbraum läßt sich auch näherungsweise mit Hilfe von FE-Programmen simulieren, indem das Bauwerk auf Scheibenelemente (bzw. räumliche Elemente) von der Höhe der zusammendrückbaren Schicht mit dem Zusammendrückungsmodul E_m gestellt wird. Da es nicht auf den Spannungsverlauf in den Scheiben ankommt, genügen im allgemeinen hohe, schmale Scheibenelemente (sofern das FE-Programm solche „entartete" Scheiben zuläßt). Wichtig ist, daß der Baugrund neben dem Bauwerk fortgesetzt wird bzw. durch eine entsprechend definierte Randscheibe ersetzt wird (Bild 2.2-21).

Wenn Sohlplatten nicht in einer bevorzugten Richtung ausgesteift sind, ist eine „exakte" Berechnung nach dem Steifemodulverfahren wegen des hohen Rechenaufwandes nur

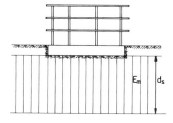

Bild 2.2-21   Simulation des Baugrundes durch Scheibenelemente

über Programme möglich. Im allgemeinen wird man in diesen Fällen auf Näherungs-
lösungen zurückgreifen. Man kann z. B. die Sohlplatte in den beiden Richtungen getrennt
als ausgesteifte Platte berechnen. Die sich daraus ergebenden Setzungsmulden sollten
annähernd miteinander verträglich sein.

2.2.2.5 Kombinierte Verfahren

Der hohe Rechenaufwand des Steifemodulverfahrens bzw. hohe Rechenzeiten für entsprechende Programme lassen nach Möglichkeiten suchen, mit einfacheren Verfahren
annähernde Ergebnisse zu erzielen. Die Ergebnisse nach dem Spannungstrapezverfahren
können dadurch verbessert werden, daß unter Einhaltung der Gleichgewichtsbedingungen die Sohlpressungen unter Einzellasten bzw. Streifenlasten (Bild 1.2-5a) und zum
Rand hin (Bild 4.1-71) erhöht werden.

Um die Vorteile des Bettungsmodulverfahrens in Anspruch nehmen zu können, liegt es
nahe, sich zunächst für den Lastfall ständige Last oder ständige Last + maximale Verkehrslast die Setzungslinie nach dem Steifemodulverfahren zu berechnen und sich aus den
Setzungen s_i und Bodenpressungen σ_{oi} in den einzelnen Punkten i einen Ersatzbettungs-
modul k_{si} zu berechnen. Weitere Berechnungen werden dann mit dem Bettungsmodulverfahren und variablem Bettungsmodul durchgeführt. Von REPNIKOV (1967) stammt der
Vorschlag, das Bettungsmodulverfahren und das Steifemodulverfahren zu kombinieren.
Das Verfahren liefert Ergebnisse, die die zwischen denen des Bettungsmodul- und Steifemodulverfahrens liegen. Das Verfahren wurde weiterentwickelt (SCHULTZE 1970), erfordert aber einen hohen Rechenaufwand. Man kann auch die Differentialgleichung des
elastisch gebetteten Balkens (21) durch ein Glied ergänzen, das eine Mitwirkung des Bodens auf Schub definiert (BALDAUF 1985) (Bild 2.2-22):

$$Q = k_\varphi \cdot b \frac{ds}{dx} \tag{23}$$

Die Bodenpressung σ_o wird aus einem Anteil der Kompression des Bodens und einem
Anteil aus der Änderung der Scherkraft im Bereich dx definiert:

$$\sigma_o \cdot b \cdot dx = k_s \cdot s \cdot b \cdot dx - \frac{dQ}{dx} dx \tag{24}$$

Damit erhält man die erweiterte Differentialgleichung des elastisch gebetteten Balkens:

$$\frac{d^2}{dx^2}\left(EI\frac{d^2 s}{dx^2}\right) + k_s \cdot b \cdot s + k_\varphi \cdot b \frac{d^2 s}{dx^2} = b \cdot p(x) \tag{25}$$

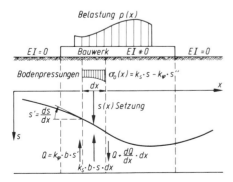

Bild 2.2-22   Ergänzte WINKLERsche Halbebene

Bild 2.2-23   a) Bodenmodell nach Netzel mit drehgefederten Koppelstangen

$$P_i = C_s \cdot s_i + \frac{C\varphi}{\Delta X} \cdot \frac{(s_i - s_{i-1})}{\Delta X} + \frac{C\varphi}{\Delta X} \cdot \frac{(s_i - s_{i+1})}{\Delta X}$$

b) Bodenmodell nach Gollub mit Koppelfeldern

$$P_i = C_s \cdot s_i + C_k \cdot (s_i - s_{i-1}) + C_k \cdot (s_i - s_{i+1})$$

Diese Differentialgleichung läßt sich nicht mehr in allgemeiner Form wie für $k_\varphi = 0$ (WINKLERsche Halbebene) lösen. Für einen unbelasteten Bereich ($p(x) = 0$) unter einem schlaffen Balken ($EI = 0$) ergibt sich eine abklingende Exponentialfunktion als Einflußlinie der Setzung, die in zwei Punkten mit einer Setzungsmulde in der elastischen Halbebene in Übereinstimmung gebracht werden kann. Das Verfahren läßt sich numerisch mit Federmodellen anwenden. NETZEL (1975) verwendet drehgefederte Koppelstangen (Bild 2.2-23a). GOLLUB (1986) geht von Koppelfedern aus (Bild 2.2-23b), die aber nicht real in das Stabwerk eingeführt werden, sondern als explizit definierte Randbedingungen in das Rechenprogramm eingegeben werden. Beide Modelle entsprechen der in eine Differenzengleichung umgeformten Differentialgleichung (25) mit $EI = 0$. Die Ergebnisse stimmen sehr gut mit dem Steifemodulverfahren überein. Das Verfahren hat jedoch gegenüber dem Steifemodulverfahren den großen Vorteil, mit den üblichen Stabwerksprogrammen einsetzbar zu sein.

2.2.3   Streifengründung

Unter Wänden und Stützenreihen können Streifenfundamente (Bankette) verwendet werden. Je nach Größe der Belastung sind unbewehrte und bewehrte Fundamentstreifen möglich. Bei schlechtem Baugrund ist in jedem Fall eine konstruktive Längsbewehrung empfehlenswert.

2.2.3.1   *Bodenpressungen quer zur Streifenlängsrichtung*

Für die Berechnung quer zur Streifenrichtung gilt sinngemäß, was im Abschnitt 2.1 über Einzelfundamente gesagt wird. Die Verteilung der Bodenpressungen in Querrichtung wird im allgemeinen als geradlinig angenommen. Bei mittiger Belastung ergibt sich eine konstante Bodenpressung σ_o. Das Berechnungsmoment richtet sich danach, ob die Wand aus Mauerwerk (Bild 2.2-24) oder aus Stahlbeton besteht (Bild 2.2-25). Im letzteren Fall ist die Kante der Wand als Bemessungsschnitt anzusehen. Im Fall der Mauerwerkswand werden die Momente im Bereich der Wand ausgerundet.

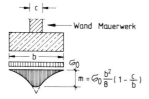

Bild 2.2-24   Streifenfundament unter Mauerwerkswand

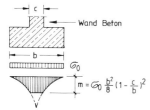

Bild 2.2-25   Streifenfundament unter Betonwand

2.2.3.2   Bodenpressungen in Streifenlängsrichtung

Unabhängig davon, nach welcher Methode die Verteilung der Bodenpressungen in Streifenquerrichtung ermittelt wird, müssen die zugehörigen Schnittkräfte in Streifenlängsrichtung berechnet werden. Vor allem bei vereinfachten Ansätzen ist darauf zu achten, daß die Annahmen in sich widerspruchsfrei sind bzw. auf der sicheren Seite liegen. Die Einhaltung der Gleichgewichtsbedingungen muß in jedem Fall gewährleistet sein. Wird die aussteifende Wirkung von Bauteilen bei der Berechnung der Gründung berücksichtigt, dann müssen auch die im aussteifenden Bauteil hervorgerufenen Kräfte verfolgt werden.

Lineare Spannungsverteilung

Aus den Wandlasten bzw. Stützenlasten wird die Verteilung der Bodenpressungen so berechnet, daß die Gleichgewichtsbedingungen erfüllt sind. Die Berechnung der Schnittkräfte in Streifenlängsrichtung ist dann eine elementare, statisch bestimmte Aufgabe. (Eine Berechnung von Streifenfundamenten unter Stützenreihen als Durchlaufträger, die an den Stützen starr gestützt sind, ist nur dann gerechtfertigt, wenn es sich um ein sehr steifes Bauwerk handelt oder die Stützenlasten mit den Stützkräften des Durchlaufträgers übereinstimmen; beides ist aber nur selten der Fall!)

Bei dieser Berechnungsart wird auf die Verträglichkeit der Setzungen des Bodens mit den Bauwerksverformungen keine Rücksicht genommen. Man sollte sich zumindest mit der angenommenen Verteilung der Bodenpressungen einen Überblick über die Durchbiegung des Streifenfundamentes verschaffen, um beurteilen zu können, ob die Konstruktion die daraus resultierenden Setzungsdifferenzen aufnehmen kann.

Besser ist es, das System Bauwerk + Streifenfundament unter der angenommenen Bodenpressung zu betrachten (Bild 2.2-26). Durch Vergleich der Setzungen bzw. Setzungsdifferenzen, die sich aus den angenommenen Bodenpressungen ergeben, mit der Durchbiegung des Systems lassen sich Rückschlüsse auf die Brauchbarkeit der Annahmen ziehen. Daher kann es auch ein Gebot der Wirtschaftlichkeit sein, genauere Untersuchungen durchzuführen. Das gilt besonders dann, wenn die Annahme einer linearen Verteilung der Boden-

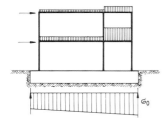

Bild 2.2-26   Spannungstrapezverfahren am Gesamtsystem

pressungen zu großen Biegemomenten des Streifenfundamentes – womöglich zur Mitte der Stützenreihe ansteigend – führt. Gegebenenfalls läßt sich das Ergebnis durch Änderung der Annahmen verbessern: z. B. Erhöhung der Bodenpressungen unter konzentrierten Lasten (Bild 1.2-5a), Erhöhung der Bodenpressungen am Rand (Bild 4.1-71). Wird die aussteifende Wirkung von Wänden über dem Streifenfundament in Rechnung gesetzt, müssen die daraus resultierenden Momente auch in den Wänden aufgenommen werden.

Bettungsmodul- und Steifemodulverfahren

Für die Anwendung dieser Verfahren bei der Berechnung von Streifenfundamenten gelten die allgemeinen Bemerkungen im Abschnitt 2.2.2.1 und die Hinweise in den Abschnitten 2.2.2.3, 2.2.2.4.

2.2.3.3 Einseitige Streifenfundamente

An Grundstücksgrenzen und neben bereits bestehenden Gebäuden müssen oft einseitige Streifenfundamente angeordnet werden (Bild 2.2-27). Es empfiehlt sich, die Fundamente möglichst gedrungen auszuführen. Schlanke Fundamente benötigen Bewehrung, auch in der anschließenden Wand. Durch die exzentrische Anordnung gegenüber der Wandachse entsteht ein Versatzmoment, durch das die Wand belastet wird, und dessen Weiterleitung verfolgt werden muß. Dieses Moment kann durch ein Kräftepaar – Horizontalkraft H in der Kellerdecke (Zug) und in der Fundamentsohle – aufgenommen werden (Bild 2.2-28). Reicht die Reibung in der Fundamentsohle zur Aufnahme der Horizontalkraft aus, was in der Regel der Fall ist, sind keine weiteren Maßnahmen erforderlich; anderenfalls sind auch der Kellerboden oder zusätzliche Balken zur Verbindung der innenliegenden Streifenfundamente zur Aufnahme der Kraft heranzuziehen. Die Weiterleitung der Horizontalkraft in der Kellerdecke muß sichergestellt sein. Durch Aussteifung des Streifenfundaments durch Wandrippen läßt sich die Belastung der Wand durch ein Versatzmoment vermeiden. Das Streifenfundament muß zwischen den Rippen für die

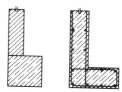

Bild 2.2-27   Einseitige Fundamente

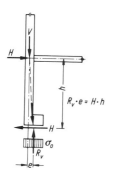

Bild 2.2-28   Versatzmoment aus den resultierenden (als gleichförmig verteilt angenommenen) Bodenpressungen und der Wandlast

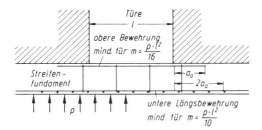

Bild 2.2-29   Öffnungen über Streifenfundamenten (LEONHARDT 1977)

Aufnahme der Schnittkräfte aus den Bodenpressungen entsprechend – meist auf Torsion –
bewehrt werden. Besteht die Kellerwand aus Mauerwerk, das keine nennenswerten Momente übertragen kann, muß das Versatzmoment von der Bodenplatte, die dann biegesteif
mit dem Bankett zu verbinden ist, aufgenommen werden.

Wandöffnungen über Streifenfundamenten (z. B. Türen, Bild 2.2-29) erfordern zusätzliche Bewehrung (LEONHARDT 1977).

Bei Gründungen neben bereits bestehender Bebauung ist darauf zu achten, daß die
Gründungssohlen des alten und des neuen Gebäudes auf gleicher Höhe liegen. Entweder
ist die Gründung des neuen Gebäudes bis auf die Höhe der Gründungssohle des alten
Gebäudes herunterzuführen, oder die Gründung des alten Gebäudes ist zu unterfangen
und auf die Höhe der Gründung des neuen Gebäudes herunterzubringen.

Kellerfußboden und Bankette erleiden unterschiedliche Setzungen. Es ist deshalb empfehlenswert, die Bodenplatte nicht direkt auf das Bankett aufzulegen, sondern eine ca. 10
cm dicke Zwischenschicht aus Sand anzuordnen und die Platte konstruktiv zu bewehren.
Bei nicht setzungsempfindlichem Baugrund genügt es auch, die Bodenplatte zwischen den
Banketten anzubringen und Setzungsunterschiede später durch Estrich auszugleichen.

Liegt der tragfähige Baugrund tiefer als die erforderliche Sohltiefe, muß im Einzelfall
entschieden werden, ob ein hohes Bankett, die Tieferführung der Wand, Auffüllung mit
Beton geringerer Güte oder Bodenaustausch (Kiesauffüllung) wirtschaftlicher ist (Bild
2.2-30). Bei Belastung der Wand durch Momente ist die Bewehrung (bzw. die Anschlußbewehrung) der Wand in die Streifenfundamente zu führen. Die Zugbewehrung in der Wand
ist daher im Fundament horizontal abzubiegen und mit entsprechender Übergreifungslänge mit der Zugbewehrung des Fundaments zu verbinden oder zum Rand des Fundamentes zu führen.

2.2.3.4 Streifenfundamente unter Einzelstützen

Streifenfundamente unter Einzelstützen sind im allgemeinen Fall wie punktgestützte
Platten zu behandeln. Bei im Verhältnis zur Fundamentbreite großem Stützenabstand
kann man unter den Stützen versteckte Querträger ausbilden und das Fundament in

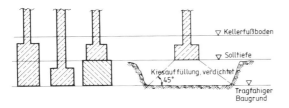

Bild 2.2-30   Tieferführen von Streifengründungen

Längsrichtung als Balken auffassen. Bei in Querrichtung abgetreppten oder abgeschrägten Streifenfundamenten ist das noch mehr berechtigt. Allerdings entstehen auch in den Feldbereichen (zwischen den Stützen) Querbiegemomente, deren Ausrundung sich aus der Verteilung der Längs- und Querkraft über die Fundamentbreite ergibt.

2.2.4   Bewehrung

Es wurde schon betont, daß bei der Bewehrung von Fundamenten nicht mehr als zwei Bewehrungslagen in jeder Richtung angeordnet werden sollen. Auch diese Anordnung bedeutet insgesamt bereits vier Bewehrungslagen übereinander. Jede zusätzliche Bewehrungslage erschwert das einwandfreie Einbringen und Verdichten des Betons.

Die Bewehrung soll in Einzelfundamenten und bei Streifenfundamenten in Querrichtung nicht gestaffelt und nur in Ausnahmefällen gestoßen werden. Endhaken sollten nur dann angeordnet werden, wenn es nach DIN 1045 Abschnitt 18 erforderlich ist; meist können sie durch zweckmäßige Wahl des Stabdurchmessers vermieden werden.

Die Anschlußbewehrung für die Stützen bzw. Wände wird bei zentrischer bzw. gering ausmittiger Belastung auf die unteren Bewehrungslagen des Fundamentes gestellt. Abbiegungen der Stäbe in die Platte sind nur bei entsprechender Momentenbelastung erforderlich. Der Nachweis der Verankerungslängen wird nach DIN 1045 Abschnitt 18 erbracht. Schubbewehrung ist durch entsprechende Dimensionierung aus wirtschaftlichen Gründen möglichst zu vermeiden, gegebenenfalls erforderliche Schubbewehrung ist in der Druckzone zu verankern, Schrägaufbiegungen sollen mindestens unter 45° oder steiler verlaufen. Bügel und Bügelkörbe müssen obere und untere Bewehrungen umgreifen.

2.2.5   Horizontallasten

Für Horizontallasten ist der Gleitsicherheitsnachweis zu führen. Bei sehr großen Horizontallasten, wie sie im Brückenbau vorkommen, kann die Gleitsicherheit dadurch verbessert werden, daß die Fundamentsohle geneigt wird. Das entspricht einer versteckten Inanspruchnahme von passivem Erddruck. Entsprechend sorgfältig sind die Nachweise zu führen, ob die Horizontalkomponente der schrägen Setzung in Kauf genommen werden kann, und ob die Grundbruchsicherheit und die Sicherheit gegen Gelände- bzw. Böschungsbruch gewährleistet ist. Die Anordnung von Spornen oder Nocken, oder die Verbindung mehrerer Einzelfundamente durch Zerrbalken sind weitere Möglichkeiten, die Aufnahmefähigkeit für Horizontallasten zu verbessern. In jedem Fall gilt es abzuwägen, ob die dadurch bedingten konstruktiven Mehraufwendungen den Erfolg rechtfertigen, oder ob andere Gründungsverfahren vorzuziehen sind.

Literatur zu Abschnitt 2.1 und 2.2

BALDAUF, H. (1985): Die Ergänzung der Winklerschen Halbebene zum Näherungsmodell der elastischen Halbebene. Bautechnik 1985, Heft 6, S. 200–202

BOUSSINESQ, J.: Application des potentiels à l'étude de l'équilibre et du mouvement des solides élastiques. Paris: Gauthier-Villars 1885

DIETERLE, H. (1973): Zur Bemessung und Bewehrung quadratischer Fundamentplatten aus Stahlbeton. Dissertation Universität Stuttgart 1973

DIMITROV (1982): Fertigkeitslehre in: Beton-Kalender 1982, Teil 1, S. 544, W. Ernst & Sohn, Berlin 1982

GOLLUB, P. (1986): Statische Berechnung von Gründungsplatten mit gekoppelten Federketten unter Berücksichtigung des Bodenfließens. Bauingenieur 61 (1986), S. 407–415

GRASSHOFF, H. (1978): Einflußlinien für Flächengründungen. W. Ernst & Sohn, Berlin/München/Düsseldorf

GRASSHOFF, H., KANY, M. (1982): Berechnung von Flächengründungen in: Grundbau-Taschenbuch Teil 2, S. 55 ff. W. Ernst & Sohn, Berlin 1982

GROTKAMP, A. (1942): Die Biegung quadratischer Einzelfundamente. Der Bauingenieur 23 (1942), H. 25/26, S. 189–194

JESSBERGER, H. L. (1982): Bodenverfestigung durch Einpressung und Vereisung in: Grundbau-Taschenbuch, Teil 2, S. 175. W. Ernst & Sohn, Berlin 1982

KANY, M. (1974): Berechnung von Flächengründungen, 2 Bände. W. Ernst & Sohn, Berlin/München/Düsseldorf

KANY, M. (1980): Berechnung von Gründungsbalken auf beliebig geschichtetem Baugrund. Benutzerhandbuch für das Programm ELBHL, Grundbauinstitut der LGA Bayern, Nürnberg

KLÖCKNER u. a. (1982): Bodenverbesserung in: Beton-Kalender 1982, Teil II, S. 925, W. Ernst & Sohn, Berlin 1982

LEONHARDT, F., MÖNNING, E. (1977): Vorlesungen über Massivbau, Teil III, Springer Verlag Berlin, Heidelberg, New York

NETZEL, D. (1975): Beitrag zur wirklichkeitsnahen Berechnung und Bemessung einachsig ausgesteifter, schlanker Gründungskörper. Die Bautechnik 1975, S. 209 und 337

OHDE, J. (1942): Berechnung der Sohldruckverteilung unter Gründungskörpern. Bauingenieur (1942), S. 99 und S. 122

REPNIKOV (1967): Calculation of beams on an elastic base combining the deformative proplerties of a Winkler base and an elastic mass. Soil Mech. Found. Eng., New York 1967, S. 348

SCHULTZE (1970): Die Kombination von Bettungszahl- und Steifezahlverfahren. Mitteilungen aus dem Institut für Verkehrswasserbau, Grundbau und Bodenmechanik der TH Aachen, Heft 48 (1970)

SHERIF, G., KÖNIG, A. (1975): Platten und Balken auf nachgiebigem Untergrund. Springer-Verlag, Berlin/Heidelberg/New York

SMOLTCZYK, U., NETZEL (1982): Flachgründungen in: Grundtaschenbuch, Teil 2, S. 4, W. Ernst & Sohn 1982

SMOLTCZYK, U., HILMER, K. (1982) Baugrundverbesserung in: Grundbau-Taschenbuch, Teil 2, S. 211, W. Ernst & Sohn, Berlin

STEINBRENNER (1934): Tafeln zur Setzungsberechnung, Straße 1 (1934), S. 121–124

WINKLER, E. (1867): Die Lehre von der Elastizität und Festigkeit, Prag 1867

WÖLFER, K.-H. (1978): Elastisch gebettete Balken und Platten, Zylinderschalen, Bauverlag Wiesbaden

2.3 Tiefgründungen

2.3.1 Pfahlgründungen*)

Bis in die sechziger Jahre war mit dem Begriff „Pfahl" ganz selbstverständlich die Vorstellung von einem langen, schlanken Gründungselement verbunden, das ausschließlich axiale Lasten durch Bodenschichten mit geringer Tragfähigkeit in einen tiefliegenden, wenig nachgiebigen Untergrund abtragen soll. Seit der Entwicklung der Großbohrpfähle und der Schlitzwandtechnik hat sich das Bild gewandelt. Nicht selten werden kurze Ortbetonbohrpfähle mit großem Durchmesser hergestellt, weil beengte Verhältnisse oder Probleme der Wasserhaltung die Ausführung einer an sich möglichen Flachgründung nicht zulassen. Außerdem werden Großbohrpfähle in vielen Fällen für die Abtragung von hauptsächlich horizontalen Lasten eingesetzt, beispielsweise als Pfahlwände für den Verbau von Baugruben, oder als Dübel zur Stabilisierung rutschender Hänge. Umgekehrt werden auch einzelne, scheibenförmige Lamellen in Schlitzwandbauweise hergestellt, um ausschließlich lotrechte Lasten aufzunehmen.

Im folgenden Kapitel sollen Gründungskörper behandelt werden, die mindestens 5 m in den Baugrund einbinden, und bei denen das Verhältnis der Einbindetiefe zur (kleineren) Abmessung der Querschnittsfläche mindestens 5 beträgt (bei kleinen Durchmessern ist das erste, bei großen das zweite Kriterium maßgebend), und die geeignet sind, lotrechte Druckkräfte in den Baugrund zu übertragen. Das schließt nicht aus, daß gleichzeitig Querkräfte abgetragen werden, oder daß im Einzelfall statt Druckkräften überwiegend Zugkräfte auftreten können.

Weitere Einzelheiten über die Eignung für bestimmte Verwendungsmöglichkeiten werden bei der Beschreibung der einzelnen Pfahltypen angeführt.

Bei Planung, Entwurf und Bemessung sind die folgenden Vorschriften und Richtlinien zu beachten:

DIN 1054 Zulässige Belastung des Baugrunds; Abschnitt 5: Pfahlgründungen
DIN 1045 Beton- und Stahlbetonbau; Bemessung und Ausführung
DIN 4014 Bohrpfähle; Herstellung, Bemessung und Tragverhalten
DIN 4026 Rammpfähle; Herstellung, Bemessung und zulässige Belastung
DIN 4128 Verpreßpfähle, Ortbetonpfähle mit kleinem Durchmesser; Herstellung, Bemessung und zulässige Belastung
EAU   Empfehlungen des Arbeitsausschusses „Ufereinfassungen"
ZTV-K 80 Zusätzliche Technische Vorschriften für Kunstbauten
EBK 82   Ergänzende Bestimmungen für Kunstbauten im Bereich der Straßenverwaltung Rheinland-Pfalz
Empfehlungen für axiale Pfahlprobebelastungen [1]

Auf dem Gebiet der Pfahlgründungen brachten die letzten Jahre immer wieder neue Entwicklungen, denen durch Überarbeitung der Normen Rechnung getragen wurde. Derzeit wird angestrebt, alle Pfahltypen in einer einzigen Norm zusammenzufassen.

2.3.1.1 *Äußere Tragfähigkeit*

Die „äußere Tragfähigkeit" eines Pfahles wird durch die Übertragung der Last vom Pfahlschaft auf den Baugrund bestimmt. Der Baugrund ist meistens das schwächere Glied in der Kombination Pfahl + Baugrund und damit auch für das Tragverhalten des Pfahles maßgeblich. Die Wechselwirkung zwischen Pfahlschaft und Baugrund ist rechnerisch nicht exakt vorauszubestimmen, weil die Eigenschaften des Bodens nicht an allen Stellen

---

*) Verfasser: HEINZ-GÜNTER SCHMIDT
   (s. a. Verzeichnis der Autoren, Seite V)

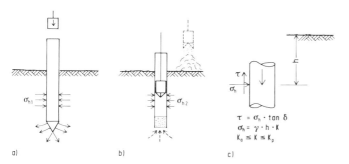

Bild 2.3.1-1 Einfluß der
Pfahlherstellung auf die
Mantelreibung
a) Verspannung durch
   Bodenverdichtung
   beim Verdrängungs-
   pfahl
b) Gefahr einer Entspan-
   nung beim Bohrpfahl
c) Auswirkung auf die
   Mantelreibung

bekannt sind, und weil sie in der Kontaktzone durch die Pfahlherstellung mehr oder weniger verändert werden. In dieser Hinsicht sind zwei Kategorien von Pfählen zu unterscheiden:

– Verdrängungspfähle (displacement piles), bei denen der fertige Pfahl oder ein geschlossenes Vortreibrohr zur Schaffung eines Hohlraums für den Ortbeton in den Boden getrieben wird. Dabei wird der dem Volumen des Pfahlschaftes entsprechende Boden zur Seite und nach unten verdrängt. Dadurch wird der Baugrund im Umkreis und unter dem Fuß des Pfahles verdichtet. Damit wird die Mantelreibung erhöht, und bis zum Erreichen der zulässigen Pfahllast treten nur geringe Setzungen ein (Bild 2.3.1-1a).

– Bohrpfähle (non-displacement piles), bei denen (meistens im Schutze einer Verrohrung) ein Bohrloch im Boden ausgehoben und anschließend mit Beton gefüllt wird. Dabei sind Entspannungen und Auflockerungen von Wandungen und Sohle des Bohrloches nicht immer zu vermeiden. Die Tragfähigkeit ist im Vergleich zum Rammpfahl geringer (Bild 2.3.1-1b).

In den angelsächsischen Ländern ist es üblich, die Pfahltragfähigkeit mit erdstatischen Berechnungsverfahren zu ermitteln, beispielsweise die Mantelreibung im Bruchzustand aus dem Überlagerungsdruck, einem Erddruckbeiwert K und dem Wandreibungswinkel. Der Herstellungseinfluß wird durch die Wahl des Wertes für K berücksichtigt, der in dem weiten Bereich zwischen aktivem und passivem Erddruck liegen kann (Bild 2.3.1-1c).

Das Normenwerk in der Bundesrepublik Deutschland untersagt derartige Verfahren. Die Kennwerte für das Tragverhalten wie Mantelreibung, Spitzendruck und horizontaler Bettungsmodul dürfen wegen der oben geschilderten Probleme nur aus Pfahlprobebelastungen ermittelt werden. In den Normblättern sind für die jeweiligen Pfahltypen und bestimmte Baugrundverhältnisse Berechnungswerte angegeben, die auf diese Weise gewonnen wurden und auf der sicheren Seite liegen. Wenn die Pfahlgründung für ein bestimmtes Bauvorhaben auf der Grundlage von Versuchsergebnissen entworfen werden soll, die an anderer Stelle gewonnen wurden, muß die Übertragbarkeit nachgewiesen werden: Pfahltyp und maßgebliche Bodenart müssen übereinstimmen, und durch Ergebnisse von Sondierungen oder Laborversuchen muß abgesichert sein, daß auch die Tragfähigkeitseigenschaften der Bodenschichten annähernd gleich sind.

Abtragung von Drucklasten

Drucklasten werden durch Mantelreibung und Spitzendruck auf den Baugrund übertragen. Die Mantelreibung ist nur bei vorgefertigten, glatten Pfahlschäften in nichtbindigen Böden eine reine Reibung; in bindigen Böden wirken außerdem Adhäsionskräfte. Bei Ortbetonpfählen entsteht durch die Rauhigkeit des Schaftes, die örtliche Bildung von

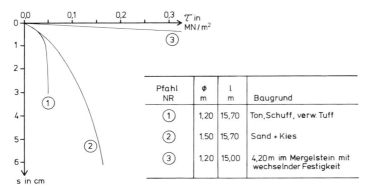

Bild 2.3.1-2   Mantelreibung in Abhängigkeit von der Bodenart und der Pfahlkopfsetzung s bei 3 Großbohrpfählen

Wülsten und das Betonieren gegen den anstehenden Boden eine Verzahnung zwischen Beton und Boden. Im Fels mit unregelmäßigen Ausbrüchen ist die Wirkung der Verzahnung mit der eines Schraubgewindes zu vergleichen. Je nach Anteil dieser Komponenten wird die maximal mögliche Schubspannung schon nach einer Relativbewegung zwischen Pfahl und umgebendem Boden von wenigen Millimetern oder erst nach etwa 2 cm mobilisiert, s. Bild 2.3.1-2. Nimmt die Bewegung des Pfahles weiter zu, bleibt die Mantelreibung meist annähernd konstant, kann aber ebensogut noch etwas zu- oder aber abnehmen.

Beim Spitzendruck sind die Verhältnisse weniger eindeutig. Meist wird vorausgesetzt, daß der Bruch eintritt, wenn die Setzung des Pfahlfußes einen bestimmten Bruchteil des Pfahldurchmessers erreicht hat, in einer Größenordnung von etwa 10%. Beim Verdrängungspfahl ist der Weg kleiner als beim Bohrpfahl, vgl. oben. Die Vorbelastung des Bodens unter dem Pfahlfuß, die beim Verdrängungspfahl automatisch eintritt, kann auch beim Bohrpfahl durch besondere Maßahmen (s. u.: Verbesserung der äußeren Tragfähigkeit) zur Verringerung der Setzungen erzielt werden. Den Einfluß auf das Tragverhalten des Pfahlfußes in einem derartigen Fall zeigt Bild 2.3.1-3.

Die zulässige Belastung eines Pfahles muß zwei Bedingungen erfüllen:

1. Ausreichende Sicherheit gegen ein Versinken des Pfahles. Die in DIN 1054, Abschn. 5.4.2, geforderten Sicherheitsbeiwerte sind in Tabelle 2.3.1-1 wiedergegeben.
2. Die Pfahlkopfsetzung darf ein für das Bauwerk unschädliches Maß nicht überschreiten.

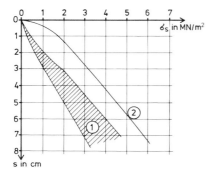

Bild 2.3.1-3   Einfluß einer Vorbelastung auf den Spitzenwiderstand σ_s von Großbohrpfählen in nichtbindigem Boden nach [2]
① Bandbreite von 3 Pfählen ohne Vorbelastung
② Pfahl mit Vorbelastung des Bodens unter dem Fuß

Tabelle 2.3.1-1   Erforderliche Sicherheiten für Pfahlgründungen nach DIN 1054

Pfahlart	Anzahl der unter gleichen Verhältnissen ausgeführten Probebelastungen	Sicherheit bei Lastfall		
		1	2	3
		mindestens		
Druckpfähle	1	2	1,75	1,5
	$\geqq 2$	1,75	1,5	1,3
Zugpfähle mit Neigungen bis 2 : 1[1])	1	2	2	1,75
	$\geqq 2$	2	1,75	1,5
Zugpfähle mit einer Neigung von 1 : 1[1])	$\geqq 2$	1,75	1,75	1,5
Pfähle mit größerer Wechselbeanspruchung (Zug und Druck)	$\geqq 2$	2	2	1,75

[1]) Bei Zugpfählen mit Neigungen zwischen 2 : 1 und 1 : 1 ist die Sicherheit in Abhängigkeit vom Neigungswinkel geradlinig zwischen den Werten der Zeilen 2 und 3 zu interpolieren.

Bei Verdrängungspfählen wird im Regelfall die Bruchlast aus den oben genannten Gründen nach verhältnismäßig kleinen Bewegungen erreicht. Daher kann in der DIN 4026 für Rammpfähle die zweite Bedingung vernachlässigt werden (s. Abschn. 2.3.1.3), während bei Bohrpfählen mit großem Durchmesser für die Bestimmung der zulässigen Gebrauchslast meist die zulässige Setzung ausschlaggebend ist. Zur Veranschaulichung sind in Bild 2.3.1-4 die Last-Verschiebungs-Kurven eines Ortbetonbohrpfahles und eines gerammten Spannbetonpfahles dargestellt. Der Rammpfahl hat eine ausgeprägte Bruchlast. Mit einem Sicherheitsbeiwert $\eta = 2$ ergibt sich eine zulässige Last von 3 MN bei einer Setzung $s < 1$ cm. Beim Bohrpfahl ist auch nach einer Setzung von 6 cm noch keine Bruchlast erreicht. Die zulässige Belastung ergibt sich aus der Forderung, daß die Setzung 2 cm nicht überschreiten darf.

Bei der Ermittlung der zulässigen Pfahllast sind folgende, häufig auftretende Besonderheiten zu beachten (Bild 2.3.1-5):

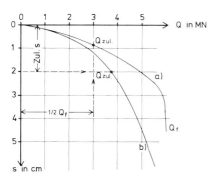

Bild 2.3.1-4   Last-Setzungs-Kurven und zulässige Belastung
a) eines gerammten Spannbetonpfahls ⌀ 90 cm, l = 14 m
b) eines Großbohrpfahls ⌀ 90 cm, l = 10 m

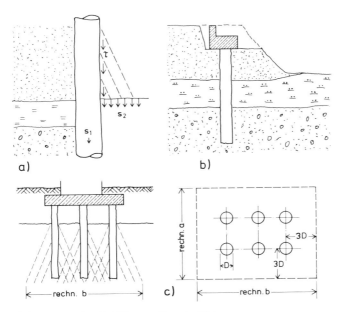

Bild 2.3.1-5   Sonderfälle von Druckpfählen
a) Mantelreibung in einer tragfähigen Schicht über einer stark zusammendrückbaren Schicht
   s_1 Pfahlsetzung
   s_2 Setzung an der Oberfläche der zusammendrückbaren Schicht
   τ ist etwa proportional der Setzungsdifferenz $s_1 - s_2$
b) Vorzeitige Schüttung des Anschlußdammes zur Vermeidung negativer Mantelreibung
c) Rechnerische Aufstandsfläche einer Pfahlgruppe zur Ermittlung des Setzunganteils aus Gruppenwirkung nach DIN 1054

a) In einer tragfähigen Bodenschicht darf nur eine abgeminderte Mantelreibung angesetzt werden, wenn darunter eine schlechte Zwischenschicht liegt. Diese drückt sich
   nämlich unter der Zusatzlast zusammen, der tragfähige Boden sackt nach, und die
   Mantelreibung wird abgebaut.

b) Setzt sich eine Bodenschicht stärker als ein eingebetteter Pfahl, so entsteht eine nach
   unten gerichtete, „negative" Mantelreibung. Der Fall tritt beispielsweise auf, wenn ein
   Brückenwiderlager auf Pfählen tief gegründet wird, der Anschlußdamm jedoch auf
   eine weiche Deckschicht geschüttet werden muß. Durch vorzeitige Schüttung des
   Dammes kann die negative Mantelreibung vermieden werden.

c) Bei Gruppen von Pfählen überschneiden sich die Zonen der Lastausstrahlung von den
   einzelnen Pfählen. Dadurch wird die Gesamtsetzung größer. Dieser zusätzliche Einfluß aus Gruppenwirkung kann nach DIN 1054 wie für eine tiefliegende Flachgründung mit einer fiktiven Aufstandsfläche errechnet werden; vgl. dazu Abschnitt 1.3.3.

Abtragung von Zuglasten

Häufig wird angenommen, daß die Mantelreibung unter sonst gleichen Bedingungen
bei Zugpfählen kleiner ist als bei Druckpfählen. Diese Ansicht entstand durch die lange
Zeit geübte Praxis, Probepfähle zuerst auf Druck und anschließend auf Zug zu belasten,

Tabelle 2.3.1-2   Gemessene Mantelreibungen von Pfählen nach [3]

Bindiger Boden Bezeichnung	Mittel MN/m^2	Nichtbindiger Boden Bezeichnung	Mittel MN/m^2
Weicher Ton	0,02 $\pm$ 0,01	Schlamm	0,012 $\pm$ 0,01
Schluffiger Ton	0,03 $\pm$ 0,01	Schluff	0,015 $\pm$ 0,01
Sandiger Ton	0,03 $\pm$ 0,01	Schluffiger Sand	0,04 $\pm$ 0,01
Mittlerer Ton	0,035 $\pm$ 0,01	Sand	0,06 $\pm$ 0,025
Sandiger Schluff	0,04 $\pm$ 0,01	Grobsand	0,10 $\pm$ 0,05
Fester Ton	0,045 $\pm$ 0,01	Kies	0,125 $\pm$ 0,05
Dichter, sandiger Ton	0,06 $\pm$ 0,015		
Harter Ton	0,075 $\pm$ 0,02		

um den Anteil der Mantelreibung abzuschätzen. Inzwischen haben Untersuchungen gezeigt, daß nicht die Richtung der Belastung, sondern die Umkehrung der Belastungsrichtung nach großen Pfahlsetzungen den Abfall der Mantelreibung bewirkt. Bei Pfählen mit großer Aufstandsfläche darf oft die maximal mögliche Mantelreibung unter Drucklasten voll ausgenutzt werden, weil der Spitzenwiderstand, der erst nach großen Verschiebungen mobilisiert wird, die Sicherheit gegen Bruch gewährleistet. Dagegen ist bei Zugpfählen die mögliche Mantelreibung immer durch den entsprechenden Sicherheitsbeiwert zu teilen. Richtwerte in Abhängigkeit von der Bodenart [3] enthält Tabelle 2.3.1-2. Bei Zugpfählen ist bei der Annahme solcher Werte besondere Vorsicht geboten. Bild 2.3.1-6 zeigt am Beispiel zweier Großbohrpfähle für Mastgründungen, daß bei gleicher Bodenart die Mantelreibung beim Bruch sehr stark von der Lagerungsdichte abhängt, die für nichtbindige Böden mit Sondiergeräten bestimmt werden kann (DIN 4094 Teil 2). Ferner zeigt sich, daß der häufig in nichtbindigen Böden als zulässig angesetzte Wert von 0,025 MN/m^2

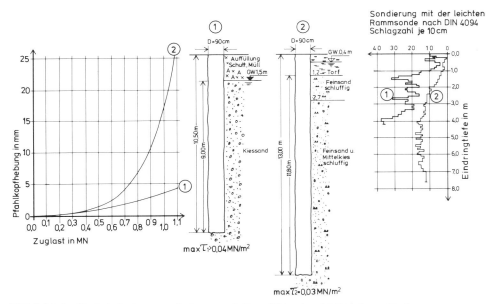

Bild 2.3.1-6   Probebelastungsergebnisse von 2 Zugpfählen in nichtbindigem Boden

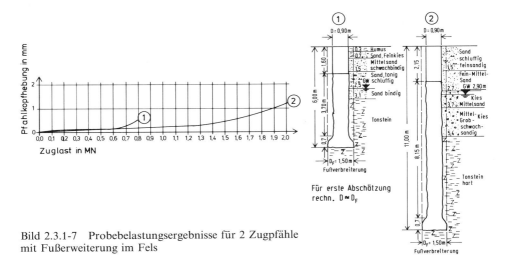

Bild 2.3.1-7   Probebelastungsergebnisse für 2 Zugpfähle
mit Fußerweiterung im Fels

nicht immer gewährleistet ist. Das gilt in verstärktem Maße dann, wenn ein Pfahl abwechselnd Druck- und Zuglasten aufnehmen muß. Bei Bohrpfählen für überwiegende Zugbe-
lastung hat es sich bewährt, den Fuß in einer besonders tragfähigen Schicht anzuordnen
und zu erweitern, um so den Pfahl gleichsam im Boden zu „vernieten", s. das Beispiel in
Bild 2.3.1-7. Zur ersten groben Abschätzung der Tragfähigkeit kann man annehmen, daß
der ringförmige, über der Fußerweiterung liegende Bodenkörper bis zur Geländeoberfläche mit dem Pfahl herausgezogen, d. h. daß auf der ganzen Länge statt des tatsächlichen
Schaftdurchmessers der Durchmesser der Fußerweiterung wirksam wird. (Eine solche
Abschätzung muß in jedem Fall später durch genauere Untersuchungen bzw. gutachtliche
Festlegungen ersetzt werden.)

Bei langen Zugpfählen mit kleinem Abstand, beispielsweise als Auftriebsicherung, muß
geprüft werden, ob das Gewicht des zwischen den Pfählen eingeschlossenen Bodenkörpers ausreicht, der angesetzten Zugkraft zu widerstehen, ggf. muß die zulässige Mantelreibung entsprechend reduziert werden, s. Bild 2.3.1-8 und [4].

Abtragung von Horizontallasten

Bei dünnen Pfählen werden Horizontallasten durch Schrägpfähle abgetragen. Bei
Bohrpfählen mit großen Durchmessern ist die Herstellung von Schrägpfählen sehr
schwierig. Deshalb werden die Pfähle meistens lotrecht ausgeführt, und für die Abtragung
von Horizontallasten wird die Biegesteifigkeit der Pfahlschäfte sowie die Einspannung im
Baugrund ausgenutzt.

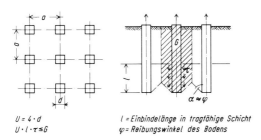

$U = 4 \cdot d$

$U \cdot l \cdot \tau \leq G$

l = Einbindelänge in tragfähige Schicht
φ = Reibungswinkel des Bodens

Bild 2.3.1-8   Grenze für die Tragfähigkeit
von Zugpfählen in Gruppen

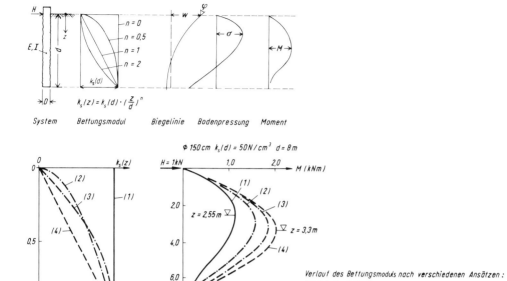

Ansatz	max M (kNm)	bei $z =$	Horizontale Verschiebung am Kopf (mm)	Verdrehung am Kopf (Bogenmaß)
(1)	1,14 (100 %)	2,55 m	0,0073 (100 %)	$0,169 \cdot 10^{-5}$ (100 %)
(2)	1,59 (139 %)	2,90 m	0,0167 (229 %)	$0,336 \cdot 10^{-5}$ (199 %)
(3)	1,88 (165 %)	3,10 m	0,0207 (284 %)	$0,409 \cdot 10^{-5}$ (242 %)
(4)	2,04 (179 %)	3,30 m	0,0320 (438 %)	$0,589 \cdot 10^{-5}$ (349 %)

Bild 2.3.1-9
a) (oben) Bettungsmodulverfahren für horizontal belastete Pfähle
b) (unten) Einfluß der Verteilung der Bettungsziffer auf Größe und Verlauf der Biegemomente

Die Wechselwirkung mit dem Baugrund wird mit dem Bettungsmodulverfahren berechnet, vgl. Abschn. 1.2.3 und 2.2.2.3. Die Anwendung auf Pfähle wurde erstmals von TITZE [5] untersucht. Dabei wird vorausgesetzt, daß die horizontale Bodenpressung der Verschiebung des Pfahlschaftes proportional ist. Der Bettungsmodul k_s, der diese Relation ausdrückt, ändert sich mit der Tiefe, s. Bild 2.3.1-9. Die nachfolgenden Beispiele geben eine Richtlinie für die Wahl der Verteilungsform:

a) bindiger Boden, kleine bis mittlere Lasten: k_s = konstant ($n = 0$);
b) schwach bindiger Boden, nichtbindiger Boden über dem Grundwasserspiegel: parabolische Zunahme ($n = 0,5$);
c) nichtbindiger Boden unter dem Grundwasserspiegel oder bei größeren Lasten: lineare Zunahme von k_s ($n = 1$);
d) lockerer nichtbindiger Boden, sehr große Belastung: k_s als Hohlparabel ($n = 1,5$ bis 2).

Für die häufig angewandte Parabelform ($n = 0,5$) ergeben sich folgende Grundgleichungen (s. Bild 2.3.1-9a):

$$\sigma = k_s \cdot w \tag{1}$$

$$k_{s(z)} = k_{s(d)} \cdot \left(\frac{z}{d}\right)^{0,5} \tag{2}$$

$$E \cdot I \frac{d^4 w}{dz^4} = -k_s \cdot w \tag{3}$$

$$L = \sqrt[4,5]{\frac{E \cdot I \cdot d^{0,5}}{16 \cdot D \cdot k_{s(d)}}} \tag{4}$$

$$\lambda = \sqrt{d/L} \tag{5}$$

Dabei ist L die „elastische" oder „charakteristische" Länge. Sobald sie etwa ein Zehntel der Einbindetiefe d des Pfahles unterschreitet, verhält sich dieser wie ein unendlich langer Pfahl. Das bedeutet, daß nur bei Pfählen mit Schlankheitsgraden $\lambda < 3$ durch eine Verlängerung das Tragverhalten unter horizontalen Lasten nennenswert verbessert werden kann.

Zur Berechnung werden heute meist Computer verwendet, die es erlauben, eine sprunghafte Änderung des Bettungsmoduls an Schichtgrenzen oder besondere Randbedingungen wie eine Einspannung des Pfahlkopfes oder eine unverschiebliche Lagerung des Pfahlfußes, z. B. in einer Felsschicht, zu berücksichtigen. Für eine erste Abschätzung sind nachfolgend einige Diagramme von Titze für einen parabolisch zunehmenden Bettungsmodul wiedergegeben, s. dazu Bild 2.3.1-10.

H, M	= in der Baugrundoberfläche angreifende Last
D, d	= Durchmesser und Länge des Pfahls
max M, max σ	= maximales Biegemoment, größte horizontale Bodenpressung
z_M, z_σ	= Tiefenlage von max M bzw. max σ unter OK-Gelände
$\lambda = \sqrt{d/L}$	(L siehe Gleichung (4))
w	= Pfahlkopfverschiebung
$k_{s(d)}$	= Bettungsmodul am Pfahlfuß

$\alpha, \beta, \delta, x_M, x_\sigma$ = Tafelwerte.
Bei den Tafeln sind die Lastfälle „H" und

„M" zu unterscheiden. Teilweise mußten Bruchteile oder Vielfache der Beiwerte dargestellt werden, um eine einheitliche Skala verwenden zu können.

Gesuchte Größe	Lastfall H	Lastfall M
max M	$H \cdot d \cdot \alpha$	M
z_M	$d \cdot x_M$	O
max σ	$\dfrac{H}{D \cdot d} \cdot \beta$	$\dfrac{M}{D \cdot d^2} \cdot \beta$
z_σ	$d \cdot x_\sigma$	$d \cdot x_\sigma$
w	$\dfrac{H}{D \cdot k_{s(d)} \cdot d} \cdot \delta$	$\dfrac{M}{D \cdot k_{s(d)} \cdot d^2} \cdot \delta$

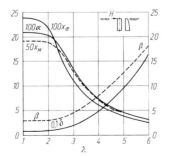 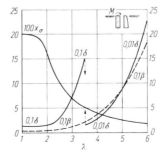

Bild 2.3.1-10 Diagramme zur Berechnung horizontal gebetteter Pfähle bei parabolischem Verlauf des Bettungsmoduls nach Titze [5]

Berechnungsbeispiel:

Großbohrpfahl unter horizontaler Belastung (vgl. Beton-Kalender 1977, Teil II, S. 813)

$D = 1,2\,\mathrm{m}$ $d = 7,6\,\mathrm{m}$ $H = 0,3\,\mathrm{MN}$ $M = 0$

aus horizontaler Probebelastung:

$$k_{s(d)} = 170\,\mathrm{MN/m^3}$$

$$L = \sqrt[4,5]{\frac{30 \cdot 10^3 \cdot 0,102 \cdot 7,6^{0,5}}{16 \cdot 1,2 \cdot 170}} = 1,23\,\mathrm{m}$$

$$\lambda = \sqrt{7,6/1,23} = 2,49$$

$$\max M = 0,3 \cdot 7,6 \cdot 0,19 = 0,43\,\mathrm{MN \cdot m}$$

$$z_M = 7,6 \cdot 0,38 = 2,89\,\mathrm{m}$$

$$\max \sigma = \frac{0,3}{1,2 \cdot 7,6} \cdot 3,1 = 0,1\,\mathrm{MN/m^2}$$

$$z_\sigma = 7,6 \cdot 0,23 = 1,75\,\mathrm{m}$$

$$w = \frac{0,3}{1,2 \cdot 170 \cdot 7,6} \cdot 20 \cdot 100 = 0,38\,\mathrm{cm}$$

Im Bettungsmodulverfahren wird die tatsächliche Wechselwirkung zwischen Pfahl und Baugrund nur näherungsweise erfaßt. Größe und teilweise auch der Verlauf des Bettungsmoduls ändern sich nicht nur mit der Bodenart, sondern auch mit den Abmessungen des Pfahles, mit Art, Größe und Dauer der Belastung und mit der Gestalt der Geländeoberfläche [6]. Pauschale Angaben wie die nach [7] in Tabelle 2.3.1-3 sind daher nur als grobe Richtwerte zu betrachten. Auch die häufig verwendete Formel

$$k_s \approx \frac{E_s}{D} \tag{6}$$

zur Ermittlung des Bettungsmoduls aus dem Steifemodul des Baugrunds kann nur eine – wenn auch nicht schlechte – Näherung sein. Aufgrund von Erfahrungen darf für Pfähle mit $D > 1\,\mathrm{m}$ als rechnerischer Wert nur $D = 1,0\,\mathrm{m}$ in die Formel eingesetzt werden. Untersuchungen haben gezeigt, daß der richtige Ansatz im obersten Bereich, d. h. bis zu einer Tiefe von $z = 2-3\,\mathrm{m}$, entscheidende Bedeutung hat [8]. Zur Kontrolle müssen die nach dem Bettungsmodulverfahren errechneten Bodenpressungen mit dem Erdwiderstand verglichen werden. Für die unter Gebrauchslast auftretenden Pfahlkopfverschiebungen ist im allgemeinen die Hälfte des maximal möglichen Erdwiderstandes angemessen. Dabei dürfen die räumliche Wirkung und ein Wandreibungswinkel berücksichtigt werden; vgl. beispielsweise [9]. Unter stoßartiger Belastung wächst der Bettungsmodul etwa auf den dreifachen Wert, unter Schwell- und Wechselbelastung sinkt er etwa auf 70% des Wertes, der für eine einmalige statische Belastung maßgeblich ist [8]. Für Pfahlgruppen kann der Lastanteil der einzelnen Pfähle nach Bild 2.3.1-11 ermittelt werden. Die Lastfaktoren α_L und α_{QZ} bzw. α_{QA} müssen für Gruppen aus mehreren Reihen überlagert werden. Weitergehende Angaben enthält die Neufassung von DIN 4014 Bohrpfähle, s. a. [17].

Tabelle 2.3.1-3   Anhaltswerte für den horizontalen Bettungsmodul nach STURZENEGGER [7]

Baugrundverhältnisse	$k_s\,[\mathrm{MN/m^3}]$
Aufschüttung aus Humus, Sand, Kies	10 bis 20
leichter Torf- oder Moorboden	5 bis 10
schwerer Torf- oder Moorboden	10 bis 15
Lehmboden naß	20 bis 30
feucht	40 bis 50
trocken	60 bis 80
hart	100
angeschwemmter Sand	10 bis 15
Feinkies, stark feinsandig	80 bis 100
Mittel- bis Grobkies, grobsandig	120 bis 150
Grobkies, schwach grobsandig, sehr dicht	200 bis 250

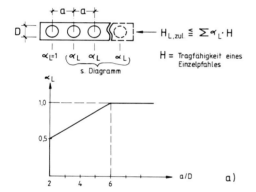

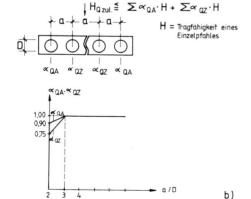

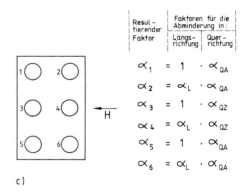

Bild 2.3.1-11
Abminderungsfaktoren der Pfahltragfähigkeit für Pfahlreihen und Pfahlgruppen nach DIN 4014 (Entwurf 1987)
a) Kraftrichtung in Richtung einer Pfahlreihe: Abminderungsfaktoren α_L in Abhängigkeit vom Pfahlabstand a und Pfahlschaftdurchmesser D
b) Kraftrichtung quer zu einer Pfahlreihe: Abminderungsfaktoren α_{QA} (Außenpfähle) und α_{QZ} (Zwischenpfähle) in Abhängigkeit vom Pfahlabstand a und Pfahlschaftdurchmesser D
c) Abminderungsfaktoren für eine Pfahlgruppe

Bei einer stetigen Zunahme des Bettungsmoduls wie in Bild 2.3.1-9a hat die Größe seines maximalen Wertes nur einen untergeordneten Einfluß auf die errechneten Biegemomente. Das gilt aber nicht für den angesetzten Verlauf. Mit zunehmendem Wert für n wandert der Größtwert der stützenden Bodenpressungen nach unten, und die Biegemomente werden größer (Bild 2.3.1-9b). Wenn die errechneten horizontalen Bodenpressungen den ausnütz-baren Teil des Erdwiderstandes überschreiten, ist es notwendig, den angenommenen Verlauf des Bettungsmoduls im oberen Bereich so herabzusetzen, daß dies gerade nicht mehr der Fall ist.

Große Auswirkungen auf die Biegemomente hat eine sprunghafte Zunahme des Bettungsmoduls an einem Schichtwechsel. Eine auf der sicheren Seite liegende Abschätzung verlangt daher, für eine tiefere, tragfähigere Schicht einen oberen Grenzwert des Bettungsmoduls anzusetzen.

Die errechneten Verschiebungen und Verdrehungen reagieren auf jede Veränderung der Größe und des Verlaufes des Bettungsmoduls sehr empfindlich. Genügend genaue Ergebnisse sind daher nur zu erwarten, wenn der Verlauf und die Größe des Bettungsmoduls aus vergleichbaren Probebelastungen übernommen werden können.

Verbesserung der äußeren Tragfähigkeit

Es gibt verschiedene Möglichkeiten, die äußere Tragfähigkeit von Pfählen zu verbessern. Fußerweiterungen von Bohrpfählen zur Erhöhung des Spitzenwiderstandes sind am wirkungsvollsten in mürbem, entfestigtem Gestein oder in dichtgelagerten, nichtbindigen Böden. In nichtbindigen Böden ist aber die Herstellung oft schwierig, weil der Hohlraum nicht standfest ist und nachbrechen kann. Auflockerungen des Bodens führen oft dazu, daß die erwartete Verbesserung der Tragfähigkeit nur teilweise erzielt wird. In bindigen Böden führen die unvermeidlichen Setzungen des Pfahlfußes dazu, daß sich im Bereich des konischen Übergangs vom Schaft zum erweiterten Fuß ein Spalt öffnet, in den der Boden unter der Aufstandsfläche hineingequetscht werden kann, wodurch neuerliche Setzungen entstehen.

Eine Verpressung der Mantelfläche und des Pfahlfußes bei Bohrpfählen mit Hilfe von Injektionsleitungen, die mit dem Bewehrungskorb einbetoniert werden, bewirken bei kleinen Setzungen annähernd eine Verdoppelung der Mantelreibung und des Spitzenwiderstands, siehe [2]. In nichtbindigen Böden ist diese Steigerung der Tragfähigkeit von Dauer. Bei bindigen Böden ist zu erwarten, daß Kriechverformungen des Baugrunds im Laufe der Zeit die erzielte Verspannung teilweise abbauen.

Bei der Gefahr von negativer Mantelreibung können Fertigpfähle in diesem Bereich mit einem Anstrich versehen werden, der die Reibung herabsetzt. Bei Bohrpfählen kann eine Hülse aus dünnem Stahlblech über den Bewehrungskorb gezogen und mit diesem zusammen eingebaut werden, um einen glatten Schaft zu erzielen. Nach Möglichkeit sollte versucht werden, alle Anschüttungen, die – nach der Pfahlherstellung aufgebracht - negative Mantelreibung verursachen, frühzeitig und mit ausreichendem Vorlauf vor der Pfahlherstellung fertigzustellen, so daß die zugehörigen Setzungen des Bodens vorher weitgehend abgeklungen sind.

Die Verschiebung von Pfählen unter horizontalen Lasten wird erheblich reduziert, wenn eine Auskragung der Pfahlkopfplatte das Ausweichen des Bodens vor dem Pfahl nach oben verhindert, und wenn die Pfähle so angeordnet werden, daß sie mit der Pfahlkopfplatte einen Rahmen bilden, bei dem die Pfahlköpfe in die Platte mehr oder weniger starr eingespannt sind [14].

2.3.1.2 Innere Tragfähigkeit

Die „innere Tragfähigkeit" eines Pfahles ist durch die Bruchlast seines Schaftes gegeben. Je nach der planmäßigen Belastung müssen die Pfähle nach DIN 1045 als Druckglieder (Abschnitt 25), Zugglieder oder auf Biegung mit Längskraft (Abschnitt 17.2) bemessen werden. Bei Fertigpfählen kann die Beanspruchung durch Aufnehmen, Transport und Rammung ausschlaggebend sein.

Bei vollständig im Boden eingebetteten Pfählen braucht nach DIN 1054 kein Knicknachweis geführt zu werden. Ausgenommen von dieser generellen Regelung sind nach DIN 4128 Verpreßpfähle, die in einen weichen bindigen Boden mit einer Scherfestigkeit kleiner als 10 kN/m² eingebettet sind. Das entspricht einem schlammähnlichen Boden. Die Sonderstellung der Verpreßpfähle liegt darin begründet, daß sie im Regelfall sehr schlank sind und gleichzeitig ihre innere Tragfähigkeit besonders weitgehend ausgenutzt wird. Zu beachten ist, daß die Knicksicherheit von Stützen, die auf Einzelpfählen gegründet sind, durch eine seitliche Verschiebung und eine Verdrehung des Pfahlkopfes infolge von Querkräften herabgesetzt wird.

Zusätzlich zu den planmäßigen Lasten müssen bei Pfählen häufig mögliche außerplanmäßige Belastungen in Betracht gezogen werden. Für Bohrpfähle muß beispielsweise nach DIN 4014 grundsätzlich berücksichtigt werden, daß die Pfahlachse im Bohransatzpunkt um 5% des Pfahldurchmessers, mindestens aber um 5 cm von der Sollage abweichen kann, und die Pfahlneigung um 1,5% von der Sollrichtung. Durch seitlich aufgebrachte, zusätzliche Auflasten, durch die spätere Herstellung einer Baugrube mit nachgiebigem Verbau in unmittelbarer Nähe der Pfähle, oder durch Bewegungen weicher, bindiger Böden [10] können die Pfähle auf Biegung beansprucht werden. Dasselbe gilt für Schrägpfähle, wenn Setzungen des umgebenden Bodens eintreten können, beispielsweise bei Lagerhallen, bei denen nur die Stützen des Bauwerks, nicht aber die Hallenfußböden auf Pfählen gegründet werden.

Pfähle werden im Regelfall zentralsymmetrisch bewehrt. Die erforderliche Längsbewehrung kann mit Hilfe von Interaktionsdiagrammen [11, 12] oder von elektronischen Rechenprogrammen ermittelt werden. In DIN 1045 wird eine Mindestbewehrung von 0,8% des statisch erforderlichen Querschnitts verlangt. Für Großbohrpfähle enthält die ZTV-K 80 im Abschnitt 6.3.43 weitergehende Forderungen, siehe Abschnitt 3.1.4.2.

Wenn bei Großbohrpfählen wegen aggressiven Grundwassers die Rissebeschränkung nachgewiesen werden muß, kann sich die Bewehrung erheblich vergrößern, weil die Stabdurchmesser aus konstruktiven Gründen relativ groß sind. Bei horizontaler Belastung müssen diese Pfähle auch auf Schub bemessen werden. Eine Berechnungsmethode dafür enthält [13].

2.3.1.3 Fertigpfähle

Die verschiedenen Typen von Betonpfählen unterscheiden sich durch die Art der Herstellung, das Tragverhalten, bestimmte Vor- und Nachteile und daraus folgend durch ihr überwiegendes Anwendungsgebiet. Der klassische Pfahltyp ist der Fertigpfahl, der zuerst aus Holz, später zunehmend aus Stahl, und schließlich auch aus Stahlbeton oder Spannbeton hergestellt und als fertiges Element in den Boden getrieben wurde. (Angaben über Holz- und Stahlpfähle sind in DIN 4026 zu finden.)

Stahlbeton-Fertigpfähle werden meistens mit quadratischem Vollquerschnitt hergestellt. Bei Biegebeanspruchung vorwiegend in einer Richtung kommen auch rechteckige Querschnitte in Betracht. Richtwerte für die Mindestabmessungen in Abhängigkeit von der Pfahllänge gibt Tabelle 2.3.1-4. Für große Belastungen oder bei großen Pfahllängen

Tabelle 2.3.1-4   Richtwerte für den Mindestquer-
schnitt von Stahlbeton-Fertigpfählen

Pfahllänge	Mindestquerschnitt
≤ 6 m	20/20 cm²
≤ 9 m	25/25 cm²
≤ 12 m	30/30 cm²
≤ 18 m	35/35 oder 30/40 cm²
≤ 22 m	40/40 oder 35/45 cm²

werden auch runde Pfähle mit Hohlquerschnitt hergestellt und dann oft vorgespannt oder
aus Abschnitten zusammengespannt.

Einige Spezialfirmen stellen die Pfähle in ortsfesten Anlagen fabrikmäßig her, aber auch
das Betonieren der Pfähle auf der Baustelle ist gebräuchlich. Dort werden quadratische
und rechteckige Pfähle zur Platzersparnis häufig in mehreren Lagen übereinander mit
Papierzwischenlagen hergestellt. Runde Hohlpfähle werden vorwiegend aus Schleuderbeton gemacht, wobei die Schleuderschalung ggf. gleichzeitig als Spannbett dient. Beispiele
für einen Pfahl mit quadratischem Vollquerschnitt sowie für einen Spannbetonhohlpfahl
zeigt Bild 2.3.1-12.

In Skandinavien, wo Stahlbeton-Fertigpfähle sehr häufig angewendet werden, sind
verschiedene Kupplungssysteme für Abschnitte quadratischer Pfähle entwickelt worden.
Sie haben dieselbe Tragfähigkeit wie der Pfahlschaft. Dadurch wird es möglich, Abschnitte mit unterschiedlichen Längen auf Vorrat zu produzieren und Baustellen kurzfristig mit
den erforderlichen Längen zu beliefern. Als Beispiel ist ein derartiges Kupplungssystem in
Bild 2.3.1-13 dargestellt. Auch im Norden der Bundesrepublik sind solche Pfähle erhält-
lich.

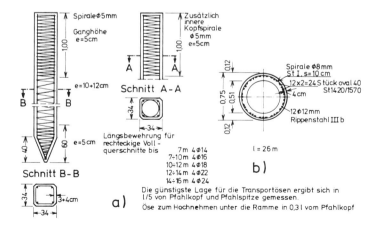

Bild 2.3.1-12   Bewehrung von Stahlbeton-Fertigpfählen
a) mit quadratischem Vollquerschnitt
b) mit rundem Hohlquerschnitt aus vorgespanntem Schleuderbeton

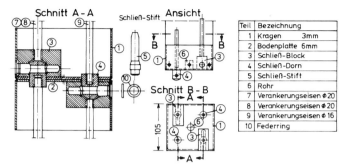

Bild 2.3.1-13   Schwedische Kupplung eines Fertigpfahls

Stahlbeton-Fertigpfähle werden meist in den Boden gerammt, seltener eingerüttelt. Bei besonders langen Pfählen oder schwerer Rammung können die Pfähle auch in vorgebohrte Löcher eingetrieben werden, die aber einen kleineren Durchmesser als die Pfähle haben müssen und nicht bis auf die Solltiefe reichen dürfen, damit die äußere Tragfähigkeit nicht zu sehr beeinträchtigt wird. In solchen Sonderfällen sind Pfahlprobebelastungen unerläßlich, während für die gebräuchlichen Abmessungen und Herstellungsverfahren die zulässigen Belastungen den Angaben der DIN 4026 entnommen werden können. Sie sind in Tabelle 2.3.1-5 wiedergegeben. Dabei müssen die Mindestabstände nach Bild 2.3.1-14 eingehalten werden. Dadurch ist auch gewährleistet, daß durch die Bodenverdrängung beim Einbringen eines Pfahles bereits vorhandene Nachbarpfähle nicht beschädigt werden. Voraussetzung für die Anwendung der Tabelle 2.3.1-5 sind tragfähige Böden, also mitteldicht gelagerte, nichtbindige Böden (Spitzenwiderstand der Drucksonde $q_s \geq 10 \, MN/m^2$) oder annähernd halbfeste bindige Böden. Die Werte dürfen bei dicht gelagerten, nichtbindigen Böden ($q_s \geq 15 \, MN/m^2$) oder festen bindigen Böden um bis zu 25% erhöht werden. Durch Probebelastungen können häufig höhere zulässige Belastungen nachgewiesen werden. Es ist daher bei großen Bauvorhaben mit einer großen Anzahl von Pfählen oft wirtschaftlich, vor dem endgültigen Entwurf einzelne Probepfähle zu rammen und ihre Tragfähigkeit zu prüfen.

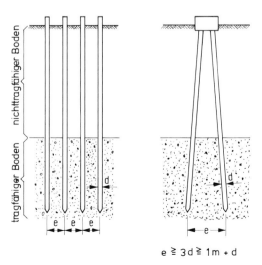

$e \gtreqless 3d \gtreqless 1m + d$

Bild 2.3.1-14
Mindestabstände von Fertigpfählen

Tabelle 2.3.1-5 Zulässige Druckbelastung von Rammpfählen mit quadratischem Querschnitt aus Stahlbeton und Spannbeton nach DIN 4026
Zwischenwerte sind geradlinig einzuschalten. Die Werte gelten auch für annähernd quadratische Querschnitte, in diesem Fall ist für a die mittlere Seitenlänge anzusetzen

Einbindetiefe in den tragfähigen Boden m	Zulässige Belastung in kN Seitenlänge a in cm				
	20	25	30	35	40
3	200	250	350	450	550
4	250	350	450	600	700
5	–	400	550	700	850
6	–	–	650	800	1000

Vorteile der Fertigpfähle:

Vorfertigung; fabrikmäßige, kontrollierbare Herstellung. Die Pfähle können nach dem Einbringen sofort belastet werden. Auch Schrägpfähle sind ohne weiteres möglich. Schnelle Herstellung.

Nachteile der Fertigpfähle:

Die gebräuchlichen Vollquerschnitte haben geringe Biegesteifigkeit und sind deshalb empfindlich gegen außerplanmäßige Biegebeanspruchungen. Anpassung der Längen an unvorhergesehene Änderungen der Baugrundverhältnisse ist schwierig. Gefahr der Beschädigung beim Rammen. Bei Rammhindernissen oder festen Zwischenschichten kann unter Umständen die tragfähige Schicht nicht erreicht werden. Rammschwierigkeiten bei großen Gruppen von Pfählen mit engen Abständen wegen der erforderlichen Verdrängung des Bodens. Lärm und Erschütterungen beim Einbringen der Pfähle, daher in dicht besiedelten Gebieten nur mit besonderem Lärmschutz einsetzbar.

Bevorzugtes Anwendungsgebiet der Fertigpfähle:

Besonders geeignet für Gründungen im offenen Wasser, bei leicht rammbaren Böden (weiche Deckschicht über einer gut tragfähigen Schicht), gleichförmigen Baugrundverhältnissen, nichtbindigen Böden mit unzureichender Lagerungsdichte.

2.3.1.4 Ortbeton-Verdrängungspfähle

Der älteste Typ dieser Kategorie ist der Ortbetonrammpfahl. Ein dickwandiges Stahlrohr mit einem Pfropfen aus erdfeuchtem Frischbeton im Fuß wird durch einen im Rohr geführten Freifallbären in den Boden getrieben (Innenrammung). Nach Erreichen der Solltiefe wird der Pfropfen zum erweiterten Fuß ausgerammt. Danach wird ein Bewehrungskorb eingestellt, das Rohr wird abschnittsweise mit Beton gefüllt und gezogen. Dabei kann auch der Schaftbeton verdichtet und wulstförmig in den umgebenden Boden verdrängt werden. Da dieses Verfahren aufwendig ist, wird heute meistens das Rohr am Fuß mit einer „verlorenen", d. h. im Boden verbleibenden, überstehenden Stahlplatte oder einer vorgefertigten Pfahlspitze verschlossen. Durch Rammschläge eines Dieselbä-

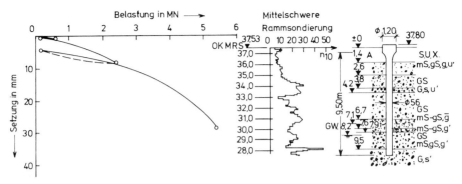

Bild 2.3.1-15   Probebelastungsergebnis eines Ortbeton-Verdrängungspfahles System „Vibro";
$D = 56$ cm, $l = 9,50$ m, erwartete Gebrauchslast zul $Q = 2,2$ MN

ren auf den Kopf (Diesel-Kopframmung) oder durch einen Vibrationsbären wird das
verschlossene Rohr in den Boden getrieben. Nach dem Einstellen des Bewehrungskorbes
wird ein plastischer Frischbeton eingefüllt und das Rohr gezogen. Auf einen erweiterten
Fuß wird meistens verzichtet. In Sonderfällen, nämlich bei Gründungen in Schichten mit
geringer Tragfähigkeit und gleichzeitiger Gefahr von negativer Mantelreibung im darüberliegenden Boden, sind schon Pfähle ausgeführt worden, bei denen das Rohr mit
Kopframmung eingetrieben, danach durch Innenrammung ein übergroßer Fuß hergestellt, als Schaft ein mit Bitumen beschichtetes Fertigteil eingestellt und das Rohr schließlich gezogen wurde [15].

Es gibt eine ganze Reihe von Herstellern, deren Pfahlsysteme sich in Einzelheiten unterscheiden. Sie legen daher die zulässige Belastung auch selber aufgrund ihrer jeweiligen
Erfahrungen fest und ordnen diesen Angaben Rammkriterien zu, die dann bei der Ausführung überprüft werden müssen. Es werden Pfähle mit Durchmessern von etwa 35 cm
bis 75 cm hergestellt. Typische Gebrauchslasten sind $Q \approx 1,5$ MN für Pfähle mit 50 cm
Durchmesser, bis $Q \approx 2,5$ MN bei großen Durchmessern. Ein Beispiel zeigt Bild 2.3.1-15.
Es wurden schon Längen von mehr als 30 m gerammt.

Unter die Rubrik der Ortbeton-Verdrängungspfähle fällt noch ein Pfahltyp, der zwar in
der Bundesrepublik Deutschland bisher keine Bedeutung erlangen konnte, im Ausland
aber häufig anzutreffen ist: der Hülsenpfahl. Dabei wird eine gewellte, dünnwandige
Blechhülse mit Hilfe eines aussteifenden Dornes in den Boden gerammt, s. Bild 2.3.1-16.
Die Hülse wird ausbetoniert und erhält oftmals nur am Kopf eine Anschlußbewehrung.
Dieser Pfahl ist gegen Schäden am Schaft infolge von Fehlern beim Betonieren oder des
Druckes weicher, bindiger Böden auf die Frischbetonsäule weniger anfällig. Der Ausführung in der Bundesrepublik Deutschland stehen hauptsächlich die Lärmbelästigung und
die Tatsachen entgegen, daß die Rammung ein sehr großes und schweres Gerät erfordert,
und daß die Fertigung und der Transport der Hülsen die Herstellung gegenüber den hier
gebräuchlichen Rammpfahltypen verteuern.

Vorteile von Ortbeton-Verdrängungspfählen:

Anpassungsfähig bei unvorhergesehenen Längenänderungen; Verbesserung der Tragfähigkeit des Baugrunds, besonders bei ausgerammtem Fuß; Kontrolle der Tragfähigkeit
durch die erforderliche Rammenergie; sehr wirtschaftliche Herstellung bei weichen Deck-
schichten über tragfähigem Boden.

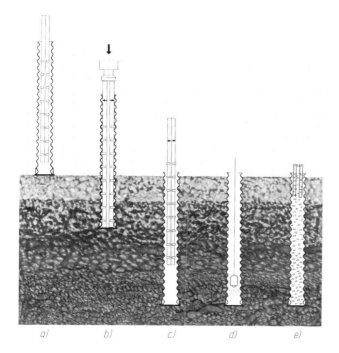

a) b) c) d) e)

Bild 2.3.1-16
Herstellungsprinzip des
Hülsenpfahls
a) Einführen des Dorns
   in die Hülse
b) Rammen des Pfahls
   mit gespreiztem Dorn
c) Herausziehen des zu-
   sammengeklappten
   Dorns
d) Inspektion des Pfahles
e) Einbringen von Beton
   und Bewehrung

Nachteile von Ortbeton-Verdrängungspfählen:

Schweres Rammgerät, in dicht besiedelten Gebieten nur mit besonderem Lärmschutz einzusetzen. Die Pfähle sind empfindlich gegen unplanmäßige Biegung und gegen Ausführungsfehler beim Betonieren, z. B. Einschnürungen im Pfahlschaft durch Eindringen von weichen, bindigen Böden; Schwierigkeiten bei Rammhindernissen.

Bevorzugtes Anwendungsgebiet von Ortbeton-Verdrängungspfählen:

Besonders geeignet für mittlere Lasten, gut rammbaren Untergrund und bei nur mäßigen Eigenschaften der tragenden Bodenschicht.

2.3.1.5 Ortbeton-Bohrpfähle

Bohrpfähle wurden anfangs mit Durchmessern bis zu 50 cm und ggf. mit Fußerweiterungen bis zu 1 m hergestellt („herkömmliche Bauart", DIN 4014 Teil 1, Aug. 75). Dabei wurde wie beim Bau eines Brunnens eine verrohrte Bohrung abgeteuft, ein Bewehrungskorb eingestellt, das Rohr mit Beton gefüllt und wieder gezogen. Bei diesen verhältnismäßig schlanken Pfählen ist die Mantelreibung der dominierende Faktor bei der Lastübertragung; deshalb wurde auch die Grenzlast bei einer Setzung von 2 cm definiert, und die zulässige Belastung konnte als Pauschalwert ohne Berücksichtigung der zugehörigen Setzung angegeben werden. Die nach der alten Norm zulässige Belastung zeigt Tabelle 2.3.1-6a.

Tabelle 2.3.1-6   Richtwerte für Bohrpfähle kleinen Durchmessers nach der DIN 4014 (09.77) Teil 1

a) Zulässige Belastung (Zwischenwerte sind geradlinig einzuschalten)

Pfahl-durchmesser cm	Zulässige Belastung MN	Erweiterter Fußdurchmesser cm	Zulässige Belastung MN
30	0,2	60	0,3
35	0,25	70	0,38
40	0,3	80	0,47
50	0,4	90	0,55
		100	0,65

b) Mindestdurchmesser

Pfahllänge m	Mindestpfahldurchmesser cm
bis 10	30
über 10 bis 15	35
über 15 bis 20	40
über 20 bis 30	50

Wegen der verhältnismäßig kleinen Durchmesser besteht die Gefahr der „Brückenbildung", d. h. daß sich der Frischbeton im Rohr verspannt und der Schaft nicht vollständig ausbetoniert wird. Besonders in der Anfangszeit gab es immer wieder dadurch Schäden, daß der Pfahlschaft streckenweise nur aus der Bewehrung bestand. Daher wurden in der alten Norm je nach Pfahllänge Mindestdurchmesser verlangt (Tabelle 2.3.1-6b) und eingehende Vorschriften für die Ausführung gemacht.

Etwa zu Beginn der sechziger Jahre setzte die Entwicklung der Geräte für die Herstellung immer dickerer und längerer Pfähle ein, der „Großbohrpfähle". Sie werden heute bis zu Durchmessern von mehr als 2 Metern und in Sonderfällen mit Längen bis zu 60 Metern hergestellt. Es gibt eine Vielfalt von Verfahren: verrohrte, durch Bentonitsuspension gestützte oder unverrohrte Bohrungen; Förderung des Bohrgutes mit Greifer, Drehbohrgeräten, im Saugbohrverfahren oder nach dem Lufthebeverfahren, vgl. Abschnitt 3.1.2. Hinzu kommen Sondermaßnahmen wie Fußerweiterung, Mantel- und Fußverpressung. Die jüngste Entwicklung ist die Endlos-Schnecke, die bis zur Solltiefe des Pfahles in den Boden geschraubt und dann, ähnlich wie ein Korkenzieher, mit dem Bodenpfropfen wieder herausgezogen wird. Dabei wird der Raum unter dem Schneckenfuß fortlaufend unter Druck mit Beton verfüllt, der durch die hohle Achse der Schnecke zugeführt wird. Dadurch ist die Bohrlochwand zu keiner Zeit ungestützt. Da beim Eindrehen der Schnecke ein Teil des Bodens verdrängt wird, heißen diese Pfähle auch „Verdrängungs-Bohrpfähle". Bei dichtgelagerten nichtbindigen Böden und festen bindigen Böden gelingt es nicht, den Boden, der dem Volumen der Bohrschnecke entspricht, vollständig zu verdrängen, so daß beim Eindrehen der Schnecke Boden gefördert werden muß. Bisher liegen über das Ausmaß der Bodenverdrängung gegenüber einem Bohrpfahl in Abhängigkeit von den Baugrundverhältnissen erst wenige Erfahrungswerte vor, so daß in DIN 4014 Verdrängungs-Bohrpfähle bei der Tragfähigkeitsermittlung den üblichen Bohrpfählen gleichgestellt werden. Diese Pfähle erhalten oft nur eine Anschlußbewehrung am Kopf. Es ist aber auch möglich, nach dem Betonieren des Pfahlschaftes einen Bewehrungskorb in den Frischbeton einzubringen. Der Korb erhält dazu eine Aussteifung am Fuß und wird mit Hilfe eines in den Korb eingestellten Stahlträgers eingerüttelt. Der Träger wird wieder gezogen.

Für die zulässige Belastung aller dieser Pfähle kann je nach den örtlichen Gegebenheiten der Sicherheitsbeiwert für das Erreichen der äußeren oder inneren Tragfähigkeit oder aber die für das Bauwerk zulässige Setzung maßgeblich sein. Dort, wo die Tragfähigkeit einer geplanten Pfahlgründung nicht aufgrund der Ergebnisse von Probebelastungen oder ausgeführten Gründungen mit vergleichbaren Voraussetzungen beurteilt werden kann, mußte daher nach der alten DIN 4014 Teil 2 (Sept. 77) eine theoretische Last-Setzungs-Kurve konstruiert werden. Diese Last-Setzungs-Kurve wurde mit Erfahrungswerten ermittelt, die auf der sicheren Seite liegen. Anhand dieser Kurve wurde festgestellt, welches Kriterium (Bruchlast oder zulässige Setzung) für die Festlegung der zulässigen Pfahllast ausschlaggebend ist. In der neuesten Fassung von DIN 4014 (Entwurf 1987) wurde ein Konzept erarbeitet, sämtliche Bohrpfähle mit einem Durchmesser von 0,3 bis 3,0 m auf diese Weise zu bemessen. Dabei ergaben sich für kleine Durchmesser etwa dieselben Tragfähigkeiten wie nach der alten Norm, so daß die Tabelle 2.3.1-6 mit ihrer einfachen Handhabung für Vorentwürfe weiter verwendet werden kann. Die in der neuen Norm angegebenen Werte für Mantelreibung und Spitzenwiderstand sind aus den Meßergebnissen von Probebelastungen erarbeitet worden. Sie sind in Tabelle 2.3.1-7 zusammengestellt. Die Auswertung zahlreicher Probebelastungen hat ergeben, daß die Setzung s_{rg}, die zur Mobilisierung der maximal möglichen Mantelreibung erforderlich ist, von der Größe der Last Q_{rg} abhängig ist, die im Bruchzustand vom Pfahl durch Mantelreibung auf den Boden übertragen werden kann, s. Gleichung (7). Da anfangs ein besonders starker Anstieg der Reibung beobachtet wurde, wird als Last-Verschiebungs-Funktion keine Gerade, sondern eine gebrochene Linie angesetzt, s. Gleichung (8).

$$s_{rg}[\text{cm}] = 0,5\,\text{cm} + 0,5\,[\text{cm/MN}] \cdot Q_{rg}[\text{MN}] \tag{7}$$

$$s\left(\frac{Q_{rg}}{2}\right) = 0,4 \cdot s_{rg} \tag{8}$$

Tabelle 2.3.1-7   Tragverhalten von Bohrpfählen nach DIN 4014 (Entwurf 1987)

a) Nichtbindiger Boden
Pfahlspitzendruck $\sigma_s[\text{MN/m}^2]$ in Abhängigkeit von der auf den Pfahldurchmesser D bezogenen Setzung s und dem Sondierspitzenwiderstand q_s

Grenzmantelreibung τ_m im Bruchzustand in Abhängigkeit vom Sondierwiderstand q_s

| Setzung | $q_s[\text{MN/m}^2]$*) | | | | $q_s[\text{MN/m}^2]$ | $\tau_m[\text{MN/m}^2]$ |
	10	15	20	25		
$s = 0,01\,D$	0,4	0,6	0,8	1,0	0	0
$s = 0,02\,D$	0,7	1,05	1,4	1,75	5	0,04
$s = 0,03\,D$	0,9	1,35	1,8	2,25	10	0,08
$s = 0,10\,D$	2,0	3,0	4,0	5,0	15	0,12

*) Zwischenwerte
dürfen linear interpoliert werden

Fortsetzung Tabelle 2.3.1-7
auf Seite 112

Fortsetzung Tabelle 2.3.1-7

b) Bindiger Boden
Pfahlspitzendruck $\sigma_s[\text{MN/m}^2]$ in Abhängigkeit von der auf den Pfahldurchmesser D bezogenen Setzung s und der Anfangsscherfestigkeit c_u

Grenzmantelreibung τ_m im Bruchzustand in Abhängigkeit von der Anfangsscherfestigkeit c_u

Setzung	$c_u[\text{MN/m}^2]$		$c_u[\text{MN/m}^2]$	$\tau_m[\text{MN/m}^2]$
	0,1	0,2		
$s = 0,02\,D$	0,35	0,9	0,025	0,025
$s = 0,03\,D$	0,45	1,1	0,1	0,04
$s = 0,10\,D$	0,8	1,5	0,2	0,06

Zwischenwerte dürfen linear interpoliert werden.

c) Fels
Grenzwerte für den Spitzendruck σ_s und die Mantelreibung τ_m für Bohrpfähle in Fels mit einer Zylinderdruckfestigkeit q_u

$q_u[\text{MN/m}^2]$	$\tau_m[\text{MN/m}^2]$	$\sigma_s[\text{MN/m}^2]$
0,5	0,05	0,5
5,0	0,5	5,0
20,0	0,5	10,0

d) erforderliche Sicherheitsbeiwerte η gegen Bruch

Lastfall nach DIN 1054	Druckpfahl	Zugpfahl
1	2	2
2	1,75	2
3	1,5	1,75

Beispiel:

Großbohrpfahl in nichtbindigem Baugrund mit Verrohrung hergestellt, siehe Bild 2.3.1-17
Pfahldurchmesser $D = 1,5$ m
Umfang $U = 4,71$ m, Aufstandsfläche $A = 1,77$ m^2
Einbindetiefe in den Baugrund $d = 8,8$ m.

Grenzmantelreibung

Das Ergebnis der Sondierung mit der schweren Rammsonde n_{10} wird abschnittsweise gemittelt und nach Gleichung (9) in den Spitzenwiderstand der Drucksonde q_s umgerechnet.

$$q_s[\text{MN/m}^2] \approx n_{10} \tag{9}$$

q_s Spitzenwiderstand der Drucksonde in MN/m^2
n_{10} Schlagzahl der schweren Rammsonde auf 10 cm Eindringung

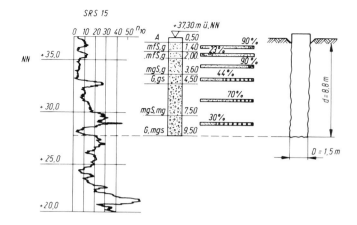

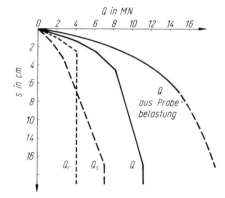

Bild 2.3.1-17
Zulässige Belastung für einen Großbohrpfahl
nach DIN 4014 (Entwurf 1987) und Probebelastungsergebnis

Aus der Tabelle 2.3.1-7a ergibt sich die jeweilige Grenzmantelreibung τ_m, und aus der
zugehörigen Oberfläche des Schaftes $U \cdot \Delta d$ die Pfahlmantelkraft ΔQ_r für den Pfahlab-
schnitt Δd:

$$\Delta Q_r = \tau_m \cdot U \cdot \Delta d$$

Tiefe m	n_{10} i.M.	q_s MN/m²	τ_m MN/m²	$U \cdot \Delta d$ m²	ΔQ_r MN
0 −1,6	8	8	0,065	7,54	0,49
1,6−3,6	5	5	0,040	9,42	0,38
3,6−4,3	20	20	0,160*)	3,30	0,53
4,3−6,6	12	12	0,095	10,83	1,03
6,6−8,8	25	25	0,160*)	10,36	1,66
			$Q_{rg} =$		4,09

*) diese Werte wurden extrapoliert

Erforderliche Setzung zur Mobilisierung der Grenzmantelreibung nach (7):

$$s_{rg} = 0,5 + 0,5 \cdot 4,09 \approx 2,5 \text{ cm}$$

und für $0,5 \cdot Q_{rg} = 2,04$ MN nach (8):

$$s(2,04 \text{ MN}) = 0,4 \cdot 2,5 = 1,0 \text{ cm}$$

Daraus ergibt sich die Kurve für Q_r in Bild 2.3.1-17

Pfahlspitzendruck

Aus dem mittleren Sondierwiderstand unter dem Pfahlfuß $n_{10} \approx 20$ folgt nach Gl. (9) $q_s = 20$ MN/m^2 und aus Tabelle 2.3.1-7a der Spitzendruck σ_s sowie die Pfahlfußkraft Q_s:

s/D	s	σ_s	Q_s
	cm	MN/m^2	MN
0,01	1,5	0,8	1,42
0,02	3,0	1,4	2,48
0,03	4,5	1,8	3,19
0,10	15,0	4,0	7,08

Daraus ergibt sich die Kurve für Q_s in Bild 2.3.1-17 und aus $Q = Q_r + Q_s$ die Traglast in Abhängigkeit von der Setzung s.

Zulässige Belastung

a) Mit einem Sicherheitsbeiwert $\eta = 2,0$ gegen Erreichen der Grenzlast im Lastfall 1 (nach DIN 4014, s. Tabelle 2.3.1-7d) ist zul $Q = \dfrac{4,09 + 7,08}{2} = 5,6$ MN

b) Für eine mit Rücksicht auf die Setzungsempfindlichkeit des Bauwerks festgelegte zulässige Pfahlsetzung von 2 cm ist zul $Q = 3,4 + 1,77 = 5,17$ MN (Bild 2.3.1-17: $Q_r(2$ cm) + $Q_s(2$ cm)). Dieser Wert ist kleiner als zul Q nach a) und daher maßgebend. Vergleich der Rechenwerte nach DIN 4014 mit dem Ergebnis der Probebelastung in Bild 2.3.1-17:

s cm	Q (MN) nach		Probe- belastung
	DIN 4014 (Teil 2) (alt)	DIN 4014 (Entw. 87) (neu)	
1	1,69	3,0 (= 2,04 + 0,96)	5,2
2	3,01	5,17 (= 3,4 + 1,77)	8,00
3	3,54	6,57 (= 4,09 + 2,48)	10,10
15	7,61	11,17 (= 4,09 + 7,08)	(18,80) extrapol.

Der Vergleich zeigt, daß in der Neufassung der Norm durch differenziertere Berücksichtigung besonders einer größeren Lagerungsdichte des Baugrundes höhere Lasten zugelassen werden, daß aber die Werte gegenüber den Ergebnissen von Probebelastungen bewußt auf der sicheren Seite angesiedelt wurden.

Bei Pfahlgründungen auf Fels sind die Setzungen im allgemeinen so gering, daß in den überlagernden Schichten eine nur unerhebliche Mantelreibung mobilisiert werden kann.

Die Bewehrungskörbe für Großbohrpfähle weisen einige typische Merkmale auf, die für die Herstellung und den Einbau erforderlich sind, s. Bild 2.3.1-18. Die Distanzringe (Pos. 1 und 2) dienen der Montage und der Aussteifung des Korbes bei Transport und

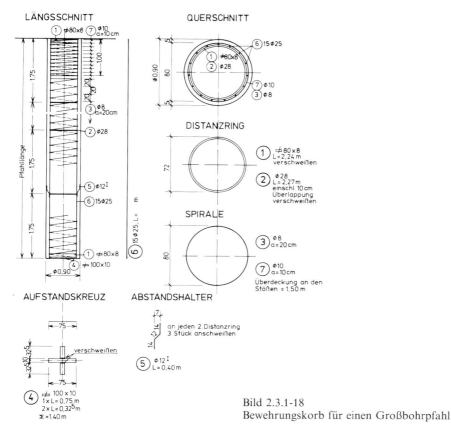

Bild 2.3.1-18
Bewehrungskorb für einen Großbohrpfahl

Einbau. Am Fuß, wo die Bewehrung statisch nicht mehr erforderlich ist, und am Kopf, wo sie nach Fertigstellung des Pfahles bei Einhaltung der entsprechenden Anschlußlänge abgeschnitten werden kann, werden die Stäbe der Längsbewehrung an den Ring ange-schweißt. In den Distanzring am Fuß wird ein Kreuz aus Flachstahl (Pos. 4) einge-schweißt, das verhindern soll, daß der Korb beim Ziehen der Verrohrung mit angehoben wird. Bei sehr langen Körben treten an die Stelle der Distanzringe sogenannte Rhönräder, die in den Korb eingeflochten werden. Sie bestehen aus zwei Stahlringen im Abstand von etwa 30 cm, die durch angeschweißte, kurze Längsstäbe verbunden sind. Dadurch wird eine Art Einspannung der Längsstäbe bewirkt. Muß ein Bewehrungskorb gestoßen wer-den, beispielsweise bei begrenzter Arbeitshöhe über dem Bohransatzpunkt, so wird der untere Abschnitt nach seinem Einbau mit dem oberen durch Seilklemmen verbunden und dann der ganze Korb auf die Bohrlochsohle abgesenkt (Bild 2.3.1-19a). Die Seilklemmen dienen dabei nur der Montage; für die Kraftüberleitung wird ein Übergreifungsstoß nach DIN 1045 ausgeführt, dabei ist ein Vollstoß zulässig. Um bei geringer Arbeitshöhe noch die Übergreifungslänge einzusparen, sind auch Muffenstöße möglich (Bild 2.3.1-19b). Bei einigen Bohrverfahren werden Rohre mit einer Wandstärke von 4 cm verwendet, die auch aus einzelnen Schüssen zur erforderlichen Länge zusammengesetzt werden können. Beim Ziehen eines solchen Rohres wird ein entsprechend breiter Ringspalt frei, in den der Beton nachfließen muß. Dabei wirken auf den Bewehrungskorb nach unten gerichtete Kräfte;

der Korb muß so stabil hergestellt sein, daß er unter diesen Kräften nicht ausknickt. Eine andere als zentralsymmetrische Bewehrung birgt die Fehlermöglichkeit in sich, daß die verstärkte Bewehrung im fertigen Pfahl an der falschen Stelle liegt. Ihre Verwendung erfordert besondere Maßnahmen, siehe Abschnitt 3.1.4.2 und [16].

a)

b)

Bild 2.3.1-19   Stoßen eines Bewehrungskorbes   (Werkfoto Bilfinger + Berger)
a) Übergreifungsstoß
b) Muffenstoß

Vorteile von Ortbeton-Bohrpfählen:

Weites Spektrum an Durchmessern und Herstellungsverfahren, dadurch gute Anpassung an die jeweiligen Lasten und Baugrundverhältnisse möglich; Kontrolle der tatsächlich vorhandenen Bodenschichten durch das Bohrgut; leichte Anpassung der Längen an unerwartete Baugrundverhältnisse; ab $\varnothing$ 120 cm Möglichkeit der Besichtigung und Begutachtung des Baugrundes; geringer Platzbedarf für die Pfahlherstellung; „umweltfreundlich"; speziell bei Großbohrpfählen: Aufnahme großer Lasten durch einen einzigen Pfahl, Biegesteifigkeit, wenig empfindlich gegen Ausführungsfehler.

Nachteile von Ortbeton-Bohrpfählen:

Beseitigung des Bohrgutes und ggf. der Stützflüssigkeit aus Bentonitsuspension, Wartezeit bis zum Erhärten des Betons, Empfindlichkeit kleiner Durchmesser gegen Herstellungsfehler, Gefahr einer Entspannung des Bodens im Umkreis des Pfahles.

Bevorzugtes Anwendungsgebiet von Ortbeton-Bohrpfählen:

Das Anwendungsgebiet von Großbohrpfählen als Gründungselement ist wegen ihrer Anpassungsfähigkeit von technischen Gesichtspunkten her nahezu unbegrenzt; ausschlaggebend für die Wahl im Vergleich zu anderen Pfahlarten oder zu anderen Gründungsarten (Flachgründungen, Senkkästen) sind meist wirtschaftliche Gesichtspunkte.

2.3.1.6 Ortbeton-Verpreßpfähle

Verpreßpfähle haben Durchmesser von nur 10 cm bis 30 cm. Sie werden entweder ähnlich wie Bohrpfähle mit einer durchgehenden Längsbewehrung aus Betonstahl (Ortbetonpfähle) hergestellt, oder aber ein vorgefertigtes Tragglied aus Stahlbeton oder Stahl wird in die Bohrung eingestellt und der Raum zwischen ihm und dem Baugrund mit Zementmörtel ausgefüllt. Kennzeichnend für diesen Pfahltyp ist die Tatsache, daß der Beton oder Zementmörtel im Bereich der Krafteinleitungsstrecke mit einem Druck von mindestens 5 bar verpreßt wird. Dadurch entsteht eine innige Verzahnung mit dem Baugrund, so daß diese Pfähle auch „Wurzelpfähle" genannt werden.

Die Lasten werden praktisch ausschließlich durch Mantelreibung auf den Baugrund übertragen. In Tabelle 2.3.1-8a sind auf der sicheren Seite liegende Werte für den Bruchzustand nach DIN 4128 wiedergegeben. Wegen der Verpressung liegt die erforderliche Bewegung zur Aktivierung der Mantelreibung im Bereich von einigen Millimetern. Dagegen kann die Stauchung bzw. Dehnung des meist hoch ausgelasteten Schaftes erheblich sein, wenn die tragfähige Schicht tief liegt.

Wurzelpfähle werden auch als Zugpfähle zur Verankerung von Horizontalkräften verwendet. Da im Gegensatz zu den Verpreßankern nicht jeder einzelne Pfahl auf seine Tragfähigkeit geprüft wird und andererseits bei flach geneigten Pfählen die Gefahr besonders groß ist, daß die gesamte Krafteinleitungsstrecke in einer unerkannt gebliebenen Linse von schlechtem Boden liegt, werden in der Norm für solche Pfähle höhere Sicherheitsbeiwerte verlangt, s. Tabelle 2.3.1-8b). Es gibt zahlreiche Systeme, die sich durch die Art der Herstellung und des Pfahlschaftes voneinander unterscheiden. Ihnen ist gemeinsam, daß das Gerät verhältnismäßig klein und wendig ist. Die Pfähle können daher auch bei sehr beengten räumlichen Verhältnissen noch hergestellt werden, beispielsweise von Kellerräumen aus.

Tabelle 2.3.1-8   Tragfähigkeit von Verpreßpfählen nach DIN 4128

a) Grenzmantelreibungswerte für den Bruchzustand

Bodenart	Druckpfähle MN/m²	Zugpfähle MN/m²
Mittel- und Grobkies	0,20	0,10
Sand und Kiessand	0,15	0,08
Bindiger Boden	0,10	0,05

b) Erforderliche Sicherheitsbeiwerte η

Verpreßpfähle als		η bei Lastfall nach DIN 1054		
		1	2	3
Druckpfähle		2,0	1,75	1,5
Zugpfähle mit	0 bis 45° Abweichung zur Vertikalen	2,0	1,75	1,5
	80° Abweichung zur Vertikalen	3,0	2,5	2,0

Bei Zugpfählen sind die Werte zwischen 45° und 80° zu interpolieren

Vorteile von Ortbeton-Verpreßpfählen (Wurzelpfählen):

Geringe Setzungen, unter beengten Verhältnissen herstellbar, anpassungsfähig in der Länge und an die Baugrundverhältnisse.

Nachteile von Ortbeton-Verpreßpfählen (Wurzelpfählen):

Geringe Biegesteifigkeit, verhältnismäßig geringe Tragfähigkeit des Einzelpfahles, große Sorgfalt bei der Herstellung erforderlich.

Bevorzugtes Anwendungsgebiet von Ortbeton-Verpreßpfählen (Wurzelpfählen):

Diese Pfähle werden bevorzugt zur Sanierung mangelhafter Gründungen angewandt, besonders von historischen Bauten, sowie zur Unterfangung bestehender Bauwerke bei der Herstellung tiefer Baugruben, beispielsweise für U-Bahnstrecken in offener Bauweise.

Literatur zu Abschnitt 2.3.1

[1] Axiale Pfahlprobebelastungen – Teil I: Statische Belastung, Empfehlungen für die Durchführung. Geotechnik 1983/4, S. 174–195, Deutsche Gesellschaft für Erd- und Grundbau

[2] STOCKER, M.: Vergleich der Tragfähigkeit unterschiedlich hergestellter Pfähle. Vor-

träge der Baugrundtagung 1980 in Mainz. Deutsche Gesellschaft für Erd- und Grundbau

[3] CHELLIS: A study of pile friction values. Proc. II. ICSMFE Rotterdam, Bd. V, S. 142

[4] SCHMIDT, H. G.: Der Bruchmechanismus

von Zugpfählen – eine Nachlese zum Pfahlsymposium 86, Darmstadt. Bautechnik 1987, H. 6, S. 206 ff. Verlag Ernst & Sohn, Berlin

[5] TITZE, E.: Über den seitlichen Bodenwiderstand bei Pfahlgründungen. Verlag W. Ernst & Sohn, Berlin 1943

[6] SCHMIDT, H. G.: Horizontale Belastbarkeit lotrechter Großbohrpfähle. Pfahlsymposium München 1977, S. 127–134. Deutsche Gesellschaft für Erd- und Grundbau, Essen

[7] STURZENEGGER: Maste und Türme in Stahl. Verlag W. Ernst & Sohn, Berlin 1929

[8] SCHMIDT, H. G.: Großversuche zur Ermittlung des Tragverhaltens von Pfahlreihen unter horizontaler Belastung. Mitteilungen des Instituts für Grundbau, Boden- u. Felsmechanik der TH Darmstadt, Heft 25, Darmstadt 1986

[9] SCHMIDT, H. G.: Beitrag zur Berechnung von biegesteifen Pfählen für Brückenwiderlager. Die Bautechnik (1980) Heft 8, S. 276–279

[10] FEDDERS, H.: Seitendruck auf Pfähle durch Bewegungen von weichen, bindigen

Böden. Empfehlung für Entwurf und Bemessung. Geotechnik 1978, S. 100 – 104. Deutsche Gesellschaft für Erd- und Grundbau, Essen

[11] Deutscher Ausschuß für Stahlbeton: Bemessung von Beton- und Stahlbetonteilen nach DIN 1045. Ausgabe 1978, Heft 220, Verlag W. Ernst & Sohn, Berlin

[12] GRASSER, LINSE: Bemessungstafeln für Stahlbetonquerschnitte. Werner-Verlag, Düsseldorf

[13] OBST: Bemessung von Kreisquerschnitten auf Schub. Beton- und Stahlbetonbau 12/1981, S. 297–301

[14] STAMM, J.: Horizontale Belastbarkeit von Großbohrpfählen, Tiefbau 1973, Heft 4

[15] LICHTL, R.: Erfahrungsstand bei Ortbetonrammpfählen, Pfahlsymposium München 1977. Deutsche Gesellschaft für Erd- und Grundbau e. V., Essen 1979

[16] SEITZ, J. und WAGNER, P.: Unsymmetrisch bewehrte Pfähle, Herstellung und Qualitätssicherung. Geotechnik 1984, Heft 3, S. 149–151

[17] Berichte des Symposiums „Pfahlgründungen 86" Darmstadt. Deutsche Gesellschaft für Erd- und Grundbau Essen.

2.3.2 Pfahlroste*)

2.3.2.1 Allgemeines

Pfahlroste sind dadurch gekennzeichnet, daß mehrere Pfähle durch eine Platte oder das Bauwerk zu einer einheitlich tragenden Gründung verbunden werden.

Die Berechnung der Pfahlkräfte und -momente in Pfahlrosten ist in der Literatur bereits ausführlich behandelt (z. B. Grundbau-Taschenbuch Teil 2 (1982), Beton-Kalender Bd. II (1987)), so daß darauf nicht näher eingegangen werden soll. Der vorliegende Abschnitt soll in erster Linie die konstruktive Gestaltung von Pfahlköpfen und Pfahlkopfplatten erläutern. Statische Überlegungen fließen dabei nur insoweit ein, als sie zur Verdeutlichung der konstruktiven Grundsätze dienen.

2.3.2.2 Ermittlung der Schnittkräfte in Pfahlkopfplatten

Bei den in der Konstruktionspraxis üblichen Steifigkeitsverhältnissen von Pfahlkopfplatte und Pfählen genügt es in der Regel, die Pfahlkopfplatte als starr zu betrachten. Sind die Pfahllängskräfte und -kopfmomente bekannt, so werden sie zusammen mit den gegebenen Lasten auf der Pfahlkopfplatte angebracht und der Kraftverlauf in der Pfahlkopfplatte selbst mittels elementarer Überlegungen abgeschätzt. Es ist in diesem Zusammenhang völlig ausreichend, einen den Steifigkeitsverhältnissen näherungsweise angepaßten

*) Verfasser: HERMANN GLAHN
   (s. a. Verzeichnis der Autoren, Seite V)

Gleichgewichtszustand zu finden. Dabei bestehen grundsätzlich die folgenden Möglichkeiten:

a) Behandlung der Pfahlkopfplatte als Plattentragwerk, d. h. Berechnung der Schnittkräfte nach Methoden, die auf der Plattentheorie beruhen.

b) Behandlung der Pfahlkopfplatte als räumliches Fachwerk mit der gleichen Stabanordnung für alle Lastfälle (lineare Superposition). Der Beton übernimmt hierbei die Druckstreben, der Stahl die Zugbänder.

c) Wie b), jedoch mit vom Lastfall abhängiger Stabanordnung (nichtlineare Superposition).

Je nach Pfahlzahl, Dicke der Pfahlkopfplatte und Lastbild ist eine der vorgenannten Methoden als die geeignetste anzusehen.

In den Bildern 2.3.2-1 bis 2.3.2-4 sind die verschiedenen Möglichkeiten veranschaulicht. Dabei wurde der Vollständigkeit halber auch die Flachgründung berücksichtigt (Bild 2.3.2-1).

Die Ermittlung der Momente in einer Pfahlkopfplatte mit vielen Pfählen erfolgt zweckmäßigerweise wie bei einer Flachgründung nach der Plattentheorie. Bei größeren Exzentrizitäten ist es erforderlich, diese genauer zu berücksichtigen. Dazu kann man, wie aus den Bildern 2.3.2-1 und 2.3.2-2 für eine Exzentrizität in einer Richtung hervorgeht, die äußeren Kräfte in ihre symmetrischen sowie ihre antimetrischen Beiträge zerlegen. Die Momente aus symmetrischen Anteilen lassen sich nach den Angaben des Heftes 240 DAfStb gewinnen. Die Verfolgung der antimetrischen Anteile soll nun am Beispiel des Bildes 2.3.2-1c erläutert werden: Aufgrund der Antimetrie der Belastung erkennt man zunächst, daß sich in Fundamentmitte eine Gelenklinie einstellt. Daher muß das Moment M je zur Hälfte von der Stütze in die linke und rechte Plattenhälfte eingeleitet werden. Bei einer Lastausbreitung von etwa 45° in der Platte nach unten (örtliches Druckstrebensystem) ist folglich die aus dem symmetrischen Anteil der Belastung herrührende untere Bewehrung im Bereich des Durchstanzkegels um den Betrag für $1/2\,M$ zu erhöhen. In der

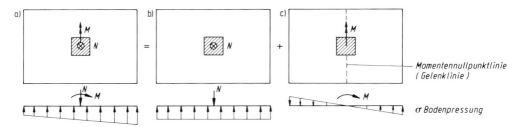

Bild 2.3.2-1   Zur Ermittlung des Momentenverlaufs in einer Flachgründung

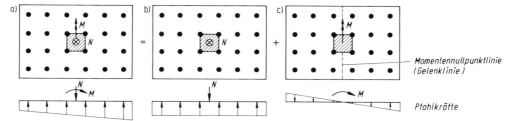

Bild 2.3.2-2   Zur Ermittlung des Momentenverlaufs in einer Pfahlkopfplatte bei vielen Pfählen

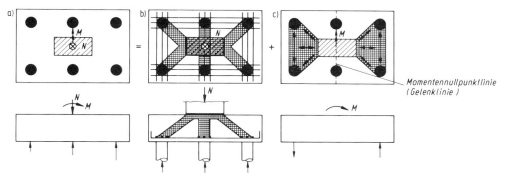

Bild 2.3.2-3 Zur Berechnung des Kraftverlaufs in Pfahlkopfplatten bei wenigen Pfählen und lastfallunabhängigen statischen Systemen

Platte ist im Stützenbereich oben (etwa auf zwei- bis dreifache Stützenbreite) eine Bewehrung vorzusehen, die zur Deckung des Momentes benötigt wird, das sich aus dem Moment 1/2 M, vermindert um das auf diesen Bereich entfallende Moment aus dem symmetrischen Anteil der Belastung, ergibt. Bei zweiachsiger Exzentrizität ist sinngemäß zu verfahren. Es sei noch darauf hingewiesen, daß auch das Durchstanzen untersucht werden muß.

In Bild 2.3.2-3 ist gezeigt, wie man bei einem System mit wenigen Pfählen und mäßigen Exzentrizitäten verfahren kann. Die Vorgehensweise unterscheidet sich von der zuvor geschilderten nur in der Schnittkraftermittlung aus symmetrischen Lastanteilen. Hier tritt an die Stelle des Plattentragwerks nach Heft 240 DAfStb ein aus Zugbändern und Druckstreben bestehendes primäres Fachwerksystem. Man wählt die Dicke der Platte i. a. so, daß ein Konsolproblem vorliegt, womit dann Schub- bzw. Durchstanzbewehrungen entfallen. Bei der Behandlung antimetrischer Lastanteile genügt es, nur die Biegemomente zu verfolgen. Eine Aufhängebewehrung, die über die Verankerung der gegebenenfalls erforderlichen Zugbewehrung der Stütze oder der Pfähle hinausgeht, ist nicht erforderlich. Allerdings müssen diese Bewehrungen mit horizontalen Schenkeln verankert oder, was bei Pfahlbewehrungen vorzuziehen ist, mit Steckbügeln gestoßen werden.

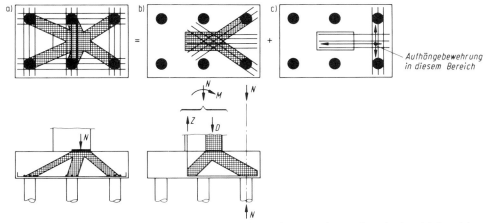

Bild 2.3.2-4 Beispiele für lastfallabhängige Stabanordnungen der Fachwerke in Pfahlkopfplatten mit wenigen Pfählen

In Bild 2.3.2-4a und b ist an je einem Beispiel erläutert, wie sich bei einem System mit wenigen Pfählen der Kraftverlauf mittels lastabhängiger Fachwerksysteme bestimmen läßt. Ein solches Vorgehen führt auch bei großen Exzentrizitäten stets zu sinnvollen Ergebnissen. Allerdings kann es aus Gründen der Bewehrungsführung zweckmäßiger sein, gemäß Bild 2.3.2-4c zu verfahren. Dabei ist dann eine Aufhängebewehrung im Kreuzungsbereich der Bewehrungsstränge zur Abfangung der Druckstreben erforderlich. Es kann zweckmäßig sein, einen Teil der Last mit System 4b) und den anderen Teil mit System 4c) abzutragen. Die Plattendicke wird man auch hier in der Regel so wählen, daß bei der Lastabtragung in den einzelnen Teilsystemen Konsolprobleme vorliegen, so daß von Durchstanz- bzw. Schubbewehrungen abgesehen werden kann. Eine Ausnahme hiervon bildet nur die soeben erwähnte Aufhängebewehrung.

2.3.2.3   Die konstruktive Gestaltung von Pfahlkopfplatten

Die Dicke von Pfahlkopfplatten wird i. a. hauptsächlich nach den folgenden Gesichtspunkten festgelegt:

a) Der Anschluß Pfahl – Pfahlkopfplatte muß technisch einwandfrei bei sinnvollem Aufwand hergestellt werden können.

b) Bei Pfahlkopfplatten mit vielen Pfählen soll sich ohne Anordnung einer Schubbewehrung aus dem Durchstanznachweis keine höhere Bewehrung ergeben als zur Aufnahme der Biegemomente erforderlich ist.

c) ·Bei Pfahlkopfplatten mit wenigen Pfählen sollen sich die statischen Systeme auf derartige Fachwerke zurückführen lassen, daß Konsolprobleme vorliegen. Hierzu ist es notwendig, daß die Dicke der Pfahlkopfplatte etwa so groß wie der maximale Abstand eines Pfahls von der Stütze bzw. der aufgehenden Konstruktion ist. Das Zurückführen auf Konsolprobleme ist erforderlich, damit keine Durchstanz- bzw. Schubbewehrungen benötigt werden; denn diese sind meist sehr aufwendig und oft auch schwierig einzubauen.

d) Bei Pfahlkopfplatten mit wenigen Pfählen ordnet man zwischen den Zugbändern noch eine konstruktive Bewehrung an. Hierzu kann die Mindestbewehrung nach ZTVK-80 von 0,06% des Betonquerschnitts als ausreichend erachtet werden. Bei geringer Exzentrizität läßt sich diese konstruktive Bewehrung vorteilhaft zur Abtragung antimetrischer Lastanteile nutzen, wie z. B. aus Bild 2.3.2-3c hervorgeht.

Bei der Bewehrungsführung muß man beachten, daß sich auch bei Pfahlkopfplatten mit vielen Pfählen – ebenso wie bei Flachgründungen – die Lasten über Fachwerke bzw. schalenartige Systeme abtragen. Der Ermittlung der Momente nach der Plattentheorie liegt in diesen Fällen lediglich eine der Rechenvereinfachung dienende Modellvorstellung zugrunde. Die Zugbänder des Systems sind wie bei den Pfahlkopfplatten mit wenigen Pfählen gemäß den Bildern 2.3.2-3 und 2.3.2-4 auch bei Pfahlkopfplatten mit vielen Pfählen über ihre ganze Länge nahezu voll beansprucht und müssen daher an ihren Enden gut verankert werden. Hierzu sieht man üblicherweise Endhaken vor.

2.3.2.4 Anschluß Pfahl – Pfahlkopfplatte

Rammpfähle werden üblicherweise als normalkraftbeanspruchte Bauteile berechnet und bemessen. Bei reinen Druckgliedern genügt ein Einbinden der Pfahllängsbewehrung mit dem Verankerungsmaß l_o (DIN 1045, Abs. 18.5) in die Pfahlkopfplatte. Kann der Pfahl auch Zug erhalten, so muß die Verankerung bis zu der dem Pfahl abgewandten Seite der Kopfplatte geführt werden. Üblicherweise ist die Pfahlkopfplatte so dick, daß gemäß Bild 2.3.2-5a die Pfahlbewehrung an obere Steckbügel angeschlossen werden kann. Ist die Dicke der Pfahlkopfplatte zu gering (was vermieden werden sollte), so kann man die Zugkraft über an die Pfahllängsbewehrung angeschweißte Ankerplatten einleiten, wie es in Bild 2.3.2-5b dargestellt ist. Als dritte Möglichkeit sei hier erwähnt, an die Enden der Pfahllängsbewehrung Querstäbe anzuschweißen (Bild 2.3.2-5c). Weiter können Gewinde-Platten und Preßhülsen verwendet werden.

Großbohrpfähle werden in der Regel auf Druck mit Biegung beansprucht. Dabei sind die Exzentrizitäten üblicherweise relativ gering, so daß eine Verankerung mit l_o genügt. Nur selten sind die Exzentrizitäten so groß, daß eine Ausbildung als Rahmenecke erforderlich wird. Bild 2.3.2-6 zeigt hierzu zwei Möglichkeiten. Im Falle des Muffenstoßes nach Bild 2.3.2-6b) sieht man zweckmäßigerweise an allen Längsstäben der Pfahlbewehrung Muffen vor, da sich der Bewehrungskorb u. U. während der Pfahlherstellung verdreht.

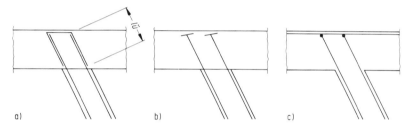

Bild 2.3.2-5   Verankerung von auf Zug beanspruchten Rammpfählen in Pfahlkopfplatten

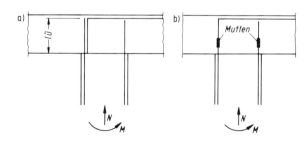

Bild 2.3.2-6
Ausbildung von Rahmenecken bei druckbeanspruchten Großbohr-pfählen mit großer Exzentrizität der Normalkraft

2.3.3 Senkkastengründung*)

2.3.3.1 *Allgemeine Merkmale*

Eine Senkkastengründung ist ein Bauverfahren, das im allgemeinen im Grundwasser oder im offenen Wasser angewandt wird.

Der Bauteil, üblicherweise aus Beton, wird auf einer Arbeitsebene über Wasser hergestellt und durch Aushub des Bodens innerhalb der Bauwerksumgrenzung abgesenkt, bis er eine geplante Gründungsebene erreicht hat. Diese Bauart wird in den Fällen angewandt, in denen andere Bauverfahren wie z. B. offene, trockengelegte Baugruben nicht möglich oder unwirtschaftlich sind, und hat sich schon vielfach bewährt [1]. Während des Aushubs muß sich an der Unterkante der Außenwände des Baukörpers ein Grundbruch einstellen, der das Absenken ermöglicht. Eine Hauptforderung für die Anwendung des Verfahrens ist, daß sich in dem vorhandenen Boden derartige Grundbrüche einstellen können. Fels oder felsartige Böden schließen also die Anwendung dieses Bauverfahrens aus.

2.3.3.2 *Absenkverfahren*

Man unterscheidet prinzipiell zwei Absenkverfahren:

a) der offene Senkkasten (s. Bild 2.3.3-1)

Der Aushub erfolgt bei ausgespiegeltem Wasserstand innen-außen von oben mit Bagger oder Saugschlauch. Bei kleineren Grundrißabmessungen wird dieses Bauverfahren auch Brunnengründung genannt.

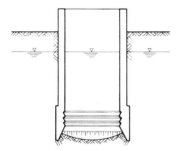

Bild 2.3.3-1   Offener Senkkasten

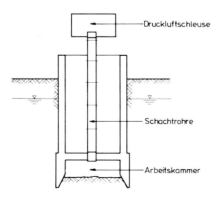

Bild 2.3.3-2   Druckluftsenkkasten (Caisson)

*) Verfasser: HELGE RADOMSKI
   (s. a. Verzeichnis der Autoren, Seite V)

b) Druckluftsenkkasten (s. Bild 2.3.3-2)

Der Bodenaushub erfolgt unter Druckluft aus einer Arbeitskammer, die, nach unten zum Erdreich hin offen, durch eine Decke und die Außenwände gebildet wird. Durch die Druckluft wird das Wasser aus der Arbeitskammer verdrängt. Diese Gründungsart wird auch Caisson-Bauweise genannt.

2.3.3.3 Charakteristische Eigenschaften der Senkkastengründung

Bei der Auswahl dieser Baumethode sind einige besondere Eigenschaften von Bedeutung:

1. Die Baumethode ist umweltfreundlich. Der Grundwasserspiegel wird nicht gestört, d. h. durch Grundwasserabsenkung bedingte Setzungen sind nicht vorhanden. Es finden keine Erschütterungen des Bodens statt, und die Lärmbelästigung ist gering.
2. Es können große vertikale und horizontale Kräfte bis in große Tiefen abgetragen werden.
3. Die offene Senkkastenbauweise ist bis weit über 40 m möglich, wenn z. B. Bohrpfahlgründungen nicht mehr ausführbar sind. Es gibt nur baubetriebliche Grenzen für erreichbare maximale Tiefen.
4. Der Innenraum des abgesenkten Baukörpers kann individuell ausgebaut und genutzt werden, z. B. für Schachtbauwerke, Pumpwerke, Strecken und Stationen für S- und U-Bahnen oder Tiefgaragen (s. Bild 2.3.3-3).

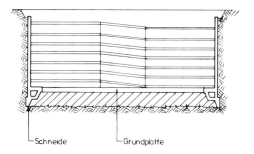

Bild 2.3.3-3   Nutzräume im Senkkasten (Beispiel Tiefgarage) (nach [2])

Für die Durchführung der Arbeiten muß folgendes beachtet werden:

5. Der geschlossene Senkkasten wird mit Hilfe von Druckluft abgesenkt. Bei Arbeiten unter Druckluft gilt die Druckluftverordnung vom 14.10.1972. In der Regel wird dadurch die maximale Absenktiefe auf 30 m unter dem Wasserspiegel begrenzt. Mit ansteigendem Luftdruck wird die zulässige Arbeitszeit geringer, die erforderliche Ausschleusungszeit wächst gleichzeitig an. In Sonderfällen sind deshalb vollautomatische Absenkmethoden (keine Personen in der Arbeitskammer) erforderlich.
6. Die Absenkung eines Senkkastens erfolgt nicht kontinuierlich, sondern – bedingt durch den jeweils eingetretenen Grundbruch – stufenweise und ruckartig. Deshalb haben z. B. die vier Eckpunkte eines rechteckigen Senkkastens ständig unterschiedliche Höhenlagen, deren Differenzen sich allerdings bei größeren Tiefenlagen durch gezieltes Gegensteuern und die stärkeren Führungskräfte des umgebenden Erdreichs verringern.

Ebenso kann sich die Grundrißlage durch seitliches Abwandern verändern. Diese verfahrensbedingten Ungenauigkeiten müssen beim Entwurf des Senkkastens berücksichtigt werden. Die Größenordnung der Abweichungen in der Endlage ist stark objektabhängig. Die zu erwartende Schiefstellung kann etwa bis zu 0,4% betragen. Die geplante Tiefenlage wird meist auf wenige cm genau erreicht.

7. In der Umgebung des Senkkastens ergibt sich an der Erdoberfläche ein Absenktrichter mit Setzungsrissen, der sich nach [2] unter dem Winkel $\vartheta_a = 45 + \varphi/2$ von der Schneidenunterkante ausbreitet. Das Setzungsmaß ist von vielen Faktoren abhängig (Bodenart, Senkkastenform, Größe des Schneidenabsatzes, Ort des Bodenabbaus usw.) und kann durch besondere Sorgfalt stark begrenzt werden.

2.3.3.4 Herstellungs- und Absenkarten

Die zu wählende Art der Herstellung und Absenkung ist bedingt durch

– den Standort
– die Bodenverhältnisse
– die konstruktiven Anforderungen

a) Herstellung an Land (Bild 2.3.3-4)

Über dem Grundwasser werden – evtl. mit Voraushub und Teilgrundwasserabsenkung – auf einem Erdmodell die Schneiden und die Arbeitskammerdecke betoniert und darüber entsprechend dem gewählten Arbeitsablauf ein Teil oder der gesamte Senkkasten betoniert. Nach Aushub des Erdmodells und Installation der Druckluftanlage beginnt der Absenkvorgang.

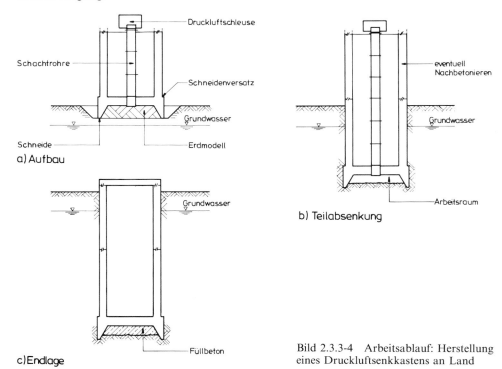

Bild 2.3.3-4 Arbeitsablauf: Herstellung eines Druckluftsenkkastens an Land

b) Herstellung auf einer künstlichen Insel

Liegt der Standort im offenen Wasser, kann als Arbeitsebene eine künstliche Insel mit Böschung oder Umgrenzungswand aufgeschüttet werden. Der weitere Arbeitsablauf erfolgt wie unter a) beschrieben.

c) Einschwimmen

Der Senkkasten wird in einem Trockendock vorgefertigt, schwimmend zum Standort transportiert und mit Führungsgerüsten abgesetzt. Der weitere Arbeitsablauf wie a).

d) Sonderbauarten [2]

Es gibt eine Fülle von Sonderbauarten, wie z. B. die Herstellung auf einer aufgeständerten Plattform mit Absenkgerüst, Herstellung mit Hilfe eines eingeschwommenen und abgesetzten Stahlblechkastens.

Das Bodenmaterial wird üblicherweise gefördert

im offenen Senkkasten: mit Greifer
                          Saugverfahren
                          Lufthebeverfahren

im Druckluftverfahren: mit Handaushub
                          oder elektrischen Kleinladern,
                          beides mit Kübelförderung durch die Druckluftschleuse,
                          oder mit hydraulichem Lösen, Spülen zum Pumpensumpf,
                          Abpumpen des Wasser-Bodengemisches auf ein Spülfeld
                          ohne Schleusung

2.3.3.5 Bauliche Gestaltung und Konstruktion

Grundriß

Die Grundrißabmessungen der Senkkästen richten sich nach den konstruktiven Erfordernissen des geplanten Bauwerkes. Sie können zwar weitgehend beliebig gewählt werden, sollten aus Wirtschaftlichkeitsgründen aber zweckmäßig kreisförmig, quadratisch oder rechteckig sein. Sonderformen sind aber ohne weiteres ausführbar (s. Bild 2.3.3-5). Wegen der Gefahr des Verkantens sollten zu schlanke Formen mit $l \gg b$ vermieden werden. Empfohlen wird $l \leq 2b$.

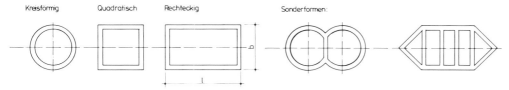

Bild 2.3.3-5   Senkkastenformen: Grundriß (nach [2])

Außenwand

Die Außenwände werden im allgemeinen senkrecht ausgebildet. Sonderformen sind auch hier möglich (s. Bild 2.3.3-6). Ca. 3,0 m über der Schneide kann ein außenliegender Schneidenabsatz von üblicherweise 3–10 cm angeordnet werden. Der darüber entstehen-

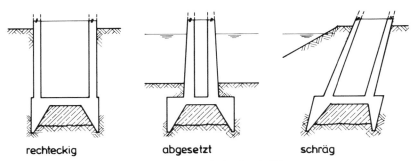

rechteckig   abgesetzt   schräg

Bild 2.3.3-6   Senkkastenformen: Längsschnitt (nach [2])

de Freiraum hat den Zweck, den anstehenden Boden zu entspannen, um den Erddruck mit der Wandreibung abzumindern. Der Schneidenabsatz sollte nicht tiefer angebracht werden, da sonst die Führungsflächen des Senkkastens vermindert und die Gefahr von Ausbläsern bei Druckluftbetrieb vergrößert werden.

Schneidenform und Arbeitskammerhöhe

Die zu wählende Form hängt hauptsächlich von der Bodenart und der Schneidenbelastung ab (s. Bild 2.3.3-7). Die Schneidenbelastung (s. Bild 2.3.3-8) muß in jedem Bauzustand so groß sein, daß die Grundbruchspannung des Bodens überschritten und der Absenkvorgang eingeleitet wird. Dabei muß noch eine Mindesteinbindetiefe d_1 vorhanden sein, damit bei Druckluftbetrieb kein Ausbläser von innen nach außen oder ein unkontrollierter Bodeneinbruch von außen nach innen mit nachfolgend großen Setzungen erfolgen

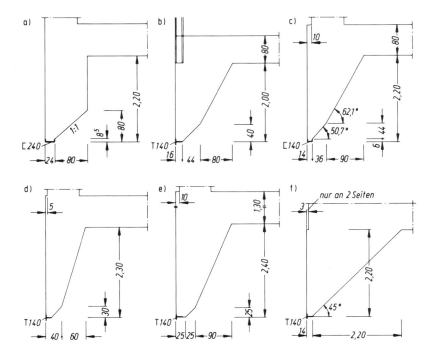

Bild 2.3.3-7
Schneiden-
formen

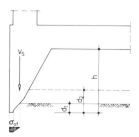

Bild 2.3.3-8   Einbindetiefe der Schneide
V_S = Schneidelast
σ_{of} = Grundbruchspannung
h = Arbeitskammerhöhe
d = Schneideneinbindetiefe

kann. Nach einem Absenkschritt muß aber die verbleibende lichte Arbeitskammerhöhe $h-d_2$ so groß sein, daß das Personal oder die Geräte in der Arbeitskammer nicht gefährdet werden. Die Schneidenlast V_s ist zu Beginn der Absenkarbeiten am größten. Mit zunehmender Absenktiefe werden die entgegengerichteten Kräfte – Wandreibung und Auftrieb – wirksamer. Bei wechselnden Bodenschichten kann zusätzlich die vorhandene Grundbruchspannung unterschiedlich groß sein. Zur Festlegung der Schneidenform und der Arbeitskammerhöhe müssen deshalb die unterschiedlichen Bauzustände und Absenktiefen untersucht werden. Als Richtwert gibt KLÖCKNER [3] mittlere Bodenpressungen an, bei denen die Schneide beim Einsenken zur Ruhe kommt:

im Kies $\sigma_{Ei} = 1{,}2-1{,}6$ MN/m²
im Sand $\sigma_{Ei} = 0{,}9-1{,}3$ MN/m²

Die untere Kante der Schneide wird im allgemeinen durch ein Stahlprofil verstärkt, das bei geraden Schneidenkanten aus Profilstahl hergestellt werden kann (s. Bild 2.3.3-9). Wichtig ist eine gute Verankerung im Beton. Die Arbeitskammerhöhe wird üblicherweise mit $h = 2{,}0$ m ausgebildet. Unter den o.g. Bedingungen kann bis ca. 2,80 m erforderlich werden.

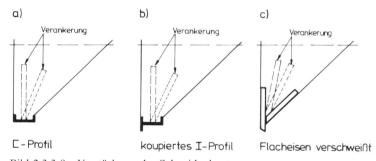

Bild 2.3.3-9   Verstärkung der Schneidenkante

Absenkhilfen

Ist bei unterschiedlichen Bauzuständen die Schneidenlast V_s zu klein oder zu groß, so können zusätzlich einige konstruktive Maßnahmen eingeplant werden.

a) Falls möglich, wird der Bauteil vor dem Absenken in voller Höhe betoniert. Jedes Nachbetonieren in einem teilabgesenkten Zustand bedeutet Stillstandszeiten mit der Gefahr des Festsetzens des Senkkastens. Wegen der großen Schneidenlast muß deshalb fast immer die Schneidenaufstandsfläche bei der Herstellung vergrößert und verbessert werden. Das kann durch Bodenaustausch und Unterlagen von Holzschwellen oder

Betonplatten geschehen (s. Bild 2.3.3-10). Diese Unterlagen müssen bei Beginn der Absenkarbeiten kontinuierlich ausgebaut werden, ein Restteil, insbesondere Beton-platten, wird meist belassen und durch die Schneiden zerstört.

b) Bei kritischen Bodenverhältnissen, z. B. einer künstlich geschütteten Insel mit locker bis mitteldicht gelagertem Boden können bei einem Druckluftsenkkasten mit Arbeits-kammer zusätzlich Hilfspfähle vorgesehen werden, die beim Absenken laufend gekürzt werden (s. Bild 2.3.3-11)

c) Durch vorgeplante oder nachträgliche Anordnung von Schneidenverbreiterungen an der arbeitskammerseitigen Wand der Schneide kann die Schneideneindringung verrin-gert werden (s. Bild 2.3.3-12)

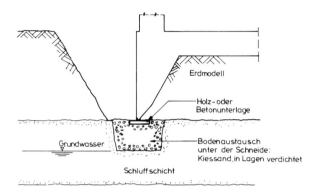

Bild 2.3.3-10
Schneidensicherung

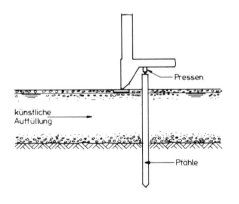

Bild 2.3.3-11
Stützung durch Hilfspfähle

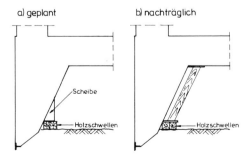

Bild 2.3.3-12   Hilfsmaßnahmen
zur Schneidenverbreiterung

d) Bei großen Bauwerken ist evtl. die Anordnung von Zwischenschneiden erforderlich, was den Arbeitsablauf aber erschwert (s. Bild 2.3.3-13)

e) Eine oberhalb des Schneidenabsatzes beginnende Bentonitzuführung (s. Bild 2.3.3-14) reduziert die Wandreibung. Ein Stützkörper aus Bentonit wie bei der Schlitzwandherstellung kann aber wegen der geringen Breite des Schneidenversatzes (3–10 cm) und der wechselweisen Schiefstellung des Senkkastens beim Absenken nicht aufgebaut werden. Das Bentonit hat meistens nur reinen Schmiereffekt.

f) Bei offenen Senkkästen mit Bodenentnahme von oben, z. B. durch einen Bagger, können die schneidennahen Bodenbereiche nicht abgebaut werden. In solchen Fällen ist das Freispülen mit Wasser durch die Anordnung von Spülleitungen im Schneidenbereich zu empfehlen, die bereichsweise betätigt werden können (s. Bild 2.3.3-15). Weitere Spülhilfen können am Schneidenabsatz angeordnet werden, wobei anstatt Bentonit Wasser zugegeben wird.

g) Durch kurzfristiges und kontrolliertes Reduzieren des Überdrucks ist es möglich, den Absenkvorgang in die Wege zu leiten.

h) Das Ballastieren z. B. mit Wasser oder Erdreich dient ebenfalls zur Gewichtserhöhung. Zu beachten ist, daß beim Druckluftbetrieb wegen der maschinellen Einrichtung nur ein Teil der Grundrißfläche für die Ballastierung zur Verfügung steht und dadurch zusätzlich Schottwände erforderlich sind, die evtl. wieder abgebrochen werden müssen.

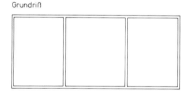

Bild 2.3.3-13   Zwischenschneiden

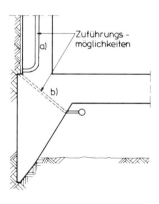

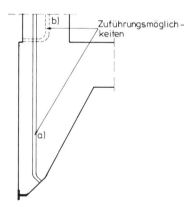

Bild 2.3.3-14   Bentonitschmierung
Zuführungsmöglichkeiten:
a) durch die Aussenwand
b) von der Arbeitskammer aus

Bild 2.3.3-15   Spülen mit Wasserdruck
Zuführungsmöglichkeiten:
a) an der Schneideninnenkante
b) am Schneidenversatz

2.3.3.6   Berechnung der Senkkästen (siehe auch Abschnitt 2.5.4)

a) Bauzustand

Der Senkkasten wird im wesentlichen bei den Herstellungs- und Absenkzuständen belastet. Deshalb bilden diese Nachweise einen Hauptteil der statischen Bearbeitung. Am
Beispiel eines Druckluftsenkkastens sind in Bild 2.3.3-16 die angreifenden Kräfte dargestellt.

Allgemein wird aktiver Erddruck angesetzt, wobei der Wandreibungswinkel negativ zu
berücksichtigen ist. Nach [2] können die in Bild 2.3.3-17 dargestellten Wandreibungswinkel gewählt werden.

Mit den in Bild 2.3.3-16 aufgeführten Kräften müssen die unterschiedlichen Bau- und

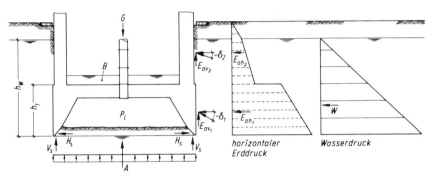

Bild 2.3.3-16   Kräfte am Druckluftsenkkasten (nach [2])

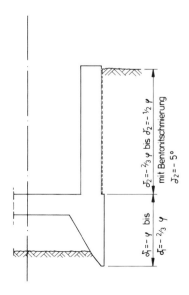

Bild 2.3.3-17   Empfehlung zum Ansatz
des Wandreibungswinkels (nach [2])

Absenkzustände nachgewiesen, der Senkkasten bemessen und ein Absenkplan erstellt werden. Aus diesem sollte in Abhängigkeit von der Tiefenlage

– der evtl. Druckluftverlauf
– die Gewichtsverhältnisse mit jeweiliger Schneidenlast
– der Beginn und die Größe der evtl. erforderlichen Ballastierung
– die Stufen der evtl. Betonierabschnitte

ersichtlich sein.

Als Minimum sind folgende Lastfälle zu untersuchen (gilt für den offenen Senkkasten sinngemäß, ohne Bauzustand 4):

Bauzustand 1: Der fertiggestellte Senkkasten steht allein auf den Schneiden (Arbeitskammer leer) in der Aufstellebene.

Bauzustand 2: Ein Zustand bei Teilabsenkung mit maßgebendem maximalem Moment (Zug innen) in den Arbeitskammerwänden.

Bauzustand 3: Der Zustand in der Endtiefenlage mit minimalem Moment in den Arbeitskammerwänden.

Bauzustand 4: Katastrophenlastfall; in Endtiefenlage schlagartiger Druckluftabfall auf Null; mit Sicherheitsbeiwert 1,1 nachzuweisen.

Selbst bei ungünstigsten Annahmen (großer Wandreibungswinkel) sollte eine Schneidenlast von 50 KN/m nicht unterschritten werden. Sie kann zu Beginn der Absenkung bis ca. 800 KN/m betragen. Die Spannungsverteilung kann entsprechend Bild 2.3.3-8 angenommen werden.

Die tatsächliche Größe und Verteilung der Kräfte an der Schneide sind nicht bekannt. Deshalb müssen neben der kontinuierlichen Schneidenlagerung Nachweise für extreme Lagerungsarten geführt werden. Nach [2] und [3] sind die in Bild 2.3.3-18 dargestellten

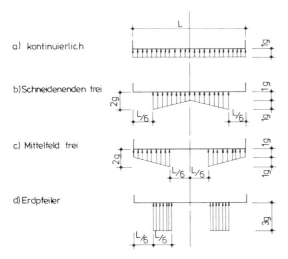

Bild 2.3.3-18 Extreme Schneidenlagerungen

Fälle zu berücksichtigen. Aus diesem Grund wird für die Schneide und die Arbeitskammerdecke manchmal eine höhere Betonfestigkeitsklasse gewählt. Trotzdem ergeben sich hohe Bewehrungsanteile

in der Schneide   bis ca. 250 kg/m³ Beton
in der Arbeitskammerdecke   bis ca. 170 kg/m³ Beton
($d = 0,80-1,50$ m)

b) Endzustand

Falls eine andere Annahme keine ungünstigeren Schnittkräfte ergibt, wird seitlich der Erdruhedruck angesetzt.

Beim Druckluftsenkkasten kann durch Anhängen des Füllbetons in der Arbeitskammer an die Decke (z. B. mit Dübelankern und Bewehrung) die Auftriebssicherheit erhöht werden.

Beim offenen Senkkasten wird üblicherweise ein Unterwasserbeton eingebracht, wobei entsprechende Verzahnungsaussparungen im Schneidenbereich vorzusehen sind, und nach dem Lenzen der Innenausbau durchgeführt.

Die Schnittkraftermittlung und Bemessung erfolgt nach den üblichen Regeln.

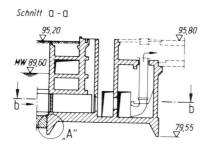

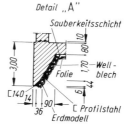

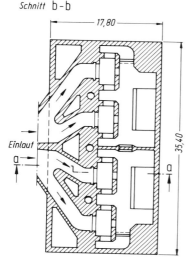

Bild 2.3.3-19 Ausführungsbeispiel: Druckluftsenkkasten, Schnitte

Bild 2.3.3-20
Ausführungsbeispiel:
Druckluftsenkkasten
(Werkfoto Bilfinger + Berger)

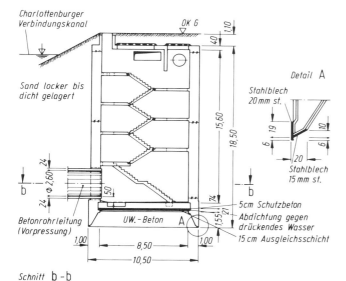

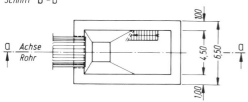

Bild 2.3.3-21
Ausführungsbeispiel:
offener Senkkasten

2.3.3.7 Ausführungsbeispiele

a) U-Bahn Berlin, Baulos H 109 (Bild 4.6-5 und 4.6-6), S. 447 und 448
   Tiefsenkkasten (Zwischenpfeiler) und Senkkästen (Tunnelelemente) im Druckluftbetrieb
   Bauzeit 1977–1980

b) Großkraftwerk Mannheim (Bild 2.3.3-19 und 2.3.3-20)
   Pumpenhaus mit Druckluftsenkkastengründung
   Bauzeit: 1980

c) Charlottenburger Verbindungskanal, Berlin (Bild 2.3.3-21)
   Schacht „Neues Ufer" – Absenkung als offener Senkkasten
   Bauzeit: 1982

Literatur zu Abschnitt 2.3.3

[1] LINGENFELSER, H.: Caissons – Entwicklung und Möglichkeiten einer Bauweise. Baumaschine und Bautechnik 3, März 1985, S. 91–100

[2] ERLER, H.: Senkkästen. Grundbau-Taschenbuch 3. Aufl., Teil 2, S. 423–458. Verlag W. Ernst & Sohn, Berlin, 1982

[3] KLÖCKNER, W. u. a.: Gründungen. Beton-Kalender 1982, Teil II. Verlag W. Ernst & Sohn, Berlin, 1982

2.4 Anwendungen im Hochbau*)

2.4.1 Anforderungen an die Gründung von Hochbauten

Alle zuvor behandelten Gründungsarten werden auch im Hochbau je nach dem anstehenden Untergrund angewandt. Die oft hohen Lasten im Hochbau, vor allem bei Hochhäusern, bringen jedoch bisweilen große Setzungen mit sich, die besondere bautechnische Maßnahmen erfordern.

Die Gründung muß so gewählt und dimensioniert werden, daß die zu erwartenden gleichmäßigen und ungleichmäßigen Setzungen das Bauwerk und die Nachbarbebauung nicht beeinträchtigen, und zwar im Hinblick auf

– die Sicherheit, (z. B. Schiefstellung des Gebäudes, große Zwängungen mit Überschreitung der Verformungsfähigkeit),
– die Gebrauchsfähigkeit (z. B. Dichtigkeit, horizontale Lage der Decken, Funktion von maschinellen Anlagen),
– das Erscheinungsbild (z. B. sichtbare Krümmung, grobe Risse).

Wenn die Setzungen nicht oder nur mit unvertretbar hohem Aufwand so begrenzt werden können, daß die zuvor erwähnten Anforderungen erfüllt sind, müssen geeignete bauliche Maßnahmen ergriffen werden. Dazu gehören z. B. Fugen, gleichmäßige und ungleichmäßige Überhöhungen, Einbau von Hubpressen zum späteren Anheben und dergleichen.

Im üblichen Hochbau werden Zwängungen aus Setzungen bei der Bemessung im allgemeinen nicht berücksichtigt, abgesehen von Sonderfällen, z. B. wenn die Verformungsfähigkeit eines steifen Bauglieds so begrenzt ist, daß die Sicherheit der Lastabtragung

---

*) Verfasser: TANKRED FEY
   (s. a. Verzeichnis der Autoren, Seite V)

beeinträchtigt wird. Bei Behältern oder „weißen Wannen" (s. 2.4.4) sind aber die Zwängungen bei der Bemessung zu berücksichtigen, namentlich beim Nachweis der Beschränkung der Rißbreite oder der Verminderung der Rißbildung nach DIN 1045 Abschnitt 17.6. Da in den oft unübersichtlichen Konstruktionen des Hochbaus außerdem schwer zu erfassende Zwängungen aus dem Abklingen der Abbindetemperaturen der Betonierabschnitte, dem Schwinden und aus klimatischen Temperaturänderungen auftreten, ist es folgerichtig, die Bewehrung in solchen Fällen so zu bemessen, daß unter Zwang die Rißbreite beschränkt bleibt [1].

2.4.2 Begrenzung der Setzungen und Setzungsunterschiede von Bauwerken

Bei der Planung des Tragwerkes für einen Hochbau entwirft der Ingenieur in einem ersten Schritt das Tragwerk. Dann entwirft er eine dem Bauwerk und dem anstehenden Baugrund angepaßte Gründung. Dabei arbeitet er mit dem Bodengutachter zusammen, von dem er Angaben über zulässige Lasten für Pfähle, Flachgründungen oder sonstige Gründungskörper erwartet. Diese hängen wiederum von den zulässigen Setzungen bzw. Setzungsunterschieden ab, die sich nach der Empfindlichkeit des Tragwerks gegenüber Setzungen richten. Die Abschätzung von zulässigen Setzungsunterschieden, die noch nicht Zwängungen und Schäden in der oben aufgeführten Art erzeugen, ist nicht einfach. Würde man die zulässigen Setzungsunterschiede z. B. über Zwängungsschnittkräfte am elastischen System ermitteln, dann würden sich diese im allgemeinen kleiner ergeben, als es der wirklichen Verformungsfähigkeit des Bauwerkes bis zum Eintritt eines Schadens entspricht. Damit müßten die Fundamente zu aufwendig dimensioniert werden. Bei der Abschätzung ist vor allem der hier günstige Einfluß des Kriechens des Betons, aber auch die Steifigkeitsabminderung nach Zustand II zu berücksichtigen.

Im üblichen Hochbau vermeidet man solche aufwendigen Untersuchungen und legt die zulässigen Setzungsunterschiede aufgrund von empirischen Kriterien fest. Sommer [2] hat eine zusammenfassende Darstellung des derzeitigen Wissensstandes gegeben, deren wesentliche Ergebnisse im folgenden dargestellt sind.

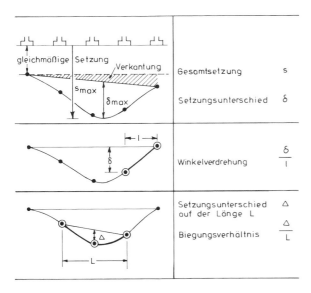

Bild 2.4-1   Setzungsanteile [2]

Die Setzungen werden in einzelne Anteile gemäß Bild 2.4-1 zerlegt, von denen die Winkel-verdrehung δ/l und das Biegungsverhältnis Δ/L als Maß für die Setzungsunterschiede dienen. Die Winkelverdrehung erzeugt im wesentlichen eine Schubbeanspruchung und das Biegungsverhältnis eine den Schlankheiten umgekehrt proportionale Biegebeanspru-chung der Bauwerkskonstruktion.

In einer vereinfachten Betrachtungsweise wurde früher nur die Winkelverdrehung als Maß für die Gefährdung des Bauwerks herangezogen. Eine Winkelverdrehung von etwa 1/300 galt als Grenzwert für die Bildung von schädlichen Rissen in Wänden. Eine Winkel-verdrehung von 1/500 galt als zulässig, womit man eine gewisse Sicherheit gegen schädli-che Risse einhalten wollte.

Verfeinerte Kriterien berücksichtigen auch die Art und Form der Tragwerkskonstruk-tion, die die Empfindlichkeit des Bauwerks gegen Form und Größe der Setzungsunter-schiede stark beeinflussen.

Wie in Bild 2.4-2 dargestellt, werden drei Arten der Tragwerkskonstruktion unterschie-den: Stahlbetonscheiben, Mauerwerk und Stahlbeton-Rahmentragwerke. Weitere Krite-rien sind aus Bild 2.4-3 und Bild 2.4-4 zu ersehen: So beeinflußt das Verhältnis von Länge L zu Höhe H des Bauwerks oder Bauteils die schädliche Rißbildung, ferner die Lage der neutralen Faser. Bei einer kuppenförmigen Verformung einer Mauerwerksscheibe liegt die neutrale Faser in Höhe der Fundamente, weil die Zugfestigkeit des Mauerwerks gering

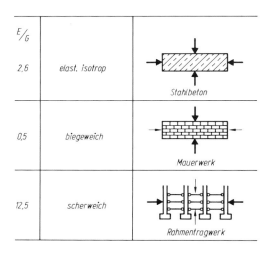

Bild 2.4-2 Arten der Tragwerkskonstruktion (E/G siehe Bild 2.4-3) [2]

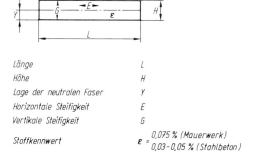

Länge	L
Höhe	H
Lage der neutralen Faser	Y
Horizontale Steifigkeit	E
Vertikale Steifigkeit	G
Stoffkennwert	$\varepsilon = \dfrac{0{,}075\ \%\ (Mauerwerk)}{0{,}03-0{,}05\ \%\ (Stahlbeton)}$

Bild 2.4-3 Einfluß von Bauwerksform und Material [2]

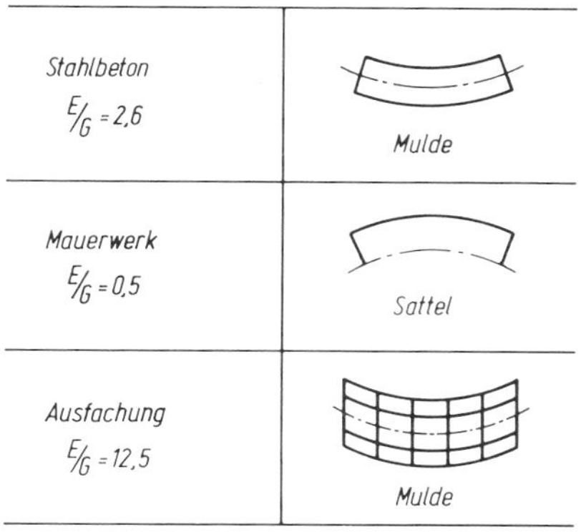

Stahlbeton $E/G = 2,6$	*Mulde*
Mauerwerk $E/G = 0,5$	*Sattel*
Ausfachung $E/G = 12,5$	*Mulde*

Bild 2.4-4   Lage der neutralen Faser
(E/G siehe Bild 2.4-3) [2]

und die Scheibe mit dem Baugrund verbunden ist. Dies gilt jedoch nicht für eine Stahlbetonscheibe mit ausreichender Bewehrung. Der Stoffkennwert ε ist die kritische Rißdehnung des Materials.

BURLAND (siehe [2]) gibt für mulden- und kuppenförmige Verformungen von Mauerwerksscheiben sowie für muldenförmige Setzungen von Ausfachungen in Rahmentragwerken Grenzwerte der Biegeverformung an (Bild 2.4-5). Dabei ist im linken Kurvenbereich die Scherung, im rechten die Biegung für die schädliche Rißbildung maßgebend. In den Diagrammen sind auch die eingangs erwähnten Grenzlinien für eine relative Winkelverdrehung $\delta/l = 1/300$ eingezeichnet, die durch Annahme einer Biegeform mit dem Biegungsverhältnis Δ/L in Beziehung gebracht werden kann.

Bei Stahlbetonscheiben kann man die Beziehung zwischen Biegungsverhältnis und Grenzdehnung ε sofort berechnen, wenn man z. B. eine parabolische Verformungslinie annimmt. Es ergibt sich $\varepsilon = \dfrac{\Delta}{L} \cdot \dfrac{4 \cdot h}{L}$. Man kann die Grenzdehnung auch überschreiten, muß dann aber eine Bewehrung zur Erzielung einer vorgegebenen Rißbreite unter Zwang einlegen.

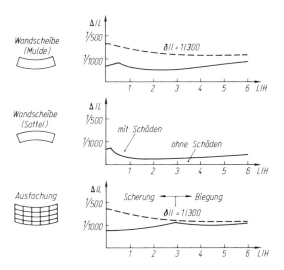

Bild 2.4-5
Schadensgrenzen nach BURLAND [2]

2.4.3 Besondere Maßnahmen zur Verhinderung und zum Ausgleich von Setzungen und Setzungsunterschieden

Anhand von Beispielen sind im folgenden mögliche Maßnahmen gezeigt:

Vorbelastung

Ein Kraftwerk bei der Stadt Neka am Kaspischen Meer (Iran) wurde auf Bodenschichten gegründet, die sich erst in jüngerer geologischer Zeit dort abgelagert haben. Sie bestehen aus Schichten mit feinen gleichkörnigen Sanden, in die weiche schluffige Sand- und Tonschichten wechselnder Dicke eingebettet sind. Es wurde zunächst eine Gründung auf schwebenden Pfählen untersucht. Bei wirtschaftlich vertretbarer Länge der Pfähle errechnete man zu große Setzungen und damit verbundene ungleichmäßige Setzungen, da die weichen Schluffschichten auch in größeren Tiefen liegen.

Die schluffigen Schichten sind nur 1–3 m dick. Es war zu erwarten, daß bei einer Belastung das Porenwasser verhältnismäßig schnell in die benachbarten Sandschichten abfließt. Im Labor ermittelte Zeit-Setzungskurven haben gezeigt, daß schon nach wenigen Wochen der wesentliche Teil der Setzung aus Eigengewicht und Ausbaulast eintritt. Die Berechnungen ergaben für die Endsetzung Werte je nach Bauwerk zwischen 30 und 50 cm.

Daher wurde 6 Wochen lang eine Vorbelastung aus Sand von der 1,2-fachen Last aus Eigengewicht und Ausbau aufgebracht. Die später eingetretenen Setzungen aus der Bauwerkslast betrugen dann nur noch maximal 5 cm, ein Wert, der gut mit dem vorausberechneten übereinstimmt.

Die Vorbelastung hat also ungleichmäßige Setzungen infolge ungleichmäßiger Schichtungen stark reduziert. Das Bauwerk wurde auf einen biegesteifen Stahlbetonrost gegründet, der zusätzlich zum Ausgleich der Setzungen beigetragen hat.

Überhöhung

In Abschnitt 2.4.1 ist schon auf Probleme hingewiesen worden, die bei großen Setzungen von Hochhäusern auftreten. Ein typischer Boden, in dem große Setzungen zu erwarten sind, ist der Frankfurter Ton. REEH, HOIM und HOFMANN [3] haben am Beispiel des Hochhauses Taunusanlage der Deutschen Bank AG verschiedene Maßnahmen geschildert, die durchgeführt wurden, um die großen Setzungen und Setzungsunterschiede so auszugleichen, daß das Gebäude nicht beeinträchtigt wird.

In Bild 2.4-6 sind die erwarteten Setzungen eingetragen. Sie sind gekennzeichnet durch einen Setzungssprung zwischen dem Hochhaus und den angrenzenden Flachbauten infolge der Fließerscheinungen des Baugrundes am Rand der steifen Bodenplatte. Ferner treten in der Nachbarschaft der Bodenplatte „Mitnahmesetzungen" auf. Die angrenzenden

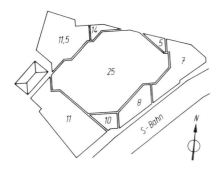

Bild 2.4-6 Hochhaus der Deutschen Bank AG, Frankfurt
Überhöhung für die Flachbauten und Zwillingstürme im Grundriß [3]

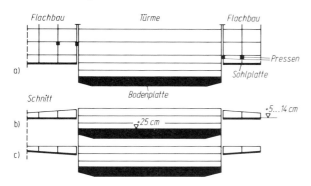

Bild 2.4-7   Prinzip der Überhöhung bei den Türmen und Flachbauten im Schnitt [3]

Flachbauten waren diesen Mitnahmesetzungen voll unterworfen, da sie mit dem Hochhaus zusammen gebaut wurden. In Bild 2.4-7b sind die Überhöhungen eingetragen. Die
Decken der Flachbauten wurden entsprechend der erwarteten relativen Winkelverdrehung geneigt überhöht. Bild 2.4-7c zeigt die endgültige Lage der Bauwerke.

Einbau von Hubpressen

Bei dem zuvor erwähnten Hochhaus der Deutschen Bank wurden auch Hubpressen in
die Stützen der Flachbauten eingebaut. Damit sollten mögliche Abweichungen zwischen
den errechneten und tatsächlichen Setzungen ausgeglichen werden können. Wie man aus
Bild 2.4-7a erkennen kann, wurden die Hubpressen in die beiden dem Hochhaus benachbarten Stützenreihen eingebaut. Mit den Pressen konnten die Stützen entsprechend der
erwarteten Setzungstoleranz sowohl abgelassen als auch angehoben werden. Tatsächlich
wurde ein Teil der Flachbauten nach dem Abklingen des wesentlichen Teils der Setzungen
angehoben. Die Pressen wurden dann mit Beton ummantelt, der einen Teil der Schnittkräfte übernimmt und die Pressen gegen Korrosion schützt.

Ausgleich der Schiefstellung von Hochhäusern

Die meist schlanken Hochhäuser sind empfindlich gegen Schiefstellung durch ungleichmäßige Setzung. Bei großen Gesamtsetzungen erzeugen Ungleichmäßigkeiten der Last
und des Baugrundes auch große ungleichmäßige Setzungen und damit eine Schiefstellung
des Hochhauses. Bei den zuvor erwähnten Hochhäusern auf dem Frankfurter Ton mit
Gesamtsetzungen von etwa 30 cm müssen deshalb Ungleichförmigkeiten des Baugrundes
genau erfaßt werden, und es muß dafür gesorgt werden, daß die Resultierende aus ständigen Lasten mit dem elastischen Schwerpunkt des Baugrundes im Bereich der Gründungsplatte übereinstimmt. Bei dem zuvor erwähnten Hochhaus der Deutschen Bank AG [3]
war die Gründungsplatte von einer ungleich dicken weichen Schicht unterlagert. Die
Bodenplatte wurde so begrenzt, daß die Resultierende aus ständigen Lasten exzentrisch
zum Flächenschwerpunkt der Bodenplatte, aber zentrisch zum elastischen Schwerpunkt
liegt, der die unterschiedliche Steifigkeit des Bodens berücksichtigt. Die errechnete Lage
der Resultierenden wurde zum Teil durch Ballastierung von Kellerräumen erreicht.

Beim Bau des Hochhauses der Dresdner Bank AG in Frankfurt war die Gründungsfläche durch die Grundstücksgrenzen vorgegeben. Um den elastischen Schwerpunkt der
wirksamen Gründungsfläche unter die resultierende Last zu bringen und damit gleichmäßige Bodenpressungen und Setzungen zu erzielen, wurden Teile der Bodenplatte mit
Druckkissen unterlegt, die zunächst (ohne Druck) keine Lastübertragung auf den Baugrund gestatteten (Bild 2.4-8). GRAVERT [4] hat darüber berichtet. Während des Baues

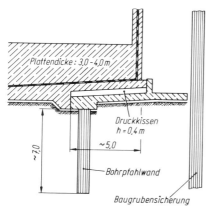

Bild 2.4-8 Hochhaus der Dresdner Bank AG.
Druckkissen unter der Bodenplatte [4]

wanderte die Resultierende. Um weiterhin gleichmäßige Bodenpressungen und Setzungen zu behalten, mußte die Gründungsfläche vergrößert werden. Das wurde dadurch erreicht, daß die Druckkissen gespannt wurden, so daß auch dort eine Lasteintragung auf den Baugrund möglich wurde. Später, nach Rückwanderung der Resultierenden, wurden die Druckkissen wieder entspannt.

Maßnahmen zur Überbrückung des Setzungssprungs

Um sowohl die Bewegungen als auch den nicht genau vorausberechenbaren Setzungssprung zwischen Hochhaus und Anbauten auszugleichen, bieten sich verschiedene Maßnahmen an, über die SCHNEIDER und REEH [5] am Beispiel des Bürohochhauses Mainzer Landstraße in Frankfurt berichten. Bild 2.4-9 zeigt einen Schnitt durch das Hochhaus und die anschließende Tiefgarage. Beide Bauwerke stehen im Grundwasser und sind mit einer druckwasserhaltigen Abdichtung versehen. Beide Bauwerke wurden im Bereich der Untergeschosse gleichzeitig hochgeführt, so daß auch hier wie bei dem zuvor erwähnten Hochhaus der Deutschen Bank AG der Setzungssprung beide Bauwerke voll erfaßte. Zur Überbrückung des Setzungssprungs wurden die Deckenplatten in den drei Geschossen der Tiefgarage im Bereich der Fuge zwischen den Bodenplatten zwei Jahre lang offen gehalten. Die dann eingebauten Deckenplatten wurden gelenkig gelagert, so daß die noch auftretenden Setzungsunterschiede ohne Zwängungen aufgenommen werden konnten.

Die Fuge zwischen den Bodenplatten von Hochhaus und Tiefgarage wurde aus Gründen der Zugänglichkeit und zur späteren Kontrolle der Isolierung 0,50 m breit ausgeführt (Bild 2.4-10). Nachdem der größere Teil der Setzungen eingetreten war, wurde ein Elastomerband in Form einer Schlaufe eingebaut, das die weiteren Setzungsunterschiede aufnehmen kann.

Schwebende Pfahlgründung

Die zuvor erwähnten Hochhäuser in Frankfurt, die mit steifen, lastverteilenden Bodenplatten auf setzungsempfindlichen Ton gegründet sind, weisen alle Setzungen in der Größenordnung von 30 cm auf. Diese großen Setzungen bergen insbesondere das Risiko von Schiefstellungen in sich, die kaum reparabel sind. Auch die Vielzahl von baulichen Maßnahmen zum Ausgleich und der Überbrückung der Setzungen zeigen deutlich die Probleme, die mit den großen Setzungen verbunden sind.

Der größte Teil der Setzungen resultiert aus der Zusammendrückung der Bodenschichten im näheren Bereich unter der Bodenplatte, in denen sich die Lasten noch nicht nach den Seiten verteilt haben und die Spannungen am größten sind. Man kann die Setzung erheblich vermindern, wenn man diese Schichten durch eine schwebende Pfahlgründung versteift, die die Lasten gleichmäßiger über die Tiefe in den Baugrund abgibt. Als Beispiel sei hier der 52-stöckige National Westminster Bank Tower in London genannt, der auf den London Clay gegründet ist. Eine schwebende Pfahlgründung bis in etwa 26 m Tiefe unter der Bodenplatte versteift die oberen Tonschichten. Setzungs- und Spannungsmessungen, über die PETERSON [6] berichtet hat, haben bis jetzt eine Gesamtsetzung von etwa 5 cm gezeigt. Die Last wird sowohl über die Bodenplatte als auch die Pfähle in den Untergrund abgetragen.

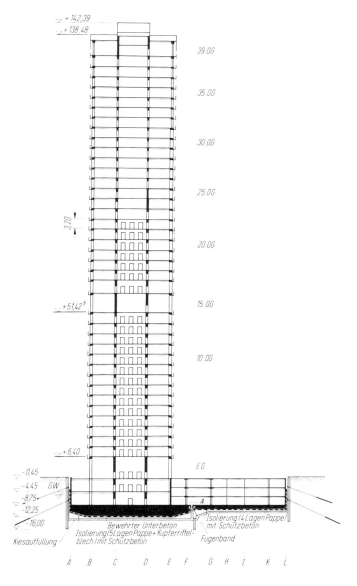

Bild 2.4-9
Hochhaus Mainzer Land-
straße Frankfurt. Quer-
schnitt durch Hochhaus
und Tiefgarage [5]

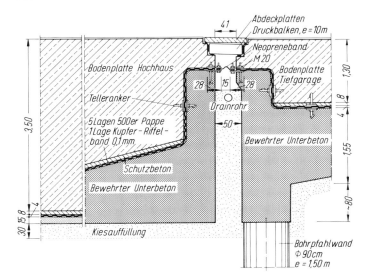

Bild 2.4-10
Fuge zwischen den
Bodenplatten des
Hochhauses und der
Tiefgarage mit Dar-
stellung der Abdich-
tung [5]

Eine schwebende Pfahlgründung wurde jetzt auch erstmals in Frankfurt für das „Tor-
haus" auf dem Messegelände angewendet. Für den geplanten Messeturm, ein 250 m hohes
Hochhaus, ist ebenfalls eine schwebende Pfahlgründung vorgesehen.

Erhöhung der Gebäudesteifigkeit

Bei setzungsempfindlichen Böden ist es zur Vermeidung von Setzungsschäden ratsam,
die Gebäudesteifigkeit zu erhöhen. Wenn die aufgehende Gebäudekonstruktion dies nicht
zuläßt, sollte man die Fundierung durch Fundamentriegel oder große Plattendicke ver-
steifen. Bei den zuvor erwähnten Hochhäusern wurde die Bodenplatte meist zwischen 3
und 4 m dick gewählt. Die Platte ist damit so steif, daß eine ausgeprägte Setzungsmulde
verhindert wird.

2.4.4   Schnittkräfte, Bemessung und konstruktive Gestaltung von Gründungskörpern

Wenn eine möglichst zutreffende Berechnung der Verformungen und Schnittkräfte für
notwendig erachtet wird, bieten sich Rechenverfahren an, die in den Abschnitten 1.2 und
2.2.2 ausführlich erörtert sind, nämlich Bettungsmodulverfahren, Steifemodulverfahren
und Finite-Element-Methode. Die beiden letztgenannten sind sehr aufwendig und gestatten es im allgemeinen nicht, gleichzeitig die Schnittkräfte in der Hochbaukonstruktion im
Zusammenhang mit den Bodenverformungen zu erfassen. Es soll daher hier nochmals (s.
Abschnitt 2.2.2.5) auf das Verfahren der Federketten [7] hingewiesen werden. Bei ihm wird
die Verformung des Baugrundes wie bei dem Bettungsmodulverfahren durch Setzungsfe-
dern erfaßt, die jedoch durch Querkraftfedern (bzw. Koppelfedern, s. Bild 2.2-23) miteinander verbunden sind. Damit wird das elastische Verhalten des Baugrundes recht genau
erfaßt, wenn man die Querkraftfedern an Standard-Lastfällen eicht, für die Ergebnisse
nach der Elastizitätstheorie vorliegen. Auch Fließbereiche kann man damit erfassen, wie
sie an den Rändern von hochbelasteten steifen Fundamenten auftreten. Als Beispiel sind
die Setzungen des Hochhauses Mainzer Landstraße in Frankfurt [7] (siehe Bild 2.4-9) mit

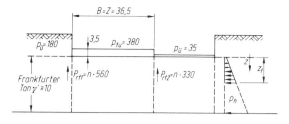

a) Ausgangswerte (kN, m)
   $p_{\ddot{u}}$ Überlagerungspressung
   p_{fu} Fundamentpressung
   P_{rf} Fließkraft $= \tan\varphi \cdot \int\limits_0^{z_f} p_h \cdot dz$

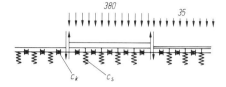

b) System
   c_s Bettungsfedern
   c_k Querkraftfedern
          (vgl. Bild 2.2-29)

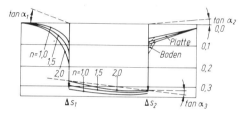

c) Setzungslinien
   s Differenzsetzungen
        des Hochhauses
   α gemittelte Verdrehung
        der Gründungssohle

Faktor n für die Fließ-kraft P_{rF}	Setzungen		Verdrehungen		
	s_1	s_2	$\tan\alpha_1$	$\tan\alpha_2$	$\tan\alpha_3$
1,0	0,21	0,27	1 : 290	1 : 710	1 : 1300
1,5	0,15	0,25	1 : 160	1 : 510	1 : 850
2,0	0,08	0,23	1 : 120	1 : 400	1 : 630
gemessen	0,11	0,22	1 : 270	1 : 840	1 : 1000

d)

Bild 2.4-11   Hochhaus Mainzer Landstraße Frankfurt. System der Federkette und Gegenüberstellung von gemessenen und errechneten Setzungen (Bezeichnungen: kN, m)

dem Verfahren der Federketten berechnet und mit Meßwerten verglichen worden, über die SOMMER [8] berichtet hat. Das System und die errechneten sowie die gemessenen Werte sind aus Bild 2.4-11 ersichtlich. Bild 2.4-11a zeigt die Belastung des Bodens, die horizontale Bodenpressung in der Scherfuge am Rande des Hochhausfundamentes, sowie die dort wirkende Fließkraft P_{rF}. In Bild 2.4-11b ist das statische System der Federkette mit den angreifenden Kräften dargestellt. Bild 2.4-11c und 2.4-11d zeigen die Ergebnisse mit der Variation der Fließkräfte zwischen dem ein- und zweifachen Wert. Man erkennt, daß das Ergebnis durch diese Variation nicht wesentlich beeinflußt wird. Die Größe der

Fließkraft am Plattenrand wird sehr stark von den Kennwerten des Bodens beeinflußt. Die gemessenen Setzungen liegen zwischen den Werten, die sich für den einfachen und doppelten rechnerischen Wert der Fließkraft ergeben.

Die Grundsätze der Bemessung von Gründungskörpern sind schon in Abschnitt 2.4.1 dargelegt. Der Gründungskörper ist meist Bestandteil des Baukörpers, der in das Grundwasser eintaucht. Während früher in solchen Fällen in aller Regel eine druckwasserhaltende Abdichtung angeordnet wurde, bildet man heute den Bauteil, der in das Grundwasser eintaucht, mit wasserundurchlässigem Beton als sogenannte „weiße Wanne" aus. Der Stahlbeton der weißen Wanne soll möglichst frei von Trennrissen (durchgehenden Rissen) sein, zumindest sollen die Rißbreiten und die Anzahl der Trennrisse gering sein. Feine Risse „heilen" meist infolge von Kalkablagerungen von selbst wieder zu. Nichtheilende oder breite Trennrisse müssen nachträglich mit Kunstharz verpreßt werden. Arbeitsfugen und Bereiche, die erfahrungsgemäß durch Zwängungen aus Schwinden und Temperaturunterschieden infolge abschnittsweiser Herstellung Trennrisse aufweisen, müssen jedoch durch besondere konstruktive Maßnahmen gesichert werden. So müssen in alle Arbeitsfugen Arbeitsfugenbänder oder -bleche eingelegt werden.

In Betonierabschnitten, die an schon erhärtete Abschnitte anschließen, entstehen durch Zwängungen Trennrisse rechtwinklig zur Arbeitsfuge. Ihre Breite läßt sich zwar durch den Bewehrungsgrad beeinflussen, ihre Entstehung selbst läßt sich zumindest unter den Arbeitsbedingungen, wie sie an einem gewöhnlichen Hochbau vorherrschen, meist nicht verhindern. Man ordnet daher in solchen Bauteilen in Abständen, in denen diese Risse erfahrungsgemäß auftreten, „Sollrißstellen" (Scheinfugen) an (siehe Bild 2.4-12). An der Sollrißstelle wird der Querschnitt durch ein eingelegtes Rohr, das später verpreßt wird, geschwächt, so daß dort die Rißbildung begünstigt wird. Gleichzeitig wird der erwartete Riß durch ein eingelegtes Fugenband gesichert. Die Bewehrung wird über die Sollrißstelle hinweggeführt. Sollrißstellen werden meist in Wänden angeordnet, die an eine Bodenplatte anschließen. Ihr Abstand liegt zwischen 6 und 10 m (s. a. 4.1.8.4).

Bei größeren, zusammenhängenden Bauteilen sind die Betonierabschnitte so einzurichten, daß sich die Verkürzungen aus Schwinden und Abklingen der Abbindetemperatur, die etwa zwei Tage nach dem Erhärten beginnen, möglichst zwängungsfrei einstellen können.

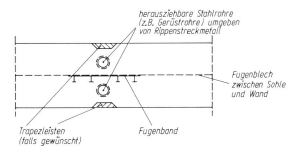

herausziehbare Stahlrohre
(z.B. Gerüstrohre) umgeben
von Rippenstreckmetall

Fugenblech
zwischen Sohle
und Wand

Trapezleisten
(falls gewünscht)   Fugenband

Bild 2.4-12
Erzeugung einer abgedichteten
Sollrißstelle in einer beliebig
langen Wand

2.4.5 Besonderheiten bei Pfahlgründungen

Pfahlgründungen im Hochbau wirken in aller Regel so, daß die im wesentlichen lotrechten Stützenlasten in einzelne Pfähle oder über eine Pfahlkopfplatte in eine Gruppe von Pfählen eingeleitet und von diesen in tragfähige Schichten weitergeleitet werden. Gelegentlich werden statt der Pfähle auch kurze Schlitzwandstücke angeordnet. Pfähle mit großen Querschnitten können bei im wesentlichen lotrechten Lasten auch unbewehrt ausgeführt werden. Man beschränkt sich dann meist darauf, den Pfahlkopf für die Spreizung der Kraft im Pfahl oder die schnell abklingenden planmäßigen und unplanmäßigen Kopfmomente zu bewehren und Anschlußbewehrung für die Stützen vorzusehen.

Wie schon im Abschnitt 2.4.3 erwähnt, werden zur Verminderung der Setzungen von Hochhäusern auf setzungsempfindlichen Böden mit Erfolg schwebende Pfahlgründungen verwendet. Diese Pfähle sind besonders wirkungsvoll, wenn sie in große Tiefe geführt werden. Dem stehen naturgemäß die hohen Aufwendungen für die Pfahlherstellung entgegen. Das Zusammenwirken von Bodenplatte und Pfählen muß bei einer schwebenden Pfahlgründung unter Beachtung der Verträglichkeit der Verformungen und Spannungen zwischen den Gründungselementen (Platte und Pfähle) und dem Baugrund untersucht werden. Dazu ist es in aller Regel erforderlich, sich der Methode der Finiten Elemente zu bedienen. Die Pfähle haben primär die Aufgabe, die Setzungen im Gebrauchszustand zu reduzieren. Ihre Wirksamkeit wird man deshalb unter Gebrauchslast untersuchen. Gegenüber diesem Zustand kann unter den Lasten, die sich im theoretischen Bruchzustand ergeben (Multiplikation der Lasten mit dem Sicherheitsbeiwert für die Bemessung bzw. für die Bodenpressungen), eine Umlagerung der Belastung zwischen Platte und Pfählen eintreten. Diese Lastverteilung wird dann als maßgebend für die Bemessung angesehen. Fertigteilhallen werden häufig in der auf Bild 2.4-13 dargestellten Form auf Pfählen gegründet. Die Köcher, in die die Fertigteilstützen eingespannt sind, werden unmittelbar auf einen Großbohrpfahl betoniert. Das Einspannmoment der Stütze muß von dem Pfahl entweder über horizontale Kräfte in den Baugrund abgeleitet oder von Balken aufgenommen werden, die die Pfähle miteinander verbinden.

Wenn der Baugrund sehr schlecht ist, muß auch die Bodenplatte der Halle auf Pfählen gegründet werden, um unterschiedliche Setzungen zu vermeiden. Dies ist in Anbetracht der oft großen Flächen sehr aufwendig. Es ist zweckmäßig, wenig aufwendige Pfähle mit geringer Tragkraft in einem engen Raster von etwa 3 m anzuordnen. Die Bodenplatte kann dann in einer Art Flachdecke auf das ebene Planum betoniert werden. Der Pfahlabstand ist so zu wählen, daß sich ein Minimum der Kosten für Bodenplatte und Pfähle ergibt.

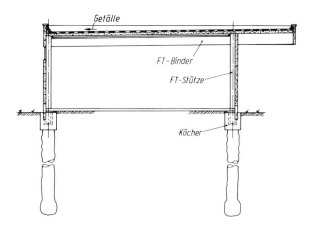

Bild 2.4-13
Fertigteilstütze auf Einzelpfahl

Literatur zu Abschnitt 2.4

[1] LEONHARDT, F.: Vorlesungen über Massivbau, Vierter Teil, Springer Verlag, Berlin, Heidelberg, New York

[2] SOMMER, H.: Neuere Erkenntnisse über zulässige Setzungsunterschiede von Bauwerken, Schadenskriterien. Baugrundtagung 1978, Berlin

[3] REEH, H., HOIM, A., HOFMANN, R.: Tragwerk des Hochhauses Taunusanlage der Deutschen Bank AG in Frankfurt am Main, Beton- und Stahlbetonbau 79 (1984), H. 5/6, S. 113

[4] GRAVERT, F. W.: Ein Beitrag zur Gründung von Hochhäusern auf bindigen Böden. Deutsche Konferenz Hochhäuser, Deutsche Gruppe der Internationalen Vereinigung für Brückenbau und Hochbau (IVBH), 1975, S. 216–224

[5] SCHNEIDER, K. H., REEH, H.: Tragwerk des Bürohochhauses Mainzer Landstraße in Frankfurt am Main, Beton- und Stahlbetonbau 73 (1978), H. 12, S. 285–293

[6] PETERSON, A.: Pfahl-Platten-Fundamente überwachen. Baumaschine und Bautechnik 29 (1982) Nr. 5, S. 260, 263, 266

[7] GOLLUB, P.: Statische Berechnung von Gründungsplatten mit gekoppelten Federketten unter Berücksichtigung des Bodenfließens. Bauingenieur 61 (1986), S. 407–415

[8] SOMMER, H.: Messungen, Berechnungen und Konstruktives bei der Gründung Frankfurter Hochhäuser, Bauingenieur 53 (1978), S. 205–211

2.5   Anwendungen im Brückenbau*)

2.5.1   Allgemeines

Bei Brücken ist der gegenseitige Einfluß zwischen Über- und Unterbauten von herausragender Bedeutung für die Wahl einer geeigneten Konstruktion. Sieht man von Sonderfällen ab, so gilt allgemein, daß die Stützweiten umso größer sein sollten, je mehr Aufwand für die Einzeltragwerke der Unterbauten in Abhängigkeit von den Bodenverhältnissen und der Höhe der Brücke über Grund erforderlich ist. Für die Wahl der Gründung selbst sind neben der Tragfähigkeit des Baugrundes auch die zu erwartenden Setzungen und Schiefstellungen der Gründungskörper wesentliche Parameter.

2.5.2   Flachgründungen

Steht die tragfähige Schicht etwa in Höhe der Geländeoberfläche an, so wird sich in der Regel eine Flachgründung als kostengünstigste Lösung erweisen. Jedoch kann unter speziellen Voraussetzungen, z. B. bei sehr setzungsempfindlichem Baugrund oder hohem Grundwasserstand, eine andere Art der Gründung wirtschaftlicher sein. Wird die tragfähige Schicht in mäßiger Tiefe angetroffen, so besteht noch die Möglichkeit, durch einen Bodenaustausch die tragfähigen Schichten bis auf eine für Flachgründungen geeignete Höhe anzuheben.

*) Verfasser: HERMANN GLAHN
   (s. a. Verzeichnis der Autoren, Seite V)

Bei Pfeilern und Stützen ermittelt man die horizontalen Fundamentabmessungen aufgrund der zulässigen Bodenpressungen. Die Fundamentdicke wählt man i. a. so, daß sich aus dem Durchstanznachweis ohne Anordnung einer Schubbewehrung keine höhere Bewehrung ergibt, als zur Aufnahme der Biegemomente benötigt wird.

Bei Flußpfeilern lassen sich Flachgründungen innerhalb von Spundwandkästen ausführen. Hierbei werden zunächst die Spundwände gerammt und der Boden innerhalb des Spundwandkastens bis auf die erforderliche Tiefe ausgehoben. Danach wird eine Sohle aus unbewehrtem Unterwasserbeton eingebracht (s. Abschnitt 4.1.6). Ihre Dicke wird so festgelegt, daß ihr Gewicht zusammen mit den zwischen Spundwänden und Baugrund übertragbaren Reibungskräften die in den Bauzuständen benötigte Auftriebssicherheit gewährleistet. Zwischen Spundwand und Unterwasserbetonsohle ist eine konstruktive Verzahnung vorzusehen, falls die zwischen diesen Bauteilen im Hinblick auf die Auftriebssicherheit erforderlichen Scherspannungen nicht durch Reibung – aktiviert durch den von außen auf den Spundwandkasten wirkenden Erd- und Wasserdruck – aufnehmbar sind. Nach Erhärten der Unterwasserbetonsohle können der Spundwandkasten leergepumpt sowie Fundament und Pfeiler erstellt werden. Zur Erläuterung ist in Bild 2.5-1 einer der Pfeiler der Rheinbrücke Sasbach-Marckolsheim dargestellt.

Die Bodenplatte flachgegründeter Widerlager wird zur Verminderung der Bodenpressungen und zur Verbesserung der Kippsicherheit vor die Stirnwand gezogen. Der hintere Teil der Bodenplatte leistet durch die aktivierte Erdauflast einen gleichgerichteten Beitrag, jedoch soll er in erster Linie die erforderliche Gleitsicherheit sicherstellen. Die Längen der Flügel und Flügelwände ergeben sich aus den Böschungsneigungen des anschließenden Dammes. Die Höhe der Kammerwand richtet sich nach der Höhe des Überbaus sowie dem Platzbedarf für Lager und Hubpressen. Bild 2.5-2 zeigt zur weiteren Verdeutlichung das Widerlager der Rheinbrücke Sasbach-Marckolsheim, das zugleich Festpunkt ist. In Bild 2.5-3 ist das ebenfalls als Festpunkt ausgebildete Widerlager einer Brücke bei Winnweiler dargestellt, welches – bedingt durch die örtlich beengten Verhältnisse – mit einer extrem langen Flügelwand versehen wurde. Diese wurde außerdem 90 cm tiefer gegründet als die kurze Flügelwand. Das Zugband dient in diesem Zusammenhang zur Reduzierung der Horizontalbiegung der liegenden Fundamentrahmen. Die Widerlagerwand ist hier unterhalb der Auflagerbank schlanker gehalten als bei der Lösung nach Bild 2.5-2, wodurch sich zwar einerseits geringere Abmessungen, andererseits hingegen Erschwernisse bei der Schalung ergeben. Es läßt sich im allgemeinen nicht von vornherein feststellen, welche Art der Widerlagerwand kostengünstiger ist. Das gleiche gilt für die unterschiedliche Ausbildung der Flügel in den Bildern 2.5-2 und 2.5-3.

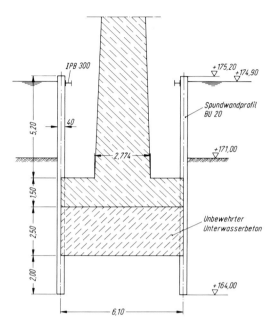

Bild 2.5-1 Pfeiler 30 der Brücke
Sasbach-Marckolsheim im Bauzustand
unmittelbar vor dem Fluten der
Spundwandkästen

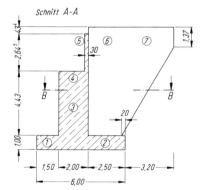

① Vorderer Sporn
② Hinterer Sporn
③ Widerlagerwand
④ Auflagerbank
⑤ Kammerwand
⑥ Flügelwand
⑦ Flügel

Bild 2.5-2   Festes Widerlager der Rheinbrücke Sasbach-Marckolsheim

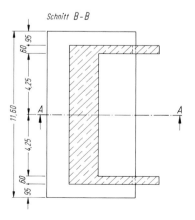

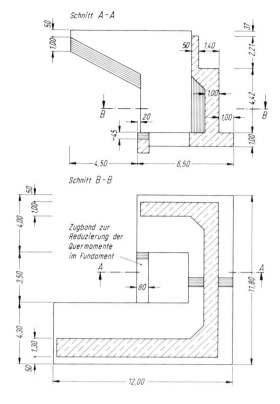

Bild 2.5-3 Festes Widerlager einer Brücke bei Winnweiler

2.5.3 Pfahlgründungen

Steht die tragfähige Schicht erst in größerer Tiefe an oder würde bei einer Gründung auf den oberen Schichten die Berücksichtigung der zu erwartenden Setzungen problematisch sein, so ist i. a. eine Pfahlgründung angemessen. Bei hohem Grundwasserstand kann dies ebenfalls der Fall sein, wenn sich dadurch die Kosten für eine Wasserhaltung während der Bauzustände einsparen oder deutlich senken lassen.

Bei bindigen und locker gelagerten nichtbindigen Böden geben die Pfähle ihre Lasten überwiegend durch Reibung an den Baugrund ab. Daher sind in solchen Fällen Pfähle mit kleinem Querschnitt besonders geeignet; sie werden meist als Rammpfähle ausgeführt. Selbst wenn eine ausgeprägte tragende Schicht vorhanden ist, kann man in der Regel dennoch die darüberliegenden Schichten über Reibung zur Lastaufnahme mit heranziehen. Eine Ausnahme hiervon liegt vor, wenn negative Mantelreibung zu erwarten ist, z. B. bei nachträglicher Schüttung eines Dammes auf weicher Deckschicht hinter einem auf Pfählen gegründeten Widerlager. Aus Bild 2.5-4 ist die Pfahlanordnung für ein solches Widerlager einer Brücke bei Appenweier ersichtlich. Die Pfähle binden ca. 3 m in die tragende Schicht ein. Sie wurden – wie bei Rammpfählen üblich – als längskraftbeanspruchte Bauglieder berechnet und bemessen, d. h. die horizontalen Lasten werden allein durch geneigte Pfähle aufgenommen. Hinter dem Widerlager wurden Schotterpfähle angeordnet, um die weichen Bodenschichten zu drainieren und deren Tragfähigkeit so zu

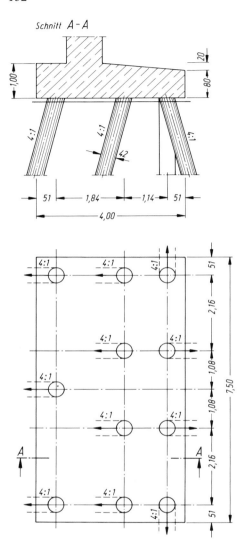

Schnitt A-A

Bild 2.5-4   Pfahlkopfplatte und Anordnung
der Rammpfähle eines der Widerlager einer
Brücke bei Appenweier

erhöhen, daß die zu erwartenden Setzungen aus dem anschließenden Damm und damit
auch eine etwaige negative Mantelreibung als vernachlässigbar gering eingestuft werden
konnten. Folgerichtig blieben die oberen Schichten bei der Ermittlung der zulässigen
Lasten für die Rammpfähle unberücksichtigt.

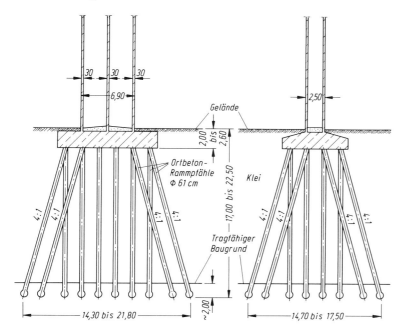

Bild 2.5-5   Gründung der Normalpfeiler im Vorlandbereich der Hochbrücke Brunsbüttel

Bei mitteldichten und dichten Sanden lassen sich z. T. erhebliche Spitzendrücke aufnehmen. Hier führen entweder Rammpfähle, soweit sie mit Fußerweiterung hergestellt werden können, oder Großbohrpfähle – eventuell ebenfalls mit Fußerweiterung – meist zur wirtschaftlichsten Gründung. Bild 2.5-5 zeigt am Beispiel der Normalpfeiler im Vorlandbereich der Hochbrücke Brunsbüttel eine Ausführung mit Ortbetonrammpfählen. In Bild 2.5-6 ist eine Lösung auf Großbohrpfählen für ein Widerlager einer Brücke bei Philippsburg dargestellt. Die Pfähle dieses Widerlagers sind nach vorne geneigt, um ihre Biegebeanspruchungen aus dem Hinterfüllungsdruck möglichst gering zu halten. Handelt es sich um eine größere Brücke und dient das Widerlager zugleich als Festpunkt, so ordnet man unter den Flügelwänden noch Stabilisierungspfähle an, um die Bewegungen des Widerlagers und damit auch des Überbaus infolge veränderlicher Horizontalkräfte auf ein vertretbares Maß zu beschränken. Bild 2.5-7 gibt anhand einer ähnlichen Brücke hierzu ein Beispiel. Bemerkenswert an Widerlagern von der in Bild 2.5-6 bzw. Bild 2.5-7 dargestellten Art ist noch, daß die Pfähle sich hoch in die Böschung hineinführen lassen und damit Fundament und Aufgehendes verhältnismäßig geringe Abmessungen erhalten können.

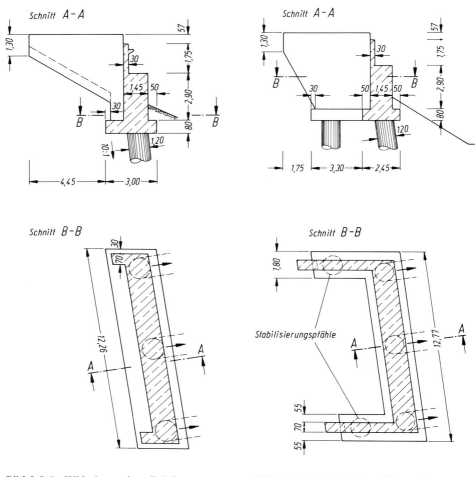

Bild 2.5-6   Widerlager einer Brücke
bei Philippsburg

Bild 2.5-7   Typische Ausbildung eines
Widerlagers auf Großbohrpfählen als
Festpunkt einer größeren Brücke

Besteht die tragfähige Schicht aus gesundem Fels, so wird die Last nahezu gänzlich über
Spitzendruck abgetragen. Eine Gründung auf Großbohrpfählen ist dann die technisch
beste und darüberhinaus in der Regel auch kostengünstigste Lösung. Der Fuß soll dabei
mindestens einen halben bis einen Pfahldurchmesser in den Fels einbinden, damit die Last
auch sicher abgegeben werden kann. Sind die oberen Felsschichten stärker verwittert, so

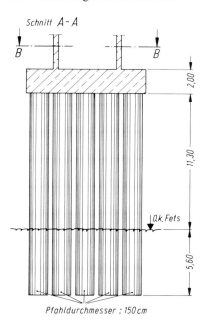

Schnitt A-A

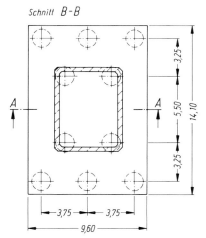

Schnitt B-B

Bild 2.5-8   Gründung des Pfeilers 13
der Schwarzbachtalbrücke

wird man zur Vermeidung schädlicher Setzungen i. a. versuchen, sie zu durchfahren und
die Pfähle auf festem Gestein abzusetzen. Man kann dann jedoch im Regelfall über relativ
hohe Mantelreibungswerte auch die Verwitterungszone zu einer wesentlichen Beteiligung
an der Lastaufnahme heranziehen. Als Beispiel hierzu ist in Bild 2.5-8 die Gründung eines
der Normalpfeiler der Eisenbahnbrücke über das Schwarzbachtal aufgeführt.

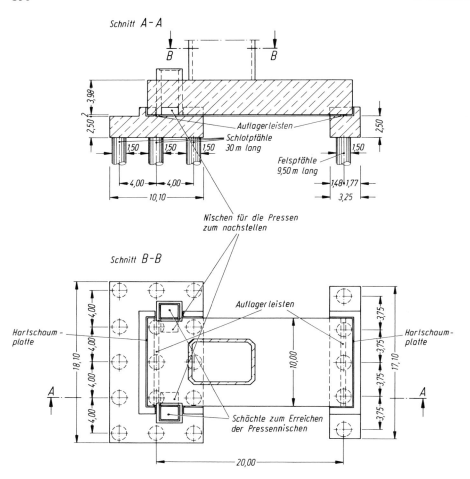

Bild 2.5-9   Gründung des Pfeilers 10 (im Schlotbereich) der Schwarzbachtalbrücke

Die Gründung des Pfeilers 10 der Schwarzbachtalbrücke gestaltete sich besonders
schwierig, da im Fels ein Schlot angetroffen wurde. Weil zu befürchten war, daß bei einer
normalen Pfahlgründung im Schlot auch bei Verwendung sehr langer Pfähle unzulässige
Setzungen auftreten könnten, entschied man sich für die in Bild 2.5-9 dargestellte Lösung.
Die Unterkonstruktion bilden zwei als Pfahlkopfplatte bzw. -balken ausgeführte Tische,
von denen der eine im Schlot, der andere auf dem Fels steht. Die Felspfähle sind 9,50 m
lang. Die Länge der Schlotpfähle wurde zu 30 m gewählt, und die Pfähle wurden mantel-
verpreßt (s. Abschn. 2.3.1.1), um zunächst deren eventuell auftretende Setzungen so gering wie möglich zu halten. Die Oberkonstruktion wird von einer Traverse gebildet, welche den Pfeiler trägt. Diese Traverse gibt über 50 cm breite Zentrierleisten aus Beton ihre
Lasten an die Tische ab. Über dem Schlottisch wurden in der Traverse Nischen angeordnet, damit dessen eventuelle Setzungen mittels Anheben durch Pressen ausgeglichen wer-

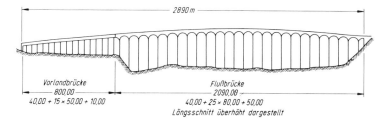

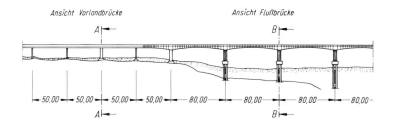

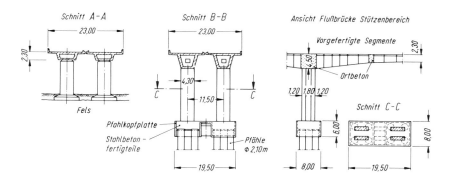

Bild 2.5-10 Nigerbrücke Ajaokuta, Übersicht

den können. Die Betonleiste auf dem Schlottisch ist von Dehnungsfugenbändern einge-
faßt, welche die Verbindung zur Traverse herstellen und gestatten, nach dem Anheben den
entstandenen Spalt zu verpressen.

Eine Pfahlgründung im Fluß wurde bei der Ajaokutabrücke über den Niger ausgeführt
(Bilder 2.5-10 und 2.5-11). Die Pfähle wurden von zwei schwimmenden Bohrplattformen
aus hergestellt. Ihre überwiegende Anzahl konnte bis zu einer Tiefe von 32 m unter Flußsohle auf felsigem Untergrund abgesetzt werden. Bei den restlichen Pfählen wurde der
Fels nicht mehr erreicht. Man führte sie bis auf 53 m unter die Flußsohle, um unter
besonderer Berücksichtigung der mit der Tiefe wechselnden Lagerungsdichte des Baugrundes die zu erwartenden Setzungen sicher zu beherrschen. Das Maß von 53 m enthält
bereits einen Zuschlag von 7 m für einen eventuell auftretenden Kolk. Der größte Teil der
Setzungen unter den Pfeilern wurde außerdem durch den Bauvorgang vorweggenommen,

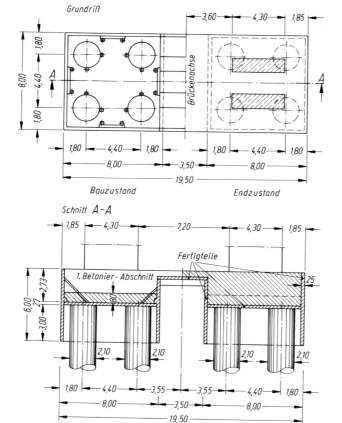

Bild 2.5-11   Pfahlgründung
der Ajaokutabrücke

bevor er sich auf den Überbau auswirken konnte. Der Spannbetonhohlkasten wurde nämlich in einzelnen Segmenten hergestellt und auf die ganze Länge eines Vorbauabschnittes an dem Vorbaugerüst angehängt, bevor die Segmente verklebt und zusammengespannt wurden. Die Fertigteile der Pfahlkopfplatten gemäß Bild 2.5-11 dienen als Schalung sowie Betonschürzen. Die Betonschürzen bewirken, daß auch bei niedrigen Wasserständen die Pfähle nicht sichtbar werden und somit der ästhetische Gesamteindruck der Brücke nicht beeinträchtigt wird.

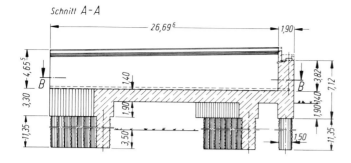

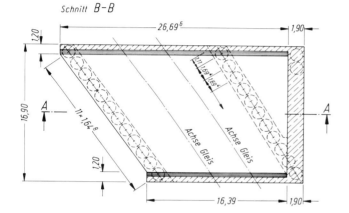

Bild 2.5-12
Widerlager West der
Brücke Kieshecker
Weg in Düsseldorf

Bild 2.5-12 zeigt das westliche Widerlager der Brücke am Kieshecker Weg in Düsseldorf, das aus Großbohrpfählen gegründet ist. Als Besonderheit soll hier festgehalten
werden, daß dieses Widerlager über einer später zu bauenden schiefwinklig kreuzenden S-
Bahn-Strecke errichtet wurde. Aufgrund der entsprechenden Schiefe der Pfahlwände verursachen die Erddrücke im Endzustand so große Beanspruchungen, daß sich eine Rückverankerung dieser Wände anbot (Bild 2.5-13). Eine weitere Ursache für den Einsatz von
Ankern waren die andernfalls zu erwartenden Verformungen von ca. 20 cm an der Übergangskonstruktion und den Lagern der Brücke beim Bodenaushub für die S-Bahn-Strek-
ke unterhalb des Widerlagers.

Grundriß

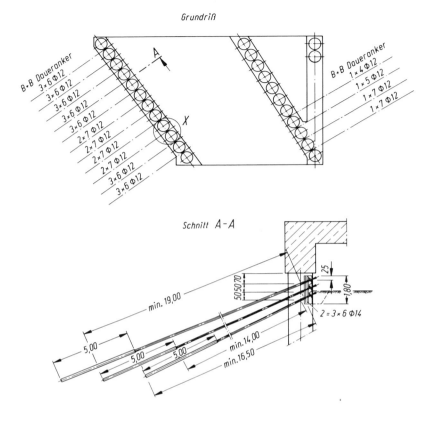

Schnitt A-A

Detail X

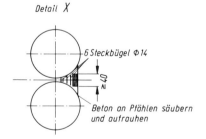

Bild 2.5-13
Ankerung am Wider-
lager West der Brücke
Kieshecker Weg in
Düsseldorf

2.5.4 Gründungen auf Senkkästen, erläutert am Beispiel der Hochbrücke Brunsbüttel

Senkkastengründungen kommen im Brückenbau meist dann zur Ausführung, wenn die
tragfähige Schicht in größerer Tiefe ansteht und darüberhinaus so große Horizontalkräfte
abzuleiten sind, daß Pfahllösungen unwirtschaftlich oder nicht mehr realisierbar werden.

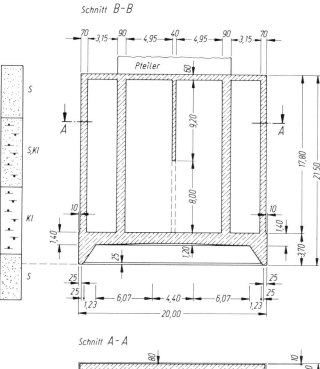

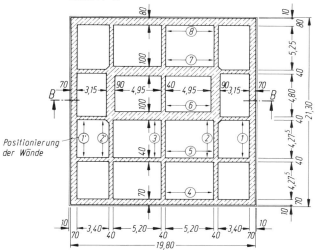

Bild 2.5-14
Kanalpfeiler Ost
der Hochbrücke
Brunsbüttel;
Schnitte und
Positionierung
der Wände

Ein solcher Fall kann z. B. vorliegen, wenn bei einem in einem Meeresarm oder großem Fluß befindlichen Pfeiler Beanspruchungen infolge Schiffsstoßes zu berücksichtigen sind. Bei Pfeilern an einem Ufer kann der durch einen eventuellen Kolk hervorgerufene einseitige Erddruck die Wahl eines Senkkastens geboten erscheinen lassen. Dieses traf bei den Kanalpfeilern der Hochbrücke Brunsbüttel zu, von denen der östliche in den Bildern 2.5-14 bis 2.5-17 dargestellt ist.

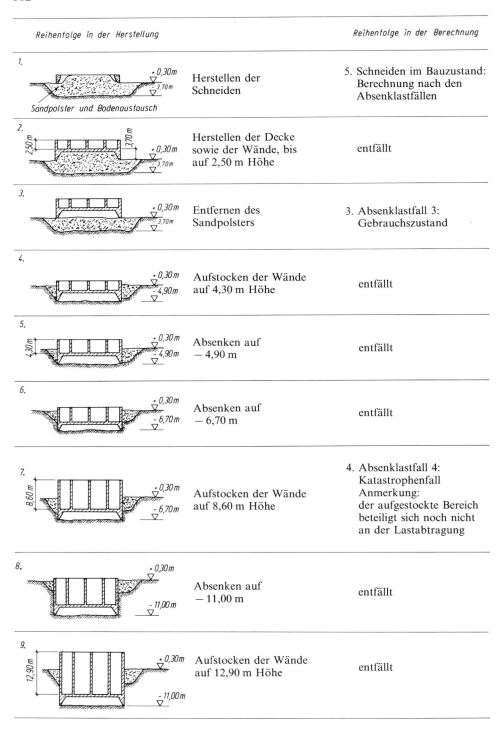

Reihenfolge in der Herstellung		*Reihenfolge in der Berechnung*
1.	Herstellen der Schneiden	5. Schneiden im Bauzustand: Berechnung nach den Absenklastfällen
2.	Herstellen der Decke sowie der Wände, bis auf 2,50 m Höhe	entfällt
3.	Entfernen des Sandpolsters	3. Absenklastfall 3: Gebrauchszustand
4.	Aufstocken der Wände auf 4,30 m Höhe	entfällt
5.	Absenken auf − 4,90 m	entfällt
6.	Absenken auf − 6,70 m	entfällt
7.	Aufstocken der Wände auf 8,60 m Höhe	4. Absenklastfall 4: Katastrophenfall Anmerkung: der aufgestockte Bereich beteiligt sich noch nicht an der Lastabtragung
8.	Absenken auf − 11,00 m	entfällt
9.	Aufstocken der Wände auf 12,90 m Höhe	entfällt

Fortsetzung Bild 2.5-15 s. Seite 163

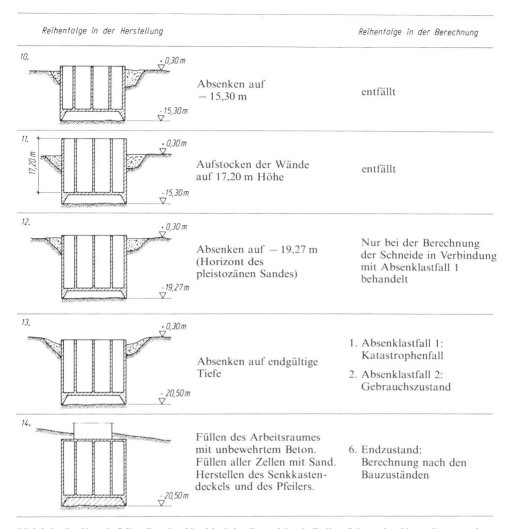

Reihenfolge in der Herstellung		Reihenfolge in der Berechnung
10.	Absenken auf − 15,30 m	entfällt
11.	Aufstocken der Wände auf 17,20 m Höhe	entfällt
12.	Absenken auf − 19,27 m (Horizont des pleistozänen Sandes)	Nur bei der Berechnung der Schneide in Verbindung mit Absenklastfall 1 behandelt
13.	Absenken auf endgültige Tiefe	1. Absenklastfall 1: Katastrophenfall 2. Absenklastfall 2: Gebrauchszustand
14.	Füllen des Arbeitsraumes mit unbewehrtem Beton. Füllen aller Zellen mit Sand. Herstellen des Senkkastendeckels und des Pfeilers.	6. Endzustand: Berechnung nach den Bauzuständen

Bild 2.5-15 Kanalpfeiler Ost der Hochbrücke Brunsbüttel; Reihenfolgen der Herstellung und Berechnung

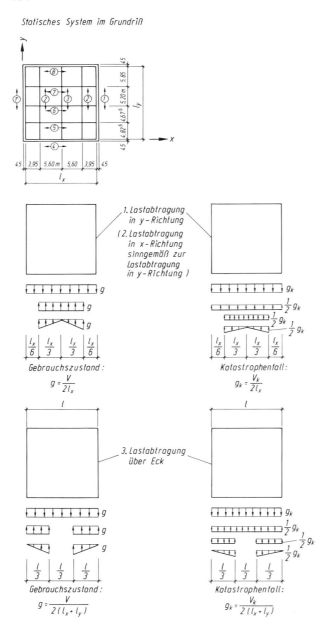

Bild 2.5-16   Kanalpfeiler Ost der Hochbrücke Brunsbüttel;
Angaben zur Lastabtragung in den Bauzuständen

Bei der Hochbrücke Brunsbüttel beginnt die tragfähige Schicht in ca. 20 m Tiefe. In diese binden die Senkkästen mindestens 1 m ein. Deren Abmessungen im Grundriß ergaben sich aus der Forderung, daß sich auch bei Auftreten eines 12 m tiefen Kolkes keine klaffende Bodenfuge einstellen darf.

Die aus sehr weichem Klei bestehende Deckschicht erforderte besondere Maßnahmen bei der Herstellung der Senkkästen, auf die nun näher eingegangen werden soll.

Die Reihenfolge bei der Fertigung ist in Bild 2.5-15 erläutert: Zunächst wurde ein Bodenaustausch bis zu einer Tiefe von 4,0 m vorgenommen. Darauf wurde ein Sandpolster geschüttet, welches als Schalung für die Decke der Arbeitskammer diente. Nachdem die Wände bis zu einer Höhe von 2,50 m hergestellt waren, wurde das Sandpolster entfernt und das Absenken begonnen. Der Bodenaustausch war erforderlich, da sonst das Bauwerk unkontrollierbar eingesunken wäre, noch ehe das Sandpolster vollständig beseitigt war. Mit zunehmender Tiefe konnten aufgrund der zwischen Senkkasten und Baugrund wirkenden Reibung die Wände aufgestockt werden.

Der Absenkvorgang selbst ließ sich ohne Zuhilfenahme einer Bentonitsuspension oder ähnlichem als Gleitmittel durchführen. In größerer Tiefe war lediglich eine zusätzliche Ballastierung durch in die äußeren Zellen eingebrachten Sand erforderlich. Nachdem die Gründungskote erreicht war, wurden die Arbeitskammer ausbetoniert sowie die Zellen vollständig mit Sand gefüllt. Dann wurde der Deckel und schließlich der Pfeiler hergestellt.

Im folgenden seien kurz einige wesentliche Punkte der statischen Berechnung dieses Bauwerks beleuchtet: Bild 2.5-16 enthält die Angaben für die lotrechten Schneidenlasten. In Bild 2.5-15 ist zur Erleichterung der Übersicht die Reihenfolge der maßgebenden Lastfälle bei der Behandlung der Bauzustände eingetragen. Durch Einhalten dieser Reihenfolge wurde die Untersuchung sehr erleichtert. Da die Lasten wechselweise in x- und y-Richtung abzutragen waren (die Abtragung über Ecke stellte sich als bedeutungslos heraus), genügte bei der Lastermittlung für die einzelnen Träger eine Verteilung der Lasten nach dem Hebelgesetz. Um eine möglichst einfache Darstellung des Kraftverlaufs im Endzustand infolge der Beanspruchung aus dem Pfeiler zu erhalten, wurden zunächst die aus Einheitslasten herrührenden Schnittgrößen bestimmt und diese dann linear kombiniert. Die betreffenden statischen Systeme gehen aus Bild 2.5-17a und 2.5-17b hervor. Die Eintragungslängen der Schubkräfte T_{ik} wurden geschätzt und etwa mit der halben Wandhöhe angesetzt. Die in der Berechnung vernachlässigten Kantenschübe in den äußeren Ecken wurden über eine konstruktive Bewehrung berücksichtigt. Die Berechnung mit Hilfe eines Trägerrostes oder ähnlichen Modelles wäre hier trotz Einsatz eines Computers wesentlich aufwendiger und dennoch nicht als wirklichkeitsnäher einzustufen gewesen; denn einerseits sind die Steifigkeitsverhältnisse unklar, andererseits ist die realistische Schätzung der Eintragungslänge der Schübe ausschlaggebend. Bei der Beurteilung der Konstruktion muß man noch bedenken, daß die Bauzustände ohnehin eine Bewehrung über die ganze Wandhöhe erfordern, die im Endzustand zur Aufnahme dieser Schübe zur Verfügung steht. So sind im Endzustand noch erhebliche Reserven vorhanden.

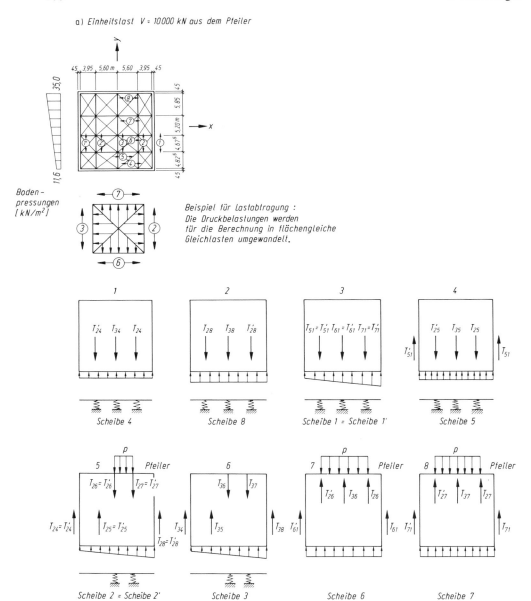

a) Einheitslast V = 10 000 kN aus dem Pfeiler

Bodenpressungen [kN/m²]

Beispiel für Lastabtragung :
Die Druckbelastungen werden
für die Berechnung in flächengleiche
Gleichlasten umgewandelt.

Fortsetzung Bild 2.5-17 s. Seite 167

b) *Einheitsmoment M_x = 10000 kNm*
   (Erläuterung im Prinzip)

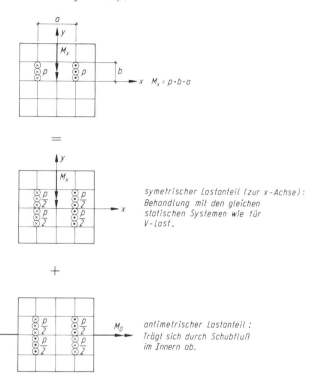

Bild 2.5-17   Kanalpfeiler Ost der Hochbrücke Brunsbüttel;
Angaben zur Lastabtragung im Endzustand

An den Widerlagern der Hochbrücke Brunsbüttel waren infolge der Dammschüttung Setzungen von mehreren Metern zu erwarten, wovon etwa 80 cm nach Fertigstellung der Brücke auftreten können. Daher wurde jeweils das eigentliche Widerlager vorverlegt. Aufgrund des durch die Dammschüttung ausgelösten Kleischubes wurde auch hier eine Senkkastengründung gewählt (Bild 2.5-18). Vor dem Damm befindet sich ein zweiter Baukörper, der flach gegründet ist und die Setzungen mitmacht. Beide Teile der Widerlagerkonstruktion sind durch einen dreipunktgelagerten Hohlkasten verbunden, welcher hier die Funktion einer Schleppkonstruktion übernimmt. Durch die Dreipunktlagerung erhält der Hohlkasten keine Beanspruchungen aus Zwängungen infolge von Setzungen. Es sei noch vermerkt, daß er angehoben werden kann, um die Setzungen auszugleichen.

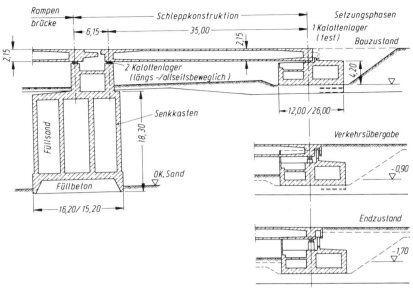

Bild 2.5-18   Widerlager und Schleppkonstruktion Ost mit Setzungs- und Anhebephase

3 Sicherung von Geländesprüngen

3.1 Pfahlwände*)

3.1.1 Allgemeines, Anwendungsbereich

Eine Pfahlwand entsteht durch Aneinanderreihen einzelner Pfähle (Bild 3.1-1). Entwurf, Berechnung und Ausführung dieser Pfähle unterliegen den Regeln der DIN 4014, Entwurf Febr. 87 [2], siehe auch Abschnitt 2.3.1. Ein Sonderfall ist die Stabwand aus Verpreßpfählen mit kleinem Durchmesser nach DIN 4128, die meist in mehreren Reihen hintereinander angeordnet werden, siehe Abschnitt 3.1.6.

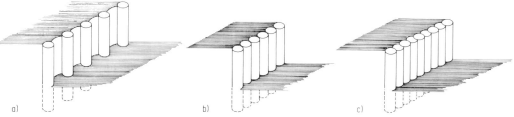

Bild 3.1-1   Pfahlwandtypen

Man unterscheidet zwischen

- aufgelösten Pfahlwänden: Der Achsabstand der Pfähle ist wesentlich größer als der Pfahldurchmesser, so daß Zwischenräume zwischen den Pfählen entstehen,
- tangierenden Pfahlwänden: Die Pfähle berühren sich. Der Achsabstand ist gleich dem Pfahldurchmesser + 3 bis 5 cm Spiel,
- überschnittenen Pfahlwänden: Der Achsabstand ist kleiner als der Pfahldurchmesser, so daß sich die Pfähle überschneiden.

Aufgelöste Pfahlwände (Bild 3.1-2) können dann eingesetzt werden, wenn der Baugrund zumindest so lange standfest ist, bis der Zwischenraum zwischen den Pfählen freigelegt und gegebenenfalls mit einer Spritzbetonschicht gesichert ist. Hierzu ist Voraussetzung, daß mehr als der halbe Umfang der Pfähle freigelegt wird, damit die wie ein Gewölbe wirkende Spritzbetonschale ein gutes Widerlager an der Pfahloberfläche vorfindet (Bild 3.1-3). Die Spritzbetonschale kann gegebenenfalls mit Betonstahlmatten bewehrt werden. Diese Bauweise bringt es mit sich, daß aufgelöste Pfahlwände oberhalb des Grundwasserspiegels liegen müssen.

Mit der tangierenden Pfahlwand können, da mehr tragender Querschnitt pro Meter Wandfläche zur Verfügung steht, größere Momente und Querkräfte als bei der aufgelösten Pfahlwand abgetragen werden (gleiche Pfahldurchmesser vorausgesetzt). Wie bei der aufgelösten Pfahlwand, so sind auch bei der tangierenden Pfahlwand alle Einzelpfähle bewehrt. Auch hier gilt, daß die freizulegenden Wandflächen oberhalb des Grundwasserspiegels liegen müssen, will man nicht einen geringen Wasserzufluß in den Pfahlfugen in Kauf nehmen.

*) Verfasser: KLAUS KRUBASIK
    (s. a. Verzeichnis der Autoren, Seite V)

Bild 3.1-2
Aufgelöste Pfahlwand mit Kopfbalken und Brücken-Auf-
lager (Werkfoto Bilfinger +
Berger)

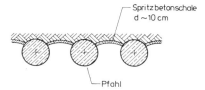

Bild 3.1-3
Spritzbetonschale bei aufgelöster Pfahlwand

Bild 3.1-4
Überschnittene
Pfahlwand (Werk-
foto Bilfinger +
Berger)

Bei der überschnittenen Pfahlwand (Bild 3.1-4) wechseln unbewehrte mit bewehrten Pfählen ab. Die bewehrten Pfähle besitzen den vollen Querschnitt, während die unbewehrten Pfähle von beiden Seiten her durch die bewehrten Pfähle angeschnitten werden. Die bewehrten Pfähle bilden die Tragelemente, die unbewehrten wirken als Füllelemente, welche den Erd- und Wasserdruck auf die bewehrten Pfähle überleiten (Bild 3.1-5). Bis auf geringe Durchfeuchtungen an den Überschneidungsflächen können mit überschnittenen Pfahlwänden wasserdichte Baugrubenwände hergestellt werden.

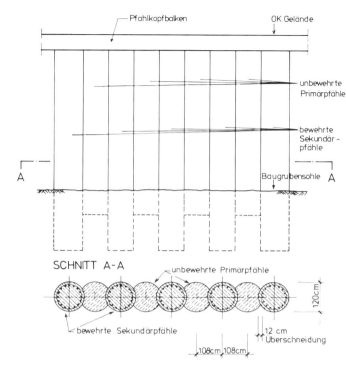

Bild 3.1-5
Ausbildung einer über-
schnittenen Pfahlwand

Es ist üblich, die unbewehrten Pfähle knapp unter der geplanten Baugrubensohle enden zu lassen, und die bewehrten Pfähle bis zur vollen Einspanntiefe auszuführen.

Die Pfahlwand zeichnet sich durch eine geringe Horizontalverformung und Aufnahme großer Biegemomente aus. Pfahlwände können auch geneigt ausgeführt werden, wenn z. B. für eine Baugrube an der Straßenoberfläche eine geringe Breite zur Verfügung steht, und durch Unterschneiden der Gehwegbereiche und Gebäudefundamente mehr Baugrubenbreite zur Tiefe hin gewonnen werden soll. Die Grenzneigungen hierfür liegen bei etwa 10 : 1. Dementsprechend finden Pfahlwände Anwendung bei der Herstellung von

– Baugrubenumschließungen,
– Tunnel- und Rampenbauwerken,
– Stützmauern,
– Brückenwiderlagern,
– Hangsicherungen,
– Dichtungswänden im Untergrund.

Die Anwendung einer Pfahlwand ist besonders dann naheliegend, wenn sie als Baugrubenwand und als bleibende Bauwerkswand genutzt werden kann. Der Anwendungsbereich der Pfahlwände erstreckt sich über alle Bodenarten. In sehr dicht gelagerten und felsartigen Bodenschichten kann die Bohrarbeit durch Meißelarbeit unterstützt werden. Wenn solche Bodenschichten zu durchörtern sind, können sie mit Pfahl-Bohrwerkzeugen (vgl. 3.1.2.1) kostengünstiger und sicherer durchörtert werden, als es beim Rammen von Spundwänden oder bei der Schlitzwandtechnik (vgl. 3.2) möglich ist. In weichen und breiigen Bodenschichten wird der frische Beton des Pfahlschaftes durch eine zylindrische Blechrohr-Ummantelung, welche am Bewehrungskorb befestigt ist, am Auslaufen gehin-

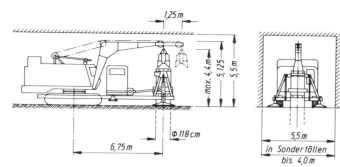

Bild 3.1-6
Pfahlwandherstellung
vom Stollen aus

dert. So ist auch die Herstellung von aufgelösten oder tangierenden Pfahlwänden in offenen Gewässern möglich.

Pfahlwände aus Großbohrpfählen können auch bei beengten Raumverhältnissen hergestellt werden, z. B. von einem Stollen aus, dessen lichte Breite 5,50 m und dessen lichte Höhe ebenfalls 5,50 m beträgt (Bilder 3.1-6, 2.3.1-19a). Bei Kleinbohrpfählen können diese Maße noch unterschritten werden.

3.1.2 Herstellung

3.1.2.1 Lösen und Fördern des Bohrgutes

Man unterscheidet Bohrwerkzeuge, die am Seil geführt werden und solche, die an einem starren Gestänge (Kellystange), das teilweise auch teleskopiert werden kann, im Bohrloch auf und ab bewegt werden.

Am Seil eines Bohrbaggers geführte Werkzeuge sind Schalengreifer (Bild 3.1-7), Schlammbüchse, Kiespumpen und Fallmeißel (Bild 3.1-8). Sie werden je nach Baugrund und Grundwasserverhältnissen ausgewählt und eingesetzt.

Bild 3.1-7   Zwei-Schalen-Bohrgreifer (Werkfoto Bilfinger + Berger)

Bild 3.1-8   Fallmeißel mit gepanzerten
Schneiden (Werkfoto Bilfinger + Berger)

Die im Querschnitt quadratisch ausgebildete Kellystange ist in der Regel hohl, so daß
mehrere Kellystangen ineinander geschoben werden können. Die für das Eindringen des
Bohrwerkzeuges an der Bohrlochsohle erforderlichen Andruck- und Drehmoment-Kräf-
te werden von einem Kraftdrehkopf erzeugt und an die Kellystange abgegeben. Der
Kraftdrehkopf ist an einem Mäkler des Bohrbaggers geführt. Die in Verbindung mit der
Kellystange benutzten Bohrwerkzeuge sind Bohrschnecke (Bild 3.1-9), Kerneimer und
Kiesbüchse. Sehr dicht gelagerte oder felsähnliche Bodenschichten werden durch die
Drehbewegung der hartmetallbestückten Bohrwerkzeuge gelöst.

Bild 3.1-9   An Kelly-Stange geführte Bohrschnecke (Werkfoto
Bilfinger + Berger)

3.1.2.2 *Verrohrung*

Zur Herstellung von Pfahlwänden wird eine hohe Richtungsgenauigkeit der Bohrungen gefordert. Diese wird am ehesten durch die Verwendung einer möglichst steifen Verrohrung gewährleistet (Bild 3.1-10).

Hauptzweck der Verrohrung ist jedoch, den seitlich anstehenden Boden zu stützen und zu verhindern, daß die Bohrung einbricht. Die Rohrschneide eilt während des Abbohrens der jeweiligen Aushubsohle voraus. Beim nachfolgenden Betonieren des Pfahles wird die Verrohrung wieder gezogen. Zur besseren Überwindung vom Spitzenwiderstand an der Rohrschneide und der Reibung zwischen Rohr und Erdreich wird während des Abbohrens das Bohrrohr hin und her gedreht. Die für die Erzeugung der erforderlichen Drehmomente eingesetzten hydraulisch arbeitenden Verrohrungsmaschinen entwickeln Drehmomente bis zu 2300 kNm, wie z. B. für Bohrrohre von 180 cm Durchmesser. Die Verrohrungsmaschinen sind meist an den Aushubbagger gebunden, der die an der Verrohrungsmaschine entstehenden Reaktionskräfte aufnimmt (Bild 3.1-11). Die erreichbaren Bohrtiefen liegen in der Regel bei 25 m.

Eine Kombination von Verrohrungsmaschine und Bohrbagger bildet die kompakte, mit einem Schreitwerk ausgerüstete Benoto-Bohranlage. Mit ihr werden hohe Bohrgeschwindigkeiten erreicht; das mit seilgeführten Bohrwerkzeugen geförderte Bohrgut kann jedoch nur unmittelbar an der Verrohrungsmaschine abgeworfen werden.

Die gängigen Bohrdurchmesser (Außendurchmesser der Verrohrung) der mit hydraulischen Verrohrungsmaschinen ausgerüsteten Geräte sind 64 cm, 88 cm, 108 cm, 118 cm, 130 cm, 150 cm und 180 cm.

Kennzeichnend für das Bohren mit hydraulisch arbeitenden Verrohrungsmaschinen ist die kraftschlüssige Koppelung der Verrohrungsmaschine mit dem Bohrbagger. Dieses bedingt, daß beide Geräte in einem bestimmten Abstand zueinander auf einem gemeinsamen Arbeitsplanum in gleicher Höhe stehen müssen.

Dieser Nachteil wird durch das Hochstrasser-Weise-Bohrverfahren – abgekürzt HW-Verfahren – aufgehoben (Bild 3.1-12). Beim HW-Verfahren wird die Verrohrung nicht in Einzelschüssen eingebaut; es wird das Bohrrohr in ganzer Länge in einem Stück angesetzt und abgebohrt. Kennzeichnend ist die Verwendung einer auf dem Bohrrohrkopf reitend angeordneten, mit Druckluft betriebenen Schwinge, die, in der horizontalen Ebene um die

Bild 3.1-10 Bohrrohre in Einzelschüssen für die Pfahlherstellung. Hinten Aussparungen in Primärpfählen, siehe Beschreibung der Einband-Abbildung Seite IV (Werkfoto Bilfinger + Berger)

Bild 3.1-11   Pfahlbohrgerät
mit Bohrbagger und hydraulischer Verrohrungsmaschine
(Werkfoto Bilfinger + Berger)

Bild 3.1-12   Hochstrasser-Weise
(HW)-Bohrverfahren mit Bohrrohr
und Schwinge sowie Bohrbagger
(Werkfoto Bilfinger + Berger)

Bohrrohrachse hin und her schwingend, die nötige Bewegungsenergie in das Bohrrohr einleitet und ruckartige Hin- und Herbewegungen erzeugt. Das hohe Eigengewicht des Rohrstranges mit der aufgesetzten Schwinge sowie die Verminderung der Mantelreibung durch die Hin- und Herdrehung des Rohres bei gleichzeitigem Bodenaushub im Rohrinneren bewirken das Eindringen des Bohrrohres in den Baugrund. Die beim HW-Verfahren gängigen Bohrdurchmesser sind 60 cm, 90 cm, 120 cm, 150 cm, 180 cm und 200 cm.

Beim HW-Verfahren werden keine Reaktionskräfte vom Bohrrohr auf den Bohrbagger übertragen. Daraus folgt, daß der Bohrbagger frei beweglich neben der Pfahlbohrung arbeiten kann; Bohransatzpunkt und Arbeitsplanum des Baggers können auf unterschiedlichem Niveau liegen, wie z. B. bei der Herstellung einer Pfahlwand in einer Böschung. Die erreichbare Tiefe der Pfahlbohrungen nach dem HW-Verfahren liegt in der Größenorodnung von 15 m.

In jüngster Zeit geht die Entwicklung dahin, bei Bohrungen, die mit der Kellystange ausgeführt werden, die Verrohrung mit Hilfe des am Mäkler des Bohrbaggers befestigten Kraftdrehkopfes in den Boden einzudrehen und einzudrücken. Diese Methode ist bei geringen Bohrdurchmessern und nicht zu großen Pfahllängen möglich.

3.1.2.3   Unverrohrte Bohrungen

Für die Ausführung aufgelöster oder tangierender Pfahlwände kommt auch die Herstellung von Bohrungen in Frage, deren Wandungen nicht durch eine Verrohrung, sondern mit Hilfe einer Bentonit-Suspension gestützt sind.

Unterhalb eines kurzen Führungsrohres, das der aus der Schlitzwand-Technik (vgl. Abschn. 3.2) bekannten Leitwand entspricht, folgt die unverrohrte Bohrlochstrecke. Bei diesem Verfahren entfällt die Benutzung einer Verrohrungsmaschine einschl. schwerer Verrohrung. Dafür ist die Vorhaltung einer Aufbereitungs- und Regenerieranlage für die Bentonit-Suspension erforderlich (vgl. Abschn. 3.2), einschl. Beseitigung des durch die Suspension verunreinigten Aushubgutes. Im Vergleich zur verrohrten Bohrung kann ein Mehrfaches an Pfahllänge erzielt werden, jedoch sind beim Freilegen von so hergestellten Pfahlwänden, bedingt durch die Baugrundeigenschaften, größere Wandunebenheiten zu erwarten.

Der Verzicht sowohl auf Verrohrung als auch auf Stützflüssigkeit (wozu sich auch Wasser eignen kann) ist nur in Sonderfällen bei standfesten Bodenarten oder beim Verdrängungs-Schneckenbohrverfahren (s. Abschnitt 2.3.1.5) möglich. Auch hier kann sich, wie bei den flüssigkeitsgestützten Bohrungen, das Fehlen einer steifen, der Aushubsohle vorauseilenden Verrohrung nachteilig auf den Richtungsverlauf der Pfähle auswirken.

3.1.2.4   Bohrschablone

Die Bohrschablone hat den Zweck, ein genaues Ansetzen und Führen der Bohrrohre während der ersten Bohrmeter zu ermöglichen (Bild 3.1-13, 3.1-7). Die etwa 30 cm hohen bewehrten Schablonen aus Stahlbeton werden an Ort und Stelle in Höhe des Bohrplanums betoniert. Außer der Längsbewehrung sind in regelmäßigen Abständen Querbewehrungsstäbe angeordnet, die die beiden Schablonenhälften zugfest miteinander verbinden.

Während des Abbohrens und Ziehens der Bohrrohre hat die Bohrschablone hohe Beanspruchungen aus der Verrohrungsmaschine aufzunehmen, die unmittelbar auf der Bohrschablone steht. Der Untergrund muß entsprechend tragfähig und die Bohrschablone stabil ausgebildet sein.

Bild 3.1-13 Bohrschablone aus Ortbeton für überschnittene Pfahlwand (Werkfoto Bilfinger + Berger)

Neben den an Ort und Stelle betonierten Schablonen sind wiederverwendbare Stahlschablonen gebräuchlich, die jedoch wegen ihres geringeren Eigengewichtes und ihres nicht so guten Verbundes mit dem Untergrund eher dazu neigen, unter der Beanspruchung der Verrohrungsmaschine aus der Sollage gedrückt zu werden.

3.1.3 Standsicherheitsberechnung

3.1.3.1 Allgemeines

Pfahlwände werden nach den üblichen Methoden für Baugrubenwände berechnet [3], [4], [5], [6].

Hinweise für die Belastungsansätze finden sich in den Empfehlungen des Arbeitskreises Baugruben [7] und in den Empfehlungen des Arbeitsausschusses für Ufereinfassungen [8]. Ausführliche Angaben über Konstruktion und Bauausführung, Berechnungsgrundlagen und Berechnungsverfahren von Baugrubenwänden hat WEISSENBACH [9] zusammengestellt. Bei ihm finden sich auch alle wichtigen Literaturangaben zu diesem Thema.

3.1.3.2 Pfahlwände bei schlechten Baugrundverhältnissen in der Tiefe

Die Einbindelängen von Pfahlwänden (und auch Schlitzwänden) werden bei schlechten Baugrundverhältnissen in der Tiefe unverhältnismäßig groß. Will man diesen Nachteil vermeiden, gibt es folgende Möglichkeiten:

1. Es wird eine sinnvolle Einbindelänge festgelegt. Diese Einbindelänge muß die gegebenen Randbedingungen erfüllen, z. B. muß die Sicherheit der Baugrubensohle gegen hydraulischen Grundbruch gewährleistet sein. Für diese gewählte Einbindetiefe ergibt sich ein rechnerischer (mit dem Sicherheitswert $\eta_p = 1,5$ ermittelter) Erdwiderstand, der kleiner als die erforderliche Erdauflagerkraft ist. Die Differenzlast aus der vorhandenen Belastung und dem rechnerischen Erdwiderstand muß von der Wand unterhalb der untersten Steifen- bzw. Ankerlage wie von einem Kragarm aufgenommen werden. Die Wand wird für diese Differenzlast als durchlaufender Träger mit Kragarm berechnet, der an den Steifen- bzw. Ankerlagen starr bzw. elastisch gestützt ist. Gegenüber

einer Wand mit ausreichender Einbindelänge sind die Steifen- bzw. Ankerkräfte erhöht, so daß die Ersparnis durch Verkürzung der Einbindelänge und der Mehraufwand für Steifen und Anker gegeneinander abgewogen werden müssen.

2. Bei der Berechnung einer Wand werden häufig vereinfachend die stützenden Kräfte unterhalb des Belastungsnullpunktes zu einer resultierenden Stützkraft zusammengefaßt, die bei $0,5\,t_o$ bzw. $0,6\,t_o$ (t_o = Einbindelänge unterhalb des Belastungsnullpunktes [7]) angesetzt wird. Bei hohen Wänden mit hohem Wasserdruck führt dieser Ansatz zu einem großen Kragmoment am Angriffspunkt der Stützkraft, das in Wirklichkeit nicht vorhanden ist, weil die Stützung nicht punktförmig, sondern längs der gesamten Einbindelänge wirkt. Durch Ansatz einer elastischen Bettung läßt sich dieser Fehler vermeiden. Bei diesem Ansatz muß zusätzlich nachgewiesen werden, daß die elastischen Stützkräfte kleiner als die mit dem Sicherheitsbeiwert $\eta_p = 1,5$ dividierten rechnerischen Erdwiderstände sind.

3.1.4 Konstruktion

3.1.4.1 Beton

In den meisten Fällen wird der Pfahlbeton in ein Bohrloch eingebaut, das wegen des örtlich anstehenden Grundwassers mindestens zum Teil mit Wasser gefüllt ist. Die Herstellung dieses Unterwasser-Betons unterliegt somit den Anforderungen der DIN 1045, Abschn. 6.5.7.7 [11], wonach die Zementmenge bei einem Größtkorn von 32 mm mind. 350 kg/m³ fertigen Betons betragen muß. Nach [2] darf dieser Beton unter den Bedingungen für Beton B I hergestellt werden. Diese hier angegebene Zementmenge kann durch Zugabe von Steinkohlenflugasche (Prüfbescheid muß vorliegen) verringert werden. Das Ausbreitmaß soll zwischen 50 und 60 cm liegen, wobei im Regelfall der Wasser-Zement-Wert $w/z = 0,6$ bzw. bei Verwendung von Steinkohlenflugasche $w/z = 0,7$ nicht überschreiten darf. Der Beton muß beim Einbringen als zusammenhängende Masse fließen, damit er auch ohne Verdichtung ein geschlossenes Gefüge erhält. In diesen Konsistenzbereichen ist Innenrüttlung wegen der Gefahr der Betonentmischung nicht zulässig [2].

Während des Einbringens des UW-Betons ist zu vermeiden, daß der Beton frei durch das Wasser fällt. Der Beton wird daher mit einem UW-Betonierrohr eingebaut. Während des Betoniervorganges taucht das wasserdichte Schüttrohr ständig in die Frischbetonsäule ein, und nur die Oberfläche der aufsteigenden Betonsäule kommt mit dem Wasser im Bohrloch in Berührung. Der Beton der Pfahloberfläche ist daher mit Zementschlämme durchsetzt. Er muß daher nach der Pfahlherstellung durch Abstemmen entfernt werden.

Befindet sich kein Wasser in den Bohrungen, so können die Pfähle im Trockenen betoniert werden. Nach [2] ist bei lotrechten Pfählen ein Trichter am Pfahlkopf mit mindestens 1 m langem Schüttrohr ausreichend. Die Konsistenz sollte im Bereich K 3 entsprechend einem Ausbreitmaß zwischen 50 und 60 cm liegen.

Bei der Festlegung des Beton-Größtkorns ist darauf zu achten, daß der Frischbeton das Bewehrungsnetz von innen nach außen durchdringen muß. Bei sehr konzentrierter Längsbewehrung mit engem Wendelabstand muß das Beton-Größtkorn ggf. auf 16 mm verringert werden. Als Richtwert sollte gelten, daß der Durchmesser des Beton-Größtkorns bei Pfählen nicht mehr als ein Drittel des geringsten Bewehrungsstab-Abstandes beträgt.

Beim Ziehen der Bohrrohre, das kontinuierlich mit dem Ansteigen des Frischbetons erfolgen muß, füllt der Frischbeton den freiwerdenden Raum unterhalb der Bohrrohr-Schneide aus. Es entsteht eine Fließbewegung des Frischbetons von oben nach unten, wobei die Betonoberfläche absinkt. Bei einem Bohrdurchmesser von 120 cm senkt sich der

Betonspiegel während des Rohrziehens kontinuierlich um rd. 15% der Höhe der Beton-säule, das entspricht einem Absinkmaß von insgesamt etwa 3 m bei einem 20 m langen Pfahl.

Bei der Herstellung einer überschnittenen Pfahlwand werden die Einzelpfähle in be-stimmter Reihenfolge abgebohrt und betoniert. Es werden zuerst die unbewehrten Pri-märpfähle (Bild 3.1-5) hergestellt. Nach dem beginnenden Ansteifen des Betons dieser Primärpfähle und möglichst, so lange der Beton nicht zu hohe Festigkeiten entwickelt hat, werden die Sekundärpfähle abgebohrt, bewehrt und betoniert.

Während des Anschneidens der schon fertiggestellten benachbarten Primärpfähle muß die Rohrtour so geführt und durch die Verrohrungsmaschine in ihrer Lage gehalten wer-den, daß die am unteren Ende der Rohrtour sitzende und mit Schneidzähnen ausgerüstete Ringbohrkrone seitlich nicht ausweicht. Wegen der unterschiedlichen Festigkeiten der von der Ringkrone zu schneidenden Materialien, nämlich Erdreich und Pfahlbeton, hat die Krone die Tendenz, seitlich in das weichere Medium hinein (Erdreich) auszuweichen. Die zum Zeitpunkt des Anschneidens unterschiedlich entwickelten Festigkeiten des Be-tons der beiden Primärpfähle verstärkt diese Tendenz.

Mit schweren Verrohrungsmaschinen, die in der Regel starr mit dem Bohrbagger ver-bunden sind, gelingt es, bei der Herstellung von überschnittenen Pfahlwänden horizontale Abweichungen von weniger als 0,5% der Pfahllänge zu erzielen. Bei einer 15 m tiefen Pfahlwand entspricht dieses Maß einer Abweichung von 7,5 cm in 15 m Tiefe. Geht man von einer ebenfalls 0,5%igen-Abweichung der Primärpfähle aus, so ergibt sich damit ungünstigsten Falles ein Betrag von 15 cm, d. h. daß die Pfähle planmäßig mindestens 20 cm überschnitten sein müssen, wenn eine offene Fuge ausgeschlossen werden soll. Allge-mein folgt daraus, daß mit zunehmender Tiefe der überschnittenen Pfahlwand das Über-schneidungsmaß vergrößert werden muß.

Das Anschneiden der Nachbarpfähle wird erleichtert, und das Abweichen des Bohrroh-res von der Sollrichtung wird verringert, wenn die Primärpfähle aus einem Beton geringer Festigkeit hergestellt werden. Würde für die Primärpfähle wie für die Sekundärpfähle ein Beton mit 350 kg Zement/m^3 verwendet, so betrüge die Festigkeit eines drei Tage alten Nachbarpfahles beispielsweise etwa 10 N/mm^2 und die des danebenliegenden etwa sieben Tage alten Pfahles bereits 25 N/mm^2. Somit betrüge der Festigkeitsunterschied zwischen den beiden anzuschneidenden Primärpfählen 15 N/mm^2. Wird dagegen für die Primär-pfähle z. B. ein B 5 oder B 10 mit einem entsprechenden Zement/Flugasche-Verhältnis ge-wählt, so kann die Differenzfestigkeit der zwei anzuschneidenden Primärpfähle auf etwa 4 N/mm^2 verringert werden. Dementsprechend wird das Anschneiden der beiden Pfähle erleichtert und die Gefahr der Bohrrohrabweichung verringert.

Bei Verwendung von Erstarrungsverzögerern wird der Erstarrungsbeginn entsprechend verzögert. Die nach dem Erstarrungsbeginn einsetzende Festigkeitszunahme des Betons schreitet rascher voran als beim nichtverzögerten Beton, d. h. daß die Auswirkung des Verzögerers im Laufe der Erstarrungszeit verschwindet. Durch die Verwendung eines Erstarrungsverzögerers wird das Auftreten der zuvor erwähnten Festigkeitsunterschiede nicht verhindert. Für die Herstellung von überschnittenen Pfahlwänden ist daher die Verwendung eines Betons geringer Festigkeit für die Primärpfähle und eines Betons der üblichen höheren Festigkeit für die bewehrten Sekundärpfähle zweckmäßig.

3.1.4.2 Bewehrung

Sowohl bei der aufgelösten als auch bei der tangierenden Bohrpfahlwand ist jeder Pfahl bewehrt. Bei einer überschnittenen Pfahlwand ist nur jeder zweite Pfahl, der Sekundär-pfahl, mit einem Bewehrungskorb ausgerüstet.

Bild 3.1-14   Einbau eines Pfahl-Bewehrungskorbes in HW-Bohrung (Werkfoto Bilfinger + Berger)

Die Bewehrungskörbe müssen, unabhängig von den statischen Anforderungen, so stabil sein, daß sie sich beim Transportieren zur Baustelle und beim Einbauen in die Bohrung nicht bleibend verformen (Bild 3.1-14, s. auch Abschnitt 2.3.1.5).

Nach dem Bewehren und Betonieren eines Pfahles muß die Verrohrung wieder gezogen werden, was in der Regel eine leichte Hin- und Herbewegung des Bohrrohres während des Ziehens erforderlich macht (s. Bild 3.1-4, 3.1-16). Diese Rohrdrehungen müssen möglichst klein gehalten werden, damit keine Mitnahmebewegung durch den Beton auf die Bewehrung übertragen und damit die Sollage des Bewehrungskorbes verändert wird. Eine unsymmetrische Bewehrung ist besonders empfindlich gegen Verdrehung.

Wie in 3.1.4.1 erläutert, setzt beim Ziehen des Bohrrohres eine Beton-Fließbewegung von oben nach unten ein. Der an der Pfahlsohle aufstehende Bewehrungskorb ist somit hohen Fließkräften des Frischbetons ausgesetzt. Er muß diese aufnehmen können, ohne gestaucht oder verdrillt zu werden. Je höher die Frischbetonsäule innerhalb des Bohrrohres ist, um so größer ist die sich in Bewegung befindliche Frischbetonmasse und um so größer sind die auf den Bewehrungskorb einwirkenden Vertikalkräfte.

Die in der DIN 4014 bzw. DIN 1045, Beton- und Stahlbetonbau, angegebene Pfahlmindestbewehrung, bestehend aus Längseisen von 14 mm $\varnothing$ im Abstand von 30 cm, ist in der Regel bei Pfahldurchmessern von mehr als 60 cm und Pfahllängen von mehr als 10 m auch beim Einbau von Aussteifungsringen in den Bewehrungskorb nicht mehr stabil genug, um den Betonfließkräften beim Ziehen der Verrohrung standzuhalten. Wenn nicht ohnehin aus statischen Gründen erforderlich, müssen die obengenannten Mindestbewehrungsanteile deutlich überschritten und die Bewehrungskörbe zusätzlich ausgesteift werden.

Ausreichend steife Bewehrungskörbe ergeben sich in der Regel bei Anwendung der ZTVK-80 [12], wonach für Pfahldurchmesser bis 150 cm Längsstäbe mit einem Durchmesser $\geq$ 18 mm, bzw. bei Durchmessern von 150 cm Längsstäbe mit einem Durchmesser von $\geq$ 20 mm mit einem Abstand von $\leq$ 20 cm zu verwenden sind.

Bewehrungsstöße siehe Abschnitte 2.3.1.5

3.1.4.3 Kopfbalken und Gurte

Pfahlwände werden (bei bleibenden Bauwerken meistens, bei Baugrubenverbau nicht immer) aus konstruktiven oder statischen Gründen am Kopf durch einen nachträglich zu betonierenden Holm, den Pfahlkopfbalken, miteinander verbunden (siehe Bild 3.1-2). Die Balkenbreite entspricht mindestens dem Durchmesser der Pfähle, die Höhe entspricht mindestens dem halben Breitenmaß. Der Kopfbalken hat die Aufgabe,

– das Zusammenwirken der Einzelpfähle zu erzielen,
– Vertikal- und Horizontalbelastungen auf die Pfähle zu verteilen,
– Steifen- oder Ankerlasten gleichmäßig in die Pfähle einzuleiten,
– Ankerkopf-Aussparungen aufzunehmen.

Entsprechend den daraus entspringenden Beanspruchungen werden die Pfahlkopfbalken bewehrt. Abgewandelte Querschnittsformen, etwa wie die Kombination von Kopfbalken mit aufgesetzter Winkelstützmauer, werden häufig angewendet.

Werden in dem Wandbereich zwischen Kopfbalken und Fußeinspannung Einzelkräfte in die Pfahlwand eingeleitet, so ist die Ausbildung eines vor die Pfahlwand an der Baugrubenseite gesetzten Gurtes aus Stahlbeton oder aus Stahlprofilen mit Zwickelbetonfüllung erforderlich. Auf den lastausgleichenden Gurt kann verzichtet werden, wenn jeder bewehrte Pfahl einzeln abgestützt wird, etwa durch Steifen oder Verpreßanker.

Die Ableitung von Horizontalkräften aus einem anbetonierten Gurt in die Pfahlwand erfordert außer dem Reinigen und Aufrauhen der Pfahloberfläche an der Kontaktfuge vor dem Betonieren keine besonderen Maßnahmen. Vertikalkräfte können vom Gurt in die Wand übertragen werden, soweit gleichzeitig wirkende Horizontalkräfte ein Abgleiten des Gurtes an der Kontaktfuge ausschließen. Aufgrund des guten Reibungsbeiwertes in einer Beton-Fuge können z. B. Ankerkräfte bei Ankerneigungen bis zu 30° (gegen die Horizontale gemessen) ohne besondere Maßnahmen über einen Betongurt oder Betonzwickel in die Betonoberfläche des Pfahles eingeleitet werden.

Bei steilerem Angriff der Kraft-Resultierenden müssen Schubdübel nachträglich in die Pfahllaibung eingesetzt werden. Nicht bewährt hat sich für solche Fälle das Freilegen der Pfahlbewehrung und Herausbiegen einzelner vorbereiteter Anschlußeisen aus dem Pfahlquerschnitt. Der Grund ist, daß der höhen- und lagegerechte Einbau der Körbe mit der hierfür erforderlichen Genauigkeit wegen der zu erwartenden Verdrillung der Bewehrungskörbe beim Ziehen der Pfahlverrohrung nicht möglich ist.

Ein höhen- und lagegerechter Einbau der Bewehrungskörbe kann erzielt werden, wenn diese während des gesamten Betoniervorganges auf einem Leitbalken oder einer Bohrschablone abgesetzt sind und im Bohrloch hängen. Dieses setzt die Herstellung eines unverrohrten Bohrloches voraus (vgl. 3.1.2.3).

Wenn Gurte und Kopfbalken nur im Bauzustand erforderlich sind und nicht Teil des endgültigen Bauwerkes werden, können sie vor die Wand gesetzt und mit Ketten, Bewehrungsstäben o. ä. an die Wand angehängt werden.

3.1.4.4 Anschluß von Verpreßankern an Pfahlwände

Für den unmittelbaren Anschluß von Verpreßankern an Pfahlwände bieten sich folgende Möglichkeiten:

– Verankerung eines jeden Einzelpfahles bei aufgelösten Pfahlwänden. Hier ist bei der
  Planung zu berücksichtigen, daß beim Durchbohren der Pfähle einzelne Bewehrungsstäbe durchtrennt werden können, die in der Zug- bzw. Druckzone des Pfahlquerschnittes liegen (Bild 3.1-15).

– Verankerungen in den Zwickeln zwischen den einzelnen Pfählen einer tangierenden
  Pfahlwand, teilweise auch in nur jedem zweiten Pfahlzwickel, mit Sicherung der Pfähle
  gegen Herausdrehen durch Kopfbalken. Bei mehrlagigen Verankerungen können die
  Anker versetzt in den Zwickeln angeordnet werden, um dem Verdrehen der Einzelpfähle entgegenzuwirken. Je nach erforderlichem Bohrlochdurchmesser für die Verankerung können Bewehrungsstäbe durchtrennt werden, die aber nur im Bereich der neutralen Faser des Pfahlquerschnittes liegen (Bild 3.1-16).

– Durchbohren der unbewehrten Pfähle bei überschnittenen Pfahlwänden. Über Gewölbewirkung werden die Ankerkräfte vom unbewehrten in die beiden benachbarten Pfähle eingeleitet. Es werden keine Bewehrungsstäbe durchtrennt (Bild 3.1-17).

Die Verwendung von vorbereiteten, mit den Bewehrungskörben eingebauten Aussparungen für die Ankerköpfe bzw. -bohrungen scheidet aus, da die erforderliche Höhen-
und Lagegenauigkeit nicht erreicht werden kann. Ankerkopf-Nischen lassen sich im
Pfahlkopfbalken unterbringen. Wenn die Ankerkopf-Nischen auf der Pfahllaibung angeordnet werden, so sind sie nur ausführbar, wenn ein Teil der Pfahllängsbewehrung an der
Baugrubenseite der Pfahlwand durchtrennt wird. Liegen die Ankerköpfe in den Pfahl-
zwickeln, verschwinden sie in der Regel hinter der Flucht der Pfahllaibung.

Die Ableitung von Vertikalkräften von Ankern, die unmittelbar auf der Pfahllaibung
sitzen und stärker als 30° geneigt sind, ist nur mit hohem konstruktivem Aufwand möglich. In jedem Fall muß vermieden werden, daß das Ankerzugglied auf Scherung beansprucht wird.

Bild 3.1-15 Aufgelöste Pfahlwand mit
Verankerung aller Einzelpfähle (Werkfoto
Bilfinger + Berger)

Bild 3.1-16
Verankerung in den Pfahl-
zwickeln (Werkfoto Bilfinger + Berger)

Bild 3.1-17   Verankerung der unbewehrten Pfähle bei überschnittener Pfahlwand
(Werkfoto Bilfinger + Berger)

3.1.4.5 Anschluß von Decken und Sohlen

Auf Pfahlwänden aufgelagerte Decken, z. B. Deckel von Verkehrstunneln mit Pfahlwänden als bleibenden seitlichen Wänden, können gelenkig oder biegesteif an die am Pfahlkopf überstehende Pfahlbewehrung angeschlossen werden. Eine Unterteilung des Tunnel-
deckels durch Blockfugen (Dehnfugen) bringt es mit sich, daß sich die Fugenbreite durch
Temperatur, Schwinden und Kriechen ändert. Da die mit dem Erdreich verzahnte Pfahlwand in Längsrichtung nahezu als starre Scheibe wirkt, werden diese Fugenbewegungen
durch die Pfahlwand behindert. Das führt zu entsprechenden Festhaltekräften, die von

der Anschlußbewehrung jeweils im Bereich der Blockenden aufzunehmen sind. Dabei kann aber eine Rißöffnung in der Wand unter den Blockfugen nicht ausgeschlossen werden. Daher hat man schon gelegentlich die Blockfuge als Arbeitsfuge mit durchgehender Bewehrung ausgebildet, ohne daß dabei negative Erfahrungen gemacht wurden. Für die Auflagerung von Zwischendecken können bei einer überschnittenen Pfahlwand die unbewehrten Primärpfähle nachträglich ausgeschnitten werden, so daß die Decke in die entstehenden Aussparungen ohne Verbindung der Bewehrung von Decke und Pfählen eingebunden werden kann (vgl. Bild 3.1-10).

Tunnelsohlen werden zur Ableitung von Horizontalkräften unmittelbar gegen die Pfahlwände betoniert.

3.1.4.6 Wasserdichtigkeit von Pfahlwänden

Tangierende Pfahlwände sind nicht wasserdicht. Überschnittene Pfahlwände sind in Grenzen wasserdicht. An jeder Überschneidungsfuge zwischen unbewehrtem Primär- und bewehrtem Sekundärpfahl trifft beim Betonieren Frischbeton auf bereits angesteiften Beton, d. h. eine überschnittene Pfahlwand besteht aus einer Folge von wasserdichten Betonpfählen mit dazwischenliegenden Arbeitsfugen. Das Ausmaß der Fugendurchfeuchtung bei anstehendem Grundwasser kann jedoch durch ausführungstechnische Maßnahmen verringert werden. Es muß sichergestellt werden, daß nicht wegen zu hoher Richtungsabweichungen der Einzelbohrungen klaffende Fugen entstehen, und daß die Ablagerung von Bodeneinschlüssen und Betonabrieb an den Fugenflächen gering gehalten wird.

3.1.4.7 Einbau von Steckträgern

Die Ausbildung einer Baugrubensicherung als verformungsarme Pfahlwand ist meist nicht in voller Höhe der Baugrubenwand erforderlich. Es genügt vielfach, den oberen Bereich als Steckträger-Verbau auszubilden. Hierzu wird in den noch weichen Beton eines bewehrten Pfahles ein Doppel-U- oder IPB-Stahlprofil eingesetzt und in seiner Lage gehalten, bis der Pfahlbeton erstarrt ist. Im Zuge des späteren Freilegens der Wandflächen wird der Bereich zwischen den Trägern mit Kanthölzern oder Ortbeton verbaut. Verbau und Steckträger können nach Baugrubenverfüllung wieder ausgebaut werden. Es verbleiben dann keine störenden Wandreste im oberflächennahen Bereich.

3.1.5 Sonderformen von Pfahlwänden

3.1.5.1 Tiefdränschlitz

Zweck des Tiefdränschlitzes [13] ist der Entzug von Sickerwasser aus rutschgefährdeten Hängen zu deren Stabilisierung (Bild 3.1-18, 1.5-6). In den zu entwässernden Hang werden Pfahlbohrungen von 1,20 m Durchmesser als aufgelöste Pfahlwand eingebracht. Die Bohrungen erhalten eine Füllung aus einem wasserdurchlässigen Filterbeton. Sie sind am Pfahlfuß untereinander mit einer im Gefälle verlegten Dränleitung verbunden. Mit dieser Anordnung wird der überwiegende Teil des im Hang strömenden Sickerwassers aufgefangen und seitlich schadlos abgeleitet. Mit dieser Maßnahme wird der Strömungsdruck auf die unterhalb des Tiefdränschlitzes liegende Hangpartie verringert und deren Standsicherheit gegen Abgleiten erhöht. Der Anwendungsbereich der Tiefdränschlitze erstreckt sich über die Sicherung von Hangeinschnitten, Bauwerks-Baugruben an Hängen bis zur Stabilisierung von unbebauten Hangflächen, die sich im labilen Gleichgewichtszustand befinden.

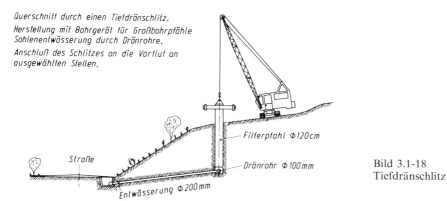

Querschnitt durch einen Tiefdränschlitz.
Herstellung mit Bohrgerät für Großbohrpfähle
Sohlenentwässerung durch Dränrohre.
Anschluß des Schlitzes an die Vorflut an
ausgewählten Stellen.

Filterpfahl Φ120cm

Straße

Dränrohr Φ100mm

Entwässerung Φ200mm

Bild 3.1-18
Tiefdränschlitz

3.1.5.2 Kreisförmige und elliptische Umschließungen tiefer Baugruben

Durch kreisringförmige oder elliptische Anordnung einer überschnittenen Pfahlwand
wird eine geschlossene Zelle gebildet. Dank der ringförmigen Ausbildung werden die Erd-
und Wasserdruckkräfte beim Aushub der Baugrube ohne Aussteifung oder Rückverankerung aufgenommen. Ein Pfahlkopfbalken und die Einspannung der Pfahlfüße unterhalb
der Baugrubensohle verhindern eine gegenseitige Verschiebung der aus den Pfählen bestehenden Wandelemente.

Für den Standsicherheitsnachweis dieser Konstruktion sind die mit der Herstellung
verbundenen unvermeidlichen Richtungsabweichungen der einzelnen Bohrungen zu berücksichtigen. Einseitige Verkehrslasten auf der Geländeoberfläche verändern die Ideallage
ge der Druckringkräfte, was durch Wahl eines genügend breiten Überschneidungsmaßes
zu kompensieren ist.

Eine Übergangsform von der kreisförmigen zur rechteckigen stellt die elliptische Um-
schließung dar. Bild 3.1-19 zeigt den Querschnitt durch den ca. 26 m tiefen elliptischen
Startschacht einer U-Bahn-Baustelle, dessen oberer Bereich durch eine überschnittene
Pfahlwand mit 14 m langen Pfählen gesichert war.

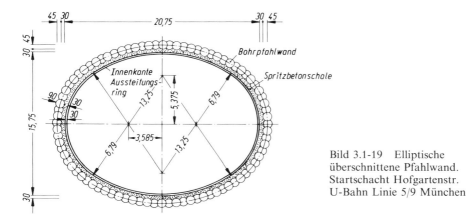

Bild 3.1-19   Elliptische
überschnittene Pfahlwand.
Startschacht Hofgartenstr.
U-Bahn Linie 5/9 München

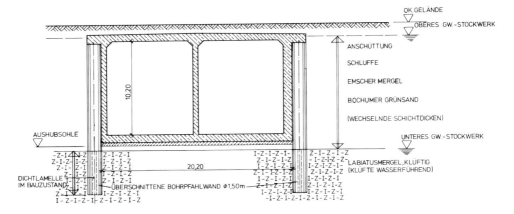

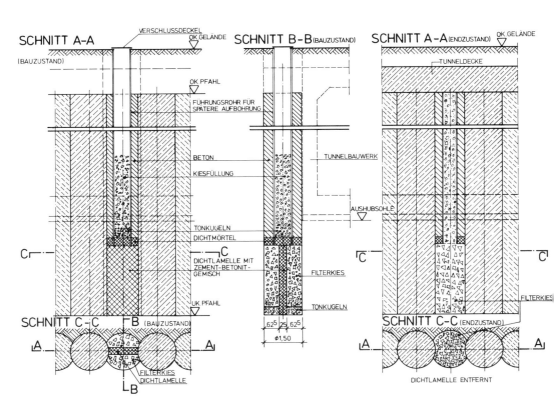

Bild 3.1-20   Essener Dichtlamelle (U-/Stadtbahn Essen, Baulos 25)
a) Tunnelquerschnitt (Schema)
b) Bau- und Endzustand der Pfahlwand

Die ideelle Knicklast eines Ringes unter konstantem Außendruck kann nicht als Maßstab für die Knicksicherheit kreisförmiger oder elliptischer Umschließungen herangezogen werden. Üblicherweise ist nachzuweisen, daß unter 1,75-facher äußerer Belastung die gebettete Umschließung bei Berechnung nach Theorie II. Ordnung einer stabilen Gleichgewichtslage zustrebt. Als Ausgangssystem ist das durch Herstellungsungenauigkeiten vorverformte System anzusetzen, als Belastung sind insbesondere unsymmetrische Lastzustände mit einseitig erhöhter Belastung zu untersuchen. Gegebenenfalls ist die Schalenwirkung der Umschließung in Anspruch zu nehmen.

3.1.5.3 Essener Dichtlamelle

Für den Bau eines U-Bahn-Loses in Essen war gefordert worden, die als Baugrubenumschließung eingesetzte überschnittene Pfahlwand, die den Grundwasserträger durchschnitt und in dichte Bodenschichten einband, so auszubilden, daß nach Abschluß der Baumaßnahme der Grundwasserstrom nicht behindert wurde. Zu diesem Zweck erhielten einzelne Pfähle der überschnittenen Pfahlwand im Bereich unterhalb der künftigen Tunnelsohle Filterkiesfüllungen beidseitig einer Dichtbeton-Membrane, welche den wasserdichten Anschluß an die Nachbarpfähle darstellte (Bild 3.1-20). Nach Beendigung der Baumaßnahme wurden durch gezielte Bohrungen in der Achse dieser Pfähle die Dicht-Membranen aufgebohrt und zerstört, so daß der freie Grundwasserdurchfluß wieder hergestellt war.

3.1.6 Stabwände

3.1.6.1 Herstellung, Konstruktion

Stabwände bestehen aus Verpreßpfählen mit kleinem Durchmesser nach DIN 4128, die meist in mehreren Reihen hintereinander angeordnet werden (Bild 3.1-21). Dabei ist der Achsabstand der Pfähle sowohl in Richtung der Wand als auch senkrecht dazu stets größer als der Pfahldurchmesser. Solche Wände werden hauptsächlich dann hergestellt, wenn der Arbeitsraum sehr begrenzt ist, beispielsweise wenn ein unterirdischer Verkehrsweg in offener Bauweise unter einem vorhandenen Gebäude hindurchgeführt werden muß (Bild 3.1-22). Die Stabwände dienen dabei gleichzeitig zur Unterfangung des bestehenden Gebäudes und als Baugrubenverbau für das neue Bauwerk.

Die Pfähle werden meistens verrohrt im Drehbohrverfahren hergestellt (s. Abschnitte 2.3.1.6 und 3.1.2). Durch vorauseilende Kernbohrungen können auch Hindernisse wie Stahlbetonfundamente, alte Holzpfähle und sogar Stahlplatten durchfahren werden.

Der Beton zum Verpressen muß einen Zementgehalt von mindestens 500 kg/m³ haben und mindestens der Festigkeitsklasse B 25 entsprechen. Das Größtkorn der Zuschlagstoffe darf nicht größer als der lichte Abstand der Bewehrungsstäbe oder die Hälfte der

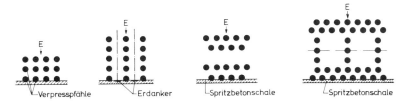

Bild 3.1-21   Verschiedene Anordnungen von Verpreßpfählen in Stabwänden nach [10]

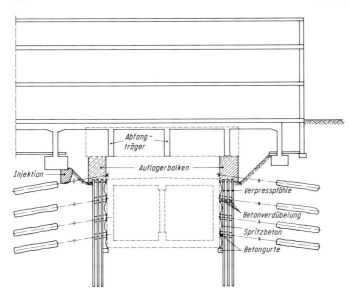

Bild 3.1-22
Dreireihige Stabwände für
die Herstellung eines Ab-
schnittes der Münchener
U-Bahn am Bahnhof
Hohenzollernplatz

Betondeckung sein. Die Mindestmaße der Betondeckung sind in DIN 4128, Tabelle 1
festgelegt. Die durch die Verpressung erzielte gute Verzahnung des Pfahles mit dem Baugrund kann in aggressivem Grundwasser oder Boden auf lange Sicht gefährdet sein. Daher muß in solchen Fällen ein Sachverständiger zur Beurteilung des Dauertragverhaltens
zugezogen werden.

Wegen der großen Schlankheit der Pfähle müssen Biegebeanspruchungen durch konstruktive Maßnahmen so weit wie möglich vermieden werden. Bei lotrechten Lasten wird
dies durch eine lastverteilende Kopfplatte erreicht. Momente infolge einer ungewollten
ausmittigen Belastung, beispielsweise durch Herstellungsgenauigkeiten, können auf diese
Weise durch axiale Belastung der Pfähle abgetragen werden. Gegen horizontale Belastung
werden die Stabwände in verhältnismäßig kleinem Abstand rückverankert (Bild 3.1-22).
Die Anker werden zwischen den Pfählen angeordnet und die Ankerkräfte durch Gurtbalken auf die Pfähle verteilt (s. Abschnitt 3.1.4.3). Durch das Verpressen des Pfahl-
betons wird der Boden zwischen den Pfählen verspannt. Beim Aushub der Baugrube
werden zwischen den Gurten Schalen aus Spritzbeton auf die Bodenoberfläche aufgebracht, die sich auf die Gurtbalken abstützen und eine Entspannung des Bodens verhindern (Bild 3.1-22).

3.1.6.2   Hinweis für die statische Berechnung

Für die Belastungsansätze und die Standsicherheitsberechnungen des Gesamtsystems
gilt dasselbe wie für die Pfahlwände (s. Abschnitt 3.1.3). Die Besonderheit der Stabwände
liegt darin, daß das Zusammenwirken der Pfähle mit dem dazwischen eingeschlossenen
Boden nicht mit der sonst üblichen Genauigkeit erfaßt werden kann. Eine in vielen Fällen
auf der sicheren Seite liegende Annahme besteht darin, dem Boden die gleichmäßige
Verteilung des angreifenden Erddrucks auf die Pfahlreihen zuzuweisen, und die Biegebeanspruchung der Pfähle wie für Einzelpfähle zu ermitteln [3]. Der andere Grenzfall ist der,
daß durch den Boden zwischen den Pfahlreihen die volle Schubübertragung gewährleistet
ist, so daß die Stabwand als bewehrter Erdkörper angesehen und ähnlich wie ein Stahlbe-

tonbalken mit Druck- und Zugbewehrung bemessen werden kann [10]. Die Voraussetzungen dafür sind aber nur dann gegeben, wenn die Pfähle in engem Abstand angeordnet sind und der Boden in den Zwischenräumen durch Vernagelung oder Injektion zusätzlich verfestigt wird. In der Praxis muß daher abgeschätzt werden, in welchem Maß ein Schubverbund zwischen Boden und Pfählen mobilisiert werden kann, und dementsprechend können die Anteile des Gesamtmoments errechnet werden, die durch Druck- und Zugkräfte bzw. durch Biegung der einzelnen Pfähle aufgenommen werden (vgl. [10]).

Literatur zu Abschnitt 3.1

[1] Köhn, W.: Katalog der Ortpfahl-Verfahren. Bauverlag GmbH, Wiesbaden und Berlin, 1968

[2] DIN 4014, Entwurf Febr. 87 „Bohrpfähle, Herstellung, Bemessung und Tragverhalten"

[3] Kauer, H. und Prückner, R.: Unterfangung des Direktionsgebäudes der Deutschen Bundesbahn in Hamburg-Altona. Bauingenieur 1975, S. 163–167

[4] Schmidt, H.-G.: Beitrag zur Ermittlung der horizontalen Bettungszahl für die Berechnung von Großbohrpfählen unter waagerechter Belastung. Bauingenieur 1971, Heft 7, S. 233–237

[5] Weissenbach, A.: Der Erdwiderstand vor schmalen Druckflächen. Bautechnik 1962, Heft 6, S. 204–211

[6] Schmidt, H.-G.: Beitrag zur Berechnung lotrechter Großbohrpfähle an Geländesprüngen und Böschungen für planmäßige waagerechte Belastungen. Bauingenieur 1973, Heft 2, S. 41–46

[7] EAB: Empfehlungen des Arbeitskreises Baugruben. Herausgeber: Deutsche Gesellschaft für Erd- und Grundbau. Verlag Ernst & Sohn, 1980

[8] EAU: Empfehlung des Arbeitsausschusses „Ufereinfassungen". Herausgeber: Hafentechnische Gesellschaft und Deutsche Gesellschaft für Erd- und Grundbau. Verlag Ernst & Sohn, 1985

[9] Weissenbach, A.: Baugruben. Band I: Konstruktion und Bauausführung, Bd. II: Berechnungsgrundlagen, Bd. III: Berechnungsverfahren. Verlag Ernst & Sohn, Berlin 1975/1977

[10] Brandl, H.: Tragfähigkeit mehrreihiger aufgelöster Pfahlwände, Straße, Brücke, Tunnel 1971, S. 283–289

[11] DIN 1045 Beton und Stahlbeton, Bemessung und Ausführung, Ausgabe 1978

[12] ZTV-K 80 Zusätzliche Technische Vorschriften für Kunstbauten, Verkehrsblatt-Verlag, Ausgabe 1980

[13] Bley, A.: Sicherung von Hängen und Böschungen gegen Rutschungen durch Tiefdränschlitze. Baugrundtagung 1976, Nürnberg

3.2 Schlitzwände*)

3.2.1 Allgemeines, Anwendungsbereich

Die Entstehung der Schlitzwandtechnik geht bis in den Beginn der Erdöl-Bohrtechnik zu Anfang dieses Jahrhunderts zurück, als beschwerte Bohrspülungen ($\gamma > 10$ kN/m³) gezielt eingesetzt wurden, um ein Gegengewicht zu gespanntem Grundwasser und Gasdruck zu bilden, aber auch um nicht standsichere Bodenformationen zu stützen.

Der Schritt von den unverrohrten, runden Bohrlöchern zu den flächenhaften Wandelementen der Betonschlitzwand wurde jedoch erst Mitte des Jahrhunderts unter maßgeblicher Entwicklungsarbeit von LORENZ und VEDER vollzogen [1].

Als Alternative zur Pfahlwand hat sich die Schlitzwand heute zu einem wichtigen Bauteil des Tiefbaus entwickelt; sie wird eingesetzt:

– als Baugrubenumschließung bei hohen Anforderungen an deren Steifigkeit
– als Stützmauer bei Geländesprüngen, im Hafenbau, Schachtbau usw.
– als Bauwerksaußenwand bei einschaliger Bauweise
– als Einzelelement mit unterschiedlichem Grundriß zur Abtragung vertikaler Lasten oder schräger Zugkräfte
– als reine Dichtungswand zur vertikalen Untergrundabdichtung, insbesondere bei Stauanlagen und Mülldeponien.

Charakteristisch für die Ausführungsformen ist, daß der Bodenschlitz unter fortwährender Stützung des offenen Bodenschlitzes durch eine thixotrope Flüssigkeit ausgehoben wird.

Dazu kommen unterschiedliche Methoden und Geräte zur Anwendung:

– Seilgreifer   } { mit mechanischer oder
– Gestänge-Greifer } { hydraulischer Schließvorrichtung
– Fräse mit Spülförderung
– Tieflöffel an Hydraulikbagger } { für wenig
– Schleppkübel an Seilbagger   } { tiefe Dichtungswände

Aufgrund der örtlichen und geologischen Verhältnisse ist in Deutschland der Seilgreifer in spezieller Ausführung das gebräuchlichste Werkzeug (Bild 3.2-1). Schwerere Böden (Fels) werden mit Fallmeißeln oder sonstigen Meißelgeräten gelöst.

Zur Stützung der Schlitzwandungen werden Suspensionen aus Bentonit und Wasser verwendet, deren Zusammensetzung im Einzelfall festzulegen ist. Zur Definition eines Schlitzwandelementes wird die DIN 4126, Ortbeton-Schlitzwände, Konstruktion und Ausführung, zitiert: Ein Schlitzwandelement ist eine Betoniereinheit bei der Schlitzwandherstellung. Die Schlitzwandelemente werden in der Regel durch Abstellkonstruktionen voneinander getrennt (siehe Bild 3.2-2).

Die gebräuchlichsten Schlitzwanddicken d_n sind 40, 50, 60, 80, 100 cm, in Sonderfällen werden auch dickere Schlitzwände ausgeführt. Die mögliche Tiefe t von Schlitzwandelementen ist theoretisch nicht begrenzt, doch ist bei größeren Tiefen die Gefahr des „Verlaufens" von Schlitzwandelementen gegeben, d. h. daß die baubetrieblich bedingten Abweichungen von der lotrechten Sollage zu groß werden. Schon durch geringe Lotabweichungen bei der Herstellung ergeben sich dann im unteren Wandbereich Spaltöffnungen zwischen den Elementen. Schlitzwände über 40 m Tiefe sind darum sehr selten und erfordern besondere Erfahrung und Maßnahmen bei der Herstellung.

Die horizontalen Einzellängen l_E von Bodenschlitzen sind von Randbedingungen wie Bodenkennwerten, äußeren Lasten, Grundwasserstand, Dichte der Stützflüssigkeit und

---

*) Verfasser: GISELHER BEINBRECH
    (s. a. Verzeichnis der Autoren, Seite V)

anderem abhängig und werden im Standsicherheitsnachweis (Abschn. 3.2.3) ermittelt. Die Mindestlänge ist darüberhinaus von der Breite der Aushubwerkzeuge abhängig und liegt bei den in Deutschland gebräuchlichsten Greifern bei 2,80 m. Wenn es aufgrund der Standsicherheit möglich ist, sollten aus baubetrieblichen Gründen, sowie um die Anzahl der vertikalen Fugen klein zu halten, die einzelnen Schlitzlängen l_E möglichst groß gewählt werden. In der Regel liegt die Schlitzlänge zwischen 2,50 und 7,50 m.

Bild 3.2-1 Schlitzwandherstellung (Werkfoto Bilfinger + Berger)

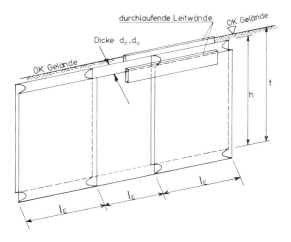

Bild 3.2-2 Abmessungen
d_n = Nenndicke (Breite des Aushubwerkzeugs)
d_a = Ausbruchdicke · d_a ist 2−5 cm größer als d_n.
l_E = Länge (Achsabstand der Abstellkonstruktionen)
t = Tiefe unter Gelände
h = Wandhöhe

3.2.2 Herstellung

3.2.2.1 Herstellung der Leitwände

Die Leitwände stellen eine reine Bauhilfsmaßnahme dar. Sie werden vor Aushub des Bodenschlitzes aus Ortbeton oder Fertigteilen hergestellt und haben in der Hauptsache folgende Funktionen (Bild 3.2-3):

– Führung des Schlitzgreifers
– Stützung des obersten Bodenbereiches
– Reservoir für die Stützflüssigkeit bei schwankendem Flüssigkeitsspiegel
– Auflager für Einbauteile wie Bewehrungskörbe, Stützen, Träger usw.
– Auflager für hydraulische Pressen zum Ziehen der Abschalrohre.

Vor Beginn der Leitwandarbeiten müssen kreuzende Versorgungseinrichtungen beseitigt bzw. verlagert werden.

Die Leitwände selbst können verschiedene Querschnittsformen erhalten. Bei Ortbetonausführungen in standfestem bindigem Boden ist zur Herstellung meist nur eine Innenschalung erforderlich; nach außen wird gegen das Erdreich betoniert.

Wenn die Wandungen des Leitwandgrabens nicht senkrecht stehen bleiben, werden die Leitwände mit Winkelquerschnitt ausgebildet und nach dem Ausschalen hinterfüllt.

Bei schwierigen Bodenverhältnissen und gespanntem Grundwasserspiegel kann es erforderlich werden, die Leitwand über das Arbeitsniveau zu betonieren (Bild 3.2-3d), um einen höheren Suspensionsspiegel zu ermöglichen und damit eine größere Stützwirkung zu erzielen.

In manchen Fällen kann es wirtschaftlicher sein, Leitwände als wiederverwendbare Fertigteile auszuführen, insbesondere dann, wenn sie im Innenstadtbereich wieder entfernt werden müssen.

Die Höhe der Leitwände ist von den örtlichen Gegebenheiten abhängig und beträgt in der Regel 1,20 bis 1,50 m. Der Fuß der Leitwand sollte auf gewachsenem Boden aufsitzen (bei Fertigteilen auf Mörtelbett), um Ausspülungen unter dem Leitwandfuß infolge des Baggerbetriebes zu vermeiden.

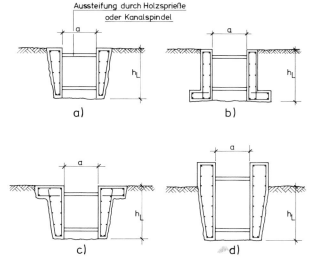

Bild 3.2-3 Leitwandformen bei Ortbetonausführung.

a = lichter Abstand der Leitwände
  = d_n + Übermaß (ca. 5 cm)
a) Leitwand bei standfesten Böden und normaler Beanspruchung durch Aushubwerkzeuge
b) Leitwand bei kohäsionslosen oder aufgeschütteten Böden und normaler Beanspruchung durch Aushubwerkzeuge
c) Leitwand bei standfesten Böden und hoher Beanspruchung durch Aushubwerkzeuge
d) Leitwand bei standfesten Böden und für höheren Suspensionsspiegel

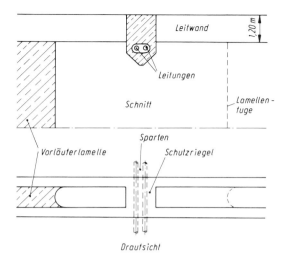

Bild 3.2-4   Leitwandausbildung bei Spartenquerung

Die Leitwände werden nach ihrer Herstellung mit Boden verfüllt oder mit Holzsprießen ausgesteift, um ein Zusammendrücken zu verhindern.

Besonderheiten bei der Leitwandherstellung

Kreuzen Spartenleitungen die Schlitzwandtrasse, sind bereits vor der Leitwandherstellung besondere Vorkehrungen zu treffen. Im Zuge der Aushubarbeiten für den Leitwandgraben werden die Leitungen sondiert und freigelegt. Nach Möglichkeit werden die Leitungen durch Einsetzen von Zwischenstücken von den zuständigen Ver- und Entsorgungsunternehmen verlängert, um sie bei der Schlitzwandherstellung umlegen zu können. Ist dies nicht möglich, müssen die Leitungen unterschlitzt werden. Zum Schutz vor dem Aushubgerät werden die Leitungen in Leerrohre gelegt und in einem Schutzriegel einbetoniert (Bild 3.2-4).

Ecken einer Schlitzwand werden vorzugsweise als Eckschlitz hergestellt, wenn der Eckwinkel 90° oder mehr beträgt. Dabei werden beide Schenkel des Eckwinkels zusammen ausgehoben und betoniert, so daß eine wasserdichte Ecke entsteht.

3.2.2.2 Herstellung von Schlitzwänden in Ortbeton

Zur Schlitzwandherstellung werden einzelne Aushub- und Betonierabschnitte, die sog. Schlitzwandlamellen aneinandergereiht. Die Lamellen erreichen eine Tiefe t, die sich aus den statischen Erfordernissen des Geländesprunges ergibt, und werden in Längen l_E von ca. 2,5 bis 7,5 m hergestellt. Die rechnerische Ermittlung der zulässigen Abschnittslängen ist ein wesentliches Thema der Schlitzwandtechnik und wird in Kapitel 3.2.3 behandelt.

Phasen der Herstellung

Nach der Leitwandherstellung schließen sich folgende Arbeitsgänge zur Schlitzwandherstellung an:

– Schlitzaushub
   Zunächst erfolgt der Aushub einer Schlitzwandlamelle mit Hilfe eines Spezialwerkzeuges – in Deutschland in der Regel ein Schlitzgreifer. Zur Stützung der Schlitzwandun-

Bild 3.2-5   Einbau eines Abschalrohres
(Werkfoto Bilfinger + Berger)

gen wird eine Suspension aus Bentonit und Wasser verwendet. Bodenaushub und Verlu-
ste an Stützflüssigkeit müssen laufend durch Zupumpen neuer Bentonitsuspension ausgeglichen werden, so daß der Flüssigkeitsspiegel eine bestimmte Mindesthöhe innerhalb des Leitwandbereiches bei den verfahrensbedingten Schwankungen nicht unterschreitet.

– Einbau der Abschalelemente
  Zur stirnseitigen Begrenzung der Vorläuferlamelle gegen das Erdreich werden meist
  Stahlrohre eingebaut. Diese sog. Abschalrohre können in einzelnen Schüssen zur ge-
  wünschten Länge entsprechend der Schlitztiefe zusammengesetzt werden (Bild 3.2-5).
  Sonderformen dieser Begrenzungskörper sind in Kap. 3.2.4 dargestellt.

– Einbau der Bewehrung
  Die Bewehrung wird zu Körben vormontiert und in den Schlitz abgelassen. Bei größeren Schlitztiefen kann der Einbau in einzelnen Bewehrungskorbschüssen notwendig
  werden. Zur Sicherung der Betondeckung werden entweder großflächige Abstandshalter an den Korb angebunden oder langgestreckte Profilstähle beidseitig des Korbes in
  den Schlitz eingehängt. Einbauten wie Ankeraussparungskästen oder sonstige Aussparungen werden vor dem Absenken am Korb angebracht.

– Betonieren
  Der Beton wird nach den Regeln des Unterwasserbetonierens im Kontraktorverfahren
  eingebracht. Die verdrängte Stützflüssigkeit wird entweder zur Wiederaufbereitung
  und Wiederverwendung abgepumpt oder zur Deponie abgefahren.
  Zur Vermeidung von Fehlstellen sind besondere Regeln zu beachten, die im Kapitel
  3.2.2.3 beschrieben werden.

– Ziehen der stirnseitigen Abschalelemente
  Nach dem Erstarren des Betons werden die Abschalrohre mittels hydraulischer Zieh-
  pressen wieder gezogen. Baubetrieblich ist der richtige Zeitpunkt des Ziehens wichtig,

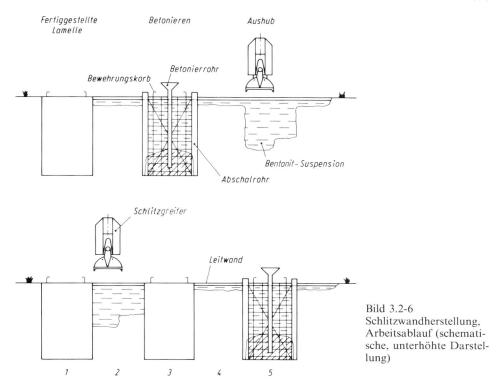

Bild 3.2-6
Schlitzwandherstellung,
Arbeitsablauf (schemati-
sche, unterhöhte Darstel-
lung)

der so gewählt werden muß, daß einerseits der angesteifte Beton nach dem Ziehen der
Abschalrohre nicht unter seinem Eigengewicht in den verbleibenden Hohlraum gedrückt wird, andererseits darf der Beton aber nicht zu fest sein, damit das Wiedergewin-
nen der Rohre überhaupt noch möglich ist (Bild 3.2-6).

Die Elementherstellung erfolgt meist in überschlagendem Rhythmus. Nach dem Betonieren der Vorläufer-Lamellen 1, 3, 5 ... werden die dazwischen liegenden Nachläufer-
Lamellen 2, 4 ... ausgehoben und an die gesäuberten Fugen der Vorläufer-Lamellen
anbetoniert. Selbstverständlich kann eine Lamelle auch einseitig an eine Vorläufer-Lamel-
le angeschlossen werden unter Verwendung eines Abschalrohres an der gegenüberliegenden, erdseitigen Stirnseite.

3.2.2.3 Besonderheiten beim Betonieren

Zum Betonieren werden Kontraktor-Rohre mit wasserdichten Kupplungen verwendet.
Um zu erreichen, daß die Stromlinien des aufsteigenden Frischbetons über den gesamten
Schlitzquerschnitt annähernd lotrecht verlaufen, ist das Betonier-Rohr tief in den Beton
einzutauchen, nach DIN 4126 mindestens so tief wie der jeweilige Betonierabschnitt lang
ist. Andererseits wird aber die Eintauchtiefe durch die Steigfähigkeit des Betons begrenzt.
Bei längeren Schlitzen, Eck- oder Doppelschlitzen mit $l_E > 6$ m, sind mehrere Betonierrohre zu verwenden. Dabei ist auf der Baustelle darauf zu achten, daß alle Betonierrohre
gleichmäßig beschickt werden (Bild 3.2-7).

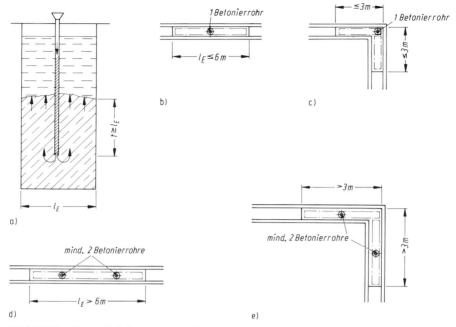

Bild 3.2-7   Eintauchtiefen und Anordnung der Betonierrohre

Diese Bedingungen stellen hohe Anforderungen an das Fließvermögen des Betons. Als Ausbreitmaß sind deshalb – abweichend zur DIN 1045 – 55 bis 60 cm erforderlich, es soll jedoch im Hinblick auf die Gefahr des Entmischens 63 cm nicht überschreiten. Weitere Betonierregeln sind:

– Vermeiden von längeren Betonierunterbrechungen
– Steiggeschwindigkeit des Betons mind. 3 m/h
– Homogenisieren der Stützflüssigkeit oder Austausch
  von stark versandeter Stützflüssigkeit vor dem Betonieren.

Beim Betoniervorgang durchmischt sich die oberste Zone des Betons meist mit Stützflüssigkeit. Dieser Bereich bis 50 cm Tiefe kann daher konstruktiv nicht genutzt werden und ist nach Freilegen der Wand zu entfernen, wenn Bauteile hier angeschlossen werden sollen.

Für die Betonzusammensetzung gelten mit Einschränkungen die DIN 1045 [3], sowie die Richtlinien für die Herstellung und Verarbeitung von Fließbeton [4]. Der Mindestzementgehalt ist mit 350 kg/m^3 vorgeschrieben, kann jedoch durch Zugabe von Traß, Flugasche oder ähnlichem verringert werden.

Unter Beachtung der genannten Regeln lassen sich Schlitzwände als Bauhilfskonstruktionen ausreichend dicht herstellen. Die einfache halbkreisförmige Fuge ist zwar nicht absolut dicht, Austritte von „fließendem" Wasser werden durch sie jedoch verhindert. Weitergehende Maßnahmen zur Verbesserung der Fugendichtigkeit bei der Verwendung von Schlitzwänden als Bauwerksaußenwand sind in Kap. 3.2.4.6 beschrieben.

3.2.2.4 Herstelltoleranzen

Bei der Ausbildung einer Schlitzwand spielt der anstehende Baugrund eine wesentliche Rolle. Erfahrungsgemäß führen Hindernisse im Boden zu Lageabweichungen der Wand und zu Ausbauchungen der Wandoberfläche. Deshalb lassen sich auch keine allgemeingültigen Herstelltoleranzen nennen. Auch örtlich begrenzte, feinkornfreie Bodenbereiche wie z. B. die Rollkieslagen Münchener Böden können zu den bekannten Beulen einer Schlitzwand führen.

Das Aushubwerkzeug für Schlitzwände ist in der Regel verfahrensbedingt etwas breiter als die Nenndicke der Schlitzwand. Dadurch und infolge der Bewegung des Schlitzgreifers wird die Wand im Normalfall ca. 2–5 cm dicker als das theoretische Maß d_n. Die Struktur der Wandoberfläche ist abhängig von der anstehenden Bodenart. Feinkörnige Böden bewirken eine relativ glatte Wandoberfläche, während bei groben Böden die Wand entsprechend dem Größtkorn des Bodens strukturiert ist.

DIN 4126 „Schlitzwände" gibt als zulässige Maßabweichungen der Schlitzwand an: Abweichungen der Wandaußenfläche max $\pm 1{,}5\%$ der Wandtiefe oder bis zu ± 10 cm; maßgebend ist der größere Wert.

Kleinere Toleranzen lassen sich meist nur durch zusätzliche Maßnahmen, wie z. B. besondere Führungseinrichtungen, nachträgliches Bearbeiten der Wandoberfläche etc. einhalten.

3.2.2.5 Fertigteilschlitzwände

Die Nachteile der Ortbetonwand:

– eingeschränkte Wasserdichtigkeit der Fugen
– grobe Oberflächenstruktur der Wand
– Maßabweichungen
– Betoniertoleranzen am Schlitzwandkopf

führten zur Entwicklung der Fertigteilschlitzwand (Bild 3.2-8). Die Schlitzwandfertigteile werden fluchtgenau in Erdschlitze eingestellt, die 10 bis 20 cm breiter als die Elemente ausgehoben werden. Die Schlitze werden mit einer selbsterhärtenden Suspension aus Bentonit, Zement und Wasser gestützt, deren Festigkeitsentwicklung dem Bauablauf angepaßt sein muß:

– niedrige Viskosität und Fließgrenze während des Schlitzaushubes und zum Einbau der Fertigteile

– Ansteifen der Suspension so bald nach dem Einbau der Fertigteile, um den Aushubbetrieb am Nachbarschlitz ohne Beeinträchtigung der fertiggestellten Lamelle zu ermöglichen

– weitere Festigkeitsentwicklung schwach, so daß zum Anschluß des nächsten Fertigteils nach mehrtägigen Arbeitspausen – wie z. B. an Wochenenden – die verfestigte Suspension wieder beseitigt werden kann

– 28 Tage Festigkeit entsprechend statischer Notwendigkeit ca. $0{,}2–0{,}5$ N/mm².

Die erhärtete Stützflüssigkeit dient gleichzeitig als Dichtungsmaterial im Fugen- und Fußbereich der Wand. Wenn Durchfeuchtungen der Fugen mit Sicherheit auszuschließen sind (endgültige Bauwerkswand), ist zusätzlich der Einbau von Fugenbändern aus Stahl oder Gummi notwendig (vgl. auch Kapitel 3.2.5.1). Das Fugenband wird an einer Stirnseite des Fertigteiles einbetoniert und beim Absenken in den Schlitz des benachbarten Elements eingefädelt (Bild 3.2-9).

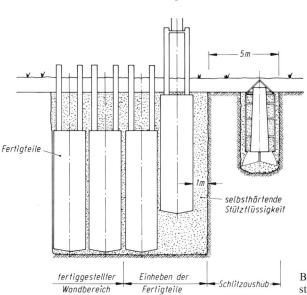

Bild 3.2-8   Arbeitsablauf beim Herstellen einer Fertigteilschlitzwand

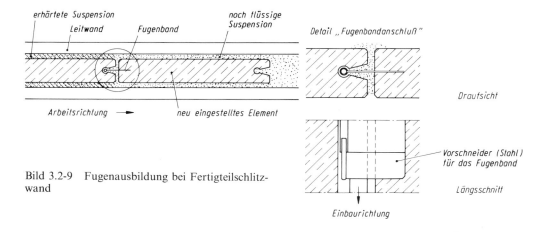

Bild 3.2-9   Fugenausbildung bei Fertigteilschlitzwand

Der Bauablauf ist im Bild 3.2-8 dargestellt. Die Schlitze werden kontinuierlich in einer Arbeitsrichtung ausgebaggert, die Fertigteile fortlaufend mit schwerem Hebegerät auf Solltiefe abgelassen und an den Leitwänden aufgehängt, bis die Stützflüssigkeit ausreichende Festigkeit aufweist.

Auflagerflächen und Nischen für den Anschluß weiterer Bauteile wie Sohlen und Decken werden bei der Herstellung der Fertigteile bereits vorgesehen und sind beim späteren Bodenaushub relativ einfach freizulegen (s. Bild 3.2-31).

3.2.3   Standsicherheitsberechnung und Bemessung

3.2.3.1   Bemessung der Leitwände

Bei fehlender äußerer Belastung ist eine Bemessung der Leitwand nicht erforderlich. Die Dimensionierung erfolgt nach Erfahrung und konstruktiven Gesichtspunkten.

Sie ist jedoch immer dann zu bemessen, wenn sie durch äußere Lasten beansprucht oder zur Ableitung des Erddruckes herangezogen wird (Bild 3.2-10).

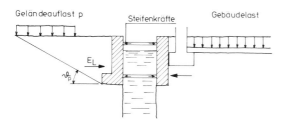

Bild 3.2-10   Leitwand und äußere Belastung

Der Leitwand-Erddruck E_L kann herangezogen werden, um als zusätzliche stützende Wirkung (nur bei ausgesteiften Leitwänden) die Stabilität des Schlitzes zu verbessern. Während zur Ermittlung der Stützkraft der Erdruhedruck angenommen wird (vgl. Abschn. 3.2.3.2), erfolgt die Bemessung der Leitwände auf den passiven Erddruck.

Für die Schnittgrößenermittlung wird angenommen, daß die Leitwände durchgehend hergestellt und im Bereich der Lamellenenden ausgesteift sind. Als statisches System bietet sich der Einfeldträger mit beidseits elastischer Einspannung an (Bild 3.2-11).

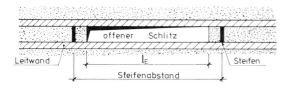

Bild 3.2-11   Leitwandbemessung, statisches System

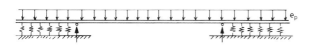

Bei der Bemessung ist zu berücksichtigen, daß die Leitwand eine Bauhilfsmaßnahme darstellt, nur kurzzeitig belastet wird und Rißbildungen keine nachteiligen Folgen haben (Berechnung mit reduziertem Sicherheitsbeiwert $v = 1,3$).

Die Leitwand ist auch auf die Belastung durch Erddruck infolge Erdeigengewicht und Bagger zu bemessen, falls diese Belastung nicht geringer ist als die Belastung durch den passiven Erdwiderstand.

3.2.3.2   Standsicherheit des mit Stützflüssigkeit gefüllten Schlitzes

Bei der Herstellung von Schlitzwänden werden die Erdwände vorübergehend durch eine Suspension gestützt. DIN 4126 schreibt für den Bauzustand des Schlitzes vier Sicherheitsnachweise vor:

a) Sicherheit gegen den Zutritt von Grundwasser in den Schlitz
b) Sicherheit gegen Abgleiten von Einzelkörnern oder Korngruppen
   (innere Standsicherheit)
c) Sicherheit gegen Unterschreiten der statisch erforderlichen Spiegelhöhe
   der Stützflüssigkeit
d) Sicherheit gegen die Ausbildung den Schlitz gefährdender Gleitflächen im Boden
   (äußere Standsicherheit des Schlitzes).

Sicherheit gegen den Zutritt von Grundwasser

Die Sicherheit gegen den Zutritt von Grundwasser ist einfach nachzuweisen. Nach DIN
ist die Sicherheit ausreichend, wenn der Druck der Stützflüssigkeit an jeder Stelle des
Schlitzes größer ist als der 1,05fache Druck des Grundwassers. Bei einem Anfangswert
des spezifischen Gewichtes der Stützflüssigkeit von etwa 10,3 kN/m³ (Frischsuspension),
und einem Anstieg während des Aushubbetriebes infolge Anreicherung mit Boden auf
10,5 kN/m³ und darüber, wird diese Forderung nur bei gespanntem oder unmittelbar
unter Geländeoberkante anstehendem Grundwasser für die Füllhöhe maßgebend. Durch
das Höherführen der Leitwandoberkante über Gelände kann auch dann meist der erforderliche Suspensionsdruck erreicht werden (s. Bild 3.2-3d).

Sicherheit gegen Unterschreiten der statisch erforderlichen Spiegelhöhe der Stützflüssigkeit

Die Sicherheit gegen Unterschreiten der statisch erforderlichen Spiegelhöhe ist durch
baubetriebliche Maßnahmen zu gewährleisten. Durch entsprechende Vorratshaltung der
Stützflüssigkeit ist sicherzustellen, daß auch durch Verlust von Suspension beim Anschneiden von Hohlräumen oder stark durchlässigen Bodenschichten die statisch notwendige Spiegelhöhe nicht unterschritten wird. Der mit Suspension gefüllte Leitwandgraben
wirkt zusätzlich als Puffer bei großen Stützflüssigkeitsverlusten.

Sicherheit gegen Abgleiten von Einzelkörnern oder Korngruppen

Die innere Standsicherheit des Schlitzes ist gegeben, wenn sich aus der Wand keine Ein-
zelkörner oder Korngruppen lösen können und in die Suspension absinken. Hierzu sind
die Fließeigenschaften der Bentonitsuspension von Bedeutung. Maßgebender Parameter
ist die Fließgrenze τ_F der Suspension, unter der man die Scherspannung versteht, ab der in
einer stützenden Flüssigkeit das Fließen eintritt:

$$\tau_F \geqslant \frac{d_{10} \cdot \gamma''}{\tan cal\varphi} = erf\,\tau_F \qquad (N/m^2) \tag{1}$$

In dieser Formel sind

d_{10} = Korngröße der untersuchten Bodenschicht bei 10% Siebdurchgang
γ'' = Wichte des Bodens unter Auftrieb durch Stützflüssigkeit
      (näherungsweise gilt:
      $\gamma'' \approx \gamma'$ = Wichte des Bodens unter Auftrieb durch Wasser)
$cal\,\varphi$ = Rechenwert für den inneren Reibungswinkel

Maßgebend für den Nachweis ist die grobkörnigste Schicht mit einer Mächtigkeit von
mehr als 0,5 m.

Neben der rechnerischen Ermittlung der erforderlichen Fließgrenze τ_F (ein Sicherheitsbeiwert von 2 ist in die Gl. (1) eingerechnet) ist der Nachweis auch über einen Versuchs-
schlitz (Sicherheitsbeiwert 1,5) oder über positive Erfahrungen in gleichartigen oder ungünstigeren Böden möglich.

Weitere Einzelheiten sind in DIN 4126, sowie in den Erläuterungen zur Norm beschrieben.

Sicherheit gegen die Ausbildung den Schlitz gefährdender Gleitflächen im Boden

Der Nachweis der äußeren Standsicherheit, d.h. der Nachweis der Sicherheit suspensionsgefüllter Schlitze gegen Einsturz der Erdwandung infolge Gleitflächenbildung im Boden wird in der Regel durch Gegenüberstellung des Suspensionsdruckes mit dem Erddruck geführt. Dabei ist der auf den Boden wirksame Suspensionsdruck anzusetzen, d.h. der um den hydrostatischen Druck des Grundwassers verminderte Suspensionsdruck. Gegebenenfalls muß auch die Eindringung der Suspension bei der Ermittlung des ansetzbaren hydrostatischen Druckes berücksichtigt werden. Die Ermittlung ist einfach und wird in diesem Kapitel beschrieben. Schwieriger ist die Erfassung des Erddruckes, denn beim flüssigkeitsgestützten Schlitz handelt es sich um ein räumliches Erddruckproblem.

In [7] werden eine Reihe von Berechnungsverfahren vorgestellt und miteinander verglichen. Nachfolgend wird ein praktikables Rechenmodell (Erdkeilmodell) beispielhaft vorgestellt, das auch in DIN 4126 aufgenommen wurde.

In Abschnitt 9.1.4.4 der DIN 4126 sind die Fälle angegeben, in denen auf einen Standsicherheitsnachweis verzichtet werden kann.

Ermittlung der Stützkraft

Die Stützkraft auf den betrachteten Erdkeil errechnet sich aus dem hydrostatischen Druck der Stützflüssigkeit

$$p_{\mathrm{sus}} = \gamma_{\mathrm{sus}} \cdot h_{\mathrm{sus}} \tag{2}$$

Bei Vorhandensein von Grundwasser vermindert sich der Druck auf den Erdkeil und – damit auch die Stützkraft – um den Druck des Grundwassers auf

$$\Delta p = \gamma_{\mathrm{sus}} \cdot h_{\mathrm{sus}} - \gamma_{\mathrm{w}} \cdot h_{\mathrm{w}} \tag{3}$$

Die hydrostatische Stützkraft S_{H} errechnet sich damit für den Fall Boden mit Grundwasser zu

$$S_{\mathrm{H}} = S - W = \frac{1}{2}(\gamma_{\mathrm{sus}} \cdot h_{\mathrm{sus}}^2 - \gamma_{\mathrm{w}} \cdot h_{\mathrm{w}}^2) \cdot l_{\mathrm{s}} \tag{4}$$

(l_{s} = Schlitzlänge).

Diese Gleichungen gelten für sehr feinkörnigen Boden, in den die Stützflüssigkeit nicht oder nur unbedeutend eindringt. Liegt ein durchlässiger grobkörniger Boden vor, so ist bei der Ermittlung der Stützkraft auf den Gleitkörper die Eindringung der Stützflüssigkeit in den Boden zu berücksichtigen, da sich hieraus ein Stützkraftverlust im unteren Bereich des Gleitkeils einstellt. Die sich aus der Eindringtiefe im Vertikalschnitt ergebende Eindringfläche ist, sowie sie außerhalb des Gleitkeiles liegt, für die Stützung unwirksam (Bild 3.2-12).

Die Eindringtiefe einer Bentonitsuspension in den Boden ergibt sich zu

$$\Delta s = \frac{\Delta p}{f_{\mathrm{so}}} \tag{5}$$

Dabei ist Δp (3) der Druckabbau der Stützflüssigkeit vom hydrostatischen Druck im Schlitz auf den im Porenraum des Bodens herrschenden Flüssigkeitsdrucks, d.h. der Überdruck der Stützflüssigkeit gegenüber dem Druck des Grundwassers.

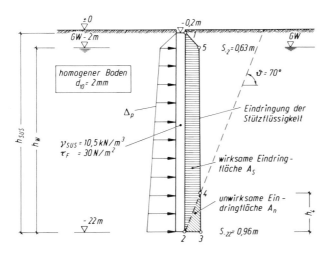

h_{ℓ} ergibt sich aus $\quad S_{(h_\ell)} = 0.63 + \dfrac{(20 - h_\ell) \cdot 0.5}{30}$

und $\quad S_{(h_\ell)} = h_\ell \cdot \tan(90 - \vartheta)$

Die Auflösung der Gleichungen ergibt $h_\ell \quad = 2.52\,m$
$S_{(h_\ell)} = 0.92\,m$

Bild 3.2-12   Ermittlung der wirksamen Stützkraft der Stützflüssigkeit

Das Druckgefälle f_{so} errechnet sich näherungsweise zu

$$f_{so} = \frac{2\,\tau_F}{d_{10}} \tag{6}$$

mit

τ_F = Fließgrenze der Stützflüssigkeit
d_{10} = Korngröße des Bodens bei 10% Siebdurchgang.

Beispiel: Anhand des einfachen Falles homogenen Bodens mit Grundwasser wird der Rechengang erläutert. Es wird mit den Zahlenwerten der Tabelle 5 der Erläuterungen zur DIN 4126 gerechnet (Bild 3.2-12):

$\tau_F \quad = 30 \text{ N/m}^2$
$d_{10} = \quad 2 \text{ mm}$

daraus folgt

$$f_{so} = \frac{2 \cdot 30 \text{ N/m}^2}{2 \cdot 10^{-3}\text{m}} = 30 \text{ kN/m}^3$$

für $\quad t = -2$ m: $\quad s = \dfrac{\Delta p}{f_{so}} = \dfrac{1{,}8 \text{ m} \cdot 10{,}5 \text{ kN/m}^3}{30 \text{ kN/m}^3} = \mathbf{0{,}63\,m}$

für $\quad t = -22$ m $\quad s = \dfrac{20 \cdot (10{,}5 - 10{,}0)}{30}\text{ m} + 0{,}63 \text{ m} = \mathbf{0{,}96\,m}$

Im Falle eines geschichteten Bodens werden die Eindringungen jeweils für Ober- und Unterkante jeder Bodenschicht berechnet.

Für das gewählte, einfache Beispiel ergibt sich aus Bild 3.2-12 das Verhältnis von wirksamer Eindringfläche A_s zur gesamten Eindringfläche A wie folgt:

$$A_s = 0,5 \cdot 1,80 \cdot 0,63 + 0,5 \cdot (20 - 2,52) \cdot (0,63 + 0,92) + 0,5 \cdot 2,52 \cdot 0,92 = 15,3 \, \text{m}^2$$

$$A = A_s + A_n = 15,3 + 0,5 \cdot 2,52 \cdot 0,96 = 16,5 \, \text{m}^2$$

$$\frac{A_s}{A} = \frac{15,3}{16,5} = 0,93$$

Wegen der Proportionalität zwischen Stützkraft und Eindringfläche gilt für die wirksame Stützkraft S' auf den Gleitkeil

$$S' = (0,5 \cdot 1,8^2 \cdot 10,5 + 20 \cdot 1,8 \cdot 10,5 + 0,5 \cdot 20 \cdot 0,5) \cdot 0,93 = 372 \, \text{kN/m}$$

Auf die Berücksichtigung der Stützkraftabminderung darf nach DIN 4126 Punkt 9.1.4.2 verzichtet werden, wenn stattdessen die Sicherheitsbeiwerte erhöht werden, oder wenn für das Stützdruckgefälle gilt:

$$f_{so} \geqq 200 \, \text{kN/m}^3$$

Bei der Ermittlung der Stützkraft darf die stützende Wirkung der Leitwände berücksichtigt werden, wenn diese ausgesteift und entsprechend bemessen sind. In diesem Fall wird die Stützkraft der Bentonit-Suspension erst ab Unterkante Leitwand in Ansatz gebracht.

Lastannahmen

a) Verkehrslasten

DIN 4126 läßt zu, daß Lasten aus Baufahrzeugen und Aushubgeräten dann nicht bei der Berechnung des auf den Schlitz wirkenden Erddrucks angesetzt werden, wenn bereits die ausgesteiften Leitwände für diese Lasten bemessen sind.

b) Lasten aus baulichen Anlagen

Bei Belastung durch die Bodenpressung benachbarter Bauwerke kann eine Gewölbewirkung des Bauwerkes entsprechend DIN 1053, Teil 1, Ausgabe November 1974, Abschnitt 5.5.3 (Gewölbewirkung über Wandöffnungen) angesetzt werden (Bild 3.2-13). Voraussetzung dafür ist, daß die Lasten über eine Wandscheibe aus Mauerwerk

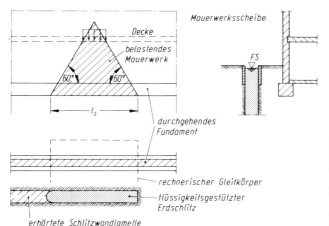

Bild 3.2-13
Berücksichtigung der Gewölbewirkung von Wänden beim Ansatz der Lasten aus benachbarten baulichen Anlagen in Anlehnung an DIN 1053 Teil 1, Abschnitt 5.5.3. [10]

oder Beton und eine durchgehend tragfähige Gründung auf den Baugrund übertragen werden. In anderen Fällen sind die Lasten entsprechend den anerkannten Regeln der Technik zu bestimmen und anzusetzen.

Die Schlitzwandbauweise ist besonders dann wirtschaftlich, wenn die Wand Bestandteil des endgültigen Bauwerks wird. In diesem Fall weist man in der statischen Berechnung der Schlitzwand die Aufnahme des Erddruckes zu, so daß eine unverdübelt vorgesetzte Stahlbetonschale nur noch für den Wasserdruck zu bemessen ist.

Ermittlung der räumlichen Erddruckkraft nach dem Erdkeilmodell

Das in DIN 4126 genannte Verfahren zeichnet sich durch seine einfache Handhabung aus. Dabei können auch Geländeneigung, Bodenschichtungen, Kohäsion des Bodens, Zusatzlasten in beliebigen Tiefenlagen berücksichtigt und variiert werden.

Die Gewölbewirkung des Erdreichs wird bei diesem Verfahren durch den Ansatz von Scherkräften T in den Flanken des Erdkeils berücksichtigt, die eine seitliche Verspannung des Erdkeils im Boden berücksichtigen.

Für die statisch unbestimmte Scherkraft wird in DIN 4126 die Berechnungsannahme getroffen, daß sich die seitliche Gleitfläche in der Scherkraftebene ausbildet (Bild 3.2-14). Hierfür ergibt sich der Seitendruckbeiwert K_y für kohäsionslosen Boden zu:

$$K_y = K_o = 1 - \sin \varphi \tag{7}$$

Für die vertikalen Spannungen σ_z bzw. für die seitlichen Normalspannungen

$$\sigma_y = K_o \cdot \sigma_z \tag{8}$$

wird ein bilinearer Ansatz erläutert:

Eigenlast des Bodens:

$$\sigma_y = \gamma \cdot z \cdot K_o \qquad \text{für} \quad z < l_s \tag{9}$$
$$\sigma_y = \gamma \cdot l_s \cdot K_o = \text{const.} \qquad \text{für} \quad z \geqq l_s \tag{10}$$

Auflasten:

$$\sigma_{yp} = p \cdot K_o \qquad \text{für} \quad z = 0 \quad \text{abnehmend auf} \tag{11}$$
$$\sigma_{yp} = 0 \qquad \text{für} \quad z \geqq l_s \tag{12}$$

Dieser Ansatz stellt eine Näherung des Verlaufes der Spannungen nach der Silotheorie dar.

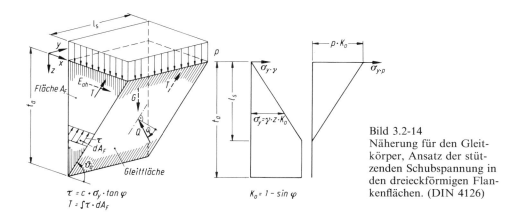

Bild 3.2-14
Näherung für den Gleitkörper, Ansatz der stützenden Schubspannung in den dreieckförmigen Flankenflächen. (DIN 4126)

Das Rechenverfahren ist in [7] ausführlich beschrieben und wird hier nicht weiter vertieft. Entsprechende EDV-Programme liegen bei den Autoren von [7] und [8] vor.

Berücksichtigung des Leitwanderddruckes

Der Leitwanderddruck kann bei der Bestimmung der Stützkraft berücksichtigt werden. Dazu ist anstelle der stützenden Wirkung der Bentonit-Suspension im Bereich der Leitwände die Erddruckkraft E_L

$$E_L = 0{,}5 \cdot \gamma \cdot K_o \cdot t_L^2 \cdot l_s + p \cdot K_o \cdot t_L \cdot l_s \tag{13}$$

(homogener Boden ohne Grundwasser)

t_L Tiefe der Leitwand

als zusätzliche Stützkraft anzusetzen.

3.2.3.3 *Standsicherheit und Bemessung der erhärteten Wand*

Standsicherheitsnachweise und Bemessung gliedern sich in folgende Punkte auf:

- Erd- und Wasserdruckermittlung
- Ermittlung von Schnittgrößen, Auflagerreaktionen und Einbindetiefen
- Nachweis der Sicherheit gegen das Erreichen des plastischen Grenzzustandes am Bodenauflager
- Nachweis der Aufnahme vertikaler Lasten durch den Baugrund
- Bemessung der Schlitzwand
- Nachweis der Sicherheit gegen Geländebruch nach DIN 4084
- Nachweis der Sicherheit in der tiefen Gleitfuge
- Evtl. Nachweis der Ankertragfähigkeit
- Evtl. Nachweis gegen hydraulischen Grundbruch in der Baugrube

Die Standsicherheitsnachweise der erhärteten Wand erfolgen weitgehend analog zu denen von Pfahlwänden und sind ausführlich in der Literatur beschrieben: [10] bis [15].

Im folgenden wird nur auf die Besonderheiten in Verbindung mit der Schlitzwandtechnik eingegangen.

Wandreibungswinkel

Der Wandreibungswinkel δ darf wegen der Filterkuchenbildung während der Bauphase des offenen Schlitzes nur mit

$$|\delta| = \frac{\varphi}{2} \tag{14}$$

angesetzt werden. Nach DIN 4126 Abschn. 9.2.3 darf ein höherer Wandreibungswinkel bei der Ermittlung des aktiven und des passiven Erddruckes nur aufgrund genauerer Nachweise angesetzt werden. Liegen zwischen Beginn des Aushubs und Beginn des Betonierens mehr als 30 Stunden, so ist bei grobporigen Böden mit verstärkter Filterkuchenbildung zu rechnen. In diesem Fall ist der Wandreibungswinkel auf $|\delta| = 0$ herabzusetzen.

Bemessung der Schlitzwand und Verbundspannungen

Schlitzwände werden nach den üblichen Regeln als durchlaufende Platten oder Balken berechnet.

Soweit durch die DIN 4126 nicht außer Kraft gesetzt, gilt für die Bemessung von Schlitzwänden DIN 1045.

Durch die DIN 4126 sind folgende Punkte davon abweichend geregelt:

– für Bauhilfsmaßnahmen gelten in der Regel die Bedingungen für
  Beton BI (Abschn. 6.2)
– Zusammensetzung des Betons (Abschn. 6.2)
– Betonkonsistenz (Abschn. 7.5)
– höchste ansetzbare Betonfestigkeitsklasse: B 25 (Abschn. 5.2.2)
– Verbundbereiche für die Bewehrung (Abschn. 9.2.2)
– Betondeckung (Abschn. 8.2)
– Rißbreitenbeschränkung (Abschn. 8.2)
– Bewehrungsanordnung (Abschn. 8.3)
– Zulässige Spannungen bei Bauhilfskonstruktionen (Abschn. 9.2.4)

Durch die Festlegung der Betonfestigkeitsklasse auf maximal B 25 sollen besonders stark bewehrte Schlitzwände vermieden werden, weil sie dieser Bauweise nicht gemäß wären.

Mit Rücksicht auf den ungünstigen Einfluß eines verbleibenden Restfilms der Stützflüssigkeit an den Bewehrungsstäben müssen die Verbundspannungen nach DIN 1045, Dez. 78, Abschn. 18.4 für horizontale Bewehrungsstäbe dem Verbundbereich II zugeordnet werden. Das gleiche gilt für vertikale Stäbe im Bereich der oberen 3 m, da der Beton infolge einer geringeren Auflast sich hier nicht so sehr verdichtet wie im übrigen Schlitzbereich.

Bezüglich der Rißbreitenbeschränkung weicht die Schlitzwandnorm von DIN 1045, Abschn. 17.6.1 ab. Der Nachweis beschränkt sich auf die in DIN 1045, Tabelle 10, Zeile 4 genannten Umweltbedingungen. Der Nachweis nach Abschnitt 17.6.3 (Verminderung der Rißbildung) ist für Schlitzwände nicht erforderlich, es sei denn das Grundwasser wäre aggressiv. Das gilt auch, wenn der Schlitzwand keine wasserundurchlässige Stahlbetonwand vorgesetzt wird, falls eine ausreichend dicke Biegedruckzone verbleibt.

Bei Bauhilfskonstruktionen darf die Bemessung vorwiegend auf Biegung beanspruchter Schlitzwände mit dem reduzierten Sicherheitsbeiwert $v = 1,5$ der DIN 4124, Abschn. 9.4.3 durchgeführt werden.

Auf die Bewehrungsanordnung wird in Abschn. 3.2.4 dieses Kapitels noch näher eingegangen.

3.2.4 Konstruktion

3.2.4.1 Allgemeines

Bei der konstruktiven Gestaltung einer Schlitzwand sind die Besonderheiten dieser Bauweise zu beachten. Insbesondere ist auf die gängigen Toleranzen und auf die Tatsache Rücksicht zu nehmen, daß beim Betonieren die Stützflüssigkeit verdrängt werden muß. Für Bewehrungsführung, Anschlußkonstruktionen und Aussparungen für anschließende Bauteile, Fugenbandkonstruktionen u. a. sind konstruktiv besondere Maßnahmen zu treffen. Grundsätzlich ist zu beachten – wie in DIN 4126 formuliert – daß Schlitzwände auch im Detail so zu planen sind, daß der Frischbeton Bewehrung und Einbauten umfließen und die Stützflüssigkeit im gesamten Schlitzquerschnitt verdrängen kann.

3.2.4.2 Bewehrung

Die Bewehrung einer Schlitzwandlamelle wird in vorgefertigten Körben eingebaut. Die Korbabmessungen entsprechen dabei den Schlitzabmessungen, sind aber auch von den zur Verfügung stehenden Hebegeräten abhängig. Bei besonders langen Schlitzen, Doppel-

Bild 3.2-15   Einbau eines Bewehrungskorbes (Werkfoto Bilfinger + Berger)

oder Mehrfachschlitzen können auch zwei oder mehr Körbe nebeneinander eingebaut werden (Bild 3.2-15). Aus statischen Gründen muß in den meisten Fällen die Vertikalbewehrung von horizontalen Bügeln umschlossen werden.

Vorzugsweise wird als Bewehrung gerippter, schweißbarer Stahl III S oder IV S verwendet, um beim Zusammenbau der Körbe die Längsbewehrung mit den Aussteifungsstäben verschweißen zu können.

Die Korbaussteifungen sollen den Korb zum Aufnehmen und Einhängen mit dem Kran stabilisieren und insbesondere bei stark assymetrischer Bewehrung mit ungleichmäßiger Gewichtsverteilung die planmäßige Lage im Schlitz sicherstellen.

Konstruktiv sind erdseitig und baugrubenseitig je nach Korblänge entweder ein oder mehrere Kreuze aus Rundstählen oder Deckmatten aus Betonstahlmatten zur Aussteifung vorzusehen. Zusätzlich zu den Horizontalbügeln sind insbesondere bei breiten Körben einzelne Reiter oder Stützbügel als Aussteifung senkrecht zur Korbebene erforderlich. Die Längsbewehrung wird am Kopf des Korbes an einem Aussteifungsrahmen aus Flach- oder Rundstahl unverrückbar angeschweißt. Dieser soll ausreichend steif sein um auch das Korbgewicht aufnehmen zu können, wenn der Korb an der Leitwand aufgehängt wird.

Bei besonders tiefen Schlitzen oder wenn die Schlitzwand bei begrenzter Arbeitshöhe herzustellen ist, d. h. immer dann, wenn der Korb nicht in voller Länge in den Schlitz eingebaut werden kann, wird er aus einzelnen Schüssen im Schlitz hängend zusammengebaut (Bild 3.2-16). Als Verbindungsmittel haben sich Seilklemmen bei Übergreifungsstößen und Gewinde-Schraubmuffen bewährt.

Die Bewehrungsführung muß berücksichtigen, daß der Frischbeton aufsteigt. Das heißt, es ist darauf zu achten, daß für die Betonströmung möglichst große lichte Durchflußweiten zwischen den Einzelstäben verbleiben. Bewehrungskonzentrationen sind zu vermeiden.

Eine stützende Flüssigkeit wird vom Frischbeton umso besser verdrängt, je geringer der Fließwiderstand der Flüssigkeit im Vergleich zu der des Betons ist. Die Erfahrung zeigt auch, daß zu einer einwandfreien Verdrängung „dicker" Stützflüssigkeiten mit hoher Fließgrenze größere Stababstände und Durchflußweiten erforderlich werden als bei „dünnen" Stützflüssigkeiten mit kleiner Fließgrenze.

Bild 3.2-16   Stoßen eines Bewehrungskorbes bei beschränkter Arbeitshöhe. (Werkfoto Bilfinger + Berger)

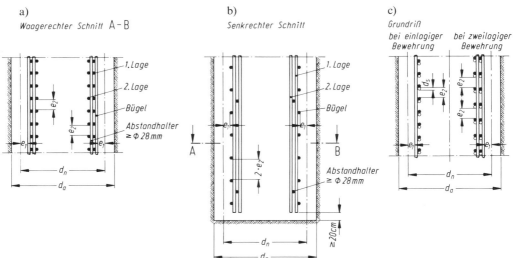

Bild 3.2-17   a, b   Durchflußweite zur Sicherung der Betondeckung und Bewehrungsanordnung
            c   Durchflußweite zur Sicherung der Betondeckung und Bewehrungsanordnung an Stoßstellen (nach DIN 4126)

DIN 4126 läßt darum die in ihrer Tabelle 1 genannten minimalen Durchflußweiten und Stababstände in Abhängigkeit von der Fließgrenze zu (Bild 3.2-17). Muß aufgrund grober Bodenschichten für die Stützung der Schlitzwandung eine Stützflüssigkeit mit großer Fließgrenze vorgesehen werden, kann diese nach Beendigung des Aushubs unter Beachtung der Norm in eine Stützflüssigkeit mit geringerer Fließgrenze ausgetauscht werden, damit die in Tabelle 1 der DIN 4126 genannten kleineren Abstände in Anspruch genommen werden können.

Zwischenwerte können interpoliert werden. Zwischen Schlitzsohle und Bewehrung ist ein Mindestabstand von 20 cm einzuhalten.

Bei zweilagiger Bewehrungsanordnung wird die zweite Lage hinter der ersten so vorgesehen, daß der Stabsabstand erhalten bleibt. Über Abstandshalter ist überdies zwischen erster und zweiter Lage ein lichter Abstand von mind. 28 mm sicherzustellen.

Bei Stoßstellen und einlagiger Bewehrung darf wie Bild 3.2-17c zeigt, der Mindestabstand e_2 um den Stabdurchmesser d_s verringert werden. Bügel und sonstige horizontale Bewehrung sind mit einem lichten Mindestabstand von $2 \cdot e_2$ vorzusehen, der in Ausnahmefällen wie z. B. bei konzentrierter Lasteintragung lokal bis auf $0,7 \cdot e_2$ verringert werden darf.

3.2.4.3 Anschlüsse von Verpreßankern

Bei verankerten Schlitzwänden wird zur Lastverteilung der Ankerkräfte durch Verstärkung der Schlitzwandbewehrung in der Regel ein verdeckter Gurt ausgebildet. Wegen der Konzentration von Bewehrungsstäben im Gurt verbietet sich meistens das nachträgliche Durchbohren der Schlitzwand, um die Durchdringung für das Ankerglied herzustellen. Die Aussparungen werden daher als Rohrdurchführungen vorab an den Körben montiert. Die Lage der Ankeransatzpunkte und die Neigung der Anker sind damit festgelegt. Die Aussparungen werden mit Hartschaum ausgeschäumt, um das Eindringen von Beton zu verhindern. Sie werden nur baugrubenseitig mit der Korbbewehrung verschweißt, um ein unkontrolliertes Aufreißen von Schweißverbindungen beim Aufnehmen des Korbes und bei den dabei auftretenden Verformungen zu vermeiden. Ausbildungsvarianten zeigt das Bild 3.2-18.

Liegt der Ankerkopf unterhalb des Grundwasserspiegels, so ist bei durchlässigem Untergrund die Ankeraussparung wasserdicht auszubilden. Verfahrenstechnisch ergeben sich dabei im Zuge der Ankerherstellung einige Besonderheiten. Eine Abdichtungsmöglichkeit zeigt das Bild 3.2-19.

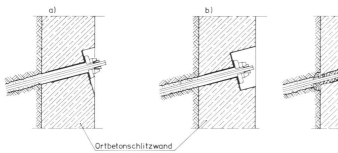

Bild 3.2-18   Nicht versenkter (a) und versenkter (b) Ankerkopf

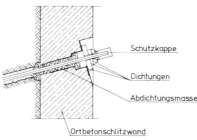

Bild 3.2-19
Ankerkopfausbildung bei Grundwasser

3.2.4.4 Anschluß von Aussteifungen

Auch beim Anschluß von Aussteifungen ist in der Regel ein verdeckter Gurt die wirtschaftlichste Lösung für die Ableitung und Verteilung der Steifenkräfte. Die Auflagerflächen für die Stahlprofile können in Form von Stahlplatten am Bewehrungskorb vormontiert und nach Betonieren und Abgraben der Schlitzwand freigelegt werden. Eine andere Möglichkeit ist das nachträgliche Andübeln der Anschlußplatten an die freigelegte Schlitzwand (Bild 3.2-20).

Sowohl beim Anschluß von Verpreßankern als auch von Steifen sind wegen der Steifigkeit der einzelnen Schlitzwandlamellen auftragende Gurtungen im allgemeinen nicht erforderlich. Sollen jedoch Steifen- oder Ankerlasten auf Nachbarlamellen übertragen werden, so kann ein verbindender Holm am Schlitzwandkopf aufbetoniert werden.

3.2.4.5 Anschluß von Bauwerksteilen aus Beton

Zum Anschluß von Bauwerksteilen, Decken und Wänden werden entsprechend ausgebildete Beton-Aussparungen in der Schlitzwand vorgesehen. Die Aussparungskörper bestehen meist aus Holz, Hart-PVC o. ä.; wichtig auch hier die strömungsgünstige Ausbildung der Aussparungskörper (Bild 3.2-21). Die Anschlußbügel im Bewehrungskorb sind zunächst in den Aussparungskörper umgebogen und werden nach dem Freilegen der Wand gerichtet.

Alternativ kann hier der Anschluß auch mittels Muffenstößen oder durch Schweißen geschehen (Bild 4.2-44, 4.2-45). Auch die Dübeltechnik kommt in Frage.

Ist ein Übergang zu Ortbetonteilen wasserdicht herzustellen, so werden in der Regel Klemmkonstruktionen mit Dichtungsprofilen verwendet (Bild 3.2-22, 4.2-40). Eine andere Möglichkeit ist die Verwendung von Bentonit-Strängen, die insbesondere zum Abdichten der Arbeitsfuge der Deckenauflagerung zur Anwendung kommt (Bild 4.2-44).

3.2.4.6 Fugenkonstruktionen

Allgemeines

Planmäßige Fugen bei der Schlitzwandherstellung entstehen durch die Begrenzung der einzelnen Lamellen, d. h. Betonierabschnitte mittels Abstellkonstruktionen. Da diese Abstellkonstruktionen eine Betonumläufigkeit nicht sicher verhindern können, stellen sie keine dichte Schalung dar. Die Fugen zwischen den Lamellen sind meist unbewehrt und dürfen im Allgemeinen nicht zur Übertragung von Querkräften herangezogen werden.

Größere vertikale Kräfte können über die Fuge nur dann übertragen werden, wenn diese entsprechend verdübelt wird. Dies kann im allgemeinen erst nach dem Freilegen der Schlitzwand geschehen.

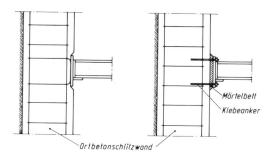

Mörtelbett
Klebeanker
Ortbetonschlitzwand

Bild 3.2-20   Anschluß von Steifen aus Profilstahl an einer Ortbetonwand

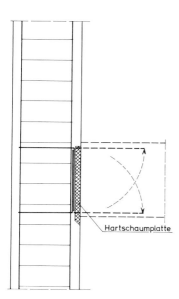

Bild 3.2-21
Aussparungen für Anschluß
von Stahlbetonbauteilen

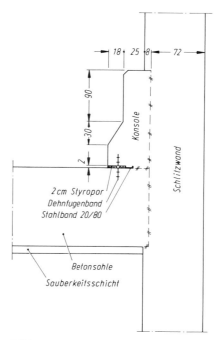

Bild 3.2-22
Anschluß von Bauwerkssohlen

Abschalrohre

Meist werden als Abstellkonstruktionen Stahlrohre, die sogenannten Abschalrohre, verwendet, die nach Ansteifen des Betons wiedergewonnen werden. Der nach dem Ziehen verbleibende Hohlraum sorgt für die Führung des Aushubwerkzeugs beim Aushub des Nachbarschlitzes. Die Beseitigung von Umlaufbeton wird dadurch erleichtert, die Wandflucht sichergestellt.

Für den normalen Verwendungszweck als Bauhilfsmaßnahme bedürfen derart einwandfrei hergestellte Fugen auch im Grundwasser keiner besonderen Abdichtung. Der Vorteil gegenüber der Verwendung von im Schlitz verbleibenden Betonfertigteilen liegt in der leichteren Beseitigung von Umlaufbeton und in der halben Fugenanzahl (Bild 3.2-23a).

Stahlbetonfertigteile

Selten werden anstelle der Fugenrohre Stahlbetonfertigteile verwendet, die einbetoniert im Schlitz verbleiben. Vorteil dieser Maßnahme ist zum einen, daß eine Bewehrung auch im Stoßbereich zweier Lamellen vorhanden ist, zum anderen kann auf das Ziehen der Abstellkonstruktion mit schwerem Gerät verzichtet werden (Bild 3.2-23b).

Dehnungsfugen

Die Fugen zwischen den einzelnen Betonierabschnitten können sich infolge von Verformungen der Wand aus Erd- und Wasserdrücken und infolge von Schwinden des Betons geringfügig öffnen. Das kann letztendlich zu geringen Undichtigkeiten führen. Durch

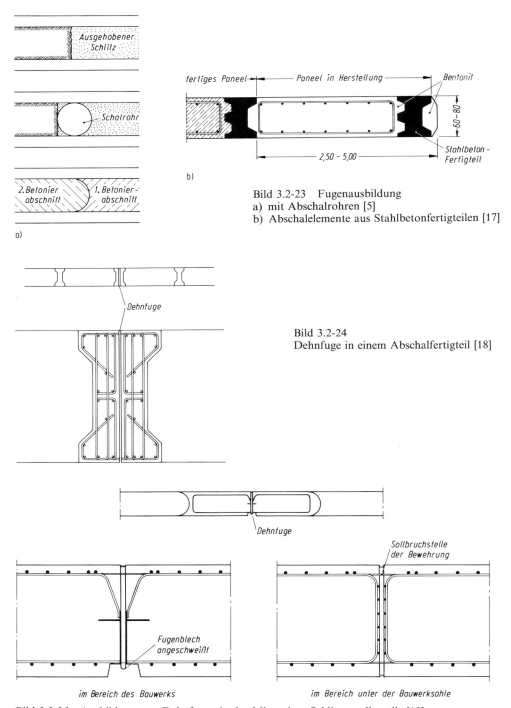

Bild 3.2-23   Fugenausbildung
a) mit Abschalrohren [5]
b) Abschalelemente aus Stahlbetonfertigteilen [17]

Bild 3.2-24
Dehnfuge in einem Abschalfertigteil [18]

Bild 3.2-25   Ausbildung von Dehnfugen in der Mitte einer Schlitzwandlamelle [18]

Anordnung von planmäßigen Dehnungsfugen läßt sich dies vermeiden (Bild 3.2-24 und 3.2-25), jedoch lohnen sich solche Aufwendungen nur bei Verwendung der Schlitzwand als endgültige Bauwerkswand.

Abdichtung von Lamellenfugen

Lamellenfugen sind ohne besondere Maßnahmen nicht absolut wasserdicht. Feuchtstellen müssen in Kauf genommen werden und stören nicht, wenn Schlitzwände als reine Bauhilfsmaßnahme dienen. Bei fehlerhaft ausgebildeten Fugen zwischen den Lamellen kann jedoch Grundwasser durch die Schlitzwand fließen. Durch Injektion des dahinterliegenden Bodenbereiches können durchlässige Stellen saniert werden. Bei höheren Ansprüchen an die Dichtigkeit der Lamellenfugen, insbesondere wenn die Schlitzwand eine sichtbare oder verputzte Bauwerksaußenwand darstellt, müssen zusätzliche Maßnahmen getroffen werden. Eine Möglichkeit ist das nachträgliche Verpressen von Undichtigkeiten der Fugen. Die undichten Fugen (ebenso Risse oder andere Fehlstellen) werden dazu seitlich angebohrt. Die Bohrungen schneiden die Lamellenfuge etwa in Wandmitte. Entsprechend der Wanddicke sollte der Abstand der Bohrungen untereinander maximal der halben Wanddicke entsprechen. Über Packer mit Rückschlagventil wird dann Kunstharz injiziert. Da das Injektionsmaterial rein dichtende Aufgabe hat, kann es Bewegungen in den Fugen nicht verhindern. Aus diesem Grund sollen diese Dichtungsinjektionen nicht sofort nach dem Aushub der Baugrube vorgenommen werden, sondern erst nach Einbau der endgültigen Aussteifungen (Wände, Decken) und Abklingen der Bewegungen (Bild 3.2-26 und 3.2-27).

Eine Präventivmaßnahme zum Verhindern von Feuchtstellen in den Lamellenfugen ist der Einbau von Fugenbändern. Dabei sind in der Vergangenheit eine ganze Reihe von Möglichkeiten gefunden und erprobt worden.

Neben der bewährten Fugenlösung bei Fertigteil-Schlitzwänden (vgl. Abschnitt 3.2.5) wurde für Ortbetonwände in jüngster Zeit eine neue Lösung entwickelt und baupraktisch erprobt. Beim Herstellen der Vorläuferlamelle wird ein Nutrohr mit relativ kleinem Durchmesser mit Sperrblech so eingebaut, daß die Nut am Abschalrohr anliegt. Nach Ziehen des Abschalrohres und Aushub der Nachbarlamelle wird vor dem Betonieren ein Elastomer-Profil (Fugenband) mit herausstehender Stahllasche in das Nutrohr eingezogen.

Durch eine spätere Injektion des Elastomer-Profiles schließt dieses dicht an das Nutrohr an. Vorteil dieser Lösung gegenüber anderen Lösungen ist, daß das Fugenband erst nach dem Aushub und Einbauen des Bewehrungskorbes eingebaut wird, so daß eine Beschädigung des Bandes vermieden wird (Bild 3.2-28).

3.2.4.7 Oberflächenbehandlung

Als Abweichungen der Schlitzwandoberfläche von der Sollage sind nach DIN 4126 bis zu 1,5% der Wandhöhe, aber mindestens ± 10 cm zulässig. Darüber hinausgehende Beulen müssen meist beseitigt werden. Die Beulenbildung ist durch das Ausbrechen von Kieskörnern und Steinen bedingt. Auch lokale kleinere Einbrüche, z. B. beim Antreffen von Rollkieslagen, führen zu Ausbauchungen der Oberfläche. Die Beschaffenheit der Oberfläche ist also vor allem von dem anstehenden Boden abhängig. Je grobkörniger der Boden ist, desto grober wird auch die Oberflächenstruktur der Wand.

Unabhängig von den Anforderungen an die Ebenflächigkeit der Schlitzwand ist es meist notwendig, nach dem Aushub die luftseitige Oberfläche von Boden und Resten der Stützflüssigkeit zu säubern. Wird die Wand Bestandteil des aufgehenden Bauwerks, ist oft

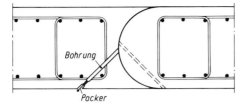

Bild 3.2-26   Nachträgliche Verpressung von
Schlitzwandfugen [18]

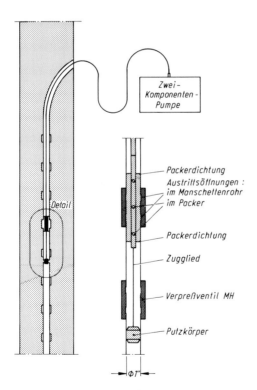

Bild 3.2-27
Fugenverpressung bei Fertigteilen als
Abschalelemente [18]

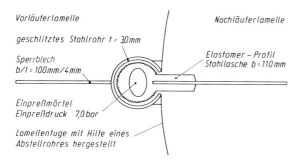

Bild 3.2-28
Einbau eines Injektionsfugenbandes
in die Lamellenfugen von Ortbetonschlitzwänden

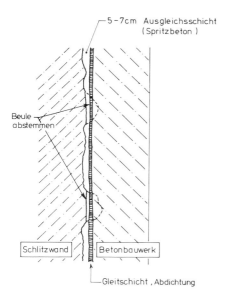

Bild 3.2-29   Oberflächenbehandlung von Ortbetonschlitzwänden

ein Ausgleichsputz vorzusehen. In der Regel wird hierzu Zementmörtel oder bei größeren Schichtdicken abgeglichener Spritzbeton verwendet, der die Unebenheiten ausgleicht und eine ebene Oberfläche bildet (Bild 3.2-29).

Zur Vermeidung solcher aufwendigen Nacharbeiten werden in Einzelfällen auch Sicht-betonplatten verwendet, die, gleichzeitig als Abstandshalter dienend, vor der luftseitigen Bewehrung am Korb befestigt und mit dem Bewehrungskorb in den Schlitz eingebaut werden (Bild 4.2-11).

3.2.4.8   Kombination Schlitzwand-Trägerverbau

Als wasserdichter Verbau ist die Schlitzwand oft erst unterhalb des Grundwasserspie-gels erforderlich. Aus diesem Grund kann im oberen, grundwasserfreien Bereich, falls kein steifer Verbau wegen Anschlußbebauung erforderlich ist, der Geländesprung durch einen kostengünstigen Träger-Holz-Verbau gesichert werden, dessen Rückbau – der ober-ste Bodenbereich muß meist für Versorgungsleitungen wieder freigemacht werden – zu-dem einfacher ist (Bild 3.2-30).

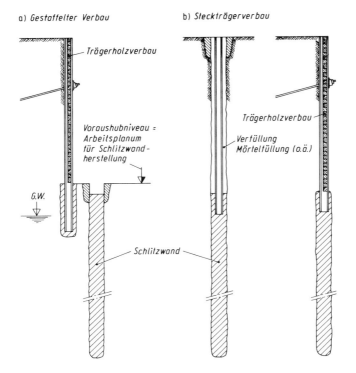

a) *Gestaffelter Verbau*

b) *Steckträgerverbau*

Trägerholzverbau

Voraushubniveau = Arbeitsplanum für Schlitzwand- herstellung

G.W.

Trägerholzverbau

Verfüllung Mörtelfüllung (o.ä.)

Schlitzwand

Bild 3.2-30
Schlitzwand und Träger-
verbau

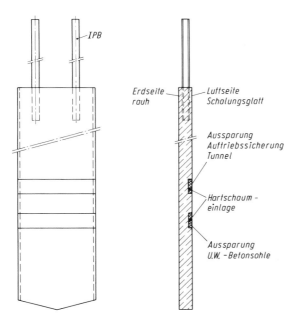

IPB

Erdseite rauh

Luftseite Schalungsglatt

Aussparung Auftriebssicherung Tunnel

Hartschaum- einlage

Aussparung U.W. -Betonsohle

Bild 3.2-31
Konstruktive Ausbildung eines
Fertigteils

Diese Kombination ist zum Beispiel durch Anordnung eines gestaffelten Verbaus möglich, bei dem zuerst die Trägerbohlwand ab Geländeniveau hergestellt wird, und dann der Bau einer vorgesetzten Schlitzwand folgt, für die das Arbeitsplanum auf Höhe der Unterkante Holzverbau liegt.

Eine andere wirtschaftliche Lösung ist es, zuerst die Schlitzwand von der Geländeoberfläche aus herzustellen, die Verbauträger jedoch in den noch frischen tieferliegenden Beton einzustellen (Steckträgerverbau). Bei der Schlitzwandbewehrung sind die von den Verbauträgern übertragenen Kräfte zu berücksichtigen. Außerdem ist auch die örtliche Einleitung dieser Kräfte zu verfolgen, um die Verankerungslänge $l_{\ddot{u}}$ und die Bügelzugkräfte nachzuweisen (Bild 3.2-31).

3.2.5 Sonderformen

3.2.5.1 Fertigteilschlitzwände

Wenn besondere Anforderungen an die Ebenflächigkeit, Lagegenauigkeit und Dichtigkeit der Schlitzwand gestellt sind, ist unter Umständen die in Kapitel 3.2.2.3 beschriebene Fertigteilschlitzwand wirtschaftlicher als eine Ortbetonschlitzwand.

Bei der konstruktiven Gestaltung ist darauf zu achten, daß die Schlitzbreite ca. 10–20 cm größer als die Fertigteildicke ist. Dieses Übermaß ist erforderlich, um die Fertigteile auch bei geringen Lotabweichungen der Erdschlitze fluchtgenau einbauen zu können. Am Schlitzwandfuß ist ebenfalls ein entsprechendes lotrechtes Übermaß vorzusehen.

Die Breite der Fertigteile wird durch das Montagegewicht und die Kapazität des vorhandenen Hebegerätes bestimmt. Die Verwendung von Fertigteilen und die genaue Plazierung bietet außerdem die Möglichkeit, Nischen und Auflagerflächen für den Anschluß weiterer Bauteile so auszubilden, daß besondere Nacharbeiten kaum erforderlich werden. Die Plattenelemente werden zweckmäßigerweise liegend mit der späteren Luftseite nach unten hergestellt. Dadurch ergibt sich die gewünschte Glätte der Luftseite, während die Erdseite mit einer rauhen Oberflächenstruktur versehen wird, um die Wandreibung zu erhalten (Bild 3.2-31).

Leerschlitzbereiche oberhalb der Fertigteile lassen sich durch eingebaute Steckträger überbrücken, die zum einen zur Auflagerung der Fertigteile auf der Leitwand dienen, und zum anderen den oberen Bodenbereich beim späteren Aushub der Baugrube stützen. Zur Ausfachung können alternativ Holzverbau oder vorhandenes Dichtmaterial (Zement-Bentonit-Schlämme) vorgesehen werden. Letzteres muß mit Maschendraht und Folie gesichert werden, um ein Austrocknen und ein Herabfallen sich lösender Brocken zu verhindern. Die Abtragung des Erddruckes durch Gewölbewirkung des Bodens und des Dichtmaterials zwischen den Steckträgern ist nachzuweisen, wobei das Dichtmaterial Druckspannungen von ca. 0,5–0,8 N/mm², aber keine Zugkräfte aufnehmen kann.

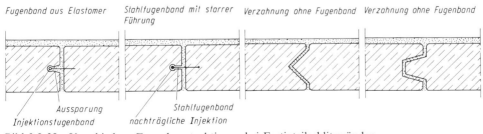

Bild 3.2-32   Verschiedene Fugenkonstruktionen bei Fertigteilschlitzwänden

Die Fugenausbildung ist je nach Erfordernis mehr oder weniger aufwendig. Das Bild 3.2-32 zeigt vier Varianten mit und ohne Fugenband. Ist die Forderung nach einer trockenen Wand gestellt, so reicht die alleinige Fugendichtung durch die Dichtmasse nicht aus, zumal sich durch zeitabhängige Beanspruchungen (Erddruckumlagerungen durch Umsteifen, Schwinden) Risse im Fugenbereich ergeben können. In diesem Fall sollte eine der Varianten mit Fugenband vorgesehen werden.

3.2.5.2   Vieleckige tiefe Schächte

Bei der Herstellung von tiefen Schächten, die durch kohäsionslose Böden mit vorhandenem Grundwasser abzuteufen sind, hat sich als Verbau der polygonartige Ring aus Schlitzwandelementen bewährt. Je nach Randbedingungen wie Grundwasserstand, Bodenkennwerten, Tiefe der Schlitzwand wird dieser aus Einzelelementen oder mehrschnittigen Elementen zusammengesetzt (Bild 3.2-33, 3.2-34).

In statischer Hinsicht wird der Vieleckring zunächst als Kreisring betrachtet, dessen Ringkraft aufgrund der äußeren Belastung aus Verkehrslasten, Boden und Grundwasser berechnet wird. Entsprechend der Theorie von Steinfeld [20] kann dabei der Erddruck von einer bestimmten Grenztiefe an als konstant über die Tiefe angesetzt werden. Die Einzellamelle wird auf diese Ringkraft (Normalkraft) unter Berücksichtigung der Biegemomente bemessen, die sich aus der Abweichung des Vielecks von der Kreisform ergeben. In der Regel wird dabei das Biegemoment an den Lamellenfugen zu Null angenommen. Das Biegemoment in Lamellenmitte kann dann entweder aus der Exzentrizität $e \approx l_E^2/8 \cdot r$ (r Radius des Ersatzkreises durch die Fugenmitten. Näherungsformel, wenn Anzahl der Ecken $\geqq 10$, Fehler $< 2,5\%$) der Ringkraft N oder als Feldmoment eines durch Erd- und

Bild 3.2-33
Schlitzwandpolygon zur Schachtherstellung, Schacht Dradenau (Werkfotos Bilfinger + Berger)

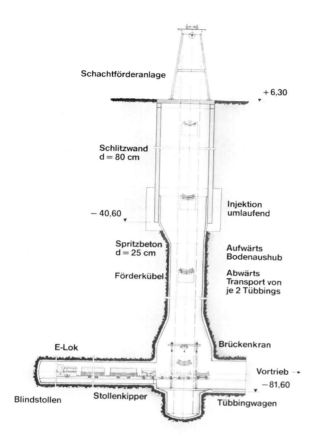

Bild 3.2-34
Schacht Dradenau

Wasserdruck belasteten Einfeldträgers entsprechend der Lamellenlänge berechnet werden. Die Fugen sind wie unbewehrte Betonquerschnitte nachzuweisen. Eine Mindestbreite dieser Kontaktstellen ist dazu statisch festzulegen und baubetrieblich einzuhalten, d. h. Verschwenkungen der Schlitzwandlamellen können nur bis zu diesem Größtmaß zugelassen werden, ohne daß zusätzliche Maßnahmen, wie z. B. mehrere Ringbalken erforderlich werden. Die gegenseitige Verschieblichkeit der Elemente muß in der Regel durch einen Kopfbalken verhindert werden.

Bei besonders hohem Wasserdruck sollte vorsorglich der Fugenbereich der Schlitzwände injiziert werden, um Leckstellen zu vermeiden.

3.2.5.3 Vorgespannte Schlitzwände

In Sonderfällen werden – bisher vor allem im Ausland – Schlitzwandelemente vorgespannt. Das Vorspannen erfolgt durch Spannkabel, die in entsprechender Lage im Bewehrungskorb eingebaut werden. Den Einsparungen an Schlitzwanddicke, Bewehrungsstahl und Verpreßankern stehen im allgemeinen jedoch höhere Kosten für die Spannkabel gegenüber, so daß dieses Verfahren nur bei Schlitzwänden mit hohen Biegezugbeanspruchungen zum Zuge kommt.

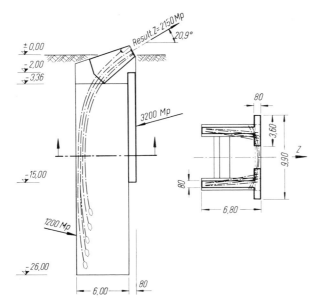

Bild 3.2-35
Schlitzwand für die Verankerun-
gen am Zeltdach Olympia-Stadion
München [23]

Beim Olympiastadion in München wurden vorgespannte Schlitzwände zur Verankerung des Zeltdaches eingesetzt [23], Bild 3.2-35. Bei tiefen Schlitzwänden ist den Leitungen
zum Verpressen und Entlüften der Spannglieder besondere Beachtung zu schenken, da sie
einem hohen Betondruck standhalten müssen.

3.2.5.4   T-Formen und andere Querschnittsformen

Eine andere Möglichkeit zur Aufnahme von Biegebeanspruchung stellt die Anordnung
von T-Elementen mit großer Biegesteifigkeit dar. Von dieser Möglichkeit wird im Ausland
häufig im Hafenbau beim Bau von Kaimauern Gebrauch gemacht, wo zusätzliche Verankerungen der Wand unter Wasser nicht möglich sind.

Ein großer Anwendungsbereich für Sonderformen liegt auf dem Gebiet der Tiefgründungen. Gegenüber runden Pfählen haben sie den Vorteil, daß sie durch entsprechende
Formgebung den statischen Erfordernissen meist besser angepaßt werden können. Derzeit noch nicht endgültig beantwortet ist die Frage, in welchem Maße die Mantelreibung bei
suspensionsgestützten Bohrungen angesetzt werden kann. Zahlreiche Versuche haben jedoch gezeigt, daß bei bestimmten bodenmechanischen Randbedingungen die Tragfähigkeit von Schlitzwandelementen oder unverrohrt mit Bentonitstützung hergestellten Pfählen mindestens genauso groß ist wie die verrohrt hergestellter Großbohrpfähle.

Literatur zu Abschnitt 3.2

[1] VEDER, CH.: Die Schlitzwandbauweise – Entwicklung, Gegenwart und Zukunft. Österreichische Ingenieur-Zeitschrift, 18. Jahrgang, August 1975, Heft 8

[2] DIN 4126: Ortbeton-Schlitzwände, Konstruktion und Ausführung, August 86

[2a] DIN 4127: Schlitzwandtone für stützende Flüssigkeiten. August 86

[3] DIN 1045: Beton und Stahlbeton, Bemessung und Ausführung

[4] Richtlinien für die Herstellung und Verarbeitung von Fließbeton. Fassung Mai 1974, beton, Heft 9, 1974

[5] SEELING: Die Schlitzwandbauweise. Baumaschine und Bautechnik 1971, Heft 2

[6] HEMSCHEMEIER, F.: Fertigteil-Schlitzwände im Kölner U-Bahn Bau. Tiefbauberufsgenossenschaft, Heft 8, 1980

[7] MÜLLER-KIRCHENBAUER, H., WALZ, B. und KILCHERT, M. (1979): Vergleichende Untersuchungen der Berechnungsverfahren zum Nachweis der Sicherheit gegen Gleitflächenbildung bei suspensionsgestützten Erdwänden. Veröffentlichungen des Grundbauinstitutes der TU Berlin, Heft 5, S. 1–118

[8] KILCHERT, M. und KARSTEDT, J.: Der Nachweis der äußeren Standsicherheit flüssigkeitsgestützter Erdschlitze. Geotechnik 1983, Heft 2, S. 84–93

[9] WEISS und WINTER: Erläuterungen zu den Schlitzwandnormen DIN 4126, DIN 4127, DIN 18313, 1985, DIN, Beuth-Kommentare

[10] KILCHERT, M. und KARSTEDT, J.: Standsicherheitsberechnung von Schlitzwänden nach DIN 4126, 1984. DIN, Beuth-Kommentare

[11] KLÖCKNER, W., ENGELHARDT, K. und SCHMIDT, H. G. (1982): Gründungen, Betonkalender 1982 Teil II, S. 697–957, Verlag Ernst & Sohn, Berlin

[12] WEISSENBACH, A.: Baugruben Teil I bis III, Verlag Ernst & Sohn, Berlin

[13] WEISSENBACH, A. (1982): Baugrubensicherung, Grundbau-Taschenbuch 3. Auflage, Teil 2, S. 887–982, Verlag Ernst & Sohn, Berlin

[14] XANTHAKOS, P. (1979): Slurry Walls, McGraw-Hill Book Company, New York, Düsseldorf

[15] Empfehlungen des Arbeitskreises „Baugruben" EAB (1980). Herausgeber: DGEG e.V. (Deutsche Gesellschaft für Erd- und Grundbau)

[16] Empfehlungen des Arbeitsausschusses „Ufereinfassungen" EAU (1985). Herausgeber: Arbeitsausschuß „Ufereinfassungen" der Hafenbautechnischen Gesellschaft e.V. und der DGEG e.V.

[17] LOERS, G. und PAUSE, H.: Die Schlitzwandbauweise für große und tiefe Baugruben in Städten. Bauingenieur 51 (1976) S. 41–58

[18] BAUMANN, TH.: Dichtung der Fugen in Schlitzwänden und anderen Bauwerken aus Sperrbeton. Baugrundtagung 1984 Düsseldorf, Deutsche Gesellschaft für Erd- und Grundbau, Essen

[19] U-Bahn München, U-Bahn-Linie 5/9 Baulos 16, Bhf. Friedenheimer Straße. Herausgeber U-Bahn-Referat München und ARGE Baulos 5/9-16, DYWIDAG, Bilfinger + Berger Bau AG, Hochtief AG

[20] STEINFELD, K.: Über den Erddruck an Schacht- und Brunnenwandungen. Baugrundtagung 1958, Hamburg, Deutsche Gesellschaft für Erd- und Grundbau, Essen

[21] SCHMIDT, H. G.: Tragverhalten von Großbohrpfählen, 1984. Sonderdruck von Bilfinger + Berger, Auszug aus dem Abschlußbericht über das Forschungsprojekt „Großbohrpfähle"

[22] Deutsches Patentamt; Patentschrift 2022786; Unterirdisches Bauwerk mit Schlitzwänden, Ausbildung einer Dehnungsfuge bei diesem Bauwerk und Verfahren zur Herstellung von darin befindlichen Dehnungsfugen

[23] KUPFER, H.: Tiefbau. Anwendungen des Spannbetons im Tiefbau sowie bei Türmen und Behältern. Beton- und Stahlbetonbau 1970, Heft 5, S. 112–121

3.3   Stützmauern*)

3.3.1   Schwergewichtsmauern

Die Schwergewichtsmauern aus Beton haben sich aus dem Mauerwerksbau entwickelt und werden meist als unbewehrte Konstruktionen ausgeführt. In Bild 3.3-1 sind die drei am häufigsten anzutreffenden Typen dargestellt. Sie werden oft noch mit einem vorderen Sporn versehen, um die Kippsicherheit zu erhöhen. Wenn die Reibung im Boden höher ist als die Reibung zwischen Boden und Beton, wirkt sich eine geneigte Sohle günstig auf die Gleitsicherheit aus. Die Neigungen der erdseitigen Wandflächen bei den Mauertypen b) und c) dienen zur Verringerung des Erddrucks. Als weitere Möglichkeit zur Erhöhung der Standsicherheit sei die Anordnung eines Tornisters auf der Erdseite genannt. Durch ihn wird die über ihm befindliche Erdauflast mit zur Erzielung der erforderlichen Kipp- und Gleitsicherheit herangezogen. Außerdem schirmt er einen Teil des Erddrucks ab. Ein Beispiel hierzu zeigt Bild 3.3-2. Es handelt sich um die Stützmauer der Ford-Fabrik in Köln, die im Jahre 1929 erbaut wurde.

Die wirtschaftliche Bedeutung der Schwergewichtsmauern ist wegen des hohen Betonverbrauchs in den letzten Jahrzehnten deutlich zurückgegangen.

3.3.2   Winkelstützmauern

Bei normalem Baugrund sowie ausreichendem Arbeitsraum erweisen sich heute Winkelstützmauern meist als die wirtschaftlichste Lösung zur Abstützung der Erdmassen und Auflasten eines Geländesprungs. Sie erhalten einen hinteren und in der Regel zusätzlich einen vorderen Sporn (Bild 3.3-3). Der vordere Sporn beeinflußt die Verteilung der Bodenpressungen sowie die Kippsicherheit günstig. Der hintere Sporn wirkt infolge der durch ihn aktivierten Erdauflast im gleichen Sinn, jedoch dient er in erster Linie dazu, die benötigte Gleitsicherheit zu erreichen. Winkelstützmauern wurden früher häufig mit Versteifungsrippen versehen, da sich so der geringste Materialverbrauch ergibt. Dieser Typ wird wegen seines hohen Herstellungsaufwandes heute so gut wie nicht mehr gebaut. Anhand des Beispiels der Stützmauer in der Nähe des Bahnhofes Sambor (Bild 3.3-4) aus dem Jahre 1905 läßt sich ersehen, daß die Rippenlösung schon in den frühen Jahren der Stahlbetonbauweise bekannt war.

Bild 3.3-5 zeigt einen Querschnitt einer Stützwand im Unterwasser des Kraftwerks Serrig, die als normale Winkelstützmauer (Baujahr 1985/86) ausgeführt wurde.

3.3.3   Stützmauern in Verbindung mit Großbohrpfählen und Ankern

Bei beengten Verhältnissen und/oder schwierigem Gelände werden seit etwa zwei Jahrzehnten zunehmend Großbohrpfähle sowie Anker in Verbindung mit einer Stützmauer zur Überwindung eines Geländesprungs angewendet.

Bild 3.3-6 zeigt das Stützbauwerk für die B 416 bei Lehmen (Baujahr 1970/72). Die Stützmauern im aufgeschütteten Bereich wurden als klassische Winkelstützmauern ausgeführt. Zur Sicherung des Bahndamms wurde eine auf Großbohrpfählen gegründete Winkelstützmauer gewählt. Sie wurde als erstes hergestellt und gewährleistete, daß sich die restlichen Bauarbeiten ohne Betriebsstörungen und Gefährdung des Bahnkörpers durchführen ließen.

---

*) Verfasser: Hermann Glahn
   (s. a. Verzeichnis der Autoren, Seite V)

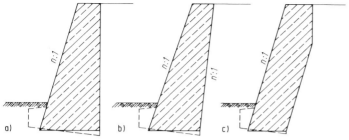

Bild 3.3-1
Grundtypen
von Schwergewichtsmauern

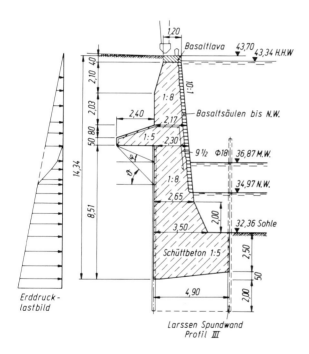

Erddruck-
lastbild

Bild 3.3-2
Stützmauer der Fordfabrik
in Köln, ausgeführt als Schwergewichtsmauer mit Tornister

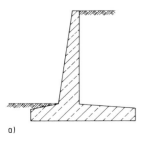
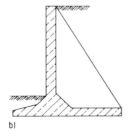

Bild 3.3-3
Winkelstützmauern

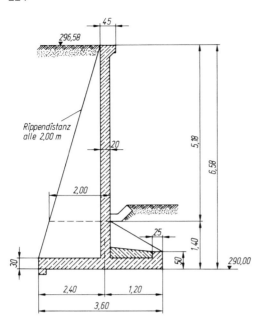

Bild 3.3-4   Stützmauer in der Nähe des
Bahnhofes Sambor

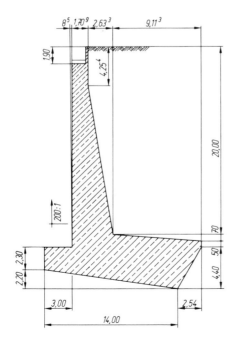

Bild 3.3-5   Stützwand im Unterwasser
des Kraftwerks Serrig

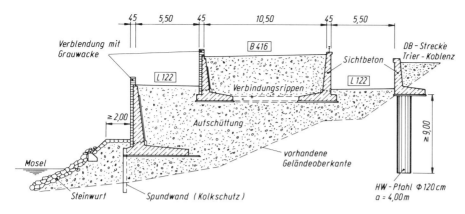

Bild 3.3-6   Stützbauwerk für die B 416 bei Lehmen

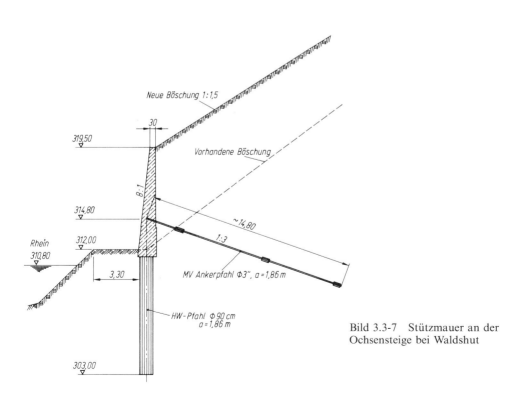

Bild 3.3-7   Stützmauer an der Ochsensteige bei Waldshut

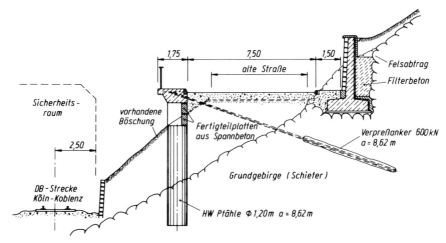

Bild 3.3-8   Stützmauer an der B 9 bei Remagen – Querschnitt

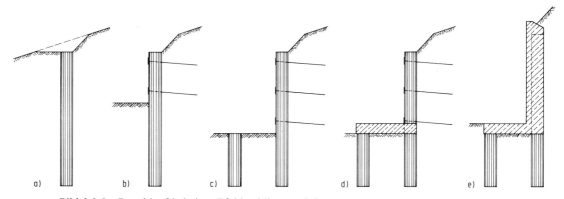

Bild 3.3-9   Bauablauf bei einer Pfahlstuhlkonstruktion

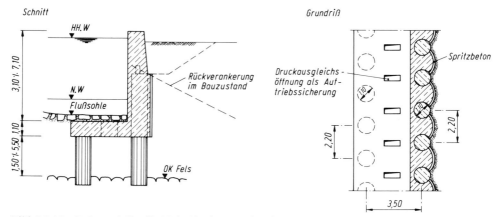

Bild 3.3-10   Leitwand für die Naheüberbauung in Idar-Oberstein

Eine Lösung mit Großbohrpfählen und Ankern zeigt Bild 3.3-7 am Beispiel der Stützmauer an der Ochsensteige bei Waldshut (Baujahr 1960). Eine Stützmauer wurde hier
durch die Verbreiterung und Erhöhung des Straßendammes beim Ausbau der B 34 erforderlich. Als besonders bemerkenswert sei hervorgehoben, daß der Arbeitsraum nur aus
dem etwa 3 m breiten Uferweg bestand. Ein weiteres Beispiel für eine Lösung mit Großbohrpfählen und Ankern ist die Stützmauer an der B 9 bei Remagen (Bild 3.3-8), die
ebenfalls im Zuge einer Straßenverbreiterung errichtet wurde (Baujahr 1962). Die eigentliche Stützwand besteht aus Spannbetonfertigplatten, die ihre Lasten horizontal abtragen
und an die in Schalung hergestellten Verlängerungen der Großbohrpfähle abgeben. Jeder
Pfahl ist rückverankert. Pfähle und Anker binden so tief in den Fels ein, daß die Standsicherheit des Hanges durch die zusätzlichen Lasten aus der Straßenverbreiterung nicht
gefährdet wird.

Sind Anker nicht zugelassen, so kann eine Pfahlstuhlkonstruktion zweckmäßig sein. Sie
besteht aus zwei auf Lücke angeordneten Reihen von Großbohrpfählen, die durch eine
Pfahlkopfplatte und eine Stützwand miteinander derart verbunden sind, daß sich ein
stuhlförmiges Bauwerk ergibt. Bei der Herstellung wird zunächst die erdseitige Pfahlreihe
von einer oberen Bohrebene aus gesetzt. Dann wird der Boden vor dieser Reihe entfernt,
wobei man in der Regel den Baugrund zwischen den Pfählen durch Spritzbeton sichert.
Außerdem werden die Pfähle im Zuge des Bodenaushubs rückverankert. Ist die Unterkante der Pfahlkopfplatte erreicht, so wird die luftseitige Pfahlreihe hergestellt. Dann wird
die Pfahlkopfplatte und schließlich die Stützwand gefertigt, wobei diese die erdseitigen
Pfähle umschließt. Die Ankerung dient nur zur Abtragung von Lasten in den Bauzuständen. Die Anordnung der Pfahlreihen auf Lücke dient dem Zweck, vor jeder Pfahlreihe die
horizontale Bettung voll wirksam werden zu lassen. In Bild 3.3-9 ist der Bauablauf verdeutlicht.

Bild 3.3-10 zeigt als Ausführungsbeispiel die Leitwand (Baujahr 1981/83) für die Naheüberbauung in Idar-Oberstein.

3.4   Sanierung bestehender Stützmauern*)

3.4.1   Allgemeines

Die Sanierung bestehender Stützmauern, vorwiegend an Strecken der Deutschen Bundesbahn, ist derzeit eine häufige Aufgabe. In der Regel sind diese Stützbauwerke bereits im
19. Jahrhundert, d.h. vor über hundert Jahren gebaut worden. Sie zeigen bereichsweise
Schäden, meist außergewöhnliche Verformungen und Risse, und müssen, soweit die heutigen Sicherheitsanforderungen nicht mehr erfüllt sind, ersetzt oder saniert werden.

Die Ursachen für die Schäden sind vielschichtig und örtlich sehr verschieden. Meistens
sind es langfristige Erd- und Gebirgsbewegungen sowie Einflüsse von Oberflächen- und
Grundwasser, die zu erhöhten Belastungen der Stützbauwerke führen. Eine rechnerische
Erfassung der tatsächlichen Lasten und der Lastverteilung ist immer schwierig und nur
näherungsweise möglich, gegebenenfalls müssen den Untersuchungen Grenzwerte zugrunde gelegt werden.

Nachfolgend werden einige Beispiele für Sanierungen von Stützmauern an Bundesbahn-
gleisen gezeigt. Der Bahnbetrieb darf in der Regel nicht oder nur sehr begrenzt gestört
werden, so daß in allen Fällen zu den konstruktiven Problemen noch die Probleme aus dem

---

*) Verfasser: KARL LAUINGER
   (s.a. Verzeichnis der Autoren, Seite V)

Bahnbetrieb kommen. Ein wesentliches Kriterium für den Geräteeinsatz sind die Einschränkungen und Behinderungen, die sich aus elektrischen Oberleitungen mit den zugehörigen Leitungsmasten ergeben und sich ganz erheblich auf den Bauablauf auswirken können. Zusätzlich wirkt sich der eingeschränkte Arbeitsraum in engen Tälern mit steilen Hängen erschwerend aus (Bild 3.4-1).

Bild 3.4-1
Eingeschränkter Arbeitsraum am Hang
(Werkfoto Bilfinger + Berger)

3.4.2 Beispiele

3.4.2.1 *Stützmauer in Rolandswerth, an der DB-Strecke Köln-Koblenz, Bauzeit: 1982–1983 (Bild 3.4-2):*

Der vorhandenen, etwa 105 m langen Stützmauer wurde eine horizontal verankerte Stahlbetonwand vorgesetzt. Die Anker aus Stahl St 52, Durchmesser $2\frac{1}{2}''$ bis $3''$, wurden im Abstand von 3,00 m in vorweg hergestellte verrohrte Bohrungen verlegt, der verbleibende Hohlraum wurde mit Zementmörtel verpreßt. Als rückwärtige Ankerwand wurden Stahlspundbohlen mit einem Stahlbetongurt vorgesehen.

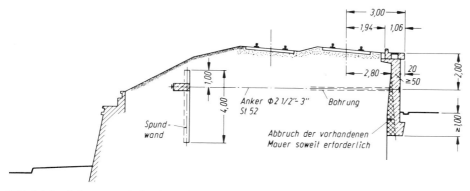

Bild 3.4-2   Stützmauer Rolandswerth, Querschnitt
              (Berichtigung: anstatt 2,80 muß es ≤ 2,30 heißen)

3.4.2.2 *Stützmauer am Bopparder Hamm, an der DB-Strecke Koblenz-Bingen, Bauzeit: 1983–1984 (Bilder 3.4-3 bis 3.4-6):*

Für die Sanierung wurden, den Sicherheitsanforderungen entsprechend, folgende Maßnahmen getroffen:

– Herstellung einer vom alten Bauwerk unabhängigen, bergseitigen Stützwand mit Rückverankerung in dem unter Gehängeschutt anstehenden Fels, dadurch Entlastung der vorhandenen Stützmauer
– Verbesserung der vorhandenen Bausubstanz durch Abtragung des oberen Stützmauerbereiches, Anordnung eines Kopfbalkens aus Stahlbeton und Verdübelung des verbleibenden Mauerkörpers mit senkrecht eingebauten Einstabpfählen
– Einbau horizontaler Drainagen in das bestehende Bauwerk zum Vermeiden von Zusatzbelastungen durch Aufstau des Hangwassers

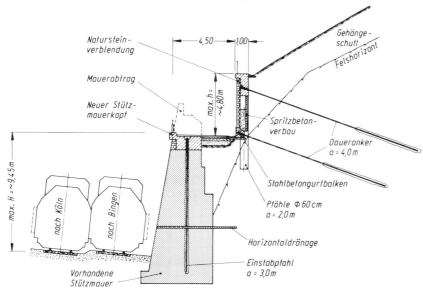

Bild 3.4-3   Stützmauer Bopparder Hamm, Querschnitt

Um den Bahnbetrieb nicht zu stören, wurde für den Baubetrieb eine etwa 5 m breite Baustraße zwischen vorhandener und neuer, bergseitiger Stützmauer angelegt. Sie wurde abschließend befestigt und dient jetzt als Wirtschaftsweg (Bild 3.4-4).

Ein weiterer Bereich der Stützmauer am Bopparder Hamm wurde in den Jahren 1986–1987 saniert. Da hier die vorhandene Stützmauer wesentlich niedriger ist als die zuvor beschriebene (Bild 3.4-3), kamen andere Lösungen zur Ausführung, abhängig von den jeweiligen Wandhöhen und den örtlichen Verhältnissen (Bilder 3.4-5 und 3.4-6).

Bild 3.4-4
Stützmauer Bopparder Hamm,
Blick auf die Baustelle (Werk-
foto Bilfinger + Berger)

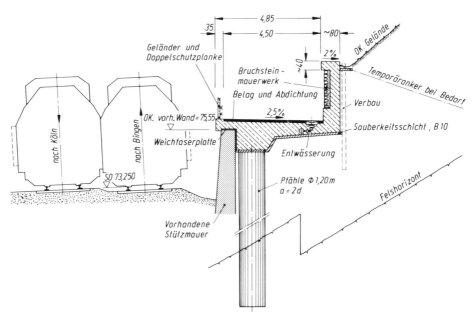

Bild 3.4-5   Stützmauer Bopparder Hamm, Querschnitt mit Pfahlgründung

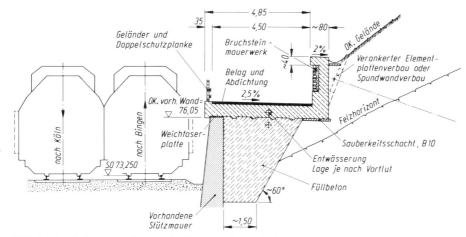

Bild 3.4-6   Stützmauer Bopparder Hamm, Querschnitt mit Gründung auf Füllbeton

3.4.2.3   Stützmauer am Krahnenberg bei Andernach, an der DB-Strecke Köln–Koblenz, Bauzeit 1974–1977 (Bilder 3.4-7 und 3.4-8):

Die doppelgleisige, elektrifizierte Strecke der DB verläuft in einer verhältnismäßig engen Kurve zwischen den bergseits gelegenen Pfeilern einer Hangbrücke und der tieferliegenden Bundesstraße B 9 am Rheinufer (Bild 3.4-7). Neben der Sanierung der talseitigen Stützmauer mußten bergseits neue Stützbauwerke vorgesehen werden, weil zur Verbesserung der Kurvenführung eine Gleisverlegung geplant war. Die bergseits vorhandenen Bruchsteinmauern wurden abgebrochen.

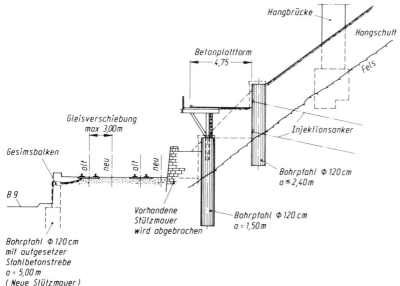

Bild 3.4-7   Stützmauer Krahnenberg, Querschnitt im Bauzustand mit Arbeitsgerüst
(Berichtigung: Bohrplattform anstatt Betonplattform)

Bei allen statischen und konstruktiven Überlegungen spielten außer der Abtragung der Erddruckkräfte des bis 45° geneigten Berghanges die Belastungen durch den Baubetrieb eine wesentliche Rolle. Zudem mußten schädliche Auswirkungen auf die Gründung der Hangbrücke vermieden werden. Der Baubetrieb zur Herstellung der bergseitigen Stützbauwerke gestaltete sich schwierig, da der sehr starke Zugverkehr nicht beeinträchtigt werden durfte. Wegen ihrer guten Eignung für solche Fälle wurden als tragende Elemente Bohrpfähle verwendet. Die untere Pfahlreihe mußte „vor Kopf" hergestellt werden, d. h. das Bohrgerät wurde über den jeweils zuvor eingebrachten Bohrpfählen aufgestellt. Für die Herstellung der oberen Pfahlreihe und den erforderlichen Materialtransport wurde die in Bild 3.4-7 gezeigte Bohrplattform benutzt.

Die rheinseitige Bruchsteinstützmauer erhielt zur Stabilisierung ein „Stahlbetonkorsett", das sind auf Bohrpfählen gegründete Stahlbetonstreben im Abstand von 5,00 m mit einem durchlaufenden Gesimsbalken. Risse und sonstige Schäden in der verbleibenden Wand wurden ausgebessert.

Bild 3.4-8 zeigt eine Teilansicht des fertigen Bauwerks, die bergseits angeordneten Bohrpfahlwände wurden abschließend mit Fertigteilplatten verblendet.

Bild 3.4-8 Stützmauer Krahnenberg,
Teilansicht des fertigen Bauwerks
(Werkfoto Bilfinger + Berger)

3.4.2.4 Stützmauer bei Au, an der DB-Strecke Troisdorf-Betzdorf, Bauzeit 1985–1986 (Bild 3.4-9):

Für die Sanierung des etwa 420 m langen Streckenabschnittes war eine neue Stützwand mit höher gelegter Mauerkrone und eine Böschungsaufschüttung bis zur Neigung 1 : 1,5 vorgesehen. Das dem Sanierungsbereich zunächst liegende Gleis durfte nur eingeschränkt benutzt werden.

Zur Ausführung kam eine rückverankerte Stahlbetonkonstruktion auf Bohrpfählen, die unmittelbar hinter der vorhandenen Stützmauer angeordnet wurden. Der Abbruch der alten Mauer erfolgte nach Umlagerung des Erddrucks auf die Bohrpfähle und Anker. Die sichtbare Pfahlkonstruktion wurde mit einer Stahlbetonschürze verblendet.

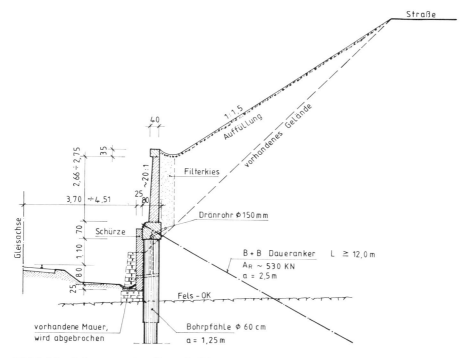

Bild 3.4-9   Stützmauer Au, Querschnitt

3.5   Aufgelöste Stützwände*)

3.5.1   Allgemeines

Als aufgelöste Stützwände werden hier Konstruktionen behandelt, bei denen der Boden im Bau- und Endzustand zum Tragen herangezogen wird. Die Mitwirkung des Bodens kann durch Bewehrung erfolgen, die eine erhöhte Scherfestigkeit bewirkt („Bewehrte Erde") oder durch Bauelemente, die den Boden umhüllen und damit ähnliche Verhältnisse wie bei Schwergewichtsmauern schaffen („Raumgitterkonstruktionen"). Bei der Herstellung von Elementwänden muß eine ausreichende Eigentragfähigkeit bzw. Standzeit des anstehenden Bodens vorausgesetzt werden können.

Die statischen Berechnungen beinhalten in der Regel getrennte Nachweise der inneren Standsicherheit (Betonfertigteile, Bewehrung) und der äußeren Standsicherheit (Nachweis des gesamten Boden-Mauer-Körpers).

Charakteristisch für Stützbauwerke dieser Sonderbauweisen sind ihre Flexibilität und Setzungsunempfindlichkeit, spezielle Gründungen können meist entfallen, aufwendige Auskofferungen und eventuell damit verbundene Wasserhaltungen sind nicht erforderlich.

In den nachfolgenden Abschnitten werden die derzeit gängigen Betonkonstruktionen angegeben, andere Verfahrensweisen wie z. B. die Herstellung von Stützbaukörpern aus Drahtsteinkästen oder die Bodenvernagelung sind nicht Gegenstand dieses Buches.

*) Verfasser: ROLF BERTRAM
   (s. a. Verzeichnis der Autoren, Seite V)

3.5.2 Bewehrte Erde

3.5.2.1 *Vorbemerkung*

Das System „Bewehrte Erde" wurde in den 60er Jahren von dem französischen Ingenieur HENRI VIDAL erfunden und gemeinsam mit dem „Laboratoire Central des Ponts et Chaussées" zur Ausführungsreife entwickelt.

Das erste Stützbauwerk dieser Art wurde 1964 in Pragnères, Frankreich, erstellt; inzwischen wird das Verfahren weltweit angewandt [6]. In der Bundesrepublik Deutschland fand das System „Bewehrte Erde" seine erste Anwendung im Jahre 1975 beim Bau der Umgehung Raunheim im Zuge der Bundesstraße 43 [7], (Bilder 3.5-1, 3.5-2).

Bild 3.5-1
Stützwand Raunheim
[12]

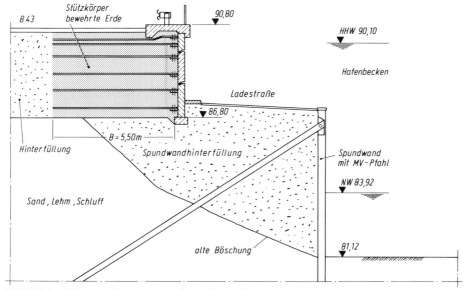

Bild 3.5-2 Stützwand Raunheim, Querschnitt [7]

1. Verkehrsbau

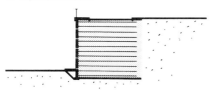

Stützwand

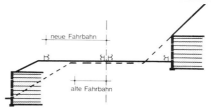

Straßenverbreiterung für Dammlage und im Einschnitt

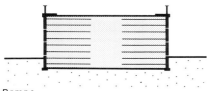

Rampe

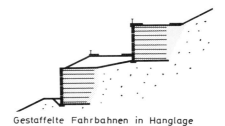

Gestaffelte Fahrbahnen in Hanglage

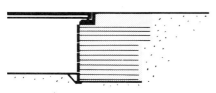

Brückenwiderlager

2. Industriebau

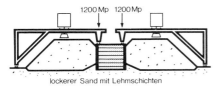

Kranbahnwiderlager

Schutzbecken für Tankanlagen

3. Wasserbau

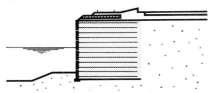

Ufermauer in trockener Baugrube hergestellt

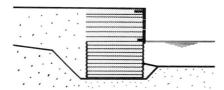

Kaimauer – unterer Teil im Wasser hergestellt

Bild 3.5-3   Fortsetzung nächste Seite

4. Landschafts- und Umweltgestaltung

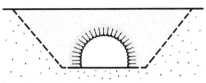

Wohnterrassen am Hang   Schallschutzmauer

5. Militärischer Schutzbau

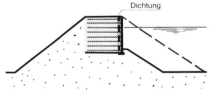

Tunnelschutzanlagen

6. Erdbau

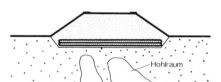

Dichtung

Damm mit Stützkörper aus
„Bewehrter Erde"

Plattentragwerk über Hohlräumen

Hohlraum

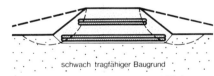

schwach tragfähiger Baugrund

Plattentragwerk zur Dammstabilisierung

Bild 3.5-3   Anwendungsmöglichkeiten für Bauwerke aus bewehrter Erde [5]

Die Einsatzmöglichkeiten sind vielfältig (Bild 3.5-3). Bewehrte Erde bietet sich vor allem dort an, wo Aufschüttungen mit abschließendem Geländesprung geplant sind oder wo bei geringer tragfähigen Böden aufwendige Tiefgründungen erforderlich würden, die wegen der Setzungsunempfindlichkeit einer „Bewehrte Erde"-Konstruktion entfallen können (Vergleiche mit konventionellen Lösungen in [3]). Vorteilhaft ist die flexible Anpassungsmöglichkeit an bestehende Geländeverhältnisse und Bauwerksformen. In der Regel kann auch von einer kürzeren Bauzeit gegenüber dem Aufwand für herkömmliche Stützbauwerke ausgegangen werden. Bild 3.5-4 zeigt ein typisches Beispiel aus Frankreich, weitere Ausführungen sind in [2], [3], [5], [12], [35], [36] beschrieben und dargestellt.

In Frankreich und in den USA wurden 1972 bzw. 1974 die ersten Richtlinien zur Anwendung der „Bewehrte Erde"-Bauweise herausgebracht. Innerhalb der Bundesrepublik Deutschland sind im Bereich Straßenbau die „Bedingungen für die Anwendung des Bauverfahrens Bewehrte Erde", Ausgabe Januar 1985, herausgegeben vom Bundesministerium für Verkehr, Abteilung Straßenbau, maßgebend [1].

Bild 3.5-4
Stützwände für Fahrbahn-
staffelung und Hangsiche-
rung, Autobahn A 34 bei
Saverne/Frankreich
(im Bau) [5]

3.5.2.2 Konstruktionsprinzip

Stützbauwerke nach dem Prinzip „Bewehrte Erde" sind Verbundkonstruktionen aus
vorwiegend kohäsionslosen Böden, schlaffen Bewehrungsbändern und einer flexiblen Außenhaut aus Betonfertigteilen (oder Stahlblechen). Die Verbundwirkung ist dadurch gegeben, daß die Bewehrungselemente Zugspannungen aufnehmen und durch Reibung auf
den Boden, der selbst als aktiver Teil der Konstruktion anzusehen ist, übertragen. „Bewehrte Erde"-Bauwerke sind vielfach verankerten Stützwänden vergleichbar mit eng verlegten Reibungsbändern als Ankern. Die Herstellung erfolgt abschnittsweise von unten
nach oben; hierbei wird bis auf die Höhe der jeweils folgenden Bandlage Boden aufgefüllt
und verdichtet. Anschließend werden die nächsten Bänder an die bereits gestellten Wandelemente angeschlossen, die folgenden Wandelemente aufgesetzt und wieder hinterfüllt

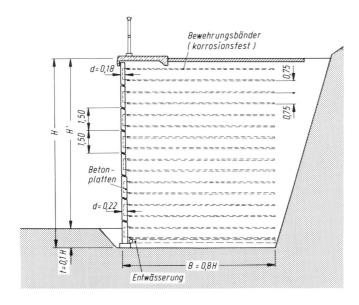

Bild 3.5-5
Schnitt durch eine Be-
wehrte-Erde-Stütz-
mauer [12]

usw. Die Länge der Bewehrungsbänder bestimmt die Breite des aufzufüllenden Bodenkörpers, der im Gegensatz zu den Verfüllräumen herkömmlicher Stützmauern verhältnismäßig groß sein kann (Bild 3.5-5).

3.5.2.3 Bauteile der Wand

– Außenhaut aus Beton-Fertigteilen
  Die am häufigsten verwendete Wandverkleidung mit Beton-Fertigplatten ist in einem
  Ausführungsbeispiel auf den Bildern 3.5-6, 3.5-7 und 3.5-1 dargestellt. Lastansätze und
  Bemessung sind gemäß [1] durchzuführen.

– Bewehrungsbänder
  Die Bewehrungsbänder werden als glatte oder quergerippte Stahlbänder aus St 37-2
  verlegt. Die Bemessungsgrundsätze sowie die Anforderungen an die Sicherheiten gegen
  Herausziehen der Bänder sind in [1] festgelegt.

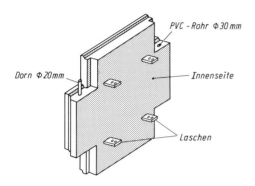

Bild 3.5-6
Ansicht eines Außenhautelementes aus Beton (von innen) [7]

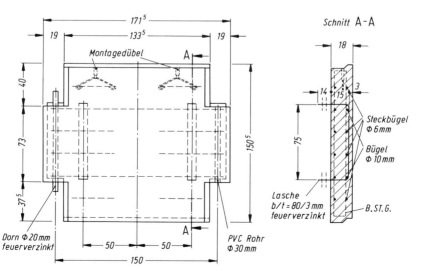

Bild 3.5-7   Konstruktive Ausbildung der Außenhautbetonplatte der Stützwand für die B 43 in
Raunheim [7]

Wesentlich für die Nutzungsdauer derartiger Bauwerke ist der Korrosionsschutz der im Boden verlegten Bänder und der zugehörigen Befestigungsmittel. Diese Bauteile müssen daher durch Feuerverzinkung gemäß DIN 50976 geschützt werden.

Ist damit zu rechnen, daß nachträglich korrosionsfördernde Substanzen wie z. B. Tausalze, Chemikalien u. dergl. in den Bereich der Metallteile gelangen können, so muß dies durch zusätzliche Maßnahmen verhindert werden, in der Regel durch oben liegende Dichtungsbahnen mit entsprechender Drainage. Einzelheiten und Anforderungen an den Korrosionsschutz sind in [1] und [11] angegeben.

In neuerer Zeit kommen auch Kunststoffe zum Einsatz [10]. Chemische Einflüsse dürfen bei ihnen keine Veränderungen der Materialeigenschaften hervorrufen, Widerstandsfähigkeit gegen Temperaturveränderungen muß gegeben sein, und mechanische Beanspruchungen dürfen keine unzulässigen Dehnungen, Alterungen oder Kriecherscheinungen auslösen.

Die mechanischen Eigenschaften der Kunststoffe wie Zugfestigkeit und Bruchdehnung können ähnlich wie beim Stahl durch Molekülorientierung infolge „Reckung" erheblich gesteigert werden. Auf dieser Basis wurden in England gereckte Kunststoffgitter, sog. „Geogrids" (Bild 3.5-8), aus hochdichtem Polyäthylen für die Anwendung im Grundbau entwickelt. Der Einbau der einfach zu verlegenden Geogrids als Bewehrungselemente für „Bewehrte Erde"-Bauwerke auch unter Verkehrsbelastung zeichnet sich schließlich durch eine gute Kraftübertragung zwischen den Kunststoffgittern und dem Füllboden aus, die durch Reibungskräfte an den Geogrid-Oberflächen und durch Verzahnung der Gitteröffnungen beim Durchsetzen mit Füllboden gewährleistet ist.

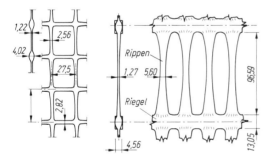

Bild 3.5-8
Formen verschiedener Geogrids
(Maße in mm) [10]

– Füllboden
Als Füllböden eignen sich in erster Linie nichtbindige Böden mit freier Drainagemöglichkeit, die den Anforderungen für Bauwerkshinterfüllungen bzw. Straßendammschüttungen entsprechen. Sie sollen keine organischen oder chemischen Bestandteile enthalten, die betonaggressiv sind oder bei der Bewehrung zu Korrosion führen können.

Detaillierte Angaben über die Anforderungen an den Füllboden einschließlich dessen Einbau sind in den „Bedingungen für die Anwendung des Bauverfahrens Bewehrte Erde" [1] und in [4] zusammengestellt.

Die Beständigkeit der feuerverzinkten Bewehrungsbänder gegen Korrosion ist in erster Linie von dem pH-Wert und dem spezifischen Bodenwiderstand des Füllbodens abhängig.

Die gleichmäßige und ausreichend hohe Verdichtung des Füllbodens ist eine weitere Grundvoraussetzung für die Sicherheit des Baukörpers. Der Füllboden wird lagenwei-

se, bei einer Außenhaut mit Betonfertigteilen etwa 0,40 m hoch, eingebracht und verdichtet. Die geeigneten Bodenarten einschl. Verdichtungsart und Verformungsmodul
sind in Tabelle 3.5-1 angegeben.

Tabelle 3.5-1   Verdichtungsanforderungen für Füllböden (bewehrte Erde) nach [4]

Bodenart nach DIN 18196	Verdichtungsgrad D_{Pr} in %	Verformungsmodul E_{V2} in MN/m²
GE – SE – SW – SI	97	80
GW – GI	100	100
SU – ST	97	45
GU – GT	100	60

Neuerdings ist man bestrebt, auch bindige Böden, wie sie z. B. beim Dammbau zur
Anwendung kommen, für „Bewehrte Erde"-Bauwerke einzusetzen. In einem For-
schungsprogramm [8] wurde die Eignung gemischtkörniger Böden bei Einhaltung ver-
suchsmäßig ermittelter Grenzen für die Ausführung von BE-Bauwerken nachgewiesen,
wodurch die Wirtschaftlichkeit erheblich gesteigert werden kann.

3.5.2.4   Bodenmechanische Wirkungsweise

Ein wesentlicher Unterschied der „Bewehrten Erde"-Konstruktionen im Vergleich zu
anderen Stützbauwerken und Verankerungswänden besteht darin, daß der Erddruck
nicht mehr voll auf die Wand einwirkt, da er durch Reibung teilweise auf die Bewehrungseinlagen übertragen wird, die den aktiven Gleitkeil durchsetzen.

Aus Bild 3.5-9 ist die Zugkraftverteilung entlang eines Bewehrungsbandes zu ersehen.
Neueren Untersuchungen [9] zufolge liegen die Bandkraftmaxima erheblich hinter der
theoretischen Gleitlinie unter

$$\vartheta_a = 45° + \frac{\varphi}{2}.$$

Verfolgt man den Verlauf der Zugkraft über die gesamte Bandlänge, so werden direkt
am Anschluß an die Außenhaut ca. 50% bis 80% des Maximalwertes eingeleitet. Infolge
von Schubspannungen, die nach außen (zur Wand) gerichtet sind, wächst die Zugkraft am
Bewehrungsband bis zu ihrem Maximalwert. Umgekehrt wirken diese Schubspannungen
auf den aktiven Gleitkeil und bewirken einen inneren Zusammenhalt des Bodenkörpers.
Hinter der Stelle des Zugkraftmaximums sind die Schubspannungen von der Wand weg-
gerichtet, so daß die Zugkraft erst von hier an wirksam über Bandreibung in den widerste-
henden Bodenteil eingeleitet wird. Die Zugkraft klingt bis zum Bandende auf Null ab.

Durch das Einlegen von Bewehrungsbändern können dem Boden erhebliche Schubkräfte (in ungünstigen schrägen Gleitflächen) zugemutet werden, die von einer unbewehrten Hinterfüllung nur in Grenzen aufgenommen werden könnten. Diese Erscheinung
kommt einer anisotropen Kohäsion c gleich (Bild 3.5-10). Die Hauptspannung σ_I erhöht
sich beim Aufbringen einer Zusatzlast senkrecht zur eingelegten Bewehrung um $\Delta \sigma_I$. Wird
die daraus resultierende Erhöhung der waagerechten Kräfte von einer Bewehrung aufgenommen (Bandkraft Z), steigt die Hauptspannung σ_{III} im Boden nicht mehr an.

Bei der bewehrten Erde wird der aktive Erddruck bereits im abgleitenden Erdkörper auf
die Bandeinlagen übertragen. Die Beanspruchung der Bänder durch Reibung aus Erddruck ist dem Verbund im Stahlbeton vergleichbar, so daß analog zum bewehrten Beton
das Verfahren seine Bezeichnung „Bewehrte Erde" (BE) erhielt.

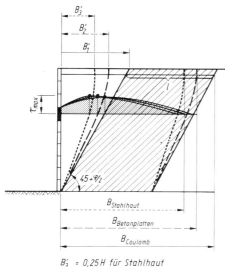

Bild 3.5-9   Theoretische Stützkörperbreite [2]

B'_3 = 0,25 H für Stahlhaut
B'_2 = 0,35 H für Betonplatten
B'_1 = tg (45-φ/2)·H nach Coulomb

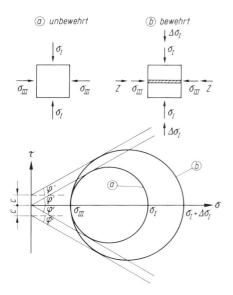

Bild 3.5-10   Darstellung der anisotropen Kohäsion c im MOHRschen Spannungskreis bei bewehrter Erde (FRANK 1979) [13]

3.5.2.5   Standsicherheit

Die Lastannahmen und die erforderlichen Nachweise sind in [1] angegeben; ausführliche Erläuterungen einschließlich theoretischer Grundlagen sind insbesondere in [2] und [4] enthalten. Nachfolgend werden die wesentlichen Nachweise in Kurzform zusammengefaßt; die erforderlichen Sicherheitsbeiwerte sind in Tabelle 3.5-2 angegeben.

Tabelle 3.5-2   Sicherheitsbeiwerte für Stützwände aus bewehrter Erde nach [4]

Sicherheitsbeiwerte η		Gesamtsystem	Einzelband
Grundbruch	DIN 4017	2,0	
Geländebruch	DIN 4084 Lastfall 1	1,4	
Gleiten	DIN 1054	1,5	
Bandbruch: Fließgrenze Stahl			1,5
Herausziehen der Bänder		2,0	1,5

a) Äußere Standsicherheit des Baukörpers:

– Nachweis, daß die aus ständigen Lasten resultierende Kraft
   die Sohlfuge im Kern schneidet
– Sicherheitsbeiwert 1,5 gegen Gleiten nach DIN 1054
– Sicherheitsbeiwert 2,0 gegen Grundbruch nach DIN 4017, Blatt 2
– Sicherheitsbeiwert 1,4 gegen Geländebruch nach DIN 4084

Der Erddruck wirkt wie auf vergleichbare konventionelle Stützwände; es kann somit der aktive Erddruck nach COULOMB mit einem Wandreibungswinkel $\delta = 0$ angesetzt werden (Bild 3.5-11).

Für die geometrischen Abmessungen des Bauwerks gelten folgende Mindestwerte (Bild 3.5-12):

– Mindestlänge $L \geq 0,7 \cdot H$
– Mindesteinbindetiefe
   für waagrechtes Gelände $T \geq 0,1 \cdot H$
   für geneigtes Gelände $T \geq 0,2 \cdot H$

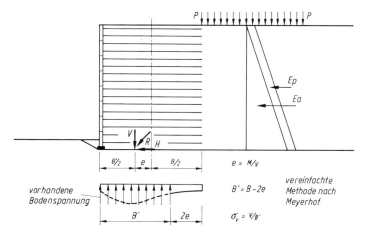

Bild 3.5-11   Sohldruckverteilung bzw. Druckverteilung in beliebiger Höhe des bewehrten Erdkörpers nach MEYERHOF [3]

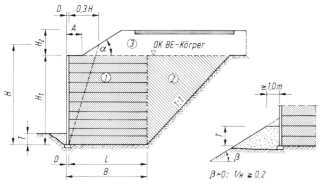

Bild 3.5-12
Mindestabmessungen für
Bewehrte-Erde-Bauwerke
[1]

$\beta = 0$: $l/H \geqq 0,1$
① Bewehrter Erdkörper $l/H \geqq 0,7$
② Hinterfüllbereich
③ Überschüttbereich

b) Innere Standsicherheit des Baukörpers (Bilder 3.5-13, 3.5-14):

– Bruch eines Bandes:

Die rechnerische Zugkraft Z_{Si} des Bandes i mit der statisch wirksamen Banddicke t_i (ohne Korrosionszuschlag) ist bei Erreichen der Streckgrenze des Stahles σ_S:

$$Z_{Si} = \sigma_S \cdot b \cdot t_i$$

Die auf das Band entfallende Zugkraft Z_i infolge Erddruck ist:

$$Z_i = K_{ai} \cdot \gamma \cdot z_i \cdot a \cdot s$$

Erforderlicher Sicherheitsbeiwert (s. Tabelle 3.5-2):

$$\eta = \frac{Z_{Si}}{Z_i} \geqq 1,5$$

Der Anschluß des Bandes an die Außenwand darf mit dem auf $0,85\, Z_i$ abgeminderten Wert berechnet werden.

– Herausziehen der Bänder:

Das Herausziehen der Bänder wird durch Reibung auf der wirksamen Bandlänge L_{wi} (Bild 3.5-14) verhindert. Als Reibungsbeiwert wird $f_i = 0,5$ angesetzt, nur bei gerippten Bändern und Nachweis des Reibungswinkels des Füllbodens darf $f_i = \tan \varphi' \leqq 0,7$ angesetzt werden.

Herausziehen eines Bandes (Teilsicherheit):
Aus der Auflast p_i in der Höhe z_i ergibt sich die Zugkraft Z_{ri}, die durch Reibung in das Band eingeleitet werden kann:

$$Z_{ri} = 2 \cdot b \cdot f_i \cdot L_{wi} \cdot p_i$$

Erforderlicher Sicherheitsbeiwert (s. Tabelle 3.5-2)

$$\eta = \frac{Z_{ri}}{Z_i} = \frac{L_{wi}}{\text{erf } L_{wi}} \geqq 1,5$$

Bei reiner Erddruckbelastung wie auf Bild 3.5-13 ist die erforderliche Bandlänge

$$\text{erf} \, L_{\text{wi}} = \frac{K_{\text{ai}} \cdot a \cdot s}{2 \cdot f_{\text{i}} \cdot b}$$

Herausziehen aller Bänder (Gesamtsicherheit):
Die Summe aller Reibungskräfte Z_{ri} wird dem Gesamterddruck E_{a} gegenübergestellt.
Erforderlicher Sicherheitsbeiwert (s. Tabelle 3.5-2):

$$\eta = \frac{\sum Z_{\text{ri}}}{E_{\text{a}}} \geqq 2{,}0$$

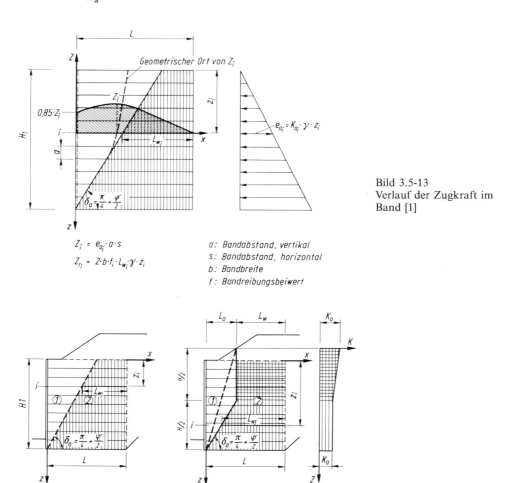

Bild 3.5-13
Verlauf der Zugkraft im
Band [1]

$Z_i = e_{a_i} \cdot a \cdot s$

$Z_{r_i} = 2 \cdot b \cdot f_i \cdot L_{w_i} \gamma \cdot z_i$

a: Bandabstand, vertikal
s: Bandabstand, horizontal
b: Bandbreite
f: Bandreibungsbeiwert

① aktive Zone
② widerstehende Zone
a) glatte Bänder

$L_a = H/2 \times \tan(45 - \varphi/2)$

b) gerippte Bänder

Bild 3.5-14   Wirksame Bandlängen bei glatten und gerippten Bändern [1]

3.5.3   Raumgitterkonstruktionen

3.5.3.1   Vorbemerkung

Stützmauern in herkömmlicher Art decken einen Teil der Erdoberfläche in der Vertikalen ab und entziehen die bedeckte Fläche demzufolge weitgehend dem Landschaftshaushalt. Treten Raumgitterstützmauern an die Stelle von massiven Gewichts- und Winkelstützmauern, so können sie bodenmechanische, statische und ökologische Anforderungen in komplexer Weise erfüllen.

Die Raumgitterkonstruktionen haben in den Alpenländern als Holzkonstruktionen eine alte Tradition. Die Bezeichnung „Krainerwand" geht auf die bevorzugte Anwendung im damaligen Herzogtum Krain der Österreichisch-Ungarischen Monarchie zurück. Die Vorläufer der heutigen Beton-Fertigteile sind in Tirol auch als „Grünschwellen" oder in Bayern als „Holzkästen" bekannt. Diese seit Jahrhunderten bekannten Stützkonstruktionen im forstlichen Straßen- und Hangverbau bestehen nach dem Blockhaus-Prinzip aus stabförmigen Einzelelementen, die lagenweise zu einem räumlichen Zellenwerk kreuzweise übereinander geschichtet und mit Boden verfüllt werden. In die Zwischenräume setzt man Weidenruten ein.

3.5.3.2   Arten von Raumgitterstützmauern

Das zuvor beschriebene althergebrachte Bauprinzip wird heute auch auf Beton-Fertigteile übertragen.

In den USA sind Stützmauern aus Fertigteilelementen als „crib walls" (Bild 3.5-15) seit über 40 Jahren bekannt.

Die Fertigteile bestehen aus böschungsparallelen „Läufern" (Längsträger, Balken, Strekker) und den rechtwinklig dazu angeordneten „Bindern" (Querträger, Ankerbalken, Zangen). Die Verbindung beider Grundelemente ergibt eine Verriegelung und die Summe aller Verriegelungen schließlich eine Raumgitterkonstruktion (Bilder 3.5-16 und 3.5-17). Die heute auf dem Markt verfügbaren Systeme unterscheiden sich im wesentlichen darin, ob Läufer und Binder getrennt oder als fester vorgefertigter Rahmen eingesetzt werden.

Raumgittermauern sind auch unter der Bezeichnung Blockmauern, Rahmenelement-Stützwände oder Elementstützmauern bekannt geworden. Die meisten Fabrikate können planmäßig begrünt und bepflanzt werden oder auch wild begrünen. Umfang und Größe der ausgeführten Raumgittermauern haben im letzten Jahrzehnt stetig zugenommen, die

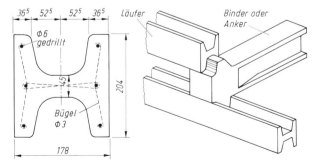

Bild 3.5-15   Stahlbetonelemente und Knotenausbildung von "crib walls" an nordamerikanischen Eisenbahnstrecken. [14]

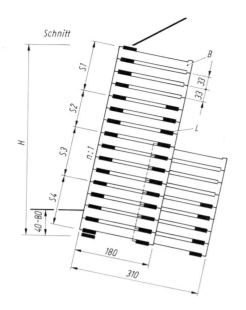

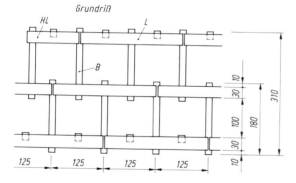

Bild 3.5-16
Wandtypen System Ebensee
B = Binder, L = Läufer,
HL = Halbläufer (an Enden)
[15]

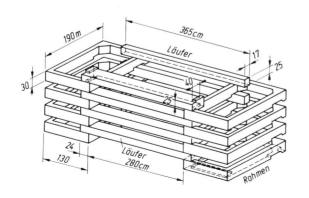

Bild 3.5-17
Rahmenelement-Raumgitter-
wand (System Alpine); Detail
der Type 190 [15]

derzeit erreichten Wandhöhen liegen bei ca. 22 m [14]. Infolge der zahlreichen Vorteile des Bauprinzips wurden die Anwendungsbereiche auch auf Wildbach- und Lawinenverbauungen sowie auf Steinschlagschutz ausgedehnt. Heute werden für den Einsatz als Sicht- und Lärmschutzwände eine Vielzahl von Systemen in leichter Ausführung angeboten, bei denen Oberflächenstruktur, Einfärbung des Betons und Begrünung besonders berücksichtigt werden (Bild 3.5-18).

Im folgenden werden einige charakteristische Typen aus dem Angebot von Raumgitterstützmauern vorgestellt.

System Ebensee

Binder und Läufer dieses Systems sind getrennt und können je nach Erfordernis zu vier verschiedenen Typen zusammengesetzt werden (Bild 3.5-19). Abmessungen und Konstruktion sind aus Bild 3.5-16 zu ersehen, Bild 3.5-20 zeigt ein Ausführungsbeispiel.

Durch die Kombinationsmöglichkeiten der Fertigteile ist eine gute Anpassung an beispielsweise örtlich verschiedene Geländeformen, Erddrücke und Auflasten möglich.

Die beim Aufbau des Gitters entstehenden vertikalen Hohlräume werden mit einem geeigneten, wasserdurchlässigen Material verfüllt, das lagenweise mit dem aufgehenden Bauwerk und möglichst zugleich mit seiner Hinterfüllung eingebracht und verdichtet wird.

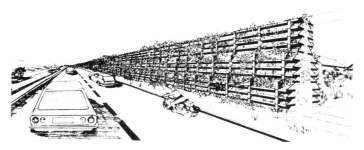

Bild 3.5-18   Schaubild Raumgitter als Lärmschutzwand [23]

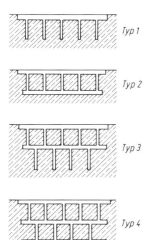

Bild 3.5-19   Typen der Raumgitterkonstruktion [16]

Bild 3.5-20   Ebenseer Wand
an der Lammertal-Bundesstraße (Salzburg) [23]

Die Wandelemente werden als bewehrte Fertigteile mit einer Betonqualität von mindestens B 35 hergestellt.

Das dargestellte „Standardsystem" einer Raumgitterkonstruktion ist das international gebräuchlichste. Die verschiedenen Fabrikate unterscheiden sich lediglich durch Abmessungen und Detailausbildungen. Als Sonderformen gibt es noch Kragkonstruktionen zur Abschirmung des Erddrucks aus der Hinterfüllung, Leichtwandsysteme ohne rückwärtige Läufer oder auch abgetreppte Raumgitter als Lärmschutzwände.

Eine besondere Gründung dieses Wandsystems kann im allgemeinen wegen der geringen Bodenpressungen bei großer Aufstandsfläche entfallen, je nach Wandhöhe und Untergrundverhältnissen können jedoch Betonfundamente erforderlich werden.

System Alpine

Bei diesem ebenfalls in Österreich entwickelten Raumgittersystem handelt es sich um eine Rahmenelementwand. Die Fertigteile bestehen aus geschlossenen Rahmen und aus Läufern (Bild 3.5-17).

Die Rahmen sind je nach statischem Erfordernis von verschiedener Breite und Länge und werden liegend zu sogenannten Rahmentürmen aufeinandergesetzt, die den größten Teil der Belastungen aus Hinterfüllung und eventueller Auflast übernehmen.

Die Läufer haben immer einheitliche Abmessungen, allerdings sind die hinteren Läufer schwächer dimensioniert als die vorderen, da sich die Belastungen aus Ver- und Hinterfüllung zum Teil kompensieren. Die Läufer können auf den Rahmen verschoben werden, damit ist die Herstellung von unterschiedlichen Wandradien und -neigungen möglich.

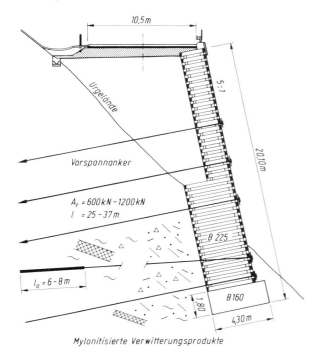

Bild 3.5-21
Verankerte Rahmenelement-
Raumgitterwand in einem
übersteilten, rutschgefährdeten
Hang [15]

Das System Alpine kann wegen seiner verhältnismäßig massiven Ausbildung besonders wirksam bei der Sicherung größerer Rutschhänge zum Einsatz kommen. Werden dabei Verankerungen erforderlich, so können die Rahmentürme bewehrt und ausbetoniert werden (Bild 3.5-21). Die dazwischen liegenden Läuferfelder werden erdverfüllt, so daß die gesamte Stützkonstruktion zwischen beweglich und starr eingestuft werden kann. Bei Anordnung von Rahmentürmen unmittelbar nebeneinander ohne Zwischenschaltung von Läufern ergeben sich über die gesamte Wandhöhe durchlaufende Fugen. Eventuelle Setzungsdifferenzen können dadurch als kontrollierte Bewegungen ermöglicht und ungewollte Rißbildungen vermieden werden. Die Rahmentürme erhalten stets Betonfundamente. Die Ausbildung eines durchgehenden Streifenfundamentes ist von den Bodenverhältnissen abhängig.

System Evergreen

Die Evergreen-Pflanzenwand wurde in der Schweiz entwickelt, es handelt sich ebenfalls um eine Rahmenelementwand. Stahlbetonträgerroste aus B 25, die aus zwei Längsträgern mit winkelförmigem Querschnitt und aus 2 oder 3 Querträgern mit Rechteckquerschnitt zusammengesetzt sind (Bilder 3.5-22, 3.5-23), werden zum Wandaufbau übereinandergesetzt. Zur Auflagerung der Roste sind an den Kreuzungsstellen der Längs- und Querträger Betonfüße vorgesehen. Die rahmenartigen Systemelemente werden in Längen von 4,0 m und 6,0 m geliefert. Ihre Breiten variieren zwischen 0,5 m und 3,0 m, und ihre Höhen betragen 0,5 m. Die Elemente sind erheblich steifer als die mehr oder weniger gelenkig miteinander verbundenen stabförmigen Einzeltragglieder der zuvor genannten Systeme. Insgesamt ist auch die Evergreen-Wand nachgiebig, da die ohne spezielle Knotenausbildung im Mörtelbett versetzten Rahmenelemente horizontale Lasten lediglich durch Reibungskräfte übertragen. Die Wand wird auf Streifen- oder Einzelfundamenten gegründet, die entsprechend der Wandneigung schräg gestellt werden.

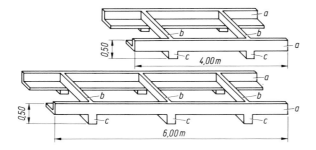

Bild 3.5-22
Elemente der Evergreen-Pflanzenwand
a Längsträger, b Querträger,
c Fuß [22]

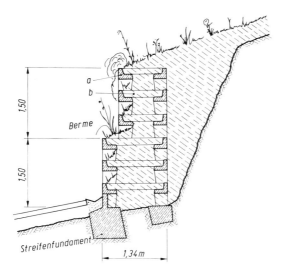

Bild 3.5-23
Schnitt durch eine Evergreen-
Pflanzenwand
a Längsträger, b Querträger
[22]

System NEW (Neue Ebenseer Wand)

Die „Neue Ebenseer Wand" wurde für besonders große Stützhöhen entwickelt, da hierfür
die konventionellen Raumgitterkonstruktionen nicht mehr wirtschaftlich eingesetzt werden können. Die Wandvorderseite besteht aus versetzt angeordneten Stahlbeton-Winkelele-
menten (Bild 3.5-24, 3.5-25). Am horizontalen Schenkel der Fertigteile werden korrosions-
geschützte Stahlzugbänder anstelle von Stahlbetonbindern verlegt. Bergseitig werden die
Bänder schlaufenartig mit Betonhalbrohren ⌀ 200 cm bzw. Betonrohren ⌀ 100 cm mit
einer Höhe von 50 cm endverankert. Die ausgesprochen setzungsunempfindliche „Neue
Ebenseer Wand" ist gewissermaßen eine Übergangskonstruktion von den eigentlichen Raumgitterwänden zu den Stützbauwerken aus „Bewehrter Erde". Ein großer Vorteil liegt darin,
daß die Bandkräfte nicht durch Reibung, sondern über Umlenkelemente in den Füllboden
eingetragen werden, so daß Stahlbänder und Wandbreite besser ausgenützt werden können.
Von der Gesamt-Tragwirkung her gesehen ist die Konstruktion annähernd mit einem
Kastenfangedamm vergleichbar. Bild 3.5-26 zeigt eine solche Wand in der Herstellungs-
phase.

3.5.3.3   Bodenmechanische Wirkungsweise der Raumgitterkonstruktionen

Um dem praktisch tätigen Ingenieur zutreffende Bemessungskriterien für Planung und Ausführung von Raumgitterstützmauern an die Hand geben zu können, wurden umfangreiche Versuche im Modellmaßstab 1 : 5 und auch Großversuche im Maßstab 1 : 1 durchgeführt [14], [37]. Ergänzend hierzu wurden Baustellenbeobachtungen und in situ-Messungen herangezogen.

Wesentlich für die Tragfähigkeit solcher Konstruktionen sind das Verformungsverhalten, die Erddrücke auf das Gesamtsystem und innerhalb der Raumgitterzellen, sowie die Größe und Verteilung der Sohlspannungen. Von großem Einfluß ist auch die Art der Herstellung des Stützbauwerkes und der Verdichtungsgrad von Ver- und Hinterfüllung.

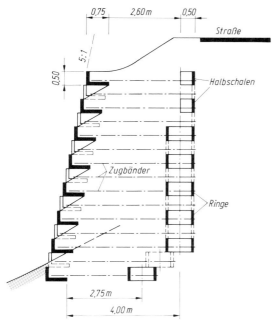

Bild 3.5-24
NEW-Wand als Stützmauer für eine schwerstbelastete Baustellenstraße im Hang [15]

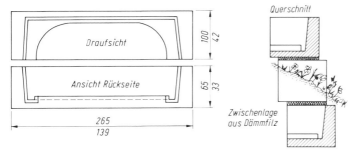

Bild 3.5-25   Grundelement der NEW-Wand [24]

Bild 3.5-26   NEW-Wand Herstellung (Werkfoto Bilfinger + Berger) [24]

– Verformungen der Wand
Die horizontalen Wandverformungen sind für zwei unterschiedliche Hinterfüllvorgän-
ge in Bild 3.5-27 verdeutlicht. Wenn die Verfüllung der Raumgitter zeitgleich mit ihrer
Hinterfüllung erfolgt, so stellt sich eine Ausbauchung der Wand mit Maximum in der
unteren Wandhälfte ein. Dagegen zeigt die nachträgliche Hinterfüllung der Wand eine
deutliche Kippbewegung um ihren Fußpunkt. Die sich dabei einstellende Kopfverschie-
bung ist verglichen mit dem Größtwert der Ausbauchung der gleichzeitig ver- und
hinterfüllten Wand deutlich größer. Die Verformungen sind geringer, je stärker die
Wand geneigt ist.

– Erddruck auf die Wandrückseite
Die Erddrücke in der Hinterfüllung stellen sich in der Größenordnung des aktiven
Erddrucks ein, da die Wandverformungen in der Regel zu seiner Mobilisierung ausrei-
chend sind. Die Erddruckresultierende kann mit hinreichender Genauigkeit im unteren
Drittelspunkt der Wandhöhe angesetzt werden; nur bei sehr steilem Gelände und engem
Hinterfüllbereich sollte die Resultierende höher, etwa bis in die halbe Wandhöhe verlegt
werden.

Der Wandreibungswinkel ist abhängig vom Verhältnis der Betonflächen zu den Boden-
flächen und liegt nach [14] zwischen 0,75 φ' und 1,0 φ'.

– Zelleninnendrücke
Die Zelleninnendrücke aus der Verfüllung der Raumgitter nehmen mit der Tiefe nicht
linear, sondern entsprechend einer e-Funktion zu, die sich asymptotisch einem festen
Wert nähert. Entsprechend den vorliegenden „Siloverhältnissen" wird demnach ein Teil
der Lasten aus Verfüllung über Wandreibung in die Fertigteile der Gitterzellen eingeleitet. Verglichen mit den Annahmen der klassischen Silotheorie nach JANSSEN liegen die

Maxima der gemessenen Spannungsverteilungen jedoch über den rechnerischen theoretischen Mittelwerten, wobei die Innendrücke an den luftseitigen Gitteröffnungen deutlich abfallen (Bild 3.5-28). In Bild 3.5-29 sind die an zwei Modellwänden aus [14] ermittelten Meßdaten zusammen mit den entsprechenden Rechenwerten zum Vergleich aufgetragen. Das Spannungsverhältnis σ_h/σ_v entspricht hinreichend genau dem Erdruhedruckbeiwert $K_o = 1 - \sin\varphi'$; nur am luftseitigen Zellenrand stellen sich geringere Werte ein. Der Wandreibungswinkel kann mit $\delta_s = \dfrac{2}{3}\varphi'$ angesetzt werden [38].

– Sohlspannungen
Die Sohlspannungen haben bei Raumgitterkonstruktionen eine ausgeglichenere Verteilung als bei monolithischen Stützkörpern, da die gelenkige Gitterkonstruktion zu einer vorteilhaften Spannungsumlagerung führt. Bild 3.5-30 zeigt die Sohlspannungen in Anhängigkeit von der Wandhöhe als Vergleich von Rechnung und Messung.

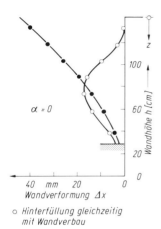

Bild 3.5-27   Horizontale Wandverformungen senkrechter Modellwände (je 22 Fertigteilscharen, $h = 142$ cm); horizontales unbelastetes Gelände [15]

o Hinterfüllung gleichzeitig
  mit Wandverbau
● Hinterfüllung nachträglich

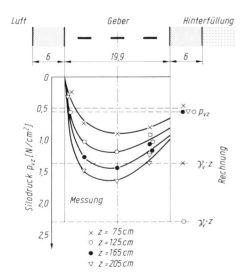

Bild 3.5-28   Verlauf der lotrechten Zelleninnendrücke p_{vz} über den Zellenquerschnitt und in verschiedenen Meßhorizonten (Tiefen z unter Mauerkrone), Modellversuch Nr. 4; Rechenergebnisse nach der klassischen Silotheorie p_{vz} bzw. geostatischer Druck $\gamma_v \cdot z$ [15]

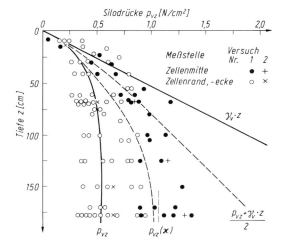

Bild 3.5-29
Zunahme der vertikalen Zellenin-
nendrücke p_{vz} mit der Tiefe z und
Rechenergebnisse:

p_{vz} allgemein: vertikaler Zel-
         leninnendruck,

$p_{vz}(\varkappa)$ modifizierter Silodruck,

$\gamma_v \cdot z$ geostatischer Druck [15]

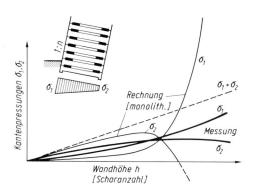

Bild 3.5-30
Kantenpressungen bzw. Sohlspan-
nungen als Funktion der Höhe h
der Raumgitterwand: Vergleich von
Messung und Rechnung nach der
Monoliththeorie [15]

Bei kleineren Wandhöhen stellt sich die vordere Kantenpressung σ_1 höher und die hintere
Kantenpressung σ_2 niederer als nach der Rechnung ein, die in der Regel wie für eine
herkömmliche Schwergewichtsmauer durchgeführt wird. Bei größeren Wandhöhen folgt
aus der Berechnung monolithischer Stützkörper eine klaffende Fuge ($\sigma_2 \geqq 0$), wobei σ_1
schließlich überproportional bis zum Versagen anwächst. Bei der Raumgitterstützmauer
hingegen zeigt sich eine gleichmäßigere Spannungszunahme mit der Höhe, und das
Grenzgleichgewicht stellt sich erheblich später ein, weshalb ihre Kippsicherheit tatsächlich größer ist als die errechnete.

3.5.3.4 Hinweise zur Standsicherheitsberechnung

Aus den Ergebnissen der Modellversuche wurde das „Merkblatt für den Entwurf und die
Herstellung von Raumgitterwänden und -wällen“, Ausgabe 1985, abgeleitet [38]. Wirken
auf Raumgitterkonstruktionen Lasten aus Verkehr, gelten zusätzlich die Bedingungen der
ZTV-K.

Es sind folgende Nachweise zu führen:

a) Äußere Standsicherheit

- Bestimmung der Lage der Resultierenden (Festlegungen gemäß DIN 1054)
- Gleitsicherheit in der Sohlfuge gemäß DIN 1054 wie für konventionelle Stützkonstruktionen
- Grundbruchsicherheit in der Sohlfuge wie für konventionelle Stützkonstruktionen gemäß DIN 4017, Teil 2
- Geländebruchsicherheit wie für konventionelle Stützkonstruktionen gemäß DIN 4084

Hierbei wird die Raumgitterkonstruktion als monolithischer Verbundkörper mit einem fiktiven, gemittelten Raumgewicht angesetzt. Die genannten Nachweise sind am Gesamtsystem, zusätzlich auch in maßgebenden Schnittfugen an sogenannten Teilbauwerken zu führen.

b) Innere Standsicherheit und Bemessung der Betonfertigteile

- Erdseitiger Längsriegel mit aktivem Erddruck aus der Hinterfüllung, Silodruckkräften auf der Innenseite und Vertikalkräften auf Ober- und Unterseite
- Luftseitiger Längsriegel mit Silodruckkräften auf der Innenseite und Vertikalkräften auf Ober- und Unterseite
- Querriegel mit Lasten wie Innenseite erdseitiger Längsriegel, entsprechend dem hier vorhandenen Verbauverhältnis.

Die Lastabtragung ist über alle Auflager- bzw. Knotenpunkte bis zur Einleitung in den Untergrund zu verfolgen.

In [37] und [38] sind detaillierte Angaben über Lastannahmen und Berechnung sowie über die konstruktive Gestaltung und die Anforderungen an Baustoffe einschließlich des Füllbodens enthalten. Grundsätzlich ist unterschieden zwischen Raumgitterwänden und Raumgitterwällen, die rechnerischen Nachweise sind jedoch für beide Fälle in annähernd gleicher Weise durchzuführen.

3.5.4 Verankerte Elementwände

3.5.4.1 Vorbemerkung

Für bindige Böden wurde, hauptsächlich aus wirtschaftlichen Gesichtspunkten, die Elementwand entwickelt, bei der einzelne Stahlbetonelemente mit Rückverankerung zur Stützung eines Geländesprunges vorgesehen werden. Je nach Standfestigkeit des Bodens kann auf eine durchgehende Stützfläche verzichtet werden.

Die Herstellung erfolgt abschnittsweise von oben nach unten im Sinne einer fortlaufenden Unterfangung. Vorteilhaft ist der Wegfall vertikaler Bauglieder (Pfähle, Träger, usw.), horizontaler Gurtungen und damit auch der hierfür benötigten schweren Baugeräte einschließlich der damit einhergehenden Umweltbelastungen.

Die Brauchbarkeit dieses Verfahrens konnte auch bei inhomogenen, wenig standfesten und mit Hindernissen (z. B. Felsblöcke) durchsetzten Böden unter Beweis gestellt werden.

Die Ausführung verankerter Elementwände in kohäsionslosen Lockerböden oder gar unterhalb des Grundwasserspiegels ist ohne vorausgehende spezielle Maßnahmen nicht möglich.

Elementwände werden vorwiegend für die Sicherung von Baugrubenwänden eingesetzt (Bilder 3.5-31, 3.5-32); sie eignen sich aber auch als Dauerbauwerk, z. B. für Hangsicherungen (Bild 3.5-33)

Bild 3.5-31
Baugrubenumschließung in Winterthur
(Schweiz) [29]

Bild 3.5-32
Abschnittsweiser Aushub mit Bermen
(Werkfoto Bilfinger + Berger)

Bild 3.5-33
Hangsicherung Mainz-Zahlbach (Werkfoto
Bilfinger + Berger)

3.5.4.2 Elementwandtypen

Viele Bodenarten sind soweit standfest, daß sie vorübergehend abschnittsweise frei stehen ohne abzuböschen und sind damit für die Anwendung der Elementbauweise geeignet. Die sachgemäße Einschätzung des Bodens und insbesondere der Kohäsion ist für den verfügbaren Zeitraum zwischen Aushub und Sicherung und schließlich für den zu wählenden Elementwandtyp bestimmend. Man unterscheidet die geschalte massive und die aufgelöste Elementwand.

Massive Elementwand

Wenn der zu sichernde Boden wenig standfest ist, wird das Verfahren der vollflächigen verankerten Elementwand angewendet. Gemäß Bild 3.5-34 wird nach Fertigstellung einer Elementreihe die Baugrube um jeweils eine weitere Elementhöhe von ca. 1,5 m bis 2,0 m ausgehoben, wobei unmittelbar vor der Wand eine Stützböschung belassen wird. Diese Erdböschung wird nacheinander für jedes zweite oder dritte Element auf eine Breite von ca. 3,0 m bis 4,0 m abgegraben, der anstehende Boden mit Spritzbeton versiegelt. Anschließend wird die Bewehrung in diesem Bereich eingebaut und das Element nach Anbringen der Schalung betoniert. In gleicher Weise werden dann die zwischenliegenden Elemente hergestellt. Nach Fertigstellung einer Elementreihe werden die Anker gebohrt, eingebaut, verpreßt und vorgespannt, womit die Voraussetzungen für den nächsten Aushubabschnitt gegeben sind.

Der horizontale und vertikale Verbund der Elemente untereinander wird durch Kopplungselemente [32] oder durch Schlaufen- oder Überlappungsstöße der Bewehrung erzielt.

Ein besonderer Vorteil der massiven Elementbauweise ist dann gegeben, wenn die Wand neben der Baugrubensicherung zugleich als endgültige Bauwerks-Außenwand vorgesehen ist. Bild 3.5-35 und 3.5-31 zeigen die Ausführung einer Baugrube für ein Parkhaus, bei dem die späteren Zwischendecken auf die Elementwand aufgelegt sind. Nach dem Einbau der unteren Geschoßdecken wurden die Temporäranker wieder gelöst. Wenn kein Grundwasser ansteht, kann die Elementwand in der Regel als vollwertige Außenwand angesehen werden.

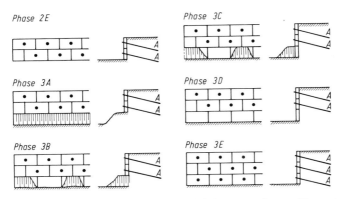

Bild 3.5-34   Typischer Bauvorgang bei einer verankerten Elementwand [25]

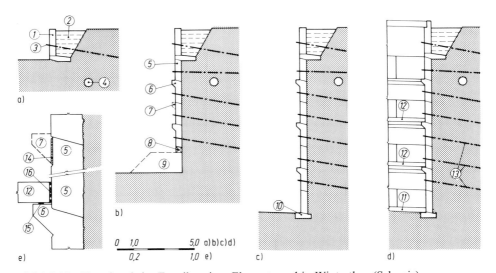

Bild 3.5-35   Vorgehen beim Erstellen einer Elementwand in Winterthur (Schweiz)
a) Nach dem ersten Aushub wird die Winkelmauer erstellt und verfüllt
b) Die Wand wird parallel zum Aushub von oben nach unten erstellt
c) Die Wand und das Fundament sind erstellt
d) Die Decken werden betoniert und steifen das Bauwerk aus, die Anker werden gelöst
1 Winkelmauer, 2 Hinterfüllung, 3 Erdanker, 4 Kanalisationsleitung, 5 Elemente der Wand, l = ca. 4,0 m, h = ca. 1,45 m, 6 armierte Betonierkonsolen, als Deckenauflager verwendet, 7 unarmierte Betonierkonsolen, abgespitzt, 8 untere Abschalung mit Anschlußbewehrung, 9 Berme, 10 Fundament, 11 Bodenplatte, 12 Decken der Tiefgarage, auf Konsolen aufgelegt, 13 entspannte Anker, 14 zugeputzte Betonierkonsole, 15 Gleitlager, 16 Dachpappe [29]

Aufgelöste Elementwand

Wenn der zu sichernde Boden über eine größere Bereichslänge standfest ist, kann die
aufgelöste Elementwand zur Ausführung kommen. Die Herstellungsfolge ist ähnlich wie
bei der massiven Elementwand (Bild 3.5-36) [28]. Die Wand wird dem vertikalen Abstand
der Elemente entsprechend in 2,0 m bis 3,0 m tiefen Abschnitten erstellt. Zur Gewährlei-
stung ausreichender Standsicherheiten können entlang der Baugrubenwand einzelne
Stützbermen belassen werden. Die freigelegte Erdwandung wird mit einer Spritzbetonschicht, meist einlagig bewehrt, gesichert; damit wird der Boden versiegelt und seine Fe-
stigkeitseigenschaften bleiben im wesentlichen erhalten. Danach erfolgt der Einbau der
Injektionsanker, und nach Ablauf der Erhärtungsfrist des Verpreßguts können die Ankerplatten (meist Stahlbetonfertigteile) verlegt und vorgespannt werden. Wenn erforderlich,
kann die Spritzbetonschicht zwischen den Ankerplatten nachträglich verstärkt werden
(Bild 3.5-37).

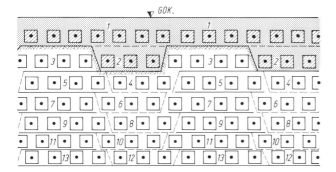

Bild 3.5-36
Typischer Herstellungs-
vorgang der aufgelösten
Elementwand. Aushub in
13 Abschnitten [27]

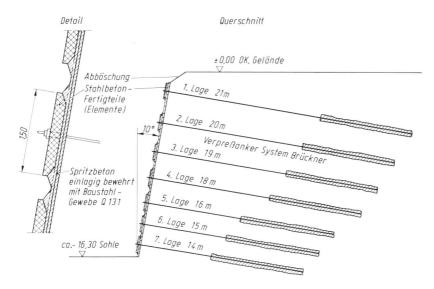

Bild 3.5-37   Aufgelöste Elementwand in Stuttgart (Schloßplatz) [26]

Ein spezieller Vorteil der aufgelösten Elementwand liegt in ihrer Anpassungsfähigkeit
an sich ändernde Bodenverhältnisse. Zeigt sich nämlich während der Herstellung des
Verbaus, daß aufgrund der angetroffenen Geologie die angenommenen Bodenkennwerte
und Belastungen nicht zutreffen, so kann diesem Umstand sofort Rechnung getragen
werden, indem man Dicke und Bewehrung der Spritzbetonschicht, Größe und Abstand
der Ankerplatten und schließlich Länge, Neigung und Tragkraft der Anker variiert.

3.5.4.3 Bodenmechanische Gesichtspunkte bei der Wandherstellung

Die Ausführung der Elementwand unterscheidet sich in den einzelnen Bauphasen von
der Herstellung einer konventionellen Verbauwand im wesentlichen nur durch den Wegfall der Verbauträger. Während aber bei der Trägerbohlwand die Standsicherheit in den
Zwischenbauzuständen spätestens nach Einbau einer Trägerausfachung gewährleistet ist,
können bei der Elementwand die zwischen dem Freilegen eines Aushubabschnitts bis zum
Spannen der Verbauanker auftretenden Bauzustände kritisch werden.Die dabei auftretenden Kräfte können nur über Gewölbewirkung des Bodens in vertikaler und horizontaler
Richtung abgeleitet werden. Dieser Zustand läßt sich nur beherrschen, wenn der anste-
hende Boden unter voller Ausnutzung seiner bodenmechanischen Eigenschaften in das
Tragsystem der Elementwand einbezogen wird.

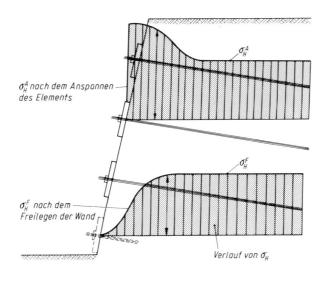

Bild 3.5-38
Horizontalspannung hinter
der Verbaufläche [27]

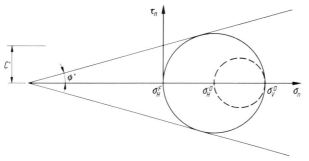

Bild 3.5-39
MOHRsche Spannungs-
kreise
——— Primärzustand
———— Fließgrenzzustand
[27]

Die aus dem Tunnelbau bekannte „Standzeit" kohäsiver Böden läßt sich am Mohrschen Spannungskreis demonstrieren (Bilder 3.5-38, 3.5-39) [27]: Der ungestörte Spannungszustand im Boden ist als sogenannter Primärspannungszustand zunächst mit σ_H^o und σ_V^o gegeben. Bei lotrechter Abschachtung einer Erdwand fällt die Horizontalspannung an der freigelegten Verbaufläche auf $\sigma_H^F = 0$ ab. Wenn der Spannungskreis über σ_H^F und σ_V^o die unter dem Reibungswinkel Φ' verlaufende Schergerade nicht schneidet, kann die senkrechte Verbaufläche frei stehen. Die Standsicherheit der freien Erdwand ist somit von der Kohäsion c' und der Größe σ_V, d. h. von der Baugrubentiefe abhängig. Ein größerer Spannungskreis als im Bild 3.5-39 dargestellt, verursacht durch eine höhere Vertikalspannung σ_V^o, schneidet die Schergerade und würde deshalb zum Bruch führen, wenn die Vertikalspannung im Boden hinter der offenliegenden Verbaufläche nicht abgemindert werden könnte. Der über die Bruchspannung hinausgehende Spannungsanteil muß also durch Gewölbewirkung auf bereits gesicherte bzw. auf noch unangetastete Bereiche abgetragen werden. Damit erklärt sich die Notwendigkeit hinreichend breiter Stützböschungen bzw. -bermen, die aus Gründen der Standsicherheit nur abschnittsweise abgetragen werden können.

3.5.4.4   Hinweise zur Berechnung der Elementwand

a) Erddruckansatz

Untersuchungen an langen und tiefen rückverankerten Baugruben in kohäsiven Böden haben gezeigt, daß die horizontalen Bewegungen von Wandfuß und -kopf zur Baugrube hin annähernd gleich groß sind.

Die Steifigkeit der Verbauträger hat demnach keinen wesentlichen Einfluß auf die Wandverschiebungen, und somit zeigen Elementwände, trotz Wegfall der Verbauträger, das gleiche Verformungsverhalten wie rückverankerte Trägerbohlwände bzw. vergleichbare Stützwände [27]. Für die Berechnung der Elementwände können daher die bereits bekannten Erddruckfiguren zugrunde gelegt werden. Die Erddruckverteilung wird sich zwischen dem COULOMBschen Dreieck entsprechend einer Fußpunktdrehung und dem Belastungsrechteck bei annähernder Parallelverschiebung einstellen.

Im Unterschied zu herkömmlichen Verbauwänden (Trägerbohlwand, Spundwand, Bohrpfahlwand, Schlitzwand) ist die verankerte Elementwand, insbesondere während der Herstellungsphasen, nicht imstande, vertikale Kräfte aus Eigenlast, Ankerkraft und Erddruck in den Baugrund abzuleiten. Die Summe aus Elementeigenlast und der Vertikal-

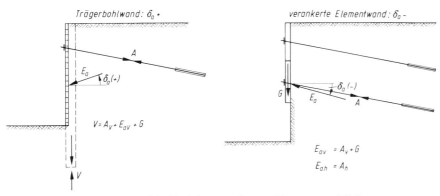

Bild 3.5-40   Wandreibungswinkel bei der verankerten Elementwand [33]

komponente der Ankerkraft muß vielmehr der ihr entgegengesetzt gerichteten vertikalen Erddruckkomponente (Wandreibung) gleich sein. Nach Bild 3.5-40 ist bei schräg nach unten gerichteten Ankern ein negativer Wandreibungswinkel zu berücksichtigen, der gegenüber positiven Wandreibungswinkeln bis zu ca. 40% höheren Erddrücken führen kann.

Während der abschnittsweisen Herstellung einer Elementwand ist jede Elementreihe auf 2 Bauzustände zu untersuchen:

– Aushubphase mit Bermenabtrag für die folgende Reihe (Teilbauzustand)
– Endaushubzustand

Aus Bild 3.5-41 sind einige Bauzustände mit den jeweils zugehörigen, in Rechtecke umgelagerten Erddruckfiguren zu ersehen. Bei der Ausführung der 5. Elementreihe beispielsweise muß die darüberliegende, zuletzt vorgespannte Ankerreihe A 4 nicht nur die Belastung übernehmen, die dem für die gerade maßgebende Aushubtiefe auf die Elementhöhe bezogenen Erddruck entspricht, sondern auch noch einen Anteil des Erddrucks der in Herstellung befindlichen Reihe. Als empirische Annahme wird dieser Erddruck durch Gewölbewirkung im Boden lediglich in vertikaler Richtung etwa zu 60% auf das darüberliegende, bereits erstellte Wandelement und etwa zu 40% auf den noch nicht abgetragenen, darunter liegenden Bodenbereich abgeleitet. Der somit für die Ankerreihe A 4 maßgebende Gesamterddruck aus diesem Bauzustand ist in Bild 3.5-41 dargestellt (mit durchgezogenen Linien). Weiterhin ist die aus dem Endaushubzustand auf die Ankerreihe entfallende anteilige Belastungsfläche ersichtlich (gestrichelt schraffiert). Die maßgebende

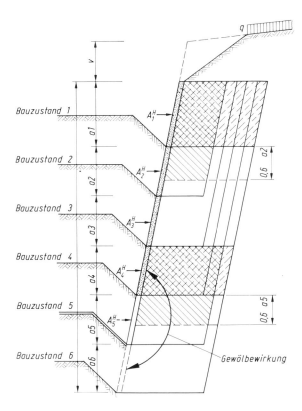

Bild 3.5-41
Berechnungsannahmen für verankerte Elementwände
Annahme der Druckumlagerung und Bogenwirkung bei einer Elementwand [25]

Ankerkraft bzw. Erddruckkraft auf ein Wandelement ist also die größte, die sich während der Herstellung oder im Endaushubzustand ergibt. Aus Bild 3.5-41 ist zu ersehen, daß für die Bestimmung der Ankerkräfte im oberen Bereich einer Elementwand der Endaushubzustand und im unteren Bereich jeweils die Teilbauzustände entscheidend sind.

b) Lokale Elementsicherheit [30], [31]

Von Bedeutung ist der Nachweis der lokalen Elementsicherheit, der den Krafteinleitungsbereich behandelt.

Zum einen ist der Grenzspannungszustand zu untersuchen, der sich aus den hochbelasteten Druckflächen der Elemente einerseits und den weniger oder gar nicht belasteten Spritzbetonflächen andererseits ergibt. Der lokale Sicherheitsbeiwert für ein Element ist dann das Verhältnis der Elementgrenzlast zur Gebrauchslast.

Es wurde bereits erwähnt, daß die Vertikalkomponenten aller Ankerlagen nicht wie bei herkömmlichen Verbausystemen abgeleitet werden können. Die Platte einer Elementwand ist mit einem Einzelfundament vergleichbar, so daß jede Platte für sich standsicher sein muß. Die erdstatischen Untersuchungen gegen lokales Versagen des Elementes gegenüber dem Boden können nach SMOLTCZYK [31] wie folgt geführt werden:

α) Nachweis eines Sicherheitsbeiwertes von 1,35 gegen Gleiten (Lastfall 2) bei Ansatz des effektiven Scherparameters φ', jedoch mit $c' = 0$.

β) Nachweis eines Sicherheitsbeiwertes von 1,5 gegen Grundbruch bei Ansatz nur des Kohäsionsgliedes der Grundbruchgleichung nach DIN 4017, Teil 2.

RAISCH [30] hat die Einflüsse von Verbauwand- und Lastneigung auf die Elementtragfähigkeit untersucht. Er wies ferner nach, daß bereits geringe Stützspannungen, die man dem Spritzbeton zwischen den Elementen zuweist, zu einer beachtlichen Steigerung einer möglichen Elementlast führen.

Wenn die Bereiche zwischen den Elementplatten aufgrund einer großen Kohäsion c' des Bodens ungestützt bleiben, dann ist nachzuweisen, daß die vorhandene Scherfestigkeit (φ', c') ein Herausfallen des freistehenden Bodens ausschließt. Hierzu gibt SMOLTCZYK [34] ein einfaches Rechenmodell an (Bild 3.5-42). Der sich aus dem Gewicht G der angenommenen Erdpyramide $M\,A_1\,A_2\,A_3\,A_4$ ergebenden Abtriebskraft wirken die aus der Kohäsion c' abzuleitenden Zugkräfte Z_1 auf $M\,A_1\,A_2$ und Z_2 auf $M\,A_1\,A_3$ bzw. $M\,A_2\,A_4$ sowie der Gleitwiderstand in der Fläche $M\,A_3\,A_4$ (Reibungskraft Q und Kohäsionskraft C) entgegen. Der maßgebende Wert der Kohäsion c' wird in gewohnter Weise durch Variation des Winkels ϑ bestimmt. Für Reibungswinkel $\geq 15°$ liegt ϑ_m über $70°$, d. h. in Übereinstimmung mit der Erfahrung aus der Praxis lösen sich im Versagensfalle ziemlich flache Schollen aus der Wand. Die erforderliche Zugspannung kann für Reibungswinkel zwischen $15°$ und $30°$ mit $c' \cdot \cot \varphi' = 0{,}25 \cdot \gamma \cdot h$ angesetzt werden. Somit sind zur Sicherung einer Erdwand verhältnismäßig kleine Kohäsionswerte erforderlich. Da diese aber ständig gewährleistet sein müssen, empfiehlt sich grundsätzlich eine Versiegelung freier Oberflächen.

c) Innere Sicherheit

Der Nachweis der inneren Sicherheit untersucht die fangedammartige Tragwirkung des gesamten Stützkörpers. Bekannt ist hierfür das Verfahren nach RANKE/OSTERMAYER, wobei analog der Anwendung bei mehrfach verankerten Wänden nachzuweisen ist, daß die Verankerungslänge der Anker mit ausreichender Sicherheit hinter einer Gleitfuge liegt, die sich beim Kippen der Wand um den Fußpunkt einstellen kann.

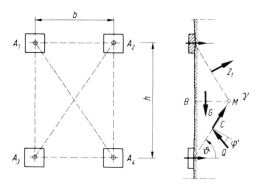

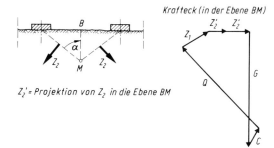

Krafteck (in der Ebene BM)

Z_2' = Projektion von Z_2 in die Ebene BM

Bild 3.5-42
Nachweis der ungestützten Bereiche
zwischen den Elementplatten
Bezeichnungen und wirkende Kräfte
[34]

Der kritische Fußpunkt der tiefen Gleitfuge liegt zwar bei jeder Ankerlage unterschiedlich hoch, seine Festlegung in den ideellen Querkraftnullpunkt des Erddrucks unterhalb der Aushubsohle hat nach [30] jedoch keinen wesentlichen Einfluß auf die rechnerische Sicherheit.

Der Nachweis einer ausreichenden Sicherheit gegen Grundbruch ist nach DIN 4017 zu führen [30].

d) Äußere Sicherheit

Der Nachweis der äußeren Sicherheit befaßt sich mit der Gesamtstabilität des Anker-Wand-Systems. Nach DIN 4084 werden Gleitflächen untersucht, die außerhalb des zusammengespannten Bodenkörpers verlaufen. Bei hohen Elementwänden, zumal wenn sie in einem Hang einschneiden oder wenn unterhalb der Aushubsohle schlechtere Bodenschichten angetroffen werden, kann es erforderlich werden, die Ankerlängen gegenüber ihrer Ermittlung in der tiefen Gleitfuge zu verlängern oder aber ihre Anzahl in den untersten Ankerlagen zu vergrößern.

Literatur zu Abschnitt 3.5

[1] Bedingungen für die Anwendung des Bauverfahrens „Bewehrte Erde" (Ausgabe Januar 1985). Der Bundesminister für Verkehr, Abteilung Straßenbau, Allg. Rundschr. Straßenbau Nr. 4/1985

[2] STEINFELD, K.: Über Stützwände in der Bauweise „Bewehrte Erde". Straße und Autobahn 4/76, S. 131–140

[3] FLOSS, R., THAMM, B. R.: Bewehrte Erde – Ein neues Bauverfahren im Erd- und Grundbau. Die Bautechnik 7/76, S. 217–226

[4] FLOSS, R., THAMM, B. R.: Entwurf und Ausführung von Stützkonstruktionen aus bewehrter Erde. Tiefbau-BG 2/77

[5] MALUCHE, E.: Was ist „Bewehrte Erde"? Tiefbau-BG 8 und 9/76

[6] MALUCHE, E.: Bewehrte Erde – Bericht über ein internationales Kolloquium. Bauingenieur 55 (1980), S. 10–13

[7] BONGARTZ, W.: Bewehrte Erde – Bericht über die erste deutsche Stützwand. Straße und Autobahn 5/76, S. 190–197

[8] SONDERMANN, W.: Weiterentwicklung von Bewehrter Erde (neuartige Bandarten und Füllböden). Tiefbau, Ingenieurbau und Straßenbau 6/81, S. 391–396

[9] SIMONS, H., KRÜGER, P.: Optimierung und Weiterentwicklung der Stützkonstruktionen aus „Bewehrter Erde". Tiefbau, Ingenieurbau und Straßenbau 9/79, S. 682–686

[10] SIMONS, H., SONDERMANN, W., ZAHLTEN, G.: Möglichkeiten für den Einsatz von Kunststoffen bei mechanischer Beanspruchung im Erd- und Grundbau. Bauingenieur 59 (1984), S. 81–86

[11] KOHL, F. W.: Feuerverzinkter Bandstahl für „bewehrte erde". Tiefbau-BG 11/82, S. 644–647

[12] „Bewehrte Erde" als Stützkonstruktion. Prospekt der BE-Vertriebsgesellschaft mbH Frankfurt/M.

[13] KÖNIG, G.: Seminar Grundbauwerke an der Technischen Akademie Wuppertal, 1981

[14] BRANDL, H.: Tragverhalten und Dimensionierung von Raumgitterstützmauern (Krainerwänden). Bundesministerium für Bauten und Technik, Straßenforschung, Heft 141, Wien 1980

[15] BRANDL, H.: Raumgitterkonstruktionen: Tragverhalten und Neuentwicklungen. Heft 3 der Arbeitsgruppe Untergrund – Unterbau. Kirschbaum-Verlag Bonn – Bad Godesberg

[16] RITTER, K., FUCHS, P., BEGEMANN, W.: Die grüne Beton-Krainerwand. Straße und Autobahn 28 (1977), Nr. 12, S. 512–518

[17] SCHIECHTL, H. M.: Umweltfreundliche Hangsicherung. Geotechnik 1/1978, S. 10–21

[18] BAUSCH, D.: Lärmschutz an Straßen. Neue Systeme aus Beton. beton 11 und 12/83, S. 419–424, 472–474

[19] GRAF, W.-U.: Bau von immergrünen Stützmauern. Beton- und Stahlbetonbau 7/1980, S. 166–168

[20] VOLLPRACHT, H.-J., TANTOW, G.: Bau einer ingenieurbiologischen Brückenrampe. Bautechnik 6/1979, S. 209–212

[21] MÜLLER, J.: Elementstützmauer für den Bahnkörper. Schweizer Ing. u. Arch. 46/81, S. 1075

[22] SCHEUCH, G.: Evergreen-Pflanzenwand/Stützmauer. Die Bautechnik 6/1979, S. 212

[23] Ebenseer Krainer- und Lärmschutzwände. Prospekte der Ebenseer Betonwerke GmbH, Wien

[24] NEW – Ein neues Stützwandsystem. Sonderdruck der Bilfinger + Berger Bauaktiengesellschaft Mannheim

[25] OTTA, L.: Verankerte Elementwände. Sonderdruck der Fa. Stump Bohr GmbH

[26] BURGER, A., ROGOWSKI, E.: Neues Stadtbahnkonzept. baupraxis 6 (1977), S. 6–14

[27] SCHURR, E., BABENDERERDE, S., WANINGER, K.: Aufgelöste Elementwand beim Stadtbahnbau in Stuttgart. Bauingenieur 53 (1978), S. 299–303

[28] WANINGER, K., SEITZ, M.: Aufgelöste Elementwand als Baugrubensicherung. Tiefbau-BG 1 (1978), S. 4–8

[29] SIMIONI, B.: Ingenieurprobleme beim Neubau der „Winterthur-Versicherungen". Schweizer Ing. und Architekt 26 (1979), S. 503–506

[30] RAISCH, D.: Stabilitätsuntersuchungen zur aufgelösten Elementwand im bindigen Lockergestein. Bauingenieur 54 (1979), S. 299–306

[31] SMOLTCZYK, U.: Sparverbau für Baugruben in halbfestem Ton. Geotechnik 2 (1981), S. 59–65

[32] GOLOMBEK, E. J.: Armierungsanschlüsse mit Koppelelement. Schweizer Ing. und Architekt 6 (1984), S. 81–84

[33] WALZ, B.: Arbeitsblätter zum Seminar Verbundbauwerke. Bergische Universität, Gesamthochschule Wuppertal

[34] SMOLTCZYK, U.: Zur Berechnung der rückverhängten Erdwand. Geotechnik 4 (1984), S. 214

[35] DEINHARD, J.-M.: Bewehrte Erde – Erfahrungsbericht über deutsche Bauwerke. Straße und Autobahn 2/78

[36] MALUCHE, E.: „Bewehrte Erde" als Stützkonstruktion. Tiefbau-BG 5/78, S. 288–293

[37] THAMM, B.: Sicherung übersteiler Böschungen mit Raumgitterwänden. Bautechnik 9/1986, S. 294–304

[38] Merkblatt für den Entwurf und die Herstellung von Raumgitterwänden und -wällen, Ausgabe 11/1985. Der Bundesminister für Verkehr

4 Unterirdische Verkehrsbauten

4.1 Offene Bauweisen*)

4.1.1 Allgemeines

Bei der Herstellung von Verkehrswegen für Massenverkehrsmittel ergab sich schon frühzeitig aus Platzgründen die Forderung, die Verkehrsebene vom Straßen- oder Geländeniveau in den Untergrund zu verlegen. Infolgedessen mußten sich Planer und Ausführende intensiv mit den geologischen und hydrologischen Verhältnissen im Untergrund auseinandersetzen und diese Verhältnisse bei der Wahl der Bauweisen und der Ausbildung der Bauwerke berücksichtigen.

Eine Möglichkeit, unterirdische Verkehrsbauwerke zu erstellen, bieten die „offenen Bauweisen". Offene Bauweisen sind durch Baugruben gekennzeichnet, die von der Geländeoberfläche aus hergestellt werden, und in denen nach dem Abschluß der Aushubarbeiten das Bauwerk von unten nach oben hergestellt wird. Offene Bauweisen sind im allgemeinen leichter und mit geringeren Baukosten zu verwirklichen als Bauweisen, bei denen die Bauarbeiten teilweise oder vollständig untertage ausgeführt werden (geschlossene Bauweisen). Wenn aber in vergleichenden Wirtschaftlichkeitsuntersuchungen die Einflüsse aus dem Umfeld, wie Verkehrsumleitungen, Leitungsverlegungen und die Beeinträchtigung der Anlieger, in die Bewertung einbezogen werden, können geschlossene Bauweisen überlegen sein. Schwierigkeiten ergeben sich für die Trassen- und Gradientenführung durch vorhandene Bebauung, kreuzende Verkehrswege, Versorgungsleitungen oder auch Wasserläufe, die nur mit erhöhtem Aufwand in offener Bauweise unterfahren werden können.

Für Verkehrstunnelbauten hat sich als Tragwerksystem der geschlossene, biegesteife Rechteckrahmen in ein- oder mehrzelliger Form durchgesetzt. Die lichten Abmessungen der Zellen richten sich nach den entsprechenden Regelquerschnitten der Verkehrsmittel und den betrieblichen Erfordernissen. Stützenreihen oder durchlaufende Mittelwände können bei breiten Tunnelquerschnitten zu wirtschaftlicheren Lösungen führen (Bild 4.1-1).

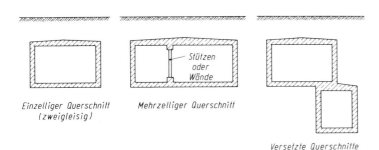

Einzelliger Querschnitt (zweigleisig)

Mehrzelliger Querschnitt

Stützen oder Wände

Versetzte Querschnitte

Bild 4.1-1   Typische Tunnelquerschnitte

*) Verfasser: Uwe Timm
        Helge Radomski (Abschnitt 4.1.6)
    (s. a. Verzeichnis der Autoren, Seite V)

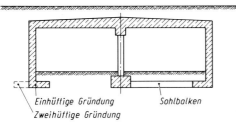

Einhüftige Gründung   Sohlbalken   Bild 4.1-2   Tunnelquerschnitt ohne geschlossene
Zweihüftige Gründung   Sohle

Liegt der höchste Grundwasserstand unterhalb des Bauwerkes, kann auf die Anordnung einer Sohle verzichtet werden, wenn es die geologischen Verhältnisse zulassen. Bei
mehrzelligen Querschnitten können solche Systeme Vorteile bringen. Dabei werden jedoch oftmals aus statischen Gründen Sohlbalken erforderlich, so daß sich die Einsparungen gegenüber einem geschlossenen Rahmen reduzieren (Bild 4.1-2).

Tunnelquerschnitte werden in der Regel in Ortbeton erstellt. Fertigteilbauweisen für
Streckenbereiche sind zwar ausgeführt worden, haben jedoch keine größere Bedeutung
gewonnen. Normalerweise liegen unterirdische Verkehrsbauten in einer Tiefe, in der sie
drückendem Wasser ausgesetzt sind. Wurden im Hinblick auf die Wasserdichtigkeit der
Bauwerke bis in die siebziger Jahre grundsätzlich bituminöse Abdichtungen oder Kunststoffabdichtungen angeordnet, wird derzeit bevorzugt wasserundurchlässiger Beton eingesetzt. Lediglich bei stark aggressiven Wässern kann auf Außenabdichtungen nicht verzichtet werden.

Bei der Planung von Tunnelbauten sind vielfältige Vorschriften zu berücksichtigen. Die
neueste Fassung der „Empfehlungen zur Berechnung und Konstruktion von Tunnelbauten (Ausführung in offener Bauweise)" ist in [1] abgedruckt. Mitgeltende Richtlinien,
Empfehlungen, Normenentwürfe und Normen sind in [2] zusammengestellt.

Unterirdische Betonkonstruktionen für Verkehrsbauten sind nicht auf Streckentunnel
und Haltestellen beschränkt. Zu diesem Komplex gehören auch Rampen-, Trog- und
Kreuzungsbauwerke, sowie Tiefgaragen unter Plätzen und Hochbauten.

4.1.2 Baugruben

Baugruben können mit oder ohne konstruktive Sicherungsmaßnahmen (Verbau) erstellt werden. Steht der notwendige Platz zur Verfügung und liegt das Bauwerk nicht zu
tief, ist eine Baugrube mit Böschungen ohne Verbaumaßnahmen möglich. Den Regelfall
stellt aber die gesicherte (verbaute) Baugrube dar. Die Sicherungsmaßnahmen umfassen
die Baugrubenwände und die Abstützung der Wände. Für beide Bauelemente gibt es für
die unterschiedlichsten Ansprüche Ausführungsmöglichkeiten.

Wände:

– Bohrträgerwände aus Stahlprofilträgern (I oder $][$), ausgefacht mit Holz-, Ortbeton-,
  Spritzbeton- oder Stahlverbau.
– Bohrpfahlwände überschnitten, tangierend oder aufgelöst ausgebildet (siehe auch Ab-
  schnitt 3.1).
– Schlitzwände in Ortbeton- oder Fertigteilbauweise (siehe auch Abschnitt 3.2).
– Elementwände (siehe auch Abschnitt 3.4).
– Spundwände.

Geböschte Baugrube   Teilgeböschte Baugrube   Teilgeböschte Baugrube

Bild 4.1-3   Geböschte oder teilgeböschte Baugruben

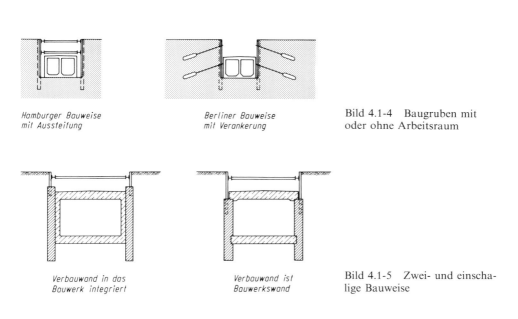

Hamburger Bauweise
mit Aussteifung

Berliner Bauweise
mit Verankerung

Bild 4.1-4   Baugruben mit
oder ohne Arbeitsraum

Verbauwand in das
Bauwerk integriert

Verbauwand ist
Bauwerkswand

Bild 4.1-5   Zwei- und einschalige Bauweise

Abstützungsmaßnahmen:

– Steifen aus Stahl oder Stahlbeton mit möglichen Zusatzmaßnahmen, wie Gurten, Ver-
bänden und Mittelbohrträgern.
– Zuganker in Form von Injektionsankern, Rundstahlankern mit Ankerplatten, Stahl-
rammpfählen, betonverpreßten Stahlpfählen und anderen.

Liegt das Bauwerk nicht im Grundwasser, oder ist das Grundwasser für die Durchführung der Baumaßnahme gesenkt worden, lassen sich die in den Bildern 4.1-3 bis 4.1-5
gezeigten Baugrubentypen ausbilden.

Die schonende Behandlung des Grundwassers gewinnt zunehmend an Bedeutung. Das
heißt, die Möglichkeit, das Grundwasser teilweise oder vollständig abzusenken, wird immer mehr eingeschränkt. Dem Rechnung tragend, ist eine Bauweise entwickelt worden, die
als ,,Wand-Sohle-Methode`` bezeichnet wird. Diese Methode geht davon aus, die Baugrube durch wasserundurchlässige Wände und Sohlen gegen Wasserzutritte abzuschirmen
und auf eine Grundwasserabsenkung vollständig zu verzichten. Sie läßt sich auf geböschte
und verbaute Baugruben anwenden, wie die Bilder 4.1-6 bis 4.1-8 zeigen. (Siehe auch: [3].)

Bei der Festlegung einer Baugrubenkonzeption sind die Vor- und Rückbauzustände
und deren Einfluß auf das Bauwerk einschließlich einer etwa vorhandenen Abdichtung
unbedingt zu berücksichtigen. Gleiches gilt auch für die Anordnung von Mittelbohrträgern und Brunnen für die Wasserhaltung (Bild 4.1-9, 4.1-10).

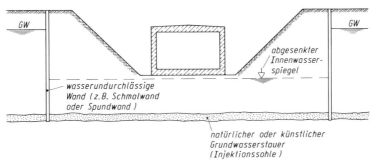

Bild 4.1-6   Geböschte Baugrube
bei nicht abgesenktem Außengrundwasser und tiefliegendem Grundwasserstauer

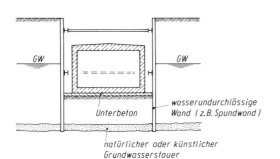

Bild 4.1-7   Verbaute Baugrube bei
nicht abgesenktem Außengrundwasser
und tiefliegendem Grundwasserstauer

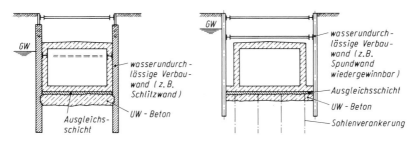

Bild 4.1-8   Wasserundurchlässige Baugrube mit Unterwasserbetonsohle

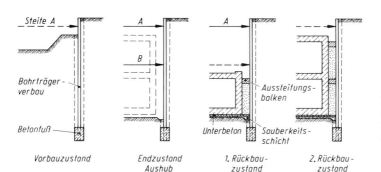

Bild 4.1-9   Vor- und
Rückbauzustände bei
einer ausgesteiften
Baugrube mit Außen-
abdichtung

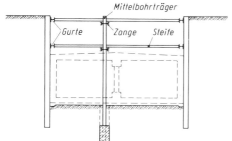

Bild 4.1-10 Ausgesteifte Baugrube mit Mittelbohrträgern

Grundlagen für Standsicherheitsnachweise von Baugrubenwänden sind in den Empfehlungen des Arbeitskreises „Baugruben" (EAB) [4] zusammengefaßt. Darüber hinaus sind die Richtlinien einzelner Städte und Regionen zu beachten, in denen die örtlichen geologischen und hydrologischen Gegebenheiten berücksichtigt sind.

4.1.3 Herstellverfahren

In offener Bauweise werden Tunnelbauwerke aus Ortbeton in Dehnfugenabständen von 8 bis 30 m Länge nach folgenden Verfahren hergestellt (Bild 4.1-11):

a) Sohle, Wände und Decken werden in kurzen zeitlichen Abständen nacheinander betoniert. Arbeitsfugen sind im Sohl- und Deckenbereich vorzusehen. Diese Bauweise stellt bei abgedichteten Bauwerken den Regelfall dar.

b) Sohle und Wände werden in einem Arbeitsgang erstellt und die Decke wird nachgezogen. Die Arbeitsfuge zwischen Wand und Decke ist einem erheblich geringeren Wasserdruck ausgesetzt als eine Arbeitsfuge zwischen Wand und Sohle, wenn sie nicht sogar außerhalb des Grundwasserbereiches liegt. Außerdem sind die beim Abklingen der Abbindetemperaturen und Schwinden im Zweitbeton entstehenden Zugspannungen bei hochliegender Arbeitsfuge so klein, daß durchgehende Trennrisse im Zweitbeton

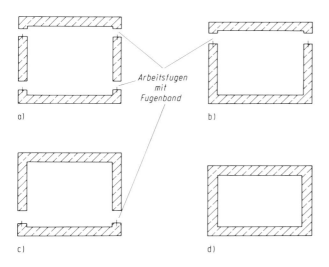

Bild 4.1-11 Mögliche Bauweisen bei Tunnelquerschnitten
a) Sohle, Wand und Decke für sich hergestellt,
b) Sohle/Wand-Verfahren,
c) Wand/Decke-Verfahren,
d) Bauweise ohne Arbeitsfugen

nur selten auftreten. Diese Baumethode wird bevorzugt bei Verwendung von wasserundurchlässigem Beton eingesetzt.

c) Wände und Decke werden zusammen nach Erhärten des Sohlenbetons gefertigt. Wie im Fall b gibt es nur in einer Ebene Arbeitsfugen, doch liegen sie hier im Bereich der maximalen Wasserdrücke. Dieses Verfahren wird bei weniger hohen Grundwasserständen angewendet.

d) Der gesamte Tunnelquerschnitt wird in einem Zuge ohne jede Arbeitsfuge betoniert. Diese Bauweise führt zu den geringsten Eigenspannungen im Bauwerk und damit auch zur geringsten Gefahr der Rißbildung. Sie bedingt aber einen nicht unerheblichen Mehraufwand und wird daher allein bei Konstruktionen aus wasserundurchlässigen Beton verwendet.

Die erforderlichen Schalungssysteme richten sich im wesentlichen nach den Herstellverfahren aber auch nach den Randbedingungen der Baugrube. Am einfachsten sind zweihäuptige Wandschalungen mit Großflächenelementen auszuführen. Schalungsanker sind bei Verwendung von wasserundurchlässigem Beton zu vermeiden. Sind sie trotzdem erforderlich, sind verlorene Anker mit Wassersperre einzusetzen (Bild 4.1.-12).

Bild 4.1-12   Verlorener Schalungsanker mit Wassersperre (Prinzipskizze)

Bei Baugruben ohne Arbeitsraum werden einhäuptige Wandschalungen erforderlich. Hierbei kann der Schalungsdruck beim Betonieren der Außenwände über Durchsteifungen, Verhängungen in Sohle und Baugrubenwand oder über Schalungsböcke (s. Abschnitt 4.2.9.4), die in der Sohle verankert sind, aufgenommen werden. Die Baugrubenwand muß in diesem Fall bei hohem Grundwasserstand so dicht sein, daß der Wandbeton während des Abbindens und Erhärtens nicht durch Zufluß von Wasser in seiner Zusammensetzung verändert werden kann (Bild 4.1-13).

Für Deckenschalungen haben sich verfahr- oder verschiebbare Schalwagen bewährt. Tunnelquerschnitte mit Mittelunterstützungen erfordern geteilte Schalwagen. Hierbei können auch Deckenunterzüge berücksichtigt werden.

Werden Sohle und Wand, Wand und Decke oder aber der gesamte Tunnelquerschnitt in einem Arbeitsgang erstellt, sind im Normalfall nur Schalwagen wirtschaftlich einzusetzen. Die nachfolgenden Bilder zeigen einen Sohle/Wand- und einen Deckenschalwagen in einer Baugrube ohne Arbeitsraum (Bild 4.1-14, 4.1-15). Einen Schalwagen, wie er für die arbeitsfugenfreie Herstellung der Blöcke des Eisenbahntunnels Forst der Neubaustrecke Mannheim – Stuttgart eingesetzt wurde, zeigt Bild 4.1-16.

Fertigteile sind bislang nur in geringem Maße bei der Erstellung von Streckentunneln eingesetzt worden. WAGNER [5] berichtet von einem 150 m langen Versuchsabschnitt einer zweigleisigen U-Bahnstrecke in Hamburg. Hier wurden 2 m lange geschlossene Tunnelelemente mit einem Gewicht von 38 t in einer offenen Baugrube zu einem Tunnelbauwerk zusammengesetzt. Wand-, Decken- und Sohlendicke betrugen 25 cm. Die Fertigteile wurden aus Spannbeton in einem Werk gefertigt.

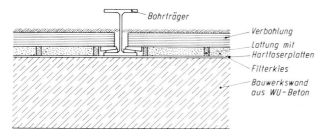

Bild 4.1-13 Drainierte Baugrubenwand einer Baugrube ohne Arbeitsraum

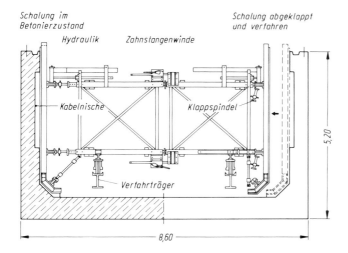

Bild 4.1-14 Sohle-Wand-Schalwagen in einer Baugrube ohne Arbeitsraum [6]

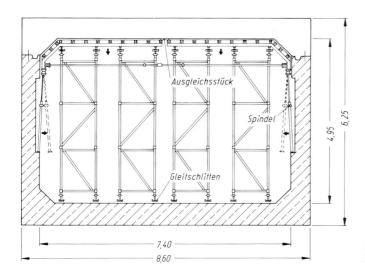

Bild 4.1-15 Deckenschalwagen [6]

Bild 4.1-16   Tunnel Forst.
Schalwagen für monolithische
Herstellung (siehe auch Bild
4.1-21) (Werkfoto Bilfinger +
Berger)

Eine Alternative zum geschlossenen biegesteifen Rahmen stellt die Verwendung von offenen Rahmen aus Fertigteilen mit voreilender Ortbetonsohle dar. Hierzu gibt es zwei Beispiele.

In einem Hamburger Baulos wurden Außenwandteile und Deckenplatten aus Spannbeton mit Mittelwandfertigteilen aus Stahlbeton der Betonfestigkeitsklasse B 45 zu einem zweigleisigen U-Bahntunnel zusammengefügt (Bild 4.1-17). Sämtliche Bauteile sind annähernd gelenkig miteinander verbunden, so daß die Bauwerksstabilität durch die Hinterfüllung sichergestellt werden mußte. Das Bauwerk wurde mit einer bituminösen Abdichtung versehen.

SMEELE [6] beschreibt den sogenannten Schalentunnel der U-Bahn Rotterdam, einen polygonalen Zweigelenkrahmen, der auf einer Ortbetonsohle versetzt wurde (Bild 4.1-18). Zehn je 3 m lange und 37 t schwere Tunnelfertigteile bilden einen durch Dehnfugen begrenzten 30 m langen Tunnelabschnitt. Die Fugen zwischen den einzelnen Elementen wurden durch bewehrten Ortbeton geschlossen und die Auflagerfugen durch einen 5 cm dicken Vergußmörtel. Die Fugendichtungen mußten einem Wasserdruck von 12 m Wassersäule mit einem Sicherheitsbeiwert von 1,5 widerstehen. Das gesamte Tunnelbauwerk ist ca. 1050 m lang und wurde mit einer Leistung von 30 m Tunnel pro Woche in einer Wanderbaustelle erstellt.

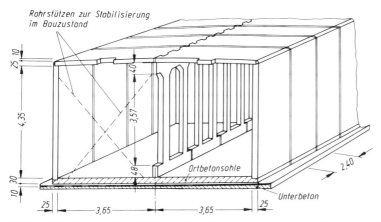

Bild 4.1-17 Zweigleisiger U-Bahn-Tunnel aus einer Ortbetonsohle sowie Wand- und Decken-fertigteilen (U-Bahn Hamburg nach [5])

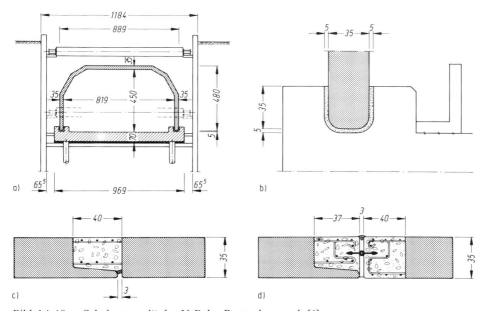

Bild 4.1-18 „Schalentunnel" der U-Bahn Rotterdam nach [6]
a) Querschnitt, b) Fertigteilauflager, c) Verbindungsfuge, d) Dehnfuge a = 30 m

4.1.4 Rißbildung und Herstellverfahren

Die oben beschriebenen Herstellverfahren haben großen Einfluß auf die Rißbildung infolge von Zwängungen. Die Anzahl von Rissen nimmt mit der Anzahl von horizontalen Arbeitsfugen zu. Zu erklären ist die Rißbildung durch Zugspannungen, die einem Eigen- und Zwangsspannungszustand entsprechen. Dieser Spannungszustand wird durch Tem-peraturunterschiede und Behinderung von Formänderungen in miteinander kraftschlüssig verbundenen Bauteilen geweckt. Temperaturunterschiede entstehen im Frühstadium dann, wenn auf bereits erhärteten Betonteilen neue Betonteile aufbetoniert werden. Während des Erhärtungsprozesses entwickelt der neu eingebaute „grüne" Beton mehr Hydratationswärme als er an seine Umgebung abgeben kann. Er erwärmt sich und hat damit eine höhere Temperatur als der mehrere Tage bis Wochen ältere Erstbeton. Die größten Temperaturunterschiede zwischen Erst- und Zweitbeton treten dabei zwischen der 10. und 40. Stunde auf, ohne daß dabei nennenswerte Eigenspannungen entstehen, weil die Steifigkeit des sehr jungen Betons gering ist. Bei der anschließend einsetzenden Abkühlung will sich der Zweitbeton verkürzen, woran er jedoch durch den Verbund mit dem älteren Beton gehindert wird. Infolgedessen bilden sich in diesem Beton Zugspannungen aus. Überschreiten diese Spannungen die noch geringe Zugfestigkeit des Betons, kommt es zur Rißbildung.

Betrachtet man den Verlauf der Eigenspannungen infolge Abklingen der Abbindetemperatur im Zweitbeton (unter Vernachlässigung der Dehnungsbehinderung durch den Boden), so wird der Einfluß des Bauablaufes offensichtlich (siehe Bild 4.1-19). Die Betonspannung σ_0 infolge eines Temperaturunterschiedes ΔT ergibt sich zu

$$\sigma_0 = \alpha_b \cdot \Delta T \cdot E_b' \qquad (\alpha_b = 1 \cdot 10^{-5})$$

Setzt man für $\Delta T = 20°$ und für den noch jungen Zweitbeton $E_b' = 0,5 \cdot E_b = 15000$ MN/m², wird $\sigma_0 = 3,0$ MN/m². Der Spannungsverlauf a) in Bild 4.1-19 stellt sich bei Verhinderung einer Krümmung ein (z. B. in der Mitte langer Betonierabschnitte und bei starrem Baugrund), während sich der Spannungsverlauf b) bei freier Biegung ergibt. Bei kurzen Betonierabschnitten ist der Spannungsverlauf eher wie bei b). Es zeigt sich daraus, daß die Zugspannungen im Zweitbeton bei hochliegender Arbeitsfuge erheblich mehr als bei tiefliegender Arbeitsfuge abgemindert werden.

FALKNER [7] gibt für die auf einer erhärteten Sohle erstellte Wand und für eine nachträglich erstellte Decke die zu erwartende Rißbildung bei dehnfugenlosen Bauteilen an. Außerdem zeigt er ein Modell für den Kraftverlauf in den Einleitungsbereichen (Bild 4.1-20).

Wollte man derartige Risse vermeiden, müßten die Bauteile so klein ausgeführt werden, daß die sich aus Verformungsbehinderung ergebenden Schnittkräfte die Zugfestigkeit des Betons nicht überschreiten. Dies würde jedoch zu unwirtschaftlichen Bauabläufen führen.

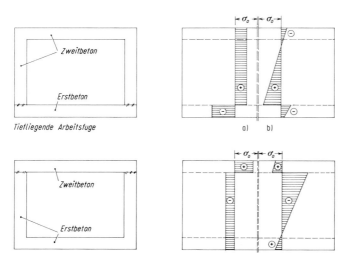

Bild 4.1-19
Eigenspannungen aus dem Abklingen der Abbindewärme im Zweitbeton bei tiefliegender und hochliegender Arbeitsfuge
a) Spannungsbild bei verhinderter Verkrümmung (Biegung),
b) Spannungsbild bei freier Verkrümmung (Biegung)
Es wird ferner angenommen, daß die Dehnung durch den Boden nicht behindert wird.

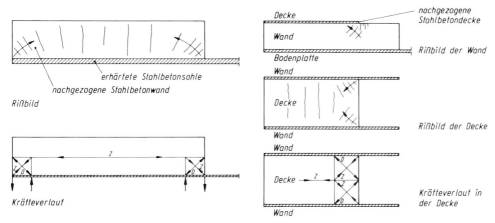

Bild 4.1-20   Rißbild in einer nachträglich betonierten Stahlbetonwand und Stahlbetondecke und Modelle der Krafteinleitung nach [7]

Wertet man die oben erwähnten Herstellverfahren hinsichtlich ihrer Beanspruchungen infolge von Zwängungen aus, stellt die arbeitsfugenlose Bauweise die beste Lösung für Tunnelbauwerke dar, während die Fertigung in der Reihenfolge: Sohle, Wand und Decke zur größten Rissegefährdung führt.

Um die Rißbildung bei wasserundurchlässigen (wu) Betonbauwerken zu mindern, können außerdem folgende Maßnahmen vorgenommen werden:

– guter Kornaufbau des Zuschlagstoffes, um den Zementanteil klein zu halten
– Verwendung von nicht frühhochfesten (feingemahlenen) Zementen,
  soweit es die Ausschalungsfristen baubetrieblich zulassen
– Kühlung des Frischbetons (im Sommer)
– Verzögerung der Abkühlung des Zweitbetons durch vorübergehende,
  jedoch nicht zu starke Wärmeisolierung (gegen zu rasche nächtliche Abkühlung)
– Innenkühlung des jungen Betons zur Ableitung der Hydratationswärme
– Erwärmung des bereits erhärteten Betons bzw. Kombination von Innenkühlung
  des jungen Betons und Erwärmung des erhärteten Betons
– Frühzeitiges Aufbringen einer mäßigen Vorspannung
– Kombination von Innenkühlung und mäßiger Vorspannung.

Es wäre aber unzweckmäßig, diese teilweise teuren Vor- und Nachsorgemaßnahmen so weit zu treiben, daß Risse mit Sicherheit ausgeschlossen werden können. Vielmehr ist es zweckmäßig, gelegentliche Risse auch in wu-Beton in Kauf zu nehmen, weil diese heute gezielt mit Kunstharzen verpreßt werden können. Es ist ein nicht zu unterschätzender Vorzug von Tiefbauten aus wu-Beton, daß unbekannte Umläufigkeiten, wie sie bei abgedichteten Bauwerken auftreten können, ausgeschlossen sind.

4.1.5 Bauwerk und Baugrubensicherung

Beim Entwurf einer Baugrubensicherung ist eine Reihe von Randbedingungen zu beachten, die im wesentlichen durch das angetroffene Umfeld, aber auch durch das Bauwerk bestimmt werden. Hierzu zählen aus dem Bereich des Umfeldes:

– die Grundwassersituation (wenn Grundwasser vorhanden:
  kann abgesenkt werden oder nicht)
– die geologischen Verhältnisse
– die Platzverhältnisse (Arbeitsraum möglich oder nicht)
– die Randbebauung (bei naher setzungsempfindlicher Bebauung
  verformungsarmen Verbau einsetzen)
– die Verkehrsbedingungen

und aus dem Bauwerksbereich:

– die Abdichtung
– die Verwendung von wu-Beton
– das Setzungsverhalten von Bauwerk und Verbau.

Bild 4.1-21 a
Baugrubensicherung und Tunnelquerschnitt beim Tunnel Forst
(Neubaustrecke DB Mannheim-Stuttgart) (Werkfoto Bilfinger + Berger)

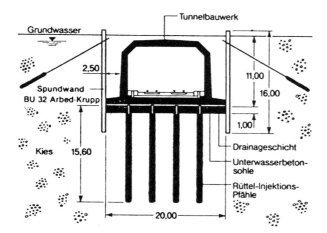

Bild 4.1-21 b   Tunnel Forst, Querschnitt [27]

Die Baugrubensicherung dient dazu, das Bauwerk im Schutz des Verbaus herstellen zu können und die Umgebung vor schädlichen Auswirkungen während der Bauzeit zu schützen. Die Baugrubensicherung ist eine temporäre Maßnahme, die hierzu notwendigen Aufwendungen sind gewissermaßen „verlorene Aufwendungen", auch wenn einzelne Verbauteile wie Bohrträger oder Spundwände wiedergewonnen werden können. Selbst dann fallen Kosten für den Transport, Einbau, das Vorhalten und Ziehen an. Die vom Bauwerk getrennte und später wieder entfernte Baugrubensicherung bietet andererseits den Vorteil, daß statisch klare Verhältnisse vorliegen, und der Beton von Wänden und Decken innen und außen vor dem Wiederverfüllen der Baugrube auf seine Qualität überprüft werden kann. Das waren z. B. wesentliche Entwurfsparameter für die Bundesbahn-Neubaustrecke Mannheim–Stuttgart im Bereich der offenen Bauweisen (Bild 4.1-21).

Die Anforderungen an die Baugrubensicherung sind hinsichtlich Verformungsarmut und Wasserundurchlässigkeit (temporär oder dauernd) aufgrund der örtlichen Gegebenheiten in den letzten Jahren ständig gestiegen, so daß Bohrpfahl- oder Schlitzwände immer häufiger als Baugrubensicherung eingesetzt werden. Damit stiegen auch der Aufwand bzw. die Kosten für diese Maßnahmen erheblich. Aus diesem Grunde wird versucht, derartige Wände in das Bauwerk zu integrieren oder sogar die Verbauwand direkt als Bauwerkswand zu verwenden.

Im ersten Fall spricht man – wenn keine Verbundkonstruktion im Sinne einer Verdübelung vorliegt – von einer zweischaligen Bauweise und im zweiten Fall von einer einschaligen (siehe Bild 4.1-5). Bei der zweischaligen Bauweise hat die Verbauwand in den Bauzuständen Erd- und Wasserdrücke aufzunehmen, während ihr für den Endzustand nur der Erddruck zugewiesen wird. Siehe hierzu auch Abschnitt 4.2 Deckelbauweise, und zwar insbesondere die Punkte 4.2.2 (Schlitzwandbauweisen), 4.2.3 (Bohrpfahlwandbauweisen), 4.2.8 (Abdichtungssystem) und 4.2.9 (konstruktive Details).

Bei zweischaligen Lösungen wird auf einen Arbeitsraum verzichtet. Erhält die Innenschale eine wasserdruckhaltende Abdichtung, dann muß die Bohrpfahl- oder Schlitzwand mit einer glatten Abdichtungsrücklage versehen werden, auf der die Abdichtung verlegt wird. Hierbei muß eine Sollbruchfuge vorgesehen werden, wenn unterschiedliche Setzungen von Verbauwand und Bauwerk zu erwarten sind (siehe Abschnitt 4.1.7.3, Bild 4.1-48). Auf diese Maßnahme kann verzichtet werden, wenn das Bauwerk mit der Baugrubensicherung unverschieblich verbunden wird.

Wird die Innenwand aus wu-Beton hergestellt, werden im Regelfall Wandausgleichsschichten angeordnet, um die Zwangszugspannungen im wu-Beton klein zu halten. Diese können bei Schlitzwänden aus Weichfaserplatten mit Abdeckfolie bestehen. Bei Bohrpfahlwänden werden jedoch Vorsatzschalen aus Spritz- oder Schalbeton zum Ausgleich der Zwickel zwischen den Pfählen erforderlich. Als Alternativen hierzu werden auch gemauerte Ausgleichsschichten oder mit durchlässigem Material hinterfüllte, verlorene Abschalungen verwendet (Bild 4.1-22). Hierbei stellt sich die Frage, ob sich eine Verzahnung von Außen- und Innenwand auf das Rißbildungsgeschehen und das Zusammenwirken von Verbau und Bauwerk negativ auswirken muß. Innerhalb des Bauloses 25 der U-Stadtbahn Essen sind zwei verschiedene Lösungen mit einer überschnittenen Pfahlwand ausgeführt worden. Einmal mit einer gemauerten bzw. blockweise betonierten Ausgleichsschicht und aufgesetzter Stegfolie und ein zweites Mal ohne jede Ausgleichsschicht. Risse infolge von Zwängungen traten in beiden Fällen nur begrenzt auf. Es wurde jeweils mit der gleichen Betonrezeptur, vergleichbarer Schalung sowie Ausschalfrist und unter gleichen Umweltbedingungen gearbeitet. In beiden Fällen wurden die Wände nach dem Ausschalen mit Folien verhängt. Bild 4.1-23 zeigt die Rißbilder, die in einer Tunnelwand mit und ohne Ausgleichsschicht bei einer Deckelbauweise zu erwarten sind. Bei der offenen Bauweise können sich ähnliche Rißbilder ergeben.

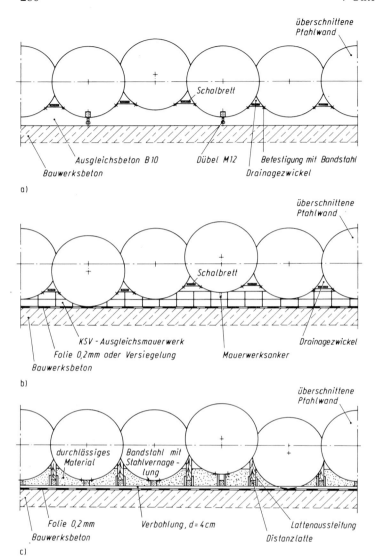

Bild 4.1-22 Wandausgleichsschichten bei überschnittenen Pfahlwänden
a) Wandausgleichsschicht aus Beton,
b) Wandausgleichsschicht aus Mauerwerk,
c) Wandausgleich mit verlorener Verbohlung und Hinterfüllung

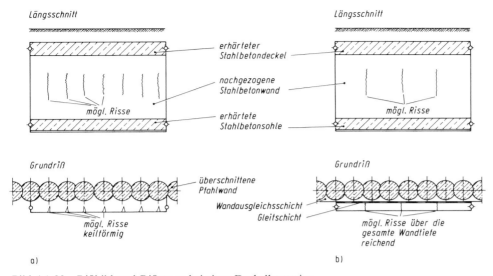

Bild 4.1-23   Rißbild und Rißtypen bei einer Deckelbauweise
a) Deckelbauweise ohne Ausgleichs- und Gleitschicht
b) Deckelbauweise mit Ausgleichs- und Gleitschicht

4.1.6   Unterwasserbetonsohlen*)

4.1.6.1   Allgemeine Hinweise

Durch die Anwendung von Unterwasserbeton zur Herstellung von unbewehrten oder bewehrten Betonsohlen unter Wasser für vorübergehende Bauzustände oder bleibende Bauwerke wird eine grundwasserschonende Bauweise ohne Grundwasserabsenkung ermöglicht.

Der Beton wird dabei so unter Wasser eingebracht, daß ein tragendes Bauteil mit vorher bestimmbaren Eigenschaften entsteht. Das Bild 4.1-24 zeigt den prinzipiellen Bauablauf.

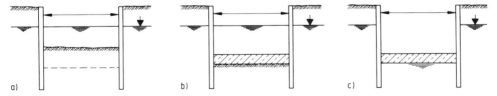

Bild 4.1-24   Bauablauf zur Herstellung einer uw-Betonsohle
a) Unterwasseraushub im Schutz von wasserdichten Wänden
b) Einbringen des Unterwasserbetons mit Anschluß an die Wände
c) Lenzen der Baugrube

Die Anforderungen an den Unterwasserbeton sind nach GRUBE [22]:

– ausreichende Festigkeit;
– Wasserundurchlässigkeit;
– Widerstand gegen chemische Angriffe;

*) Verfasser: HELGE RADOMSKI
   (s. a. Verzeichnis der Autoren, Seite V)

– Schutz der evtl. vorhandenen Bewehrung gegen Korrosion;
– möglichst exakter, maßgenauer Einbau.

Um diese Anforderungen erfüllen zu können, müssen die Betonzusammensetzung und das Einbauverfahren mit besonderer Sorgfalt gewählt werden.

4.1.6.2   Betonzusammensetzung [22]

a) Unterwasserbeton

Die Zusammensetzung des uw-Betons ist in DIN 1045, Abschn. 6.5.7.7 geregelt:

– Zementgehalt $Z \geqq 350 \text{ kg/m}^3$ bei Größtkorn 32 mm. Gebräuchlich sind Hochofen- und Portlandzemente der Festigkeitsklassen Z 35 und Z 45;
– Wasserzementwert $W/Z \leqq 0,60$;
– Stetige Sieblinie (Bereich A/B);
  Das Größtkorn sollte auf 32 mm begrenzt werden. Die Kornform sollte rund oder gedrungen sein wegen der günstigen spezifischen Oberfläche;
– Mehlkorngehalt $\geqq 400 \text{ kg/m}^3$ bei Größtkorn 32 mm
  (wird ein kleineres Größtkorn verwendet, muß der Zementgehalt bzw. der Mehlkorngehalt entsprechend erhöht werden);
– Konsistenz: Ausbreitmaß $a = 45-50$ cm.

Diese Festlegungen ergeben einen bindigen (fetten), pumpfähigen Beton, der nur schwer ausgewaschen werden kann. Die angegebene weiche Konsistenz ist erforderlich, um eine ausreichend dichte Lagerung ohne zusätzliche Verdichtung zu erreichen.

b) Unterwasser-Injektionsbeton

Der Mörtel zum Verfüllen der Hohlräume eines vorab eingebauten Steingerüstes darf ebenfalls nur schwer mit Wasser mischbar sein. Die Bedingung, daß er in dem vorhandenen Korngerüst einen geschlossen aufsteigenden Flüssigkeitsspiegel bilden soll, erfordert, daß

– er fließfähig sein muß;
– der Wasserzementwert zur Herstellung wasserundurchlässiger Bauteile niedriger sein muß als beim fertig eingebrachten Beton und zwar $W/Z = 0,45-0,55$, da der Mörtel an dem wasserbenetzten Korngerüst vorbeifließen muß;
– die verwendeten Sande entsprechend DIN 4226 mit stetiger Sieblinie ein Größtkorn besitzen sollen, das nicht größer ist als ca. 1/10 des Kleinstkorns im Gesteinsgerüst;
– das Mischungsverhältnis Zement – Sand (Gewichtsteile) ca. 1 : 1 bis 1 : 2 beträgt, was bei einem Hohlraumgehalt des Korngerüstes von ca. 35–45 Vol. % für den fertigen Unterwasserbeton einen Zementgehalt von ca. 240–360 kg/m^3 ergibt.

4.1.6.3   Einbauverfahren [22]

Bei allen Einbauverfahren müssen nachfolgende Bedingungen streng beachtet werden:

a) Der Beton oder Mörtel darf nicht frei durch das Wasser fallen, auch nicht im Schüttrohr, da er sich sonst entmischt.

b) Der Beton muß in ruhiges Wasser eingebracht werden. Vor dem Erhärten dürfen keine Strömungen auftreten, z. B. hervorgerufen durch Wasserspiegeldifferenzen innerhalb und außerhalb der wasserundurchlässigen Wände, da sonst der Zement und der Feinstsand ausgewaschen werden, oder Durchbrüche entstehen können.

c) Die Einbaumethode muß den Anforderungen an die Oberflächengenauigkeit entsprechen. Die natürlichen Böschungen von Beton unter Wasser betragen ca. 1 : 8 bis 1 : 12,

für Mörtel ca. 1 : 4 bis 1 : 8. Davon abhängig ist das Raster für das Umsetzen bzw.
Führen des Schüttrohres zu wählen, und es sind gegebenenfalls die Erfordernisse für
das Abziehen der Oberfläche festzulegen.

d) Der Unterwasserbeton oder Mörtel darf unter Wasser nicht mit Innenrüttlern o. ä.
   verdichtet werden, da sonst die Feinanteile ausgewaschen werden.

Die vorgenannten Bedingungen ergeben i. a. für Unterwasserbeton, dessen Oberfläche
nicht abgezogen wird, eine konstruktive Mindestdicke von 80 cm. Im folgenden werden
die bekanntesten Einbauverfahren kurz beschrieben:

a) Das Contractor-Verfahren (Bild 4.1-25)

Ein Trichter mit einem bis auf den Boden reichenden dichten Schüttrohr wird in die
Baugrube eingestellt. Um beim Beginn des Betonierens das Durchfallen des Betons zu
vermeiden, wird das Rohr zunächst mit einem Stopper (Gummiball, Papierknäuel) verschlossen. Wenn der Betonvorrat im Trichter ausreicht, um das ganze Schüttrohr zu fül-
len, wird der Stopper losgelassen und der Beton sinkt im Schüttrohr ab und quillt bei
vorsichtigem Anheben des Schüttrohres heraus. Das Rohr muß immer ausreichend in
Beton eintauchen.

Bewertung dieses Verfahrens:

Das Gerät ist einfach; bei perfekter Handhabung findet keine Berührung des zulaufen-
den Betons mit dem Wasser statt. Beim erforderlichen Heben und seitlichen Verschieben
des Schüttrohres besteht aber die Gefahr, daß die im Trichter und Schüttrohr befindliche
Betonsäule plötzlich nach unten ausläuft und Wasser in das Fallrohr zurückschlägt.

b) Das Hydroventilverfahren (Bild 4.1-26)

Das Gerät besteht aus einem Trichter und einem elastischen Fallschlauch, der am oberen Ende in einem Stahlzylinder endet, der an dem Trichter höhenverstellbar angehängt
ist. Der Fallschlauch ohne Innenfüllung wird durch den äußeren Wasserdruck zusammen-
gepreßt. Wird eine ausreichende Menge an Beton in den Trichter gefüllt, so gleitet sie in
Ballenform langsam im Schlauch hinunter.

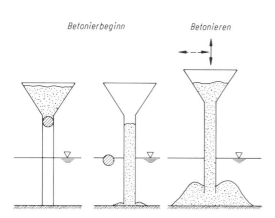

Bild 4.1-25
Contractorverfahren (nach [22])

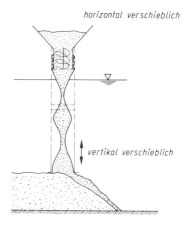

Bild 4.1-26
Hydroventilverfahren (nach [22])

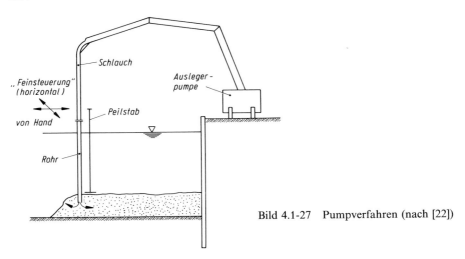

Bild 4.1-27   Pumpverfahren (nach [22])

Bewertung des Verfahrens:

Dieses Verfahren vermeidet mit hoher Sicherheit den freien Fall des Betons durch das
Wasser. Der Beton läßt sich kontinuierlich und mengengesteuert einbringen. Das Verfahren ist aber relativ aufwendig, da je nach Einsatzbedingung (einzubringende Betonmenge,
störende Bewehrung oder Baugrubenaussteifung) das Gerät anzupassen ist.

c) Das Pump-Verfahren (Bild 4.1-27)

Der Beton wird mit einer Betonpumpe in Druckleitungen ($\varnothing$ 100 mm) bis zur Baugrubensohle gefördert, wobei zur besseren Beweglichkeit und Führung ein Teil der Leitung
als Druckschlauch ausgebildet ist. Der im Wasser befindliche Teil besteht aus einem Stahlrohr, das von Hand geführt werden kann, und außerdem gewährleistet, daß das Rohrende
immer in den Beton „eintaucht".

Bewertung des Verfahrens:

Der einzubringende Beton kann mengenmäßig gut gesteuert werden. Erforderliche
Umsetzungen wegen Aussteifungen oder Bewehrung stellen keine Hindernisse dar. Die
Einbauleistung wird weitgehend durch die Förderleistung der Betonpumpe bestimmt.

d) Mörtelinjektion-Verfahren Prepakt und Colcrete (Bild 4.1-28)

Zum Einbringen des Mörtels sind Injektionsrohre mit Durchmessern bis 40 mm erforderlich, die in einem Rasterabstand von 1,5 bis 3,0 mm, abhängig von dem Gesteinsgerüst,
bis ca. 10 cm über die Baugrubensohle eingetrieben werden. Diese Rohre werden mit
einem Schlauchsystem über Wasser verbunden und einzeln oder in Gruppen über entsprechende Ventile mit Mörtel beschickt und entsprechend dem Füllvorgang hochgezogen.
Der Anstieg des Mörtelspiegels und die erforderliche Eintauchtiefe der Injektionsrohre
von ca. 30 cm werden mit Hilfe von Beobachtungsrohren überprüft.

Bewertung des Verfahrens:

Das Grobkorngerüst kann ohne besondere Vorsichtsmaßnahme eingebracht werden.
Die nachträgliche Injektion bietet bei fachgerechter Ausführung eine hohe Sicherheit

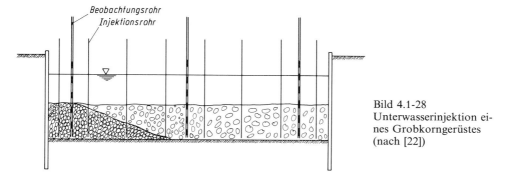

Bild 4.1-28
Unterwasserinjektion eines Grobkorngerüstes
(nach [22])

gegen Auswaschen des Zementmörtels. Der Aufwand an Geräten und Installation ist allerdings hoch und die erreichbare Betonfestigkeit und Wasserundurchlässigkeit im Vergleich zu a) bis c) geringer, weil eine dünne Wasserschicht auf den Zuschlägen vom aufsteigenden Mörtel nicht verdrängt werden kann.

4.1.6.4 Tragfähigkeit und Nachweise

Die Anforderungen an die Tragfähigkeit von Unterwasserbeton sind von der Aufgabenstellung abhängig.

Für unbewehrten und bewehrten Unterwasserbeton sind folgende Anwendungsgebiete möglich:

- reine Sohlsicherung (z. B. gegen Kolk)
- Auftriebssicherung nur durch Eigengewicht
- Auftriebssicherung mit Lastabtragung
  an die mittragenden seitlichen Wände oder durch Zugverankerungen
- konstruktiver Bauwerksbeton

Unbewehrter Beton

Zur Auftriebssicherung durch Eigengewicht ergibt sich die erforderliche Dicke t der Sohlplatte entsprechend Bild 4.1-29 (siehe dazu WEISSENBACH [24]) zu:

$$\text{erf } t \geqq \frac{\eta_\text{A} \cdot h \cdot \gamma_\text{w}}{\gamma_\text{B} - \eta_\text{A} \cdot \gamma_\text{w}} = \frac{h \cdot \gamma_\text{w}}{\dfrac{\gamma_\text{B}}{\eta_\text{A}} - \gamma_\text{w}}$$

dabei ist

η_A = Auftriebssicherheitsbeiwert nach DIN 1054
γ_w = Spez. Gewicht des Wassers (10 kN/m³)
γ_B = Spez. Gewicht des Betons (i. a. 23 kN/m³)

Bei größeren Wasserspiegelhöhen h ist es wirtschaftlich, die seitliche Baugrubenumschließung (z. B. Spundwände) zur Auftriebssicherung mit heranzuziehen, um die erforderliche Dicke t des Unterwasserbetons und damit auch den Unterwasseraushub und die Einbindetiefe der Baugrubenwände zu vermindern.

Für den statischen Nachweis des Betons kann eine Gewölbewirkung entsprechend Bild 4.1-30 angesetzt werden [23].

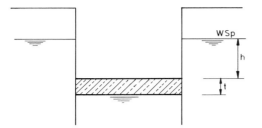

Bild 4.1-29
uw-Beton als Auftriebssicherung

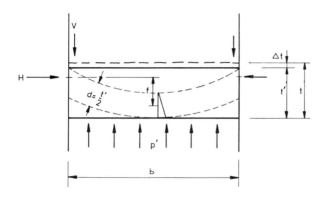

Bild 4.1-30   Gewölbebildung im
unbewehrten uw-Beton

Die Belastung p' des gedachten Gewölbes ergibt sich zu

$$p' = (h + t)\, \gamma_\text{w} - \frac{t \cdot \gamma_\text{B}}{\eta_\text{A}}$$

Sicherheitshalber sollte wegen der Ungenauigkeit bei der Herstellung für diesen Nachweis nur eine verminderte Unterwasserbetondicke

$$t' = t - \Delta t$$

angesetzt werden, wobei Δt ca. 20 cm beträgt. Die statisch wirksame Mindestdicke soll $t' = 80$ cm sein (siehe oben), bei Ausnutzung der Gewölbewirkung wird daher als Mindestdicke $t = 1.00$ m empfohlen.

Die Dicke des Gewölbes kann dann mit

$$d = t'/2$$

und der Bogenstich mit

$$f = 2/3\, t'$$

angesetzt werden.

Die Belastung der Baugrubenwände ergibt sich dann zu

$$V = \frac{p'}{2} \cdot b$$

$$H = \frac{p' \cdot b^2}{8f} = \frac{V \cdot b}{4f}$$

Die Vertikallast V muß durch konstruktive Maßnahmen, die im folgenden Kapitel beschrieben werden, auf die Verbauwand übertragen werden. Die Vertikallast muß außerdem kleiner als die Summe von Eigengewicht, ggf. Vertikalkomponente der Ankerkraft und Wandreibung der Verbauwand sein. Der Horizontallast H stehen Kräfte aus den Lasten gegenüber, die auf die Verbauwand wirken: äußerer Erddruck und Wasserdruck. Wegen der Gefahr eines Biegebruches der Sohle bei fehlender Gewölbewirkung wird zusätzlich zu dem Nachweis der Gewölbewirkung mit der Dicke t' der Nachweis empfohlen, daß die Sohle die Differenzkraft aus Eigengewicht der Sohle und Wasserdruck als Balken (durch Biegung) aufnehmen kann, wobei die vorhandenen Betonzugspannungen nach Stadium I sehr klein gegenüber der Betonzugfestigkeit sein sollen (nach DIN 1045 sind für unbewehrten Beton keine Betonzugspannungen zulässig). Nach DIN 1045 (E 06.86) Abschnitt 17.6.3 ist

$$\sigma_{bz} = 0{,}25 \cdot \beta_{WN}^{2/3} \qquad (\sigma_{bz} \text{ und } \beta_{WN}: [MN/m^2])$$

Bei größeren Baugrubenbreiten b kann die Differenzkraft aus Wasserdruck und Eigengewicht der Sohle nicht allein auf die seitlichen Baugrubenwände abgetragen werden. Es sind zusätzlich Zugverankerungen der Sohle erforderlich, die aus einem Raster von

Ankern
Stahlprofilen
und Pfählen aller Art

bestehen können. Siehe Bild 4.1-31.

Allen Zugelementen gemeinsam ist, daß die vorab beschriebene Gewölbewirkung von Stützpunkt zu Stützpunkt möglich sein muß und daß die Lastabtragungsflächen (Ankerkopfplatten, horizontale Knaggenflächen usw.) entsprechend dem zul σ_{Beton} zu wählen sind.

$$\text{zul } \sigma_{Beton} = \frac{\beta_R}{2{,}5} \text{ nach DIN 1045}$$

(z. B. B 25

$$\text{zul } \sigma_{Beton} = 17{,}5/2{,}5 = 7{,}0 \text{ MN/m}^{2)}$$

Dabei ist die tatsächliche Höhenlage dieser Fläche (red t', s. Bild 4.1-31, 4.1-34, 4.1-38) innerhalb des Betons beim Ansatz des Gewölbebogens zu berücksichtigen.

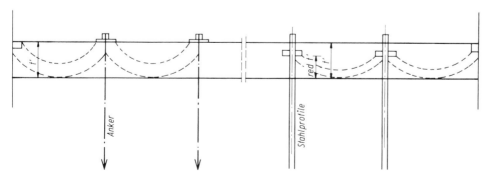

Bild 4.1-31   Zugverankerungen beim unbewehrten uw-Beton

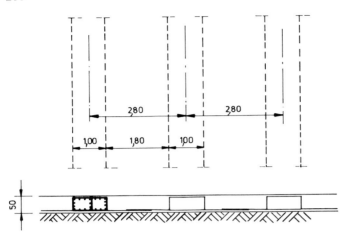

Bild 4.1-32 Bewehrung einer uw-Betonsohle (durch besondere Maßnahmen zur Qualitätskontrolle konnte die empfohlene Mindestdicke unterschritten werden)
(oben: Grundriß, unten: Querschnitt)

Bewehrter Unterwasserbeton

Mit den heute stark verbesserten Betoniermethoden läßt sich eine bewehrte Unterwasserbetonsohle einwandfrei ausführen. Betonfestigkeitsklassen B 25, B 35 oder B 45, mit Fließmittelzusatz hergestellt, sind ausführbar. Die Ermittlung der Bewehrung erfolgt mit den üblichen Nachweisen, bei Bauhilfsmaßnahmen kann mit dem verringerten Sicherheitsbeiwert von 1,5 bemessen werden. Die Betondeckung bzw. die statisch wirksame Höhe der Bewehrungslage sollte der Herstellungsart entsprechend mit Toleranzzuschlägen gewählt werden.

Die Bewehrungsanordnung muß den Anforderungen des Betoniervorgangs entsprechend möglichst klar sein; vorzugsweise sind vorgefertigte Bewehrungskörbe zu wählen, die leicht zu verlegen und in ihrer Lage zu sichern sind. Einzelöffnungen oder Gassen zum Betonieren sind einzuplanen. Bild 4.1-32 zeigt ein Beispiel für eine Bewehrungsanordnung.

4.1.6.5 Konstruktive Hinweise

Werden die seitlichen Wände von Baugruben oder Zugelemente wie Anker oder Stahlprofile zur Auftriebssicherung herangezogen, müssen die vorhandenen Vertikalkräfte durch konstruktive Maßnahmen übertragen werden. Für alle Varianten gilt, daß sie möglichst einfach, funktionsgerecht, robust und mit möglichst wenig Taucherarbeit ausgeführt werden können.

Im folgenden einige Beispiele:

Bild 4.1-33 zeigt den Anschluß an eine Baugruben-Spundwand. Ein U-Profil wird im Wellental angeschweißt. Die Schweißnähte sind entsprechend den abzutragenden Lasten nachzuweisen. Beim Rammen kann der Boden durch das noch offene Profil durchdringen. Erst nach dem Unterwasseraushub und Säubern der Spundwand wird mit Taucherhilfe eine Lastplatte angeheftet, deren Fläche sich aus der zulässigen Betondruckspannung ergibt [23].

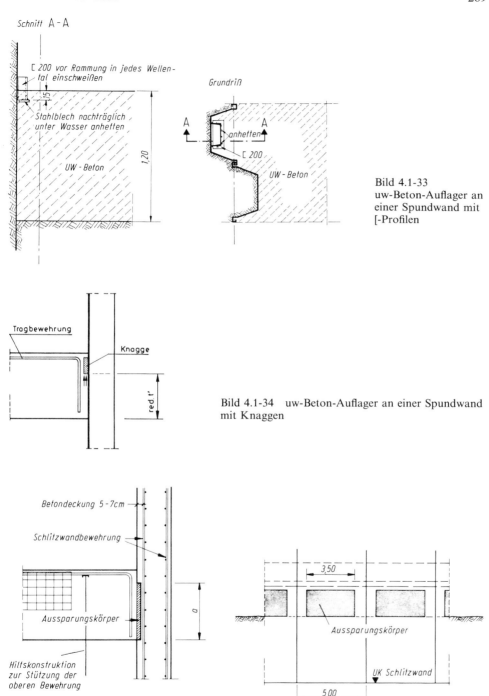

Bild 4.1-33
uw-Beton-Auflager an
einer Spundwand mit
[-Profilen

Bild 4.1-34   uw-Beton-Auflager an einer Spundwand
mit Knaggen

Bild 4.1-35   Anschluß der uw-Betonsohle an eine Schlitzwand mit Hilfe von Aussparungen

Bei kleineren Lasten reicht auch die Anordnung einer Knagge, siehe Bild 4.1-34, um die vertikalen Kräfte an die Baugrubenspundwand abzutragen.

Bei der Wand-Sohle-Bauweise [3] wird unter Wasser die bewehrte Sohle an die vorhandene Schlitzwand angeschlossen. Bild 4.1-35 zeigt eine Ausführungsart mit Aussparungen in der Schlitzwand.

In der Bewehrung der Schlitzwand wird ein Aussparungskörper aus Polystyrolhartschaum o. ä. angeordnet und auftriebssicher befestigt. Normalerweise wird dabei die vorhandene Betondeckung von 5–7 cm genutzt. Auf maßgenaues Einbringen des Bewehrungskorbes ist zu achten. Mit Taucherhilfe muß später der Aussparungskörper entfernt und die Kontaktfläche Wand-Sohle gereinigt werden.

Eine andere Methode, die Auftriebskräfte aus der uw-Betonsohle in die Schlitzwand einzuleiten, zeigt Bild 4.1-36. Die Kontaktfläche Wand-Sohle wird unter Wasser mit einem Hochdruckwasserstrahl gereinigt und aufgerauht, so daß eine Aufrauhungstiefe von ca. 3–8 mm entsteht. Diese Aufrauhung bewirkt eine Verzahnung zwischen Sohle und Wand, die über die Wirkung eines reinen Reibungsanschlusses weit hinausgeht. Der Nachweis:

$$V < \mu \cdot H$$

V resultierende Vertikalkraft aus Eigengewicht und Sohlwasserdruck
H horizontale Belastung der Sohle aus Wasserdruck, Erddruck usw.
μ rechnerischer Reibungsbeiwert zwischen Sohle und Wand
ist deshalb auch dann noch erfüllt, wenn ein rechnerischer Reibungsbeiwert $\mu > 1$ erforderlich ist.

Bild 4.1-37 zeigt ein Ankerkopfdetail für eine Zugverankerung. Nach dem Einbringen des uw-Betons werden die Anker von einer Arbeitsbühne über Wasser aus (Steifenlage, Ponton o. ä.) hergestellt. Die Teile des Ankerkopfes werden mit Taucherhilfe eingebaut und ebenso vorgespannt und verkeilt.

Für Spundbohlen oder Stahlprofile zeigt Bild 4.1-38 als Beispiel eine Kopfausbildung mit Stahlknaggen. Die Profile werden vor dem Einbringen des uw-Betons eingerammt oder eingerüttelt. Die Knaggen, i. a. bestehend aus [- oder ‾-Profilen, werden vorab angeschweißt. Auf genügend Profilüberstand über den Knaggen für die Rammhaube muß geachtet werden.

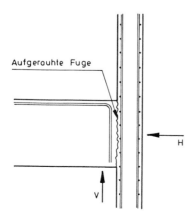

Bild 4.1-36   Anschluß der uw-Betonsohle an eine Schlitzwand durch Aufrauhen der Kontaktfuge

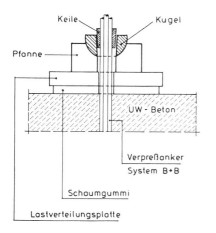

Bild 4.1-37 Auftriebs-Zugverankerung
mit Verpreßankern –
Ankerkopfdetail

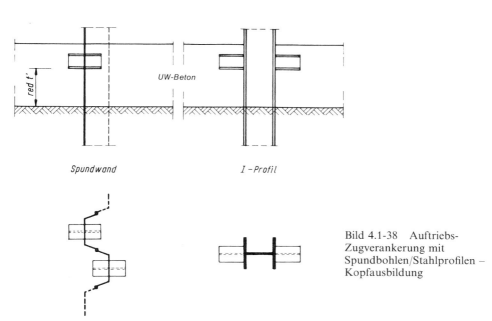

Bild 4.1-38 Auftriebs-
Zugverankerung mit
Spundbohlen/Stahlprofilen –
Kopfausbildung

4.1.6.6 Beispiele von mit Unterwasserbeton ausgeführten Bauwerken

Abwasserpumpwerk Viersen [25]: Bild 4.1-39
Bauzeit: 1979–1980
Schleuse Mannheim [23]: Bild 4.1-40
Bauzeit: 1981–1984
Tiefgarage Rheingarten, Köln [26]: Bild 4.1-41
Bauzeit: 1979–1982
Tunnel Forst, Neubaustrecke Mannheim – Stuttgart [27]: Bild 4.1-21b
Bauzeit: 1984–1986

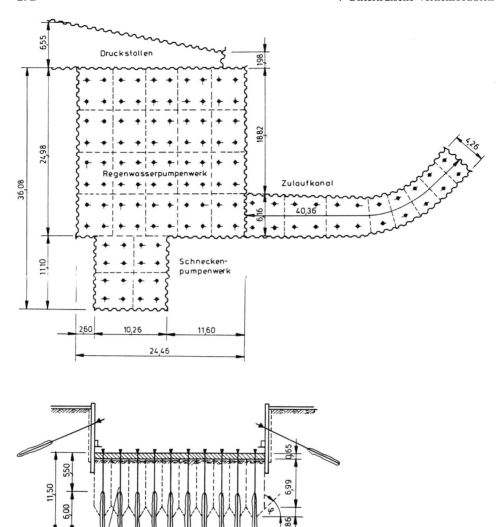

Bild 4.1-39
Ausführungsbeispiel: Abwasserpumpwerk Viersen (nach [25])
Mit Verpreßankern gesicherte uw-Baugrubensohle (oben: Grundriß, unten: Querschnitt)

Bild 4.1-40   (Seite 293)
Ausführungsbeispiel: Schleuse Mannheim
oben: Oberhaupt-Baugrube, Auftriebssicherung mit uw-Beton und Verpreßankern
unten: Schleusenkammer, Auftriebssicherung im Bau- und Endzustand mit Spundbohlen

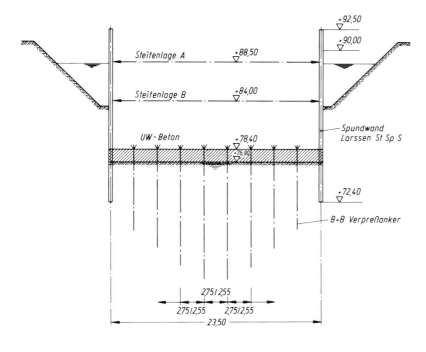

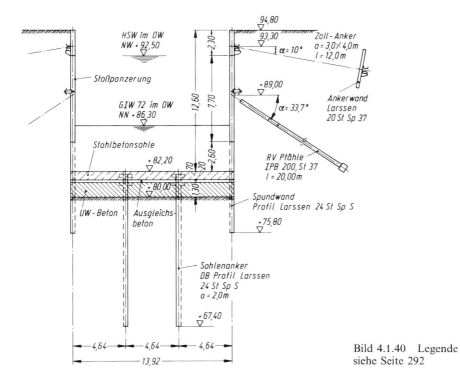

Bild 4.1.40   Legende
siehe Seite 292

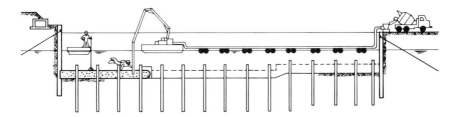

Bild 4.1-41   Ausführungsbeispiel: Tiefgarage Rheingarten, Köln (nach [26])

4.1.7   Abdichtung

4.1.7.1   Allgemeine Hinweise

Abdichtungsmaßnahmen haben die Aufgabe, ein Bauwerk vor Zutritt von Wasser und vor Angriffen aggressiver Wässer oder Böden zu schützen. Man unterscheidet hinsichtlich der Beanspruchungen infolge von Wasserkontakten drückendes und nichtdrückendes Wasser. Die folgenden Aussagen beschäftigen sich allein mit druckwasserhaltenden Abdichtungen, da unterirdische Verkehrsbauwerke in der Regel hydrostatischen Drücken ausgesetzt sind. Hierfür gelten als Ausführungsvorschriften die DIN 18 195 Teil 1 bis 10: „Bauwerksabdichtungen", die DS 835 der Deutschen Bundesbahn [8] und die Richtlinien der einzelnen Städte.

Folgende Stoffe werden für druckwasserhaltende Abdichtungen bei offenen Bauweisen eingesetzt:

– Nackte Bitumenbahnen
– Dichtungsbahnen mit Einlagen aus Jutegewebe, Glasgewebe,
  Metallbändern (Kupfer, Aluminium) oder bitumenverträglichen Kunststoffen
– Metallbänder aus Kupfer, Aluminium oder Edelstahl
– Kunststoffbahnen.

Für den Aufbau oder die Bemessung einer Abdichtung ist die Größe des Wasserdruckes und die senkrecht auf die Abdichtung wirkende Pressung maßgebend. Nach DIN 18 195 liegen die zulässigen Pressungen zwischen 0,6 MN/m² für nackte Bitumenbahnen und 1,5 MN/m² für Dichtungsbahnen mit Metallbandeinlagen. Mit Kupferbandeinlagen und bestimmten Gewebebahnen können bei besonderer Schichtanordnung Pressungen von maximal 2,5 MN/m² aufgenommen werden.

Bei der Ausführung der Abdichtung sind nach EMIG [9] unabhängig vom Baustoff (Bitumen oder Kunststoff) folgende Grundsätze zu beachten:

– Eine Abdichtung soll stets auf beiden Seiten hohlraumfrei von festen Baukörpern oder Stoffen umgeben sein.
– Eine Abdichtung muß mit einem Flächendruck angepreßt, mindestens aber eingebettet sein. Dies gilt auch nach dem Schwinden des Betons.
– Eine Abdichtung ist als reibungslos anzusehen (ungünstige Wirkungen von Reibungskräften müssen verfolgt werden). Kräfte sind nur senkrecht zur Abdichtungsebene zu übertragen.
– Die auf eine Abdichtung gerichteten Kräfte sollen möglichst keine sprunghaften Veränderungen erfahren, sofern ein Ausweichen der Klebemassen nicht konstruktiv verhindert werden kann.

– Die zulässige Temperatur an einer Abdichtung ist abhängig von der Wärmeempfindlichkeit der gewählten Abdichtungselemente. Bei bituminösen Abdichtungen darf die
Temperatur nicht höher sein als 30 °C unter dem Erweichungspunkt der verwendeten
Klebemasse.
– Bei offenen Bauweisen ist die Außenabdichtung die Regelausführung. Sie kann im
Wandbereich ohne Arbeitsraum vorweg auf einer Abdichtungsrücklage (Berliner Bauweise) oder mit Arbeitsraum nachträglich (Hamburger Bauweise) eingebaut werden.

4.1.7.2 Bituminöse Abdichtungen

Zu den bituminösen Abdichtungen zählen sämtliche Abdichtungssysteme, bei denen
bituminöse Stoffe verwendet werden. Die Abdichtung besteht aus mindestens zwei Lagen
von Abdichtungsbahnen, die sich an den Quer- und Längsrändern überlappen. Die Bahnen können nach mehreren Verfahren eingebaut werden (Bürstenstreich-, Gieß-, Flämm-,
Schweiß-, Gieß- und Einwalzverfahren).

Befindet sich zwischen der Bauwerksaußenkante und der Baugrubensicherung ein ausreichend breiter Arbeitsraum, d. h. mehr als 80 cm nach Anordnung einer festen Schutzschicht, kann der Übergang von der Sohlen- zur Wandabdichtung entweder mit Hilfe
eines rückläufigen Stoßes oder als Kehlenstoß mit Kehranschluß ausgeführt werden. Für
den Kehranschluß ist eine Abdichtungsrücklage aus Mauerwerk, Beton oder einem Schalkasten erforderlich, wobei die Anschlüsse nach Einbau des Sohlen- und Wandbetons
freigelegt werden müssen. Beide Abdichtungsübergänge erfordern Verstärkungen durch
Kupferriffelband (Bild 4.1-42).

Ist der Arbeitsraum in einer Baugrube zu schmal oder muß auf ihn völlig verzichtet
werden, kann die Wandabdichtung nicht auf die abzudichtende Fläche geklebt werden. In
diesem Fall muß die Abdichtung auf eine Abdichtungsrücklage aufgebracht werden. Tunnelsohle und -wände werden gegen die Abdichtung betoniert (Bild 4.1-43, 4.1-44).

4.1.7.3 Details zur bituminösen Abdichtung

Schutzschichten übernehmen die dauerhafte Sicherung einer Abdichtung gegen mechanische und thermische sowie gegebenenfalls chemische Angriffe. Sie sind konstruktiv so
auszubilden, daß Bewegungen oder Verformungen der Schutzschichten die Abdichtung
nicht beschädigen. Man unterscheidet feste und weiche Schutzschichten. Zu den festen
Schutzschichten, die fast ausschließlich im Tunnelbau verwendet werden, zählen Mauerwerk und Ortbeton. Zu den weichen zählen bituminöse Dichtungsbahnen und in Sonderfällen Gußasphalt.

Bituminöse Abdichtungen können nur solche Kräfte aufnehmen, die senkrecht zur Abdichtungsebene wirken. Treten Beanspruchungen parallel zur Abdichtung auf, z. B. durch
Längs- oder Quergefälle, so sind sie durch entsprechend anzuordnende Nocken oder
korrosionssichere Telleranker aufzunehmen (Bilder 4.1-45 bis 4.1-47).

Bei Bauweisen ohne Arbeitsraum muß sichergestellt werden, daß sich das Bauwerk unabhängig von der Baugrubensicherung setzen kann. Dies geschieht durch die Anordnung
einer Sollbruchfuge. Bei Relativverschiebungen bis 5 mm kann die Sollbruchfuge durch
eine Lage Lochglasvliesbitumenbahn ausgebildet werden. Größere Setzungsmaße erfordern konstruktiv ausgebildete Gleitfugen entsprechend Bild 4.1-48.

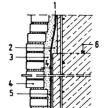

1 Abdichtung
2 Putzausgleich
3 4 cm Mörtelfuge
4 Schutzmauerwerk
5 Haftlage
6 Arbeitsfuge

h = Anschlußhöhe
   Lagenzahl × 15 + 15 cm

*Kehranschluß auf
Mauerwerk*

*Detail zum Bereich
der Arbeitsfuge*

1 Abdichtung
2 Bewehrung
3 Schalkasten
4 Gleitschicht
5 Haftlage
6 1/2 cm Putz oder 1 Lage
  nackte Bitumenbahn
7 Hartfaserplatte

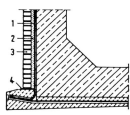

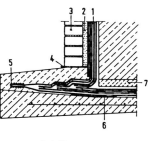

*Kehranschluß auf Mauer-
werk und Schalkasten*

Detail Schalkasten

1 Abdichtung
2 4 cm Mörtelfuge
3 1/2 Stein dicke Wand-
  schutzschicht
4 Gleitschicht
5 Kappe
6 Verstärkung
7 Schutzbeton

Rückläufiger Stoß

Detail

Bild 4.1-42
Abdichtungsübergänge Sohle/
Wand mit Arbeitsraum

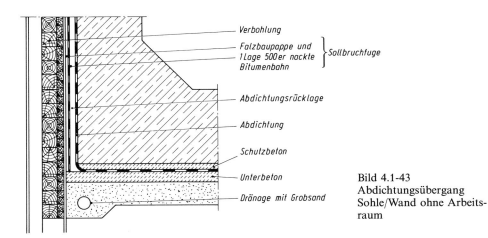

Verbohlung

Falzbaupappe und
1 Lage 500er nackte
Bitumenbahn } Sollbruchfuge

Abdichtungsrücklage

Abdichtung

Schutzbeton

Unterbeton

Dränage mit Grobsand

Bild 4.1-43
Abdichtungsübergang
Sohle/Wand ohne Arbeits-
raum

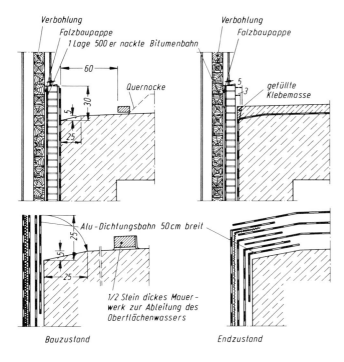

Bild 4.1-44
Abdichtungsübergang
Wand/Decke ohne Arbeitsraum nach [9]

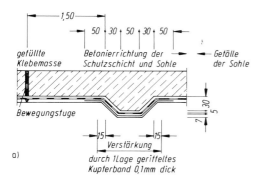

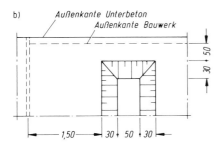

Bild 4.1-45   Sohlnocken nach [9]
a) Längsschnitt, b) Draufsicht Unterbeton

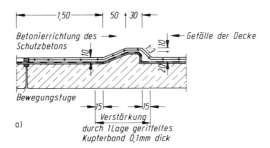

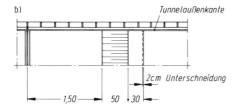

Bild 4.1-46   Deckennocken nach [9]
a) Längsschnitt, b) Deckendraufsicht (ohne Schutzbeton). (Tunnelaußenkante: Bei Wandabdichtungen ohne Arbeitsraum muß die Deckennocke 60 cm vor der Abdichtungsrücklage enden)

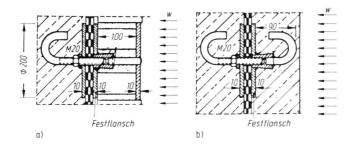

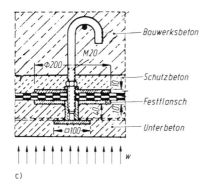

Bild 4.1-47
Telleranker (w Wasserdruck)
a) Mit gemauerter Wandrücklage, b) mit Wandrücklage aus Beton, c) Verankerung im Unterbeton

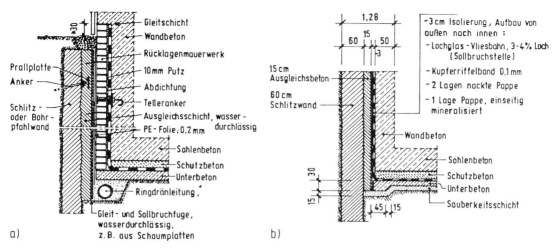

Bild 4.1-48   Ausbildung einer Sollbruchstelle zwischen Verbauwand und Bauwerk nach [11]
a) Setzungsunterschiede > 5 mm, b) Setzungsunterschiede ≦ 5 mm
(Berichtigung: statt „Isolierung" muß es heißen „Abdichtung")

Die Abdichtung im Bereich von Dehnfugen ist entsprechend den zu erwartenden Fugenbewegungen in Längs- und/oder Querrichtung zu verstärken. Die Fuge sollte hierbei mindestens 30 cm von Ecken oder Kanten entfernt angeordnet werden (Bilder 4.1-49, 4.1-50).

Das Ende einer Abdichtung muß gesichert werden. Diese Maßnahme wird als Verwahrung bezeichnet. Im Druckwasserbereich kommt hierfür nur eine mechanische Befestigung in Form einer Los- und Festflanschkonstruktion infrage (Bild 4.1-51).

Durchdringungen der Abdichtung können notwendig werden für Rohrleitungen, Kabeldurchführungen, verbleibende Mittelbohrträger oder für Absenkungsbrunnen, die erst nach Fertigstellung des Bauwerkes entfernt werden können. Der Anschluß erfolgt normalerweise über Los- und Festflanschkonstruktionen (Bild 4.1-52, 4.1-53).

Wenn von außen abgedichtete Bauwerke mit solchen aus wasserundurchlässigem Beton verbunden werden sollen, werden Übergangskonstruktionen erforderlich. Im Regelfall ist das Bauwerk mit Außendichtung bereits fertiggestellt, wenn das nachfolgende Bauwerk aus wu-Beton angeschlossen wird. Hierzu wird die Abdichtung etwa 1 bis 2 m über die Fuge hinausgeführt und mit einer Los-/Festflanschkonstruktion im wu-Beton verwahrt. Bei dieser Lösung liegt der Festflansch im Sohlbereich außen und im Wand- sowie Deckenbereich im Bauwerksbeton. Der Wechsel in der Lage der Festflansche sollte, wenn möglich, vermieden werden, da mit dieser Bauweise Risiken verbunden sind.

Eine sichere Methode zur Verbindung beider Abdichtungssysteme ist möglich, wenn man die erforderliche Los-/Festflanschkonstruktion in die Bauwerksstirnseiten verlegt. Die Bilder 4.1-54 und 4.1-55 zeigen eine solche Lösung für die Bauwerkssohle, wobei im ersten Fall das abgedichtete Bauwerk zuerst erstellt wurde und im zweiten Fall das Bauwerk aus wu-Beton.

a)

Größe der Bewegung			Verstärkung*		Fugenkammern in waagerechten oder schwach geneigten Flächen
Senkrecht zur Abdichtungsebene mm	Parallel zur Abdichtungsebene mm	zusammengesetzt mm	Anzahl	Breite mm	
$\leqq 10$ – –	– $\leqq 10$ –	– – $\leqq 10$	2	300	–
$\leqq 20$ – –	– $\leqq 20$ –	– – $\leqq 15$	2		
$\leqq 30$ – –	– $\leqq 30$ –	– – $\leqq 20$	3	500	100 mm breit, 50 mm tief
$\leqq 40$ – –	– – –	– – $\leqq 25$	4		

* z. B.: – Kupferriffelband $d \geq 0,2$ mm
        – Edelstahlband $d \geq 0,05$ mm
        – Kunststoffdichtungsbahn $d \geq 1,5$ mm

        für Fugentyp I (für langsam ablaufende einmalige oder selten sich wiederholende Bewegungen) bei drückendem Außenwasser

b)

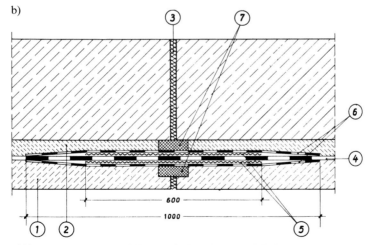

Bild 4.1-49   Fugenausbildung bei bituminöser Abdichtung nach DIN 18195 und [11]
a) Abdichtungsverstärkungen über Bauwerksfugen,
b) Fugenverstärkungen im Sohlbereich – ① Unterbeton, ② Schutzbeton, ③ Bauwerksfuge,
④ Abdichtung, ⑤ Kupferriffelbänder 0,2 mm, ⑥ Schutzbahnen, ⑦ Fugenkammer
50 × 100 mm

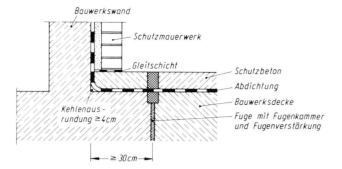

Bild 4.1-50
Lage einer Dehnfuge
bei einer
einspringenden Ecke

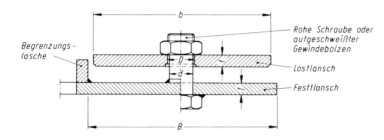

Bild 4.1-51
System einer
Los-/Festflansch-
konstruktion

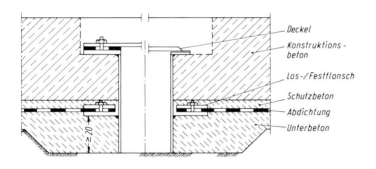

Bild 4.1-52
Brunnentopf mit
verschraubtem oder
verschweißtem Deckel

4.1.7.4   Kunststoffabdichtungen

Als Kunststoffabdichtung werden solche Systeme bezeichnet, die ohne jeden bituminösen Stoff arbeiten. Bei den offenen Tunnelbauweisen sind bislang im wesentlichen PVC-
Weich-Bahnen erfolgreich eingesetzt worden. Die Bahnen werden einlagig lose verlegt
und erhalten beidseitig Kunststoffbahnen oder -tafeln zum Schutz gegen mechanische
Beschädigung. Lose Verlegung bedeutet hierbei, daß auf eine vollflächige Verbindung von
Dichtung und Bauteil verzichtet wird. Die Bahnen werden im Regelfall nur an den Wänden stellenweise mechanisch befestigt oder aufgeklebt. Dieses System wird jedoch in der
DIN 18195 bei Verwendung gegen drückendes Wasser gemäß Teil 6 der DIN nicht ge-
normt. Für diese Ausführungsform liegen für einzelne Produkte bauaufsichtliche Zulas-
sungsbescheide vom Institut für Bautechnik vor.

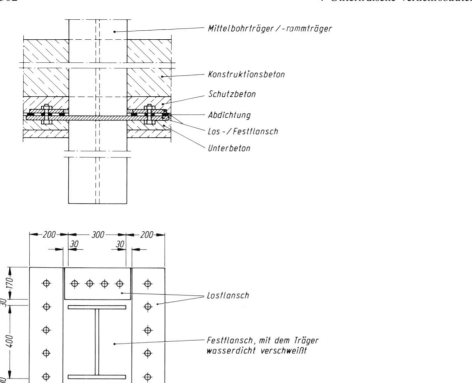

Bild 4.1-53   Durchdringung der Abdichtung bei einem
Mittelbohr- oder Mittelrammträger

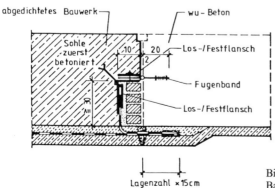

Bild 4.1-54   Übergang von abgedichtetem
Bauwerk zum wu-Beton bei einer Sohle

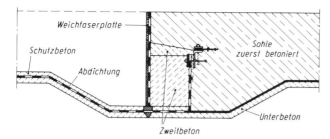

Bild 4.1-55 Übergang von wu-Beton auf ein abgedichtetes Bauwerk bei einer Sohle

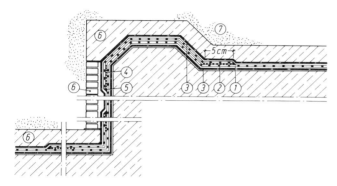

Bild 4.1-56 Kunststoffabdichtung im Bereich von Sohlen, Wänden und Decken einschließlich Deckennocken (System Dynamit Nobel). ① PVC weich-Abdichtungsbahn d ≥ 1,5 mm, ② PVC weich-Abdichtungsbahn als Verstärkung d ≥ 1,5 mm, ③ PVC Schutzbahn – wahlweise gerippt, ④ Naht-5 cm breit-Warmgas- oder Quellschweißung, ⑤ Nahtsicherung, ⑥ Schutzmauerwerk oder Schutzbeton als feste Schutzschicht, ⑦ Füllboden

Im Grundbautaschenbuch [13] werden lose verlegte PVC-Weich-Bahnen auch im Druckwasserbereich als Abdichtungssystem empfohlen.

PVC-Kunststoffbahnen können auf feuchtem Untergrund verlegt werden. Sie benötigen eine Einbettung, aber keine Einpressung. Die Bahnen haben im Tunnelbau eine Dicke von 1,5 bis 2,0 mm und werden in den Nähten auf der Baustelle mit Warmgas oder Quellschweißmitteln wasserdicht verbunden. Die Anzahl der Baustellennähte sollte so klein wie möglich gehalten werden, da Werkstattnähte sicherer ausgeführt werden können. Mineralische Schutzschichten wie bei bituminösen Abdichtungen sind auch bei Kunststoffabdichtungen erforderlich. Die erwähnten Schutzbahnen oder -tafeln sind keine eigentlichen Schutzschichten.

4.1.8 Bauwerke aus wasserundurchlässigem Beton

4.1.8.1 Allgemeine Hinweise

Als Alternative zu Bauweisen mit druckwasserhaltenden Abdichtungen gewinnt seit Anfang der 60er Jahre die Verwendung von wasserundurchlässigem Beton immer mehr an Bedeutung.

Die notwendigen Voraussetzungen hierfür sind:

– das Grundwasser darf nicht betonaggressiv sein,
– Rezeptur, Herstellung, Einbau und Nachbehandlung des Betons
  müssen auf wu-Beton abgestimmt sein,
– die Abdichtung wasserdurchlässiger Risse muß möglich sein,
– die Breiten durchgehender Risse sind zu beschränken,
– Arbeits- und Dehnfugen müssen wasserdicht hergestellt werden.

Diese Bauweise hat im wesentlichen folgende Vorteile:

– Senkung der Herstellkosten,
– Verkürzung der Bauzeit,
– Minderung der Unfallgefahr durch Verzicht auf feuergefährliche Materialien;
– Die einfachere Sanierung von Undichtigkeiten, da Schadstelle und
  Wasseraustrittstelle identisch sind.
– Unabhängigkeit von der Lebensdauer der Abdichtungen.

4.1.8.2 *Wasserundurchlässigkeit beim Baustoff Beton*

Als Maß für die Wasserundurchlässigkeit des Betons gilt die Wassereindringtiefe nach
DIN 1048, die bei einem Prüfdruck von 7 bar oder 70 m Wassersäule festgestellt wird.
Nach DIN 1045 wird ein Beton als wasserundurchlässig bezeichnet, wenn die Wassereindringtiefe bei 3 Proben i. M. höchstens 50 mm ist. Bei der Herstellung darf der Wasserzementwert einen Wert von 0,6 bei Bauteilen mit einer Dicke von 10 bis 40 cm nicht überschreiten.

Den entscheidenden Einfluß des Wasserzementwertes und die Zusammenhänge von Wasserzementwert, Hydratationsgrad und Durchlässigkeit zeigt Bild 4.1-57. Bild 4.1-58 verknüpft
die Größen Wassereindringtiefe, Wasserdurchlässigkeit und Feuchtigkeitsdurchgang miteinander.

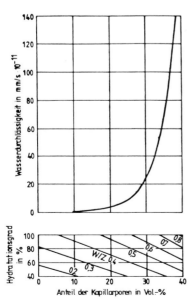

Bild 4.1-57 Wasserdurchlässigkeit von Zementstein
in Abhängigkeit von Kapillarporosität und Wasserzementwert nach T. C. POWERS [14]

Wassereindringtiefe e_w	Wasserdurchlässigkeit K	Durchgang von Feuchtigkeit Q [1]
mm	$\dfrac{mm}{s} \cdot 10^{-10}$	$\dfrac{g}{m^2 d}$
0	0	3,3
20	0,13	4,0
30	0,22	4,4
50	0,41	5,7 [2]
90	2,00	13,3
100	3,20	20,0

Bild 4.1-58   Zuordnung von Wassereindringtiefe, Wasserdurchlässigkeit und Durchgang von Feuchtigkeit nach KLOPFER [16]

[1] Bei 20 °C Raumtemperatur und 50 % relativer Luftfeuchte

besteht bis zu einem Feuchtigkeitsdurchgang von 80 $\dfrac{g}{m^2 \cdot d}$

(Gramm pro Quadratmeter und Tag) Gleichgewicht zwischen einströmendem Wasser und innerer Wasserdampfdiffusion

[2] Grenze für wu-Beton

Bei der Diskussion, wie trocken ein Tunnelbauwerk sein sollte, gibt es keine einheitlichen Vorstellungen. Teilweise wird auch heute noch – unnötigerweise – der staubtrockene Tunnel verlangt. Der Arbeitskreis des Unterausschusses U-Bahn-Bau des Deutschen Städtetages hat den Städten, die U-Bahnen bauen, die Empfehlung gemäß Bild 4.1-59 gegeben. Es wird jedoch angestrebt, dem U-Bahn-Tunnel einen geringeren Dichtigkeitsgrad zuzuordnen.

Dichtigkeitsgrad	Feuchtigkeitsmerkmale	Verwendungszweck des unterirdischen Hohlraumbaues	Leckwassermenge $g/m^2 d$
1	vollständig trocken	Lager-, Aufenthaltsräume	< 1
2	weitgehend trocken	U-Bahn-Tunnel	< 10
3	kapillare Durchfeuchtung	Straßen- und Fußgängertunnel	< 100
4	schwaches Tropfwasser	Eisenbahntunnel	< 500
5	Tropfwasser	Abwasserstollen	< 1000

Bild 4.1-59   Durchfeuchtungskriterien (Leckwassermenge: Gramm pro Quadratmeter und Tag)

4.1.8.3 Bemessungsgrundsätze

Bei der Bemessung von Bauteilen aus wu-Beton ist auch auf das Rissegeschehen infolge von Biegebeanspruchungen Rücksicht zu nehmen, seien es Risse infolge äußerer Lasten oder Zwang. Kennzeichen eines reinen Biegerisses ist, daß er auf einen Teil der Biegezugzone beschränkt bleibt. Hierbei kann die Rißweite durch den Bewehrungsgehalt und die Bewehrungsabmessungen gesteuert werden. Die erforderlichen Nachweise sind nach DIN 1045 Abschnitt 17.6 zu führen.

Zusätzlich ist in der Regel für den Gebrauchszustand nachzuweisen, daß die Betondruckzone im Zustand II mindestens 10 cm dick ist. Dieser Mindestwert ist derzeit noch umstritten und wird in [11] mit 15 cm empfohlen.

Unter Berücksichtigung einer Mindestdruckzone von 10 cm Dicke ergibt sich für Bauwerkssohlen und -decken etwa eine Mindestdicke von 30 cm. Dieses Maß sollte auch bei Bauwerkswänden allein wegen der Einbringung der Betonierrohre bzw. Pumpschläuche nicht unterschritten, sondern überschritten werden.

Als Mindestbetondeckung werden in [1] 4 cm für die erdberührten Bauwerksseiten und 3 cm für die Luftseiten vorgeschlagen. Ansonsten sind auch hier die Forderungen der DIN 1045, Tabelle 10 einzuhalten. Bei der Festlegung der Mindestbewehrungssätze vor allem quer zur Tragrichtung sollten Zwängungen besonders berücksichtigt werden. In [1] werden bei Bauteildicken bis 55 cm in einem Bereich von 1,50 m über oder unter erhärteten Betonteilen 0,2 % von A_b je Seite angegeben. Erfahrungen im Tunnelbau haben gezeigt, daß eine Mindestbewehrung von 0,5 % eines ca. 10 bis 20 cm dicken Wand- bzw. Deckenanteiles je Seite zur Abdeckung von normalen Zwängungen ausreichend ist. Beim U-Bahn-Bau in München hat sich für einen Dehnungsfugenabstand von 10 m und Wanddicken von 40 cm ein Bewehrungsprozentsatz von 0,2 % bewährt.

Weitergehende Angaben zur Belastung, den Berechnungsverfahren und zur Bemessung sind dem Abschnitt 4.1.9 zu entnehmen.

4.1.8.4 Verminderung von Zwängungen

Beim Konstruieren mit wu-Beton sollten Zwängungen, d. h. Behinderungen von Verformungen infolge von Hydratations- und Schwindprozessen so gering wie mit vernünftigem Aufwand möglich gehalten werden. Dies betrifft Sohlen, Wände und Decken von Stahlbetonbauwerken.

Beanspruchungen infolge von Zwang bei großflächigen, fugenlos hergestellten Sohlplatten können durch bituminöse Gleitschichten oder Folien reduziert werden. Verschiebungshindernisse, wie unterschiedliche Höhenlagen im Sohlbereich oder örtliche Vertiefungen sollten vermieden werden. Lassen sich derartige Hindernisse nicht umgehen, sind Bewegungsfugen oder auch zusammendrückbare Polsterschichten anzuordnen (Bild 4.1-60).

Werden Wände auf bereits erhärteten Sohlplatten hergestellt, kommt es zu Verformungsbehinderungen mit den entsprechenden Zwängungen und Rissen wie bereits unter Abschnitt 4.1.4 und 4.1.5 erläutert.

Das unkontrollierte Aufreißen von Wänden kann durch die Anordnung von sogenannten Sollrißstellen vermieden werden. Unter einer Sollrißstelle versteht man die temporäre Schwächung des Wandquerschnittes über die gesamte Wandhöhe mit nachträglichem Ausbetonieren des Hohlraumes. Bild 4.1-61 zeigt mögliche Ausbildungen einer Sollrißstelle.

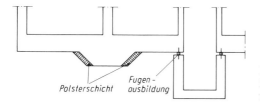

Bild 4.1-60   Maßnahmen zur Minderung von
Zwängungen infolge von Verschiebungshinder-
nissen

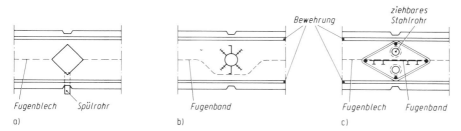

Bild 4.1-61   Mögliche Sollrißstelle in einer Bauwerkswand
a) Aussparungskörper aus Rippenstreckmetall
b) Aussparungskörper aus PVC-Dichtungsrohr mit Schweißlaschen
c) Aussparungskörper aus temporär gestütztem Rippenstreckmetall

4.1.8.5   *Ausbildung von Dehn- und Arbeitsfugen*

Die Wasserdichtigkeit von wu-Betonbauwerken hängt wesentlich von der Dichtigkeit
ihrer Fugen ab, seien es Arbeits- oder Dehnfugen. In einem Erfahrungsbericht über die
Anwendung von wu-Beton bei bergmännisch erstellten U-Bahn-Tunneln in München von
über 17 km Länge stellt KRISCHKE in [19] für die Wasserdurchlässigkeit fest, daß zwar eine
ausgeprägte Fehlersystematik nicht erkennbar ist, aber die Schadenshäufigkeit im Bereich
der Dehnfugen überwiegt. Die Konsequenzen dieser Erfahrungen für die Fugengestaltung
waren folgende Ausführungsgrundsätze:

– Dehnfugen sind in der Regel in Abständen von 10 m anzuordnen.
– Dehnfugen sind durch Kunstkautschukbänder mit anvulkanisierten Stahllaschen im Be-
   reich der Arbeitsfugen zu sichern und mit den Arbeitsfugenblechen zu verschweißen.
– Arbeitsfugen sind durch Arbeitsfugenbleche aus Bandstahl 250 × 1,5 mm zu dichten.
– Horizontale Dehnfugenbänder sind in abgeknickter Ausführung auszuwählen! (Bild
   4.1-64a.)

Arbeitsfugen und Dehnfugen müssen beim Bau mit wu-Beton druckwasserdicht mit
Metall- oder Kunststoffeinlagen versehen werden. Dies erfordert, daß der mögliche Um-
laufweg wasserundurchlässig ist und Bewegungen in der Fuge schadlos aufzunehmen
sind.

Für die Sicherung von Arbeitsfugen, in denen keine Bewegungen zu erwarten sind,
eignen sich Blechstreifen mit den Mindestabmessungen von 250 × 1 mm. Die Anordnung
der Bleche erfolgt entsprechend Bild 4.1-62.

Arbeitsfugen mit beschränkter Bewegungsmöglichkeit bis ca. 5 mm können durch
Kunststoffbänder aus Kunstkautschuk oder PVC ohne Mittelschlauch gedichtet werden.
Fugenbänder mit Mittelschlauch aus Kunstkautschuk oder PVC werden für die Abdich-

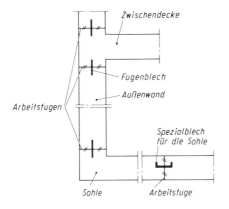

Bild 4.1-62   Anordnung von Fugenblechen in Arbeitsfugen von Wand und Sohle

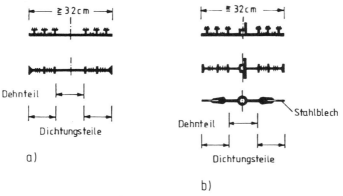

Bild 4.1-63   Fugenbänder
a) Arbeitsfugenbänder ohne Mittelschlauch
b) Dehnungsfugenbänder mit Mittelschlauch

tung von Dehnungsfugen mit planmäßigen Bewegungen verwendet. Die Breite dieser Bänder sollte ≥ 320 mm sein für die bei unterirdischen Verkehrsbauten üblichen Beton-abmessungen (Bild 4.1-63).

Dehnungsfugenbänder lassen sich innenliegend oder außenliegend anordnen. Außen-liegende Bänder können bei dünnen Platten zweckmäßig sein. Hierbei muß jedoch beson-ders auf die Sauberkeit des Bandes geachtet werden und darauf, daß die Nocken nicht von der Bewehrung plattgedrückt werden. Bei dickeren Sohlplatten und in geschlossenen Querschnitten (Tunnel) verwendet man besser innenliegende Fugenbänder (Bild 4.1-64).

Sind in Sohl- oder Deckenplatten Querkraftgelenke erforderlich, dann wird das Fugen-band gemäß Bild 4.1-65 eingebaut.

Kreuzungen von Fugenblechen können auf der Baustelle geschweißt oder geklemmt werden. Dagegen sollten Kreuzungen von Fugenbändern werksmäßig gefertigt werden. Kreuzungen von Fugenblechen und Fugenbändern können wiederum auf der Baustelle geschweißt oder geklemmt angefertigt werden (Bild 4.1-66).

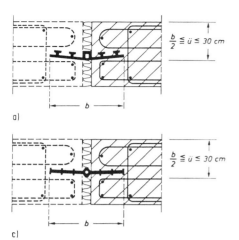

a)

$\frac{b}{2} \leqq \ddot{u} \leq 30\ cm$

b

c)

$\frac{b}{2} \leq \ddot{u} \leq 30\ cm$

b

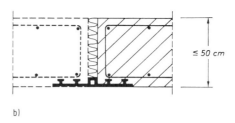

b)

$\leq 50\ cm$

Bild 4.1-64   Mögliche Anordnung von Dehnfugenbändern

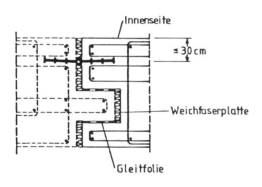

Innenseite

$\leq 30\ cm$

Weichfaserplatte

Gleitfolie

Bild 4.1-65   Fugenbandlage bei einer querkraftübertragenden Dehnungsfuge

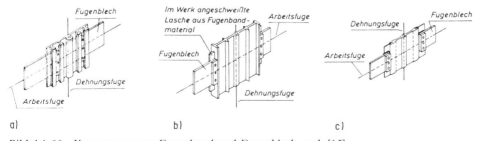

a)

b)

c)

Bild 4.1-66   Kreuzungen von Fugenband und Fugenblech nach [15]
a) sogenanntes Außenband innenliegend angeordnet
b) innenliegendes Fugenband mit Kunststofflaschen
c) innenliegendes Fugenband mit Stahllaschen

Die Fugenbreiten betragen bei unterirdischen Verkehrsbauten üblicherweise 20 mm und in Ausnahmefällen bis zu 30 mm. Die Angabe zur Fugenbreite in der DIN 1045 Abschn. 14.4.2 ($a/1000$; wobei a den Dehnfugenabstand bedeutet) bezieht sich auf Hochbauten, womit Längenänderungen wegen Temperaturerhöhungen im Brandfall abgedeckt werden sollen.

Als Fugeneinlagen kommen fäulnisbeständige Weichfaser- oder Schaumplatten zum Einsatz. Ihre Aufgabe ist es, die Bildung von Betonbrücken beim Betonieren und das spätere Zusetzen der Fugen mit Fremdstoffen zu verhindern.

4.1.9 Belastungen, Berechnungsverfahren und Bemessung

4.1.9.1 Belastungen

Unterirdische Verkehrsbauwerke werden entsprechend den Angaben in [1] im wesentlichen belastet durch:

- Eigengewichte des Bauwerkes;
- Verkehrslasten infolge von Straßen- und/oder Schienenverkehr;
- Vertikale Erddrücke infolge Überschüttung, Verkehrs- und Gebäudelasten;
- Horizontale Erddrücke infolge Bodeneigengewicht, Verkehrs- und Gebäudelasten sowie Verdichtungsdruck bei eventuell vorhandenen Arbeitsräumen;
- Sonderlasten bzw. Lastzustände infolge von Rückbauzuständen, einseitige Bauwerksabgrabung, Setzungsunterschieden, Anprallasten, Schwinden und Kriechen.

Das Eigengewicht eines Bauwerkes wird mit den Kennwerten nach DIN 1055 Blatt 1 ermittelt. Auflasten infolge Überschüttung und Straßendecken können nach Blatt 2 dieser Norm bestimmt werden, wenn keine besonderen Angaben vorliegen.

Liegen im Bereich der Bauwerksdecke Fundamente oder Gründungssohlen, so kann eine Lastverteilung nach der Theorie des elastischen Halbraumes vorgenommen werden. Näherungsweise darf bei unbehinderter Druckausbreitung eine gleichmäßig verteilte Ersatzlast angesetzt werden. Die Lastausbreitung erfolgt unter einem Winkel von $45° \leqq \alpha \leqq 60°$ gegen die Horizontale, wobei der ungünstigere Fall zu berücksichtigen ist (Bild 4.1-67).

Verkehrslasten infolge Straßen- oder Schienenverkehr sind nach DIN 1072 (Straßenfahrzeuge), DS 804 [20] der Deutschen Bundesbahn oder den Vorschriften örtlicher Verkehrsbetriebe für U- und Straßenbahnen zu erfassen. Für Militärfahrzeuge gelten besondere Vorschriften. Bei Überschüttungshöhen $h_\ddot{u} > 0,80$ m können für Straßenfahrzeuge Ersatzlasten nach B0 Strab [21] entsprechend Bild 4.1-68 verwendet werden.

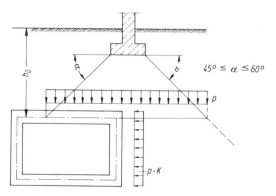

Bild 4.1-67   Näherungsansatz für Lasten infolge von Fundamenten

Überschüttungs-höhe $h_ü$ (m)	0,80	1,00	1,50	2,00	2,50	3,00	3,50	4,00	4,50
Ersatzlast $\varphi \cdot p$ (kN/m²)	33,0	29,5	23,0	19,0	16,0	14,0	12,0	11,0	10,0

Bild 4.1-68   Ersatzlasten für den SLW 60 einschließlich Schwing-beiwert nach der Theorie der elastischen Druckausbreitung

Horizontale Erddrücke infolge Bodeneigengewicht sind hinsichtlich ihrer Größe und Verteilung nicht genau vorauszusagen. Sie bewegen sich zwischen den Grenzwerten des aktiven Erddruckes und des Erdruhedruckes. Beide Grenzfälle sind daher zu berücksichtigen. Als Mindesterddruckbeiwert ist $K_{ah} = 0,20$ anzusetzen. Der Erdruhedruck kann vereinfacht mit $K_o = 1 - \sin \varphi$ bestimmt werden. Weitflächige Verkehrslasten werden analog behandelt.

Steht hinter der Baugrubenwand Fels an, so kann der Felsdruck nach Bild 4.1-69 ermittelt werden, wobei die Neigung der Gleitfläche, der Reibungswinkel und die Breite des abgleitenden Felskeils im Baugrundgutachten vorgegeben werden muß.

Der Erdruhedruck aus Fundamentlasten kann ebenfalls nach der Theorie des elastischen Halbraumes berechnet werden. Gründungskörper, die unterhalb der in Bild 4.1-70 dargestellten Grenzlinie liegen, bleiben unberücksichtigt.

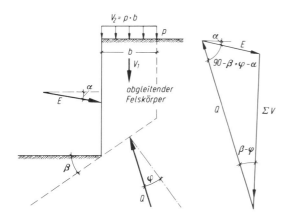

Bild 4.1-69
Felsdruck auf eine vertikale Wand
E: Abstützung der Wand in Richtung α
β: Neigung der Gleitfläche
φ: Neigung der Gleitflächenstützkraft
Reine Reibung in der Gleitfuge:
$$E = \Sigma V \cdot \frac{\sin (\beta - \varphi)}{\cos (\beta - \varphi + \alpha)}$$

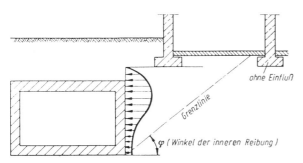

Bild 4.1-70
Erdruhedruck infolge von Fundamentlasten

Ausführliche Angaben zur Ermittlung und Verteilung von Erddrücken sind in [4] und [13] gemacht oder der dort angegebenen Literatur zu entnehmen.

Die Größe des rechnerischen Wasserdruckes wird durch den höchsten Grundwasserstand einschließlich eines möglichen Staus und eines Sicherheitszuschlages bestimmt. Der Lastfall „Entfall des Wasserdruckes" ist ebenfalls zu berücksichtigen.

Die Auftriebssicherheit ist für den höchsten Grundwasserstand nachzuweisen. Der Sicherheitsbeiwert muß nach DIN 1054 für den Endzustand als auch in Bauzuständen ohne Berücksichtigung einer Wandreibung $\eta_A = 1,1$ betragen, wobei er in Ausnahmefällen auf $\eta_A = 1,05$ reduziert werden kann.

4.1.9.2 Berechnungsverfahren

Tunnelbauwerke werden als ein- oder mehrgeschossige, geschlossene oder offene, biegesteife Rahmen in ein- oder mehrzelliger Form ausgeführt. Dementsprechend können sie als ebene Rahmen mit Hilfe der Stabstatik berechnet werden. Nur in Sonderfällen werden räumliche Systeme untersucht oder FE-Methoden eingesetzt. Normalerweise haben derartige Bauwerke geschlossene Sohlen und sind somit flächenhaft gegründet. Da die Bauwerkslasten in der Regel geringer sind als die Entlastung der Gründungssohle durch den Bodenaushub, ergeben sich keine Schwierigkeiten beim Nachweis von Bodenpressungen.

Schwieriger ist es, eine Aussage über den Verlauf der Bodenpressungen zu machen. In der Praxis werden die im Abschnitt 2.2 genannten Verfahren angewandt: Spannungstrapez-, Bettungsmodul-, Steifemodulverfahren.

Für die Sohldruckverteilung bei nichtbindigen Böden können die im Bild 4.1-71 angegebenen Vereinfachungen angenommen werden. Der Wasserdruck in der Sohlfuge ist gesondert zu berücksichtigen.

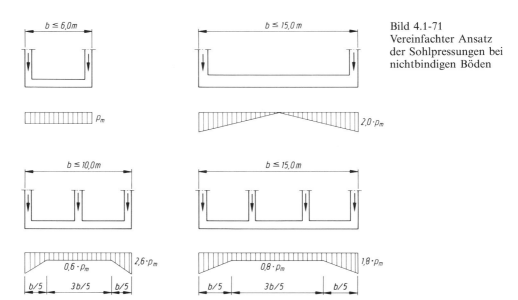

Bild 4.1-71
Vereinfachter Ansatz der Sohlpressungen bei nichtbindigen Böden

4.1.9.3 Bemessung

Die Bemessung der Beton- und Stahlbetonbauteile ist in Abhängigkeit von der anstehenden Überschüttungshöhe durchzuführen. In Bereichen mit Überschüttungshöhen von 1,50 m und mehr darf entsprechend [1] nach DIN 1045 für überwiegend ruhende Belastung bemessen werden. Bei Überschüttungshöhen kleiner als 1,50 m sind zusätzlich die Vorschriften der DIN 1075 für die Deckenplatten einschließlich ihrer Einspannstellen zu beachten. Als Überschüttungshöhe gilt das Maß von Oberkante Gelände bis zur Achse der Deckenplatte.

Bei überwiegend auf Biegung beanspruchten Bauteilen ist in [1] empfohlen, die Schnittkräfte infolge von Bauzuständen mit einem Sicherheitsbeiwert von $v = 1,50$ anstatt $v = 1,75$ zu berücksichtigen. Rahmenecken sind für das Anschnittsmoment gemäß Bild 4.1-72 zu bemessen. Hierbei ist das für den idealisierten Rahmen (mit konstantem Trägheitsmoment auch im Eckbereich) ermittelte Eckmoment im Verhältnis der Quadrate von lichter Weite und Stützweite abzumindern und die von der Rahmenecke ausgehende Momentenlinie entsprechend dem reduzierten Anschnittsmoment parallel zu verschieben. Statt dessen kann das Anschnittmoment auch genauer ermittelt werden, z. B. durch Ansatz höherer Biegesteifigkeit im Bereich der Rahmenecke.

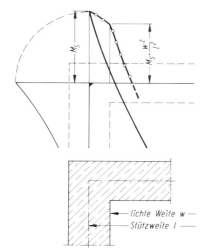

Bild 4.1-72   Bemessungsmoment bei einer Rahmenecke

Als Mindestbewehrung wird in [1] für Bauwerksaußenwände, -decken und -sohlen bei Konstruktionsdicken bis 55 cm ein Querschnitt von $A_s = 0,1\% A_b$ je Seite und Richtung empfohlen. Bei größeren Abmessungen sollen mindestens Stäbe mit Durchmesser 12 mm im Abstand von 20 cm je Seite und Richtung eingelegt werden.

Ergibt sich nach DIN 1045 Tabelle 10 keine größere Betondeckung, so sind nach [1] folgende Mindestwerte für Bauteile mit Außenabdichtung einzuhalten:

– Innen und außen 3 cm, wenn die Abdichtung nachträglich aufgebracht wird oder gegen eine geschützte Abdichtung betoniert wird.
– Innen 3 cm und außen 5 cm, sofern gegen eine ungeschützte Abdichtung betoniert wird.
– 4 cm bei Bauteilen, die ein Schotterbett begrenzen.

Weitere Bemessungshinweise bei Verwendung von wu-Beton sind im Abschnitt 4.1.8.3 angegeben.

Literatur zu Abschnitt 4.1

[1] Empfehlungen zur Berechnung und Konstruktion von Tunnelbauten (Ausführung in offener Bauweise). Herausgegeben vom Arbeitskreis „Tunnelbau" der Deutschen Gesellschaft für Erd- und Grundbau e. V. Essen. Die Bautechnik 1978, Heft 9

[2] Tunnelbauten in offener Baugrube. Tunnelbau 1982, Teil D, S. 107 ff. Verlag Glückauf GmbH, Essen

[3] BEHREND, J.: Erfahrungen über die Wand-Sohle-Bauweise. Tunnelbau 1984. Verlag Glückauf GmbH, Essen

[4] Empfehlungen des Arbeitskreises „Baugruben". Verlag Ernst & Sohn, Berlin/München

[5] MANDEL/WAGNER: Verkehrstunnelbau Band I, Verlag Ernst & Sohn, Berlin/München

[6] SMEELE, TH. J.: Der Schalentunnel – ein neues Bauverfahren mit vorgefertigten Teilen beim U-Bahn-Bau in Rotterdam. Forschung + Praxis, Heft 23. Alba-Buchverlag, Düsseldorf

[7] FALKNER, H.: Fugenlose und wasserundurchlässige Stahlbetonbauten ohne zusätzliche Abdichtung. Vorträge Betontag 1983, deutscher Beton-Verein e. V.

[8] DS 835 der Deutschen Bundesbahn, Vorschrift für die Abdichtung von Ingenieurbauwerken (AIB) Ausgabe 1/82

[9] EMIG, K.-F.: Abdichtung von Tunnelbauten in offener Baugrube. Tunnelbau 1978, Teil D. Verlag Glückauf GmbH, Essen

[10] HAACK, A.: Bauwerksabdichtung – Hinweise für Konstrukteure, Architekten und Bauleiter. Bauingenieur 57 (1982) 407–412.

[11] BRAUN, E./THUN, D.: Abdichten von Bauwerken. Betonkalender 1984, Teil 2, Ernst & Sohn Verlag für Architektur und technische Wissenschaften Berlin

[12] EMIG, K.-F.: Abdichtung von Tunnelbauten in offener Baugrube. Tunnelbau 1980, Teil D. Verlag Glückauf GmbH, Essen

[13] Grundbau-Taschenbuch, 3. Aufl., Teil 1 (Tabelle 3, Seite 548), Verlag W. Ernst & Sohn, Berlin – München – Düsseldorf

[14] T. C. POWERS, T. L. BROWNYARD: Studies of the Physical Properties of Hardened Portland Cement Paste, Part 2, Studies of Water Fixation, Proc. Amer. Concr. Institute 43 1946/47, S. 249–336

[15] GRUBE, H.: Wasserundurchlässige Bauwerke aus Beton. Otto-Elsner Verlagsgesellschaft, Darmstadt 1982

[16] KLOPFER, H.: Wassertransport durch Diffusion in Feststoffen. Bauverlag, Wiesbaden und Berlin 1974

[17] BEHREND, J.: Besonderheiten der Schlitzwandbauweise: Fehlerprüfmethoden, Deckel- und Fertigteilbauweisen. Forschung + Praxis, Heft 23. Alba-Buchverlag, Düsseldorf

[18] WISCHERS, G., DAHMS, J.: Untersuchungen zur Beherrschung von Temperaturrissen in Brückenwiderlagern durch Raum- und Scheinfugen, beton (1968), H. 11, S. 439–442, H. 12, S. 483–490

[19] KRISCHKE, A.: Wasserundurchlässiger Beton bei bergmännisch erstellten Tunneln. Tunnelbau 1983, Teil G. Verlag Glückauf GmbH, Essen

[20] DS 804 der Deutschen Bundesbahn, Vorschrift für Eisenbahnbrücken und sonstige Bauwerke, Ausgabe 1/83 (VEI)

[21] B0 Strab, Richtlinien für Tunnelbauten nach der Verordnung über den Bau und Betrieb der Straßenbahnen 1971, Verkehrs- und Wirtschafts-Verlag Dr. Borgmann, Dortmund

[22] GRUBE, H.: Unterwasserbeton, Zement-Taschenbuch 1979/80, S. 423–451

[23] RADOMSKI, H. u. MAYER, G.: Auftriebssicherung durch Sohlverankerung. Geotechnik 1982, Heft 2, S. 61–66

[24] WEISSENBACH, A.: Empfehlungen des Arbeitskreises „Baugruben" der DGEG, Bautechnik 1984, Heft 8, S. 257–264

[25] KLUCKERT, K. D.: Ungewöhnliche Gründung und Auftriebssicherung eines Abwasser-Pumpwerkes in Viersen, Bauing. 55 (1980), S. 265–273

[26] TREDOPP, R. u. RÜCKEL, H.: Tiefgarage Rheingarten in Köln, Beton 1981, Heft 5, S. 159–166

[27] BOKEMEYER, R.: Tunnel Forst–Taktverfahren beim Tunnelbau in offener Bauweise. ibw Heft 2 (1986), S. 16–29

4.2 Deckelbauweise*)

4.2.1 Beschreibung und Anwendungsbereich

Bei der Erstellung von innerstädtischen unterirdischen Bauwerken sind in den letzten Jahren die zu beachtenden Rahmenbedingungen immer umfangreicher geworden. Hierzu gehören unter anderem:

– Verminderung der Verkehrsstörungen;
– Reduzierung der Beeinträchtigung der Anlieger;
– Rücksichtnahme auf die Grundwasserverhältnisse;
– Schonende Behandlung alter Bausubstanz.

Auf der Suche nach wirtschaftlichen Lösungen ist neben den geschlossenen Bauweisen, wie Schildvortrieb und bergmännischer Vortrieb, und den offenen Bauweisen eine halboffene Bauweise, die sogenannte „Deckelbauweise", entwickelt worden, die die genannten Bedingungen berücksichtigt.

Bei dieser Bauweise (Bild 4.2-1) werden zunächst die Baugrubenwände hergestellt, auf die in einem zweiten Arbeitsgang eine Decke – der diesem Bauverfahren den Namen gebende „Deckel" – abgesetzt wird. In einem dritten Arbeitsgang wird der Raum über dem Deckel verfüllt, die Verkehrsflächen werden wiederhergestellt und zur Benutzung freigegeben. Die weiteren Bauarbeiten, die meist mehrere Untergeschosse umfassen, werden unterirdisch im Schutze des Deckels ausgeführt, wobei die Ver- und Entsorgung der Baustelle über Schächte, Deckellücken oder Rampen erfolgt.

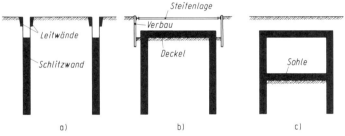

Bild 4.2-1   Typischer Bauablauf einer Deckelbauweise
a) Phase 1: Herstellung der Leitwände. Herstellung der Schlitzwände
b) Phase 2: Herstellung des Verbaus und Einbau der Steifenlage, Aushub bis UK Deckel. Herstellung des Deckels
c) Phase 3: Verfüllung der Baugrube. Rückbau des Verbaus. Wiederherstellung der Verkehrsfläche. Aushub im Schutze des Deckels. Einbau der Sohle

Die Deckelbauweise hat heute ein weites Anwendungsspektrum gefunden. Waren es ursprünglich im wesentlichen Verkehrstunnel für U-Bahnen, S-Bahnen und den Straßenverkehr, so sind die Ausführungen von großflächigen Bahnhöfen, Kreuzungsbauwerken, Tiefgaragen und selbst Geschäftshäusern mit mehreren Untergeschossen hinzugekommen.

Für die Bauweise spricht eine Reihe von Gesichtspunkten:

– Verringerung der Verkehrsstörungen;
– Witterungsunabhängiges Bauen untertage;
– Relativ kurze Beeinträchtigung der Anlieger;
– Geringerer Platzbedarf für die Durchführung der Baumaßnahme;
– Einsatzmöglichkeit auch als grundwasserschonende Bauweise;

---

*) Verfasser: UWE TIMM
   (s. a. Verzeichnis der Autoren, Seite V)

– Reduzierung bzw. Entfall von temporären Abstützungsmaßnahmen;
– Reduzierung von Setzungen im bebauten Randbereich bei Einsatz steifer Wände,
   temporärer Absteifungen, temporärer Verankerungen oder Zwischendecken;
– Reduzierung von Baugrundhebungen und nachträglichen Setzungen
   auch bei großflächigen Bauwerken durch geringere Zwischenentlastung des Bodens.

Andererseits sind auch Nachteile festzustellen:

– Schwierigere Ver- und Entsorgung der Baustelle über wenige Schächte oder Rampen;
– Längere unterirdische Transportwege;
– Erschwerte bzw. keine Kranhilfe untertage;
– Größerer technisch konstruktiver Aufwand.

Erstmalig wurde diese Bauweise im Jahre 1957 beim Bau der Untergrundbahn in Mailand angewendet. Als „Mailänder Bauweise" fand sie Eingang in die Literatur. Bild 4.2-2 zeigt das Bauschema einer Untergrundbahn nach VEDER [1]

Im Laufe der Zeit sind für die zwei Hauptbauelemente, die Wände und den Deckel, vielfache Varianten ausgeführt worden. Sie unterscheiden sich in der Herstellungsart, den Baustoffen, der Funktion und der Geometrie.

Folgende Wandtypen sind zum Einsatz genommen:

Schlitzwände: Ortbeton- oder Fertigteilwände als Bauhilfsmaßnahme, in das
                       Bauwerk integrierte Wände oder als dauerhafte Bauwerkswände
                       verwendet (siehe auch Abschn. 3.2).

Bohrpfahlwände: Überschnitten, tangierend, aufgelöst oder versetzt ausgebildet;
                       als Bauhilfsmaßnahme oder als in das Bauwerk integrierte Wand
                       eingesetzt (siehe auch Abschn. 3.1).

Spundwände: Gerammt, gerüttelt, gepreßt oder in Schlitze eingestellt als Bau-
                       hilfsmaßnahme oder als Bauwerkswand verwendet.

Bohrträgerwände: Als Bauhilfsmaßnahme eingesetzt.

Bei den Deckeltypen ist die Variationsbreite kaum geringer. Als Baustoffe wurden meist Stahlbeton oder Spannbeton, aber auch Stahl oder Gußstahl verwendet. Deckel wurden eben oder gekrümmt ausgebildet, in einem oder in mehreren Abschnitten hergestellt, sie wurden hoch- oder tiefliegend angeordnet.

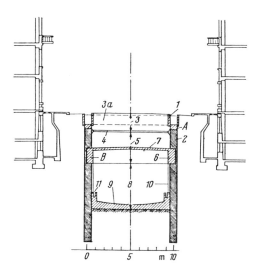

Bild 4.2-2   Bauschema einer Untergrundbahn nach [1]
1   Leitwände für die Herstellung der
     Schlitzwände
2   Widerlager Ortbeton-Schlitzwand mit
     oberem Verbindungsbalken (A)
3   erste Phase Aushub
3a   Träger für provisorische Fahrbahn
4   Aussteifung
5   zweite Phase Aushub
6   Aussparung für Auflager der Decken-
     balken
7   Decke aus Stahlbeton und Ausstei-
     fungsdruckbalken
8   unterirdischer Aushub
9   Sohle des Tunnelbauwerks
10   Seitenwandverkleidung
11   Kanal für verschiedene Leitungen

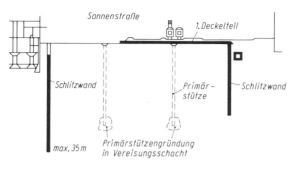

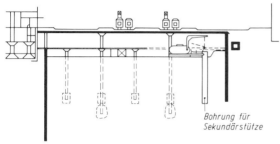

Bild 4.2-3   Primär- und Sekundärstützen beim Umbau des Karlsplatzes (Stachus) in München, Bauzeit 1966–1970, nach [2]

Ein weiteres Bauelement, die Innenstütze, hat den Anwendungsbereich der Deckelbauweise auf großflächige Objekte erweitert. Innenstützen werden als Primärstützen (für Deckel und Zwischendecken) oder Sekundärstützen (nur für Zwischendecken) verwendet (Bild 4.2-3).

Neben den Hauptbauelementen werden oftmals Hilfsmaßnahmen erforderlich. Liegt der Deckel in größerer Tiefe, wird im oberflächennahen Bereich ein Verbau erforderlich. Dieser Verbau kann in die Wand integriert sein oder seitlich der Außenwände angeordnet werden, er kann verankert oder ausgesteift sein (siehe Bild 3.2-30).

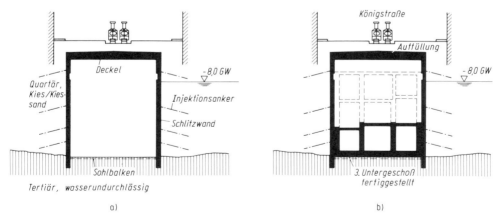

Bild 4.2-4   Zwei Bauphasen der U-Bahn Duisburg, Baulos 3, Bauzeit 1978–1980, nach [3]
a) Gesicherte und ausgehobene Baugrube
b) Herstellung des Bauwerkes von unten nach oben

Weist das Bauwerk mehrere Untergeschosse auf, werden Stützungsmaßnahmen für die Außenwände notwendig. Dazu dienen temporäre Anker oder Steifen, wenn das Bauwerk im Schutze des Deckels von unten nach oben gebaut wird (Bild 4.2-4).

Möglich ist jedoch auch eine sofortige dauerhafte Abstützung der Wände. In diesem Fall werden die Geschoßdecken zur Aussteifung herangezogen und das Bauwerk von oben nach unten erstellt (Bilder 4.2-3 und 4.2-5).

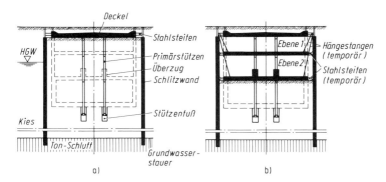

Bild 4.2-5   Zwei Bauphasen der U-Bahn Duisburg, Baulos 4, Bauzeit 1975–1979, nach [4]
a) Herstellung der Schlitzwände, Primärstützen und des Deckels. Freigabe der Verkehrsflächen
b) Herstellung des Bauwerks von oben nach unten

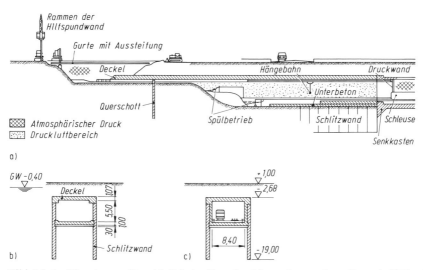

Bild 4.2-6   Einsatz von Druckluft beim Bau der Metro Amsterdam, Bauzeit 1971–1973, nach [5]
a) Bauablauf
b) Querschnitt Bauzustand
c) Querschnitt Endzustand

Auch für die schonende Behandlung des Grundwassers sind verschiedene Lösungen gefunden worden. In den Beispielen der Bilder 4.2-3, 4.2-4 und 4.2-5 binden die Außenwände in natürliche Grundwasserstauer ein, so daß sich die Wasserhaltungsmaßnahmen auf das Leerpumpen der Baugrube beschränken können und nur geringe Restwassermengen von außerhalb zu bewältigen sind. Künstlich erstellte Grundwasserstauer in Form von Dichtungsinjektionssohlen sind ebenfalls ausgeführt worden. Daneben wurden das Druckluftverfahren und Unterwasserbeton erfolgreich eingesetzt, wie die Bilder 4.2-6 bis 4.2-8 zeigen.

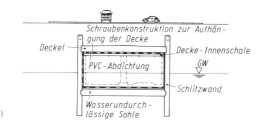

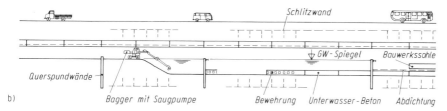

Bild 4.2-7 Einsatz von Unterwasserbeton beim Baulos 6/7 der U-Bahn Duisburg, Bauzeit 1979–1982, nach [6]
a) Querschnitt im Bauzustand
b) Bauablauf

Bild 4.2-8
Kombination von Deckelbauweise und Druckluft beim Baulos R3 der U-Bahn Köln, Bauzeit 1984–1986. Blick auf die Förderöffnung, Materialschleuse und Schutterzug (Werkfoto Bilfinger + Berger)

4.2.2 Deckelbauweise mit Schlitzwänden

Schon bei der erstmaligen Anwendung der Deckelbauweise in Mailand kamen Schlitzwände zum Einsatz. Sie haben sich für dieses Bauverfahren als vorteilhafte Lösung herausgestellt und sind seither am meisten eingesetzt worden.

Von Beginn der Entwicklung an war man bemüht, die Schlitzwände als dauerhafte
Bauelemente in das Bauwerk mit einzubeziehen. Dies führte in Bereichen ohne Grund-
wasserbeanspruchung zu einschaligen Bauweisen und bei Tunnellagen im Grundwasser
meist zu zweischaligen Bauweisen. Zweischalig bedeutet hierbei, daß die Bauwerkswände
durch eine (wasserundurchlässige bzw. abgedichtete) Innenwand und eine Außenwand
gebildet werden. Aufgrund verbesserter Schlitzwand- und Sanierungstechniken, geringe-

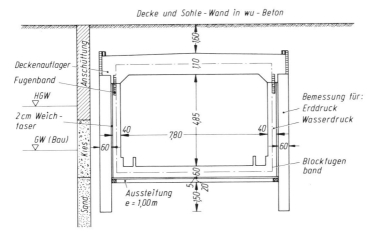

Bild 4.2-9   Querschnitt eines zweigleisigen Tunnels in zweischaliger Bauweise
der U-Bahn Köln, Baulos 34, Bauzeit 1968–1979, nach [7]

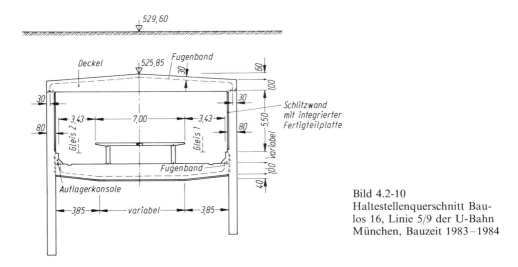

Bild 4.2-10
Haltestellenquerschnitt Bau-
los 16, Linie 5/9 der U-Bahn
München, Bauzeit 1983–1984

ren Ansprüchen an die Wasserdichtigkeit und die Gestaltung der Wände, sowie erhöhtem Kostendruck sind in den letzten Jahren einschalige Lösungen auch bei im Grundwasser liegenden Bauwerken ausgeführt worden.

Damit bieten sich folgende Lösungsmöglichkeiten an:

– zweischalige Bauweisen mit oder ohne Außenabdichtung der Innenschale
– einschalige Bauweisen in Ortbeton- oder in Fertigteilbauweise

Als Beispiele für zweischalige Bauweisen mit Außenabdichtung können u. a. die in Bild 4.2-4 und 4.2-5 dargestellten Baulose der U-Bahn Duisburg genannt werden. Heute wird bei der zweischaligen Bauweise jedoch anstatt einer Außenabdichtung meist wasserundurchlässiger Beton eingesetzt (Bild 4.2-9).

Einschalige Bauweisen mit Ortbetonschlitzwänden bei im Grundwasser liegenden Verkehrsbauten sind in größerem Umfang in München beim U-Bahnbau durchgeführt worden. Die Bahnsteighalle und der dreigleisige Ostast des Bauloses 16 der Linie 5/9 Bahnhof Friedenheimerstraße sind nach diesem Prinzip erstellt worden. Besonderheiten dieser Baumaßnahme sind der tiefliegende Deckel und der Einsatz von 4 cm dicken Fertigteilplatten, die in die Ortbetonschlitzwand integriert sind, so daß die Verblendungs- und Nacharbeiten an der Wand erheblich reduziert werden können. Der Deckel wird vor Herstellung der Sohle nur teilweise oder gar nicht verfüllt, so daß die Fläche entlang der Trasse während der Bauzeit dem Verkehr nicht zur Verfügung steht (Bild 4.2-10 und 4.2-11).

Vorreiter beim Einsatz von Fertigteilschlitzwänden waren Frankreich und die Schweiz. In der Bundesrepublik Deutschland sind Fertigteilschlitzwände im Zusammenhang mit der Deckelbauweise noch nicht verwendet worden. Als Beispiel sei ein Straßentunnel in Paris erwähnt (Bild 4.2-12).

4.2.3 Deckelbauweise mit Bohrpfahlwänden

Ein ähnlich steifes Tragelement wie die Schlitzwand stellt der Pfahl oder die Pfahlwand dar. Insofern liegt es nahe, auch Pfähle mit der Deckelbauweise zu kombinieren.

Die wasserdichte Ausführung von Pfahlwänden bei Vorhandensein von drückendem Grundwasser ist problematischer als bei Schlitzwänden. Selbst die überschnittene Bohrpfahlwand ist wegen ihrer zahlreichen vertikalen Arbeitsfugen nur bedingt, d. h. für die Bauzeit ausreichend wasserundurchlässig herzustellen. Aus diesem Grunde sind in solchen Fällen bislang wasserundurchlässige Innenwände angeordnet worden. Sind die Ansprüche an die Wasserdichtigkeit besonders hoch, empfiehlt es sich, zwischen Innenwand und Pfahlwand eine Abdichtung vorzusehen. Für Verkehrsbauwerke ist eine derartige Maßnahme jedoch nicht notwendig.

Bohrpfahlwände können überschnitten, tangierend, versetzt tangierend oder aufgelöst hergestellt werden, je nachdem wie das Anforderungspaket an die Wand aussieht. Für sämtliche vier Wandtypen werden im folgenden Beispiele gebracht.

Beim Baulos 25 der U-/Stadtbahn in Essen wurden für die Haltestelle und den südlichen Streckenast überschnittene Bohrpfähle $\varnothing$ 1,50 m bei einem Überschneidungsmaß von 0,15 m verwendet. Die Innenwände wurden direkt gegen die gereinigten Pfahlwände betoniert, wobei die Blocklänge etwa 10 m betrug. Undichtigkeiten an den Innenwänden haben sich nicht gezeigt (Bild 4.2-13 bis 4.2-15).

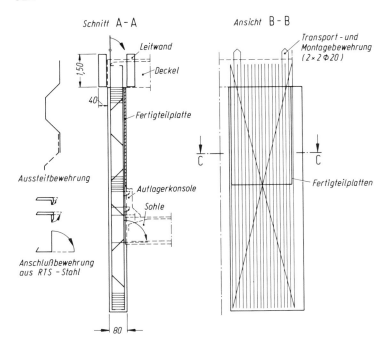

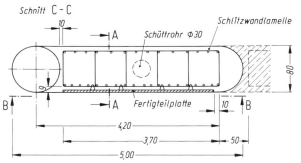

Bild 4.2-11   Details zur Schlitzwandlamellenbewehrung mit integrierten Fertigteilplatten, Baulos 16, Linie 5/9 der U-Bahn München

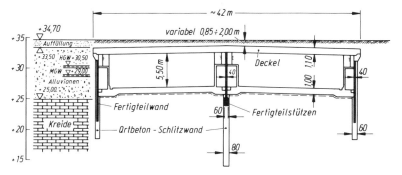

Bild 4.2-12   Querschnitt eines Straßentunnels in Paris, Bauzeit um 1972, nach [8]

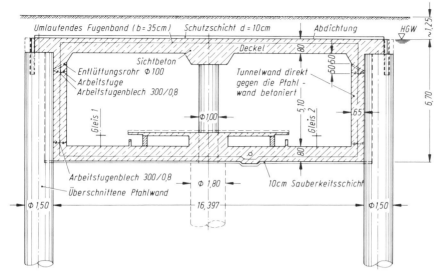

Bild 4.2-13   Haltestellenquerschnitt Baulos 25 der U-Bahn Essen, Bauzeit 1981–1985

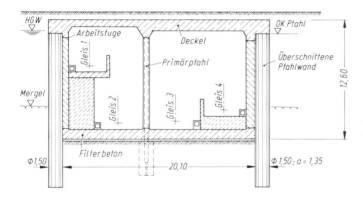

Bild 4.2-14   Viergleisiger Streckenquerschnitt im Verzweigungsbereich Baulos 25 der U-Bahn Essen

Bild 4.2-15
Baulos 25 der U-Bahn Essen.
Querschnitt unter dem Deckel
(Werkfoto Bilfinger + Berger)

Eine tangierende Bohrpfahlwand mit Pfählen ⌀ 90 als Bauhilfsmaßnahme wurde in Berlin beim U-Bahn-Baulos H 111 im Bahnhofsbereich eingesetzt. Besonderheiten dieser Maßnahme waren eine vollständige bituminöse Abdichtung und die Verwendung von vorbelasteten Hilfsstützen, die nach Fertigstellung des Betonrahmens zurückgebaut wurden. Die vollständige Trennung von Pfahlwand und Bauwerk wurde durch das nachträgliche Abstemmen des Deckenauflagers herbeigeführt (Bild 4.2-16).

Im Zuge des S-Bahn-Baues in München (Strecke München–Holzkirchen) wurde beim „Südstreckentunnel" eine aufgelöste Bohrpfahlwand mit Pfählen ⌀ 90 mit einem Pfahlachsabstand von ca. 1,70 m ausgeführt. Der zwischen den Pfählen verbleibende Raum wurde temporär durch eine Spritzbetonschale gesichert. Bei diesem Baulos wurde ein ca. 35 m langer zweigleisiger Aufweitungsbereich mit bleibender Mittelunterstützung und ein ca. 205 m langer zweigleisiger Tunnelbereich ohne Mittelstützen in Deckelbauweise erstellt. Die Tunneldecke wurde über Betongelenke auf den Pfahlkopfbalken und auf den Mittelstützen gelagert. Die Innenschale wurde mit wasserundurchlässigem Beton ausgebildet (Bild 4.2-17).

Versetzt tangierende Bohrpfähle sind bei der U-Bahn Herne Los 3 hergestellt worden. Die unbewehrten Füllpfähle binden ca. 1,50 m in den gesteinsharten Mergel ein. Unterhalb dieses Bereiches wurde der Pfahlzwischenraum durch Spritzbeton gesichert. Sohle und Wand wurden in 10 m-Abschnitten in einem Arbeitsgang aus wu-Beton betoniert (Bild 4.2-18).

4.2.4   Deckelbauweise mit Spundwänden

Als Wandkonstruktionen kommen auch Spundwände zum Einsatz. Decke und Sohle werden in Beton hergestellt und mit der Spundwand verbunden. Zwei Tunnelbauwerke, ein Straßentunnel und ein S-Bahntunnel sollen als Beispiele angeführt werden.

Der Rheinalleetunnel Düsseldorf wurde 1967/68 unter schwierigen zeitlichen Bedingungen gebaut. Die Spundwände bestehen aus dem Profil Larssen III neu (StSpS). Sie sind mit einer Neigung von 44:1 gerammt und in den Schlössern verschweißt. Decke und Sohle wurden in 10 m-Blöcken erstellt. Die Decke liegt in Längsrichtung gleitend am Spundwandkopf auf und ist biegesteif mit der Mittelwand verbunden. Die Sohle ist auf den Wandkonsolen ebenfalls in Längsrichtung beweglich gelagert. Sohle und Decke bestehen aus wu-Beton und wurden zusätzlich mit einer Abdichtung auf Bitumenbasis versehen. Über Klemmkonstruktionen ist die Abdichtung mit Blechen verbunden, die in die Spundwände eingeschweißt sind.

Bild 4.2-16   Ausgewählte Bauphasen beim Baulos H 111 der U-Bahn Berlin,   ▶
Bauzeit 1978–1985, nach [9]

a) Bauphase 3: Rückverlegung des Straßenverkehrs auf die westliche Fahrbahn nach Fertigstellung des Deckelabschnittes West. Bodenaushub bis UK Tunneldecke für die östliche Tunnelhälfte. Einbau der Abdichtungsanschlüsse auf der Bohrpfahlwand. Herstellung der Auflager auf den Hilfsstützen. Bewehren und Betonieren der östlichen Deckenhälfte. Einbau der Deckenabdichtung mit Schutzbeton. Verfüllung und Straßenbau.

b) Bauphase 5: Bodenaushub bis zur Baugrubensohle bei abgesenktem Grundwasserstand und gleichzeitiger Einbau von Längsverbänden an den Hilfsstützen. Einbau einer Lage Injektionsanker zur Stützung der Baugrubenwände ca. 3,5 m über der Baugrubensohle.

c) Bauphase 6: Einbau der Abdichtung. Bewehren und Betonieren der Sohle, Wände und Stützen bis ca. 20 cm unter UK Tunneldecke. Schließen der Restschlitze mit Spritzbeton. Ausbau der Hilfsstützen und Schließen der Sohlenaussparungen. Abstemmen der seitlichen Deckenauflager auf den Bohrpfahlwänden und Schließen der Abdichtung. Einbau von Treppen und Bahnsteigplatten

Im Bauzustand wurde der Deckel in Feldmitte auf Stahlbetonfertigteilstützen abgesetzt, die ihrerseits auf Großbohrpfählen $\varnothing$ 1,80 m lagerten. Die Sohlabdichtung wurde an die Fertigteile angeklemmt.

Die Bilder 4.2-19 bis 4.2-21 zeigen den Bauablauf und die Anschlüsse von Decke und Sohle an die Spundwand.

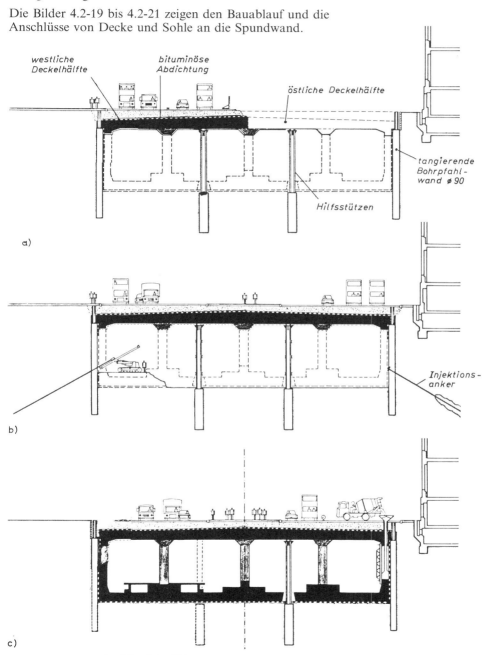

Bild 4.2-16   Legende siehe Seite 324

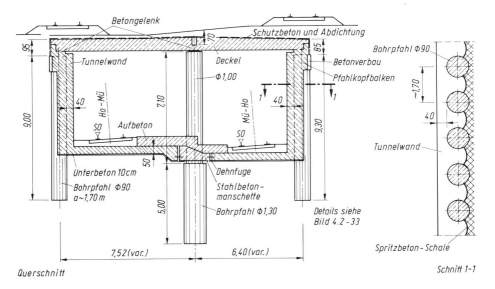

Bild 4.2-17 Zweigleisiger Streckenquerschnitt der S-Bahn München, Baulos Südstreckentunnel, Bauzeit 1978–1980

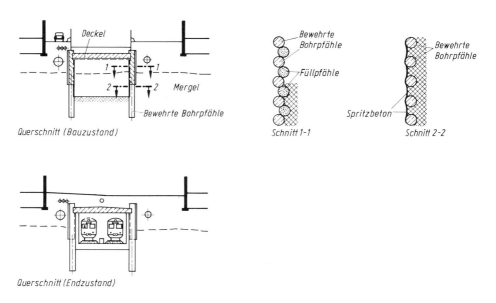

Bild 4.2-18 Bau- und Endzustand Baulos 3 der U-Bahn Herne, Bauzeit 1973–1976, nach [10]

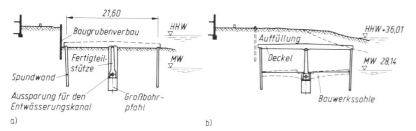

Bild 4.2-19   Bauphasen beim Bau des Rheinalleetunnels Düsseldorf, Bauzeit 1967–1968, nach [11]
a) Phase 1: Herstellen des Baugrubenverbaus. Voraushub. Einbringen der Bauwerksspund-
      wände. Herstellung der Großbohrpfähle. Einbau der Fertigteilstützen. Verfüllen der
      Bohrungen mit Sand
b) Phase 2: Herstellung des Deckels. Wiederherstellung des Deiches. Aushub im Schutze von
      Deckel und Spundwänden

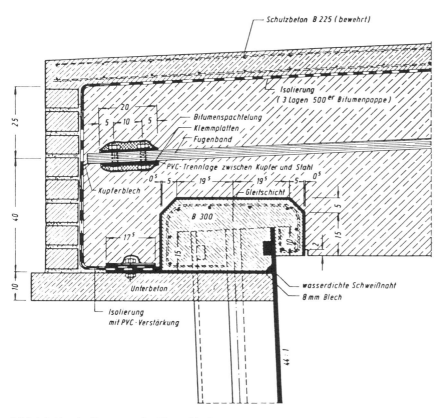

Bild 4.2-20   Auflagerung der Tunneldecke.
Rheinalleetunnel Düsseldorf nach [11]

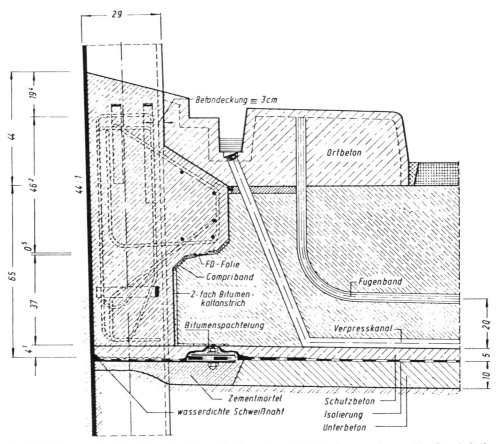

Bild 4.2-21   Anschluß der Tunnelsohle an die Spundwand. Rheinalleetunnel Düsseldorf nach [11]

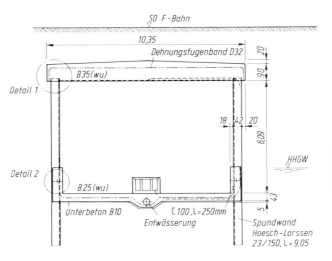

Bild 4.2-22
Zweigleisiger Streckenquer-
schnitt der S-Bahn Köln-
Neuß, Bereich Worringen,
Bauzeit 1982–1983

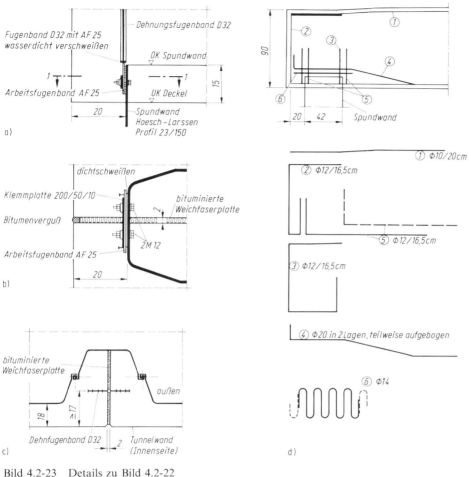

Bild 4.2-23   Details zu Bild 4.2-22
a) Detail 1: Dehnfugenübergang Deckel/Wand
b) Schnitt 1-1, Dehnfugenübergang Deckel/Wand
c) Detail 2: Dehnfuge im Wand-/Sohlbereich
d) Bewehrung im Bereich des Spundwandkopfes

Eine weit weniger komplizierte Baumaßnahme stellt das Kreuzungsbauwerk S-Bahn/F-Bahn der S-Bahnlinie Köln – Neuß im Bereich Worringen dar. Die Bilder 4.2-22 und 4.2-23 zeigen den Querschnitt und Details über Deckelauflagerung, Dehnfugenband und Fugenbandanschluß.

In den Empfehlungen des Arbeitsausschusses „Ufereinfassungen" EAU [22] sind zahlreiche Vorschriften sowie mitgeltende Normen über die Berechnung, Gestaltung und Herstellung von Spundwänden aufgeführt.

4.2.5 Deckelbauweise mit Bohrträgerwänden

Auch Bohrträgerwände werden bei Deckelbauweisen als Bauhilfsmaßnahme verwendet.

Ein interessantes Beispiel dieser Kombination stellt die „Stadtbahnstation Hauptbahnhof" in Bielefeld dar. Der Deckel wurde als Spannbetonhohlplatte ausgebildet und zunächst auf Bohrträgern gelagert. Mit dem Untertageaushub erhielten sie eine Spritzbetonausfachung und wurden durch temporäre Injektionsanker gestützt. Die tragenden Bauwerkswände wurden nach Herstellung der Sohle abschnittsweise hochbetoniert und übernahmen nach der Fertigstellung durch Umlagerung die Deckellasten. Die angeordneten Elastomerlager haben neben ihrer Lagerfunktion die Aufgabe, die Körperschallübertragung zu dämpfen (Bild 4.2-24).

Der zweigeschossige Teil der „Haltestelle Maybachstraße" des Bauloses F 1 der Stadtbahn Stuttgart wurde ebenfalls in Deckelbauweise hergestellt. Während der Bauzeit wurden die Deckellasten über verankerte Bohrträgerwände und Hilfsstützen abgetragen. Der Deckel wurde in zwei Hälften mit längslaufender Arbeitsfuge betoniert, wobei die Bewehrung durch Gewinde-Muffen gestoßen wurde (Bild 4.2-25).

4.2.6 Sonderbauweisen

Neben den geschilderten, heute schon als klassisch zu bezeichnenden Deckelbauweisen, sind Sonderbauweisen bzw. Sonderlösungen entwickelt worden. Einige dieser Sonderlösungen sollen kurz skizziert werden, wobei hier im Hinblick auf den Buchtitel auf eine Darstellung von Deckelbauweisen verzichtet wird, bei denen ausschließlich Stahlbauteile verwendet werden.

4.2.6.1 *Düsseldorfer Deckel*

Während bei der herkömmlichen Deckelbauweise der Deckel immer Teil des endgültigen Bauwerkes ist, stellt der „Düsseldorfer Deckel" eine reine Hilfskonstruktion dar. Die Stahlbetonplatte mit der seitlichen oberen Stützwand wird im Bauzustand auf Primärstützen und dem seitlichen Verbau abgesetzt. Im Endzustand ist der Hohlraum zwischen Tunneldecke und Deckel setzungsarm verfüllt. Weder der Deckel noch seine Unterkonstruktion haben für das erstellte Tunnelbauwerk eine dauerhaft tragende Funktion zu erfüllen (Bild 4.2-26).

4.2.6.2 *Deckel aus Rohrschirm / Kleinstollen / Stahlbetonplatte*

Beim Baulos 11/12.1 der U-Bahn Duisburg wurde ein Teil des Deckels aus einer Rohrschirmdecke mit dazwischenliegenden Kleinstollen bergmännisch erstellt und durch eine Stahlbetonplatte in offener Bauweise auf die volle Spannweite verlängert. Der Deckel wurde beidseitig auf Ortbetonschlitzwänden gelagert. Die bewehrten Kleinstollen und die Verlängerungsplatte übernehmen die Lastabtragung zu den Außenwänden hin, während die ausbetonierten, aber unbewehrten Rohre, deren Schüsse nur durch Heftschweißung verbunden sind, ihre Last an die Kleinstollen über Gewölbewirkung abgeben (Bild 4.2-27).

4.2.6.3 *Deckelbauweise mit abschnittsweise betonierten Außenwänden*

Beim Bau eines Parkhauses in Chur wurden die Außenwände abschnittsweise direkt gegen den senkrecht abgegrabenen Boden betoniert. Die einzelnen Abschnitte sind etwa

4.2 Deckelbauweise

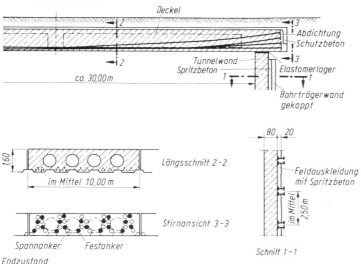

Bild 4.2-24 Teilquerschnitt „Stadtbahnstation Hauptbahnhof" Bielefeld, Bauzeit 1980–1981, nach [12]

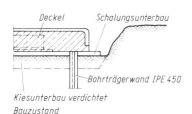

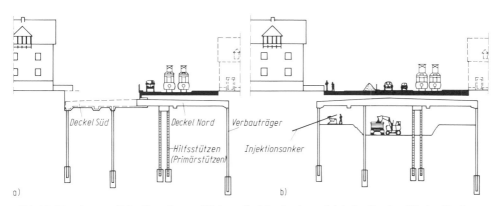

Bild 4.2-25 Ausgewählte Bauphasen (Haltestelle Maybachstraße) beim Baulos F1 der Stadtbahn Stuttgart, Bauzeit 1979–1982, nach [13]

a) Bauphase 1: Rückverlegung des Verkehrs auf die Südseite. Bodenaushub bis UK Tunneldecke für den Deckel Süd. Abteufen der restlichen Verbauträger und Hilfsstützen. Bewehren und Betonieren der südlichen Deckelhälfte. Einbau der Deckenabdichtung mit Schutzbeton. Verfüllung und Wiederherstellung der Straße

b) Bauphase 3: Einrichtung der südlichen Deckelhälfte als Baustraße. Aushub im Schutze des Deckels bei gleichzeitigem Verbau der Außenwände und Einbau der Injektionsanker

331

4 m lang und ein halbes Geschoß hoch. Bis zur endgültigen Stützung eines jeden zweiten Abschnittes durch die entsprechende Decke wurde die nach unten auskragende Wand durch schräge Hilfsstützen gehalten. Die oberste Decke wurde konventionell geschalt und eingerüstet. Bei den Untergeschoßdecken wurden die Schalungen über Hängestangen fixiert (Bild 4.2-28).

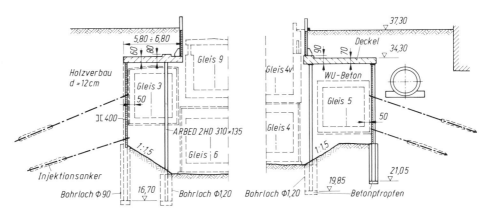

Bild 4.2-26   Querschnitt „Düsseldorfer Deckel", Baulos 1 (Teillos 1, Heinrich-Heine-Straße) der Stadtbahn Düsseldorf (Bauzustand), Bauzeit 1978–1982

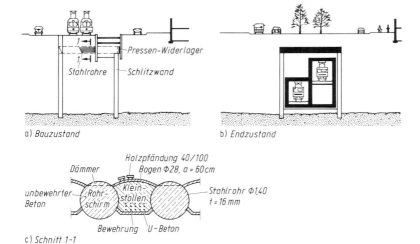

Bild 4.2-27   Bau- und Endzustand Baulos 11/12.1 der U-Bahn Duisburg, Bauzeit 1981–1983, nach [14]
a) Bauablauf: Herstellen der Schlitzwände. Ausheben der Baugrube. Vorpressen der Stahlrohre (Rohrschüsse mit unterbrochener Schweißnaht geheftet). Ausbetonieren der Rohre. Auffahren der Kleinstollen. Bewehren und Betonieren der Kleinstollen. Herstellen der Decke im Baugrubenbereich. Verfüllen der Baugrube oberhalb der Decke. Boden ausheben im Schutze des Deckels. Herstellung des Bauwerks
b) Endzustand
c) Schnitt 1-1

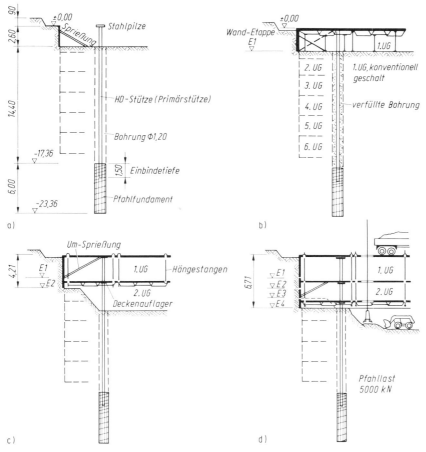

Bild 4.2-28   Bauphasen beim Bau eines Parkhauses in Chur in Elementbauweise, Bauzeit
1976–1977, nach [15]
a) Phase 1: Voraushub. Herstellung der Primärstützen. Herstellung der 1. Wandetappe (E1) mit
        Schrägabsprießung nach unten
b) Phase 2: Herstellung der 1. Decke mit konventioneller Schalung. Umsetzung auf Sprießung
        zur Decke
c) Phase 3: Aushub 2. UG. Herstellung der 2. Decke mit abgehängter Schalung und der
        2. Wandetappe (E2)
d) Phase 4: Aushub 3. UG. Herstellung der 3. Wandetappe (E3) mit Schrägabsprießung zur
        Decke. Herstellung der 3. Decke und der 4. Wandetappe (E4)

4.2.6.4   Senkdeckenverfahren für eine Tiefgarage in Basel

Die fünfgeschossige Tiefgarage hat eine Grundfläche von etwa 50 × 150 m und liegt unmittelbar neben einem Bettenhaus. Aus Gründen des Lärmschutzes, der Bettenhaussi-
cherung, aber auch aus wirtschaftlichen Gesichtspunkten wurde eine Deckelbauweise mit
vier vorgefertigten und abzulassenden Untergeschoßdecken gewählt. Als Umfassungswand diente eine Schlitzwand, die z. T. als Fertigteilschlitzwand mit Nut und Kamm ausgebildet wurde. Sämtliche Decken lagern auf den Schlitzwänden und ausbetonierten
Stahlstützen.

Die Decken wurden nach Fertigstellung der Schlitzwände und Stützen auf dem Rohplanum direkt übereinander betoniert. Das Trennmittel wurde aufgesprüht. Die Untergeschoßdecken wurden dehnfugenlos erstellt und erhielten eine teilweise Vorspannung von 500 kN/m² (Bild 4.2-29).

4.2.6.5 Kärntner Deckelbauweise

Die „Kärntner Deckelbauweise" stellt eine Kombination aus offener und bergmännischer Bauweise dar. Zunächst wird in einer Baugrube auf einer Erdform mit Sauberkeitsschicht und Trennfolie das Tunnelgewölbe betoniert. Anschließend wird die Baugrube verfüllt und das Verkehrsplanum wiederhergestellt. In einem zweiten Arbeitsgang wird dann der Tunnel im Schutze des Deckels bergmännisch vorgetrieben.

Ein Beispiel für diese Bauweise ist die Westtangente in Bochum, Teilstücke eines Straßentunnels im Zuge der A 44. Bei diesen zwei 560 m langen Tunnelröhren wurden, von allen vier Portalen ausgehend, insgesamt ca. 350 m Tunnel nach dem geschilderten Verfahren aufgefahren (Bild 4.2-30).

4.2.6.6 Stützgewölbe und Schlitzwände

Ein weiteres Verfahren, das mit einem gewölbeartigen Deckel arbeitet, ist beim S-Bahn-Tunnelbau in München zur Ausführung gekommen. Hierbei werden zunächst die Schlitzwände erstellt und anschließend in offener Baugrube auf einer Erdform das Stützgewölbe. Nach Abschluß der Verfüllarbeiten und der Wiederherstellung der Verkehrsflächen steht das Gelände dem Verkehr wieder zur Verfügung.

Beim Baulos „Im Tal" wurden auf diese Weise 308 m Tunnel vorgetrieben. Im Schutze des Deckels konnten die Aushub-, Abdichtungs- und Stahlbetonarbeiten für die Innenschale durchgeführt werden (Bild 4.2-31).

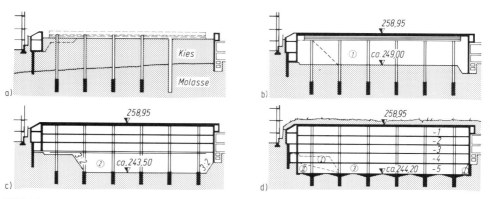

Bild 4.2-29   Bauphasen beim Bau einer Tiefgarage in Basel im Senkdeckenverfahre nach [16]
a) Phase 1: Betonieren der Umfassungsschlitzwand. Betonieren der Belüftungs- und Transportumgänge. Erstellen der Bohrpfahlfundamente. Versetzen und Ausbetonieren der Stahlrohrstützen. Betonieren der Deckenpakete auf Planum
b) Phase 2: Aufhängen der Senkdecken an der obersten Decke. Erste Aushubetappe unter der Decke. Betonieren des Zuluftkanals
c) Phase 3: Erste Absenketappe. Betonieren der Anschluß- und Schwindfugen. Zweite Aushubetappe
d) Phase 4: Restlicher Aushub. Betonieren der Umfassungswand und des Zuluftkanals. Erweiterung der Stützenfundamente. Zweite Absenketappe

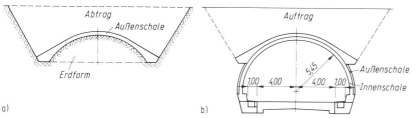

Bild 4.2-30 Schematische Darstellung der Kärntner Deckelbauweise nach [17] am Beispiel der
Westtangente Bochum, Bauzeit 1980–1981
a) Herstellung des Deckels
b) Endzustand

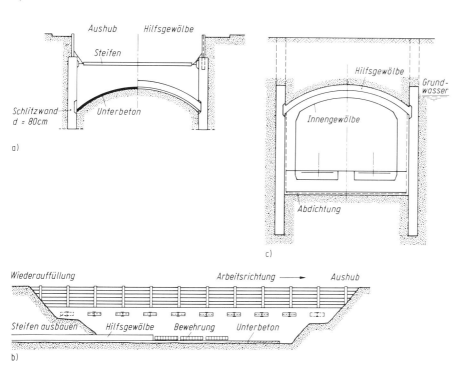

Bild 4.2-31 Bau- und Endzustand einer zweigleisigen S-Bahn-Strecke nach [18]
a) Bauzustand: Querschnitt
b) Bauzustand: Längsschnitt durch die „Wanderbaugrube"
c) Endzustand: Querschnitt

4.2.7 Innenstützen

4.2.7.1 Allgemeine Gesichtspunkte

Innenstützen können bei großflächigen Bauwerken erforderlich werden, oder wenn aus
verkehrstechnischen Gründen der Deckel in zwei oder mehr Abschnitten zu erstellen ist.
Grundsätzlich können die Innenstützen in Primär- und Sekundärstützen unterschieden
werden. Unter Primärstützen versteht man Stützen, die den Deckel stützen und von der

Geländeoberfläche aus hergestellt werden, während die Sekundärstützen im Schutze des Deckels zur weiteren Stützung der Zwischendecken abgeteuft werden. Beide Stützenarten können als dauerhaftes Bauteil oder als Bauhilfsmaßnahme angeordnet werden. Sie können aus Stahlbeton, Stahlverbund oder aus Stahl bestehen. Als Stahlprofile bieten sich Rohre, zusammengesetzte Kastenprofile oder IPB-Profile an. Die Tragfähigkeit dieser Profile kann durch Ausbetonieren der Hohlräume, Stahlbetonummantelung oder durch beide Maßnahmen wesentlich erhöht werden.

Bei der Bemessung der Stützen ist der Bauzustand mit maximalem Erdaushub vor Einbau der Bauwerkssohle oder der Zwischendecken unbedingt zu berücksichtigen. Außerdem müssen Stoßbelastungen auf die Stützen infolge Baggerbetrieb beim Untertageaushub angesetzt, oder entsprechende Schutzmaßnahmen vorgesehen werden. Normalerweise werden die Stützen auf Großbohrpfählen abgesetzt. Werden die Stützenlasten im Endzustand hierfür zu groß, müssen die Stützen entweder nachträglich mit der Sohle oder einem Sohlbalken verbunden oder aber sofort auf einem vorab erstellten Einzel- oder Streifenfundament gelagert werden. Für die Herstellung von Streifenfundamenten haben sich Fundamentstollen bewährt.

Sonderverfahren für das Abteufen von Stützen sind in Abhängigkeit von den geologischen und hydrologischen Bedingungen ausgeführt worden. Hierzu gehören z. B. das Vereisungsverfahren (s. Bild 4.2-34) oder auch sonstige Schachtverfahren.

In Ausnahmefällen sind die Bauwerksstützen erst nach Fertigstellung von Tunneldecke, -wänden und -sohlen erstellt worden. Diese Lösung kann bei tiefliegenden Deckeln, die zunächst nicht verfüllt werden, sinnvoll sein.

Im folgenden sollen einige Beispiele für die Ausbildung und den Anschluß von Stützen an Decken und Sohlen zusammen mit dem dazugehörigen Arbeitsablauf gebracht werden.

4.2.7.2   Baulos 25 der U-Stadtbahn Essen (Haltestelle, 1983, siehe auch Bild 4.2.-13)

Arbeitsablauf (Bild 4.2-32):
Bohrung $\varnothing$ 1,80 m abteufen
Pfahlbewehrung einbauen
Unterwasserbeton bis zur 1. Arbeitsfuge einbauen
Bohrrohre bis ca. 20 cm unterhalb der 1. Arbeitsfuge ziehen
Wasser abpumpen, Sohle säubern, Justiereinrichtung einbauen
Stützenbewehrung mit Stahlschalrohr $\varnothing$ 1,0 m einbauen, justieren und festlegen
Beton bis etwa 0,5 m über Schalrohrunterkante einbauen
Ringraum zwischen Schal- und Bohrrohr auf ca. 1,0 m Höhe mit Sand verfüllen
Stützenbeton bis maximal 2 m über Sandoberkante einbringen
Sand und Beton abwechselnd bis OK Stütze einbauen
Bohrrohr ziehen, ohne Drehhilfe

4.2.7.3   S-Bahn München, Südstreckentunnel (1979, siehe auch Bild 4.2-17)

Arbeitsablauf (Bild 4.2-33):
Bohrung $\varnothing$ 1,30 m abteufen
Bewehrungskorb für Pfahl und Stütze einschließlich Spiralrohrstützenschalung
    und Stahlring für die Manschette einbauen, justieren und festlegen
Beton bis OK Pfahl einbringen
Ringraum zwischen Bohr- und Schalrohr bei gleichzeitigem Betonieren der Stütze
    und Ziehen des Bohrrohres mit Sand verfüllen

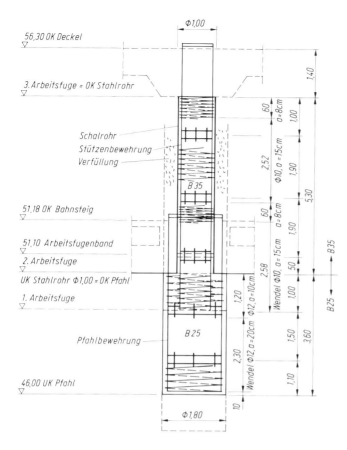

Bild 4.2-32
Primärstütze der
Haltestelle Baulos 25 der
U-Bahn Essen

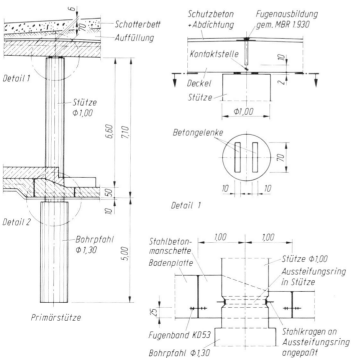

Bild 4.2-33
Primärstütze mit
Anschlußdetails beim
Südstreckentunnel der
S-Bahn München

4.2.7.4 Karlsplatz (Stachus) München (siehe auch Bild 4.2-3)

Arbeitsablauf (Bild 4.2-34):

Gefrierlöcher ∅ ca. 150 mm bohren

Kreisringförmigen Frostkörper ∅ 3,30 m mit ca. 80 cm Wanddicke aufbauen

Bohrung ∅ 1,50 m bis UK Fundament abteufen.

   Die Bohrung ist nur im oberen Bereich verrohrt.

Fußaufweitung ∅ 3,10 m herstellen

Fundamentfuß (ca. 1,0 m hoch) herstellen und Zentriereinrichtung einbauen

Stahlstütze ∅ 813 mm mit Wanddicken von 45 bis 60 mm einbauen, justieren und fixieren

Stützenfuß einbetonieren und Stütze ausbetonieren

Ringraum zwischen Stütze und Frostkörper bzw. Verrohrung verfüllen und Bohrrohr
   ziehen.

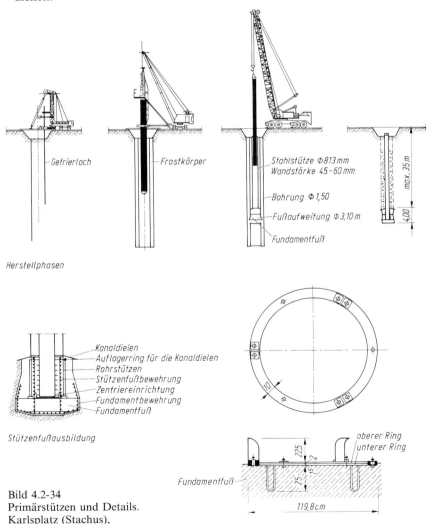

Bild 4.2-34
Primärstützen und Details.
Karlsplatz (Stachus),
München nach [2]

4.2.7.5 *Tiefgarage Kantonsspital Basel (siehe auch Bild 4.2-29)*

Arbeitsablauf (Bild 4.2-35):

Bohrung $\varnothing$ 0,95 m abteufen

Pfahlbewehrungskorb einschließlich Stahlring einbauen (Pfahllänge ca, 4,0 m)

Stahlrohrstütze $\varnothing$ 558,8 mm; $t = 12$ mm versetzen, justieren und fixieren

Pfahlbeton bis UK Stahlstütze einbauen

Beton der Festigkeitsklasse B 80 in die Stahlstütze einbringen

Ringraum zwischen Stütze und Bohrrohr verfüllen

Bohrrohr ziehen

Nach Erreichen der Endaushubsohle Bauwerkssohle einschließlich Anschluß
an den Pfahl herstellen

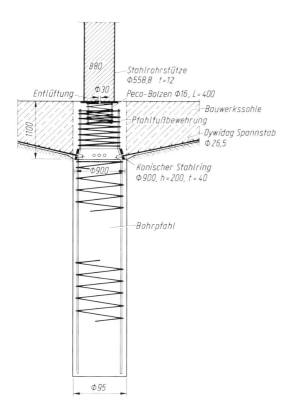

Bild 4.2-35   Primärstützen einer Tiefgarage in Basel mit
Anschluß an die Bauwerkssohle nach [16]

Die Tiefgarage ist als Zivilschutzanlage konzipiert und für eine äußere Belastung von 0,3 MN/m² zu bemessen. Zusammen mit einer Erdüberdeckung von 2 m, Eigenlast und Verkehrslasten ergibt das im Endzustand eine Stützenlast von rund 26 MN. Diese Last kann nicht über den 4 m langen Pfahl, sondern muß über eine Fundamenterweiterung (Bauwerkssohle) an den Boden abgegeben werden. Hierzu wurde der Pfahl mit einem konischen Stahlring ausgerüstet, der nach Abschluß der Aushubarbeiten freigelegt und über Spannstähle $\varnothing$ 26,5 mm mit der Bauwerkssohle verbunden wurde.

4.2.7.6 Bahnhof Rathaus Spandau (Berlin), Baulos H 111 (siehe auch Bild 4.2-16)

Arbeitsablauf (Bild 4.2-36):

Bohrung $\varnothing$ 1,30 m abteufen

Hilfsstützen IPB 700 einschließlich Pfahlbewehrung versetzen, justieren und fixieren
    (Pfahllänge ca. 6 m)

Auflager auf den Hilfsstützen herstellen

Fertiggestellte Bahnhofsdecke durch Vorpressen bis zu 3,2 MN/Hilfsstütze
    auf die Hilfsstützen umlagern

Bahnhofsbauwerk herstellen

Hilfsstützen ausbauen und Sohlenaussparungen schließen

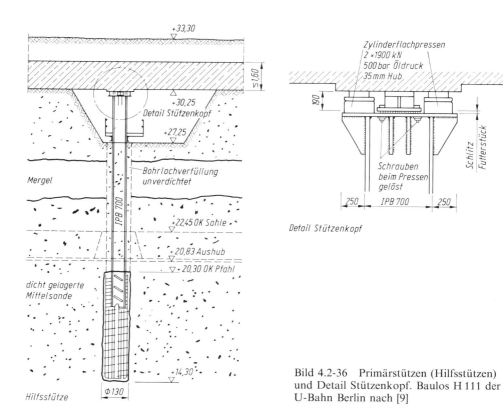

Bild 4.2-36 Primärstützen (Hilfsstützen) und Detail Stützenkopf. Baulos H 111 der U-Bahn Berlin nach [9]

4.2.8   Abdichtungssysteme

Der Wasserzutritt kann bei Bauwerken durch eine außenliegende Abdichtung oder durch den konsequenten Einsatz von wu-Beton und entsprechenden Dichtungsmaßnahmen in den Arbeits- und Dehnfugen verhindert werden. Hinsichtlich dieser beiden Möglichkeiten der Bauwerksabdichtung wird auf die Punkte 4.1.7: Abdichtung und 4.1.8: Bauwerke aus wu-Beton verwiesen.

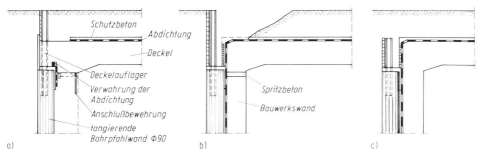

Bild 4.2-37   Dichtungsübergang vom Deckel zur Außenwand beim Baulos H 111 der U-Bahn Berlin nach [9]
a) Bauzustand: Abdichtung der Wand im Deckelbeton verwahrt
b) Zwischenzustand: Deckelauflager abgestemmt. Verwahrung freigelegt. Deckel- und Wandabdichtung miteinander verbunden
c) Endzustand

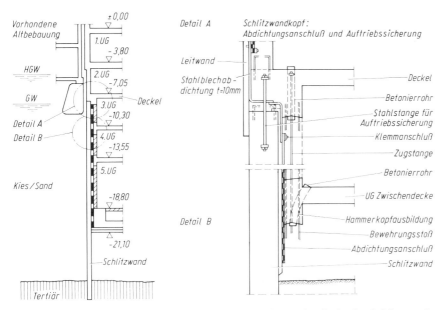

Bild 4.2-38   Verlagerung der Wandabdichtung von der Außenflucht der Schlitzwand auf die Schlitzwandinnenseite beim Neubau der Deutschen Bank Düsseldorf nach [20]

Herkömmliche Abdichtungssysteme auf der Basis von bituminösen oder Kunststoffabdichtungen gegen drückendes oder nichtdrückendes Grundwasser sind auch bei Deckelbauweisen ausgeführt worden. Bei zweischaligen Bauweisen bereiten hierbei vor allem der Übergang vom Deckel zur Außenwand, die Anschlußbereiche von Zwischendecken und Außenwand sowie die Deckenabdichtung, sofern unterhalb des Deckels eine zweite Decke angeordnet wird, Schwierigkeiten. Hier werden aufwendige und komplizierte Lösungen erforderlich (Bild 4.2-37 bis 4.2-39).

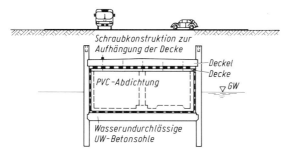

Bild 4.2-39   Abdichtung zwischen Deckel und Decke der Innenschale beim Baulos 6/7 der U-Bahn Duisburg nach [6]
Herstellung der Schlitzwände. Voraushub bis UK Decke (Innenschale). Herstellung der Decke. Einbau der Deckenabdichtung. Herstellung des Deckels (die Decke wird temporär an den Dekkel gehängt). Verfüllung der Baugrube oberhalb des Deckels. Weiterarbeit unterhalb des Deckels

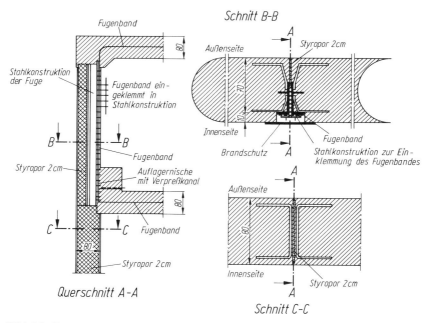

Bild 4.2-40   Ausbildung einer Dehnfuge innerhalb einer Schlitzwandlamelle nach [5]

Einschalige Bauweisen bei drückendem Grundwasser sind bislang nur zusammen mit Schlitzwänden und Spundwänden ausgeführt worden. Für Ortbeton- und Fertigteil-schlitzwände wurden dabei unterschiedliche Wege hinsichtlich der Abdichtung beschritten.

Beim Bau der Metro Amsterdam wurde eine Fugenkonstruktion innerhalb einer Schlitz-wandlamelle in Abständen von 20 m erfolgreich eingesetzt. Von Unterkante Sohle bis Unterkante Decke besteht die Konstruktion aus Stahlprofilen, an die nach Freilegung der Fugen ein Kautschukfugenband angeklemmt wird. Dieses Fugenband verläuft weiter durch Decke und Sohle, so daß ein geschlossener Ring entsteht. Unterhalb der Sohle ist die Stahlbeton-lamelle durch eine Hartschaumplatte getrennt (Bild 4.2-40).

Vielfach wurden einschalige Bauwerke aus Ortbetonschlitzwänden ohne jegliche Dich-tungsmaßnahmen in den Wänden erstellt. Undichtigkeiten sind dabei immer wieder auf-getreten, und zwar vorwiegend in den Lamellenfugen. Diese Fehlstellen lassen sich jedoch eindeutig lokalisieren und durch Dichtungsinjektionen sanieren. Geringfügig anfallende Restwassermengen lassen sich auf den Bauwerkszwischendecken und -sohlen problemlos sammeln und abführen. Werden die Wände aus optischen Gründen mit einer Wandver-kleidung versehen, lassen sich die Entwässerungsmaßnahmen in dem Hohlraum zwischen Schlitzwand und Verblendung anordnen.

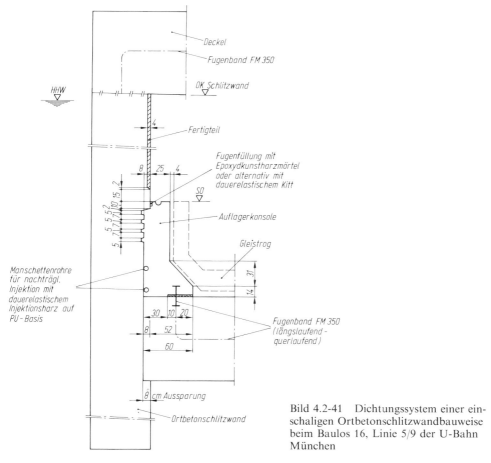

Bild 4.2-41   Dichtungssystem einer ein-schaligen Ortbetonschlitzwandbauweise beim Baulos 16, Linie 5/9 der U-Bahn München

Im Baulos 16 der Linie 5/9 der U-Bahn München (Bild 4.2-41) wurden in der Sohle und den Decken Dehnfugen in Abständen von 13,30 m ausgebildet. Das Dehnfugenband der Sohle wurde hierbei an ein längslaufendes Fugenband angeschlossen, das zwischen der Auflagerkonsole und der Sohle selbst liegt. Hierbei stellt die Konsole das Sohlenauflager und den Dichtungsanschluß Sohle/Wand dar. In der Decke endet das Dehnfugenband stumpf auf der Oberkante Schlitzwand.

Für den Einsatz von Fertigteilschlitzwänden in Kombination mit der Deckelbauweise bei drückendem Grundwasser sind zwar noch keine Ausführungen bekannt, doch kann das Abdichtungsproblem für die Lamellenfugen und die Anschlüsse Wand/Sohle und Wand/Decke als gelöst betrachtet werden. Beim Baulos R 1 der Stadtbahn Köln wurde ein zweigleisiger Streckenabschnitt über eine Länge von 80 m nach der Sohle/Wand-Methode mit Fertigteilschlitzwänden ausgeführt. Die Übertragung der dort angewandten konstruktiven Lösungen auf die Deckelbauweise ist ohne Änderungen möglich (Bild 4.2-42 und 4.2-43).

Werden geringere Anforderungen an die Wasserundurchlässigkeit der Schlitzwandfugen und den Anschluß Sohle/Wand gestellt, kommen Fugenausbildungen entsprechend den Bildern 3.2-33c und 3.2-33d infrage. Solche Konstruktionen wurden vor allem in Frankreich (siehe Bild 4.2-12 und [23]) und in der Schweiz eingesetzt.

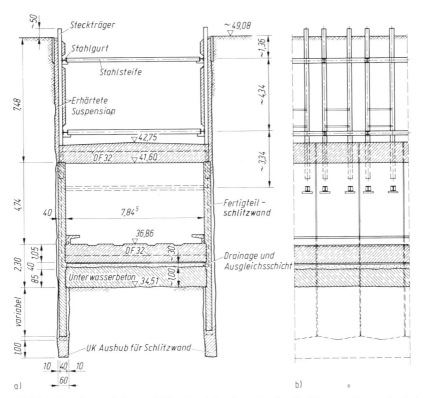

Bild 4.2-42 Querschnitt und Wandansicht einer Fertigteilschlitzwandbauweise beim Baulos R1 der Stadtbahn Köln
a) Verbau- und Tunnelquerschnitt
b) Wandansicht

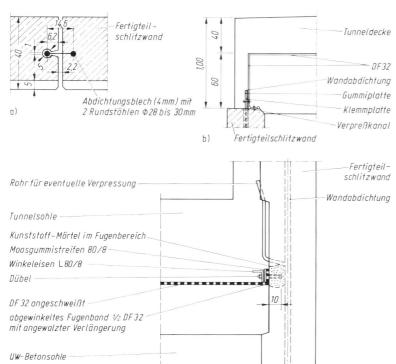

Bild 4.2-43   Details zum Bild 4.2-42
a) Wandabdichtung – Draufsicht
b) Übergang Wandabdichtung zum Dehnfugenband der Decke
c) Sohlenabdichtung

Stahlwände aus Spundbohlen oder anderen Profilen werden im Bereich von drückendem Wasser dichtgeschweißt. Details zum Decken- und Sohlanschluß sind unter Pkt. 4.2.4
dargestellt. Dehnfugen in Stahlwänden werden nicht erforderlich, da die Stahlprofile ausreichende Verformbarkeit in Tunnellängsrichtung zur Aufnahme von durch Temperaturänderungen bedingten Dehnungen aufweisen.

4.2.9   Ergänzende Hinweise auf konstruktive Details

4.2.9.1   Vorbemerkungen

In den vorhergehenden Abschnitten ist bereits eine Reihe von konstruktiven Details zu
den Außenwänden, den Mittelstützen, der Abdichtung und den Herstellverfahren beschrieben und dargestellt worden. Im folgenden sollen diese Angaben ergänzt werden.

4.2.9.2   Anschlüsse

Beim Entwurf von Anschlußkonstruktionen wirkt sich der Bauablauf bei der Deckelbauweise besonders stark aus. Dies gilt einerseits für die Verbindung der Hauptbauele-

mente untereinander und andererseits für die Verbindung von Hauptbauelementen und den im Schutze von Deckel und Außenwänden erstellten übrigen Bauteilen.

Während der Anschluß von Primärstützen aus Stahlbeton und dem Deckel problemlos über freiliegende Anschlußbewehrung zu erstellen ist, bieten sich für den Anschluß von Deckel und Außenwand mehrere Möglichkeiten. Er kann biegesteif, teilbiegesteif oder gelenkig ausgebildet werden, wobei ein Kopfbalken zwischen Wand und Deckel als Bindeglied Vorteile bieten kann. Diese Lösungsmöglichkeiten gelten für ein- wie für zweischalige Bauweisen (Bild 4.2-44).

Bei einschaligen Bauweisen können Zwischendecken biegesteif oder gelenkig an die Außenwand angeschlossen werden. Biegesteife Anschlüsse erfolgen mit Hilfe von Muffenstößen oder einbetonierten Ankerplatten, an die nachträglich Stahllaschen mit der Deckenanschlußbewehrung geschweißt werden. Einfacher sind gelenkige Anschlüsse auszubilden. Hier lagern die Zwischendecken normalerweise direkt in einer Aussparung oder auf nachträglich erstellten Konsolen, jedoch sind auch Muffenlösungen möglich. In beiden Fällen binden die Zwischendecken ein bestimmtes Maß in die Außenwand ein (Bild 4.2-45). Beim Entwurf derartiger Anschlüsse ist zu beachten, daß in der Bewehrungsführung Toleranzen von ca. 5 cm zu berücksichtigen sind. Beim Einbau der Bewehrungskörbe von Schlitzwänden müssen diese Toleranzen eingehalten werden.

Diese Anschlußformen wurden bislang vorwiegend bei einschaligen Schlitzwandbauweisen ausgeführt. Sie lassen sich jedoch auch mit Pfahlwänden kombinieren. Wird hierbei die Decke an den Pfahl angeschlossen, so ist bei der Pfahlherstellung ein Verdrehen der Bewehrung und Einbauteile unbedingt zu vermeiden. Bei verrohrt hergestellten Pfählen muß in diesem Fall das Bohrrohr ohne Drehhilfe hydraulisch gezogen werden. Erfolgt der Anschluß an den unbewehrten Pfahl, ist allein eine Verbindung ohne Biegezugbewehrung in Ausbruchnischen ausführbar.

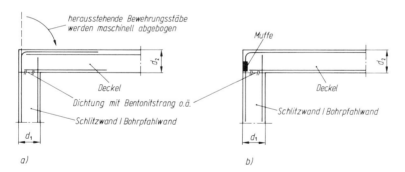

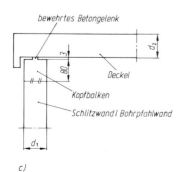

Bild 4.2-44   Anschlüsse
Schlitzwand/Bohrpfahlwand und Deckel
a) Biegesteifer Anschluß –
   Übergreifungsstoß der Rahmeneckbewehrung
b) Biegesteifer Anschluß –
   Muffenstoß der Rahmeneckbewehrung
c) Gelenkiger Anschluß

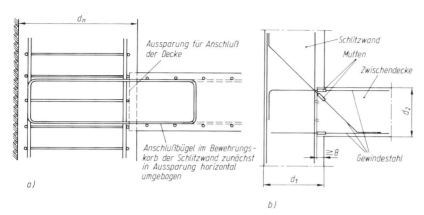

a)

b)

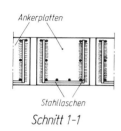

Schnitt 1-1

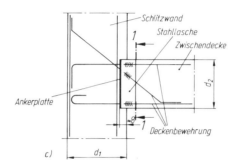

c)

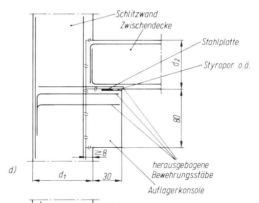

d)

Bild 4.2-45   Anschlüsse
Schlitzwand und Zwischendecken
a) Anschluß durch Bügel
b) Biegesteifer Anschluß –
   Muffenstoß
c) Biegesteifer Anschluß –
   geschweißte Ausführung
d) Gelenkiger Anschluß –
   Konsolenauflager
e) Gelenkiger Anschluß – Muffenstoß

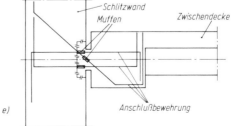

e)

Für den Anschluß der Bauwerkssohle an die Außenwände haben sich besonders bedingt
drehbare Anschlüsse mit Auflagerung auf Konsolen bewährt. (Siehe Bild 4.2-41).

Der Anschluß von nachträglich hergestellten Bauwerksaußen- und Innenwänden sowie
Stützen an den Deckel kann wiederum biegesteif oder gelenkig ausgeführt werden. Die
Anschlußbewehrung muß hierbei bereits während der Deckelherstellung eingebaut wer-
den. Diese Stäbe können eingerammt oder in vorgebohrte Löcher eingestellt werden. Um
ungewollte Lageabweichungen zu vermeiden, sollten beim Einbringen der Bewehrung
Ramm- oder Bohrschablonen verwendet werden (Bild 4.2-46).

Details zum Anschluß von Sohlen an Primärstützen sind bereits unter Pkt. 4.2.7 dargestellt worden. Beim Anschluß von Zwischendecken an bleibende Primärstützen spielt der
Bauablauf eine wesentliche Rolle. Werden die Zwischendecken von unten nach oben
eingebaut, so kann das Deckenauflager auf einfache Weise durch eine Stahlbetonummantelung der Stützen hergestellt werden. Werden die Decken dem Aushub folgend eingebaut,
haben sich Stahlauflager bei Stahlbeton- und Stahlstützen bewährt. Oftmals kommen
hierbei Sonderkonstruktionen zum Einsatz (Bild 4.2-47).

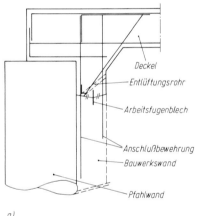

a)

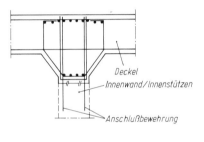

b)

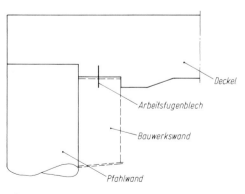

c)

Bild 4.2-46   Anschlüsse
Bauwerksinnenwände/Deckel
a) Biegesteifer Anschluß –
   Deckel/Bauwerkswand
b) Anschluß Deckel/Mittelwand
c) Gelenkiger Anschluß –
   Deckel/Bauwerkswand

Horizontalschnitt

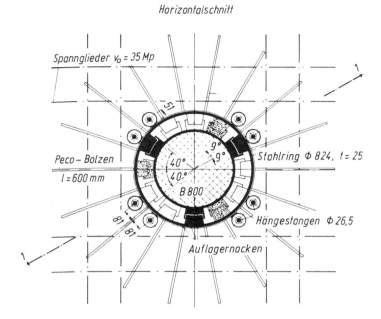

Schnitt 1-1

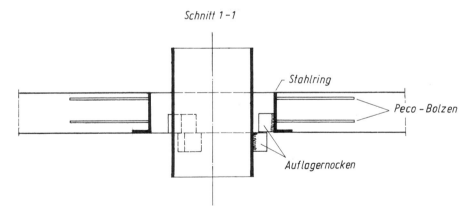

Bild 4.2-47   Auflager von Zwischendecken beim Senkdeckenverfahren nach [16]

4.2.9.3   Deckelschalung

Maßgebend für den Aufbau einer Deckelschalung sind die Anforderungen an die freigelegte Deckenuntersicht im Hinblick auf optische und maßliche Wünsche sowie der
anstehende Untergrund. Dementsprechend können drei Schalungstypen genannt werden:

- Erdform (verdichtetes Planum) + Trennfolie
- Erdform + Sauberkeitsschicht (5 bis 20 cm Beton) + Trennfolie
- Erdform + Sauberkeitsschicht + Schalung (einfachster bis anspruchsvollster Art)

Einen Sonderfall stellt der Deckel in Form eines Plattenbalkens dar. Hier ergeben sich
wiederum drei Herstellmöglichkeiten:

- Balken und Platte in Ortbeton bei konventioneller Schalung
- Balken in Ortbeton, Platte als Fertigteilplatte mit Ortbetonschicht
- Balken als Fertigteil, Platte wie vor (Bild 4.2-48)

4.2.9.4   Wandschalung

Bei zweischaligen Deckelbauweisen werden Wandschalungen in Form einhäuptiger Schalungen erforderlich. Wird auf den Einsatz eines Schalwagens verzichtet oder läßt dieser
sich nicht einsetzen, gibt es folgende Schalungstypen: (Bild 4.2-49 und 4.2-50)

- A-Bockschalung
- Abstützung gegen Innenbauteile
- Verankerung an der Außenwand
- Kombination von Verankerung und Abstützung

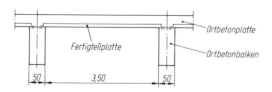

Querschnitt

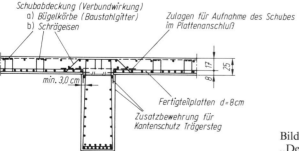

Bewehrungsanordnung

Bild 4.2-48   Ausführung eines
„Deckels" in Form eines Plattenbalkens
nach [21]

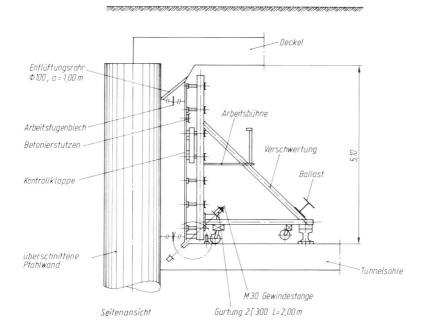

Entlüftungsrohr
Φ100, a = 1,00 m

Arbeitsfugenblech

Betonierstutzen

Kontrollklappe

überschnittene
Pfahlwand

Deckel

Arbeitsbühne

Verschwertung

Ballast

5,10

Tunnelsohle

M30 Gewindestange

Seitenansicht   Gurtung 2[300 L=2,00 m

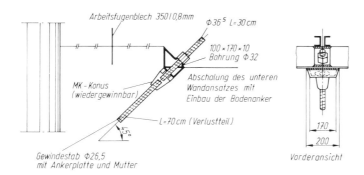

Arbeitsfugenblech 350|0,8mm

Φ36,5 L=30 cm

100 × 170 × 10
Bohrung Φ 32

MK-Konus
(wiedergewinnbar)

Abschalung des unteren
Wandansatzes mit
Einbau der Bodenanker

L=70 cm (Verlustteil)

Gewindestab Φ26,5
mit Ankerplatte und Mutter

170

200

Vorderansicht

Detail Schräganker

Bild 4.2-49   Einhäuptige Wandschalung in Form eines A-Bockes

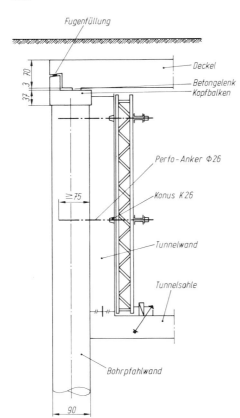

Bild 4.2-50   Einhäuptige Wandschalung mit Verankerung und Abstützung

Literatur zu Abschnitt 4.2

[1] VEDER, CHR.: Ausführung moderner Gründungen. Der Bauingenieur (1966), H. 6, S. 217–227

[2] Stachus Karlsplatz München. Festschrift, Landeshauptstadt München, U-Bahn-Referat

[3] Stadtbahn Rhein-Ruhr, BA Duisburg, Baulos 3. Druckschrift Stadt Duisburg

[4] Stadtbahn Rhein-Ruhr, BA Duisburg, Baulos 4. Druckschrift Stadt Duisburg

[5] PAUSE, H. und HILLESHEIM, F. W.: Bau der Metro Amsterdam. Der Bauingenieur (1975), H. 50

[6] Stadtbahn Rhein-Ruhr, BA Duisburg, Baulos 6/7. Druckschrift Stadt Duisburg

[7] BEHREND, J.: Schlitzwandbauweise beim U-Bahn-Bau in Köln. Der Bauingenieur 1970, Heft 4

[8] BEHREND, J.: Besonderheiten der Schlitzwandbauweise   Forschung + Praxis, Bd. 23, S. 71 ff

[9] U-Bahn Berlin, Baulos H. 111. Druckschrift Land Berlin

[10] U-Bahn Herne: Bauablauf im Los 3. Informationsblatt zum Stadtbahnbau, Stadt Herne 10/74

[11] TAMMS, F., BEYER, E., PAUSE, H. und WITTELER, H. G.: Die Kniebrücke in Düsseldorf. Bau des Rheinalleetunnels. Beton-Verlag GmbH, Düsseldorf

[12] REISSMANN, H.: Spannbetondeckel für eine unterirdische Stadtbahnstation in Bielefeld.
Spannbeton in der Bundesrepublik 1978–1982, S. 173 ff. Deutscher Betonverein Wiesbaden

[13] MICHALSKI, S.: Stadtbahn Stuttgart, Baulos F 1. Bauwirtschaft Heft 50, 12/1982

[14] LOERS, G.: Erfahrungen über Deckelbauweisen. Tunnelbau 1983. Verlag Glückauf GmbH, Essen

[15] LAENGLE, E. O.: Parkhaus in Untertagbauweise. Schweizerische Bauzeitung, Heft 43, 11/1977

[16] WALTHER, R.: Das Senkdeckenverfahren bei der Erstellung der Autoeinstellhalle des Kantonsspitals Basel. Schweizerische Bauzeitung, Heft 36, 9/1977

[17] STEINHÄUSER, G., WILL, M.: Bauverfahren und Ausführung des Straßentunnels „Westtangente Bochum". Unser Betrieb 1983, Nr. 34

[18] SACK, K.: Stützgewölbe zwischen Schlitzwänden als besondere Bauverfahren beim S-Bahn-Tunnel in München. Eisenbahningenieur 21 (1970), 3

[19] GÜNTER, M.: Last-Setzungsversuche an kurzen Großbohrpfählen. Geotechnik 1983/3

[20] Umweltfreundliches Bauverfahren für tiefe Baugruben in Städten. Technischer Bericht 11/1981, Philipp Holzmann AG

[21] STOLLWERK, F.: Verwendung von Fertigteilplatten als Schalelement für die Tunneldecke in der äußeren Favoritenstraße. „der Aufbau" 1976, Heft 3, Stadtbauamt Wien

[22] Empfehlungen des Arbeitsausschusses „Ufereinfassungen", EAU

4.3 Betonbauweisen beim Schildvortrieb*)

4.3.1 Vorbemerkungen

4.3.1.1 Allgemeines

Der Schildvortrieb gehört zu den „klassischen" Vortriebsverfahren, er wurde bereits im 19. Jahrhundert mehrfach angewendet. Er steht derzeit mit modernen bergmännischen Verfahren in Konkurrenz, kommt aber trotzdem, vor allem wegen seiner guten Anpassungsfähigkeit an wechselnde Bodenverhältnisse und seiner großen Nutzungsbreite, vielfach zur Ausführung. Der Schildvortrieb kann praktisch in allen Bodenarten ausgeführt werden. Der Schild und der in seinem Schutze hergestellte Ausbau stützen den Boden am Ausbruchrand jederzeit sicher ab, Grundwasser kann mit Absenkung, mit Hilfe von Druckluft oder mit entsprechenden Schildkonstruktionen beherrscht werden. Die Schilddurchmesser reichen heute vom gerade noch begehbaren Querschnitt bis etwa 12 m. Gegenüber anderen Verfahren kann sich auch die relativ hohe Vortriebsleistung beim Schildvortrieb vorteilhaft auswirken (Bild 4.3-1).

Bei den Schildkonstruktionen, Vortriebseinrichtungen und den gesamten Verfahrensweisen ist eine ständige Weiterentwicklung zu beobachten. Ausführliche Zusammenstellungen und Beschreibungen sowie die geschichtliche Entwicklung bis zum heutigen Stand sind in [1], [35] und [68] enthalten; zur Verdeutlichung der folgenden Ausführungen wird jedoch kurz auf die wesentlichen Einrichtungen und betrieblichen Vorgänge eingegangen.

4.3.1.2 Schildtypen

Handschilde:

Der Abbau des Bodens an der Vorderseite des Schildes (Ortsbrust) erfolgt überwiegend mit Hand; eine eventuell erforderliche Abstützung der Ortsbrust wird durch horizontale, in Etagen angeordnete Bühnen, gegebenenfalls mit Verbau, ermöglicht.

*) Verfasser: JÖRG HOGREFE
(s. a. Verzeichnis der Autoren, Seite V)

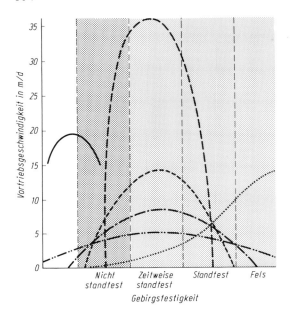

——— Hydroschild
— — — Vollmechanischer Schild
- - - - Teilmechanischer Schild
—·— Handschild
—··— Konventionelle Methoden
············ Neue Österreichische
            Tunnelbauweise

Bild 4.3-1
Schildvortrieb, Vortriebsge-
schwindigkeiten verschiedener
Verfahren in Abhängigkeit von
der Gebirgsfestigkeit, nach
DISTELMEIER [1]

Teilmechanische Schilde:

Der Abbau erfolgt überwiegend mit besonderen Geräten, z. B. Baggern oder Geräten mit
Meißel- oder Schneidkopfeinrichtung.

Vollmechanische Schilde:

Vorn offene und geschlossene Konstruktionen; der Ausbruch erfolgt mit Voll- und Teil-
schnittmaschinen verschiedener Bauart, aber auch – bei entsprechenden Bodenverhältnissen – mit Hochdruckwasserstrahl. Hierzu zählen u. a. der Schild mit flüssigkeitsgestützter
Ortsbrust (Bentonit- oder slurry-shield), bei dem der Ausbruchraum abgeschottet und zur
Stützung der Ortsbrust mit Suspension oder Wasser gefüllt wird, sowie die Schilde mit
erdgestützter Ortsbrust, bei denen die Stützung der Ortsbrust dadurch bewirkt wird, daß
aus dem durch eine Druckwand abgeschlossenen Ausbruchsraum nur soviel Material
abtransportiert wie gleichzeitig gelöst wird.

Messerschilde:

Der Schildmantel ist in schmale Messer aufgelöst, die einzeln oder in Gruppen vorgetrieben werden. Die Vortriebskräfte werden auf die beim Vortrieb in Ruhe befindlichen
Messer und von dort über Reibung in den umgebenden Boden übertragen, sodaß der
rückwärtige Ausbau – entgegen den zuvor genannten Schildtypen – hiervon nicht beansprucht wird.

Der ideale Querschnitt für den Schildvortrieb ist der Kreis. Für spezielle Aufgaben wurden auch schon Dachschilde oder Schilde mit Rechteck-, Hufeisen- oder Maulquerschnitt
eingesetzt. Weitere Sonderformen für Schilde können der genannten Literatur entnommen werden. Auf den Bildern 4.3-2a bis 4.3-2c sind drei typische Schildkonstruktionen
mit Einrichtung dargestellt.

Die Eignung von Schild und Maschine für verschiedene Böden ist in den Tabellen 4.3-1
und 4.3-2 S. 356/357 zusammengestellt ([68], Abschnitt E VI.3).

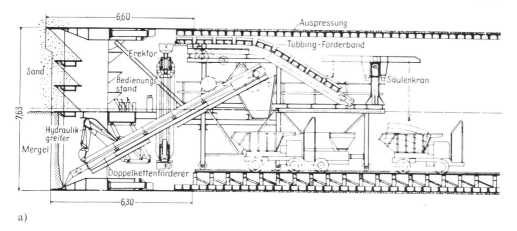

a)

b)

c)

Bild 4.3-2 Schildvortriebsmaschinen
a) teilmechanisch [45]
b) mit flüssigkeitsgestützter Ortsbrust [7]
c) Messerschild [83]

Tabelle 4.3-1   Eignung von Schild und Maschine in verschiedenen Böden unter Würdigung der Kosten [68]

Boden-/Gebirgsarten		Vortriebsschild bzw. Schildmaschine					
		offen			geschlossen		
		Hand-Schild	Teilmech. Schild	Vollschn.-maschine	Verdräng.-Schild	Flüssigkeits-gest. Schild	Erddruck-ausgl. Schild
Schlamm/Ton	weich	▲	□	□	▲▲	S	▲▲
	steif	▲▲	▲▲	▲▲	□	S	▲
Sand	locker	▲	▲	▲	□	▲▲	▲
	dicht	▲▲	▲▲	▲▲	□	▲	▲▲
Kies	locker	▲	▲	▲	□	▲▲	▲
	dicht	▲▲	▲▲	▲▲	□	▲	▲▲
Konglomerat	m.RS*)	▲	▲	▲	□	▲	▲
	fest	▲▲	▲▲	▲▲	□	▲	□
Steine/Findlinge		▲▲	▲	▲	□	▲	□
mildes Gestein		▲▲	▲	▲	□	▲	□

Zeichenerklärung
zu Tabelle 4.3-1
und
Tabelle 4.3-2

*)	mit Rollschichten (m. RS)
□	meistens ungeeignet
▲	Eignung muß durch eingehende Untersuchung geprüft werden
▲▲	meistens gut geeignet
–	keine zusätzlichen Stabilisierungsmaßnahmen erforderlich
ci	chemische Injektionen
ciw	chemische Injektionen oder Wasserhaltungsmaßnahmen (Druckluft)
S	hoher Aufwand für die Separierung der Feststoffe
E	Eignung ohne zusätzliche Stabilisierungsmaßnahmen
Z	Eignung bei Durchführung zusätzlicher Stabilisierungsmaßnahmen
**)	flüssigkeitsgestützte Vollschnittmaschine
EDA	erddruckausgleichende Vollschnittmaschine

Tabelle 4.3-2 Eignung von Schild und Maschine in verschiedenen Böden unter Anwendung zusätzlicher Stabilisierungsmaßnahmen (Tunnel unter Grundwasserspiegel) [68]

Boden-/Gebirgsarten	Standard Penetration Test N	Wassergehalt w [%]	Konsistenz bzw. Lagerung	Hand-Schild E	Hand-Schild Z	Teilmech. Schild E	Teilmech. Schild Z	Vollschn.-maschine E	Vollschn.-maschine Z	Verdräng.-Schild E	Verdräng.-Schild Z	Hydro**) + EDA-Schild E	Hydro**) + EDA-Schild Z
Ton mit organischen Beimengungen	0	>300	flüssig	□	□	□	□	□	□	▲▲	▲	□	▲
Schluff und Ton	0–2	>100	sehr weich	□	▲	□	□	□	□	▲▲	–	▲S*	▲▲ci
Schluff, sandig und Ton	0–5	>80	weich	□	▲	□	□	□	□	▲	–	▲S*	▲▲ci
Schluff, sandig und Ton	5–10	>50	mittel	▲	▲▲ci	□	▲	▲	▲▲ci	□	–	▲▲S*	–
Lehm und Ton	10–20	<50	steif	▲▲	–	▲▲	–	▲	–	□	□	▲S*	–
Lehm, sandig und Ton	15–25	<50	sehr steif	▲▲	–	▲▲	–	▲	–	□	□	▲S*	–
Steife Lehme und Tone	>20	<20	s. steif – hart	▲	–	▲▲	–	▲	–	□	□	▲	–
Sand mit Schluff und/oder Ton	10–15		locker	▲	▲▲ci	▲	▲▲	▲	▲▲ci	□	□	▲	–
Sand, locker	10–30		mitteldicht	□	▲ciw	▲	▲▲ciw	□	▲ciw	□	□	▲	▲▲ci
Sand, dicht	>30		dicht	▲	▲▲ciw	▲	▲ciw	▲	▲▲ciw	□	□	▲	–
Sand und Kies, locker	10–40		mitteldicht	□	▲ciw	▲	▲▲ciw	□	▲ciw	□	□	▲	▲▲ci
Sand und Kies, dicht	>40		dicht	▲	▲▲ciw	▲	▲▲ciw	▲	▲▲ciw	□	□	▲	–
Sand und Kies mit Steinen				□	▲ciw	▲	▲ciw	□	□	□	□	▲	–
Steine/Findlinge				□	▲ciw	▲	▲ciw	□	□	□	□	□	□

4.3.1.3 Arbeitsvorgänge

Im Schutze des Schildes wird an der Ortsbrust der Boden abgebaut und in seinem rückwärtigen Bereich, dem Schildschwanz, die äußere Tunnelschale eingebaut.

Beim Ausbau mit Tübbings stützen sich die Pressen während des Vortriebs gegen den zuletzt eingebauten Ring ab und drücken den Schild um die Breite eines Tunnelrings vor. Der zwischen dem Boden und der Tunnelauskleidung entstehende Spalt, der sich aus der Dicke des Schildschwanzbleches, dem erforderlichen Spielraum für den Ringbau sowie aus der Kurvenfahrt des Schildes ergibt, muß sofort mit Mörtel verpreßt werden, um ein Nachsacken des Bodens zu verhindern.

Für die Außenschale eignen sich Fertigteile (Tübbings) aus Stahl, Stahlguß, Gußeisen oder Stahlbeton, sowie geschalter Ortbeton, der unbewehrt, bewehrt oder auch als Stahlfaserbeton eingebaut werden kann. Innenschalen, soweit erforderlich, und der von der jeweiligen Nutzung des Tunnels abhängige Innenausbau werden überwiegend aus Beton bzw. Stahlbeton hergestellt. Dies trifft auch für unterirdische Bahnhofsanlagen mit Ein- und Ausgängen, Quergängen zwischen Tunnelröhren, für Lüftungsbauwerke und sonstige Einbauten zu.

Im folgenden werden schildvorgetriebene Tunnelbauwerke behandelt, deren wesentliche Bauteile aus Beton, Stahlbeton oder auch Stahlfaserbeton bestehen.

4.3.2 Tunnelsysteme

4.3.2.1 Allgemeines

Man unterscheidet einschalige und mehrschalige Tunnelsysteme. Die Auswahl eines bestimmten Tunnelsystems ist wesentlich von seiner Nutzung, den örtlichen Verhältnissen und den Kosten abhängig. Besondere Bedeutung haben auch die Anforderungen an die Abdichtung, da schildvorgetriebene Tunnelbauwerke meist ganz oder teilweise im Grundwasser liegen.

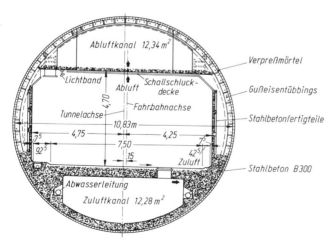

Bild 4.3-3 Tunnelauskleidung mit Gußeisen, Innenausbau mit Beton- und Stahlbeton (Elbtunnel Hamburg) [81]

Die Entwicklungsrichtung geht seit Jahren zum „einschaligen Tunnelsystem", wobei
der Herstellung mit Stahlbetonfertigteilen oder Ortbeton vermehrt der Vorzug gegeben
wird. Bei früheren Ausführungen in einschaliger Bauweise herrschte die Verwendung von
Gußtübbings vor, Beton und Stahlbeton wurde nur für den funktionsbedingten Innenausbau oder als Verblendung eingebaut (Bild 4.3-3).

4.3.2.2 Mehrschalige Bauweisen

Stahlbetontübbings wurden – zumindest im Bereich des unterirdischen Verkehrswege-
baus – lange Zeit nur zusammen mit einer Stahlbetoninnenschale und dazwischenliegen-
der Abdichtung verwendet (Bild 4.3-4a). Infolge der Verbesserungen in der Betonherstellung und der damit verbundenen höheren Betonqualität wurde seit den 70er Jahren vermehrt wasserundurchlässiger Beton für die Innenschalen eingebaut, eine besondere Abdichtung konnte damit entfallen. (Bild 4.3-4b), [70].

Beim zweischaligen Ausbau müssen die Tübbings als Außenschale und erste Ausbruch-
sicherung die Belastungen des Bauzustandes aufnehmen; im Endzustand übernimmt die
Außenschale entweder vollständig oder teilweise die Erddrucklasten, während der Innenschale Wasserdruck und anteilige Erddruckkräfte zugewiesen werden.

Die Abdichtung zwischen Außen- und Innenschale war in der Vergangenheit wie folgt
aufgebaut:

– Ausgleichsputz auf der Außenschale bzw. auf den Tübbings;
– Voranstrich;
– mehrlagige bituminöse Dichtung nach dem Gieß- und Einwalzverfahren
  oder nach dem Flamm-Schmelz-Klebeverfahren;

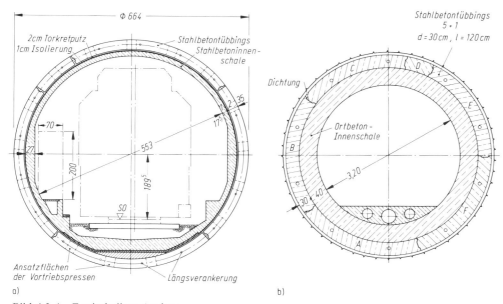

Bild 4.3-4   Zweischaliger Ausbau
a) mit Abdichtung zwischen Innen- und Außenschale [45]
b) mit WU-Beton für die Innenschale (Tiefdüker Dradenau, Hamburg) [69]

– einlagige, metallische Dichtungsfolie aus Kupfer oder Aluminium;
– Putzschicht auf der Abdichtung als Schutz gegen Beschädigungen
  (hauptsächlich durch das nachfolgende Verlegen der Bewehrung).

Die Bitumenabdichtungsbahnen erfordern eine ebene und trockene Klebefläche, die Fugen zwischen den Stahlbetontübbings müssen dementsprechend gedichtet und abgeglichen sein.

Die Anforderungen an wasserundurchlässigen Beton sind in DIN 1045, Abschnitt 6.5.7.2 definiert, häufig werden regional verschärfte Forderungen erhoben.

Statt Fertigteilen wird für die Außenschale auch Ortbeton in Schalung (unbewehrter Beton, Stahlbeton oder Stahlfaserbeton) verwendet.

Eine Sonderform der mehrschaligen Bauweise kam beim Trinkwasserstollen Schäftlarn-Baierbrunn zur Ausführung (Bild 4.3-5). Der zwischen Außenschale (Stahlbetontübbings) und Innenschale (Spannbetonrohr) verbleibende Raum wurde nachträglich mit einem Spezialmörtel mit hoher Fließfähigkeit verfüllt.

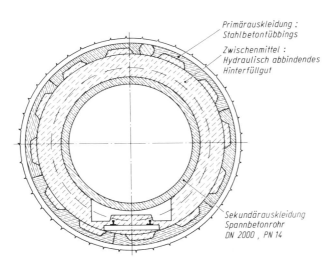

Primärauskleidung :
Stahlbetontübbings

Zwischenmittel :
Hydraulisch abbindendes
Hinterfüllgut

Bild 4.3-5 Dreischalige
Auskleidung (Trinkwasserstollen
Schäftlarn-Baierbrunn) [69]

Sekundärauskleidung
Spannbetonrohr
DN 2000 , PN 14

4.3.2.3 Einschalige Bauweisen

Mit zunehmender Verbesserung der Fertigung von Stahlbetonfertigteilen und der Qualität der Dichtungsmaterialien wurde die Tunnelherstellung in einschaliger Bauweise möglich, auch in Bereichen mit drückendem Grundwasser. Das Problem der Dichtung kann durch die Verwendung von Elastomerbändern als gelöst betrachtet werden. In [69], Abschnitt E VI, Tabelle 10 sind die bisher in einschaliger Bauweise erstellten Tunnelbauwerke aufgeführt; zwei typische Querschnitte sind auf den Bildern 4.3-6a und 4.3-6b gezeigt.

Einschalige Tunnel aus Ortbeton kamen wegen der im Abschnitt 4.3.4.1 dargelegten Herstellungsprobleme bisher nicht so häufig zur Anwendung; Ausführungsbeispiele sind auf den Bildern 4.3-7a und 4.3-7b dargestellt.

Tübbings bzw. Ortbetonschalen müssen beim einschaligen Tunnel alle im Bau- und Endzustand auftretenden Belastungen übernehmen; die Anforderungen an die Dichtigkeit müssen durch eine entsprechende Betonqualität und Fugenausbildung erfüllt werden.

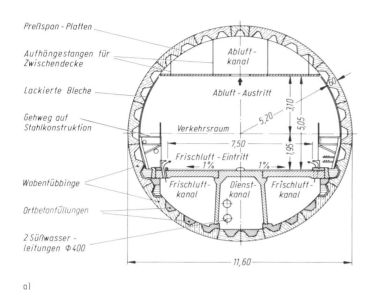

a)

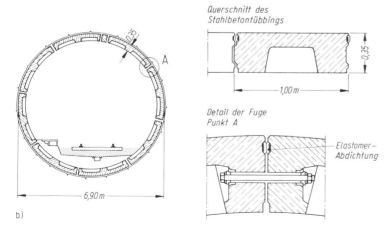

b)

Bild 4.3-6   Einschaliger Ausbau
a) Suezkanal-Tunnel [87]
b) U-Bahn München Los 7.1 [88]

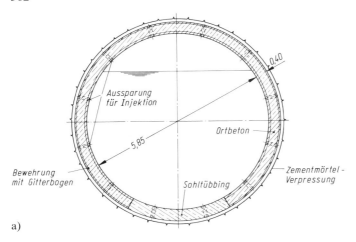

a)

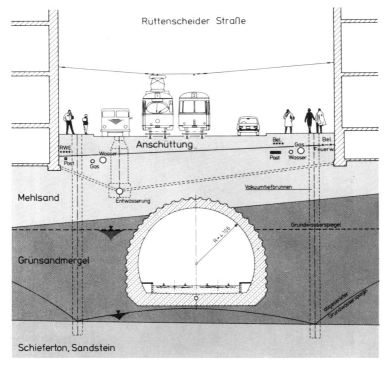

Querschnitt

b)

Bild 4.3-7   Ortbeton-Ausbau
a) Altmühlüberleiter-Stollen mit Stahlbetonschale und Sohltübbing [15]
b) U-/Stadtbahn Essen, Betonschale, Vortrieb mit Messerschild

4.3.3   Tunnelausbau mit Stahlbetonfertigteilen

4.3.3.1   *Allgemeines*

Stahlbetonfertigteile (Tübbings) werden für ein- und zweischalige Tunnelbauwerke verwendet. Bei der einschaligen Bauweise können Blocktübbings (Bild 4.3-8a) oder Kassettentübbings (Bilder 4.3-9a und 4.3-9b) zum Einsatz kommen. Eine Sonderform des Blocktübbings ist der mehrfach angewendete Wendeltübbing (Bild 4.3-8b). Bei der zweischaligen Bauweise dienen die Fertigteile zur Herstellung der Außenschale, es kommen meist Blocktübbings zur Anwendung.

a)

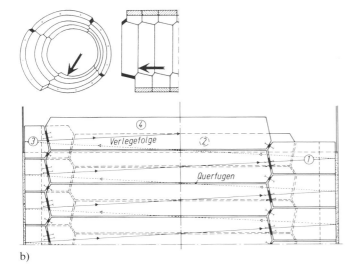

b)

Bild 4.3-8
Blocktübbings
a) Tiefdüker Dradenau,
   Hamburg, Ringmodell
   im Maßstab 1 : 1 [84]
b) Wendeltübbing [7]

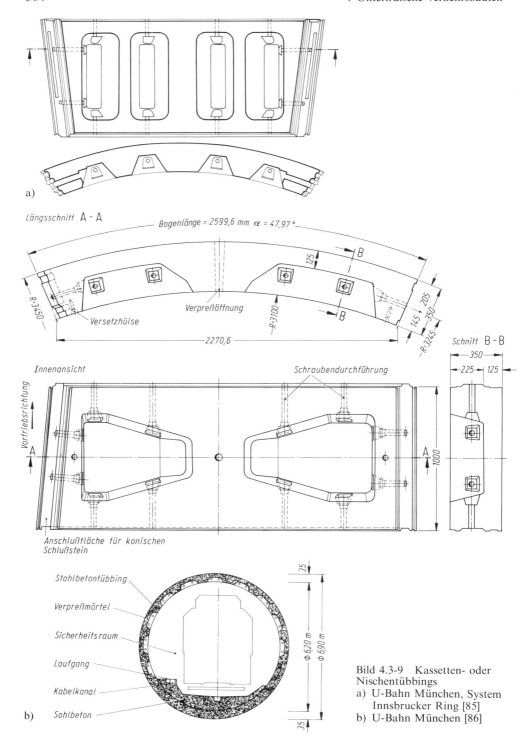

a)

Längsschnitt A - A

Bogenlänge = 2599,6 mm α = 47,97°

125

B

205

350

145

R-3245

R-3450

Verpreßöffnung

Versetzhülse

R-3100

B

2270,6

Schnitt B-B

350

225   125

Innenansicht

Schraubendurchführung

Vortriebsrichtung

A   A

1000

Anschlußfläche für konischen
Schlußstein

35

Stahlbetontübbing

Verpreßmörtel

Sicherheitsraum

ϕ 620 m
ϕ 690 m

Laufgang

Kabelkanal

Sohlbeton

35

b)

Bild 4.3-9 Kassetten- oder
Nischentübbings
a) U-Bahn München, System
   Innsbrucker Ring [85]
b) U-Bahn München [86]

Die Tübbingsegmente sind allseitig durch Fugen getrennt. Als Ringfugen werden die Fugen bezeichnet, die einen Tunnel entlang seiner Achse in einzelne Ringe unterteilen. Längs- oder Stoßfugen unterteilen den Ring in einzelne Segmente.

4.3.3.2   Tübbing-Geometrie

Die Geometrie der Tunnelringe aus Stahlbetonfertigteilen ist der von Gußtübbings nachempfunden. Zum Auffahren von Raumkurven sind bei Gußtübbings ein gerader und ein konischer Ring (Bild 4.3-10a) erforderlich; der konische Ring kann wegen seiner glatten Ringfugen und wegen der Form des Schlußsteines entweder als Links- oder als Rechtsring eingebaut werden. Beim konischen Ring steht eine der beiden Ringfugenebe- nen nicht senkrecht zur Tunnelachse. Damit sind Kurven jeder Art auffahrbar.

Bei Verwendung von Stahlbetontübbings sind für das Auffahren von Raumkurven normalerweise neben geraden oder parallelen Ringen rechts- und linkskonische Ringe erforderlich (Bild 4.3-10b). Seit jeher besteht das Bemühen, anstelle von drei relativ auf- wendigen und deshalb teueren Stahlschalungssätzen (Bild 4.3-10b) nur noch einen herstel- len zu müssen. Zudem ist entlang einer Tunnelstrecke die genaue Anzahl von geraden, links- und rechtskonischen Ringen nicht von vornherein bekannt, da ein Teil der koni- schen Ringe zum Ausgleich unvorhersehbarer Differenzen zwischen Ist- und Sollfahrt des Schildes benötigt wird.

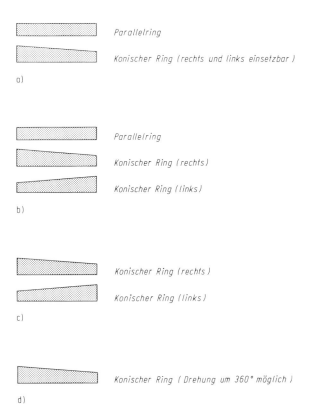

Bild 4.3-10
Ringgeometrie
a) Gußtübbing-Ausbau
b) Stahlbetontübbing-Ausbau
   bei kleinen Trassierungsradien
c) Stahlbetontübbing-Ausbau
   bei großen Trassierungsradien
d) Universalring

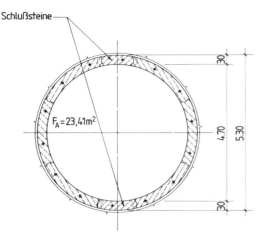

Schlußsteine

$F_A = 23,41 m^2$

30

4,70

5,30

30

Bild 4.3-11
Tübbingring mit 2 Schlußsteinen
(Hauptsammler Cloaca Maxima, Buenos Aires, Argentinien)

Das System „Innsbrucker Ring", das für die U-Bahn in München, Los 5 der Linie 5/9 zur Ausführung kam (Bild 4.3-9a), ist der erste bisher konzipierte Universalring (Bild 4.3-10d). Dieser Ring ist konisch ausgebildet und basiert auf einer Kombination von 4 Grund- und 4 Schlußsteinen, die jedoch relativ groß und daher schwieriger einzubauen sind als die sonst üblichen kleineren Schlußsteine.

Weiterführende Überlegungen haben zu einem Universalsystem mit zwei sich gegenüberliegenden Schlußsteinen geführt, das für die Beschreibung von Raumkurven ebenfalls mit nur einem Ringtyp auskommt und bei einigen Auslandsprojekten zur Ausführung kam (Bild 4.3-11).

Eine Annäherung an die Wunschvorstellung des Universalringes stellt der Verzicht auf den parallelen Ring dar (Bild 4.3-10c). Mit einem rechts- und einem linkskonischen Ring läßt sich ebenfalls jede Raumkurve auffahren, jedoch etwas rauher, als dies unter Zuhilfenahme des geraden Ringes möglich wäre. Dieses System ist nur sinnvoll, wenn die aufzufahrenden Halbmesser groß sind und demzufolge die Ringe nur gering konisch sein müssen.

Eine Neigung beider Ringfugenebenen würde die oben erwähnte Rauhigkeit reduzieren, sie bringt aber erhöhten Aufwand und Schwierigkeiten bei der Herstellung der Schalungsformen mit sich.

Der Schlußstein ist das Segment, welches zuletzt eingebaut wird und somit den Ring schließt; er unterliegt den gleichen Entwurfskriterien wie die Stahlbetontübbings selbst. Seine Form läßt sich unterscheiden in

– keilförmige, schmale und kompakte Schlußsteine,
– tübbingähnliche Schlußsteine in Block- oder Kassettenform.

Bei bestimmten Systemen kann auf den Schlußstein verzichtet werden. Hierzu gehört z. B. der Ausbau mit Wendeltübbings (Bild 4.3-8b). Weiterhin kann ein Schlußstein entfallen, wenn der Tübbing so schmal ist, daß das letzte, ringschließende Segment von der Schildseite her eingeschoben werden kann oder die Tübbinglänge im Vergleich zum Tunnelumfang so klein ist, daß das letzte Segment von innen eingebracht werden kann. Ausgeführt wurden außerdem Lösungen, bei denen der Ringschluß durch Ortbeton hergestellt wurde. Durch Aufweiten des fast vollständigen Ringes kann der Einbau des Schlußsteines

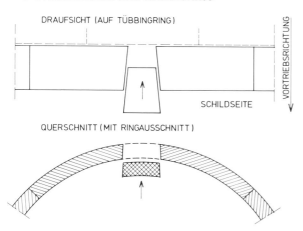

Bild 4.3-12   Schlußstein – Einbau (schematisch)

erleichtert, in manchen Fällen dadurch erst ermöglicht werden (expanded linings). Vielfach wird der Schlußstein in Tunnellängsrichtung konisch und die Längsfugen werden gegen die Radiale verschwenkt ausgebildet. Dadurch ist ein Einbau von innen mit gleichzeitigem Einschieben vom Schild aus möglich (Bild 4.3-12).

4.3.3.3   Fugenausbildung

In den Fugen zwischen den Tübbingsegmenten müssen Längs- und Querkräfte übertragen werden, außerdem muß in der Regel eine Abdichtung gegen Grundwasser möglich sein. Die Ausbildung der Fugen hat wesentlichen Einfluß auf die Steifigkeit des Gesamtsystems. Durch versetzte Längsfugen, Verzahnung der Ringfugen und gezielte Ausbildung von Kontaktstellen, wahlweise in Verbindung mit Verschraubungen oder Verdübelungen, kann eine statisch wirksame „Koppelung" und damit ein relativ steifes Gesamtsystem erreicht werden.

Der Nachteil eines solch steifen Ausbausystems ist die Anfälligkeit für Schäden; die Zwangsberührungspunkte in den Ringfugen sind oft Ursache von Betonabplatzungen, die zumindest an den Außenseiten nicht mehr reparabel sind. In [69], E VI wird daher empfohlen, auf Zwangsberührungspunkte dieser Art zu verzichten und die Profilierung der Ringfugen nur noch als Zentrierhilfe für den Ringbau vorzusehen. Zur Aufnahme der in den Ringfugen auftretenden Querkräfte ist die Reibung auf den Berührungsflächen meist ausreichend. Derzeit übliche Ausbildungen für Ringfugen sind schematisch auf den Bildern 4.3-13a und 4.3-13b dargestellt.

In den Längsfugen müssen die Schnittkräfte aus äußeren, gegebenenfalls auch inneren Belastungen übertragen werden. In die Berechnung können sie als Betongelenke eingeführt werden (siehe auch Abschnitt 4.3.7.4).

Längsfugen werden entweder durchgehend oder versetzt angeordnet. In der Bundesrepublik wird – insbesondere bei einschaligen Bauweisen – der versetzten Anordnung der Vorzug gegeben; dies führt zu einem steiferen Gesamtsystem, aber auch zu mehr Stabilität im Montagezustand und einer Minderung ungewollter Ringverformungen.

Die verschiedenen Gelenkformen sind auf den Bildern 4.3-14a bis 4.3-14c dargestellt.

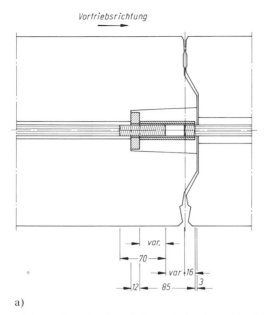
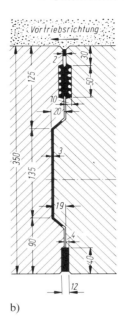

Bild 4.3-13   Ringfuge (Schematische Darstellung)
a) Feder und Nut (mit Längsanker)
b) Nocken und Töpfe

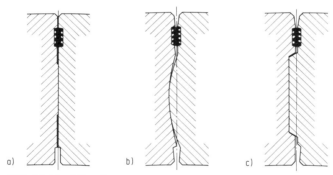

Bild 4.3-14   Längsfuge
a) Gelenk mit zwei ebenen Flächen [80]
b) Wälzgelenk [69]
c) Gelenk mit Nut und Feder [69]

Der Fugentyp nach Bild 4.3-14b ist in England unter Namen wie „Spun Concrete
Flexilok", „Spun Concrete Extraflex", „Charcon Rapid" oder „Rees Mini" bekannt [4].
Er kam für Ringe zwischen 1,0 m und 3,6 m Durchmesser zur Ausführung. An einem
Tunnel wurde die Verkürzung des vertikalen und die Vergrößerung des horizontalen
Durchmessers im direkten Vergleich mit verschraubten Ringen gemessen. Es zeigten sich
keine wesentlichen Unterschiede in den Verformungen [4]. Der Gubrist-Tunnel in der
Schweiz mit einem Durchmesser von ca. 11,45 m wurde ebenfalls mit dem Fugentyp b
ausgeführt (Bild 4.3-14b).

Aus montagetechnischen, konstruktiven und statischen Gründen werden in den meisten Fällen Verbindungsmittel vorgesehen, die die Fugen durchdringen. Sie werden entsprechend der Fugengestaltung in Tunnellängsrichtung und in Ringrichtung angeordnet.

Bei einschaliger Bauweise mit Abdichtung aus umlaufenden Elastomerbändern ist z. B. eine Verschraubung der Tübbings erforderlich, um die Dichtung durch ausreichendes Zusammendrücken des Elastomerprofiles zu gewährleisten.

Die statischen Beanspruchungen der Verbindungsmittel hängen neben der äußeren und inneren Tunnelbelastung weitgehend von der konstruktiven Gestaltung und Lage der Fugen ab. Als Belastung kommen im wesentlichen Zugkräfte in Frage (z. B. infolge Momentenübertragung, Druckluftbetrieb oder Rückstellkräften).

Daß Tunnel auch ohne jegliche Verbindungsmittel erstellt werden können, haben Ausführungen in Rußland und England gezeigt, jedoch muß hierzu erwähnt werden, daß kein Grundwasser vorhanden war und die Bodenverhältnisse so gut waren, daß teilweise ohne Schildschwanz gearbeitet werden konnte.

4.3.3.4 *Abdichtungen*

Abdichtungen haben das Eindringen von Wasser ins Tunnelinnere oder umgekehrt das Entweichen nach außen (z. B. bei wasserführenden Leitungen) zu verhindern. Dabei ist auch die eventuell vorhandene Aggressivität des Wassers zu berücksichtigen, da Beton und Stahl von aggressiven Bestandteilen des Wassers angegriffen und zerstört werden können.

Die abdichtende Wirkung muß auch bei Relativbewegungen der Bauteile „dauerhaft" aufrechterhalten bleiben. Das Dichtungsmaterial kann durch Wasserdruck und Bewegungen der Bauteile (Setzungen und Verformungen) auf Druck, Zug, Biegung oder Schub bzw. Kombinationen davon beansprucht werden. Bei Stahlbetonfertigteilen können Einflüsse aus Schwinden, Quellen und Kriechen des Betons praktisch vernachlässigt werden, da diese Bauteile schon beim Einbau ein gewisses Alter haben und die Umgebung des Tunnelbauwerks als „feucht" eingestuft werden kann.

Art und Umfang der Abdichtung hängen neben den örtlichen Wasserverhältnissen wesentlich von den Anforderungen an die Dichtigkeit ab. Beispielhaft seien die Dichtungsanforderungen der Deutschen Bundesbahn für Eisenbahntunnel nach der DS 853 genannt [1] Abschnitt X. Eine Zusammenstellung der allgemeinen Einflußfaktoren und ihre Einwirkungen auf die Fugendichtungen zeigt Bild 4.3-15.

Die Abdichtung von Stahlbetonfertigteilen bei einschaligen Tunnelbauwerken ist seit der Entwicklung dieser Bauweise ständig verbessert worden [82].

In der Vergangenheit wurden, insbesondere im Ausland, starre und inflexibele Fugendichtungen auf Zementbasis (quellender Zement, teilweise mit Zusatz von Asbestfasern) verwendet, mit dem Nachteil, daß Fugenbewegungen zu Ablösungen und Rissen im Fugenbereich führten. Eine dauerhafte Dichtung war nicht zu erreichen. Die üblichen Anforderungen an die Fugendichtungen können, wie in umfangreichen Untersuchungen von der STUVA ermittelt wurde [17], nur von flexiblen, d. h. überwiegend elastischen Materialien auf Kunststoffbasis erfüllt werden.

In der Praxis werden derzeit für die Abdichtung gegen Druckwasser überwiegend Elastomerbänder verwendet, entweder in einer Nut im Stoßbereich oder seltener in einer Nut an der Innenkante der Fertigteile. Die Bilder 4.3-13 und 4.3-14 zeigen Ausführungsbeispiele mit im äußeren Fugenbereich angeordneten Dichtungsbändern. In [69] E VI, Bild 54 sind verschiedene Profiltypen angegeben.

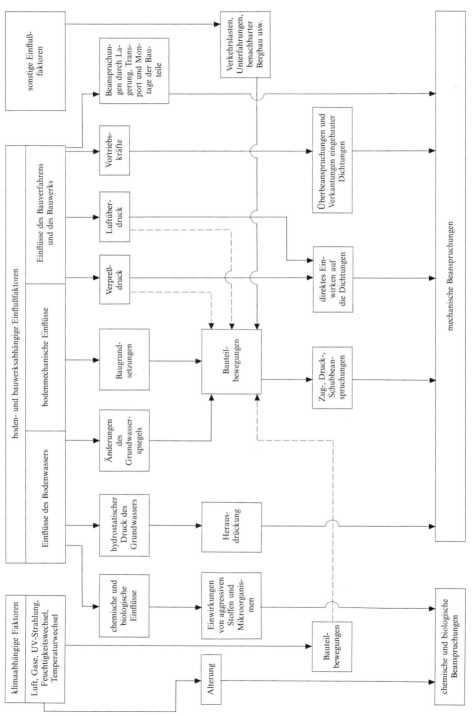

Bild 4.3-15 Allgemeine Einflußfaktoren und ihre Einwirkung auf die Fugendichtungen [17]

Die Unterbringung der Fugendichtung beeinflußt auch weitgehend die Wanddicke der Tübbings; sie ergibt sich aus konstruktiven Gründen meist schon zu mindestens 30 cm.

Als problematisch hat sich die Abdichtung des T-förmigen Fugenstoßes bei versetzten Längsfugen erwiesen. Eine befriedigende Lösung dieses Problems wurde durch ausvulkanisierte Ecken mit keilförmigem Vorsprung erzielt. Die Abdichtung von kreuzförmigen Fugenstößen mit Elastomerbändern gilt nach heutigem Stand der Technik als nicht befriedigend lösbar, so daß auf einen Versatz der Längsfugen bei dieser Abdichtungsmethode vorläufig nicht verzichtet werden kann.

Die Abdichtung beruht auf dem Zusammendrücken der in die Fugen eingeklebten Profilstreifen. Dies erfolgt im Bauzustand durch die Vorpreßkräfte und – falls erforderlich – durch Schrauben oder Klammern. Im Endzustand wirken in Ringrichtung die äußeren Kräfte, in Tunnellängsrichtung bleiben die Zusammendrückungen durch die Vorpreßkräfte infolge der Verspannung zwischen Tübbingring und Boden (Ringspaltverpressung) weitgehend erhalten.

Die Verschraubung der Tübbings muß im Hinblick auf die Abdichtung mindestens auf die Rückstellkraft dimensioniert werden [69] E VI, Bild 54.

Ein anderes Dichtungsverfahren beruht auf der Verwendung von Quellgummi, der sich bei Wasserzutritt um ein Mehrfaches vergrößert und damit einen abdichtend wirkenden Quelldruck auf die Tübbingsegmente ausübt. Quellgummi kann nur dann als zuverlässige Dichtung angesehen werden, wenn er ständigem Wasserdruck ausgesetzt und gegen Verschiebung und Ausweichen gesichert ist. Die Dauerbeständigkeit kann derzeit noch nicht abschließend beurteilt werden. Angewendet wurde dieses System für die Fugendichtung der Außenschale des Tiefdükers Dradenau in Hamburg (Bild 4.3-4b).

Bei einschaligem Ausbau mit Stahlbetonfertigteilen werden an der Innenseite Möglichkeiten für eine nachträgliche Dichtung vorgesehen. Hierfür werden in der Regel schwalbenschwanzförmige Nuten mit Abmessungen von mindestens 10 mm Weite und 50 mm Tiefe angeordnet. Als Dichtungsmaterial kommt in Deutschland meist Epoxydharzmörtel zur Anwendung.

4.3.3.5 Herstellungskriterien

Tübbings aus Beton bzw. Stahlbeton werden im Fertigteilwerk oder in einer Feldfabrik hergestellt. Statik, Montage und Dichtigkeit der Fugen erfordern eine große Herstellungsgenauigkeit und Formhaltigkeit. In [69] Abschnitt E VI sind zulässige Maßabweichungen der Einzelsegmente anhand eines Beispiels für einen Bereich der lichten Durchmesser von 5 bis 7 m angegeben. Die strengen Anforderungen an die Maßhaltigkeit der Schalung und die Forderung nach vielfachem Einsatz haben dazu geführt, daß die Schalungen in der Regel aus Metall gefertigt werden.

Die Qualitätsansprüche an den Beton können – je nach Funktion der Tübbings – verschieden sein. Für Verkehrstunnel sollte bei mehrschaliger Ausführung grundsätzlich B 35, bei einschaliger Ausführung B 45 verwendet werden [69]. Soweit erforderlich, muß die Wasserundurchlässigkeit und die Unempfindlichkeit gegenüber aggressiven Einwirkungen gewährleistet sein. Weitere Forderungen hinsichtlich Qualität und Herstellung sind in [69] Abschnitt E VI zusammengestellt.

4.3.4 Tunnelausbau mit Ortbeton

4.3.4.1 Allgemeines

Beim Schildvortrieb ist die Verwendung von Ortbeton für die äußere Tunnelschale aus zwei Gründen problematisch:

– Abtragung der Vortriebskräfte,
– Einbau von Bewehrung.

Bisher wurde in den meisten Fällen unbewehrter Beton eingebaut; neuerdings wird auch stahlfaserbewehrter Beton – bei Querschnitten bis zur Größe eingleisiger U-Bahn-Tunnel – verwendet. Die Entwicklung in dem Bereich „Ortbetonausbau" ist noch voll im Gange, und es kann vorausgesetzt werden, daß die derzeit noch vorhandenen Probleme befriedigend gelöst werden. Vor- und Nachteile dieser Bauweise sind in [69] Abschnitt E VI eingehend behandelt.

4.3.4.2 Bisher bekannte Verfahren

Eines der bekanntesten Verfahren zur Herstellung von Ortbetonröhren mit herkömmlichen Schilden hat HALLINGER [46] entwickelt. Danach werden im Schutze des Schildschwanzes Stahlbögen aufgestellt, nach innen verschalt und dann der Beton für den tragenden Ring eingebracht. Die Pressenkräfte stützen sich dabei auf den frischen Beton ab, der dadurch verdichtet und in den Spalt hineingepreßt wird, den das Schildschwanzblech hinterläßt.

Ein anderes Verfahren ist das von PAPROTH [35]. Dabei wird statt des Betons ein Korngerüst eingebracht, das während des Vortriebes mit Mörtel verpreßt wird. Die Pressen stützen sich teilweise auf das Korngerüst und teilweise auf die innere Schalung ab. Im Falle von bindigen, weichen Schichten wird auf der Außenseite ein dünnes Blech eingelegt, das das Eindringen des Korngerüstes in die weichen Schichten verhindert.

Mit der Verwendung des Messerschildes hat die Ortbetonbauweise erheblich größere Bedeutung erreicht. Diese Bauweise ermöglicht es, Tunnel mit großem Durchmesser bzw. von der Kreisform abweichenden Querschnitten aufzufahren. Das Problem der Pressenkraftableitung besteht beim Messerschild nicht, da die Pressenkräfte auf das umgebende Erdreich übertragen werden. Beispiele für Messerschilde in Verbindung mit einer Ortbetonschale sind der Altmühlüberleiter-Stollen (Bild 4.3-7a) und das Baulos Rüttenscheider Straße der U-/Stadtbahn Essen (Bild 4.3-7b). Ziel aller derzeitigen Bestrebungen ist es, hinter einer Vortriebsmaschine bzw. hinter dem Schild die endgültige Sicherung des Tunnels gleichzeitig mit dem Vortrieb kontinuierlich herstellen zu können. Es wurden z. B. umsetzbare Schalungen entwickelt, teilweise mit einer Stirnschalung als Preßring [1] II. 8.

Eine weiterentwickelte Ausführungsweise mit „Extru-Beton" (extrudierter unbewehrter Beton als Tunnelauskleidung) wird in [71] beschrieben. Beim Bau der Metro Lyon (Außendurchmesser 6,50 m) wurde wasserführender kohäsionsloser Kiesboden mit einem Schild mit flüssigkeitsgestützter Ortsbrust durchfahren; die 30 cm dicke Primärschale wurde unmittelbar hinter der Vortriebsmaschine extrudierend mit unbewehrtem Beton hergestellt. Der Beton wurde durch die Stirnschalung gepumpt; die innere Begrenzung bestand aus einer umsetzbaren Stahlschalung, nach vorn schloß eine ringförmige, gleitende Stirnschalung ab, die federnd abgestützt war und mit dem Druck des eingepumpten Betons vorwärts geschoben wurde (Bild 4.3-16).

Statisch ergeben sich Vorteile, wenn – wie bei der Metro Lyon möglich – der Beton der Außenschale unter ständig gleichbleibendem Druck, auch bei unterschiedlichen Vortriebskräften, eingebracht wird. Durch die annähernd gleiche innere Belastung am Tun-

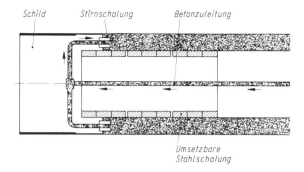

Bild 4.3-16
Extrudieren [71]

nelumfang wird eine optimale Bettung, auch im First, erreicht, die Horizontallasten nähern sich den Vertikallasten. Die Biegebeanspruchung wird hierdurch beträchtlich verringert, die Bewehrung konnte bei diesem Projekt entfallen.

Mit demselben Verfahren wurde auch die 20 cm dicke Schale des Pilotstollens für den Freudensteintunnel (DB-Neubaustrecke Mannheim – Stuttgart) hergestellt (Außendurchmesser 5,20 m). Für den Vortrieb wurde ein Messerschild verwendet.

Stahlfaser-Pumpbeton wurde im Tunnelbau zum ersten Mal für den Bau des Sammlers Harburg-Nord (Baujahr 1978/79, Ausbruchdurchmesser 3,60 m in wasserführendem Sandboden) verwendet [6]. Stahlfaserbeton hat eine vergrößerte Biegezugfestigkeit und einen, für den Tunnelausbau wichtigen, großen Zuwachs an Frühfestigkeit gegenüber unbewehrtem Beton. Berechnungs- und Bemessungsansätze sind in [73] Abschnitt E II angegeben.

4.3.4.3 Empfehlungen und Vorschriften

Für Entwurf, Bemessung, Konstruktion und Ausführung des Tunnelausbaues in Ortbeton, unter Anwendung des Schildvortriebes, sind maßgebend:

– Empfehlungen für den Tunnelausbau in Ortbeton bei geschlossener Bauweise in Lockergestein (1986) [72]
– Empfehlungen zur Berechnung von Tunneln im Lockergestein (1980) [8]
– BO-Strab Tunnelbaurichtlinien [34]
– Die betreffenden DIN-Vorschriften (Angaben in [72])
– Spezielle örtliche Richtlinien und Vorschriften.

Ein besonderer Abschnitt ist in [72] den „Schutzmaßnahmen gegen Wasser" gewidmet. Als Abdichtungsmaßnahmen kommen Hautabdichtungen oder wasserundurchlässiger Beton zur Anwendung. Einzelheiten zu Abdichtungen im Untertagebau finden sich in [73], [78], [79].

Vermehrt wird heute – auch bei drückendem Grundwasser – für Außen- und Innenschalen wasserundurchlässiger Beton als Abdichtung vorgesehen. Nach [72] ist das allerdings nur dann möglich, wenn nicht „sehr stark angreifendes Wasser" im Sinne von DIN 4030 ansteht.

Ausführliche Hinweise zur Planung und Herstellung von wasserundurchlässigem Beton – mit den Teilabschnitten Konstruktion, Betontechnologie und Verarbeitung – sind in [1] Abschnitt X,2 zusammengestellt. Hinsichtlich der Berechnung von Innenschalen wird auf die Angaben in [1] Abschnitt II, 8.3. und [68] Abschnitt G I verwiesen.

4.3.5 Berechnungsverfahren

4.3.5.1 *Allgemeines*

Ein zylindrischer Tunnel stellt aus statischer Sicht ein räumliches Verbundsystem von
Tunnelschale und Baugrund dar. Gemäß den „Empfehlungen zur Berechnung von Tunneln im Lockergestein (1980)" [8] kann dieses räumliche Problem jedoch auf ein ebenes
statisches System zurückgeführt werden. Es stellt dann ein in seiner Ebene beanspruchtes
gelochtes, scheibenartiges Kontinuum mit Lochrandverstärkung dar (Bild 4.3-17b und
4.3-17d). Mit diesem Modell können die Beanspruchungen der Ausbaukonstruktion und
die Spannungen im Baugrund ermittelt werden. Ein weiter vereinfachtes System, der
elastisch gebettete Ringträger (Bild 4.3-17a und 4.3-17c), erlaubt demgegenüber nur die
Ermittlung der Schnittgrößen und Verformungen in der Tunnelschale. Gerade diese stehen jedoch im allgemeinen im Vordergrund aller Untersuchungen.

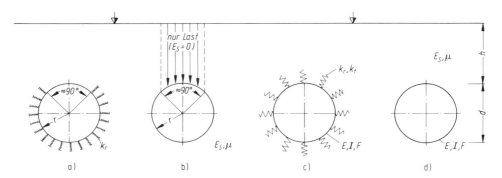

Bild 4.3-17   Mitwirkung des Baugrundes
a) Teilbettungsmodell [8]   c) Bettungsmodell [5]
b) Teilkontinuumsmodell [8]   d) Kontinuumsmodell [5]

Für die gebetteten Modelle nach Bild 4.3-17a und 4.3-17c sind verschiedene analytische
Berechnungsverfahren entwickelt worden; zur praktischen Anwendung stehen teilweise
Tabellen und Diagramme zur Verfügung [5], [32], [40], [41], [47], [50], [54]. Mit numerischen Verfahren können sowohl gebettete Modelle als auch Kontinuumsmodelle berechnet werden; vorteilhaft wirkt sich dieses Berechnungsverfahren vor allem bei nicht-kreis-
förmigen Tunnelprofilen aus und durch die Möglichkeit, beliebige Erddruckansätze und
Belastungen berücksichtigen zu können.

4.3.5.2 *Statische Systeme und Berechnungsverfahren*

Bei den üblichen Stahlbetontübbingsystemen stellen die Längsfugen in statischer Hinsicht
Gelenke oder Quasigelenke mit beschränkter Aufnahmefähigkeit für Biegemomente dar.
Teilaspekte dieses Problems sind in [4], [26], [27], [42] behandelt.

Bei der Verwendung von statischen Ersatzsystemen wird das mehr oder weniger stetig
gekrümmte Tunnelprofil durch ein Stabwerkmodell (Polygon) ersetzt. Die verschiedenen
möglichen statischen Systeme sind auf den Bildern 4.3-18 und 4.3-19 dargestellt. Die heute
zur Verfügung stehenden Stabwerkprogramme gestatten es, elastisch gebettete ebene und
räumliche Tragwerke mit ausreichender Genauigkeit zu berechnen. Vollkommene Gelen-

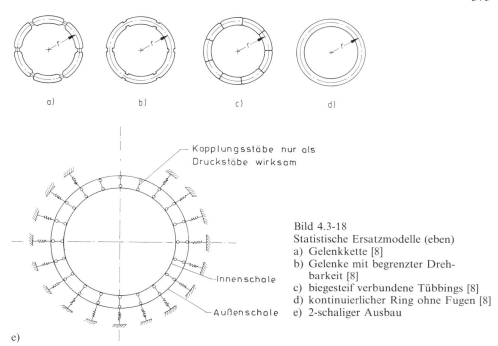

a)   b)   c)   d)

Kopplungsstäbe nur als
Druckstäbe wirksam

Innenschale

Außenschale

e)

Bild 4.3-18
Statistische Ersatzmodelle (eben)
a) Gelenkkette [8]
b) Gelenke mit begrenzter Dreh-
   barkeit [8]
c) biegesteif verbundene Tübbings [8]
d) kontinuierlicher Ring ohne Fugen [8]
e) 2-schaliger Ausbau

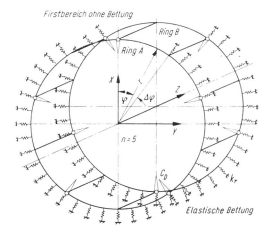

Firstbereich ohne Bettung

Ring B

Ring A

X

r

Z

φ $\Delta\varphi$

Y

$n = 5$

C_D

k_r

Elastische Bettung

Bild 4.3-19
Statisches Ersatzsystem (räumlich)
[27]

ke, Drehfedergelenke, Federstäbe in jeder gewünschten Richtung, Voll- und Teileinspan-
nungen, veränderliche Biege- und Dehnsteifigkeit, Längs- und Querkraftverformungen
können Berücksichtigung finden [42]. Damit werden die Berechnungsmöglichkeiten hinsichtlich der Tunnelform, der Lagerungs- und Systembedingungen, der Belastungsansätze
und sonstiger Randbedingungen gegenüber den aufbereiteten „Handrechnungsverfahren" (z. B. [54], [50], [40]) erheblich ausgeweitet.

Bei der Berechnung als ebener Stabzug kann der Kreisring durch ein Stabpolygon angenähert werden, jedoch sollte die Anzahl der Balkenelemente ausreichend groß gewählt
werden, um den Fehler dieser Näherung klein zu halten. Den Einfluß der Elementzahl auf

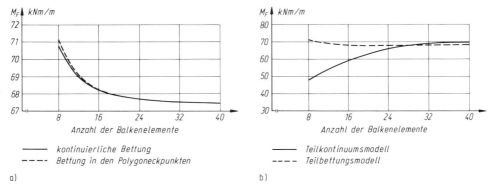

Bild 4.3-20   Einfluß der Elementenzahl bzw. der Diskretisierung auf das Firstbiegemoment M_F [5]
a) Einfluß der Anzahl der Balkenelemente auf das Firstbiegemoment M_F bei der Berechnung als Rahmen
b) Einfluß der Diskretisierung auf das Firstbiegemoment M_F bei Berechnung mit FEM

das Firstbiegemoment zeigt Bild 4.3-20a. Gleiches gilt für die Diskretisierung im Falle einer numerisch aufwendigen FEM-Berechnung (Bild 4.3-20b). Auch die Modellbildung selbst, d. h. das Verhältnis der Abmessungen des in der Berechnung erfaßten Bodenkörpers gegenüber den Abmessungen der Tunnelröhre, beeinflußt die Ergebnisse der FEM-Berechnung [5]. Beim Stabwerkmodell sollte die Art der Lasteintragung, Streckenlasten am Balken oder Punktlasten im Knoten, mit der Art der Bettung, kontinuierlich oder als Einzelfeder, übereinstimmen. Bei zweischaligem Ausbau wird das System mit zwei elastisch gekoppelten Ringen beschrieben (Bild 4.3-18e), wobei der Erddruck teilweise oder vollständig auf die Außenschale angesetzt werden kann. Die restlichen Anteile des Erddruckes sowie der Wasserdruck sind der Innenschale zuzuordnen.

Die zuvor erwähnten „Handrechnungsverfahren" sind für einschalige, homogene Tunnelauskleidungen mit konstanter Biegesteifigkeit, kreisförmigem Profil und vollständiger Hinterfüllung entwickelt worden. Streng genommen können sie deshalb auch nur für Ortbetonlösungen in Kreisform angewendet werden. Dies gilt sowohl für einschalige Bauweisen als auch für die Außenschale von zweischaligen Bauweisen. Die Benutzung der meist verwendeten Verfahren von WINDELS [50] und SCHULZE/DUDDECK [54] bietet sich für folgende Fälle an:

– für den gelenklosen, relativ steifen Beton- oder Stahlbetonring;
– als Überschlagsrechnung und Abschätzung für Viergelenkringe mit durchgehenden Längsfugen. (Die Momentennullpunkte bei biegesteifen Kreisringen liegen etwa in den Viertelspunkten unter 45 Grad);
– als Überschlagsrechnung und Abschätzung für gekoppelte Mehrgelenkringe (wie in [27] nachgewiesen werden konnte).

Die Bilder 4.3-21a und 4.3-21b zeigen die auf den homogenen, biegesteifen Ring bezogenen Momente in First und Ulme von gekoppelten 5- bzw. 8-Gelenkringen in Abhängigkeit von der Gelenksteifigkeit C_D für verschiedene Ausbauquerschnitte. Die Gelenksteifigkeit C_D kann bei üblichen Belastungen und Abmessungen der Tübbings mit 10^4 bis 10^5 kNm/Rad angesetzt werden. Sollen gekoppelte Gelenkringe nach Bild 4.3-19 oder Vielgelenkringe genauer berechnet werden, sind Stabwerkprogramme einzusetzen. Dies gilt auch für jedes von der Kreisform abweichende Profil.

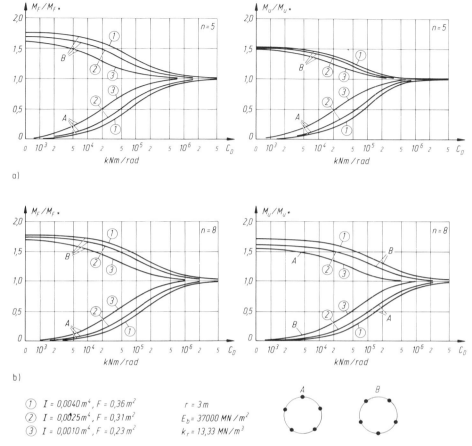

Bild 4.3-21 Bezogene Biegemomente (First und Ulme) bei gekoppelten Gelenkringen (gemäß Bild 4.3-19). A und B kennzeichnen die Momente im Ring A bzw. Ring B. [27]
a) gekoppelte 5-Gelenkringe
b) gekoppelte 8-Gelenkringe

4.3.6 Belastungsansätze

Belastungsansätze und erforderliche Nachweise sind in den „Empfehlungen zur Berechnung von Tunneln im Lockergestein (1980)" angegeben [8]. Die Belastungen und Systemannahmen lassen sich nach ihrem Einfluß auf die Beanspruchung der Tunnelwandung wie folgt ordnen [8] Abschnitt 2.9.:

1. Erddruck, insbesondere die Seitendruckziffer K und die Teilentspannung des Baugrundes, die je nach Bauverfahren in unterschiedlicher Größe eintreten kann, ehe die Stützung durch die Tunnelschale wirksam wird,
2. Wasserdruck,
3. Statisches System,

4. Größe der angesetzten Kennwerte, mit denen die Mitwirkung des Baugrundes beschrieben wird,
5. Zwängungsspannungen aus Montage, Kurvenfahrt und Vorbeifahrt einer Nachbarröhre,
6. spätere Einwirkungen, z. B. aus Verkehrserschütterungen und zeitabhängigen Eigenschaften des Baugrundes,
7. Temperaturänderung in Tunnellängsrichtung, insbesondere Temperaturverringerung,
8. Vortriebskräfte für den Schild,
9. Verpreßdruck, der für die Verpressung des Spaltes zwischen Tunnelausbau und Boden hinter dem Schildschwanz benötigt wird,
10. Eigengewicht der Tunnelauskleidung (im allgemeinen durch Zuschlag zur Firstauflast berücksichtigt),
11. Einbau- und Verkehrslasten im Tunnel,
12. Luftüberdruck,
13. Temperaturunterschiede zwischen Innen- und Außenseite der Tunnelwandung.

Die Lasten nach 1, 2, 10 und 11 sind als Hauptlasten H und die Ansätze nach 5, 7, 8, 9, 12 und 13 als Zusatzlasten Z einzustufen.

Art und Größe des Erddruckes hängen entscheidend von der Tiefenlage der Röhre, von den mechanischen Eigenschaften des umgebenden Bodens, aber auch von der Bauweise und der Bauausführung ab. Da die Bodeneigenschaften bei Entwurf eines Tunnelabschnittes im Regelfall nur näherungsweise bekannt sind, genügt es im allgemeinen, die Einwirkung mit einfachen Ansätzen zu erfassen. Dabei sind vergleichende Berechnungen mit unteren und oberen Grenzwerten sinnvoller als eine einzelne Berechnung mit scheinbar größerer Genauigkeit. Beanspruchungen aus Bauzuständen (Ringmontage, Vortrieb, Kurvenfahrt, Auffahren einer Nachbarröhre, Verpressen des Ringspaltes) können durch Maßnahmen auf der Baustelle reduziert werden. Für alle sonstigen baubetrieblich bedingten Beanspruchungen kann davon ausgegangen werden, daß sie durch die heute üblichen Belastungsansätze abgedeckt sind.

Die wesentlichen Angaben für die Konzeption der statischen Berechnung [8] werden nachfolgend zusammengefaßt.

Ausgangspunkt ist der primäre Spannungszustand, d. h. der ungestörte Zustand des Baugrundes vor Baubeginn mit folgenden Ansätzen:
– vertikale Primärspannungen σ_v aus dem Gewicht des Baugrundes einschließlich etwaiger Gebäude- und Nutzlasten,
– horizontaler Seitendruck $\sigma_h = K_h \cdot \sigma_v$,
  wobei im allgemeinen der Seitendruckbeiwert $K_h = 0{,}5$ gesetzt werden darf [8].

Dieser Zustand ändert sich durch das Auffahren des Tunnels, es stellt sich ein neuer Gleichgewichtszustand ein, der von der Verformbarkeit des Baugrundes und des Ausbaues bestimmt wird.

Die stützende Mitwirkung des Baugrundes und somit der Ansatz der Bettung am Tunnelumfang kann entsprechend der Tiefenlage des Tunnels gemäß Bild 4.3-17 gewählt werden; d. h. bei
– oberflächennahen Tunnels mit $h < 2d$ gemäß Bild 4.3-17a bzw. 4.3-17b (Teilbettungs- bzw. Teilkontinuumsmodell)
– tiefliegenden Tunnels mit $h \geq 3d$ gemäß Bild 4.3-17c bzw. 4.3-17d (Systeme mit allseitiger Mitwirkung des Baugrundes).

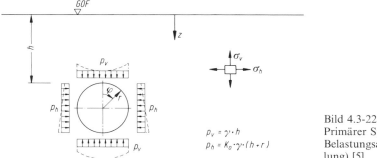

Bild 4.3-22
Primärer Spannungszustand,
Belastungsansatz (Empfeh-
lung) [5]

$$p_v = \gamma \cdot h$$
$$p_h = K_0 \cdot \gamma \cdot (h + r)$$

Für den Übergangsbereich ($2d \leq h < 3d$) und in Sonderfällen auch für Überdeckungen $h < 2d$ können beide Ansätze in Frage kommen. Für die Wahl einer allseitigen Mitwirkung des Baugrundes kann u. a. die Größe der vorhandenen Kohäsion maßgebend sein.

Für das Teilbettungsmodell gemäß Bild 4.3-17a kann bei Verwendung des vereinfachten Lastbildes nach Bild 4.3-22 folgender Belastungsansatz formuliert werden:

radial $p_r = 0,5 \cdot (p_v + p_h) + 0,5 \cdot (p_v - p_h) \cdot \cos(2\varphi)$
$k_r = E_s/r$

tangential $p_t = 0,5 \cdot (p_v - p_h) \cdot \sin(2\varphi)$
$k_t = 0$

Vergleiche zwischen verschiedenen anderen Ansätzen aus der Vergangenheit, u. a. auch mit dem zuvor angegebenen Belastungsansatz, findet man in [2], [3] und [5].

Für das Berechnungsmodell mit vollständiger Stützung durch den Baugrund (Bild 4.3-17c) kann statt einer Berechnung im elastischen Kontinuum nach Bild 4.3-17d ersatzweise ein Ringmodell mit folgenden Belastungs- und Bettungswerten untersucht werden:

radial $p_r = 0,5 \cdot (p_v + p_h) + \dfrac{5}{6}(p_v - p_h) \cdot \cos(2\varphi)$
$k_r = 0,5 \cdot E_s/r$

tangential $p_t = 0$
$k_t = 0$

Das Teilkontinuumsmodell gemäß Bild 4.3-17b kann mit der Finite-Element-Methode untersucht werden. Eine vereinfachte Ermittlung der Zustandsgrößen mit Hilfe von Diagrammen gibt WINDELS in [47] an. Allerdings weicht der dort verwendete Erddruckansatz von dem in [8] vorgeschlagenen ab. Wenn als vertikaler Erddruck der Überlagerungsdruck in der Tunnelfirste angesetzt und der horizontale Seitendruckbeiwert um den Faktor $(h + r)/h$ vergrößert wird, können diese Diagramme trotzdem weiter verwendet werden [5]. Ein weiteres Verfahren zur Ermittlung der Beanspruchungsgröße wird in [5] vorgestellt, wobei die Dehnsteifigkeit des Ausbaues berücksichtigt werden kann.

Die Größe der Schnittkräfte, insbesondere der Biegemomente, ist im Wesentlichen von den folgenden Faktoren abhängig:

– Bettungsmodul k_r
– Steifemodul des Bodens E_s
– Seitendruckziffer K
– Biegesteifigkeit EI der Tunnelwandung
– Berechnung nach Theorie I. oder II. Ordnung
– prozentuale Berücksichtigung von tangentialen Lastanteilen.

Qualitativ sind diese Einflüsse für den biegesteifen Ring in Bild 4.3-23a bis 4.3-23e dargestellt. Den Einfluß der Drehsteifigkeit von Gelenken auf das Firstbiegemoment am Beispiel von 6-Gelenk-Ringen zeigt Bild 4.3-24.

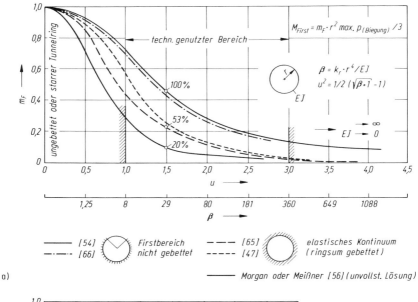

a)

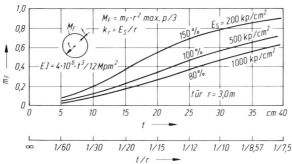

b)

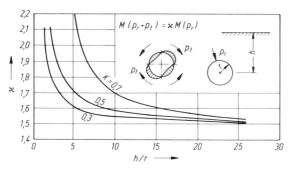

c)

Bild 4.3-23
Fortsetzung
und Legende
siehe Seite 381

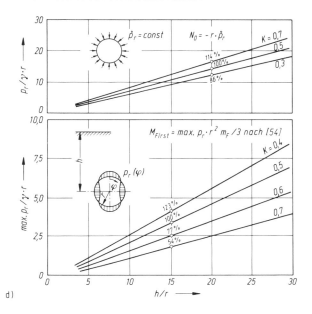

d)

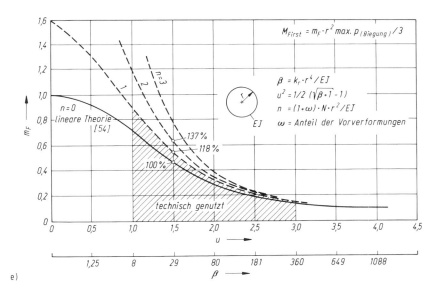

e)

Bild 4.3-23   Einflüsse auf die Schnittgrößen von kreisförmigen Tunneln [30]
a) Firstmoment in Abhängigkeit von dem Bettungsmodul k_r und der Tunnelsteifigkeit EJ für verschiedene Bettungsansätze (lineare Theorie)
b) Einfluß der Bodensteife E_s oder des Bettungsmoduls k_r auf das Firstmoment
c) Erhöhung der Momente bei voller Berücksichtigung der tangentialen Lastkomponente p_t [54]
d) Einfluß der Seitendruckzahl $K = p_h : p_v$
e) Erhöhung der Firstmomente bei Rechnung nach Theorie II. Ordnung ohne Berücksichtigung der Längskraftverformung [50]

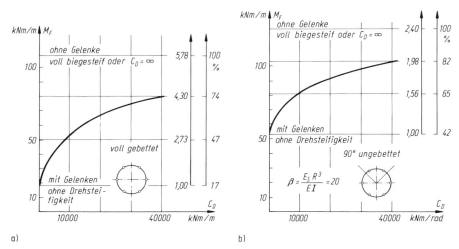

a)   b)

Bild 4.3-24   Abhängigkeit der Drehsteifigkeit von Gelenken auf das Firstbiegemoment am Beispiel von 6-Gelenk-Ringen [4]
a) für vollständig gebettete Ringe
b) für Ringe mit bettungsfreier Firste (90°)

In [5] und [73] Abschnitt E I sind Erläuterungen und Bemessungshilfen unter Bezug-
nahme auf die Empfehlungen gemäß [8] angegeben. An Berechnungsbeispielen wird außerdem die unterschiedliche Auswirkung verschiedener Berechnungsmodelle auf Schnittkräfte und Bemessung gezeigt.

Ein wichtiger Montagelastfall ergibt sich aus der Verpressung des Spaltes zwischen
Tunnelausbau und Boden. Insbesondere die mit Drücken bis zu etwa 6 bar herzustellende
Sekundärinjektion ergibt oft höhere Schnittkräfte als die normale Außenbelastung. Wei-
tere Angaben hierzu einschließlich Lastansatz sind in [69] Abschnitt E VI enthalten.

4.3.7   Bemessung

4.3.7.1   Nachweise

Für den Nachweis der Querschnitte und Fugen im Gebrauchszustand gelten folgende
Richtlinien:

– DIN 1045
  Beton und Stahlbeton Bemessung und Ausführung
– Heft 220 DAfStB
  Bemessung von Beton- und Stahlbetonbauteilen nach DIN 1045
– Heft 240 DAfStB
  Hilfsmittel zur Berechnung der Schnittgrößen und Formänderungen
  von Stahlbetontragwerken
– Merkblatt Betondeckung (1/82) vom Deutschen Betonverein e. V.
– Festlegungen der zuständigen Bauaufsichtsbehörden (ZTV o. ä.)

Die für den Tunnelausbau erforderlichen Nachweise sind in [8] angegeben. Im Einzelnen
sind dies:

- Spannungsnachweis in Ringrichtung
- Stabilitätsnachweis in Ringrichtung
  (In der Regel ist dieser durch eine Berechnung nach der Theorie II. Ordnung erbracht)
- Spannungsnachweis für Beanspruchungen in Tunnel-Längsrichtung
- Bemessung der Verbindungsmittel und Fugen
- Nachweise für Zusatzbeanspruchungen aus der Auffahrtechnik
  (z. B. Vortrieb, Ringmontage, Hinterpressen, Auffahren naher Nachbarröhren)
- Nachweis der Verformungen des Tunnelausbaues
  (zumindest die Firsteinsenkungen unter Hauptlasten).

Darüber hinaus können Nachweise im Bezug auf den Baugrund erforderlich werden:

- Spannungs- und Verformungszustände des Baugrundes
- Setzungsverhalten
- Grundbruch nach oben
  (bei geringer Überdeckung und hohem äußeren Wasserdruck)
- Horizontalkräfte im Boden vor dem Schild (insbesondere in den Bereichen von Start- und Zielschacht)

Die Beschränkung der Rißbreite unter Gebrauchslast ist nach DIN 1045, Abschnitt 17.6. (1987) nachzuweisen. In der Regel ist dieser Nachweis nach Abschnitt 17.6.3 (Bauteile unter überwiegender Zwangbeanspruchung) zu führen. Mit der dort angegebenen Formel (18) wird der erforderliche Bewehrungsgehalt – in Abhängigkeit vom gewählten Stabdurchmesser und der zugehörigen Betonstahlspannung – ermittelt.

Der Schubspannungsnachweis muß vor allem im Bereich von Querschnittsschwächungen wie Fugen und Nischen geführt werden. Speziell im letzteren Fall steht als Breite b_o oftmals weniger als die Hälfte der vollen Querschnittsbreite zur Verfügung. Der Nachweis erfolgt nach DIN 1045 Abschnitt 17.5 bzw. nach Heft 220 DAfSt Abschnitt 2. Insbesondere wird auf Abschn. 17.5.3 in DIN 1045 hingewiesen. Danach darf als Grundwert τ in Abschnitten von Bauteilen, die über den ganzen Querschnitt Längsdruckspannungen aufweisen, die nach Zustand I auftretende größte Hauptzugspannung angenommen werden, allerdings nur gültig bis zur Grenze der Bereiche ohne erforderlichen Nachweis der Schubdeckung (τ_{o11} und τ_{o12}). Darüber hinaus ist die Schubspannung selbst und nicht die Hauptzugspannung maßgebend.

4.3.7.2 Standsicherheitsnachweis und Sicherheitsbeiwerte

Die im Ingenieurbau derzeit üblichen Standsicherheitsnachweise gehen meist von einem globalen Sicherheitsbeiwert für Lastschnittkräfte und einem abgeminderten Sicherheitsbeiwert für Zwangschnittkräfte aus. Die Berechtigung für ein solches Vorgehen ist dann gegeben, wenn eine Aufspaltung des globalen Sicherheitsbeiwertes in Teilsicherheitsbeiwerte (für die Lastseite und die Festigkeits- bzw. Steifigkeitsseite) zu einem annähernd gleichen Ergebnis führen würde. Diese Voraussetzung ist bei der überwiegenden Zahl der Nachweisfälle einigermaßen erfüllt.

Im Tunnelbau ist das Problem „Sicherheit" komplexer. Nach [30] stellen sich beim Tunnelbau die Fragen:

- Wann ist der Tunnel nicht mehr wasserdicht?
- Wann wird er wegen zu großer Verformungen unbrauchbar?
- Wann tritt der Einsturz oder Bruch ein?

Als „Sicherheit" wird dann der Abstand dieser Grenzfälle vom tatsächlichen Zustand des fertigen Tunnels definiert.

Die Zahl der Einflüsse auf die statische Berechnung ist umfangreich. Die Aufteilung einer Gesamtsicherheit in Teilsicherheiten der einzelnen Parameter ist problematisch, da die wesentlichen Einwirkungen auf den Tunnel nur innerhalb eines Streubereiches bekannt sind; eine derartige Berechnung mit ungünstigen Werten für alle Parameter wäre unrealistisch und würde in der Regel zuviel Sicherheit und damit zu hohe Baukosten mit sich bringen.

Nach [8] ist daher wie folgt zu verfahren:

– Gebrauchszustände
  Ansatz der Einwirkungen, Stoffwerte usw. mit mittleren Werten;
  Sicherheitskonzept für Beton- und Stahlbeton nach DIN 1045 (d. h. die Sicherheitsabstände werden – ausgehend vom Gebrauchszustand – durch zulässige Werte von Beanspruchungen und Verformungen ausgedrückt).

– Grenzzustände
  Untersuchung wesentlicher Einflüsse mit Werten, die innerhalb des jeweiligen Streubereiches in Bezug auf das Sicherheitskriterium auf der sicheren Seite liegen;
  Festlegung der Teilsicherheitsbeiwerte von Fall zu Fall, unter Berücksichtigung der Bauaufgabe und der örtlichen Verhältnisse;
  gegebenenfalls Variation der Berechnungsverfahren und des statischen Systems;
  Nachweis, daß die Werte der Versagenskriterien höchstens erreicht, jedoch nicht überschritten werden.

4.3.7.3 Durchleitung der Vortriebskräfte

Während des Vortriebes treten an der Schildschneide, an der Ortsbrust und am äußeren Schildmantel horizontal gerichtete Kräfte auf, die über Pressen in den bereits hergestellten Tunnelring und von dort durch Reibung wieder in den Boden abgeleitet werden. Eine besondere Abstützung ist in der Anfangsphase des Schildvortriebes erforderlich, wenn die fertiggestellte Tunnellänge für eine Krafteinleitung in den umgebenden Boden noch nicht ausreicht.

Die Krafteinleitung von den Pressen in den Tunnelring (Stahlbetontübbings oder Ortbeton) erfolgt über einzelne Pressenschuhe oder über einen geschlossenen Druckring. Die Pressenkraft wird für etwa 750–3000 kN bei Drücken zwischen 200 und 500 bar ausgelegt. Die Dimensionierung und Festlegung der erforderlichen Gesamtvorschubkraft kann am zuverlässigsten mit Erfahrungswerten in vergleichbaren Böden erfolgen, wobei unterschiedliche Schildkonstruktionen, Verfahren u. dergl. berücksichtigt werden müssen. In [68] Abschnitt E VI, Tabelle 7 sind einige Erfahrungswerte zusammengestellt.

Bei Verwendung einzelner Pressenschuhe treten hohe Teilflächenbelastungen des Betons im Sinne von DIN 1045 Abschnitt 17.3.3 auf. Wegen der Kurzzeitigkeit der Höchstbeanspruchung kann für die installierte Pressenkraft erfahrungsgemäß die obere Grenze der Teilflächenbelastung

$$\text{zul } \sigma = 1{,}4 \cdot \beta_R$$

ausgenutzt werden. Für die wahrscheinliche Pressenkraft, die im wesentlichen von der Trasse und der Gradiente abhängt, gilt dann als Grenze der Teilflächenbelastung gemäß DIN 1045

$$\text{zul } \sigma = \frac{\beta_R}{2{,}1} \sqrt{\frac{A}{A_1}}$$

Auf die Abdeckung der Spaltzugkräfte durch Bewehrung mit einem Sicherheitsbeiwert von $\eta = 1{,}5$ darf nicht verzichtet werden.

4.3.7.4   Betongelenke

a) Gelenke mit ebenen Flächen gemäß Bild 4.3-14a und 4.3-14c

Der Koppelpunkt zweier Tübbings kann idealisiert als Gelenk mit der Drehsteifigkeit C_D angesehen werden, wobei die Verdrehung nur aus den elastischen und plastischen Dehnungen im Bereich des Gelenkhalses herrührt. Die Resultierende der Spannungen muß innerhalb des Querschnittes angreifen, da nur Druckspannungen übertragen werden können.

In [4] sind die Spannungsverteilung, der Drehwinkel und die Drehsteifigkeit für einen überdrückten Gelenkquerschnitt und für eine überdrückte Fuge im Gelenkhals praxisgerecht angegeben. Dabei wurde vereinfachend angenommen, daß sich senkrecht zum Gelenkhals ein Bereich an der Verformung beteiligt, dessen Länge l gleich der Breite b des Gelenkhalses ist.

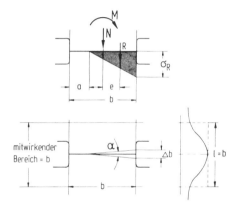

Bild 4.3-25
Gelenk mit ebenen Flächen, Berechnungsgrundlagen [4]

Im folgenden werden die in [4] zusammengestellten Gleichungen wiedergegeben (Schnittkräfte und Flächenwerte sind auf einen Abschnitt der Länge 1,0 m zu beziehen), Bezeichnungen gemäß Bild 4.3-25.

überdrückter Querschnitt	klaffende Fuge im Gelenkhals
$\dfrac{M}{N} \leqq \dfrac{b}{6}$	a Breite der klaffenden Fuge $a = b - \dfrac{2 \cdot N}{\lvert \sigma_R \rvert}$
Spannung $\quad \sigma = -\dfrac{N}{A} + \dfrac{M}{W}$	$\sigma_R = \dfrac{2 \cdot N}{3 \cdot \left(\dfrac{M}{N} - \dfrac{b}{2} \right)}$
Drehwinkel $\quad \alpha = \dfrac{M \cdot b}{E_o \cdot J} \leqq \dfrac{2 \cdot N}{E_o \cdot b}$	$\alpha = \sigma_R \cdot E_o \cdot \dfrac{b}{b-a} = \dfrac{8 \cdot N}{9 \cdot (2 \cdot m - 1)^2 \cdot E_o \cdot b}$ mit $m = \dfrac{M}{N \cdot b}$
Drehsteifigkeit $\quad C_D = \dfrac{E_o \cdot b^2}{12}$	$C_D = \sqrt{\dfrac{N^3}{\alpha^3} \cdot \dfrac{b}{18 \cdot E_o}}$

Die für die statische Berechnung erforderliche Drehsteifigkeit ist zunächst mit geschätzten Werten für die Normalkraft und das Biegemoment zu ermitteln. Die angesetzten Werte sind dann nach der Berechnung des Tunnelringes zu kontrollieren. Gegebenenfalls ist eine neue Berechnung mit korrigierten Werten durchzuführen.

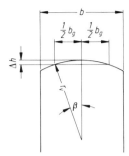

Bild 4.3-26   Wälzgelenk; Geometrische Beziehungen für die Abplattung [4]

Der Einfluß der Drehsteifigkeit auf die Momente kann erheblich sein. In Bild 4.3-24 ist die Abhängigkeit des Firstbiegemomentes am Beispiel von 6-Gelenkringen für vollständig gebettete Ringe und für Ringe mit bettungsfreier Firste (90°) dargestellt. Der biegesteife Ring und der Vollgelenkring als Grenzwerte sind in diesem Diagramm enthalten.

b) Das konvex/konkave Gelenk gemäß Bild 4.3-14b

Bedingt durch die Gelenkform, wird die Ringdruckkraft über eine im Vergleich zum Normalquerschnitt kleinere Fläche weitergeleitet. Infolge elastischer Verformungen erfährt nach [4] der konvexe Teil eine Abplattung, die zu einer Verteilungsbreite $b_g < b$ (b = Breite des Tübbing-Normalquerschnitts) führt (Bild 4.3-26). Es liegt somit eine Teilflächenbelastung vor, die nach den Regeln von LEONHARDT/REIMANN [52] weiterbehandelt werden kann. Eine Abschätzung der Verteilungsbreite b_g in Abhängigkeit vom gewählten Gelenkradius setzt Annahmen bezüglich der Geometrie und des Spannungszustandes im Normalquerschnitt voraus; entsprechende Erläuterungen sind in [4] enthalten.

4.3.7.5   Bewehrungskriterien

– Stahlbetontübbings

Die Bewehrungseinlagen für Biegung sind im allgemeinen problemlos unterzubringen. Schwieriger ist – je nach Beanspruchung und Fugengestaltung – die Anordnung der Spaltzugbewehrung, die infolge der meist hohen Normalkräfte und der Pressenbelastung in den Fugenbereichen erforderlich wird. Durch Herstellung und Montagevorgänge sind vor allem Ecken, Kanten und Nutflanken gefährdet [76]. Mit den üblicherweise vorgegebenen Betonüberdeckungen und Biegeradien sind diese Bereiche meist nicht mit Bewehrung gedeckt und die Bruchflächen damit vorgezeichnet. Ein Lösungsvorschlag (Bild 4.3-27), der nach Modellversuchen bereits praktisch erprobt wurde, wird in [77] beschrieben.

Die Ermittlung der Spaltzugkräfte und die Bewehrungsanordnung können in Anlehnung an die Vorschriften des Spannbetons und die Ausführungen in [28] und [52] vorgenommen werden.

– Ortbetonschalen

Außen- und Innenschalen des Tunnelausbaues können grundsätzlich unbewehrt und bewehrt zur Ausführung kommen. Die Notwendigkeit einer Bewehrung ergibt sich in erster Linie aus den statischen Erfordernissen, vielfach wird auch eine konstruktive Mindestbewehrung verlangt. Für eine bewehrte Ortbetonschale ist nach [72] als Mindestbewehrung je 0,1% des planmäßigen Betonquerschnittes auf der Innen- und Au-

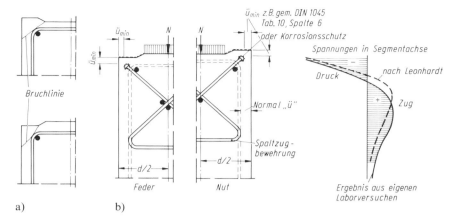

Bild 4.3-27   Bewehrung zur Aufnahme von Spaltzugspannungen und Verstärkung der Nut- und Federkanten
a) Herkömmliche Bewehrungsführung
b) Vorschlag aufgrund von Modellversuchen [77]

ßenseite einzulegen. Die Mindestüberdeckung soll nach außen 5 cm und nach innen 3 cm betragen. Es wird empfohlen, möglichst Betonstahlmatten zu verwenden und diese großflächig ausgeglichen anzuordnen, da der Schnittkraftverlauf im Tunnelring nicht eindeutig vorherbestimmt werden kann.

4.3.8   Sonderprobleme

4.3.8.1   Gegenseitige Beeinflussung benachbarter Tunnelröhren

Beim Bau von U-Bahnstrecken in Stadtgebieten kommen meist eingleisige, mehr oder weniger nah nebeneinanderliegende Tunnelröhren zur Ausführung. Hierbei erfolgt die Herstellung in der Regel zeitlich versetzt, und die Schale der vorlaufenden Tunnelröhre wird durch den Vortrieb der nachfolgenden Röhre je nach ihrem Abstand zusätzlichen Beanspruchungen ausgesetzt.

Nach [74] Abschnitt 3.5.2 müßte der Abstand zwischen zwei Hohlräumen in der Größenordnung des 2- bis 3fachen Durchmessers liegen, um jeden gegenseitigen Einfluß auszuschließen. Dies ist jedoch in der Praxis selten zu realisieren, da getrennte Röhren in Bahnhofsbereichen meist wieder enger zusammengeführt werden müssen.

Nach [35] Abschnitt 5.1 richtet sich der Mindestabstand zwischen zwei benachbarten Tunnelröhren danach, ob die zuerst hergestellte Röhre durch die beim Auffahren der nächsten Röhre vor und neben dem Schild entstehende Druckzone beschädigt werden kann. Als Richtwerte für den lichten Abstand werden angegeben:

- für flexible Tunnelauskleidungen in Verbindung mit geringen Schildvortriebskräften mindestens etwa der halbe Tunneldurchmesser (bei den üblichen U-Bahnquerschnitten sind das rund 3 m),
- für starre Tunnelauskleidungen, zusammmen mit hohen Schildvortriebskräften mindestens die Größenordnung des Tunneldurchmessers.

In [30] und [36] wird über eine Dissertation berichtet, in der zwei und drei nebeneinanderliegende Tunnelröhren untersucht wurden, allerdings nur für den Endzustand. Das

Ergebnis zeigt, daß – in Abhängigkeit von den Bodenkennwerten, der Überdeckungshöhe und dem gegenseitigen Abstand – die Biegemomente kleiner, die Normalkräfte größer werden. Das kann damit erklärt werden, daß die zwischen den Röhren verbleibenden Erdkeile im Endzustand zusätzliche vertikale Lastanteile erhalten und hierdurch ein erhöhter Seitendruck auf die Tunnelschale ausgelöst wird.

Bei der Beurteilung der Zusatzbeanspruchungen auf die zuerst hergestellte Tunnelröhre muß jedoch beachtet werden, daß nicht der Endzustand, sondern der Zeitpunkt des Auffahrens der zweiten Tunnelröhre entscheidend ist. Wesentlichen Einfluß haben neben der Art der Auskleidung das gewählte Bauverfahren und die Baudurchführung. Mit modernen numerischen Rechenverfahren ist es möglich, Bauzustände im zeitlichen Ablauf unter Einbeziehung des Baugrundes als räumliches System zu erfassen und damit den Spannungsverlauf in Ausbau und Baugrund einschließlich der zugehörigen Verformungen zu ermitteln. Das zahlenmäßige Ergebnis sollte jedoch wegen des Streubereiches der verschiedenen Parameter nicht überbewertet werden, erst der Vergleich zwischen Rechnung und Messung bestätigt in der Regel, ob das Rechenmodell und die Parameter sinnvoll gewählt wurden.

In [75] ist eine derartige Untersuchung für einen Doppelröhrentunnel der Münchner U-Bahn – allerdings in bergmännischer Bauweise hergestellt – beschrieben und mit den Messungen verglichen. Grundsätzlich läßt sich bei Tunnelröhren, die mit Schild aufgefahren werden, in ähnlicher Weise vorgehen.

4.3.8.2 Aufweitungen

Für die Gestaltung und Ausführung unterirdischer Haltestellen in Verbindung mit schildvorgetriebenen Streckenabschnitten bieten sich in der Regel verschiedene Lösungsmöglichkeiten an.

Bild 4.3-28 zeigt zwei gegenüber den Streckenabschnitten vergrößerte Haltestellenröhren mit Bahnsteigen und bergmännisch aufgefahrenen Querverbindungsstollen. Für die Herstellung der Haltestelle werden bei dieser Bauweise ein besonderer Schild und spezielle Tübbings benötigt. Eine verbreiterte, durchgehende Bahnsteigfläche mit Mittelgewölbe ist auf Bild 4.3-29 dargestellt. Die außen liegenden Röhren für den Gleisbereich haben denselben Querschnitt wie der Streckenbereich. Der Mittelteil kann je nach Bodenverhältnissen mit Dachschild oder voll bergmännisch aufgefahren werden; die Verschneidungspunkte von Außen- und Mittelteil erfordern eine besondere Stützkonstruktion.

Über diese grundsätzlichen Darstellungen hinaus sind weitere Variationen möglich, wie z. B. in [74] eingehend beschrieben ist.

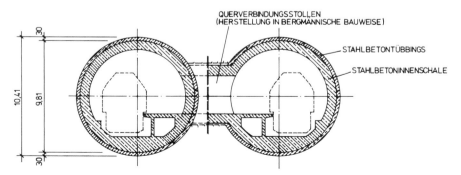

Bild 4.3-28   Haltestelle mit Querverbindungsstollen

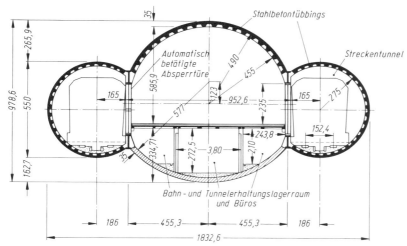

Bild 4.3-29   Haltestelle mit Mittelgewölbe (Metro Leningrad) [74]

Bei der Planung kann im allgemeinen davon ausgegangen werden, daß eine Durchfahrung des Haltestellenbereiches mit dem Streckenschild und nachträgliche Aufweitung vorteilhaft ist, da hierfür weder ein zusätzlicher Schild noch der erforderliche Montageraum benötigt werden. Die Größe des Mittelteils ist von den Anforderungen an den Bahnsteig und dem eventuellen Bedarf an Betriebsräumen abhängig.

Statisch müssen die aufeinander folgenden Bauzustände und der Endzustand untersucht werden. Wegen der unterschiedlichen Verfahrensmöglichkeiten läßt sich kein einheitlicher Rechenvorgang angeben; wichtig ist jedoch derjenige Zeitpunkt, in dem die äußeren geschlossenen Tunnelringe durch Ausbruch einzelner Tübbings oder Tübbingteile, bei gleichzeitig unsymmetrischer Außenbelastung gestört werden. Meist werden, wie schon erwähnt, in den Verschneidungspunkten von Außen- und Mittelteil Abfangkonstruktionen, bestehend aus Stützen mit Längsträgern, angeordnet, die auch im Endzustand Bauwerksbestandteil bleiben.

Verschiedentlich sind zur provisorischen Ringaussteifung sogenannte „Igel" eingebaut worden; das sind Stahlkonstruktionen, mit denen der Tübbingring punktartig mit Spindeln oder Pressen gestützt wird.

An den Durchbruchstellen bzw. für die vorgesehene Abfangkonstruktion werden im allgemeinen Tübbings mit Sonderformen eingebaut; es können auch spezielle Stahl- oder Gußteile zur Anwendung kommen, diese sind u. U. leichter auszubauen.

Zur Herstellung der Durchbrüche und gegebenenfalls des gesamten Mittelteils werden in nicht standfesten und wasserführenden Lockerböden vielfach Hilfsmaßnahmen erforderlich; u. a. sind hier Bodenverfestigung, Vereisung, auch örtlich begrenzter Druckluftbetrieb zu nennen.

4.3.9   Setzungen

Beim Schildvortrieb muß in der Regel mit Setzungen an der Geländeoberfläche gerechnet werden. Die Ursachen der Setzungen sind in [35] zusammengestellt und ausführlich erläutert. Im Wesentlichen sind es die Bodenentnahme an der Ortsbrust, das Vorpressen

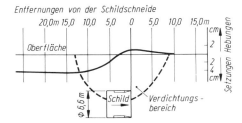

Bild 4.3-30
Oberflächenbewegungen vor und hinter
dem Schild (U-Bahn Berlin) [74]

des Schildes, die Nachgiebigkeit von Schildkörper und Tunnelausbau sowie der Hohlraum des Ringspaltes, die eine Bodenverformung im Tunnelbereich und damit – je nach
Überdeckungshöhe und geologischen Verhältnissen – Setzungen an der Geländeoberfläche auslösen.

Neben Setzungen treten bei geringer Bodenüberdeckung im Schildbereich Hebungen
auf, die aus den Vortriebskräften des Schildes (Mantelreibung, Schneiden- und Brustwi-
derstand) resultieren. Der typische Verlauf der Setzungen in Tunnellängsrichtung ist in
Bild 4.3-30 dargestellt. Es handelt sich hier um einen Schildvortrieb der Berliner U-Bahn
im Sandboden mit etwa 10–12 m Überdeckung, das Grundwasser war abgesenkt.

Eine exakte rechnerische Vorherbestimmung der Setzungen ist nicht möglich. Eine Abschätzung kann nach STEINFELD [35] erfolgen, weitere Näherungsverfahren sind in [74]
angegeben. Mit modernen Rechenanlagen bietet sich eine Untersuchung mit Hilfe der

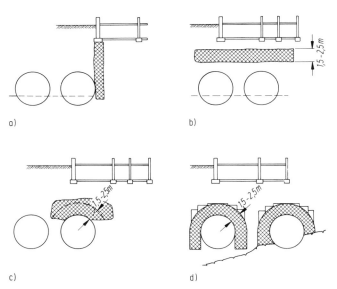

Bild 4.3-31   Prinzipien von Bodenverfestigungen zur Minderung
bzw. Vermeidung von Geländesetzungen beim Schildvortrieb [81]
a) Bodenverfestigung als Unterfangungswand
b) Bodenverfestigung als schwimmende Platte
c) Bodenverfestigung als schwimmendes Gewölbe
d) Bodenverfestigung als Gewölbe auf setzungsärmere Schichten
   gegründet oder bis unterhalb der Tunnelsohle geführt

Finite-Element-Methode an, wobei die hintereinander folgenden Arbeitsphasen mit ebenen oder räumlichen Modellen erfaßt werden können. Aber auch die Ergebnisse derartiger Berechnungen müssen als Schätzung betrachtet werden, da sie entscheidend von den Bodenkennwerten beeinflußt werden, die in der Regel einen großen Streubereich haben.

Die unvermeidbaren Setzungen betragen in der Ebene des Tunnelscheitels nach [35] 2 bis 5 cm, je nachdem, ob es sich um einen dicht gelagerten rolligen bis bindigen oder um einen locker gelagerten nichtbindigen Boden handelt. Darüber hinaus können weitere Setzungen durch den Bauvorgang ausgelöst werden. Erfahrungen beim U-Bahn-Bau haben nach [81] bei Überdeckungen > 1,0 · Tunneldurchmesser im Mittel folgende Setzungen an der Geländeoberfläche ergeben:

– bei Handschilden und teilmechanischen Schilden 3–10 cm
   (die günstigeren Werte bei Bühnenschilden in Sandböden),
– bei vollmechanisierten Schilden und guter Stützung der Ortsbrust 1–2 cm.

Für die Gefährdung einer Bebauung sind jedoch nicht nur die vertikalen Setzungsmaße, sondern auch die Form der Setzungsmulde und deren Neigung zur Horizontalen maßgebend. In Abschnitt 2.4.2 sind zulässige Verformungen von Gebäuden angegeben.

Bei der Unterfahrung von Gebäuden muß in der Regel versucht werden, die Setzungen zu vermindern oder weitgehend zu vermeiden. Es kommen hier neben betrieblichen Maßnahmen (s. [81] Abschnitt 2.2.2) auch zusätzliche Sicherungen durch Bodenverfestigung, Vereisung oder Unterfangungskonstruktionen in Frage. Die Anwendungsmöglichkeiten von Bodenverfestigungen sind auf Bild 4.3-31 dargestellt, in entsprechender Form können auch Gefrierkörper angeordnet werden.

Unterfangungskonstruktionen zur Sicherung von Gebäuden sind im Abschnitt 4.5 behandelt.

Literatur zu Abschnitt 4.3

[1] MAIDL, B.: Handbuch des Tunnel- und Stollenbaus. Verlag Glückauf GmbH, Essen, 1984

[2] ERDMANN, J.: Vergleichende Untersuchungen verschiedener Bemessungskonzepte für Tunnelausbauten. Berichte aus dem Institut für Statik der Technischen Universität Braunschweig, Nr. 83/40 (1983)

[3] ERDMANN, J., DUDDECK, H.: Statik der Tunnel im Lockergestein – Vergleich der Berechnungsmodelle. Bauingenieur 58 (1983), S. 407–414

[4] JANSSEN, P.: Tragverhalten von Tunnelbauten mit Gelenktübbings. Berichte aus dem Institut für Statik der Technischen Universität Braunschweig, Nr. 83/41 (1983)

[5] AHRENS, H., LINDNER, E., LUX, K.-H.: Zur Dimensionierung von Tunnelausbauten nach den „Empfehlungen zur Berechnung von Tunneln im Lockergestein

[6] BIELECKI, R. und MAGNUS, W.: Stahlfaser-Pumpbeton – Ein Baustoff für den Tunnelbau. Beton- und Stahlbetonbau 1981, Heft 2, Seite 42–46

[7] ANHEUSER, L.: Neuzeitlicher Tunnelausbau mit Stahlbetonfertigteilen. Beton- und Stahlbetonbau 1981, Heft 6, S. 145–150

[8] DUDDECK, H.: Empfehlungen zur Berechnung von Tunneln im Lockergestein. Die Bautechnik (1980), S. 349–356

[9] FLECK, H., SPANG, J.: Beitrag zur statischen Berechnung von Tunnelauskleidungen. Die Bautechnik (1980), S. 361–367

[10] EzVTU 3 Entwurf zur Vorausgabe DS 853/I, Deutsche Bundesbahn

[11] GHALIB, M. A.: Moment Capacity of Steel Fiber Reinforced Small Concrete Slabs. ACI-Journal, 1980, July–August, Seite 247–257

(1980)". Die Bautechnik (1982), S. 260–273 und 303–311

[12] EINSTEIN, H. H. et al.: Improved design of tunnel supports. Volumes 1 to 6, Cambridge, Mass.: Massachusetts Institute of Technology, Department of Civil Engineering, 1979–1980

[13] CRAIG, R. N., MUIR WOODD, A. M.: A review of tunnel lining practice in the United Kingdom. Suppl. Rep. Transp. Road Res. Lab 335, 1978

[14] EBAIDD, G. S., HAMMAD, M. E.: Aspects of circular tunnel design. Tunnels & Tunnelling (1978), July, S. 59–63

[15] STROBL, T.: Der Altmühlüberleiter-Stollen. Beton, 1978, Heft 6, Seite 197–200

[16] HERZOG, M.: Die wirkliche Tragfähigkeit von Betongelenken. Bauingenieur 53 (1978), S. 255–261

[17] Untersuchung zur Frage der Anwendung von Dichtungsprofilen und Fugenmassen bei der Fugenabdichtung von Tunnelbauwerken aus Stahlbetonfertigteilen. STUVA Forschungsberichte, Nr. 7/78. Alba Buchverlag Düsseldorf

[18] FLECK, H., SONNTAG, G.: Statische Berechnung gebetteter Hohlraumauskleidungen mit einem ortsveränderlichen, last- und verformungsabhängigen Bettungsmodul aus der Methode der Finiten Elemente. Die Bautechnik (1977), S. 149–156

[19] KESSLER, H.: Die Bemessung und Traglastberechnung stählerner Tunnelauskleidungen. Berichte aus dem Institut für Statik der Technischen Universität Braunschweig, Nr. 76–15 (1976) bzw.: Tunnelbau 1979, Abschn. E 2 und J

[20] DAR, S. M., BATES, R. C.: Analysis of Backpacked Liners. Journal of the Geotechnical Engineering Division (1976), S. 739–759

[21] SONNTAG, G., FLECK, H.: Zum Bettungsmodul bei Tunnelauskleidungen. Ingenieur-Archiv (1976), S. 269–273

[22] HERZOG, M.: Traglast und Rotationsfähigkeit von Betongelenken. Straßen- und Tiefbau 30, 1976, Heft 10, Seite 8–16

[23] WAGNER, H., PETERSEN, G., SCHMIDT, H.: Statik und Konstruktion der Hamburger U-Bahn-Innenstadt-Unterfahrung im Schildvortrieb. Straße-Brücke-Tunnel (1975), S. 87–97

[24] MUIR WOOD, A. M.: The circular tunnel in elastic ground. Geotechnique 25 (1975), S. 115–127

[25] SCHMITT, G.-P.: Der Erddruck auf nachgiebige Tunnelauskleidungen. Straße-Brücke-Tunnel (1975), S. 225–233

[26] HAIN, H., FALTER, B.: Stabilität von biegesteifen oder durch Momentengelenke geschwächten und auf der Außenseite elastisch gebetteten Kreisringen unter konstantem Außendruck. Straße-Brücke-Tunnel (1975), Heft 4, S. 98–105

[27] MELDNER, V.: Zur Statik der Tunnelauskleidung mit Stahlbetontübbings. Festschrift „100 Jahre Wayss & Freytag", 1975, S. 231–237

[28] LEONHARDT, F.: Vorlesungen über Massivbau, 2. Teil, 2. Auflage. Berlin, Heidelberg, New York, Springer 1975, S. 91–98

[29] HAIN, H., HORST, H.: Zur Frage der radialen und tangentialen Bettung schildvorgetriebener Tunnel. Straße-Brücke-Tunnel (1974), S. 12–20

[30] DUDDECK, H.: Zu den Berechnungsmethoden und zur Sicherheit von Tunnelbauten. Der Bauingenieur (1972), S. 43–52

[31] ANDRASKAY, E., HOFMANN, E., JEMELKA, P.: Berechnung der Stahlbetontübbings für den Heitersbergtunnel, Los West. Schweizerische Bauzeitung (1972), S. 864 ff

[32] HAIN, H., HORST, H.: Gültigkeitsgrenzen der Theorie 2. Ordnung bei der Berechnung kreisförmiger Tunnelquerschnitte. Straße-Brücke-Tunnel (1971), S. 64–68

[33] WAGNER, H.: Erddruck- und Spannungsmessungen an Tunnelauskleidungen unter Tage, insbesondere bei Gußeisen-Ausbau der U-Bahn-Tunnel in Hamburg. Straße-Brücke-Tunnel (1971), S. 113–122

[34] Richtlinien für Tunnelbauten nach der Verordnung über den Bau und Betrieb der Straßenbahnen (BOStrab) vom 10. September 1971. Verkehrs- und Wirtschaftsverlag Dr. Borgmann, Dortmund

[35] KRABBE, W.: Tunnelbau mit Schildvortrieb. Grundbau-Taschenbuch Band I, Ergänzungsband. Verlag W. Ernst & Sohn, Berlin, München, Düsseldorf, 1971

[36] DUDDECK, H. und THEENHAUS, H.: Der gegenseitige Einfluß benachbarter Kreistunnel. Beton- und Stahlbetonbau, 1971, Heft 12

[37] WINKLER, W.: Anwendung der Federanalogie bei der statischen Berechnung von kreisförmigen Tunnelprofilen. Schweizerische Bauzeitung (1970), S. 991–993

[38] HAIN, H., HORST, H.: Spannungstheorie 1. und 2. Ordnung für beliebige Tunnelquerschnitte unter Berücksichtigung der einseitigen Bettungswirkung des Bodens. Straße-Brücke-Tunnel (1970), S. 85–94

[39] LAIS, H.: Die Unterfahrung der Isar im Schildvortrieb beim Bau der S-Bahn München. Der Eisenbahningenieur, 1970, Heft 9

[40] DURTH, R.: Berechnung von schildvorgetriebenen Tunneln mit Berücksichtigung der geometrischen Nichtlinearität in den Gleichgewichtsbedingungen. Dissertation TU Braunschweig, Institut für Statik, 1969

[41] AHRENS, H.: Der räumlich gekümmte Stab – lineare und nichtlineare Theorie. Dissertation TU Braunschweig, Institut für Statik, 1969

[42] WISSMANN, W.: Zur statischen Berechnung beliebig geformter Stollen- und Tunnelauskleidungen mit Hilfe von Stabwerkprogrammen. Der Bauingenieur (1968), S. 1–8

[43] ENGELBRETH, K.: Beregning av tunnel eller ror med sirkulaert tverrsnit gjennom homogen jordmasse. Teknisk Ukeblad 108, Oslo 1961, S. 625–627, s. auch Correspondence Geotechnique 11 (1961), S. 246–248 und Bauingenieur 43 (1968) S. 471

[44] SCHENCK, W.: Anwendung der Schildbauweise bei neuzeitlichen Verkehrstunneln. Die Bautechnik 1968, Heft 6

[45] APEL, F.: Tunnel mit Schildvortrieb. Werner Verlag, Düsseldorf 1968

[46] MANDEL, G. und WAGNER, H.: Verkehrs-Tunnelbau, Band I und II. Verlag W. Ernst & Sohn, Berlin, München, 1968/69

[47] WINDELS, R.: Kreisring im elastischen Kontinuum. Der Bauingenieur (1967), S. 429–439

[48] BULL, A.: a) Stresses in the linings of shielddriven tunnels. Proceedings of the ASCE, Vol. 70 (1944), S. 1363
b) Schnittkraftermittlung für kreisförmige Tunnelquerschnitte nach dem Berechnungsverfahren von Bull mit Hilfe von Diagrammen. Die Bautechnik (1967), S. 142 u. 143

[49] SONNTAG, G.: Bemerkungen zur Frage der Biegebeanspruchung und des Beulens dünnwandiger Tunnelauskleidungen in nachgiebiger Bettung; Gedanken zu Berechnungsmethoden im Vergleich mit Modellversuchen im kohäsionslosen Schüttgut. Die Bautechnik (1967), S. 297–304

[50] WINDELS, R.: Spannungstheorie 2. Ordnung für den teilweise gebetteten Kreisring. Die Bautechnik (1966), S. 265–275

[51] Tunnelauskleidung mit Gelenkketten. Die Bautechnik (1966), Heft 2, S. 66–67

[52] LEONHARDT, F. und REIMANN, H.: Betongelenke. Der Bauingenieur 41, 1966, Heft 2, S. 49–56 und Heft 175 DAfSt

[53] LEONHARDT, F. und REIMANN, H.: Betongelenke. Deutscher Ausschuß für Stahlbeton, Heft 175, Berlin: W. Ernst & Sohn, 1965

[54] SCHULZE, H., DUDDECK, H.: Spannungen in schildvorgetriebenen Tunneln. Beton- und Stahlbetonbau (1964), S. 169–175

[55] WAGNER, H.: Beton- und Stahlbetontübbings im Tunnelbau. Beton- und Stahlbetonbau (1964), Heft 2 und 3

[56] MEISSNER, H.: Zur Bemessung des Ausbaues von Tunneln im Lockergestein, die im Schildvortrieb aufgefahren wurden. Der Bauingenieur (1963), S. 148–152

[57] KASTNER, H.: Statik des Tunnel- und Stollenbaus. Springer-Verlag 1962

[58] KEZDI, A.: Erddrucktheorien. Springer-Verlag 1962

[59] MORGAN, H. D.: A contribution to the analysis of stress in a circular tunnel. Geotechnique 11 (1961), S. 37–46

[60] HEWETT, B. H. M., JOHANNESSON, S.: Schild- und Druckluft-Tunnelbau. 1922, Deutsche Übersetzung, Werner-Verlag, Düsseldorf 1960

[61] HOUSKA, J.: Beitrag zur Theorie der Erddrücke auf das Tunnelmauerwerk. Schweizerische Bauzeitung (1960), S. 607–609

[62] TERZAGHI, K.: Theoretische Bodenmechanik. Springer-Verlag 1954

[63] BUGAJEWA, O.: Berechnung von Tunnelwandungen mit Kreisquerschnitt (in russisch), Jzvestija Gidrotechniki

[64] KOMMERELL, O.: Statische Berechnung von Tunnelmauerwerk. W. Ernst & Sohn, Berlin 1940

[65] VOELLMY, A.: Die Bruchsicherheit eingebetteter Rohre. Bericht Nr. 35, Diskussionsbericht Nr. 108 der Eidg. Materialprüfungs- und Versuchsanstalt, Zürich 1937

[66] VOELLMY, A.: Eingebettete Rohre. Dissertation ETH Zürich, 1937

[67] MARQUARDT, E.: Rohrleitungen und geschlossene Kanäle. Handbuch für Eisenbetonbau, Band 9, Viertes Kapitel, Verlag W. Ernst & Sohn, Berlin 1934

[68] Taschenbuch für den Tunnelbau, 1986. Verlag Glückauf GmbH, Essen

[69] Taschenbuch für den Tunnelbau, 1987. Verlag Glückauf GmbH, Essen

[70] KRISCHKE, A.: Wasserundurchlässiger Beton bei bergmännisch erstellten Tunneln der U-Bahn München. Auswertung einer zehnjährigen Erfahrung. Beton- und Stahlbetonbau 1982, Heft 9, S. 221–227

[71] BABENDERERDE, S.: Extru-Beton als Tunnelauskleidung: Erkenntnisse aus aufgefahrenen Tunnelstrecken. Forschung + Praxis, Heft 30, STUVA. Alba Buchverlag Düsseldorf

[72] Empfehlungen für den Tunnelausbau in Ortbeton bei geschlossener Bauweise im Lockergestein (1986). Bautechnik 1986, Heft 10, S. 331–338

[73] Taschenbuch für den Tunnelbau, 1983. Verlag Glückauf GmbH, Essen

[74] SZÉCHY, K.: Tunnelbau. Springerverlag Wien 1969

[75] SCHIKORA, K.: Doppelröhrentunnel der Münchner U-Bahn. Tunnel 1983, Heft 2, S. 71–79

[76] DISTELMEIER, H.: Montage von Stahlbetontübbings bei Tunnelbauten mit Schildvortrieb. Beton- und Stahlbetonbau 1975, Heft 5, S. 120–125

[77] PHILIPP + SCHÜTZ: Forschungsbericht über Tübbing-Belastungsversuche mit neuartiger Bewehrung. Firmenschrift (unveröffentlicht)

[78] Taschenbuch für den Tunnelbau, 1981. Verlag Glückauf GmbH, Essen

[79] Taschenbuch für den Tunnelbau, 1982. Verlag Glückauf GmbH, Essen

[80] STUVA: Neue Erfahrungen im U-Verkehr und Tunnelbau. Forschung + Praxis 21, S. 42. Alba Buchverlag Düsseldorf

[81] STUVA: Gebäudeunterfahrungen und -unterfangungen. Forschung + Praxis 25, Alba Buchverlag Düsseldorf 1981

[82] GLANG, S.: Elastomere-Fugenbänder und -profile. Tunnel 1981, Heft 3, S. 195–205

[83] Prospekt Baulos 17a, U-/Stadtbahn Essen. Tiefbauamt Stadt Essen

[84] Tiefdüker Dradenau. Prospekt Arbeitsgemeinschaft Bilfinger + Berger. Bauaktiengesellschaft, Polenski & Zöllner GmbH & Co, F. + N. Kronibus, GmbH & Co KG, Wix + Liesenhoff GmbH

[85] WAGNER, H.: Grundlagen der Entwicklung eines neuen Tübbingsystems für Tunnels, Stollen und Schächte. Österreichische Ingenieur-Zeitschrift 1981, S. 244–251

[86] BRUX, G.: Stahlbetontübbing-Fertigung für Tunnel der Züricher U-Bahn, Fertigteilbauforum 7/79 (Betonwerk- + Fertigteiltechnik)

[87] RUTSCHMANN, W.: Der Suezkanaltunnel – erste feste Verbindung zwischen Afrika und Asien. Schweiz. Ing. u. Arch. 1980, S. 1183

[88] STUVA: Bau und Betrieb von Verkehrstunneln. Forschung + Praxis 15, S. 104, Alba Buchverlag Düsseldorf 1974

4.4 Durchpressen von Bauwerken*)

4.4.1 Allgemeines

4.4.1.1 Überblick

Bei der Herstellung eines Bauwerkes unter einem Verkehrsweg oder unter bebautem bzw. genütztem Gelände kommt es zwischen dem Nutzer des Verkehrsweges oder des Geländes und der Baustelle zu gegenseitigen Beeinflussungen und Behinderungen. Häufig wird gefordert, daß die normale Nutzung während einer Baumaßnahme möglichst wenig behindert werden soll. Das gilt vor allem für den Betrieb der Eisenbahn, der aus verschiedenen Gründen so wenig wie möglich gestört werden darf. Wenn eine Straße, Eisenbahn, Fußgänger und Radfahrer oder ein Wasserlauf unter einem anderen Verkehrsweg oder einem anderweitig genutzten Gelände unterführt werden sollen, dann bietet sich das Durchpressen an. Die Behinderungen des Verkehrs werden dabei auf ein Minimum beschränkt. Man spricht auch davon, daß ein Bauwerk „unter dem rollenden Rad" hergestellt wird.

*) Verfasser: ALFRED DRECHSEL
   (s.a. Verzeichnis der Autoren, Seite V)

4.4.1.2 Lösungsmöglichkeiten (Arbeitsweisen)

Das Durchpressen ist wohl die eleganteste, aber auch eine schwierige Methode, ein größeres Bauwerk unter einem in Betrieb bleibenden Verkehrsweg zu bauen (Bild 4.4-1). Je nach den äußeren Bedingungen gibt es verschiedene Lösungen und Arbeitsweisen. Die Höhe der Überschüttung über dem durchzupressenden Bauwerk bestimmt die Arbeitsweise. Bei fehlender oder geringer Überschüttung muß der Verkehrsweg und gegebenenfalls die geringe Überschüttung während des Durchpressens besonders gesichert werden, bei genügender Überschüttungshöhe entfällt die Sicherung (Bilder 4.4-2, 4.4-3, 4.4-5). Es muß geklärt werden, ob das Bauwerk auf dem anstehenden Boden oder auf vorher hergestellten Gleitbahnen durchgepreßt werden soll. Es handelt sich dann um eine sogenannte „Gleitbahndurchpressung" (Bilder 4.4-10 bis 4.4-13). Je nach den vorhandenen Bedingungen wird das Bauwerk in einem Stück oder abschnittsweise hergestellt und durchgepreßt. Es besteht auch die Möglichkeit, ein Bauwerk von zwei Seiten durchzupressen. Die Ausbildung im Stoßbereich ist allerdings nicht unproblematisch (Bild 4.4-4). Der Sicherung der Ortsbrust kommt besondere Bedeutung zu. Bei genügend standfestem Boden wird mit der natürlichen Böschung gearbeitet, und die Seitenschneiden werden schräg ausgebildet. Bei schlechteren Bodenverhältnissen wird die Ortsbrust mit Zwischenbühnen unterteilt oder verbaut (Bilder 4.4-6, 4.4-32b,c).

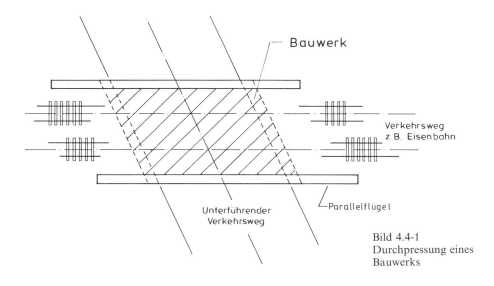

Bild 4.4-1
Durchpressung eines
Bauwerks

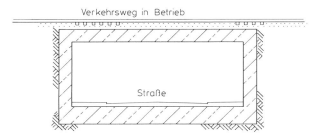

Bild 4.4-2
Durchpressen direkt unter
einem Verkehrsweg

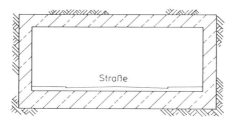

Bild 4.4.3   Durchpressen mit Überschüttung

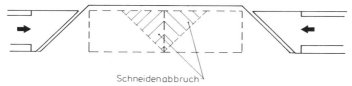

Bild 4.4-4   Durchpressen von beiden Seiten

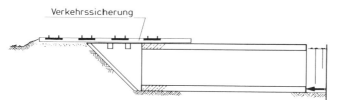

Bild 4.4-5   Durchpressung ohne Überschüttung

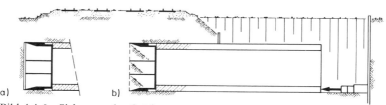

Bild 4.4-6   Sicherung der Ortsbrust
a) Beweglicher Schild mit Brustverbau
b) Sicherung der Ortsbrust mit Zwischenbühnen

4.4.1.3 Durchpressen mit und ohne Überschüttung

Beim Durchpressen mit geringer Überschüttung treten zwei Probleme auf: einmal die Stabilität der Ortsbrust beim Abbau des Bodens, und zum anderen das Halten des Bodens über dem Bauwerk beim Vorschieben. Es hängt vom Verhältnis Bauwerksbreite zu Überschüttung ab, ob der Boden über dem Bauwerk besonders gehalten bzw. gesichert werden muß (Bild 4.4-7). Die beim Durchpressen entstehenden Reibungskräfte versuchen den über dem Bauwerk lagernden Boden mitzunehmen. Nur die in den möglichen Abrißflächen wirkenden Scherkräfte leisten dabei Widerstand. Wenn die Reibungskräfte größer als die Scherkräfte werden, muß der Boden durch geeignete Maßnahmen gehalten werden. (Bilder 4.4-8 und 4.4-9). Das Verhältnis von Breite zu Überschüttungshöhe spielt dabei eine große Rolle, mit zunehmender Breite wird die Gefahr des Mitnehmens größer. Wenn keine oder nur geringe Überschüttung vorhanden ist, muß der Verkehrsweg durch eine besondere Konstruktion gesichert werden. Bei Eisenbahnen werden dazu stählerne Trägerroste verwendet. (Bilder 4.4-5, 4.4-48).

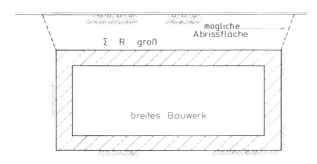

Bild 4.4-7
Reibung auf der Decke und mögliche Abrißflächen auf einem breiten Bauwerk

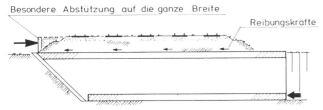

Bild 4.4-8   Abstützung des Bodens über der Decke

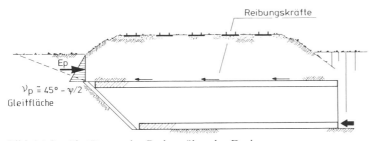

Bild 4.4-9   Abstützung des Bodens über der Decke

4.4.1.4 *Durchpressen mit Gleitbahnen*

Damit das Bauwerk während des Durchpressens besser geführt werden kann, werden manchmal Gleitbahnen verwendet (Gleitbahndurchpressung). Die Herstellung der Gleitbahnen erfolgt vor dem Durchpressen des Bauwerks bergmännisch, oder sie werden ebenfalls durchgepreßt. Als Querschnitte kommen Rechtecke oder Kreisquerschnitte (Rohre) in Betracht, die teilweise ausbetoniert und im Verlauf des Durchpressens teilweise wieder abgebrochen werden (Bild 4.4-10).

Eine echte Gleitbahn entsteht dann, wenn sie auf setzungsfreiem Untergrund hergestellt werden kann, oder wenn die Gleitbahn durch zusätzliche Maßnahmen setzungsarm tiefgegründet wird (Bild 4.4-11). Werden die Gleitbahnen in einen Boden eingebaut, bei dem mit Setzungen zu rechnen ist, dann spricht man von einer „schwimmenden Gründung" der Bahnen. In solchen Fällen führen die Setzungen der nachgiebigen Gleitbahnen dazu, daß sich das Bauwerk beim Durchpressen auch zusätzlich auf den Boden auflagert. Wenn die Gleitbahnen in sehr nachgiebigem Boden angeordnet werden, sind sie bei großen Querschnitten keine sinnvolle Konstruktion. Nur bei kleinen Querschnitten können die Gleitbahnen die Last mit wenig Setzung in den Boden abtragen und so als echte Gleitbahnen wirken (Bild 4.4-12). Die Gleitbahnen werden auch z. T. für eine seitliche Führung des Bauwerkes herangezogen. Nur wenn die Bahnen in festem, wenig nachgiebigem Boden gegründet sind, können sie die Funktion der seitlichen Führung übernehmen (Bild 4.4-13). Der zusätzliche horizontale Erdwiderstand aus den Gleitbahnen ist gering im Verhältnis zu dem Erdwiderstand, der vom Bauwerk selbst aktiviert wird.

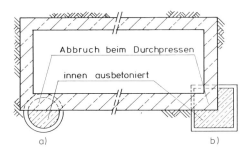

Bild 4.4-10
Gleitbahnen
a) Durchgepreßtes Rohr
b) Rechteckquerschnitt durchgepreßt oder bergmännisch vorgetrieben

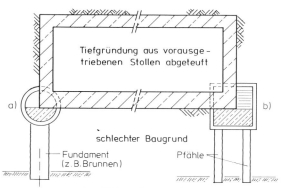

Bild 4.4-11
Tiefgründung von Gleitbahnen
a) Rohr aus Stahl oder Stahlbeton
b) Stollen bergmännisch hergestellt und ausbetoniert oder durchgepreßter Rechteckquerschnitt

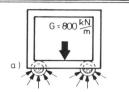 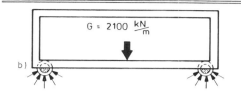

Bild 4.4-12   Bodenpressungen unter Gleitbahnen
Anordnung von 2 Rohren mit 2,0 m Durchmesser als Gleitbahnen (Annahme: Mitwirkende
Rohrbreite für die Bodenpressung 1,5 m)
a) Echte Gleitbahn
   Rahmen 10 m breit, $G = 800$ kN/m, vorhandene Bodenpressung $\sigma = 267$ kN/m^2
b) Nur zusätzliche Sicherungsmaßnahme
   Rahmen 20 m breit, $G = 2100$ kN/m, vorhandene Bodenpressung $\sigma = 700$ kN/m^2

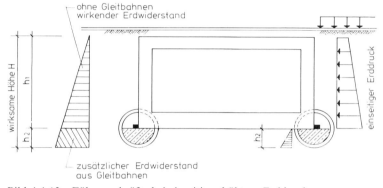

Bild 4.4-13   Führungskräfte bei einseitig erhöhtem Erddruck

4.4.1.5   Konstruktionsform der Bauwerke

Für das Durchpressen von Bauwerken eignet sich am besten ein geschlossener Kasten-
träger (Rechteckrahmen), der auch die Beanspruchungen beim Durchpressen gut aufzunehmen vermag. Es sind aber auch Varianten, z. B. mit durchbrochenen Wänden, möglich
(Bilder 4.4-14 und 4.4-15). Im Längsschnitt ist der Körper ebenfalls rechteckig, abgesehen
von der Ausbildung der Schneide am vorderen Ende. Am hinteren Ende können Abschnitte mit Trogquerschnitt oder auskragenden Wänden angehängt werden (Bilder
4.4-16 und 4.4-17). Im Grundriß kann das Bauwerk rechteckig oder schiefwinklig ausgebildet sein. Im letzteren Fall wird wegen der Schiefe die statische Berechnung des räumlichen Kastenträgers wesentlich aufweniger (Bild 4.4-18).

4.4.1.6   Ein- und mehrteilige Bauwerke

Ob ein Bauwerk einteilig oder mehrteilig hergestellt und durchgepreßt wird, hängt von
verschiedenen Faktoren ab. Dabei spielt die Größe des Herstellplatzes, die Beanspruchung des Pressenwiderlagers, die Pressenkräfte und evtl. der Arbeitsablauf eine wesentliche Rolle.

Bild 4.4-14   Rahmen mit offener Sohle

Bild 4.4-15   Rahmen mit seitlicher Stützenreihe

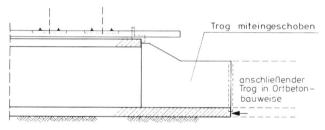

Bild 4.4-16   Angehängter Trogquerschnitt

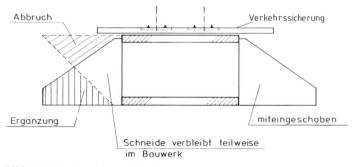

Bild 4.4-17   Angehängte Wand

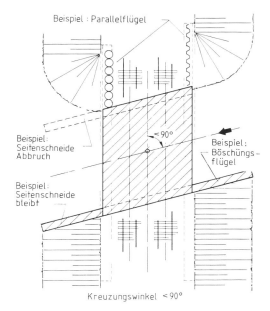

Bild 4.4-18
Schiefwinkliges Bauwerk

Es werden im folgenden verschiedene Möglichkeiten aufgezeigt: Das Bauwerk ist einteilig und wird in einem Stück (gegebenenfalls durch vertikale Arbeitsfugen unterteilt) hergestellt und anschließend auf einmal ohne Unterbrechung durchgepreßt (Bild 4.4-19).

Das Bauwerk besteht aus mehreren Teilen mit Zwischenpreßstationen. Die Unterteilung ist erforderlich, um die Pressenkräfte, die auf das Pressenwiderlager wirken, niedrig zu halten. Jeder Teil kann für sich in einem oder mehreren Abschnitten hergestellt werden (Bild 4.4-20). Wenn der Herstellplatz nicht ausreicht, um das gesamte Bauwerk auf einmal herzustellen, wird das Bauwerk abschnittsweise hergestellt und in mehreren Phasen mit Zwischenpreßstationen durchgepreßt. Eine Variante ist die seitliche Herstellung der einzelnen Teile und das Querverschieben am Herstellplatz, um die Herstellzeit zu verkürzen (Bilder 4.4-21 und 4.4-22). Die gleiche Arbeitsweise kann auch mit vorgefertigten Teilen angewendet werden. Wegen der Begrenzung des Transportgewichtes sind nur kleine Querschnitte für diese Herstellmethode geeignet, z. B. Fußgängerunterführungen.

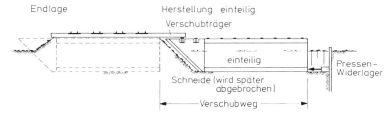

Bild 4.4-19   Einteilige Herstellung

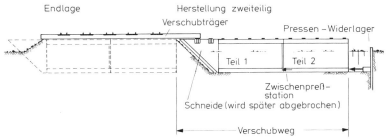

Bild 4.4-20   Mehrteilige Herstellung

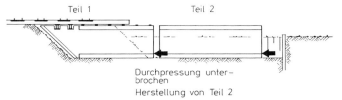

Bild 4.4-21   Mehrteilige Herstellung bei beschränktem Verschubweg

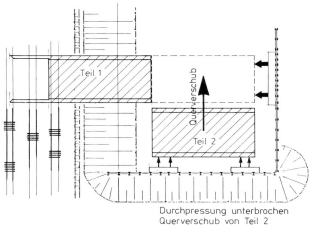

Bild 4.4-22   Mehrteilige Herstellung mit Querverschub

4.4.1.7   Gerade und gekrümmte Bauwerke

In den meisten Fällen handelt es sich um gerade Bauwerke, die in der gleichen Richtung durchgepreßt werden, in der sie hergestellt werden. Es können aber auch gekrümmte Bauwerke durchgepreßt werden, wobei zwei Lösungen zu unterscheiden sind:

Lösung 1:

Das Bauwerk besteht aus mehreren kurzen, geraden oder konischen Teilen (Länge kleiner als Breite), die im Bogen mit Zwischenpreßstationen durchgepreßt werden. Das erste Teil kann schildartig ausgebildet sein, oder ein besonderer Schild übernimmt die Steuerung (Bild 4.4-23).

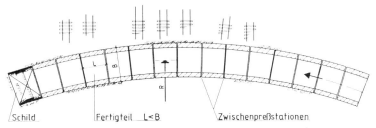

Bild 4.4-23 Gekrümmtes Bauwerk aus kurzen Bauteilen

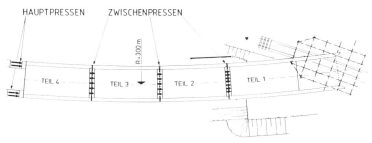

Bild 4.4-24 Gekrümmtes Bauwerk mit langen Bauteilen

Lösung 2:

Das Bauwerk – ein- oder mehrteilig – wird bereits im Bogen hergestellt und dann in diesem bereits vorgegebenen Radius durchgepreßt.

Wenn direkt unter dem Verkehrsweg durchgepreßt wird und die Verkehrslasten während des Durchpressens direkt in das Bauwerk geleitet werden, sind relativ lange Bauwerksteile zur Lastabtragung in den Boden erforderlich, so daß in diesen Fällen die zweite Lösung gewählt werden muß. Diese Lösung ist in ihrer Durchführung schwieriger als die erste (Bild 4.4-24).

4.4.1.8 Fertigteile oder Ortbeton

In den meisten Fällen werden die Bauwerke in Ortbeton erstellt, weil die Abmessungen der Bauwerke keine andere Arbeitsweise zulassen. Bei kleineren Querschnitten wie Fußgängerunterführungen können Fertigteile, die angefahren werden, zum Einsatz kommen. Auch ist es möglich, größere Teile in einer Baugrube herzustellen und sie an die eigentliche Pressenstation zu schieben. Das Bauwerk wird dann jeweils um die Länge des Teiles vorgepreßt.

4.4.2 Herstellplatz

4.4.2.1 Baugrubensohle

Die Ausbildung der Baugrubensohle, auf der das Betonbauwerk hergestellt wird, hängt von verschiedenen Faktoren ab. Wenn die Bauwerkssohle eine Blechhaut erhält, dann reicht es aus, die Baugrubensohle mit Sand zu planieren und abzurütteln, und erforderlichenfalls die obere Schicht etwas zu vermörteln. Wird kein Blech in die Bauwerkssohle eingebaut, so ist es sinnvoll, eine etwa 15 bis 20 cm dicke Betonsohle herzustellen, auf der noch zusätzlich eine dünne Folie als Trennschicht aufgelegt wird. Die Sohle muß so ausgebildet werden, daß sie beim Vorpressen des Bauwerkes nicht mitgenommen wird, sonst treten erhebliche Schwierigkeiten auf.

4.4.2.2 Seitliche Führung

Ein wichtiger Punkt ist die seitliche Führung des Bauwerkes bei Beginn des Durchpressens, d. h. das Halten des Bauwerkes im Bereich des Herstellplatzes gegen seitliches Ausweichen. Da bei den schweren und starren Baukörpern eine sehr wirksame seitliche Steuerung nicht möglich ist, kommt der seitlichen Führung außerhalb des Durchpreßbereiches eine große Bedeutung zu. Je nachgiebiger die seitliche Führung ist, desto größer ist die Gefahr, daß das Bauwerk von seiner Sollage abweicht. Bild 4.4-25 zeigt verschiedene Beispiele für seitliche Führungen.

4.4.2.3 Pressenwiderlager

Die Pressenkräfte, die für das Durchpressen erforderlich sind, müssen von einem sogenannten Pressenwiderlager aufgenommen werden. Es hängt von der Örtlichkeit und den Verhältnissen ab, wie das Widerlager ausgeführt wird. Die wirtschaftlichste Lösung ist immer, die Kräfte in den Boden zu leiten, und dabei den passiven Erddruck zu aktivieren. In vielen Fällen wird das Pressenwiderlager als Verbau benutzt oder umgekehrt. Wenn der Herstellplatz im Einschnitt liegt, und eine Baugrube vorhanden ist, dann können die Kräfte in den dahinterliegenden Boden eingeleitet werden. Es ist aber auch möglich, den erforderlichen Bodenwiderstand durch eine künstliche Aufschüttung zu erreichen bzw. zu verstärken. Die Widerlagerwand kann aus Spundwänden, Bohlträgerverbau und Bohrpfählen bestehen (Bilder 4.4-26a, Berechnung Bild 4.4-26b).

Wenn der vorhandene Platz für eine Aufschüttung nicht ausreicht, oder wenn kein geeignetes Auffüllmaterial zur Verfügung steht, dann muß eine Konstruktion gewählt werden, bei der die Pressenkräfte in anderer Weise abgeleitet werden (Bild 4.4-27).

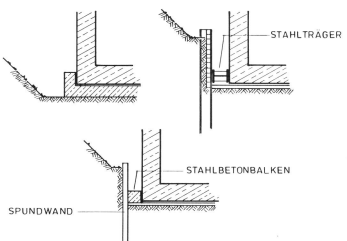

STAHLTRÄGER

STAHLBETONBALKEN

SPUNDWAND

Bild 4.4-25
Seitenführungen

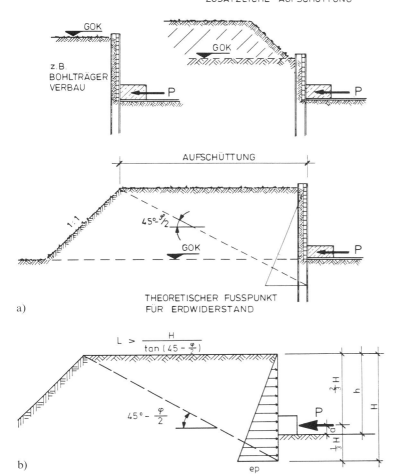

ZUSÄTZLICHE AUFSCHÜTTUNG

Bild 4.4-26   Pressenwiderlager
a) Verschiedene Formen für Pressenwiderlager
b) Vereinfachter Nachweis für Pressenwiderlager

P Pressenkraft
η Sicherheitsbeiwert
h gesuchte Höhe des Widerlagers
H Gesamthöhe der Verbauwand

φ Reibungswinkel
γ spezifisches Gewicht des Bodens
K_{ph} Beiwert für passiven Erdwiderstand

Berechnung eines Pressenwiderlagers als Verbundkonstruktion
Es genügt, den passiven Erdwiderstand dreiecksförmig anzunehmen.

Aus $E_{ph} = K_{ph} \cdot \gamma \dfrac{H^2}{2} > P \cdot \eta$

folgt $_{erf}H \geqq \sqrt{\dfrac{2 \cdot P \cdot \eta}{K_{ph} \cdot \gamma}}$

$h = \dfrac{2}{3}H + a$

Weiter muß nachgewiesen werden, daß die freistehende Wand mit der Einbindetiefe $\dfrac{1}{3}H$ standsicher ist.

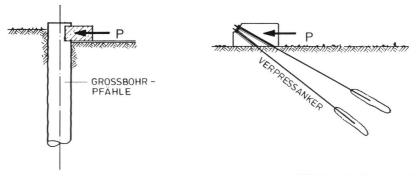

Bild 4.4-27   Pressenwiderlager

Da die gesamte Widerlagerkonstruktion in den meisten Fällen ein Baubehelf ist, können die üblichen Sicherheitsbeiwerte bei der Bemessung reduziert werden, jedoch nicht, wenn das Widerlager gleichzeitig als Verbauwand dient. Grundsätzlich ist dem Pressenwiderlager ein besonderes Augenmerk zu schenken, da ein Versagen dieser Konstruktion nachträglich große Aufwendungen und erhebliche Zeitverluste verursacht.

4.4.2.4   Stabilität der Böschung am Verkehrsweg

Bei den meisten Durchpressungen handelt es sich um die Unterführung eines Verkehrsweges. Die Baugrubenböschung am Verkehrsweg muß im Bauzustand, also während der Herstellung des Bauwerkes, standsicher sein. Das gilt vor allem, wenn die Böschung Eisenbahngleise zu halten hat (Bilder 4.4-28, 4.4-29). Die Stabilität kann dadurch gewährleistet werden, daß eine sehr flache Böschung 1 : 1,5 bis 1 : 2 ausgeführt wird. Das hat allerdings zur Folge, daß das Bauwerk relativ weit vom Verkehrsweg entfernt hergestellt werden muß. Um den Verschubweg zu verkürzen, kann man die Böschung mit einer Neigung von 1 : 1,0 bis 1 : 1,25 herstellen und, wenn erforderlich, mit Folien, Spritzbeton oder Matten zusätzlich sichern. Statt einer Böschung kann auch ein Verbau angeordnet oder eine Mischlösung ausgeführt werden.

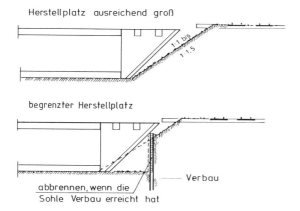

Bild 4.4-28
Böschung am Verkehrsweg bzw.
Verbau

Bild 4.4-29 Blick auf die Böschung vor den Schneiden (Werkfoto Bilfinger + Berger)

4.4.3 Konstruktion der Bauwerke

4.4.3.1 Querschnittsausbildungen

Die lichten Maße des Bauwerkes sind durch den Zweck und Funktion des durchzufüh-
renden Verkehrsweges oder Wasserlaufes vorgegeben, so daß fast immer der Rechteckka-
sten die Regel ist. Das statisch günstigste System für die besonderen Beanspruchungen
dieser Arbeitsweise in Querrichtung ist ein geschlossener Rahmen. Je nach Verwendungszweck und Breite des Bauwerkes können auch mehrzellige Querschnitte in Frage kommen. Die lichte Höhe des Rahmens richtet sich nach dem zu unterführenden Verkehrsweg.
Bei Fußgängerunterführungen entsteht ein 3,0 – 4,0 m, bei Straßenunterführungen ein
7,0 – 8,5 m und bei Eisenbahnunterführungen ein 8,0 – 9,0 m hohes Bauwerk. Bei Bach-
und Flußläufen richtet sich die Höhe nach dem Wasserstand. Bei der Festlegung des
Querschnittes sind evtl. zusätzliche verfahrensbedingte Toleranzen (Abweichungen beim
Durchpressen) für Höhe und Breite einzurechnen. Je nach Schwierigkeit der Durchpressung, Bodenverhältnissen und Länge des Verschubweges werden dafür 3 – 15 cm vorgesehen. Wenn bei gekrümmten Verkehrswegen ein gerades Bauwerk durchgepreßt wird, muß
die lichte Weite um den Bogenstich vergrößert werden (Bild 4.4-30). Die Dicke der Sohle,
Wände und Decke wird meistens von äußeren Belastungen bestimmt und weniger von der
Beanspruchung beim Durchpressen. Wenn das Bauwerk im Grundwasser steht, hängt die

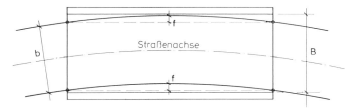

Bild 4.4-30 Verbreiterung bei gekrümmter Trasse im geraden Bauwerk
     Die lichte Breite muß mindestens $B = b + f$ sein

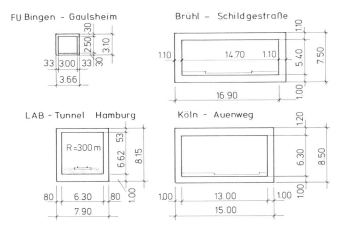

Bild 4.4-31   Querschnitte ausgeführter Bauwerke

Dicke der einzelnen Teile auch davon ab, ob eine wasserdruckhaltende Abdichtung vorgesehen ist oder ein wasserdichter Beton (Weiße Wanne) ausgeführt wird. Die Sohlendicke wird auch manchmal dadurch bestimmt, daß Entwässerungsleitungen mit eingebaut werden müssen (Bild 4.4-31).

4.4.3.2   Ausbildung der Unterseite der Bauwerkssohle

Der Einbau von Bodenblechen hängt davon ab, ob eine wasserdruckhaltende Abdichtung in Form einer dichten Blechhaut eingebaut werden muß, oder ob zusätzliche Bleche oder Blechstreifen zur Verminderung der Gleitreibung vorgesehen werden müssen. Für eine druckwasserhaltende Abdichtung werden Blechplatten oder -bahnen von 6–10 mm Dicke wasserdicht verschweißt und durch Dübel mit dem Sohlenbeton verankert. Wenn Bleche zur Verminderung der Reibung angeordnet werden, dann sollten vorhandene Querfugen verschweißt werden. Eine Verdübelung mit dem Bauwerk ist ebenfalls erforderlich. Es ist vor allem darauf zu achten, daß die Sohle an der Unterseite eben und nicht zu rauh ist, um die Gleitreibung niedrig zu halten.

4.4.3.3   Konstruktion der Seitenschneiden

Mit der Seitenschneide ist der Konstruktionsteil gemeint, der den Aushubbereich an der Ortsbrust seitlich abschirmt. Wenn nicht eine besondere Seitenkonstruktion zur Anwendung kommt, dann sind die sogenannten Seitenschneiden fest mit dem Bauwerk verbunden. Sie bestehen fast immer aus Beton und müssen nach dem Durchpressen abgebrochen werden, wenn sie nicht von vornherein in das Bauwerk integriert wurden (Bilder 4.4-17, 4.4-18). Ihre Form hängt davon ab, wie die Ortsbrust ausgebildet wird und wie der Abbau des Bodens erfolgen kann. Wenn auf der gesamten Höhe eine Böschung angelegt werden kann, dann ist die Form einfach. Bei erforderlichen Zwischenbühnen ist die Vorderkante den einzelnen Böschungen angeglichen (Bild 4.4-32). Die Beanspruchung der Seitenschneiden kann erheblich sein, denn sie müssen die vertikalen Lasten in den Kasten eintragen und den seitlichen Erddruck aufnehmen. Diese Erddruckbelastung kann aus dem Bauzustand sehr groß werden. Wenn der Verkehrsweg, der unterfahren wird, eine besondere Sicherung erhält (z. B. bei Eisenbahnen durch Verschubträger), dann kann die Bö-

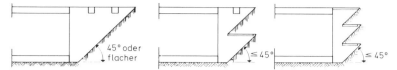

Bild 4.4-32   Schneidenausbildungen

schung an der Ortsbrust meistens unter einer Neigung von 1 : 1 angelegt werden. Die Methode, mit einem Arbeitsraum vor der Bauwerkssohle zu arbeiten, hat sich sehr gut bewährt. Dieser Arbeitsraum sollte aus verschiedenen Gründen (z. B. zusätzliche Bodenverdichtung oder Bodenaustausch) vorgesehen werden.

4.4.3.4   Konstruktion der Fugen bei Zwischenpreßstationen

Die bei längeren Bauwerken erforderlichen Zwischenpreßstationen erfordern besondere Überlegungen bei der Fugenausbildung. Die Fuge öffnet und schließt sich abwechselnd im Bauzustand und muß im Endzustand den üblichen Anforderungen einer wasserdichten Dehnfuge genügen (siehe hierzu auch Punkt 4.9). In diesen Fugen müssen die Pressen untergebracht werden und im Endzustand muß eine einwandfreie Fugenabdichtung eingebaut werden können (Bild 4.4-33).

4.4.3.5   Ausbildung der Oberseite der Decke

In der Regel erhält die Kastenoberseite eine Abdichtung mit einer Schutzschicht, wie es auch bei Brücken üblich ist. An der Seite muß die Abdichtung einwandfrei verwahrt werden, um Beschädigungen beim Durchpressen zu vermeiden. Bei Durchpressungen mit Überschüttung sind besondere Überlegungen anzustellen, weil die Oberfläche durch die großen Lasten zusätzlich beansprucht wird. Die Oberfläche kann mit einer wasserdichten Kunststoffverspachtelung oder Blechhaut abgedeckt werden.

4.4.3.6   Abdichtung gegen Sickerwasser

Wenn kein Grundwasser vorhanden ist, kann Sickerwasser auftreten. Es hängt von der Auffassung des Bauherrn ab, ob die Wände des Bauwerkes zusätzlich geschützt werden müssen. Wird die ungeschützte Wand als nicht ausreichend angesehen, kann eine Verspachtelung mit Kunststoff (meistens Teerpech-Epoxidharz) aufgebracht werden.

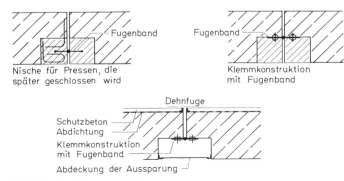

Bild 4.4-33   Fugenausbildungen

4.4.3.7 Abdichtung gegen drückendes Wasser

Es gibt zwei Lösungen, ein Bauwerk gegen Grundwasser abzudichten. Einmal die Ausführung als wasserdichtes Bauwerk (mit Nachweis nach DIN 1045 oder ausreichend dikker Druckzone) und zum anderen eine druckwasserhaltende Abdichtung in Form einer geschweißten Blechhaut. Die Ausführung als wasserdichtes Bauwerk (Weiße Wanne) erfordert für Sohle und Wände meistens größere Dicken als bei einer Ausführung mit Abdichtung. Eine wasserdichte Blechummantelung von 6–10 mm Dicke wird mit Kopfbolzendübeln, etwa 2 bis 4 Stück pro m² je nach Beanspruchung, im Beton verankert. Da das Blech gleichzeitig die Schalung ist, kann die eigentliche Schalungskonstruktion einfacher ausgeführt werden. Im Bereich vorhandener Zwischenpreßstationen und bei anschließenden Trogbauwerken müssen besondere Überlegungen hinsichtlich der Wasserdichtigkeit angestellt werden. Meistens kann man diese Probleme mit einer Klemmkonstruktion lösen.

4.4.3.8 Statische Gesichtspunkte

Der als statisches System zugrunde gelegte Stahlbetonrahmen ist in der Regel so steif, daß für die Bemessung der Wände der Erdruhedruck angesetzt werden soll. Diese Beanspruchung kann beim Durchpressen auch als Erdwiderstand auftreten. Die Sohlen dieser Kasten können je nach Bodenverhältnissen als elastisch gebettet, oder mit einer auf der sicheren Seite liegenden Verteilung der Bodenpressung gerechnet werden. Meistens ist es sinnvoll, mit zwei verschiedenen Grenzwerten des Bettungsmoduls zu rechnen. Während der Durchpressung entstehen zusätzliche Beanspruchungen im vorderen Kastenbereich. Durch die Kopflastigkeit des Bauwerkes aus der Schneide mit den darauf wirkenden Auflasten entstehen im vorderen Sohlenbereich höhere Bodenpressungen als im Endzustand. Die vertikalen und horizontalen Lasten aus den Seitenschneiden müssen in den Kasten geleitet werden. Wände und Sohle können aus dem Bauzustand höher beansprucht werden als im Endzustand. Bei Abstützung des Verkehrsweges auf der Decke entstehen durch die konzentrierte Lasteintragung meistens höhere Beanspruchungen als im Endzustand (Bild 4.4-34) (siehe Abschnitt 4.4.4.6).

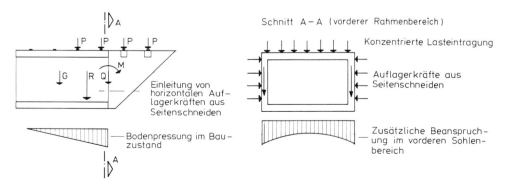

Bild 4.4-34   Beanspruchungen im Bauzustand

4.4.4   Spezifische Einrichtungen für das Durchpressen

4.4.4.1   Seitenschneiden und Böschungsneigung (s. auch Abschnitt 4.4.3.3)

Die Seitenschneiden sind eine Hilfseinrichtung für das Durchpressen und ihre Form wird von dem anstehenden Boden bestimmt. Wenn man von dem Ausnahmefall absieht, daß die Ortsbrust aus bestimmten Gründen besonders verbaut werden muß, wird grundsätzlich mit freier Böschung gearbeitet. In den meisten Fällen kann die Böschung mit 1 : 1 ausgeführt werden. Wenn der Boden eine flachere Böschung erfordert, dann wird die Schneide relativ lang und unwirtschaftlich. In solchen Fällen ist es sinnvoll bzw. notwendig, die Böschung durch Zwischenbühnen zu unterteilen (Bild 4.4-32). Ein besonderes Augenmerk ist auf die Standsicherheit der Böschung im Zusammenhang mit Auflasten auf der Böschungskrone zu richten (Bild 4.4-35).

4.4.4.2   Stahlschneide

Die Seitenschneiden, die fast immer in Stahlbeton ausgeführt werden, enthalten an ihrer Vorderkante (Schräge) eine Stahlschneide, die in den Boden gedrückt werden kann. Es können verschiedene Konstruktionen verwendet werden. Die einfachste Lösung ist der Einbau eines halben IPB-Trägers, der im Beton ausreichend verankert wird (Bild 4.4-36).

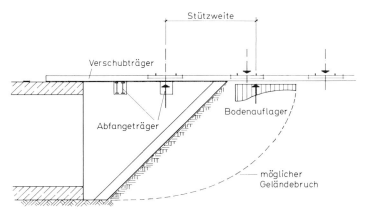

Bild 4.4-35   Grundbruch an der Ortsbrust

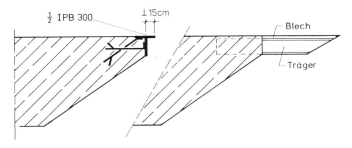

Bild 4.4-36   Beispiele von Stahlschneiden

4.4.4.3   Abfangeträger und Decke über Seitenschneide

Aus einem Verkehrsweg, der unterfahren wird, oder aus einer Überschüttung müssen die vertikalen Lasten auch im Schneidenbereich aufgenommen werden, d. h. besondere Konstruktionen müssen die Lasten in Querrichtung auf die Seitenschneiden abtragen. Dies kann mit einer durchgehenden Decke (z. B. Stahlbeton) geschehen (bei einer Überschüttung immer notwendig), oder, wenn der Verkehrsweg direkt unterfahren wird, mit sogenannten Abfangeträgern. Eine Stahlbetondecke muß mit den Seitenschneiden wieder abgebrochen werden, wenn die Seitenschneiden nicht in das Bauwerk integriert worden sind. Abfangeträger, meistens aus Stahl, werden gleichzeitig für die gegenseitige Abstützung der Seitenschneiden verwendet und können später wiedergewonnen werden. Es ist manchmal erforderlich, mehrere Träger oder Trägerpakete über den Seitenschneiden anzuordnen. Die Beanspruchung dieser Träger ist zum Beispiel bei Eisenbahnlasten und breiten Bauwerken sehr groß (Bild 4.4-45).

4.4.4.4   Sohlenausbildung

Wesentlich ist die Ausbildung der Unterseite der Sohle am Beginn des Baukörpers, soweit keine besondere Hilfskonstruktion wie Schild usw. eingebaut ist. Wie ein Schlitten muß ein Körper, der auf dem Boden geschoben wird, sinnvollerweise mit einer abgeschrägten oder abgerundeten Sohle ausgebildet werden. Weiterhin hat diese Ausbildung den Zweck, das Bauwerk in der Höhe steuern zu können, was aber nur auf das Aufgleiten und Hochsteigen des Bauwerkes beschränkt ist. Die früher propagierte und oftmals noch hartnäckig vertretene Abschrägung der Sohle mit Ausbildung eines Knickes erfüllt ihre Funktion nur bei bestimmten Bodenarten, wie z. B. festgelagertem Kies. Sinnvoller ist eine abgerundete Sohleunterseite, deren Ausbildung von der Bodenart, Bauwerksgröße und von den Erfahrungen der ausführenden Firma abhängt (Bild 4.4-37).

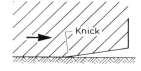 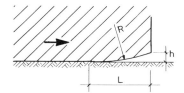

Bild 4.4-37
Sohlausbildung am
vorderen Ende. L und h
abhängig von
verschiedenen Faktoren

4.4.4.5   Einrichtung für Bentonit-Schmierung

Das Schmieren mit Bentonit beim Durchpressen rechteckiger Querschnitte ist eine Maßnahme, die vielfach in ihrer Wirkung überschätzt wird. Wenn man eine gute Schmierung erzielen will, muß die Möglichkeit bestehen, einen Schmierfilm aufbringen zu können, der umso wirksamer ist, je mehr Durck aufgebracht werden kann. Diese Möglichkeit besteht aber bei dieser Art von Durchpressung sehr selten. Beim Versuch, hohe Drücke zu erzielen, läuft das Bentonit evtl. vorne an der Sohle und Seitenschneide aus. Auch wenn die Schmierung im hinteren Teil des Bauwerkes durchgeführt wird, ist ein Austreten des Bentonits an verschiedenen Stellen nicht zu vermeiden. Es wird also nur in seltenen Fällen, z. B. mit besonders aufwendigen Abdichtungsmaßnahmen gelingen, das Bentonit unter großem Druck zu halten und somit einen wirksamen Schmierfilm zu erzielen. In den meisten Fällen erreicht man lediglich (an der Sohle mehr, an den Wänden weniger) eine schmierige Bodenoberfläche, die den Reibungswert um 0,1 bis 0,2 herabsetzt. Eine relativ gute Wirkung erzielt man aber nur, wenn das Bentonit nicht punktförmig (einzelne Rohrstutzen), sondern auf der ganzen Breite des Bauwerks über eine sogenannte Schmierleiste austreten kann, was wiederum dann am wirksamsten ist, wenn das Bentonit beim Verschieben ausgedrückt wird. Auf die erforderlichen Einrichtungen wird hier nicht weiter eingegangen.

4.4.4.6 *Gleitnocken auf dem Baukörper*

Wenn das Bauwerk direkt unter einem befahrenen Verkehrsweg geschoben wird und eine besondere Sicherung des Verkehrsweges erforderlich ist, und die Verkehrslasten auf den Baukörper übertragen werden, müssen sogenannte Gleitnocken auf der Decke des Körpers eingebaut werden.

Beim Durchpressen unter Eisenbahnen werden meistens Verschubträger eingebaut. Diese liegen einerseits auf dem Boden und andererseits auf dem Bauwerk auf. Da diese Träger unverschieblich mit den Gleisen verbunden sind, gleitet das Bauwerk unter diesen Trägern (Bild 4.4-35). Die Nocken haben den Zweck, die manchmal erheblichen Vertikalkräfte aufzunehmen und in die Decke abzutragen, außerdem die Reibungskräfte in die Decke einzuleiten. Je nach Ausbildung der Nocken und Verwendung des Materials wie Holz, Beton oder Stahl sind die Reibungswerte verschieden. Die Länge der Nocken hängt von dem Kreuzungswinkel des durchzupressenden Bauwerkes mit dem Verkehrsweg ab. Bei einem Winkel von 90° sind nur kurze Nocken von etwa 50 cm erforderlich. Wenn eine Höhenregulierung der Verkehrswegsicherung zwischen Nocken und Verschubträger mit sogenannten Verschubschlitten erfolgt, dann müssen die Nocken eine besondere Ausbildung aus Stahl erhalten (Bild 4.4-38).

4.4.4.7 *Ausbildung der Zwischenpreßstationen mit Schleppblechen*

Die bei langen Baukörpern meistens erforderlichen Zwischenpreßstationen müssen mit einer besonderen Konstruktion versehen werden. Die beim Verschieben des einen Teiles aufgehenden und beim Nachschieben des anderen Teiles sich schließenden Fugen müssen mit einer sogenannten Schleppblechkonstruktion versehen werden, um den umgebenden Boden abzustützen. Die Konstruktion muß steif genug und gut im Beton verankert sein, um Schäden bei den oftmaligen Bewegungen zu vermeiden. Verbiegen oder Herausreißen der Schleppbleche aus dem Beton sind Schäden, die während des Durchpressens nur schwer zu beheben sind. Die Konstruktion richtet sich nach besonderen Anforderungen, wie z. B. der Bauwerksoberfläche (vorhandener Blechmantel) und ob die Fuge später druckwasserhaltend ausgebildet werden muß (Bild 4.4-39).

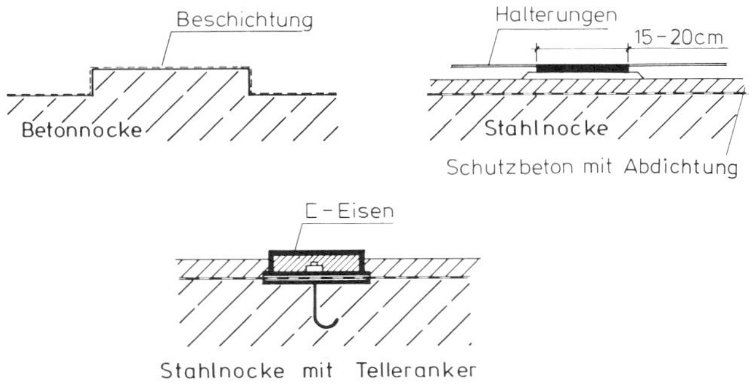

Bild 4.4-38
Gleitnocken

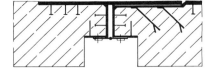

einfache Ausführung   Ausführung für Grundwasserabdichtung

Bild 4.4-39   Schleppblechkonstruktionen

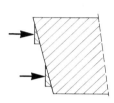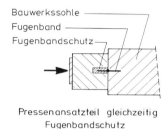

schiefes Bauwerk

Bild 4.4-40   Pressenansatz

4.4.4.8   *Pressenansatzteile*

Damit sind besondere Bauteile gemeint, die erforderlich sind, um die Pressenkräfte in
das Bauwerk einzuleiten. Bei schiefen Bauwerken müssen diese Teile den rechtwinkligen
Abschluß bilden, damit die Pressen nicht schief ansetzen. Wenn Fugenbänder an der
Stirnseite erforderlich sind, müssen diese Pressenansatzteile das Fugenband überbrücken.
Diese Teile, meistens aus Beton, müssen in den meisten Fällen wieder abgebrochen werden
(Bild 4.4-40).

4.4.4.9   *Gleitbahnen (Gleitplatten)*

Das Verfahren ist aus einem Notfall entstanden, bei dem das Bauwerk durch das Auftreten von plastischen Bodenschichten unkontrollierbar wurde. Während es früher nicht
möglich war, auf nicht standfesten Böden schwere Bauwerke einwandfrei durchzupressen, erlaubt es die sogenannte „Gleitplattenmethode", ein Bauwerk auch auf schlechten
Böden genau auf seiner Höhe zu halten. Denn um das Einhalten der Sollhöhe geht es
hauptsächlich beim Durchpressen. Bei nicht standfesten Böden sackt das Bauwerk nach
vorne ab, nicht nur, wenn die auftretenden Pressungen für den Boden zu hoch sind,
sondern weil die auftretenden Reibungskräfte (vor allem im vorderen Bereich) die Bodenoberfläche zerstören und somit eine „Höhensteuerung" unmöglich machen. Auch bei
standfesten, nichtbindigen Böden ist die Gleitplattenmethode eine zusätzliche Hilfe, das
Bauwerk in der Höhe besser steuern zu können. Zu diesem Zwecke werden Betonplatten
oder Stahlbleche mit dem Arbeitsfortschritt vor der Sohle eingebaut. Dies ist aber wiederum nur möglich, wenn die Seitenschneiden so weit vor die Sohle gezogen sind, daß ein
Arbeitsraum entsteht. Dieser Arbeitsraum hat noch weitere Vorteile, z.B. Herstellung
eines genauen Planums, Bodenbeurteilung, Verdichtungsmöglichkeit, Bodenaustausch
usw.

4.4.5 Durchpreßeinrichtung

4.4.5.1 Hauptpreßstation

Bei einteiligen Bauwerken gibt es nur eine Pressenstation, bei mehrteiligen Bauwerken wird das letzte Teil von der Hauptpressenstation nach vorne geschoben. Für die Anordnung der Hauptpressenstation gibt es im Prinzip zwei Möglichkeiten. Bei der früher praktizierten Lösung wurden die Pressen am Pressenwiderlager stationiert, und die sogenannten Pressenverlängerungen, bzw. Pressenfutterstücke bei jedem Hub mit nach vorne geschoben. Die zweite und bessere Lösung ist die Stationierung der Pressen am Bauwerk, so daß sie sich gegen die Pressenfutterstücke abstützen können. Zwischen den Futterstücken kann Boden aufgeschüttet werden, und wenn genügend Platz ist, können Lkw und Aushubgeräte in das Bauwerk hinein- und herausfahren. Als Vorschubpressen benutzt man meistens langhubige, doppelwirkende Hydraulikzylinder mit beidseitigem Kugelkopf oder Kalotten. Der Hub sollte nicht unter einem Meter liegen. Je nach Bauwerksgröße werden Pressenkräfte von 2500–7500 kN benötigt. Die Pressen werden meistens im Sohlbereich installiert. Da die Bauwerke in den meisten Fällen kopflastig sind, sollten nicht noch zusätzliche Momente aus höher eingebauten Pressen eingeleitet werden. Die Anordnung der Pressen im Grundriß hängt von vielen Faktoren, von der Erfahrung der einzelnen Firmen und von den zur Verfügung stehenden Geräten und Pressenfutterstücken ab (Bild 4.4-41, 4.4-42).

4.4.5.2 Zwischenpreßstationen

Im Gegensatz zu den langhubigen Pressen der Hauptstation sind die Pressen für die Zwischenpreßstationen in den meisten Fällen mit kurzem Hub ausgestattet, um die Einbaulänge und damit die Aussparungen im Bauwerk klein zu halten. Da das zweite Teil bzw. die nachfolgenden Teile jederzeit nachgefahren werden können und nicht von den Arbeiten an der Ortsbrust abhängig sind, genügt ein Hub von 25–30 cm. Die Pressen sollten, wenn möglich, alle in der Sohle eingebaut werden. Die Pressenkraft der einzelnen Pressen liegt je nach Bauwerksgröße zwischen 2500 und 7500 kN (Bild 4.4-43).

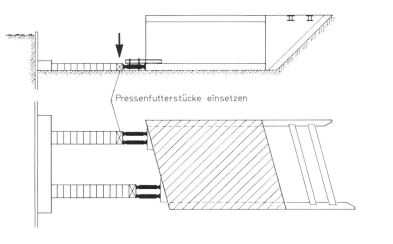

Pressenfutterstücke einsetzen

Bild 4.4-41
Hauptpressen

Bild 4.4-42
Hauptpressen (Werkfoto Bilfinger +
Berger)

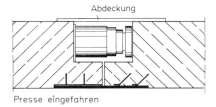

Presse eingefahren

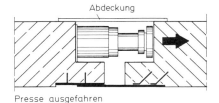

Presse ausgefahren

Bild 4.4-43   Zwischenpressen

4.4.5.3   Zubehörteile, Pumpenaggregate

Zum Verschieben des Bauwerkes sind außer den Pressenstationen noch zusätzliche Einrichtungen erforderlich. Zum einen die schon einmal erwähnten Pressenfutterstücke,
das sind Einbauteile aus Stahl oder Beton, die jeweils nach einem Pressenhub zwischen
den Pressen der Hauptpreßstation und dem Pressenwiderlager eingebaut werden. Die
Anzahl dieser Teile hängt zwangsläufig vom Pressenhub, Länge der Futterstücke und vom
Verschubweg ab. Diese Teile müssen so ausgebildet sein, daß sie die Pressenkräfte in das
Pressenwiderlager einleiten können und daß der Pressenstrang insgesamt nicht ausknik-
ken kann.

Zum Betreiben der Pressen sind ein oder mehrere Pressenaggregate notwendig, an die
die Pressen so angeschlossen sind, daß bestimmte Gruppen zweckmäßigerweise getrennt
steuerbar sind. Wenn die Pressen am Bauwerk installiert sind, sollten auch die Aggregate

während des Durchpressens im Bauwerk stehen. Zum Betrieb der Anlage sind außer den Zuleitungen noch verschiedene Verteiler und Ventile sowie Sicherheitseinrichtungen notwendig. Ein fehlerhafter Aufbau oder auch Bedienung der Hydraulikanlage kann zu Schäden an den Pressen führen oder die Funktion der Anlage in Frage stellen.

4.4.6   Beanspruchungen beim Durchpressen

4.4.6.1   *Auftretende Kräfte beim Durchpressen*

Beim Durchpressen treten folgende Kräfte auf (Bilder 4.4-44, 4.4-46):

a) Eigengewicht des Bauwerks
b) Lasten auf die Decke des Bauwerkes aus Verkehr
c) Auflasten auf die Decke des Bauwerkes aus Überschüttung oder besondere Verkehrssicherung
d) Vertikal- und Horizontalkräfte (Erddruck) auf die Seitenschneiden und zwangsläufige Ableitung in das Bauwerk
e) Reaktionen aus diesen Kräften auf die Sohle (Bodenpressungen)
f) Erddruck aus umgebendem Boden und Verkehrsauflasten
g) Kräfte, die dadurch entstehen, daß das Bauwerk vorgepreßt wird, wie zum Beispiel Reaktionskräfte des Bodens auf die Seitenschneiden und Reibungskräfte aus Überschüttung, Verkehr und Erddruck.

4.4.6.2   *Einleitung der Pressenkräfte*

Das Bauwerk wird an den Stellen zusätzlich beansprucht, an denen die Pressen die Kräfte in das Bauwerk einleiten. Wenn es sich um ein Bauwerk handelt, bei dem die Sohle mehr als 60 cm dick ist, besteht kein Problem, die Pressenkräfte aufzunehmen. Bei dünneren Sohlen muß die Sohle nach oben mit Stahl oder Beton verstärkt werden. Je nach Größe der Kraft sind besondere Vorkehrungen zu treffen, z. B. zusätzliche Bewehrung oder Verteilerkonstruktionen, um die Kräfte in die Betonscheibe einleiten zu können.

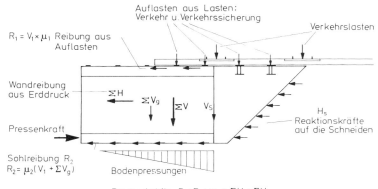

Bild 4.4-44   Kräfte beim Durchpressen ohne Überschüttung

Bild 4.4-45   Gegenseitige Abstützung der Schneiden und Lastübertragung auf die Schneiden durch Stahlträger (Werkfoto Bilfinger + Berger)

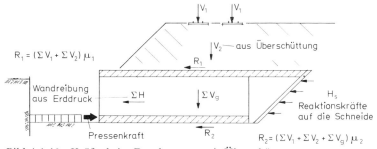

Bild 4.4-46   Kräfte beim Durchpressen mit Überschüttung
Pressenkräfte $= R_1 + R_2 + \mu_3 \times \Sigma H + \Sigma H_s$
V_1, V_2, V_g sind Lasten aus dem gesamten Bauwerk, Überschüttung und Verkehr

4.4.6.3 Kräfte aus Erddruck und Deckenauflasten

In Pkt. 4.4.6.1 sind die einzelnen Kräfte bereits angesprochen worden. Hier wird nochmals auf spezielle Lasten eingegangen.

Der auf das Bauwerk (Wände) wirkende Erddruck ist in seiner Größe nicht eindeutig zu bestimmen und beansprucht einmal den Rahmen mit seinen Horizontallasten und ruft gleichzeitig beim Verschieben Reibungskräfte hervor. Die Größe des Erddruckes liegt zwischen aktivem Erddruck E_a und Ruhedruck E_o, kann aber, wenn die Breite des Bauwerks bei der Herstellung nicht genau eingehalten wird, noch einen größeren Wert als E_o erreichen. Das trifft vor allem für die Seitenschneiden zu, wenn sie etwas nach innen von der Flucht der Wände abweichen. Für die Berechnung der Pressenkräfte aus Wandreibung sollte ein höherer Erddruck als der aktive gewählt werden. Die Beanspruchungen der Bauwerksdecke können sehr verschieden sein. Bei einer vorhandenen Überschüttung ist zu unterscheiden, ob die Überschüttung voll mit ihrem Gewicht wirken kann, oder ob durch eine Gewölbewirkung eine Abminderung der Last angesetzt werden kann. Bei einer vorhandenen Verkehrssicherung müssen die Beanspruchungen aus den Bauzuständen besonders untersucht werden. Das gilt insbesondere für die konzentrierte Lasteinleitung im Bereich der Gleitnocken. Die Decke kann daraus örtliche Beanspruchungnen erhalten, die größer sind als im späteren Gebrauchszustand.

4.4.7 Sicherung des Verkehrsweges

Beim Durchpressen unter einem Verkehrsweg mit geringer oder fehlender Überschüttung muß eine besondere Konstruktion zur Sicherung des Verkehrsweges vorgesehen werden. Dieses Problem ist sehr komplex und eine detaillierte Behandlung würde den Rahmen dieses Beitrages sprengen. Es wird deshalb nur auf das Prinzip der Sicherung bei Eisenbahnen eingegangen.

4.4.7.1 Gleissicherungen für Eisenbahnbauwerke

Es wird speziell der Fall behandelt, daß das Bauwerk ohne Überschüttung unter die Gleise geschoben wird, d. h. die Gleise liegen mit ihrer Sicherung auf dem Bauwerk auf. Die meist verwendete Konstruktion einer solchen Sicherung besteht darin, daß Verschubträger unter den Gleisen eingebaut werden. Die Höhe der Träger richtet sich nach der zur Verfügung stehenden Oberbauhöhe. Der Abstand der Träger ist abhängig von der Tragfähigkeit der Träger, also auch von der möglichen Höhe der Träger und von der Hilfsbrückenkonstruktion, die die Träger überspannt. Das Bodenauflager und die Auflagerung auf dem Bauwerk bilden die beiden Auflager der Verschubträger. Die Beschaffenheit des Bodens ist deshalb ebenfalls wichtig. Die Hilfsbrückenkonstruktionen können vorgefertigte Kleinhilfsbrücken der DB sein (normale oder verstärkte) oder Sonderkonstruktionen, wie sie z. B. bei Weichen erforderlich sind (Bild 4.4-47).

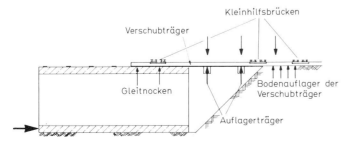

Bild 4.4-47
Gleissicherung

Die Gleissicherung wird von Horizontalkräften beansprucht, die einmal von den Verkehrslasten wie Fliehkräften, Seitenstoß und Wind und zum anderen von den Reibungskräften aus dem Verschieben des Bauwerkes hervorgerufen werden. Es überwiegen aber die äußeren Kräfte aus Verkehr. Die Horizontalkräfte werden vom Gleis auf die Kleinhilfsbrücken und von diesen auf die Verschubträger übertragen. Diese wiederum müssen die Kräfte über sogenannte Festpunkte in den Boden oder in besondere Konstruktionen ableiten. Damit der Gleisrost unverschieblich ist, müssen ein oder zwei Aussteifungsverbände angeordnet werden (Bild 4.4-48). Besonderes Augenmerk ist dem Auflager der Verschubträger auf dem Boden zu schenken. Die Träger sind auf dem Boden elastisch gebettet. Die Eintragung der Last sollte erst 50 cm hinter der Böschungskrone angenommen werden. Es muß überprüft werden, ob die Standsicherheit der Böschung bei Einleitung der konzentrierten Last aus den Trägern gewährleistet ist. Außerdem müssen die auftretenden Bodenpressungen unter den Trägern ohne Probleme und mit vertretbaren Setzungen vom Boden aufgenommen werden (Bild 4.4-49).

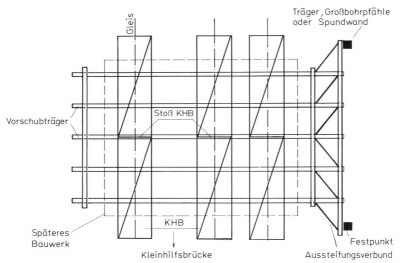

Bild 4.4-48   Gleissicherung

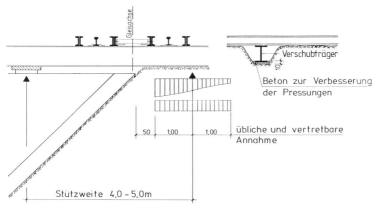

Bild 4.4-49   Bodenpressungen unter Verschubträger

Literatur zu Abschnitt 4.4

HETTWER, H.: Verfahren für den Bau von Eisenbahnüberführungen bei gleichzeitiger Aufrechterhaltung des Eisenbahnbetriebes. Bautechnik 1979, Heft 3, S. 77–84

LUKASZEWICZ, J. u. WROBLÉWSKA, A.: Neue Bauverfahren bei der Projektierung der Metro in Krakau. Beton- und Stahlbetonbau 1977, Heft 3, S. 69–71

STUMPP, A.: Herstellung einer Unterführung unter Bundesbahn-Gleisen nach dem hydraulischen Vorpreßverfahren. Beton- und Stahlbetonbau 1975, Heft 5, S. 113–115

TAUBER, H.: S-Bahn-Tunnel aus vorgefertigten Teilstücken im Vorpreßverfahren. Beton- und Stahlbetonbau 1975, Heft 3, S. 68–70

PALAZZOLO, A.: Durchpressen eines S-Bahn-Tunnels beim Bau der City-S-Bahn Hamburg. Straße-Brücke-Tunnel 1974, Heft 2, S. 29–34

KRANICH, W. und GRABOW, K.: Das Einpressen vorgefertigter Brückenwiderlager unter Aufrechterhaltung des Eisenbahnbetriebes, ETR (24) 1975, Heft 6, S. 195–202, Beton- und Stahlbetonbau 1972, Heft 12, S. 265–271

KLINGENBERG, H. und LIPPERT, T.: Neubau einer Eisenbahnüberführung im Durchpreßverfahren bei gleichzeitigem Abbruch eines bestehenden Brückenbauwerkes, ETR (27) 1978, Heft 5, S. 285–290

KUHNIMHOF, O., BEHRENDT, A. und RABE, K.-H.: Durchpressen von fertigen Tunnelrahmen beim Bau der Hamburger City-S-Bahn, ETR (22) 1973, Heft 12, S. 469–476

KRANICH, W. und MUSFELD, T.: Das Einpressen ganzer Bauwerke unter Eisenbahngleisen. Beton- und Stahlbetonbau 1972, Heft 12, S. 265–271

4.5   Unterfangungen und Unterfahrungen*)

4.5.1   Allgemeines

4.5.1.1   Definition, Anwendungskriterien

Eine Definition für Unterfangungen und Unterfahrungen ist in [1] angegeben (Zitat):

– Unterfangungen sind alle Umbauten zur Sicherung bestehender Gründungen. Werden unterirdische Verkehrsbauwerke direkt neben der Oberflächenbebauung errichtet, so übernimmt die Unterfangung meist gleichzeitig die Funktion einer Vertiefung der Gründung und eines Baugrubenverbaues.

– Unterfahrungen sind alle Bauaufgaben, bei denen Tunnelbauwerke unter oder zwischen den bestehenden Bauwerken hindurchgeführt werden. Zu den oben beschriebenen Aufgaben der Unterfangung treten bei der Unterfahrung noch die vollständige und teilweise Abfangung von Bauwerken als Dauerzustand und die Umlagerung der Lasten auf neue Gründungskörper. Es werden unterschieden Eck- bzw. Teilunterfahrungen und Vollunterfahrungen.

Erforderlich werden Unterfangungsmaßnahmen vorwiegend in eng bebauten Stadtbereichen, z. B. bei der Herstellung neuer Gebäude, beim Bau von Tunnelanlagen für U- und S-Bahn, bei tiefliegenden Abwassersammlern. Auf die Problematik bei der Planung und Ausführung ist in [1] hingewiesen.

Die Art der Unterfangungskonstruktion muß in Abhängigkeit von der jeweiligen Bauaufgabe und den örtlichen Verhältnissen sorgfältig ausgewählt werden.

Die herkömmliche Bauweise, vor allem für die Unterfangung von Gebäuden mit Streifenfundamenten, ist das Schachtverfahren, das im Abschnitt 4.5.2.2 näher erläutert wird. Zur Zeit werden Unterfangungskonstruktionen häufig unter Verwendung von Klein-

*) Verfasser: RICHARD SCHERER
   (s.a. Verzeichnis der Autoren, Seite V)

bohrpfählen, Großbohrpfählen und Rohrschirmen, mitunter auch von Schlitzwänden ausgeführt. Als weitere Sicherungs- und Unterfangungsmaßnahmen, insbesondere bei Tunnelbauten in geschlossener Bauweise, können Bodenverfestigungen durch Injektionen und das Gefrierverfahren in Betracht kommen. Neuerdings werden Unterfangungskörper auch mit dem Hochdruckinjektionsverfahren (s. Abschnitt 4.5.2.8) hergestellt, das auch dann anwendbar ist, wenn der anstehende Boden mit den früher bekannten Verfahren nicht injizierbar ist.

Für die Wahl des Verfahrens einschließlich der zu verwendenden Baustoffe sind neben den rein geometrischen Zusammenhängen folgende Faktoren von Einfluß:

– Konstruktion und Zustand des zu unterfangenden Bauwerks
– Zugänglichkeit dieses Bauwerks
– Baugrund einschließlich Grundwasserverhältnisse
– Ausführbarkeit und Wirtschaftlichkeit
– Zustimmung der Bauwerkseigentümer bzw. der betroffenen Anlieger

Im Rahmen dieses Buches werden nur Verfahren behandelt, bei denen Beton bzw. Betonelemente wesentlicher Bestandteil einer Unterfangungskonstruktion sind; auf Verfahren wie Bodenverfestigung durch Injektion (mit Ausnahme der Hochdruckinjektion) oder Vereisung wird nicht eingegangen.

Die Studiengesellschaft für unterirdische Verkehrsanlagen e.V. (STUVA) hat aufgrund eines Forschungsauftrages des Bundesministeriums für Verkehr umfangreiche Untersuchungen über Gebäudeunterfahrungen und -unterfangungen durchgeführt. Der im August 1980 abgeschlossene und im Juli 1981 veröffentlichte Bericht, „Forschung + Praxis 25" [1], beschreibt die verschiedenen Verfahren und stellt zahlreiche und umfangreiche Ausführungsbeispiele vor, auf die, soweit nötig, im folgenden zur Erläuterung und Ergänzung zurückgegriffen wird.

4.5.1.2 Planungsgrundsätze

Für die Planung und Durchführung einfacher Unterfangungsarbeiten ist DIN 4123 (Gebäudesicherung im Bereich von Ausschachtungen, Gründungen und Unterfangungen) zu berücksichtigen. Dort ist unter Punkt 6.4 das herkömmliche Verfahren für Unterfangungen von Flachgründungen bis 5 m Baugrubentiefe erläutert. Bei größeren Tiefen, bei Einzelstützen und bei Anwendung anderer Verfahren sind Standsicherheitsnachweise für alle Bauzustände, entsprechend den gängigen Normen, zu führen.

In [1] Abschnitte 4, 5 und 6 sind die Ergebnisse umfangreicher Untersuchungen im Hinblick auf Verformungen, Schall- und Erschütterungsschutz zusammengefaßt und erläutert, einschließlich Empfehlungen für Planung und Durchführung der Arbeiten.

Für die Entwurfsbearbeitung sind wesentlich:

– Sorgfältige Planung aller Bauphasen bis hin zur Detailausführung
– Klare statische Systeme für die Abfangungskonstruktion
– Bemessung unter bevorzugter Beachtung der Durchbiegung
  (steife Tragglieder, evtl. Vorspannung)
– Vorwegnahme der Verformungen und Setzungen durch Einsatz
  hydraulischer Pressen
– Sichere Gründungen für Pfähle und Hilfsfundamente
– Einplanung von Körperschallschutzmaßnahmen, soweit erforderlich
– Anpassung des Bauverfahrens für die Unterfangung
  an das für die übrige Tunnelstrecke gewählte Verfahren

Bestandteile der Baudurchführung sind:
- Baugrund- und Gebäudeuntersuchungen
- Beweissicherung
- Überwachung der zu unterfahrenden und evtl. beeinflußten Gebäude

4.5.2 Baumethoden für Unterfangungen

4.5.2.1 Statische Systeme

Unterfangungen werden in der Regel für Gebäude mit Flachgründung, d. h. mit Streifen-, Platten- oder Einzelfundamenten benötigt. Die dabei möglichen statischen Systeme sind in Bild 4.5-1 dargestellt:

a) Unterfangung mit einem Pfeiler (Doppelstab)
b) Umsetzung auf einen Jochbalken mit Flachgründung
c) Lösung wie b, jedoch mit Tiefgründung
d) Unterfangung mit Sprengwerk und Tiefgründung
e) Einhüftige Unterfangung durch biegebeanspruchten Stab
f) Schrägabstützung durch Pfähle

Statisch bestimmte Systeme sollten bevorzugt werden, da sowohl Kraftfluß als auch Verformungen besser abzuschätzen und zu verfolgen sind.

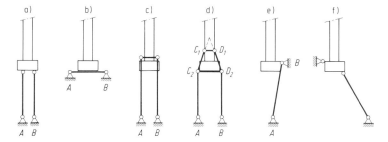

Bild 4.5-1   Statische Merkmale der Unterfangungsmöglichkeiten [2]

4.5.2.2 Schachtverfahren

Voraussetzungen für die Anwendung dieses herkömmlichen Verfahrens sind keine zu großen Unterfangungstiefen, gute Bodenverhältnisse ohne besondere Grundwasserprobleme sowie tragfähige Streifenfundamente oder Wandscheiben, die eine begrenzte und kurzfristige Entfernung des Bodens unter dem Fundament zulassen. Die Arbeitsweise für Unterfangungen bis 5 m Tiefe ist ausführlich in DIN 4123 beschrieben (Bild 4.5-2).

Die Unterfangung kann als durchgehende Betonwand vorgesehen werden, wobei die einzelnen Schächte wechselweise hergestellt und miteinander verbunden werden; es können aber auch, bei entsprechenden Boden- und Bauwerksverhältnissen, Einzelpfeiler mit unter dem Gebäudefundament liegenden Abfangebalken angeordnet werden.

Als Verbaumaterial wurde früher meist Holz verwendet. Heute werden zunehmend Betonfertigteile, Stahlprofile, und wenn möglich auch Spritzbeton eingesetzt.

Weitergehende Erläuterungen mit Ausführungsbeispielen sind in [1] enthalten.

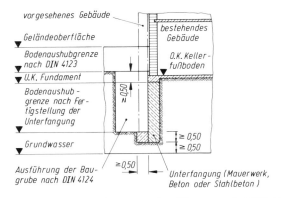
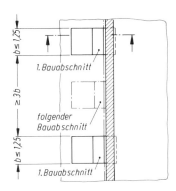

Bild 4.5-2   Unterfangung – Ausführung nach DIN 4123

Die Anwendung dieses Verfahrens ist sehr lohnintensiv und daher besonders bei größerem Umfang der Unterfangung unwirtschaftlich, wenn andere Verfahrensweisen technisch möglich sind. Nachteilig kann auch die Abhängigkeit vom anstehenden Boden, die Setzungsanfälligkeit und der hohe Zeitaufwand sein.

4.5.2.3   *Verpreßpfähle mit Durchmesser ≤ 30 cm*

Verpreßpfähle mit kleinem Durchmesser sind ein häufig verwendetes Bauelement für provisorische und bleibende Unterfangungskonstruktionen und auch für Tiefergründungen bestehender Bauwerke. Die Kraftübertragung zum umgebenden Baugrund wird durch Verpressen mit Beton oder Zementmörtel erreicht, aufgrund der daraus resultierenden Verzahnung des Pfahlschaftes mit dem Baugrund ist für Pfähle dieser Art auch der Begriff „Wurzelpfahl" gebräuchlich (vgl. Abschnitt 2.3.1.6).

Nach [6] Abschnitt 3.4 wird unterschieden zwischen

– Ortbetonpfählen,
  mit Schaftdurchmessern ≥ 150 mm;
  spiralumschnürter Längsbewehrung aus Betonstahl nach DIN 1045,
– Verbundpfählen,
  mit Schaftdurchmessern ≥ 100 mm;
  durchgehendes, vorgefertigtes Tragglied, meist aus Stahl, das entweder in einen
  Hohlraum eingestellt oder z. B. als Rammverpreßpfahl in den Boden eingebracht wird.

Die Herstellung erfolgt überwiegend im Schutze einer Verrohrung, die im Bohr-, Rammoder Rüttelverfahren abgeteuft wird. Vorteilhaft ist die Verwendung für Unterfangungskonstruktionen vor allem auch wegen des im Verhältnis zu Großbohrpfählen geringen Platzbedarfs. Nach [1] können schräge und vertikale Kleinbohrpfähle mit nur 25 cm Abstand zu Wänden und Pfeilern (Abstand Pfahlachse/Wand bzw. Pfeiler) sowie aus Arbeitsräumen (Keller, Arbeitsstollen) mit ≥ 1,80 m Raumhöhe heraus abgeteuft werden. Die erforderliche Arbeitsbreite wird mit ≤ 1,50 m angegeben. Die maximal mögliche Pfahlneigung beträgt 30°. Das Bohrverfahren muß im Hinblick auf die Bodenverhältnisse und die jeweiligen Anforderungen an Setzungen und Erschütterungen ausgewählt werden.

Nachteilig kann sich bei Freilegung der Pfähle die geringe Knick- und Biegesteifigkeit auswirken; Stabwände werden daher in der Regel mit einer rückverankerten Spritzbetonverblendung vorgesehen.

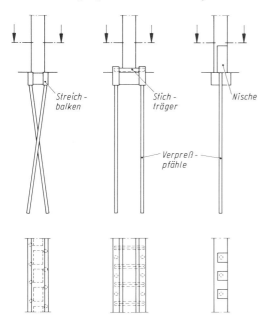

Bild 4.5-3
Anwendungsmöglichkeiten von Verpreßpfählen mit kleinem Durchmesser [1]

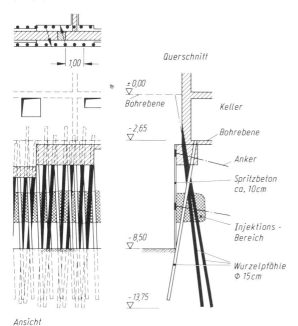

Bild 4.5-4
Fundamentunterfangung mit
schrägen Wurzelpfählen, Ankern
und Injektionsaussteifung [1]

Die Herstellung und Berechnung der Pfähle sind in den Abschnitten 2.3.1.6 und 3.1.6 beschrieben. Wesentliches Kriterium für die Pfahltragfähigkeit ist die Verzahnung mit dem Baugrund. In Abschnitt 2.3.1 Tabelle 2.3.1-8 sind die nach DIN 4128 zulässigen Grenzwerte der Mantelreibung und die Sicherheitsbeiwerte wiedergegeben.

Die „innere" Tragfähigkeit wird nach DIN 1045 ermittelt. Sie liegt für die üblichen Pfahldurchmesser je nach Bewehrungsgehalt bei 400–500 KN. Werden die Pfähle im Zuge der Unterfangungsarbeiten freigelegt, so ist eine Knickuntersuchung nach DIN 1045 zu führen.

Die Anwendungsmöglichkeiten für Verpreßpfähle mit kleinem Durchmesser sind vielseitig, wie auf den Bildern 4.5-3, 4.5-4, 4.5-5 und 4.5-6 zu sehen ist.

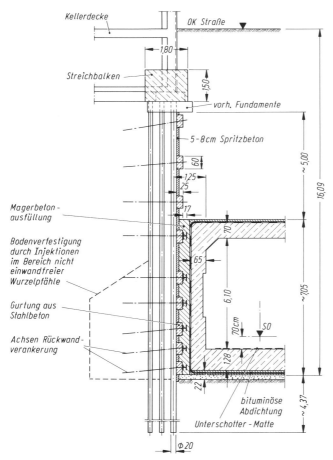

Bild 4.5-5   Fundamentunterfangung
mit vertikalen Kleinbohrpfählen, Gurtungen und Ankern (Stabwand) [1]

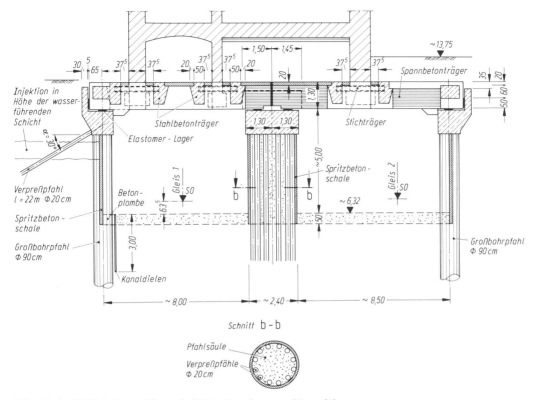

Bild 4.5-6   Pfahlsäule aus Verpreßpfählen Durchmesser 20 cm [1]

4.5.2.3   Bohrpfähle mit Durchmesser ≧ 30 cm.

Bohrpfähle mit Durchmessern bis zu 3 m werden als Einzelpfähle und für Pfahlwände verwendet (s. Abschnitte 2.3.1 und 3.1). Die Herstellung kann jedoch wegen des großen Platzbedarfs für die Geräte in der Regel nur außerhalb der abzufangenden Bauwerke erfolgen. Bohrpfähle mit großem Durchmesser eignen sich wegen ihrer hohen Tragfähigkeit vor allem als Unterstützung der eigentlichen Abfangekonstruktionen; sie haben weiterhin den Vorteil, daß sie weitgehend erschütterungsfrei hergestellt werden können. Die Grenzlängen von senkrechten Pfahlwänden liegen für überschnittene Pfähle bei ca. 25 m, für tangierende bei ca. 30 m.

Bohrpfahlwände für den Baugrubenverbau werden häufig als Schrägwände angeordnet, wenn das neue Bauwerk unmittelbar neben vorhandener Oberflächenbebauung liegt oder diese nur wenig unterschneidet. Schräge Bohrpfähle können mit einer Neigung bis etwa 1 : 10 hergestellt werden. Wegen der gegenüber senkrechten Wänden höheren Biegebeanspruchung und zur Minimierung der Verformungen während des Aushub-Vorganges müssen entsprechende Aussteifungen bzw. Verankerungen vorgesehen werden. In Sonderfällen sind mit besonderen zusätzlichen Maßnahmen Pfahlneigungen bis 1 : 4,7 ausgeführt worden (Bild 4.5-7). Der Abstand des Pfahles von der Gebäudeflucht hängt weitgehend von den örtlichen Gegebenheiten, dem Pfahldurchmesser und dem Herstellgerät ab (Bild 4.5-8).

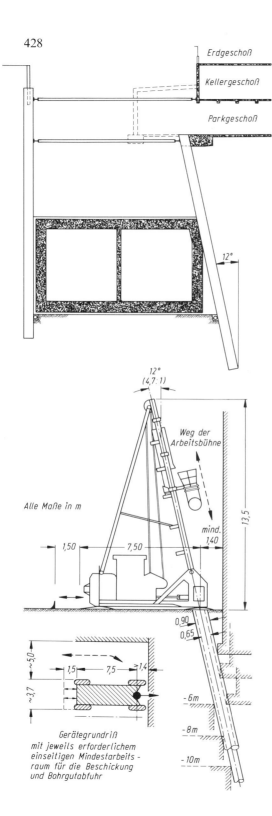

Bild 4.5-7
Schräge Bohrpfahlwand zur Abfan-
gung des Gebäudes Opernplatz 2,
Frankfurt (Querschnittsskizze) [1]

Bild 4.5-8
Schrägpfahlherstellung: Möglichkeiten
und Grenzen [1]

4.5.2.5   Schlitzwände (s. Abschnitt 3.2)

Die Verwendung von Schlitzwänden für Unterfangungen ist wegen des großen Platzbedarfs der Geräte nur begrenzt möglich und auch aufwendig. Sie kann jedoch bei sehr großer Unterfangungstiefe zweckmäßig sein, insbesondere dann, wenn die übrigen Baugrubenwände ebenfalls als Schlitzwände ausgeführt werden.

Nach [1] benötigt das Schlitzwandgerät eine Arbeitshöhe von 5,5–7,0 m und eine Arbeitsbreite von etwa 4 m. Dies erfordert innerhalb eines Gebäudes eine Erweiterung des in der Regel nur beschränkt vorhandenen Arbeitsraumes nach oben oder unten, so daß zusätzliche provisorische Abfangungen erforderlich werden (Bild 4.5-9, 4.5-10).

Eine Sonderkonstruktion, die zur Herstellung von Schlitzwänden bzw. Schlitzpfählen für eine Gebäudeunterfangung entwickelt wurde und relativ wenig Arbeitsraum benötigt, ist in [8] beschrieben.

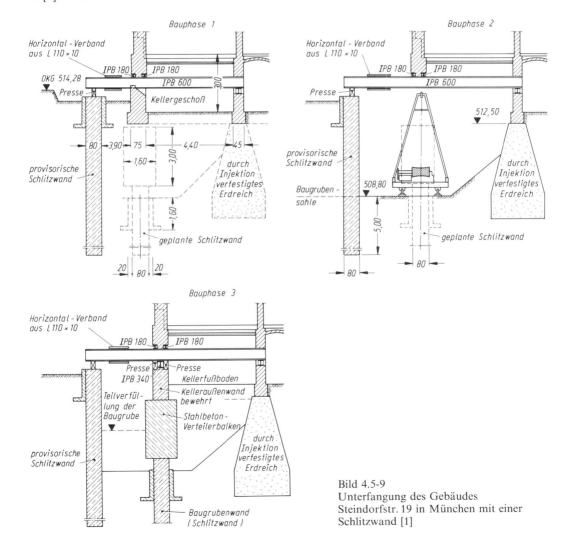

Bild 4.5-9
Unterfangung des Gebäudes
Steindorfstr. 19 in München mit einer
Schlitzwand [1]

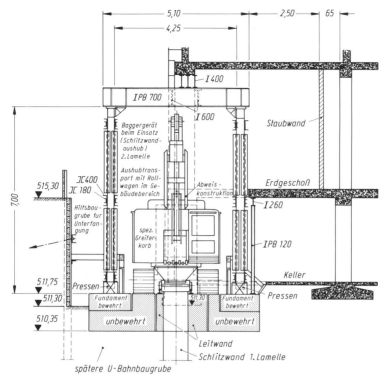

Bild 4.5-10   Unterfangung mit einer Schlitzwand [1]

4.5.2.6 Rohrschirme

Bei der Unterfangung von Bauwerken müssen die vorhandenen Bauten ganz oder teilweise mit einer Überbrückungskonstruktion abgefangen werden. Dies kann, je nach Konstruktion, Zustand und Zugänglichkeit der Bauwerke mit einzelnen Balken oder einem Trägerrost erfolgen, es kann aber auch eine durchgehende Platte erforderlich werden. Letztere wird häufig als Rohrschirmdecke hergestellt. Voraussetzung für die Anwendung des Verfahrens ist eine ausreichende Überdeckung zwischen Tunnelfirst und Gebäudefundamenten, die vom gewählten Rohrdurchmesser abhängig ist. Der Rohrdurchmesser liegt aus betrieblichen Gründen meist nicht unter 1,20 m. Für die Vorpressung werden Rohre aus Stahl oder Asbestzement verwendet. Sie liegen meist dicht nebeneinander und werden im Regelfall sofort nach dem Einbau bewehrt und ausbetoniert. Die Vorpreßeinrichtung (Bild 4.5-11) wird nach Möglichkeit in einer offen zugänglichen Baugrube angeordnet. Unter Umständen, hauptsächlich bei geschlossenen Bauweisen, kann auch eine Unterbringung in Stollen oder Kavernen erforderlich werden.

Für die Anordnung der Rohrschirme gibt es grundsätzlich zwei Möglichkeiten [9] Abschnitt E III, 3:

– Einbau der Rohre in Tunnellängsrichtung
– Einbau der Rohre in Tunnelquerrichtung

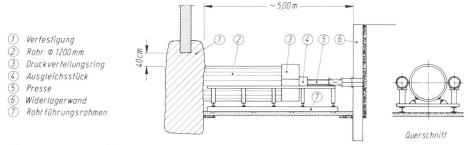

①	Verfestigung
②	Rohr Φ 1200mm
③	Druckverteilungsring
④	Ausgleichsstück
⑤	Presse
⑥	Widerlagerwand
⑦	Rohrführungsrahmen

Bild 4.5-11   Vorpreßeinrichtung für Rohrschirmdecke [1]

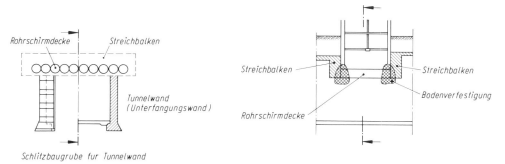

Bild 4.5-12   Unterfangung von Gebäuden mit Rohrschirmen in Tunnellängsrichtung [9]

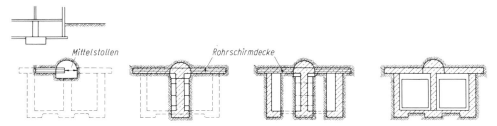

Bild 4.5-13   Unterfangung von Gebäuden mit Rohrschirmen in Tunnelquerrichtung [9]

Bild 4.5-12 zeigt eine Gebäudeabfangung, bei der die in Tunnellängsrichtung verlaufende Rohrschirmdecke beidseits in Streichbalken einbindet; der Rohrschirm wird als endgültiges Tragwerk genutzt.

Bild 4.5-13 zeigt schematisch die Herstellphasen einer quer zur Tunnelrichtung verlaufenden Rohrschirmdecke, die hier von einem vorweg aufgefahrenen Mittelstollen heraus vorgetrieben wurde. Auch hier wird der Rohrschirm in das endgültige Bauwerk einbezogen.

Wesentlich für die Standsicherheit der Konstruktion und für eine Setzungsminimierung ist die Auflagerung und Gründung der Rohrschirmdecke. In offenen Bereichen werden zur Lastabtragung in den Boden an den Rohrenden meist Flachfundamente oder Pfähle verwendet, unterhalb der Bebauung können dies z. B. bergmännisch hergestellte Wände oder Verpreßpfähle mit kleinerem Durchmesser (Wurzelpfähle) sein. Bei guten Bodenverhältnissen kann auch die direkte Lastabtragung in den Baugrund bei entsprechend verlängerten Rohrschirmen möglich sein.

Zur Setzungsminderung werden in [9] Abschnitt E III, 3 folgende Maßnahmen empfohlen:

- Bodenverfestigung zwischen Rohrschirm und Hausfundamenten
- Versetztes Vortreiben der einzelnen Rohre und sofortiges Ausbetonieren
  auf voller Länge
- Dem Aushub voreilende Rohre, um Auflockerungen an der Ortsbrust zu verhindern
- Vorspannen der Rohrschirmdecke
- Einbau von Pressen unter den Rohrschirmen, um Setzungen in den Unterfangungswänden und -stützen vorwegzunehmen
- schneller kraftschlüssiger Verbau der bergmännisch aufgefahrenen First-
  und Wandstollen

4.5.2.7 Unterfangung von konzentrierten Lasten

Konzentrierte Bauwerkslasten werden in der Regel von einem Pfeiler bzw. einer Stütze über ein Fundament in den Baugrund abgetragen. Unterfangungen erfordern hierbei ergänzende Maßnahmen zu den zuvor beschriebenen Verfahren. Die meist hohen Stützenlasten müssen zunächst auf eine provisorische Gründungskonstruktion abgetragen werden, die die Herstellung des neuen Bauwerks und auch die endgültige Gründung der vorhandenen Stütze ermöglicht.

Bei der Umsetzung der vorhandenen Lasten auf das Provisorium kann unterschieden werden:

- Direkte Lasteinleitung (Beispiel Bild 4.5-14)
  Die Abfangträger, meist aus Stahl, werden direkt in die Stütze eingezogen. Voraussetzung dafür ist, daß im Stützenquerschnitt Spannungsreserven vorhanden sind. Art und Ablauf der Arbeiten sind den statischen Möglichkeiten anzupassen. Die Verformungen der abfangenden Konstruktion können durch nachstellbare Elemente (Spindeln, Pressen, Keile) ausgeglichen werden.
- Indirekte Lasteinleitung
  Können hochbelastete Stützen auch temporär nicht geschwächt werden, muß die Last unter Reibung auf die Abfangungselemente übertragen werden. Das kann z. B. dadurch erreicht werden, daß ein vorgespannter Stahlbetonkragen um die Stütze gelegt wird.

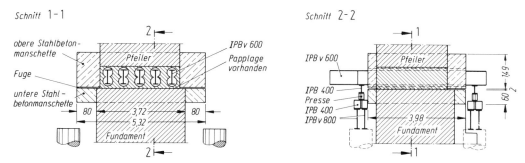

Bild 4.5-14   Pfeilerabfangung mit Querschnittsschwächung [1]

Abmessungen und erforderliche Vorspannung des Kragens richten sich nach den zu übertragenden Kräften. Die Kragenlasten können dann über Stich- und Streichträger auf die Unterkonstruktion abgesetzt werden (Bild 4.5-15). Die Stich- und Streichträger können auch durch geneigte Streben ersetzt werden (Bild 4.5-16).

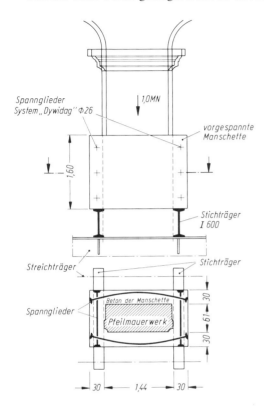

Bild 4.5-15
Abfangung eines gemauerten Pfeilers mit einer Spannbetonmanschette, Lastübertragung über Reibung auf Stahlbiegeträger und Bohrpfähle [1]

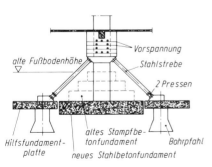

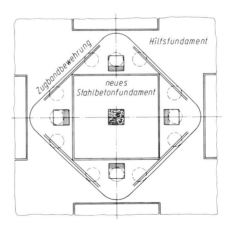

Bild 4.5-16   Abfangung einer hochbelasteten Stahlbetonstütze mit einer vorgespannten Stahlbetonmanschette und Stahlstreben unter 45° [1]

4.5.2.8 Hochdruckinjektionen (HDI)

Bei diesem Verfahren wird der Boden mit Hilfe eines horizontalen Schneidstrahles aus Wasser oder Zementsuspension, zuweilen auch mit Luftzusatz, aus einem vorweg abgeteuften Bohrloch heraus mit hohen Drücken (bis 700 bar) aufgeschnitten und ausgefräst (Bild 4.5-17). Durch die Vermischung der Zementsuspension mit gelösten Bodenteilen entstehen Säulen aus Zementstein mit mehr oder weniger großem Gehalt von Bodenteilen.

Das Verfahren ist auch in sehr feinkörnigen Böden anwendbar (Bild 4.5-18); es erfüllt auch, da keine chemischen Stoffe injiziert werden, die Erfordernisse des Umweltschutzes.

Die Querschnittsgröße der HDI-Säulen hängt vom Verfahren und der Bodenart ab (Bild 4.5-19). In der Tabelle im Bild 4.5-19 wird zwischen Primär- und Sekundärverfahren unterschieden. Unter Primärverfahren wird die Herstellung mit einem Einfachrohrgestänge, Bohrdurchmesser 60–80 mm, verstanden, aus dem ein horizontaler Schneidstrahl aus vorwiegend Zementsuspension austritt; das Sekundärverfahren benötigt ein Dreifachrohrgestänge, durch das Wasser-, Luft- und Zementsuspension getrennt zugeführt werden (Bohrdurchmesser 80–120 mm).

Die Druckfestigkeiten der Säulen sind von der Bodenart und dem W/Z-Wert der Zementsuspension abhängig und können nach [13] zwischen 2 und 20 MN/m² liegen. Die Herstellung von Probesäulen ist empfehlenswert, da die Festigkeit stark von der Bodenart beeinflußt wird.

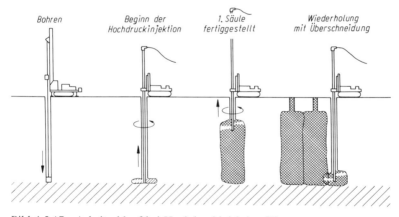

Bild 4.5-17   Arbeitsablauf bei Hochdruckinjektion [6]

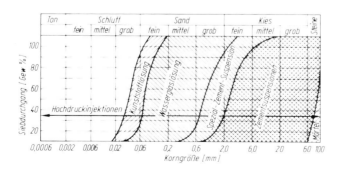

Bild 4.5-18
Anwendungsbereiche von
Injektionen und Verfahren [6]

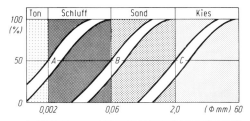

Boden/Bezeichnung	Primär-V.	Sekundär-V.
A toniger Schluff	0,4 - 0,5 m	0,8 - 1,0 m
B schluffiger Sand	0,8 - 0,9 m	1,4 - 1,6 m
C sandiger Kies	0,9 - 1,0 m	2,0 - 2,4 m

Bild 4.5-19
HDI-Verfahren; erzielbare Säulendurch-
messer [11]

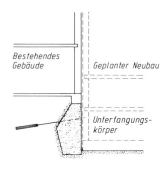

b)

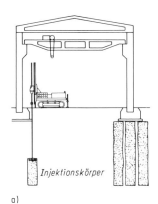

a)

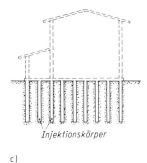

c)

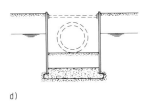

d)

e)

Bild 4.5-20a)–e)
Anwendungsbereiche
des HDI-Verfahrens [14]

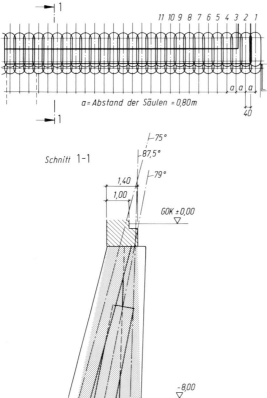

Bild 4.5-21
Herstellung des Injektionskörpers für eine
Gebäudeunterfangung [13]

Hochdruckinjektionen werden unter verschiedenen Bezeichnungen angeboten und hergestellt. Die Verfahren unterscheiden sich neben gerätespezifischen Besonderheiten hauptsächlich im Ablauf von Bohren und Verpressen.

Die wesentlichen Anwendungsbereiche sind in Bild 4.5-20 zusammengestellt; Ausführungsbeispiele sind in [11], [12] und [13] beschrieben. Bild 4.5-21 zeigt eine verankerte
Wand, die aus überschnitten angeordneten HDI-Pfählen hergestellt wurde.

4.5.3 Anwendung bei Unterfahrungen

4.5.3.1 Offene Bauweisen

Bei offener Bauweise wird die für das zu erstellende Bauwerk erforderliche Baugrube
unter der vorhandenen Bebauung hindurch geführt. Man unterscheidet:

– Eck- und Teilunterfahrungen (Bild 4.5-22)
– Vollunterfahrungen   (Bild 4.5-23, Seite 438)

In den Abbildungen sind die wesentlichen Konstruktionsprinzipien für die Gebäudeabfangung dargestellt. Die jeweilige Festlegung ist von der Bauwerkslage und -geometrie, von den Umweltverhältnissen und von den verfahrenstechnischen Möglichkeiten abhängig.

Für die Unterfangung bestehender Bauwerke kommen die in Abschnitt 4.5.2 behandelten Bauelemente und -verfahren zur Anwendung. Die Einzelmaßnahmen müssen zu einem sinnvollen Gesamtkonzept hinsichtlich Ausführbarkeit, Bauablauf und Verformungsverhalten zusammengefügt werden.

Eine Wertung der verschiedenen Verfahren und Ausführungsbeispiele mit Angabe der Mehrkosten gegenüber dem Tunnelbereich ohne Unterfahrung sind (nach dem Stand von August 1980) in [1] Abschnitt 2.1.3 enthalten.

1. Kragabfangkonstruktion für geringe Unterschneidungstiefen
   getrennt vom Tunnelbauwerk

2. Provisorische Abfangung und Absetzen des Gebäudes endgültig
   auf das fertige Tunnelbauwerk

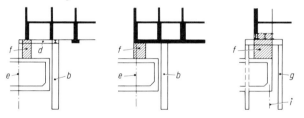

3. Portalabfangkonstruktion getrennt   4. Tunnelbauwerk als Abfang-
   vom Tunnelbauwerk   konstruktion

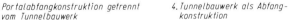
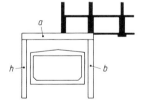
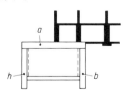

Bild 4.5-22   Konstruktionsprinzipien für Eck- und Teilunterfahrungen von Gebäuden in „offener" Bauweise [1]
a Trägerrost oder Platte
b Unterfangungs- und Baugrubenwand
c Zugpfähle
d provisorischer Abfangträgerrost
e Hilfsstützen
f Untermauerung
g provisorische Bohrpfahlabfangböcke
h Portalstützen oder -wand (Baugruben/ Tunnelwand)
i Schlitzwand

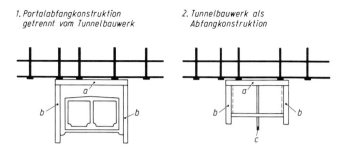

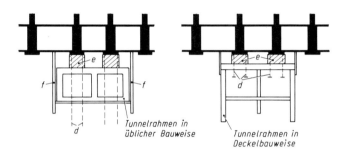

Bild 4.5-23   Konstruktionsprinzipien für Vollunterfahrungen von Gebäuden in „offener"
Bauweise
a Trägerrost oder Platte   d provisorische vertikale Abfangung
b Unterfangungswand   e Untermauerung
c Stützenreihe   f Baugrubenverbauwand [1]

4.5.3.2   Geschlossene Bauweisen

Bei Unterfahrungen in geschlossener Bauweise werden unterhalb der Bebauung Hohlräume durch Schildvortrieb, bergmännische Bauweisen oder durch Rohrvorpressung hergestellt. Im Zuge des Vortriebs werden im umgebenden Bodenbereich Formänderungen
ausgelöst, die sich bis an die Geländeoberfläche und damit auf vorhandene Bebauung
auswirken können.

Neben setzungsmindernden Maßnahmen durch Wahl eines geeigneten Vortriebsverfah-
rens, des Bauablaufes und der Bodenverbesserung im unmittelbaren Tunnelbereich kann
auch eine direkte Sicherung oder Abfangung von Bauwerken erforderlich werden. Bei
kurzen „geschlossenen" und bei „halboffenen" Unterfahrungen kommen bei entsprechender Tunnelüberdeckung Rohrschirmdecken (Abschnitt 4.5.2.6) in Betracht. Eine weitere Möglichkeit ist ein aus dem Tunnelraum heraus hergestellter Gewölbeschirm mit
Hilfe des HDI-Verfahrens (Abschnitt 4.5.2.8).

Ein Beispiel für die Anwendung einer Rohrschirmdecke bei einer „halboffenen" Unterfahrung zeigen die Bilder 4.5-24 (Lageplan) und 4.5-25 (Arbeitsablauf). Für eine S-Bahn-
strecke in Frankfurt wurden aus einer offenen Baugrube heraus 2 Rohrschirmdecken
hergestellt; die Tunnelwände unterhalb der Gebäude wurden in kleinen Einzelstollen von

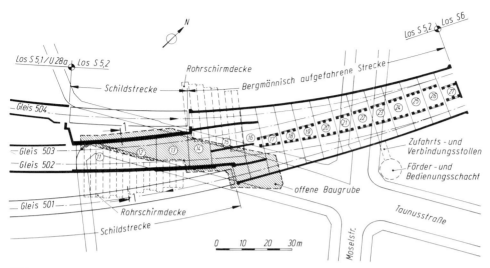

Bild 4.5-24   S-Bahn Frankfurt, Baulos S.5.2. – Lageplan der Rohrschirmdecken [15]

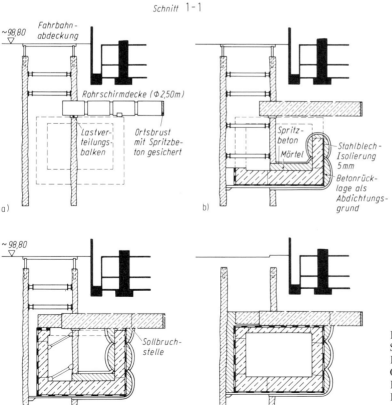

Bild 4.5-25a)–d)
S-Bahn Frankfurt
Baulos S.5.2. –
Querschnitt im
Bereich der
Rohrschirmdecke,
Arbeitsablauf [15]

unten nach oben aufgefahren. Die Rohrschirmdecken wurden auch im Endzustand als tragende Elemente des Tunnelbauwerkes verwendet, die später eingebaute Tunneldecke hat nur den Wasserdruck aufzunehmen.

Eine Anwendung von Rohrschirmen in Tunnellängsrichtung ist in [3] beschrieben. Der Rohrvortrieb erfolgte aus vorweg hergestellten Längs- und Querstollen.

4.5.4   Sonstige Anwendungen

4.5.4.1   *Bauwerkssanierungen, Tiefergründungen*

Bauwerksfundamente müssen u. U. vergrößert oder tiefer gegründet werden, wenn sich bei dem Bauwerk Setzungsschäden eingestellt haben oder durch Umbauten zusätzliche Lasten eingetragen werden müssen. Dies kann mit Hilfe der im Abschnitt 4.5.2 beschriebenen Mittel und Verfahren durchgeführt werden, wie nachfolgend an Beispielen gezeigt wird.

Die Sanierungsmaßnahme für eine Kirche, die durch Setzungsschäden erheblich gefährdet war, ist auf Bild 4.5-26 dargestellt. Verwendet wurden Einstabpfähle (Bohrdurchmesser 127 mm), mit Gewindestahl (Durchmesser 50 mm) bewehrt, die eine zulässige Tragkraft von 482 KN (Druckkraft, zulässige Zugkraft etwa 50%) besitzen. Die Eintragung der Gebäudelasten auf die Pfähle erfolgt über Stahlbeton-Streichbalken, die beidseitig der vorhandenen Streifenfundamente angeordnet und gegenseitig verspannt wurden.

Die direkte Abfangung von Einzelstützen zeigt Bild 4.5-27. Im Zuge der Herstellung einer neuen U-Bahnstrecke mußten Schlitz- und Pfahlwände in unmittelbarer Nähe hochbelasteter Gebäudefundamente hergestellt werden. Um schädliche Auswirkungen zu vermeiden, wurde eine Tiefergründung in der dargestellten Form ausgeführt. Es wurden Einstabpfähle bis 18 m Länge verwendet, mit Gewindestahl (Durchmesser 50 mm) bewehrt, die unmittelbar durch die vorhandenen Fundamente hindurchgebohrt wurden.

Die Sanierung der Gründung einer Kirche durch Unterfangung der vorhandenen Flachfundamente mit HDI-Säulen (Abschnitt 4.7.2.8) zeigt Bild 4.5-28. Die Unterfangungskörper haben, je nach Lage der tragfähigen Bodenschicht, Längen von 3 bis 10 m.

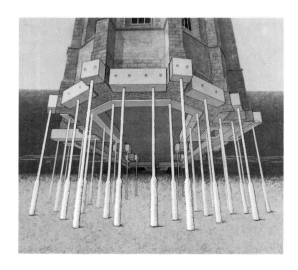

Bild 4.5-26
Stadtkirche Melsungen,
Sanierung der Gründung mit
Einstabpfählen (Prospekt der
Bilfinger + Berger
Bauaktiengesellschaft)

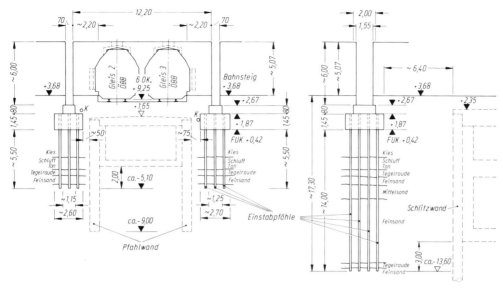

Bild 4.5-27   U-Bahn Wien, Baulos 3/5 – Gebäudeunterfangung mit Einstabpfählen (Dokumentation der Bilfinger + Berger Bauaktiengesellschaft)

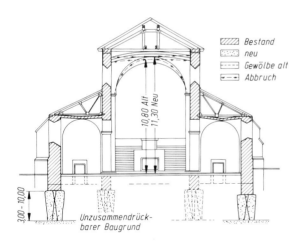

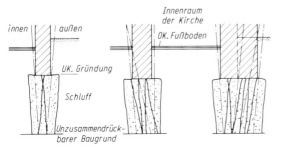

Bild 4.5-28
Sanierung der Kirchengründung
der Stiftskirche in Bad Münster-
eifel [14]

4.5.4.2   *Bauwerksverschiebungen*

Das Verschieben von Bauwerken, z. B. Hochbauten oder Brücken, ist eine relativ selte-ne Aufgabe, bei der jedoch die Unterfangungsarbeiten eine wesentliche Rolle spielen. Sie werden im Rahmen dieses Buches nicht näher beschrieben, es wird auf [2] Abschnitt 2.3.5 verwiesen.

Literatur zu Abschnitt 4.5

[1] Gebäudeunterfahrungen und -unterfan-gungen. STUVA Forschung und Praxis 25, Alba Buchverlag Düsseldorf, 1980

[2] Smoltczyk, U.: Unterfangungen und Unterfahrungen. In: Grundbautaschen-buch 3. Auflage, Verlag W. Ernst & Sohn, Berlin, 1982 Teil 2

[3] U-Bahn Antwerpen, Tiefbau-Ingenieur-bau-Straßenbau (1984), Heft 8

[4] Standard Handbook For Civil Engineer-ing, McGraw Hill, New York, 1976

[5] DIN 4123, Beuth Verlag, Ausg. 5/72

[6] Beton-Kalender 1987, Abschnitt Grund-bau, 3.4. W. Ernst & Sohn, Berlin

[7] Spaltenstein, W.: S-Bahn Zürich, Unter-fahrung Rämihäusen. Schweizer Inge-nieur und Architekt 22 (1986), S. 555–561

[8] Huber, H.: Schlitzpfähle, spezielle An-wendung des Schlitzwandverfahrens bei Bauarbeiten im Hauptgebäude der SKA in Zürich. Schweizerische Bauzeitung 96 (1978), Heft 48, S. 917–920

[9] Taschenbuch für den Tunnelbau 1985. Verlag Glückauf GmbH, Essen

[10] Martak, L.: Hochdruckbodenvermörte-lung aus grundbautechnischer Sicht. Ze-ment und Beton 31 (1986) Heft 2, S. 82–86

[11] Rekker, K.: Anwendung der Hochdruck-bodenvermörtelung als Unterfangungs-maßnahme. Zement und Beton 31 (1986) Heft 2, S. 86–92

[12] Stelzl, H.: Anwendung der Hochdruck-vermörtelung zur Herstellung neuer Gründungselemente und als Hohlraumsi-cherung im Tunnelbau. Zement und Be-ton 31 (1986) Heft 2, S. 93–97

[13] Wolff, F. und Ostermayer, H.: 8 m hohe Unterfangung im bindigen Boden durch mehrfach verankerte Soilcretewand. Tief-bau-Ingenieurbau-Straßenbau (1986), Heft 6, S. 328–332

[14] Firmenprospekt der Bilfinger + Berger Bauaktiengesellschaft: „Hochdruckinjek-tion HDI"

[15] Sonderdruck der Grün + Bilfinger AG. Bergmännische Bauarbeiten für die S-Bahn in Frankfurt – Baulos S. 5.2.

Weitere ausführliche Literaturzusammenstel-lung siehe [1]

4.6 Ausführungen im offenen Wasser*)

4.6.1 Allgemeines

Es werden nachfolgend Bauwerke behandelt, die im offenen Wasser, d. h. in Flüssen, Seen oder auch im Offshorebereich liegen und Transportfunktion haben.

Darunter fallen z. B.:

– Verkehrstunnel für Straßen- und Gleisbetrieb
– Wasserleitungen, u. a. für Kühlwasserentnahme und -rücklauf bei Kraftwerken
– Leitungen für Öltransporte, Abwässer und dergleichen.

Für die Lösung dieser Aufgaben bieten sich in der Regel mehrere Wege an. So kann die für eine Straße geplante Querung eines Flusses als Tunnel, aber auch als Brücke vorgesehen werden. Die Herstellung eines Tunnels wiederum kann, je nach Örtlichkeit, bergmännisch, im Schildvortrieb oder auch im Einschwimm- und Absenkverfahren erfolgen. Ähnliche Variationsmöglichkeiten treffen auch auf andere Bauwerke im offenen Wasser zu.

Bei Verkehrstunneln unter Wasserläufen werden die Rampen, soweit möglich, in offener Bauweise innerhalb von Baugrubenumschließungen hergestellt. Wenn Wasserverhältnisse und Schiffahrt dies erlauben, kann auch das gesamte Bauwerk abschnittsweise in offener Baugrube erstellt werden. Diese Bauweise unterscheidet sich nicht wesentlich von im Grundwasser stehenden Bauwerken an Land.

Im Rahmen dieses Kapitels werden ausschließlich Bauwerke beschrieben, die mit Hilfe des Einschwimm- und Absenkverfahrens erstellt wurden. Dieses Verfahren beinhaltet im allgemeinen folgenden Ablauf:

– Herstellung eines oder mehrerer Fertigkonstruktionselemente, meist im gesonderten Baudock
– Ausrüstung und Transport zur Einbaustelle, meist selbst schwimmend
– Absenkung auf gebaggerte Gründungsebene oder auf eine vorweg hergestellte Unterkonstruktion
– Koppelung der Einzelelemente und Anschluß der Rampenbauteile

Mit diesem Verfahren wurden in den letzten Jahrzehnten zahlreiche große Unterwassertunnel hergestellt.

Bild 4.6-1 zeigt hierfür ein typisches Beispiel und verdeutlicht gleichzeitig verschiedene Bauverfahren an einem einzigen Objekt.

Geschlossene Bauweisen und Bauwerksherstellung in offener Baugrube werden in den Abschnitten 4.1 bis 4.3 behandelt.

*) Verfasser: KARL LAUINGER
    (s. a. Verzeichnis der Autoren, Seite V)

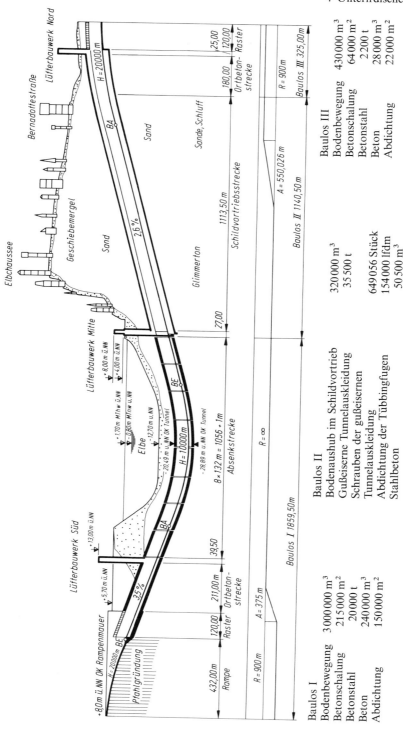

Bild 4.6-1 BAB-Elbtunnel Hamburg, Tunnellängsschnitt [3]

Baulos I

Bodenbewegung	3 000 000 m³
Betonschalung	215 000 m²
Betonstahl	20 000 t
Beton	240 000 m³
Abdichtung	150 000 m²

Baulos II

Bodenaushub im Schildvortrieb	320 000 m³
Gußeiserne Tunnelauskleidung	35 500 t
Schrauben der gußeisernen	
Tunnelauskleidung	649 056 Stück
Abdichtung der Tübbingfugen	154 000 lfdm
Stahlbeton	50 500 m³

Baulos III

Bodenbewegung	430 000 m³
Betonschalung	64 000 m²
Betonstahl	2 200 t
Beton	28 000 m³
Abdichtung	22 000 m²

4.6.2 Typische Ausführungsbeispiele

In [1] Bild 55 sind tabellarisch einige der bis etwa 1978 gebauten Unterwassertunnel aufgezählt. Besonders in den Niederlanden hat sich die Einschwimm- und Absenkbauweise als wirtschaftliche Lösung ergeben und wird dort sehr häufig angewandt. Einmal angelegte Baudocks werden in der Regel für mehrere Tunnelobjekte benutzt, so daß sich schon aus diesem Grunde Einsparungen ergeben.

Aber auch im asiatischen Raum, und hier besonders in Japan, hat diese Methode Eingang gefunden [2].

Nachfolgend werden einige typische Ausführungsbeispiele mit Angabe der wesentlichen Daten aufgeführt.

BAB-Elbtunnel in Hamburg [3], Bild 4.6-2
Bauzeit 1968–1974

– Einschwimm- und Absenkverfahren für 8 Tunnelelemente
  von je 132 m Länge, 41,70 m Breite und 8,40 m Höhe
– Herstellung im Baudock
– Flachgründung in Baggerrinne, Tiefpunkt etwa 16 m unter Elbsohle
– Tunnel mit Außenabdichtung (Sohle und Wände mit Stahlblechhaut,
  Decke mit verstärkter bituminöser Abdichtung)

Botlektunnel Rotterdam [4], Bild 4.6-3
Bauzeit 1976–1980

– Einschwimm- und Absenkverfahren für 1 Tunnelelement von 87,5 m Länge
  und 4 Elemente von je 105 m Länge, 30,9 m Breite und 8,8 m Höhe
– Herstellung im Baudock, ca. 7 km Transport
– Flachgründung in Baggerrinne, Tiefpunkt etwa 14 m unter Flußsohle
– Tunnel in wasserundurchlässigem Beton, ohne Außenabdichtung;
  Beton im Bereich der Wände in Herstellphase gekühlt

S-Bahn-Tunnel, Mainquerung in Frankfurt [5], (S-Bahn Rhein-Main, Baulos S 15)
Bild 4.6-4
Bauzeit 1980–1983

– Einschwimm- und Absenkverfahren für 2 Tunnelteile, 61,50 m und 62,00 m lang
– Herstellung im Baudock am nördlichen und südlichen Mainufer
  (gleichzeitig Baugrube für Tunnelverlängerung im Uferbereich)
– Baggerrinne mit gespundetem Absenktrog; Rammhilfe durch Sprengen
– Tunnel aus wasserundurchlässigem Beton (ohne Abdichtung)

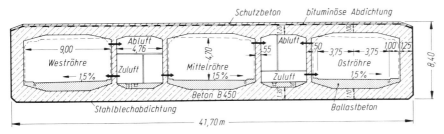

Bild 4.6-2   BAB-Elbtunnel Hamburg, Querschnitt Absenkstrecke [3]

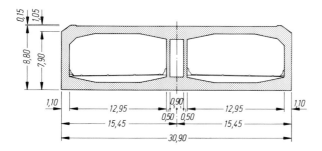

Bild 4.6-3
Botlektunnel Rotterdam,
Querschnitt Absenkstrecke [4]

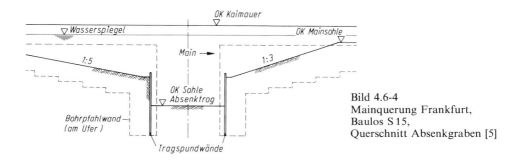

Bild 4.6-4
Mainquerung Frankfurt,
Baulos S 15,
Querschnitt Absenkgraben [5]

Als Besonderheit kann die Kombination der Aushubrinne mit einem unteren Spund-
wandtrog angesehen werden. Hierdurch wurden sowohl die Aushub- und Wiederverfül-
lungsmassen als auch die Verbaumaßnahmen am Ufer wesentlich reduziert.

U-Bahn-Tunnel, Havelunterquerung in Berlin [6], (U-Bahn Berlin, Baulos H 109)
Bild 4.6-5 und 4.6-6
Bauzeit 1977–1980

– Einschwimm- und Absenkverfahren für einen Zwischenpfeiler (Tiefsenkkasten 4a)
  und 2 Tunnelelemente von 50,0 und 33,0 m Länge (Senkkasten 4 und 5)
– Herstellung im Baudock, Antransport als Schwimmstück mit Schlepperhilfe
– Absenkung des Zwischenpfeilers und der Tunnelelemente im Druckluftbetrieb

Die Besonderheit dieser Konstruktion liegt in der Überbrückung der nichttragenden
Faulschlammschicht und der Absenkung großer Tunnelelemente unter Druckluft.

Kühlwasserrücklaufkanal für das Kernkraftwerk Bushehr/Iran [7], Bild 4.6-7
Bauzeit 1977–1979

– Einschwimm- und Absenkverfahren für 10 Tunnelelemente von je 105,0 m Länge,
  20,85 m Breite und 6,07 m Höhe
  sowie für das Verdüsungsbauwerk am seeseitigen Kanalende
– Herstellung im Baudock, Verholen an Einbaustelle mit Windenponton
– Gründung teilweise flach (Ufernähe), teilweise auf Pfählen
– Tunnel in wasserundurchlässigem Beton, ohne Außenabdichtung

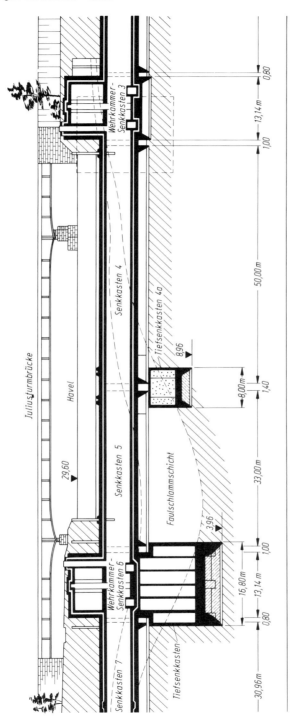

Bild 4.6-5   Havelunterquerung Berlin Baulos H 109, Tunnellängsschnitt (Prospekt, Land Berlin)

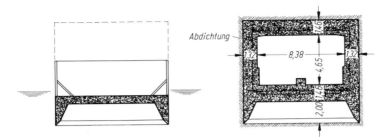

Bild 4.6-6   Havelunterquerung Berlin Baulos H 109, Querschnitte
des Schwimmstückes und fertigen Senkkastens (Prospekt, Land
Berlin)

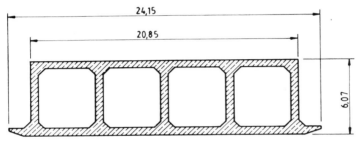

Bild 4.6-7   Kühlwasserrücklaufkanal KKW Bushehr/Iran, Querschnitt [7]

Hasedüker – Mittellandkanal [8], Bild 4.6-8
Bauzeit 1976–1978

– Einschwimm- und Absenkverfahren für ein Tunnelelement 81,78 m lang,
  Querschnitt s. Bild 4.6-8, einschl. Ein- und Auslaufbauwerk
– Herstellung im Baudock seitlich des Mittellandkanals
– Absenkgrube beidseits gespundet
– Flachgründung, ca. 10,25 m unter Wasserspiegel
– Wasserundurchlässiger Beton, ohne Außenabdichtung, während des Abbindens
  Wasserkühlung durch einbetonierte Rohre in besonders rißgefährdeten Bereichen

U-Bahn Hongkong (Hongkong Mass Transit Railway) [9], Bild 4.6-9
Bauzeit 1976–1978

– Einschwimm- und Absenkverfahren für 14 Tunnelelemente
  von je 100 m Länge, Doppel-Kreisquerschnitt
– Herstellung im Baudock (Trockendock für je 4 Elemente gleichzeitig),
  Transportlänge ca. 7 km
– Flachgründung auf Kiesplanum,
  das mit Hubinsel auf der Baggerrinne aufgebracht wurde
– Horizontale Krümmung der Elemente (gesamte Strecke mit $R = 3000$ m trassiert)
– 6 mm dicke Stahlplatte unter der Sohle und seitlich 1 m hochgeführt
  (Bedeckung der Arbeitsfuge zwischen Sohle und Wand), außen beschichtet
– Kunststoff-Dichtungshaut für restliche Außenfläche,
  zusätzlich mit wasserundurchlässigem Beton ausgeführt
– Elemente in Ringrichtung schlaff bewehrt, in Längsrichtung vorgespannt

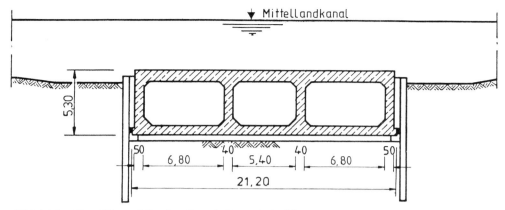

Bild 4.6-8   Hasedüker – Mittellandkanal, Querschnitt [8]

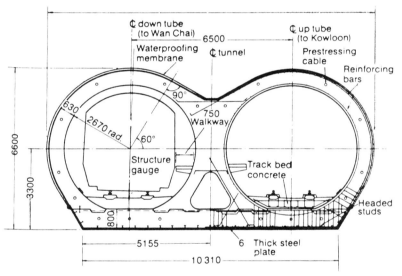

Bild 4.6-9   U-Bahn Hongkong, Querschnitt [9]

Kühlwasserbauwerk – Kernkraftwerk Brunsbüttel [10], Bild 4.6-10
Bauzeit 1972

– Montagebauweise für Entnahmebauwerk,
  zwei Fertigelemente von je 18 000 kN Gewicht
– Entnahmekanal, 11 Elemente von je 4 000 kN, max. Länge der Teilstücke etwa 17,50 m
– Absturzbauwerk der Wiedereinleitung, 3 Abschnitte von je etwa 4 000 kN
– Fertigung in einem Hafenbecken in Cuxhaven
– Abtransport auf Ponton
– Absetzen auf Pfahljoche mit Schwimmkran,
  bei schweren Bauteilen des Entnahmebauwerks unter Nutzung des Auftriebs

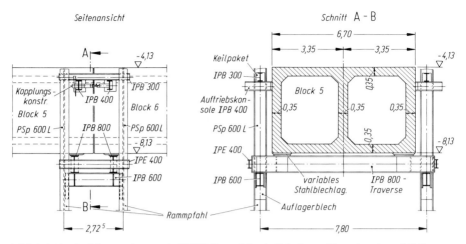

Bild 4.6-10   Kühlwasserbauwerk KKW Brunsbüttel, Schnitte – Entnahmekanal [10]

4.6.3   Entwurfsgrundlagen

4.6.3.1   Allgemeine Planungskriterien

Entwurf und Ausführungsplanung für Bauwerke im offenen Wasser erfordern in der Regel vielfältige Vor- und Vergleichsuntersuchungen, um schließlich eine technisch optimale und wirtschaftliche Lösung zu erhalten. Das trifft insbesondere für Bauwerke zu, die mit Hilfe des Einschwimm- und Absenkverfahrens hergestellt werden, denn hier liegen wesentliche Kostenanteile nicht nur beim Bauwerk selbst, sondern z. B. bei den Naßbaggerarbeiten, bei der Einrichtung des Herstellplatzes für die Schwimmkörper, bei den durch das Bauverfahren bedingten Hilfsmaßnahmen und gegebenenfalls auch bei umfangreichen Unterwasserarbeiten. In Tabelle 4.6-1 sind die maßgebenden Aufgabenbereiche mit einer Anzahl wesentlicher Einflußfaktoren für einen Gesamtentwurf zusammengestellt. Je nach Örtlichkeit und Bauobjekt können weitere Einflüsse eine Rolle spielen.

Vor Beginn der eigentlichen Entwurfsarbeit müssen bekannt sein:

a) die Funktion bzw. Nutzungsart des geplanten Bauwerks einschließlich eventuellen Mindestforderungen für Querschnitt, Linienführung, Anbindungen usw.
b) Boden- und Wasserverhältnisse.
c) Besondere statische und konstruktive Anforderungen an das zukünftige Bauwerk; bei Verkehrstunneln insbesondere auch Angaben über die Innenausrüstung.

4.6.3.2   Statische Grundlagen

a) Lastfälle und Sicherheitsbeiwerte

Die für Schwimmelemente zu beachtenden Lastfälle sind in Tabelle 4.6-2 zusammengefaßt. Die Angaben in der Spalte „Belastungsart" können nur als Beispiel gelten, die tatsächlichen Belastungen und Lastkombinationen hängen sehr stark von Bauwerksart und Örtlichkeit ab.

Tabelle 4.6-1   Aufgabenbereiche und wesentliche Einflußfaktoren für den Entwurf von
Unterwasserbauwerken, die mit Hilfe des Einschwimm- und Absenkverfahrens hergestellt werden.

	Aufgabenbereich	Wesentliche Einflußfaktoren
1 1.1	Bauwerkskonzept Lage und Linienführung	Umweltverhältnisse Boden- und Wasserverhältnisse Verkehrsanbindungen Spezielle Entwurfsparameter z. B. zulässige Steigungen, Radien usw.
1.2	Bauwerkssystem	Nutzungsart, Querschnittsform Abgrenzung zum Ufer- bzw. Rampenbereich Gründungsmöglichkeiten Statisches System im Bau- und Gebrauchszustand
1.3	Konstruktive Durchbildung	Beanspruchungen im Bau- und Gebrauchszustand Herstellungsart Anforderungen an Wasserdichtigkeit Innenausrüstung
2 2.1	Baudurchführung Herstellplatz	Schwimmkörperabmessungen Zufahrtsmöglichkeit Transportmöglichkeit zur Einbaustelle Boden- und Wasserverhältnisse Bauzeit, Kosten
2.2	Einbauvorgang	Wassertiefen, Schwankungen des Wasserspiegels Schiffsverkehr Gründungskonzept
3	Wirtschaftlichkeits- untersuchungen	Bauwerksumfang, -konstruktion Bagger- und Gründungsarbeiten Herstellverfahren, -platz Einbauverfahren Unterwasserarbeiten Bauzeit

Tabelle 4.6-2

Lastfall	Bezeichnung	Belastungsart
LF0	Bauzustand	Belastungen vor Inbetriebnahme; z. B. beim Herstellen, Einschwimmen und Absenken
LF1	normaler Gebrauchszustand	Belastungen im Betriebszustand; Einbeziehung der Verkehrslasten, von häufig vorkom- menden Außenwasserständen und der Schwind- und Temperaturbeanspruchungen
LF2	außergewöhnlicher Gebrauchszustand	Belastungen wie LF1, jedoch mit extremen Belastungs- werten, z. B. außergewöhnlichen Außenwasserständen
LF3	Sonderlastfall	Belastungen wie LF1 bzw. LF2; zusätzliche Sonderlasten wie z. B.: Wracklasten, Ankeraufprall, Erdbeben

Ähnliches gilt auch für die Standsicherheit solcher Bauwerke; eine endgültige Festlegung der Sicherheitsbeiwerte muß unter Berücksichtigung der örtlichen Gegebenheiten erfolgen. Als Anhalt kann die Zusammenstellung in Tabelle 4.6-3 dienen; die dort angegebenen Sicherheitsbeiwerte entsprechen im wesentlichen den Werten der DIN 1054, 4.1.

Tabelle 4.6-3

Lastfall	Sicherheitsbeiwert η		
	Grundbruch	Gleiten	Auftrieb
LF0	1,50	1,35	1,05
LF1	2,00	1,50	1,10
LF2	1,50	1,35	1,05
LF3	1,30	1,20	1,05

Für die Bauwerksbemessung sind ebenfalls, je nach Lastfall, unterschiedliche Sicherheitsbeiwerte anzusetzen. Um trotzdem die üblichen Bemessungshilfen verwenden zu können, kann vereinfachend die Bemessungsschnittgröße $S_{i,b}$ errechnet und anschließend ausgewertet werden. In Tabelle 4.6-4 sind die Abminderungsfaktoren für die einzelnen Lastfälle angegeben. Es ist dann:

$$S_{i,b} = \alpha_i \cdot S_i$$

S_i errechnete Schnittgröße ohne Abminderung

Tabelle 4.6-4

Lastfall	Sicherheitsbeiwert η_i	Abminderungsfaktor α_i
LF0	1,50	0,85
LF1	1,75	1,00
LF2	1,50	0,85
LF3	1,25	0,70

b) Schwimmstabilität

Die Betondicken eines Schwimmkörpers für Unterwassertunnel hängen nicht nur von den statischen Beanspruchungen im Bau- und Endzustand ab, sondern auch von der möglichen bzw. stabilitätsbedingten Schwimmtiefe beim Transport vom Herstellungsort zur Einbaustelle. Im allgemeinen wird eine Freibordhöhe von mindestens 5–10 cm vorgesehen [4]. Wichtig ist die Kenntnis des Konstruktionsgewichtes, das für Stahlbeton einschließlich Bewehrung meist zwischen 24 und 25 kN/m^3 liegt und möglichst vorweg durch Proben bestimmt werden sollte.

Die Schwimmlage ist stabil, wenn der Schwimmkörper bei den im Wasser nicht vermeidbaren Auslenkungen stets in die Ruhelage zurückkehrt. Im allgemeinen ist bei den tiefliegenden Schwimmkörpern der Unterwassertunnel die Stabilität vorhanden. Gleichzeitig muß die Lenkbarkeit des Schwimmkörpers beachtet werden. Kriterium für Stabilität und Lenkbarkeit ist die „metazentrische Höhe". Bezüglich Berechnung und Wertung wird auf [1] verwiesen.

c) Fugenanordnung bei flachgegründeten Tunnelelementen

Während das Tunnelbauwerk innerhalb einer geschlossenen Baugrube (z. B. in Rampen-
bereichen) blockweise mit üblichem Fugenabstand hergestellt werden kann, wird man in
den offenen Wasserbereichen bemüht sein, möglichst lange Tunnelelemente einzuschwim-
men und abzusenken. Um im Endzustand dann die für die Anpassung an den Untergrund
erforderliche Beweglichkeit zu erhalten, werden in Abständen bis maximal etwa 30 m
Bewegungsfugen eingebaut, so daß das Tunnelelement als Gliederkette wirkt. Für Transport und Absenkvorgang müssen die Bewegungsfugen blockiert werden, damit ein insgesamt biegesteifes Element entsteht (siehe hierzu auch 4.6.4.3, Fugen).

4.6.4 Konstruktionsmerkmale

4.6.4.1 *Stahlbetonbauwerke mit Außenabdichtung*

Aus der Vielzahl von Ausführungen sind folgende Lösungsmöglichkeiten bekannt:

a) Rundumlaufende Stahlblechdichtung

Als Beispiel kann das Mittelstück des in den Jahren 1957–1961 gebauten Straßentunnels Rendsburg angeführt werden [11]. Verwendet wurde Stahlblech (St 37.21, SM-Güte)
mit 6 mm Dicke. Sohlen- und Seitenbleche wurden gleichzeitig als Schalung benutzt, die
Deckenbleche konnten erst nach dem Betonieren aufgebracht werden. Die einzelnen
Blechtafeln wurden durch V-Nähte verschweißt, die Bleche waren an den Schweißstellen
unter 45° aufgekantet (Bild 4.6-11).

Entlang der Blockfugen, im Abstand von 20 m, wurden Dehnschlaufen angeordnet (Bild
4.6-12).

Ein besonderes Problem ist die Blechabdichtung der Decke. Beim Straßentunnel Rendsburg wurden T-Profile rasterförmig einbetoniert und die Stahlbleche anschließend aufge-
schweißt. Der verbleibende Hohlraum von etwa 2 cm Höhe wurde mit geeignetem Mörtel
ausgepreßt.

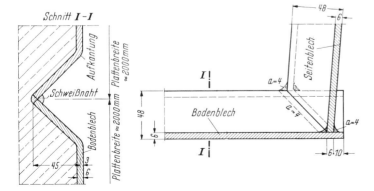

Bild 4.6-11   Straßentunnel Rendsburg, Stahlblechdichtung – Stoßstellen [11]

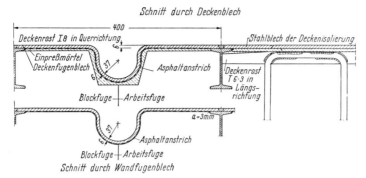

Bild 4.6-12   Straßentunnel Rendsburg, Stahlblechdichtung – Dehnschlaufen [11]

b) Kombination der Stahlblechabdichtung mit bituminöser Abdichtung

Ein Beispiel ist der Neue Elbtunnel, Bauzeit 1968–1974 [3]. Sohle und Wände wurden mit 6 mm dicken Stahlblechen, die Decke bituminös abgedichtet.

Im Bereich der Bewegungsfugen sowie auch der Gelenk- und Scheinfugen wurden Schlaufenbleche eingebaut, im Bereich der Arbeitsfugen waren keine besonderen Maßnahmen erforderlich. Die bituminöse Deckenabdichtung wurde nach DIN 4031 ausgebildet, verstärkt durch Dichtungsbahnen mit anorganischen Einlagen; der Anschluß an die Stahlblechhaut erfolgte mit Klemmleisten. Abweichend von der zuvor beschriebenen Lösung kann die Stahlblechdichtung auf die Sohle beschränkt werden und Wände und Decke können bituminös gedichtet werden.

c) Rundumlaufende bituminöse Abdichtung

Derartige Lösungen dürften im allgemeinen zwar kostengünstiger als Stahlblechabdichtungen sein, sind jedoch problematisch bezüglich

– Beschädigungen, die im Zuge des Transports und Absenkens auftreten können;
  es sind Schutzmaßnahmen erforderlich;
– oft nicht ausreichendem Anpreßdruck; es sind dann Verankerungen mit Tellerankern
  o. ä. vorzusehen.

Statt Abdichtungen auf bituminöser Basis können auch Kunststoff-Dichtungsbahnen zur Anwendung kommen.

4.6.4.2   Stahlbetonbauwerke ohne Außenabdichtung

Eine solche Lösung erfordert die Herstellung von wasserundurchlässigem Beton. Die Kriterien für Konstruktion, Bemessung und Betonherstellung sind in DIN 1045 enthalten; für die rissefreie Herstellung der im allgemeinen großen Tunnelelemente müssen jedoch, besonders im Hinblick auf den Abbindeprozeß, zusätzliche Maßnahmen getroffen werden.

a) Betoniervorgang

Als Beispiel ist die Herstellung der Tunnelelemente für die Mainquerung S-Bahn Frankfurt gezeigt (Bild 4.6-13).

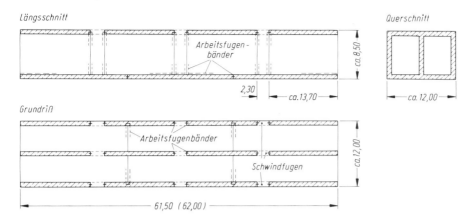

Bild 4.6-13   S-Bahn Frankfurt, Baulos S 15, Betonier- und Fugenplan [5]

Arbeitsablauf für die 61,50 m bzw. 62,00 m langen Schwimmkörper:

– Sohle vorweg in 3 Abschnitten
– Decke und Wände in einem Arbeitsgang, 4 Abschnitte von ca. 13,70 m Länge, getrennt durch 2,30 m breite Schwindfugen
– Schließen der Schwindfugen nach Abklingen der Temperatur- und Schwindverformungen.

b) Kühlung des Frischbetons

Hierbei wird Kühlwasser durch einbetonierte Rohre geführt und Hydrationswärme entzogen. Damit konnten, besonders bei Ausführungen in den Niederlanden, gute Erfahrungen gemacht werden [4], [13]. Rissebildungen (besonders gefährdet ist der untere Wandbereich am Übergang zur Sohle), konnten vermieden werden. Bild 4.6-14 zeigt an einem Beispiel schematisch die Anordnung des Kühlrohrsystems und den durch die Kühlung bewirkten Temperaturverlauf während des Abbindevorganges.

c) Nachbehandlung des Betons

Hierzu wird auf DIN 1045 und die einschlägigen Veröffentlichungen verwiesen.

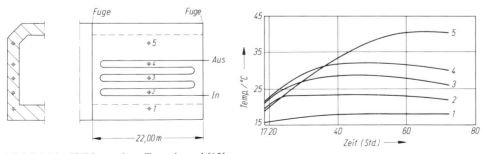

Bild 4.6-14   Kühlung einer Tunnelwand [13]

4.6.4.3 Fugen

Bei den meist rechteckigen Unterwassertunneln kommen 4 Arten von Querfugen vor:
- Arbeitsfugen innerhalb der Schwimmstücke
- Bewegungsfugen innerhalb der Schwimmstücke
  (während Transport und Absenkung blockiert)
- Stoßfugen zwischen den Schwimmstücken (Elementfugen)
- Endfugen

a) Arbeitsfugen

Die Ausbildung der Arbeitsfugen bedarf, insbesondere bei fehlender Außenabdichtung, großer Sorgfalt. Es gelten die Forderungen der DIN 1045 und die allgemein für das Bauen im Grundwasser maßgebenden Verfahrensrichtlinien.

Bild 4.6-15 zeigt die Ausführung einer Arbeitsfuge bei Stahlblechabdichtung

b) Bewegungsfugen

Bewegungsfugen liegen innerhalb der meist sehr langen Schwimmkörper und sollen erst im Endzustand wirksam werden, d. h. sie müssen vorher blockiert sein. Dies wird in der Regel dadurch erreicht, daß die innere Bewehrung durchgeführt und nach dem Absenken durchgeschnitten wird. Beispiele mit und ohne Außenabdichtung sind auf den Bildern 4.6-16 bis 4.6-18 dargestellt.

In den Niederlanden wurde das auf Bild 4.6-19 gezeigte Injektions-Fugenband entwickelt. Dabei werden an den Enden des Stahlbleches Schaumgummistreifen aufgeklebt und in regelmäßigen Abständen Stahlröhrchen bis zur Betonoberfläche geführt. Der Beton im Umkreis des Schaumgummistreifens wird dann mit Epoxidharz injiziert, so daß evtl. Fehlstellen im Bereich des Fugenbandes gedichtet werden.

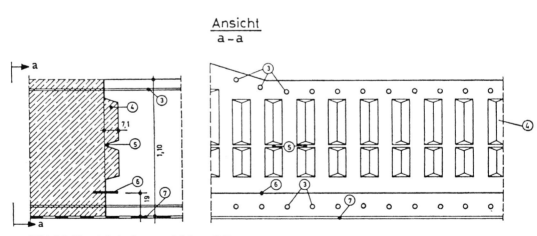

Bild 4.6-15   Arbeitsfugenausbildung [12]
3 Durchgehende Bewehrung
4 Dreikantleisten
5 Schalungsstoß, daher geteilte
   Dreikantleisten
6 Arbeitsfugenblech 200/2 mm
7 Stahlblechabdichtung d = 6 mm

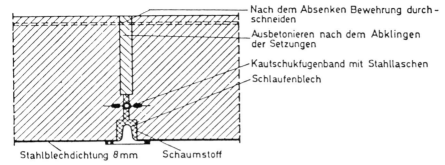

Nach dem Absenken Bewehrung durchschneiden

Ausbetonieren nach dem Abklingen
der Setzungen

Kautschukfugenband mit Stahllaschen

Schlaufenblech

Stahlblechdichtung 8mm   Schaumstoff

Bild 4.6-16   Vorübergehende Bewegungsfuge (Scheinfuge), mit Außenabdichtung [12]

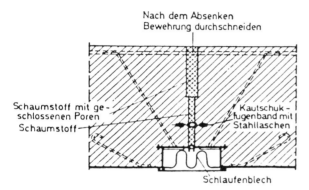

Nach dem Absenken
Bewehrung durchschneiden

Schaumstoff mit ge-
schlossenen Poren

Schaumstoff

Kautschuk-
fugenband mit
Stahllaschen

Schlaufenblech

Bild 4.6-17   Bewegungsfuge für Längsbewegungen, mit Außenabdichtung [12]

Bauzustand

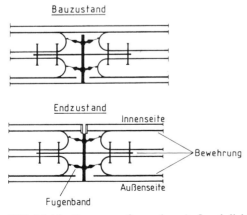

Endzustand

Innenseite

Bewehrung

Außenseite

Fugenband

Bild 4.6-18   Bewegungsfuge, ohne Außenabdichtung [7]

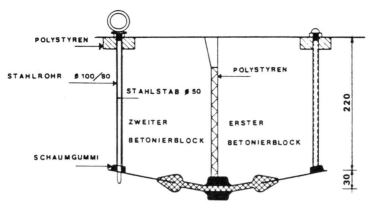

Bild 4.6-19   Injektionsfugenband [13]

c) Elementfugen

Die einzelnen Tunnelelemente müssen nach Absenkung miteinander verbunden werden. Dabei wird in der Regel das zuletzt abgesenkte Teilstück gegen seinen bereits fest montierten Vorgänger gezogen, bis durch Gummirahmen am Tunnelumfang eine erste Abdichtung erreicht ist. Nachdem das Wasser aus der Fugenkammer (Bild 4.6-20b) entfernt ist (Abpumpen oder Entleerung ins Tunnelinnere), wird das zuletzt abgesenkte Element durch den auf die abgeschottete Stirnwand wirkenden Wasserdruck gegen den Vorgänger gepreßt, so daß durch das Zusammendrücken des Gummirahmens eine vollständige Abdichtung zustande kommt.

Ein typisches Beispiel früherer Ausführungen ist in [3] beschrieben. Auf der Stirnseite jedes Tunnelelements wurde als provisorische Dichtung eine Gummileiste aus Naturkautschuk, kurz „Gina" genannt, aufgebracht und nach Leerung der Fugenkammer die endgültige Dichtung (Omega – Profil) eingebaut (Bild 4.6-20a).

Das „Gina"-Profil kann i. a. nur beim Zusammenführen gleicher Tunnelelemente verwendet werden. Für die Verbindung ungleicher Elemente wurde in den Niederlanden beim Bau des Prinses-Margriet-Tunnels ein pneumatisches Profil entwickelt [13]. Die provisorische Dichtung wird durch Vollpumpen dieses Profils nach der Absenkung erreicht. Neuerdings kommen Gummi-Stirndichtungsrahmen zur Anwendung, die sowohl die Anforderungen an die Anfangsdichtigkeit bis zur Entleerung der Fugenkammer als auch an die Betriebsdichtigkeit nach Anpressen des angekoppelten Elementes durch den Wasserdruck langfristig erfüllen (Bilder 4.6-20b und 4.6-20c, [17], [18]).

d) Endfugen

Als solche bezeichnet man die Fugen zwischen den Schwimmkästen und den anschließenden, in offener Baugrube oder als Senkkasten hergestellten Bauteilen; sie erfordern besondere, den jeweiligen Verhältnissen angepaßte Bauweisen.

Auf Bild 4.6-21 ist als Beispiel eine der beiden etwa 2 m breiten Endfugen des Elbtunnels, Anschluß am Lüfterbauwerk Mitte, dargestellt. Diese Lösung beruht auf folgendem Konzept:

– Provisorische Dichtung durch außen umlaufende Stahlkonstruktion mit Dichtungswulst und gegenseitige Vorspannung (Taucherhilfe)

- Überschüttung des Bauwerks, soweit statisch erforderlich
- Lenzen der Fuge und Öffnen der Zugänge
- Herstellen der endgültigen Dichtung durch Stahlblechauskleidung und Omega-Profil
- Ausbetonieren der verbliebenen Zwischenräume

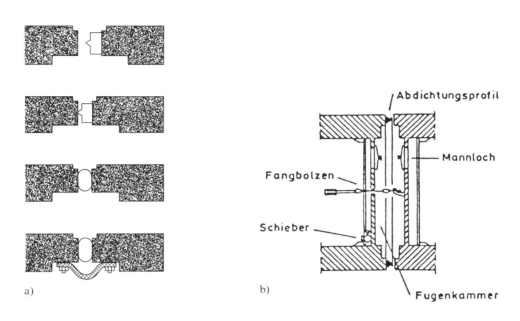

a)   b)

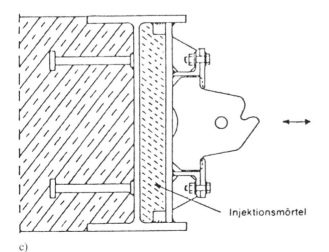

c)

Bild 4.6-20   Elementfugendichtung
a) Provisorische und endgültige Dichtung (Elbtunnel Hamburg) [3]
b) Kopplung zweier Einschwimmelemente [17]
c) Stirndichtung mit Gummirahmen für Bau- und Betriebszustand [17]

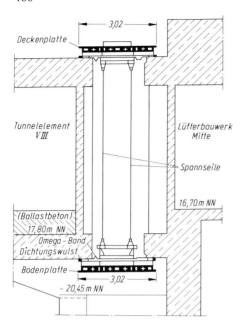

Bild 4.6-21
Elbtunnel Hamburg, Endfuge am Lüfterbauwerk Mitte [3]

4.6.5   Baudurchführung

4.6.5.1   Bauverfahren

Unter 4.6.1 wurde bereits auf die Vielfältigkeit möglicher Bauverfahren hingewiesen. Maßgebend für die endgültige Auswahl sind neben technischer Machbarkeit und Kosten vermehrt auch die temporäre und bleibende Umweltbeeinflussung.

Die Einschwimm- und Absenkmethode hat sich bei Berücksichtigung aller Kriterien in vielen Fällen als optimale Lösung erwiesen und wird hier hinsichtlich der Baudurchführung etwas ausführlicher behandelt.

Auf Bild 4.6-22 ist der übliche Bauablauf schematisch dargestellt; für die Haupttätigkeiten sind stichwortartig mögliche Ausführungsarten angegeben.

4.6.5.2   Herstellung der Tunnelelemente

a) Baudock

Die Benutzung vorhandener oder neu angelegter Trockendocks für die Herstellung der Schwimmkörper ist die am häufigsten angewandte Baumethode. Maßgebend für die Ortswahl sind vor allem:

– die zur Verfügung stehende Fläche
– die Boden- und Wasserverhältnisse
– Möglichkeiten der Wasserhaltung
– geeignete Platzverhältnisse für Baustelleneinrichtung einschließlich der Zufahrten
– Möglichkeiten zum Ausdocken und Weitertransport der Schwimmkörper

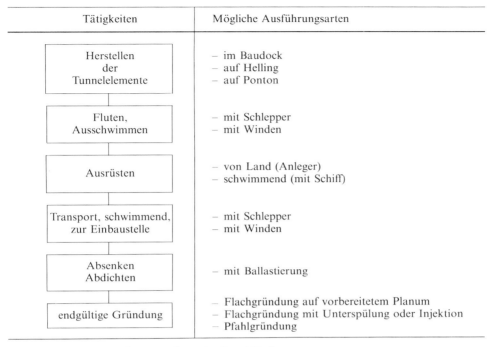

Tätigkeiten	Mögliche Ausführungsarten
Herstellen der Tunnelelemente	– im Baudock – auf Helling – auf Ponton
Fluten, Ausschwimmen	– mit Schlepper – mit Winden
Ausrüsten	– von Land (Anleger) – schwimmend (mit Schiff)
Transport, schwimmend, zur Einbaustelle	– mit Schlepper – mit Winden
Absenken Abdichten	– mit Ballastierung
endgültige Gründung	– Flachgründung auf vorbereitetem Planum – Flachgründung mit Unterspülung oder Injektion – Pfahlgründung

Bild 4.6-22   Schematische Darstellung der Bauabläufe

Die Dockanlage ist ein wesentlicher Kostenfaktor und bedarf sorgfältiger Voruntersuchungen.

Bild 4.6-23 zeigt als Beispiel das Baudock für den Neuen Elbtunnel in Hamburg.

b) Hellinganlage

Die Schwimmelemente werden in der Regel auf horizontalen Bühnen hergestellt und dann auf schräger, der jeweiligen Böschungsneigung angepaßter Bahn gleitend oder rollend ins Wasser abgelassen. Ein Sonderfall ist in [1, S. 801] angegeben.

Die Benutzung einer Hellinganlage eignet sich für Schwimmkörper kleineren Umfangs, weniger jedoch für die Herstellung großer Tunnelelemente.

c) Schwimmponton

Das Schwimmelement wird hierbei auf dem Ponton hergestellt. Je nach Größe des Pontons bzw. Schwimmelements taucht der Ponton mit wachsender Bauhöhe ins Wasser ein und wird durch Fluten gelöst, oder der Ponton wird erst nach Fertigstellen des Schwimmelements geflutet und letzteres damit zum Schwimmen gebracht. [1, S. 800].

Als Beispiel für die Fertigung von Schwimmkörpern auf Pontons sei auf den 1979–1981 erfolgten Umbau der Schleuse Oslebshausen im Bremer Hafen verwiesen [15].

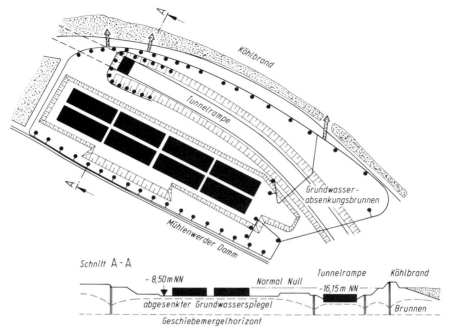

Bild 4.6-23   Baudock Elbtunnel, Hamburg [14]

4.6.5.3   Einschwimm- und Absenkvorgang

a) Beispiel Elbtunnel Hamburg (Bild 4.6-24)

Das Verholen der Tunnelelemente, zunächst zur Ausrüstungsbrücke, dann zur Absenkstelle, erfolgte mit Schlepperhilfe. Als wichtigste Hilfsmittel für das Absenken seien genannt:

– 2 Richttürme, mit Zugangsschacht zum Tunnelelement
– Kommandostand mit Vermessungsstation
– Windenstation
– Wasserballasttanks in den Lüftungskanälen des Tunnelelements
– 4 Absenkpontons, mit der Tunneldecke mittels Flaschenzügen,
  untereinander paarig durch Fachwerkbrücken verbunden

Nach Verholen zur Absenkstelle wurden die Tunnelelemente mit Haltetrossen im Fluß-
becken verankert und horizontal ausgerichtet. Der für die Absenkung erforderliche Ab-
trieb wurde durch Ballastwasser erzeugt; die zentimetergenaue Steuerung wurde durch
Absenkwinden in den Pontons ermöglicht, die über Flaschenzüge mit 16-facher Unterset-
zung mit den Elementen verbunden waren.

b) Beispiel Mainquerung Frankfurt (S-Bahn Rhein-Main, Baulos S 15)

Das Herausziehen der Schwimmkörper aus den Docks, das Halten und Steuern in der
Strömung wurde ausschließlich durch fest installierte Winden vom Ufer aus betrieben.
Für die Absenkung war am Ufer eine starre Absenkbrücke, am anderen Ende eine

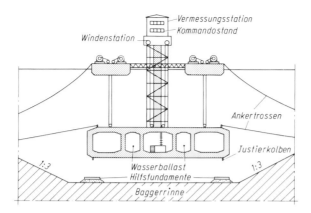

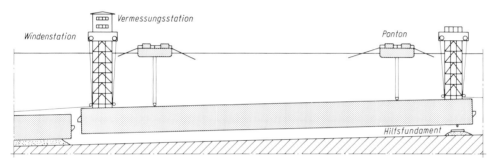

Bild 4.6-24   Elbtunnel Hamburg, Absenkvorgang [3]

schwimmende Pontonbrücke vorgesehen. Die Winden wurden zentral gesteuert, so daß unterschiedliches Verhalten der Brücken ausgeglichen werden konnte.

Über den Hilfsfundamenten waren Justierpressen angeordnet, die ein höhengerechtes Aufsetzen ermöglichten.

Bild 4.6-25 zeigt Tunnelelement Block 6 nach dem Einschwimmvorgang.

4.6.5.4 Gründung der Tunnelelemente

a) Flachgründung

Bei UW-Aushub bzw. Naßbaggerung kann die erforderliche Genauigkeit für das Planum im allgemeinen nicht erreicht werden. Bei einem früher vielfach verwendeten Bauverfahren wurde die Gründungsfläche durch Sand- oder Kiesschüttung hergestellt; die Oberfläche mußte unter Wasser begradigt werden. Als Beispiel sei der Straßentunnel Rendsburg genannt [11], bei dem die Begradigung mit einem stählernen Planierpflug erfolgte.

Insbesondere bei großen Wassertiefen hat sich ein anderes Verfahren durchgesetzt. Man setzt die Schwimmkörper provisorisch auf Hilfsfundamente bzw. auf Konsolen bereits abgesenkter Tunnelstücke ab, mit ca. 0,5 – 1,0 m Abstand über der natürlichen oder gebaggerten Sohle. Das endgültige Auflager wird nachträglich durch kraftschlüssige Unterspülung des Schwimmkörpers hergestellt.

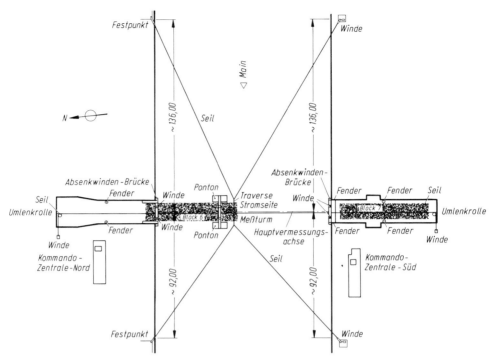

Bild 4.6-25 Mainquerung Frankfurt, Baulos S 15, Anordnung der Einschwimm- und Absenk-
einrichtungen [5]

Es bieten sich mehrere Verfahren an:

- die Unterspülung mit Sand, nach dem von der Firma Christiani & Nielsen erstmalig
  Ende der dreißiger Jahre angewandten Verfahren. Hierbei wird von einem auf der
  Decke des Elementes verfahrbaren Spülturm mittels schwenkbarem Rüssel ein Sand-
  Wasser-Gemisch in den Zwischenraum zwischen Bagger- und Tunnelsohle gespült und
  das Element darauf abgesetzt. (Beispiel Elbtunnel, Bild 4.6-26)

- die Sand-Injektion (Sand-Flow-Methode); ein Verfahren, das in den Niederlanden entwickelt wurde und bei dem das Sand-Wasser-Gemisch mit Hilfe von Druckleitungen
  durch die Tunnelsohle hindurch in den Hohlraum gepreßt wird. Die Einpreßstutzen
  sind rasterartig so zu verteilen, daß sich die kreisförmigen „Einzelfundamente", die sich
  um jede Verpreßstelle bilden, überschneiden. Die Größe der „Einzelfundamente" hängt
  vom aufbringbaren Einpreßdruck ab, der gegebenenfalls eine zusätzliche Ballastierung
  des Tunnelelements erforderlich macht.
  Diese bereits vielfach erprobte Methode hat den Vorteil, daß die Hilfseinrichtungen
  größtenteils innerhalb des Tunnelkörpers liegen und damit nach dem Absenken die
  Schiffahrt nur noch unwesentlich behindert wird.
  Näheres kann der Literatur [3], [5], [13], [16] entnommen werden.

- Die Einpressung eines Bentonit-Zement-Gemischs, ein Verfahren, das in Japan entwickelt und angewandt wurde [2]. Hierbei wird auf der Aushubsohle eine ca. 70 cm
  dicke Steinpackung aufgebracht, das Tunnelelement mit etwa 50 cm Hohlraum abge-

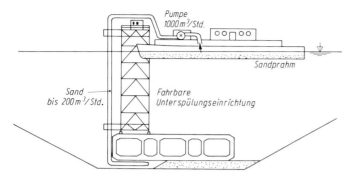

Bild 4.6-26   Elbtunnel Hamburg, Unterspülung des Absenkelementes [3]

senkt. Zwischen Steinpackung und Tunnelelement wird dann ein Bentonit-Zementmörtel geringer Festigkeit ($\sigma_{28} = 30$ N/cm²) eingebracht; die Füllung erfolgt vom Tunnelinnern aus. Bild 4.6-27 zeigt ein Ausführungsbeispiel.

Ein besonderes Gründungsproblem kann sich durch die sogenannte Sandverflüssigung (liquefaction) ergeben, die bei gleichförmigem Sand mit geringer Lagerungsdichte, ausgelöst durch dynamische Beanspruchungen (z. B. Erdbeben, Wellenbewegung), auftreten kann. Dem Unterspülsand wird dann zweckmäßig Zement zugesetzt, so dosiert, daß geringe Festigkeiten, etwa $30-50$ N/cm², erzielt werden.

b) Pfahlgründung

Bei nichttragfähigem Untergrund muß entweder ein Bodenaustausch oder eine Tiefgründung in Betracht gezogen werden. Das Konstruktionsprinzip einer Tiefgründung geht meistens von einem Brückensystem aus; das Tunnelelement ist als Tragwerk ausgebildet und spannt sich von Pfeiler zu Pfeiler, frei aufliegend oder durchlaufend. Für die Pfeiler werden vorwiegend Pfähle verwendet.

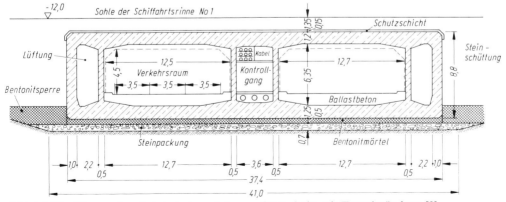

Bild 4.6-27   Wangan-Sen-Autobahntunnel, Japan, Querschnitt mit Tunnelgründung [2]

Beispiele für Pfahlgründungen:

- Metro-Tunnel in Rotterdam [4]
- Ij-Tunnel in Amsterdam [1]
- Tunnel Bakar in Jugoslawien [1]
- Kühlwasserkanal für Kernkraftwerk Bushehr/Iran [7]
- Kühlwasserkanal für Kernkraftwerk Brunsbüttel [10]

Bild 4.6-28 zeigt eine in den Niederlanden ausgeführte Lösung mit nachstellbaren Pfahlköpfen. Ein Sonderfall sind die bei der Havelunterquerung U-Bahn Berlin Los H 109 verwendeten Senkkästen (Bild 4.6-5).

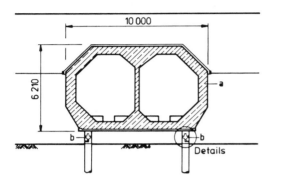

Bild 4.6-28   Rotterdam-Metro-Tunnel, Pfahlgründung; Querschnitt, Details [4]

a) Tunnelbauwerk aus Beton
b) Gründungspfähle mit nach-
   stellbarem Pfahlkopf

a) Pfahlkopf
b) Nylonhülle
c) Injektionsrohr-Verbindung
d) Führungsstab
e) Fertigteilpfahl
f) Injektionsmaterial

Literatur zu Abschnitt 4.6

[1] SCHENCK/SMOLTCZYK: Gründungen im offenen Wasser. Grundbau-Taschenbuch 3. Aufl., Teil 2, Abschn. 4.2, S. 799 ff und S. 825 ff.

[2] FLIEGNER: Unterwassertunnel und Brükken der Tokiobucht. Straßen- und Tiefbau, Heft 11/1983, S. 5 ff.

[3] Staatliche Pressestelle / Baubehörde Hamburg. Der Tunnelbau, westliche Umgehung Hamburg (1975)

[4] Delta Tunneling Symposium, Amsterdam, 16.–17. Nov. 1978, „Immersed tunnels" (zusammengetellt durch Tunneling Section of the Royal Institution of Engineers in the Netherlands in Zusammenarbeit mit Editional Staff of the magazine Cement)

[5] SCHMIDT: S-Bahn Rhein-Main, Baulos S 15, Mainunterquerung. Forschung + Praxis, Heft 29, S. 122 ff. (Vorträge der STUVA-Tagung 1983 in Nürnberg)

[6] MILSCH: Havelunterquerung Berlin-Spandau, Baulos H 109. Tiefbau-BG 1/1983, S. 16 ff.

[7] UPHOFF: Ausführungstechnische Besonderheiten beim Bau der Kühlwasserkette des Kernkraftwerks Bushehr/Iran. Vorträge Betontag 1979, S. 439 ff.

[8] WIECHERS/FRÜKE: Der Hasedüker – Bau und Einschwimmen eines Großdükers. Die Bautechnik 58 (1981), Heft 1, S. 23 ff.

[9] BECKMANN: Hongkongs U-Bahn innerhalb des Zeit- und Kostenplans erstellt (kurze techn. Berichte). Der Bauingenieur 56 (1981), S. 187–188

[10] BÜHLER (1. Teil), SELCK/SCHIEMANN (2. Teil): Kühlwasserbauwerke aus Großfertigteilen für das Kernkraftwerk Brunsbüttel. Der Bauingenieur 48 (1973), Heft 4, S. 116 ff.

[11] VOGEL: Abdichtungsmaßnahmen beim Straßentunnel Rendsburg. Die Bautechnik 38 (1961), Heft 2, S. 37 ff.

[12] Bau unterirdischer Räume mit Stahl in offener Bauweise; Abschnitt 4, Einschwimm- und Absenkverfahren. Beratungsstelle für Stahlverwendung, Düsseldorf, Merkblatt Stahl Nr. 248, 1. Aufl. 1983; S. 14 ff.

[13] KIEFT: Neueste Entwicklungen auf dem Gebiet des Unterwassertunnelbaus. Forschung + Praxis, Heft 27, S. 71 ff. (Vorträge der STUVA-Tagung 1981 in Berlin)

[14] Baubehörde Hamburg / Arbeitsgemeinschaft Neuer Elbtunnel in Hamburg, Prospekt (12/1969)

[15] BERGFELDER, STÜTZ: Umbau der Schleuse Industriehafen Bremen-Oslebshausen. Beton- und Stahlbetonbau, Hefte 3/1982 (S. 79 ff.) und 4/1982 (S. 111 ff.)

[16] LINGENFELSER: Sandspülverfahren für Flächengründungen unter Wasser. Tiefbau-Ingenieurbau-Straßenbau 12/1982, S. 739 ff.

[17] GRABE: Stirndichtungsprofile für Einschwimmelemente. Straßen- und Tiefbau, Heft 6/1985, S. 24 ff.

[18] GRABE: Autobahntunnel unter der Marne. Straßen- und Tiefbau, Heft 5/1986, S. 21 ff.

Stichwortverzeichnis

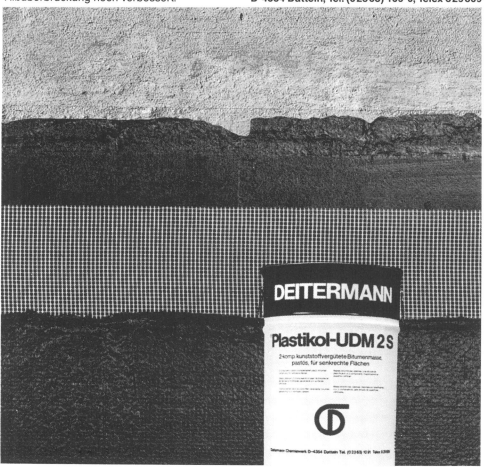

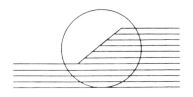

Ohne Vortriebsrohr
doppelte Leistung!

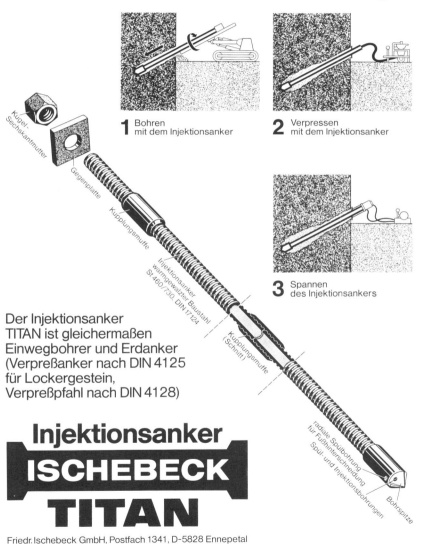

1 Bohren
mit dem Injektionsanker

2 Verpressen
mit dem Injektionsanker

3 Spannen
des Injektionsankers

Der Injektionsanker
TITAN ist gleichermaßen
Einwegbohrer und Erdanker
(Verpreßanker nach DIN 4125
für Lockergestein,
Verpreßpfahl nach DIN 4128)

Injektionsanker
ISCHEBECK
TITAN

Friedr. Ischebeck GmbH, Postfach 1341, D-5828 Ennepetal
Tel. (02333) 8201, Telex 0823380

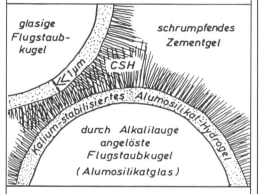

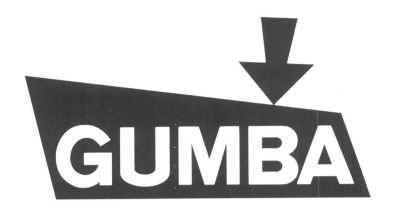

Fugenbänder

Sicherheit durch Qualität und Service

Mit allgemeiner Material-Zulassung

AIB-DS 835
BMV-Prüf 2
DIN 7865/2

GUMBA-LAST · ELASTOMERPRODUKTE GMBH

D-8011 Grasbrunn · Tel. 089/46101-0 · Telex 522292 · Telefax 089/4610113

Verlag für Architektur
und technische
Wissenschaften

Grundbau-Taschenbuch 3. Auflage

Schriftleitung: U. Smoltczyk

Mit der 3. Auflage liegt eine aktuelle Neubearbeitung dieses grundlegenden Nachschlagewerkes vor, das es in dieser Form im deutschen Sprachraum sonst nicht gibt. Der Text ist knapp formuliert, damit trotz der Stoffülle die Handlichkeit erhalten bleibt. Eine ausgewählte Literaturzusammenstellung am Ende jeden Abschnittes ermöglicht es dem Leser, weiterführende Informationen zu Einzelfragen rasch zu finden.

Teil 1
3. Auflage 1980. XVI, 598 Seiten, 442 Abbildungen,
73 Tabellen und Tafeln. 53 Erddrucktabellen. 17 x 24 cm.
Leinen DM 152,– ISBN 3-433-00862-0

Teil 2
3. Auflage 1982. XXIV, 995 Seiten, 870 Abbildungen,
115 Tabellen. 17 x 24 cm.
Leinen DM 208,– ISBN 3-433-00863-9

Teil 3
3. Auflage 1987. XIV, 561 Seiten, 529 Abbildungen,
20 Tabellen. 17 x 24 cm.
Leinen DM 238,– ISBN 3-433-01022-6

Der Teil 3 des Grundbau-Taschenbuches erscheint erstmalig in der 3. Auflage des Werkes. Die Autoren befassen sich mit einer häufig auftretenden Spezialaufgabe des Grund-und Erdbaues, nämlich mit der Planung und der Ausführung standsicherer Böschungen. Behandelt werden die Phänomenologie der natürlichen Böschungen und Massenbewegungen, die statischen Verfahren im Fels- und im Lockergestein (soweit sie in den Teilen 1 und 2 noch nicht enthalten sind), die Messung und Überwachung von Böschungsbewegungen, der Lebendverbau, die konstruktiven Mittel der Hangsicherung und Ausbildung von Geländesprüngen und die baubetriebliche Abwicklung im Trocken- und Naßverfahren.

Das Buch soll dem in der Praxis tätigen Ingenieur und dem Ingenieurgeologen in verständlicher Form den Stand der Kenntnisse darstellen, wobei bewußt auf die herkömmliche Trennung von Boden- und Felsmechanik verzichtet wird.

001086

Hohenzollerndamm 170
D-1000 Berlin 31
Telefon (030) 86 00 03-0

Ernst & Sohn

Verlag für Architektur
und technische
Wissenschaften

W. Herth/E. Arndts

Theorie und Praxis der Grundwasserabsenkung

2., überarbeitete und erweiterte Auflage 1984.
XXI, 378 Seiten, 152 Abbildungen, 13 Tabellen. 17 x 24 cm.
Gebunden DM 128,–   ISBN 3-433-00994-5

In der vorliegenden zweiten Auflage wird – erstmalig im deutschsprachigen
Schrifttum – die Wiederversickerung von Grundwasser zusammenhängend
dargestellt. Für das Schluckvermögen von Sickerbrunnen ist ein empirischer
Zusammenhang gefunden worden, der für Berechnungen in der Praxis als
brauchbare Lösung dienen kann.
Die rechtlichen Hinweise zum 1976 neugefaßten Wasserhaushaltsgesetz –
WHG – und zu Haftungsfragen wurden neubearbeitet. Das WHG ist dem Buch
im Anhang beigefügt.

Hohenzollerndamm 170
D-1000 Berlin 31
Telefon (030) 86 00 03-0

Ernst & Sohn